乡村学系列教材与导读丛书

U0813539

蔬菜生产实用技术

主编　李建明

西北农林科技大学出版社
·杨凌·

图书在版编目(CIP)数据

蔬菜生产实用技术 / 李建明主编. — 杨凌 : 西北农林科技大学出版社, 2023.9

ISBN 978-7-5683-1299-8

Ⅰ. ①蔬… Ⅱ. ①李… Ⅲ. ①蔬菜园艺－教材 Ⅳ. ①S63

中国国家版本馆 CIP 数据核字(2023)第 171926 号

蔬菜生产实用技术

李建明 主编

出版发行	西北农林科技大学出版社
地 址	陕西杨凌杨武路 3 号　　邮 编:712100
电 话	总编室:029－87093105　　发行部:029－87093302
电子邮箱	press0809@163.com
印 刷	西安日报社印务中心
版 次	2023 年 9 月第 1 版
印 次	2023 年 9 月第 1 次印刷
开 本	787mm×1092mm　1/16
印 张	30.5
字 数	747 千字

ISBN 978-7-5683-1299-8

定价:68.00 元

本书如有印装质量问题,请与本社联系

“乡村学系列教材与导读丛书”

编委会

主　任：吴普特　西北农林科技大学校长/乡村振兴战略研究院院长

杨改河　乡村振兴战略研究院执行院长

委　员：段渊古　乡村振兴战略研究院副院长

冯永忠　乡村振兴战略研究院副院长/乡村振兴学院院长

刘天军　乡村振兴战略研究院副院长

胡笑涛　乡村振兴战略研究院副院长

朱宏斌　乡村振兴战略研究院副院长

韩新辉　乡村振兴战略研究院副院长

赵晓峰　乡村振兴战略研究院乡村治理中心主任

王得祥　乡村生态村庄建设研究中心主任

刘　京　数字乡村技术研究与应用中心主任

王　雄　乡村人力资源开发培训研究中心主任

赵　凯　乡村振兴政策研究中心主任

张宏鸣　乡村数据资源管理与智慧服务研究中心主任

秘　书：冯永忠　乡村振兴战略研究院副院长/乡村振兴学院院长

《蔬菜生产实用技术》
编写人员名单

主　　编：李建明

副 主 编：胡晓辉　赵利民　李鸣雷　陈永生　王　清
刘银泉　丁　明　陈书霞

参编人员：

李建明　西北农林科技大学
丁　明　西北农林科技大学
甄　爱　西北农林科技大学
曹晏飞　西北农林科技大学
马建祥　西北农林科技大学
陈书霞　西北农林科技大学
赵利民　西北农林科技大学
胡晓辉　西北农林科技大学
李鸣雷　西北农林科技大学
陈永生　农业农村部南京农业机械化研究所
刘晓英　南京农业大学
孙周平　沈阳农业大学
刘银泉　浙江大学
王　清　北京市农林科学院
辜　松　华南农业大学
刘厚诚　华南农业大学
张　毅　山西农业大学
张　锋　陕西省生物农业研究所
韩根锁　宝鸡市农业科学研究院
李峻志　陕西省微生物研究所

总　序

民族要复兴，乡村必振兴。乡村是我国食物生产的重要保障基地，是几千年来中华民族从事农业生产、居家生活和文化传承的重要载体，是人类生产系统、生态系统和文化系统交汇的地理单元。党的十九大报告提出了乡村振兴的伟大战略，擘画了乡村振兴的战略目标，提出乡村振兴的二十字总要求，从产业振兴、人才振兴、生态振兴、文化振兴和组织振兴五个维度提出实现乡村振兴战略的路径；2022 年党的二十大报告提出了全面推进乡村振兴战略的重要指示，乡村振兴成为我国建设农业强国的重要战略举措。如何高质量、科学推动乡村全面振兴，夯实粮食安全基础，建设美丽宜居乡村和实现共同富裕，是全党和全国人民面临的共同使命。

乡村是一个复杂的自然、社会和经济系统，长期以来，国内外关于乡村的研究分散在不同的学科之中，如与乡村生产相关的主要是作物学、畜牧学、农业经济学等学科，与乡村住宅相关的主要是城乡规划、风景园林规划等学科，与乡村社会相关的研究主要是乡村社会学等。乡村作为一个集农业生产、农民生活、文化传承为一体的综合地理空间，纵观国内外，并没有将乡村作为一个系统的研究对象，也没有专门将乡村作为一个独立的学科进行系统建设，而是分散在不同的学科领域。如何解决好我国乡村日益增长的美好生活需要和不平衡不充分的发展之间的矛盾？解决乡村发展过程中的产业发展、村庄规划、生态保护、文化传承、社区治理问题，需要集合规划学、作物学、畜牧学、社会学、农林经济管理、农业资源与环境等学科的理论与方法，构建新的知识体系、研究方向和研究方法，这需要在理论上突破、在实践上引领。

农林高校具有人才优势、学科优势和地缘优势，长期扎根“三农”一线，是服务乡村振兴战略的排头兵、先遣队。西北农林科技大学长期以来扎根乡村办大学，是我国布局在干旱半干旱地区的唯一一所农林类综合性大学，践行服务“三农”的重要使命。乡村振兴战略实施以来，学校把助力乡村振兴标杆建设作为学校服务国家战略、践行使命担当的重要战略任务。为此，开展了西北乡村大调查，撰写了调查报告。在此基础上，结合乡村振兴战略的需求和自身学科优势，充分借助世界学科交叉融合的发展趋势，汇聚农、林、水、工、信息和经管的学科优势，结合服务国家乡村振兴战略的使命担当和助力学校乡村振兴标杆建立的目标，提出在交叉学科门类下设立“乡村学”，从学科角度探索系统解决乡村振兴中的复杂问题。2021 年乡村学顺利通过教育部备案，成为第一个以乡村为研究对象的学科。

教材是承载学科知识体系的载体，乡村学创立之后，2022 年学校适时成立了乡村振兴学院，学院组织专人开展了乡村学科学知识体系、研究方向、人才培养体系和模式的系统研究，把教材作为乡村学学科建设和人才培养的重中之重。乡村振兴战略研究院执行院长杨改河教授根据乡村学学科的知识体系、科研方向和乡村振兴各类人才培养知识结构的需求，策划以通识概论类、专业技术类两大类型为主的系列教材和导读丛书，其中通识概论类涵盖了以《乡村学概论》《中国乡村变迁》《乡村文化概论》《乡村治理概论》《乡村生态环境概论》《乡村产业概论》《乡村基础设施概论》《乡村公共服务设施概论》《数字乡村概论》《农业农村现代化概论》等十部教材；《乡村规划学》《乡村环境景观规划设计》《乡村建筑》《乡村绿化》《实用作物生产技术》《畜禽养殖技术》《蔬菜生产实用技术》《干杂果经济林栽培》《乡村干部领导力》《中国乡村治理体系的方针与策略》《农业发展与农业文明》《乡村集体经济建设路径与案例》《乡村财务管理与会计》等二十门专业技术类教材。学院成立了以吴普特校长、杨改河教授为主任的教材编写委员会，制订了教材出版计划，聘任行业专家为教材主编，有组织地开展了教材的编写工作，成熟一本出版一本。

"尺寸课本，国之大者"。西北农林科技大学编写的乡村学系列教材和导读丛书，从教材编写体系、教材内容和目标来看，充分贯彻了党和国家的意志，适应了国家乡村振兴战略的需求，服务于立德树人的教育根本，是学校党委学习和领会习近平总书记给涉农高校书记校长专家回信精神的具体体现，是主动服务国家战略、践行国家使命的重大举措，为高校服务国家乡村振兴战略树立了样板、探索了路径。

杨改河

2023 年 7 月

前 言

乡村振兴是未来一段时间我国农业农村工作的重点任务。产业振兴是乡村振兴的首要任务。蔬菜是一种经济作物,蔬菜产业是具有生产周期短、产量高、产值高、效益高、投资高、技术含量高、劳动密集等特点的农业产业。同时,由于大部分蔬菜贮藏时间短,受气候环境影响大,容易出现周期性和地域性产品过剩或者短缺的现象。蔬菜作物以草本植物为主体,抗逆境能力差,病虫害易侵染,管理技术性强。做好蔬菜栽培季节安排、增强科学管理、加快新品种及现代设施设备与机械装备的推广应用是保持蔬菜产业持续高效发展的基本措施。到 2018 年底,我国蔬菜播种面积约为 3.3 亿亩,其中设施蔬菜面积为 5 600 万亩。陕西蔬菜产业总面积已达到 810 万亩,总产值 500 多亿元,覆盖全省。陕西人民由 20 世纪 70 年代的"油泼辣椒一道菜"的有啥吃啥,到现在的各类蔬菜的吃啥有啥,四季不缺,外销周边省市。蔬菜产业已成为大批农民脱贫致富和部分地区乡村振兴的主导产业。陕西蔬菜也是西北地区面积最大、效益较高的产区之一,是陕西农业"3 + X"的千亿级产业之一。应西北农林科技大学乡村振兴学院的邀请,根据乡村学建设发展规划,结合乡村振兴战略人才培养的需要,组织相关专家编写《蔬菜生产实用技术》。

本教材由 10 章组成,从蔬菜产业发展现状、存在问题和发展方向,到蔬菜育苗、设施建造、设施蔬菜与露地蔬菜生产栽培技术、蔬菜病虫害防治、蔬菜生产机械设备以及蔬菜仓储包装等方面,全面介绍了蔬菜全产业链发展实用技术。我们组织了全国 6 所大学和 3 所研究院所的专业人士参加了本教材的编写工作。第一章绪论由西北农林科技大学李建明教授撰写完成;第二章蔬菜育苗技术由华南农业大学的辜松教授和西北农林科技大学的丁明副教授及甄爱讲师完成;第三章蔬菜生产设施建造技术由西北农林科技大学的李建明教授和曹晏飞副教授完成;第四章蔬菜设施栽培技术由国家大宗蔬菜体系岗位专家,沈阳农业大学孙周平教授、西北农林科技大学的马建祥研究员、陈书霞教授和山西农业大学的张毅教授完成;第五章露地蔬菜栽培技术由国家大宗蔬菜体系试验站站长西北农林科技大学赵利民研究员完成;第六章蔬菜无土栽培技术由国家大宗蔬菜体系岗位专家,西北农林科技大学胡晓辉教授、南京农业大学刘晓英副教授、华南农业大学刘厚诚教授完成;第七章食用菌生产技术由西北农林科技大学的李鸣雷研究员领衔完成;第八章病虫害防控技术由国家大宗蔬菜体系岗位专家浙江大学刘银泉教授和陕西省生物农业研究所张锋研究员共同完成;第九章蔬菜种植机械化设备由农业农村部南京机械化研究所陈永生研究员完成;第十章蔬菜贮藏与包装由国家大宗蔬菜体系岗位专家北京市农林科学院王清老师编写完成。

该教材阅读对象为乡村振兴中从事蔬菜生产从业者、技术人员、产业决策者、参与生产的管理人员和经营人员，力求技术先进性与系统化、实用化于一体，做到语言言简意赅、朴实准确、通俗易懂，达到读后有收获、资料可查询、指导生产有效果的目标。为了提高教材水平，我们尽量组织国内在该领域的专业人士完成教材的不同章节内容，但是由于我们水平有限，时间紧，任务重，教材中内容错误和疏漏之处在所难免，敬请各位学员、读者朋友批评斧正。同时作为本书主编，非常感谢参与编写本书的各位同仁，感谢情同兄弟姐妹的国家大宗蔬菜体系的岗位专家多年来的支持和对本教材编写工作的辛勤付出与无私奉献。作为西北农林科技大学乡村振兴学院教授委员会委员，也感谢乡村振兴学院领导的邀请与厚爱。在社会经济快速发展的今天，蔬菜产业是新时期我国农业产业发展的优势产业，希望本书的出版能为推动我国蔬菜产业发展和乡村振兴作出一定贡献。

李建明

2023 年 1 月 9 日

目　录

第一章　绪　　论

第一节　蔬菜产业在乡村振兴中的作用与意义

一、蔬菜及产业的内涵与外延

什么是蔬菜？蔬菜指可供佐餐的植物总称。蔬菜的食用部分有草本植物的根、茎、叶、未成熟的花、未成熟或成熟的果实和幼嫩的种子；还有少数木本植物的嫩茎嫩芽，如香椿、竹笋等，部分真菌和藻类植物也可作蔬菜食用。蔬菜含有丰富的营养，具有其他食物不可代替的价值。《说文解字》一书对蔬菜的解释是“菜，草之可食者”“蔬，菜也”，可见“蔬”与“菜”是两个异体同义字。《尔雅》中说：“凡草本可食者通名为蔬”。所以，蔬菜是指可以做菜、烹饪成为食品的一类植物或菌类，可提供人体所必需的多种维生素和矿物质等营养物质。蔬菜是人们日常饮食中必不可少的食物之一，是农业生产中不可缺少的组成部分，在中国是仅次于粮食的重要副食品。现代蔬菜及食品专家认为，凡是栽培的一年生、二年生或多年生草本植物，包括部分木本植物和菌类、藻类，具有柔嫩多汁的产品器官，可以佐餐的所有植物均可列入蔬菜的范畴。

蔬菜的定义有广义和狭义之分：广义的定义指凡是可供佐餐的植物统称为蔬菜。主要包括一年生、二年生、多年生的草本植物，还包括一些木本植物，也包括藻类植物和食用菌类等。狭义的定义是指具有柔嫩多汁的产品器官作为菜食的一年生、二年生及多年生的草本植物称为蔬菜，即常见的一般蔬菜。

因此，我们可以定义蔬菜为：凡是以柔嫩多汁的器官作为副食品的一年生、二年生及多年生的草本植物，少数木本植物、菌类、藻类、蕨类等，统称为蔬菜。有人把调味的八角、茴香、花椒、胡椒等也作蔬菜。蔬菜是人类不可缺少的生活资料，是人们日常生活必需的副食品，同时又是特殊的鲜活农产品。蔬菜产业在中国农业和农村经济发展中具有独特的地位和优势，在种植业中最具活力。

二、蔬菜的主要特点

（一）蔬菜生产特点

蔬菜生产不是简单的蔬菜栽培，而是一个完整的生产过程，其包括市场考察、生产计划制订、生产资料准备、栽培管理、采后处理等系列过程。概括起来，蔬菜生产具有以下特点。

1. 蔬菜生产的季节性强

这主要由蔬菜栽培的季节性所决定。不同的蔬菜对栽培环境的要求不同,其适宜的栽培季节也不同。

2. 蔬菜生产水平受当地生产条件所限制

蔬菜生产条件包括人力资源、物资供应、设施条件、农业机械化水平等。一定数量的专业技术人员、性能优良的栽培设施和较高的机械化管理水平,以及供应充足、优良的种子、化肥、农药等是高水平蔬菜生产所不可缺少的条件。

3. 蔬菜生产具有明显的市场性

主要表现为:一是蔬菜的品种类型、种植面积会随市场需求的变化而变化;二是蔬菜生产资料的供应状况也受当地农业生产资料货源状况的影响;三是蔬菜的销售价格及生产效益受到当地蔬菜市场价格和销售量的影响。

4. 蔬菜生产的技术性强

蔬菜主要以鲜菜上市供应,其产品的大小、形状、色泽、风味等对价格和销量的影响较大,要求产品优质、高产。因此从田间管理到采后处理等,均需按照一定的技术规范进行操作,技术性强,用工较多。

5. 蔬菜生产必须符合国家颁布的有关要求和规定

蔬菜作为主要副产品,其质量的好坏直接关系到人们的健康。因此蔬菜生产过程和产品质量必须符合国家颁布的有关标准和规范。

(二)蔬菜生产与供应特点

蔬菜生产与市场均衡供应大体分 4 个阶段:就地生产、就地供应——就地(适地)生产、就近供应——全国统筹安排、均衡供应——国际间调剂。目前中国的蔬菜生产与供应处于第二、第三阶段。

随着人们对蔬菜数量和品质要求的不断提高,蔬菜生产除露地栽培外,设施栽培也有不少新的进展,如促成栽培、早熟栽培、延后栽培、越夏栽培、软化栽培、无土栽培和工厂化栽培等,以达到优质蔬菜周年均衡供应。在蔬菜采后处理发展中,需要长途运输,蔬菜采后生理、贮藏加工等学科相继发展。加工蔬菜消费量的多少,成为一个国家蔬菜生产发达程度的标志,并形成了专门的加工蔬菜生产基地。贮藏加工蔬菜的发展,又促进了蔬菜生产的发展。

蔬菜生产类型按蔬菜生产的不同目的、经营和专业化程度来划分其生产类别。主要分为以下 3 点。

1. 自食性蔬菜生产

以自产自销为主的生产,其栽培面积小、分散、精耕细作、产量高、品质好,也兼有供应调节市场的作用。

2. 商品性蔬菜生产

以供应城镇、工矿企业居民和外运、出口等。其中有专为城市工矿区蔬菜生产、远运蔬菜生产和特产蔬菜生产。中国的华南、华北、西北、西南地区均有不少远运蔬菜生产基地。各地有名特蔬菜生产,如章丘大葱、苍山大蒜、兰州百合、湖南邵东黄花菜、宁夏固原菜薹菜心等，并形成名特蔬菜生产加工系列产品。

3. 专业化蔬菜生产

生产设施、经营方式、栽培管理都围绕一类或一种蔬菜的生产类型，具有较高的专业化程度和技术水平。如以生产加工蔬菜为原料的蔬菜生产，加工菜有咸菜、酱菜、脱水菜、速冻菜、菜汁等；以培育蔬菜幼苗供应生产单位的生产类型；还有专门生产蔬菜良种种子的生产类型。

三、蔬菜产业发展模式及营销策略

（一）“农业＋文化＋旅游”蔬菜新型产业链

汉寿是传统的蔬菜种植大县，也是全国 580 个蔬菜重点县之一，素有“北寿光、南汉寿”之美誉。全县蔬菜播种面积 40 多万亩，年产量近 150 万吨，产值 18 亿多元，占农业总产值 30% 以上。为提高农产品质量安全水平，保障县域“菜篮子”产品长期稳定供给，以绿色可持续发展为基础，以农民增收为核心，以产业化经营为目标，汉寿县农投发放农村土地流转和土地规模经营贷款 2 亿元，用于建设宜耕化蔬菜示范基地、中联重科智慧农机种植基地、农耕文化研学基地等。项目总用地面积 28 994 亩，项目的顺利实施构建了“一园三片”的绿色高质高效新格局。“一园”即国家特色蔬菜展示园；“三片”即露地蔬菜示范片、水生蔬菜示范片和设施蔬菜示范片。

创新路径，巧使“链条＋连环招”集成一项“全环节”绿色高质高效栽培技术模式。通过联合蔬菜专业合作社、种植大户等形式，积极推广优良品种，配合机械化播种、机械化移栽，集成一项绿色环保、资源节约、生态平衡的标准化技术模式，提升蔬菜绿色高质高效创建技术水平。

构建一个“全过程”社会化服务体系。以汉寿蔬菜产业协会为主体，以汉寿县农技推广中心院士工作站为技术支撑，联合各蔬菜专业合作社、蔬菜加工企业、家庭农场和蔬菜种植大户，大力推行“五统一”，探索应用“互联网＋”现代农业种植技术，提高全县蔬菜生产专业化、规模化、信息化程度。创建区机耕、机播、机栽整体水平较非创建区高 5% 以上，蔬菜产量和质量实现双提升。打造一个“全链条”产业融合模式。

大力推行“龙头企业＋创建区”“合作社＋创建区”等经营模式，以蔬菜加工企业为龙头，推广优质加工专用蔬菜品种；以蔬菜合作社为龙头，推广优质外销出口专用蔬菜品种。公司、合作社与菜农签订种植协议，推动订单种植和产销衔接，示范区订单生产面积达到 100%。同时，打造汉寿县蔬菜文化公园和特色蔬菜研究示范基地，开展农业观光旅游、蔬菜文化。

全县积极推行推广宣传、农事体验、科普教育和科研等为一体的“三产”融合模式，努力以提升蔬菜产业融合水平来引领一个“全县域”绿色发展方式。落实好“控肥增效、控药减害、控水降耗、控膜减污”，引领绿色生产原则，使得示范区化肥、农药使用量连续双降，灌溉水有效利用系数提高到 0.6，地膜回收率达到 100%。

通过对蔬菜进行深加工，提升农产品附加值，打响了汉寿特色蔬菜品牌。同时对辣椒、茄子等蔬菜采用冷链物流，让蔬菜“鲜”到底。创造良性农业生态环境。项目以高效化生产为前提，最终实现项目区蔬菜产业的持续高效发展，蔬菜的种植过程基本不使用化学药剂和农用化肥，可大大改善周边的生态环境，从而把环境污染降到最低限度，还有效提高了蔬菜的品质。同时，其显著稳定的经济效益，确保菜农种植户所需良种得到保障，从而激发农户种植蔬菜的积极性，有效推动县域农村经济的发展，促进区域内人口脱贫致富。项目覆盖范围内，原有贫困人口约 3 500 人，贫困人口虽然都有土地，但大多数是由于缺少劳动力、致富项目少和科技致富的本领不强等原因而导致贫困。

在农发行信贷资金支持下，通过合作经营，统一耕作、统一管理、统一销售，有效地利用较少的土地创造更大效益，解决了大部分贫困人口缺少技术的问题，从而达到合力增收脱贫致富的效果。同时可为当地的交通运输、商业、住宿、饮食等行业提供广阔的市场，增加周边村组农户就业岗位 500 个，吸引外出青壮年回乡务工，推动当地经济全面发展。

（二）以批发市场为中心的蔬菜物流发展模式

蔬菜产业是一种市场化程度很高的产业，蔬菜物流对其发展起着十分重要的作用。蔬菜生产的地域性、季节性及蔬菜产品的易损易耗性、时令性、保质保鲜的困难性与蔬菜消费的普遍性、全年性、新鲜性间的矛盾，决定了蔬菜产业的发展对物流的依赖程度很高。同时，蔬菜物流业作为把物流资源产业化而形成的一种复合型产业，具有突出的价值创造功能。

随着彭州蔬菜产业规模化、专业化、商品化的大力发展，蔬菜物流也快速发展起来。目前，彭州蔬菜物流大体呈现以下两种模式。第一种为“以批发市场为中心的蔬菜物流模式”，即蔬菜产地的农户、贩运商把蔬菜运销到批发市场出售给外地客商，再由外地客商把蔬菜出售给本地零售商，由零售商最后把蔬菜出售给消费者的这种物流模式；第二种为“产地＋超市蔬菜物流模式”，即蔬菜产地的蔬菜物流不经过批发市场，直接依托“订单”的方式把蔬菜供应给蔬菜加工、储藏或销售企业，再由这些企业把蔬菜供应给超市和消费者的这种物流模式。在第二种蔬菜物流模式中，有的以加工、储藏或销售企业为主导，使产地的蔬菜产品以“订单”的方式直接供应给蔬菜加工或销售企业；有的以连锁超市集团的生鲜配送中心为主，通过现代物流信息系统来实现与产地和各个销售终端蔬菜配送的快速反应。

在彭州以批发市场为中心的蔬菜物流过程中，主要以众多的小规模农户和贩销户承担蔬菜从田间到批发市场的初始物流。据调查，该市场有 75% 以上的是蔬菜种植户，他们把自家的蔬菜运到批发市场销售；另有 25% 是自己不种植的蔬菜贩销户，其中又以居住在本地、本村的贩运户为主，他们凭着对本村蔬菜生产状况的了解和熟悉的人际关系优势，直接从菜农手中采购蔬菜然后运至批发市场销售。这些人每天从早上四五点钟开始，载着大批蔬菜进入批发市场等待开市成交。进入批发市场的蔬菜大部分是不经过任何包装直接散运的，在批发市场上经过成交转让给销地批发商、外地贩运商之后，一般凭借自身的经验要经过比较简单的分级、包装，而从批发市场购入蔬菜的储藏加工企业仅占很少部分。在彭州批发市场中活跃着一批中介人，他们既是蔬菜交易的核心人物，掌握着大量的客户资源，帮助买者和卖者成交，同时又是蔬菜实现快速物流的信息提供者和引导者，他们对包装材料提供商、运输提供商、装卸搬运工人、冷库、保鲜库等信息资源掌握得非常清楚，并有一定的合作，只要客户有需求，均可以对其进行帮助并从中收取一定的中介费。彭州批发市场中的交易和物流活动，正是由于中介人的巨大推动作用，使大批蔬菜在短时间内实现集散交易，效率也比较高。

由于蔬菜尤其是大宗蔬菜的单位价值低，具有易腐易烂、消费即时性的特性，而大众消费对价廉的大宗蔬菜消费仍占有主导地位，加之批发市场本身具有辐射范围大、信息集中、客户集中、交易规模大等功能，这使得以批发市场为中心的物流模式仍具有交易效率高、灵活性大的特点。同时，批发市场的规模性为物流功能的分工和开发创造了有利条件，使批发市场对冷藏、保鲜、包装等物流需求也会呈现出一定的规模性。可以预料，在未来一段时期内以批发市场为中心的蔬菜物流模式的主导地位还难以动摇。

（三）收敛型生产营销

日本土地资源稀缺，交通和物流配送发达。其绿色蔬菜产业主体包括菜农、工厂化的绿菜生产企业、流通企业、行业中介以及政府和消费者，经历了从“就地生产，就地供应”到“分散生产，集中供应”的发展过程。日本的绿色蔬菜产业属于劳动密集型产业，主要通过标准化生产、专业化技术和商业化流通运作保证国内居民消费需求，规模效益显著。

（四）发散型生产营销

美国蔬菜产业走的是一条从“就地生产，就地供应”到“集中生产，分散供应”的发展之路。这归因于美国绿色蔬菜产业属于资金密集型产业，主要通过标准化生产、大量资金投入和市场化运作与政府配套保护政策相结合的方式来提高产品竞争力，同时满足国内外的消费需求。此营销方式非常突出的是农场主市场经验丰富，行业分工协作，有效降低了成本和风险。

（五）专业化生产营销

荷兰设施农业发展很快，蔬菜出口量占农产品出口量约1/3，被誉为“欧洲菜园”。其蔬菜自给率超过210%，得益于荷兰建立的社会化的需求、生产、销售系统，实现了生产专业化。仅海牙地区的温室面积就占耕地面积的50%以上，其中海牙蔬菜育苗工厂一年生产菜苗2亿株，平均每人生产300余万株，属于劳动密集型产业。

（六）龙头企业一体化营销模式

这种营销模式往往是由一个较大的绿色蔬菜专营企业与分散的蔬菜生产农户签订合同，由公司提供种苗、技术等服务并按合同保护价收购产品，农户则按合同生产。整个营销过程中，从生产、加工、运输、销售、服务各个环节都表现出企业主体的特点，责、权、利清晰，系统的运营协调能力强。如我国成功的农业产业化的温氏模式、河南龙云集团就属此类。

这种模式要求龙头企业拥有较大资金、技术、销售渠道实力，目前许多地区盲目效仿，用贷款资金等催生出的企业甚至会在一夜之间消失，仅仅成为政府政绩上的昙花一现。只有通过政府扶持或现代资本运营的长期培育，这种蔬菜产业的“航空母舰”才能正常出航。因而，短期内只在我国局部地区具可操作性。

（七）纵向一体化营销模式

通过菜农的专业化和标准化生产，由独立加工企业加工，再交给专业运输单位向流通大户或批发零售单位送货，最后到达消费者手中是这种营销模式的运作过程。每一个生产环节由独立的企业或个人经营，手续繁杂、流通环节多、流通速度慢且利润分享者多是其缺点。但是在这种模式下每一个生产环节的企业相对资金压力小,资源配置较优。由于各个生产环节的独立企业不是依据市场需求来确定规模,所以某个相对稀缺环节的企业规模就成为纵向一体化营销规模效益的"瓶颈",在我国突出表现为流通渠道发展滞后和加工企业技术单一。

这种模式主要靠信誉约束,风险多由农民承担,利润分配以流通大户为主,一旦流通户违约,农民的损失将不可避免。但该模式构筑简单,见效快,对解决目前市场上"卖难"问题的效果立竿见影。在现有产业发展初期会在全国范围内普遍存在,并很快使流通大户积累原始资金,对产业规模扩大有一定的基础作用。

(八)深度营销模式

传统蔬菜营销渠道是菜农→批发商→零售商,无论任何一方发生问题,都直接影响到产品效益的实现。而发展以价值链的重新分配或实现更大产品增值为基础的多种营销渠道,来应对日益激烈的市场竞争对原有客户的重新分配,是深度营销模式的主要思路。它从每一个可能的价值增值点出发,用利益增长作为激励,使产业链的不同生产环节找到共同利益增长点,从而结合得更加紧密。

发展深度营销适用于在行业内有一定口碑的、有一定规模和经营历史,意欲做大做强的企业,不仅仅是横向一体化的龙头企业(如伊利集团在新疆乌鲁木齐市建立多家绿色食品社区店,通过"伊利"品牌在消费者心目中的绿色形象,在这里销售的绿色蔬菜销量稳定增长),同样包括纵向一体化中专业化的中小企业(如珠江三角洲许多专做香港物流配送的货柜企业兼职绿色蔬菜农业经纪人,为菜农打开香港市场提供便利,同时也提高了自身收益),是一种营销模式的更高层次的发展。

(九)特色营销模式

从理论上分析,每一个细分市场对应唯一一条专门适用的营销渠道,在产品需求存在具体差异的前提下,也就是说没有哪一条渠道可同时适用于一个以上的细分市场。由于蔬菜的品种、质地、生产周期和口感等千差万别,消费需求的差别就形成了不同的细分市场。如通过网络、酒店等渠道可实现绿色蔬菜高端市场的销售,通过超市、专业市场、连锁店等渠道可实现低端市场消费,通过净菜加工、专业配送可实现中端市场的销售等。

该模式要求根据市场细分确定目标市场,结合自身条件组织独具特色的营销方式,针对特定需求层次的消费群体,在提高产品内涵的同时,采用创新的特色营销,保持稳定的消费导向和持续的市场份额的扩大。如广东省"我的田野"牌系列绿色蔬菜专门定位于茶楼酒店,运用CI设计,企业从经理到一般员工在所有公众场合,必须统一穿着代表公司形象的绿色工装和绿色运动帽,随时宣传,同时对所有初次使用产品的企业,享受一周的免费试用,用量自定,数量品种不限,但不允许倒卖或倒掉。凡是体验过这种特色营销的企业,现在都已成为其稳定的客户,许多商家也慕名来签约。

(十)组织创新型营销

组织创新型营销就是对现有市场存在的销售空白,分析其发展潜力,利用或传统或现代的多种手段实现灵活多变的营销。要求企业要管理强,眼光准。如深圳市布吉农副产品批发市场就是利用农贸市场的企业管理空白，创造出调控供求、反馈信息、服务客户的“布吉模式”。通过企业办市场的不断创新，吸引全国各地用户加入。它所组建的深圳市农产品股份有限公司现已发展成为一个集农产品生产、加工、包装、储藏、运输以及现货批发、拍卖、直销、配送、期货、进出口贸易等多功能纵向一体化的运营体系。

第二节 我国蔬菜产业的发展现状及存在的问题

一、我国蔬菜产业发展现状

蔬菜是人类日常生活中必不可少的重要食品。蔬菜以鲜活产品供应市场，不耐贮运，其周年供应必须靠周年生产来实现。我国幅员辽阔，人口众多，对蔬菜需求量大，宜采取就地生产、就地供应为主，适地生产、长途运输为辅的途径，来满足全国各地的蔬菜需求。

(一)从种植生产角度

中国蔬菜的种植面积和产量呈上升态势，且单产水平有所提高，山东省蔬菜种植面积、产量、产值等指标常年位居全国前列。2020 年，全国蔬菜种植面积约 $2.13\times10^7\ hm^2$；产量约为 7.22×10^8 t，较 2019 年增长 0.14%，其中，商品产量 5.50×10^8 t，较 2019 年增长 0.3%；受疫情影响，国内消费量略有下降，为 5.38×10^8 t，全年人均鲜食消费量 92 kg。

目前，蔬菜生产整体上供大于求，存在结构性、季节性、地域性过剩现象，国内外市场竞争日趋激烈。随着人们生活水平的提高，消费者日益重视蔬菜供给的品质和安全，市场对于无公害、有机蔬菜的需求日益强劲。

(二)从外贸角度

中国蔬菜主要进口品类为蔬菜种子，其次为辣椒、马铃薯、甜玉米、胡椒和豌豆等产品，整体规模不大，主要用途是种用、特色品种调节和加工。

主要进口来源国家/地区有印度、美国、越南、新西兰、土耳其、泰国、印度尼西亚、丹麦、日本、智利等；主要进口地区为江西、广东、浙江、云南、北京、福建、上海、辽宁、江苏、山东。

出口优势品种包括大蒜、蘑菇、木耳、番茄、辣椒、生姜、洋葱、胡萝卜及萝卜等。

主要出口销往地为日本、越南、韩国、中国香港、马来西亚、俄罗斯、泰国、印度尼西亚、美国、荷兰等国家和地区。

主要出口地区为广东、山东、福建、浙江、江苏、天津、上海、辽宁、广西、四川。

2020 年，中国蔬菜贸易顺差收窄至 138.9 亿美元，大蒜出口量、出口金额增加，主要出口至印度尼西亚、越南、美国；进口规模最大的产品为干辣椒，主要进口自印度。

(三)从企业及品牌角度

蔬菜种子的上市企业有隆平高科、农发种业、登海种业等，其中隆平高科公司还是亚洲最大的蔬菜种子集散地；常年上榜国产蔬菜优势品牌的企业以国家级农业产业化龙头企业、现代化大型企业为主;特色蔬菜与品牌不断增加,但发展中仍存在品种混乱、种植分散粗放、产后商品化处理能力差等问题。

(四)从设施蔬菜快速发展角度

受北方地区冬季寒冷干燥、南方地区夏季高温多雨等气候条件的制约,历史上北方地区冬春季和南方地区夏秋季蔬菜生产困难,曾长期困扰我国蔬菜的周年均衡供应。因此,要实现就地生产,需要在不适宜露地蔬菜种植的季节,利用日光温室、塑料拱棚、遮阳棚、网棚等设施,创造适宜蔬菜生产的环境条件,进行设施蔬菜生产。

近年来,随着我国国民经济发展水平的不断提高,人们的生活质量也得到了明显的改善,对饮食餐桌文化方面的要求也越来越高。设施园艺是现代农业和园林艺术相结合的形式,其充分利用大棚、温室等现代化技术手段,改善蔬菜、花卉、水果等作物的生长条件,充分调节水分、光照、热量,面向广大消费市场对一些蔬菜、水果进行反季节生产,不仅满足了人们的消费需求,而且促进了我国农业生产的发展,让农业生产不再受气候、土壤的影响。与露地种植相比,设施园艺通过对生产环境调控从而大幅度提高单产效益,产值则比露地生产提高 3 ~5 倍。日光温室全国平均产投比为 1∶2.62,以北方中部地区最高,为 1∶3.17,北方西部地区最低,为 1∶2.05;塑料大棚全国平均产投比为 1∶2.63,南方地区最高,为 1∶3.63,北方中部和东部地区相差较小。设施园艺的迅速发展,创造了近 7 000 万个就业岗位,为园艺产品的均衡稳定供给、农民的持续增收、农业现代化水平的持续提升作出了巨大贡献。

经过 30 多年的发展,我国设施蔬菜产业取得了巨大成就,形成了节能、低碳、低成本的独具特色的发展道路。2017 年,我国蔬菜产业继续平稳发展。蔬菜产业规模稳中有增,2017 年蔬菜播种面积 19 981 千公顷,同比增长 2.1%。由于蔬菜种植面积增长,2017 年多数月份蔬菜价格处于低位。全国农产品质量安全例行监测结果显示,2017 年全年未出现重大蔬菜质量安全事件,表明蔬菜质量安全状况稳定。2017 年蔬菜出口量额双增,蔬菜出口总量共计 1 095.2 万吨,同比增长 8.5%,出口总额 155.2 亿美元,同比增长 5.4%。2017 年我国蔬菜贸易顺差高达 149.7 亿美元,同比增长 5.5%。2018 年蔬菜总体局势蔬菜种植面积稳中有升,蔬菜价格波动较大,种类价格波动最大,例如春季番茄及辣椒价格较高,秋季辣椒价格显著下降等问题突出。与此同时,我国蔬菜产业仍存在一些问题,主要体现在:品种局部性滞销、部分地区菜农种植意愿下降、灾害性天气影响较大、质量安全隐患依然存在、“用工难,用工贵”现象益发明显等。

二、发展成效巨大

(一)保障了蔬菜周年供应

目前全国设施蔬菜面积 5 700 多万亩,产量 2.6 亿多吨,占蔬菜总产量的 1/3。设施栽培的主要蔬菜种类包括茄果类、瓜类、豆类、甘蓝类、白菜类、葱蒜类、叶菜类、多年生类、食用菌类等 10 余大类的上百种。设施蔬菜产业的发展为缓解冬春淡季蔬菜供需矛盾、我国蔬菜周年均衡供应提供了重要保障。

(二)促进了农民增收

设施蔬菜产业的技术装备水平、集约化程度、科技含量以及比较效益都很高,目前投入产出比可达1:4.5,是一个高投入、高技术集成、高产出的产业。设施蔬菜单位面积产值是大田作物的25倍以上,是露地蔬菜的3~5倍,因此,从事设施蔬菜生产的农民人均年收入显著提高。设施蔬菜在保证农民持续增收方面发挥了重要作用。

(三)带动了城乡劳动力就业

设施蔬菜产业是劳动密集型产业。据调查,在农户间互换帮工的情况下,每个劳动力可经营0.10~0.13 hm^2设施蔬菜,全国5 700多万亩设施蔬菜至少可解决2 700多万人就业。同时,带动了农资、建材、温室制造和商业物流等相关产业发展,提供了近7 000万个就业岗位,为各地妥善缓解城乡就业压力作出了重要贡献。

(四)提高了资源利用效率

我国南方地区采用避雨栽培,可以在夏季高温、高湿季节进行蔬菜生产,提高了设施和土地的利用率。设施蔬菜使北方冬闲变冬忙,其中日光温室可在-28℃以上地区不加温全季节生产蔬菜,充分利用了太阳光能和土地,大幅度提高了能源和土地等资源利用率。特别是设施蔬菜生产对荒坡荒滩等非耕地的开发利用,为我国解决食品安全问题开辟了新的重要途径。

三、发展特色明显

(一)以低碳节能生产为主

基于经济基础较弱、消费水平偏低、能源短缺等基本国情,我国设施蔬菜选择了一条低碳节能的发展道路。独创的高效节能日光温室蔬菜配套栽培模式与技术,在冬春日照百分率≥50%、最低温度-28℃的地区,可常年不加温生产喜温蔬菜。这种节能日光温室与我国传统加温温室相比,平均年节省标准煤375 t/hm^2以上,全国95万余公顷节能日光温室每年可节省近36 000万吨标准煤,相当于减少了83 000余万吨二氧化碳、270余万吨二氧化硫、230余万吨氮氧化物的排放量。与现代化加温温室相比,其节能减排贡献额还要提高2~4倍。在全球携手应对气候变化挑战的今天,此项温室节能技术,受到国际相关学者和业界人士的高度关注。

(二)以低成本简易设施为主

我国蔬菜价位偏低,农民投资能力弱,蔬菜设施多以造价低的简易设施为主。如目前用于蔬菜生产的近170万公顷塑料大中棚,大部分为简易型棚架结构,没有抗灾能力与环境调控能力。目前,虽然已经发展了部分钢骨架结构日光温室,但墙体仍以土墙为主。

(三)以多种茬口果菜栽培为主

我国设施类型多样,为节省能源,主要按设施结构性能安排适宜茬口和蔬菜种类。节能日光温室的温光性能能够满足喜温果菜安全越冬生产,多采取一年一大茬的长季节栽培；普通日光温室的温光性能难以满足喜温果菜安全越冬生产，多采取早春和秋冬两茬栽培；夏季凉爽和冬季温暖地区多采取日光温室冬春茬和夏秋茬果菜栽培；塑料大中棚除华南和江南部分地区可通过多层内保温覆盖进行果菜长季节栽培外，其他地区多实行春提前和秋延后两茬栽培。

四、发展问题突出

（一）缺乏科学统一规划

设施蔬菜发展的统筹规划与科学引导不足。各地设施蔬菜产业发展的盲目性和随意性较大，设施类型、栽培制度、作物种类、栽培技术等缺乏区域特色，比较优势不明显。一些设施蔬菜生产园区规划设计不科学，田间布局不合理，水电路不配套，生产效益不高。设施设计与建造缺乏标准，同一地区设施类型和结构五花八门，一些地区盲目照抄照搬其他地区设施结构类型，未能按照当地的地理位置和环境进行设施结构科学设计，日光温室采光、蓄热和保温设计及建造不合理，室内环境不理想。

（二）环境调控能力不足

设施结构普遍比较简陋，设施环境调控仍多以人工为主，缺乏环境自动调控，总体环境调控能力较差。设施结构及其环境调控的现状，不仅制约了设施蔬菜的规范化和标准化生产，而且导致频发的冷、冻、风、雪、涝等自然灾害影响了设施蔬菜生产的稳定性。

（三）土壤连作障碍严重

随着设施蔬菜连作年限增加，特别是肥水管理不科学，导致设施蔬菜土壤连作障碍越来越重。一方面，土壤酸化和次生盐渍化加重，一些地区土壤 pH 已降至 5.0 以下，土壤 EC 值超过蔬菜发生生育障碍临界值的 2 倍，微量元素缺乏，生理病害趋重，蔬菜产量和品质降低。另一方面，设施蔬菜病虫种类增多，新病虫害或疑难病虫害不断出现，加大了蔬菜病虫害安全防控难度，导致病虫害发生重、用药多、防效差，严重影响产量、品质和安全性。

（四）生产效率普遍较低

一方面，设施蔬菜专用品种不足，集约化育苗的供苗率低，优质高产高效栽培技术体系不完备，缺乏适合不同地区和不同设施类型与栽培模式的蔬菜栽培量化技术标准，设施蔬菜产前、产中、产后服务体系不完善，技术推广到位率不高，导致蔬菜产量和品质低。另一方面，蔬菜生产机械化水平低，劳动强度大，经营规模小，产业化程度低，导致劳动生产率低。一家一户设施蔬菜生产与大市场尚未形成有效衔接体系，也导致产品营销效益低。

五、蔬菜优势区域布局

近年来，我国蔬菜呈现出生产面积稳步增加、栽培范围不断扩大、生产效益明显提升、管理水平逐步提高的良好势头。我国设施面积稳居世界第一，无论是设施占地面积还是播种面积都有了一定的增加，2020 年，我国蔬菜种植面积达到 2322.1 万公顷，设施蔬菜面积为 257 万公顷，产值达 1 万亿元，设施园艺为乡村居民提供就业岗位 7 000 个以上。根据

《全国蔬菜产业发展规划(2011—2020 年)》,全国设施蔬菜产业正在向重点区域聚集,新增的设施主要以塑料大棚和节能日光温室为主,区域化分布日趋合理,产业结构不断优化。其中,环渤海湾及黄淮地区是我国设施蔬菜主要产地,占蔬菜种植总面积的60%;长江中下游地区蔬菜种植占总面积的20%;近年来,西北地区设施蔬菜发展迅猛,目前已占蔬菜种植总面积的10%。北方地区设施蔬菜栽培以高效节能的日光温室为主;南方地区则多采用塑料大棚多重覆盖以及夏季简易设施栽培;一些经济发达地区或企业也发展了一些现代化温室。此期间还研发了多种类型、性能各异、用途广泛的配套设施及栽培技术体系,如新型加温与保湿设施、降温设施、遮阳设施以及灌溉设施、无土栽培、节水灌溉、二氧化碳增施装备等。这些新设施、新装备和新技术的应用与推广有力地提高了设施蔬菜产业的机械化水平,推动了产业的健康发展。此外,近年来我国在设施蔬菜立体栽培、蔬菜树栽培、植物工厂等方面进行了积极探索,并取得一些重要进展,满足了人们对设施蔬菜产品新奇特和观光休闲的要求。

中国蔬菜产业布局演化中呈现出以下 3 个特征:

(1)蔬菜生产区域化特征明显,逐步向优势区域集中。我国蔬菜生产基地逐步向优势区域集中,形成华南与西南热区冬春蔬菜、长江流域冬春蔬菜、黄土高原夏秋蔬菜、云贵高原夏秋蔬菜、北部高纬度夏秋蔬菜、黄淮海与环渤海设施蔬菜等六大优势区域。

(2)冬春季节蔬菜生产由南部、中部向北部逐渐推移。长期以来,受气候条件的制约,我国蔬菜生产的季节性、结构性矛盾突出,特别是冬春季节蔬菜生产主要集中于南部和中部地区。随着设施技术尤其是节能日光温室的快速发展,实现了在北纬 33°~43°地区,冬春不加温可以生产喜温蔬菜,蔬菜生产区域由南部、中部向北部逐渐推移,提高了冬春季节蔬菜均衡供应能力。据 2012 年底农业农村部的信息,北方 15 个省、区、市蔬菜设施面积达到3 460 万亩,黄淮海与环渤海设施蔬菜优势区冬春季节蔬菜调出量已超过南菜北运基地。

(3)大中城市周边蔬菜生产面积萎缩,蔬菜生产由城郊向农区转移。由于工业和城市用地剧增对菜地的挤压,以及生产投入要素成本的上升,大中城市蔬菜的供给从农区为辅变为以农区为主,我国大中城市近郊的蔬菜播种面积持续下降,蔬菜自给能力下降。

六、科技创新

(一)科技创新概况

我国开展了设施蔬菜科技的系统研究:一是以节能为核心,消化吸收和改造国外连栋温室蔬菜生产技术,虽已经实现了国产化,但在节能改进方面效果不大;二是研制出新型高效节能设施蔬菜生产模式与技术体系。其主要科技创新有:园艺作物栽培技术、集约化育苗、无土栽培、土壤生态修复、作物逆境调控、作物生长模型。设施园艺园区管理、温室能源利用、无土栽培技术、水肥一体化技术、人工补光技术、二氧化碳施肥技术和设备等。同时对光伏温室、物联网设施园艺、植物工厂等新技术手段的研究与探索已经取得进展。

(二)种苗工厂化生产技术

种苗工厂化生产关键技术,已初步实现了种苗的产业化生产。比如,针对番茄、黄瓜、辣椒等市场需求量比较大的重要果菜，建立工厂化育苗标准体系。同时要对各种育苗载体进行研究，发展新型高分子树脂容器结合 CO_2施肥等微繁殖技术。通过对种苗工厂化生产水分控制技术、施肥管理技术、环境调控技术等的应用，能有效提高种苗的质量和产量。在对瓜类、茄果类蔬菜进行嫁接苗生产时，则要积极研究新的嫁接砧木技术、嫁接新技术等，使其能够自动识别砧木和接穗的空间。此外，根据国内设施蔬菜的生产发展情况，研究适合其发展的嫁接机器人，可将嫁接成活率提高到 90% 以上。

（三）温室结构优化设计及环境控制技术

在温室结构方面主要进行了在减少日光温室中墙体或不需要墙体的前提下，提高室内的采光和保温性能。同时，研发大跨度的日光温室自动化全季节安全利用技术，则能有效提高空间利用率，减少蔬菜发生病虫害的概率。研究开发了大跨度拱棚结构，有效提高了土地利用率和劳动生产率。设施环境调控在蔬菜生产中起着重要作用，适宜的环境和正确的调控技术是设施蔬菜生产顺利进行的有力保证。由于我国的设施相对较为简陋，环境可控性差，设施蔬菜生长过程中不同程度存在一个亚适宜环境问题。因此，设施蔬菜的抗逆机制及其抗逆栽培技术是一个研究热点。设施环境调控的一个重要进展是智能化程度的提高，在该领域开展了较多的探索。新型通风控制系统及操作模式的研究，并建立自动化日光温室降温系统，随时调节室内通风和温度，将温室中的湿度和温度保持在合理范围内，从而促进蔬菜的生长。

（四）设施蔬菜“3 +2”技术体系

设施农业“3 +2”技术体系是指新型设施结构、水肥一体化、基质栽培、病虫害生物源农药防治及碳基营养等技术形成的设施蔬菜高效生产技术体系。一是新型大跨度双拱双膜保温大棚，该设施结构具有空间大、成本低、土地利用率高和便于机械化作业等优点；二是基质栽培技术，利用农业废弃物解决了土壤病害和连作障碍问题；三是设施蔬菜水肥一体化技术，实现了精确灌溉和施肥，具有节水、节肥、节药、节地和省工、改善土壤及微生态环境的优点；四是设施蔬菜病虫害综合防治技术，利用生物源农药、诱虫灯和黄板等，并协调设施环境调控来减少病虫害发生，达到优质、高产、高效和绿色的目的；五是植物碳基营养肥料技术，依据活性有机物与无机物的配位增效理论，开发出新型碳基营养肥料，实现了作物优质高产、营养与健康同步和用地养地相统一的目的。设施农业“3 +2”技术是国务院有关农业“一控、两减、三基本”政策的全面贯彻与落实，使设施农业规模化程度、机械化程度、土地利用率及劳动效率显著提高，实现了水分高效利用、化肥施用量显著减少、作物秸秆与畜禽粪便等农业废物循环利用、产品品质大幅度提高的目标。2017 年 7 月 10 日，国务院原总理李克强冒着酷暑，在杨凌职业农民创业创新园参观了生产现场。设施农业“3 +2”技术已在陕西、甘肃、青海、宁夏等地推广应用。

（五）设施蔬菜病虫害抗性机制与防治技术

设施生产因环境高温高湿、通风性较差、种植密度大等特点，更容易遭受病虫害的侵害。以烟粉虱为传播媒介的番茄黄化曲叶病毒（Tomato yellow leaf curl virus，TYLCV）病近年来在我国由南向北迅速扩张，危害加剧，造成番茄大面积减产甚至绝收。我国科学家通过杂交育种培育出多个抗 TYLCV 的番茄品种。Shi 等研究发现烟粉虱 Q 可降低 JA 含量，降低蛋白酶抑制因子活性，下调 JA 相关基因表达从而降低番茄对 TYLCV 的抗性。lncRNAs 是一类被识别的新型调控因子，Wang 等预测了番茄 1 565 个 lncRNAs，确定了参与番茄黄化曲叶病毒侵染的 lncRNAs，并发现 lncRNAs 在番茄对 TYLCV 的抗性中具有非常重要的作用。此外，烟草花叶病毒（Tobacco mosaic virus，TMV）病是茄科作物的重要病害，Liao 等研究发现 α－酮戊二酸脱氢酶的亚基 E2 通过与水杨酸结合，影响线粒体氧化磷酸化和电子传递链，进而在番茄对烟草花叶病毒的基础抗性中发挥重要作用。番茄细菌性叶斑病是一种世界性病害，由丁香假单胞杆菌番茄致病变种（*Pseudomonas syringae* pv. Tomato DC3000，Pst DC3000）引起，近年来发生日趋严重。Sun 等研究发现过表达 WRKY39 基因可以通过激活病程相关基因 SlPR1 和 SlPR1a1 的表达来增加番茄对 Pst DC3000 的抗性。Wang 等研究发现番茄钙和钙调蛋白依赖的蛋白激酶（SlCCaMK）通过促进 H_2、O_2 积累来增加番茄对 Pst DC3000 的抗性。Zhang 等研究发现高 CO_2 影响番茄植株 JA 和 SA 之间的相互作用，使得番茄对丁香假单胞杆菌番茄致病变种和烟草花叶病毒的抗性增加，对灰霉菌（*Botrytis cinerea*）的抗性降低。灰霉病是危害多种蔬菜作物的重要真菌性病害。Jin 和 Wu 通过表达谱分析发现 miR319、miR394 和 miRn1 参与了番茄叶片对灰霉菌侵染的响应。通过 RNA－seq 技术，Kong 等鉴定了黄瓜在灰霉菌侵染前后的差异表达基因，加深了对病菌寄主间的相互作用机制的认识。番茄中两个 WRKY33 基因 SlWRKY33A 和 SlWRKY33B 能被灰霉菌强烈诱导；将这两个基因沉默后，植株对灰霉菌和热胁迫更敏感，而由 AtWRKY33 启动子驱动的 SlWRKY33A 和 SlWRKY33B 基因能完全恢复拟南芥 atwrky33 对灰霉菌和热胁迫的敏感性。青枯病由茄科劳尔氏菌（*Ralstonia solanacearum*）引起，是当前设施辣椒主要的土传病害，刘业霞等研究发现嫁接可显著提高辣椒青枯病的抗性，其抗病机理与渗透调节能力增强有关。此外，通过高通量测序分析，Luan 等揭示了番茄在接种晚疫病菌后的 miRNA 的差异化表达及 miRNA 介导的番茄抗晚疫病调控网络。根结线虫是一种严重危害设施生产的土传病害，在果菜类蔬菜上尤为严重。目前市场上抗根结线虫的番茄品种均含有 Mi－1 基因，但是该抗性基因在土壤温度高于 28℃ 即会失活。王银磊等对含有热稳定抗根结线虫基因的栽培番茄材料进行选育并对抗病基因进行精细定位。许小艳等采用群体分离分析法也对辣椒抗根结线虫基因 Me3 进行了精细定位。Zhao 等对番茄野生型和 JA 突变体（spr2）接种根结线虫后 miRNA 进行分析，发现 263 条已知的和 441 条新的 miRNAs，明确了 miR319 负调控 TCP4 从而影响 JA 的合成和内源 JA 的含量介导根结线虫的防御。Zhou 等发现 NO 信号在 JA 介导的番茄根结线虫基础抗性中起着重要的作用。棉蚜（Aphis gossypii Glover）是黄瓜生产中最严重的害虫之一，常造成严重的产量损失。Liang 等通过转录组分析发现，蚜虫处理诱导了黄瓜类黄酮生物合成、氨基酸代谢和糖代谢途径相关基因的表达，并推测了可能的抗性基因。

（六）土壤生态系统修复与嫁接育苗技术

在设施蔬菜的种植过程中，土壤耕性会逐渐降低，土壤中积累的重金属会越来越多，使得盐渍化越来越严重，并积累越来越多的传染性病原菌。所以，加强对土壤生态系统修复技术研究，以提高土壤缓冲性，恢复土壤生态平衡。比如，加大投入力度，研究土壤太阳能消毒技术、土壤有益微生物增殖技术、土壤有机养分缓释平衡技术等,采用生物方法对土壤进行生态修复,以提高设施土壤的利用率,使其综合性能够与同地域中的露地水平相符。Huang 等提出,设施蔬菜连作土壤中积累的有机酚酸等自毒物质以及线虫、枯萎病和青枯病等土传病害是蔬菜连作障碍的主要内因,而设施的封闭环境和大肥大药盲目防控造成的盐渍化是外因。土壤盐渍化是设施蔬菜连作产生的一个突出问题,番茄亚硝基谷胱甘肽还原酶(GSNOR)能够通过调节活性氮(RNS)和 ROS 氧化还原信号调控高 Na^+ 下的 K^+-Na^+ 平衡。酚酸类物质是单一连作体系中重要的化感物质,可通过直接的自毒作用或间接的抑制或促进作用,影响土壤微生物的生长、改变土壤微生物群落结构从而影响作物的生产。利用具有化感作用的十字花科、葱蒜类及禾本科植物同设施蔬菜进行轮作或间套等方式优化种植制度,能有效减轻连作障碍对连作蔬菜的影响。如套作分蘖洋葱可以上调番茄植物叶片中抗性相关的功能性蛋白,从而促进番茄生长,增强抗逆性;套作禾本科植物及其秸秆、残茬还田,可以提高土壤有机质含量及脲酶活性,提高作物对无机氮的吸收利用,减少枯萎病致病菌数量,促进连作黄瓜和西瓜的生长;菇菜套作能使真菌群落结构发生变化,尖孢镰刀菌(*Fusarium oxysporum*)和稻黑孢菌(*Nigrospora oryzae*)等有害微生物群落显著减少。通过调节土壤中的微生物等生物防治手段,能有效增加土壤中有益微生物数量,以竞争营养和空间等途径抑制其他有害菌的繁殖。如施加芽孢杆菌、假单胞菌和角担子菌 B_6 等生防菌能够改善土壤微环境,减轻土传病害引起的设施蔬菜连作障碍;添加丛枝菌根(Arbuscular mycorrhizal,AM)真菌能够改善连作土壤环境,提高植物吸收营养元素和水分的能力,诱导植物增强对连作土传病害的抗病性,缓减设施西瓜、大豆等作物的连作障碍。采用物理、化学等方法实施强还原土壤灭菌、消毒处理,可快速、高效杀灭土壤中的真菌、细菌、线虫、杂草等。如温湿石灰氮耦合土壤快速消毒技术及 1,3 - 二氯丙烯等化学消毒物质的利用,这些都是环境友好型消毒技术。此外,增施有机肥能够保持较好的土壤团粒结构,维持均衡的土壤营养和微生物区系,以保持土壤健康。如施用木本泥炭及其他配合物料或生物炭对设施连作番茄、黄瓜根域基质酶活性和微生物及园艺作物的生长与土壤改良有良好的促进效果。利用砧木嫁接是设施蔬菜提高抗性和防治连作障碍的重要措施。李玉洪等发现嫁接能提高苦瓜对枯萎病、蔓枯病、白粉病等病害的抗性,解决苦瓜生产中的连作障碍问题,同时丝瓜作砧木较黑籽南瓜、葫芦等效果更显著。刘业霞等发现采用抗性砧木嫁接后,辣椒青枯病发病率显著降低,而叶片含水量、渗透势、可溶性糖含量及脯氨酸含量显著提高。苏荣存发现甜椒和辣椒品种采用优良砧木嫁接后不仅生长势、产量有所提高,而且对疫病、枯萎病的抗性都有显著增强。此外,嫁接能够有效改善植株根际土壤微生态环境,减轻连作障碍的影响。如采用托鲁巴姆为砧木,茄子嫁接后与未嫁接相比,连作土壤中微生物群落基本维持稳定;嫁接还可以提高西瓜感病品种根际土壤细菌、放线菌微生物数量,抑制枯萎病菌的积聚,改善连作土壤根际微生物群落结构。

第三节　蔬菜的主要种类和类型

世界上蔬菜生产的种类约 200 多种,普遍栽培的约五六十种,同一种类有许多变种,每一变种又有许多栽培品种。在世界范围内蔬菜生产面积，占农作物面积不到10%，在供食用的作物中，蔬菜却占很大比例。全世界的蔬菜每年生产量约4亿吨以上，其中番茄生产量最多，叶菜类次之，再次为瓜类、甘蓝类、葱蒜类、豆类、根菜类和茄果类蔬菜。中国生产和消费蔬菜以叶菜类为最多，瓜类、豆类、薯芋类、根菜类其次。中国的番茄栽培面积为世界第二位，是世界十大番茄生产国之一。

中国蔬菜生产的历史源远流长，是栽培蔬菜最古老的国家之一。在7 000年前的新石器时代，人们已懂得利用蔬菜；到春秋战国（公元前700年～公元前221年）蔬菜栽培与大田栽培已有分工；到北魏（公元386年）时已采用菜畦盖草防寒的地面覆盖栽培。经过几千年的发展，中国已形成自己的蔬菜周年生产体系。为了便于人们学习掌握蔬菜栽培方法，按照农业生物学方法，将蔬菜可以分为以下13种。

一、茄果类蔬菜

茄果类蔬菜是指茄科以浆果为主要食用部分的蔬菜作物，包括番茄、茄子、辣椒，以及酸浆、香瓜茄等。茄果类是最重要的果菜类之一，富含番茄红素，辣椒还富含辣椒红色等抗衰老物质，其果实营养丰富，适于加工，具有较高的食用价值，加之适应性较强，各国和各地普遍栽培，具有较高的经济价值。

茄果类蔬菜原产于热带，在生物学特性及栽培技术方面有许多共性。要求肥沃的土壤及较高的温度不耐寒冷。茄果类属喜温蔬菜，不耐霜冻，多行育苗移栽，一般是先在保护地育苗，然后再移栽到各种保护设施内或晚霜后定植于露地，但对于加工的番茄和制干的辣椒一般采用露地直播。

茄果类蔬菜对日照长短要求不严格，但开花期要求充足的光照。要求强光及良好的通风条件。在栽培管理中必须注意改善和调节光照及通风条件，防止植株徒长，落花，以利增产。

茄果类根系发达，耐旱不耐湿，一般结果期需水较多，但不耐较高的土壤及空气的湿度，以免根系发育受阻、授粉不良和诱发病害。

茄果类分枝习性相似，均为主茎生长到一定程度，顶芽分化为花芽，同时从花芽邻近的一个或数个副生长点抽生出侧枝代替主茎生长，形成“合轴分枝”或“假二叉分枝”连续分化花芽及发生创枝，营养生长和生殖生长同时进行，栽培上应采取措施调节营养生长和生殖生长的平衡。

茄果类生长迅速，生长量大，从营养生长向生殖生长转化的过程中，对日照不敏感，只要营养充足，就可正常生长发育。营养不足，花芽分化、发育和果实生长不良，植株早衰，易引起一些生理性病害的发生。

茄果类同为茄科，有共同的病虫害，应与非茄科作物实行三年以上轮作。

二、瓜类蔬菜

茎蔓性，雌雄同株而异花，依开花结果习性，有以主蔓结果为主的西葫芦、早黄瓜，有以侧蔓结果早、结果多的甜瓜、瓠瓜，还有主侧蔓几乎能同时结果的冬瓜、丝瓜、苦瓜、西瓜。

瓜类蔬菜是指葫芦科(Cucurbitaceae)中以果实为食用器官的栽培种群,中国栽培的主要有黄瓜、西瓜、甜瓜、南瓜、西葫芦、冬瓜、瓠瓜、丝瓜、苦瓜、佛手瓜、笋瓜、节瓜、蛇瓜、越瓜等。瓜类蔬菜富含糖类、维生素、蛋白质、脂肪及矿物质等多种营养物质,既可生食、熟食,又可加工。

瓜类蔬菜起源于热带和亚热带地区,同属同科间,在植物学性状、对环境条件的要求及栽培技术方面有许多相似或相同点。

在植物学性状上,根系发达,但易木栓化,再生能力差。茎多为蔓性,攀缘或爬地生长,茎上易生不定根,栽培中多行搭架或压蔓;茎上易发生侧枝,栽培中根据不同种类应采取不同的整枝方式。花器较大,基本为雌雄异花同株。大多数瓜类蔬菜花性型具有可塑性,低温短日照条件有利于雌花形成,通过环境条件的控制和应用植物生长调节剂也可促进雌花形成。开花结果习性有3种类型:一是以主蔓瓜果为主,如黄瓜、西葫芦等,生产上应注意打杈;二是以侧蔓结瓜为主,如甜瓜、瓠瓜等,注意主蔓早期摘心,自侧蔓结瓜;三是主侧蔓同时结瓜,如冬瓜、南瓜、西瓜、苦瓜等,注意保留主蔓,适当去留侧蔓。

在环境条件需求和栽培技术上,瓜类蔬菜喜温或耐热,不耐寒,整个生长发育期要求较高的温度,在温带地区露地栽培需在无霜期内进行,瓜类要求较高的温度及充足的阳光。西瓜、甜瓜、南瓜根系发达,耐旱性强,其他瓜类根系较弱,要求湿润的土壤。生产上,利用摘心、整蔓等措施来调节营养生长与生殖生长的关系。种子繁殖,直播或育苗移栽。春种夏收,有的采收可延长到秋季,还可夏种秋收。喜光、生长要求较多的日照日数和较强的光照强度,但较低的温度及较短的光周期有利于早期雌花的分化与形成。对肥料要求较严格,要求土层深厚、肥沃、排水良好的中性土壤,以果实为产品,连续花结果,分批采收,产量较高。生产中调节好营养生长和生殖生长之间的矛盾是获得丰产的关键。栽培中应小苗移栽,或用营养钵育苗。具有多种共同病虫害,在栽培上忌连作,须注意轮作倒茬或嫁接栽培。

三、豆类蔬菜

豆类蔬菜属豆科一年生、二年生或多年生草本。在中国栽培历史悠久,分布广,种类多,以嫩荚或豆粒供食用的豆科蔬菜。包括菜豆、豇豆、蚕豆、豌豆、扁豆、刀豆等。除了豌豆及蚕豆耐寒力较弱能越冬外,其他都不耐霜冻,须在温暖季节栽培。豆类根瘤具有生物固氮作用,对氮肥的需求量没有叶菜类及根菜类多。种子繁殖,也可育苗移栽。

四、白菜甘蓝类蔬菜

白菜甘蓝类蔬菜系指十字花科(Cruciferae)能形成菜用叶球、花球或球茎的种或变种,在中国普遍栽培的有大白菜、结球甘蓝、花椰菜,其次有青花菜、球茎甘蓝、结球芥、茎用芥、抱子芥、榨菜、雪里蕻等,少量种植的有抱子甘蓝、羽衣甘蓝等。以柔嫩的叶丛、叶球、嫩茎、花球供食用。

白菜甘蓝类蔬菜属于喜冷凉作物,适宜栽培的月均温为15~20℃。在种子萌动后或绿体阶段,在15℃以下的低温条件下,经过一定时期可完成春化过程,在较长日照及较高的温度(18～20℃)条件下,有利于抽薹、开花和种子成熟。白菜甘蓝类蔬菜用种子繁殖,可直播或育苗移栽。它的根系浅而吸水力弱,叶面积大,蒸腾量也大,要求较高的土壤湿度,在栽培中应注意及时灌溉和中耕保墒。生长速度快、产量高,需要较多的矿物质营养,要求肥沃的土壤。施肥应采用平衡施肥,多施有机肥,追肥以氮肥为主,磷、钾肥配合使用。氮肥可促进叶丛生长,对产量和品质的影响最大;磷、钾肥有利于叶球的充实,也有利于花芽分化和发育。白菜甘蓝类蔬菜有共同的病虫害,应注意轮作换茬和病虫害的综合防治。生长期间需湿润和凉爽气候及充足的水肥条件。温度过高、气候干燥则生长不良。除采收菜薹及花球外,一般第一年形成叶丛或叶球,第二年抽薹开花结实。栽培上要避免先期抽薹。均用种子繁殖,直播或育苗移栽。

五、直根类蔬菜

直根类蔬菜是指以肥大变态的肉质直根为产品的蔬菜,主要包括萝卜、胡萝卜、根芥菜、根菾菜、牛蒡、芜菁、芜菁甘蓝等,直根类蔬菜营养丰富,含维生素、矿物质、糖、淀粉等多种营养物质,食用方法多样,可鲜食、熟食,尤其适合加工,其加工品多数是加工菜中的名品。这类蔬菜具有适应性强、生长期短、产量高、耐储藏等特点,在我国各地普遍栽培,种植历史悠久,是人们日常生活中不可缺少的蔬菜,也是家畜的好饲料。生长期喜温和冷凉的气候。在生长的第一年形成肉质根,贮藏大量的养分,到第二年抽薹开花结实。一般在低温下通过春化阶段,长日照下通过光照阶段。要求轻松深厚的土壤。用种子繁殖。

六、葱蒜类蔬菜

葱蒜类蔬菜为百合科葱属二年生或多年生草本植物,具有特殊的辛辣气味,又称香辛类蔬菜。葱蒜类蔬菜种类繁多,栽培历史悠久,分布区域广泛。在中国栽培的主要种类有韭菜、大葱、大蒜、洋葱、细香葱、胡葱、薤、南欧蒜等,在欧美国家栽培较多的是洋葱、大蒜、韭葱等。以鳞茎(叶鞘基部膨大、假茎)叶鞘、管状叶或带状叶供食用。

葱蒜类蔬菜原产于大陆性气候区,系统发育过程中,在气温年较差较大、昼夜温差明显和雨量分配呈季节性差异的条件下,形态上逐渐形成短缩的茎盘、弦状须根、耐旱的叶型、具有储藏功能的鳞茎;生理上形成了要求凉爽气候,中等强度光照,较高土壤湿度,较低空气湿度,疏松、肥沃土壤,耐寒、喜湿、喜肥的特点,不耐高温、干旱、强光和瘠薄。

根系不发达,吸水吸肥能力差,要求肥沃湿润的土壤,一般耐寒。长光下形成鳞茎,低温通过春化。可用种子繁殖(洋葱、大葱、韭菜),也可无性繁殖(大蒜、分葱、韭菜)。以秋季及春季为主要栽培季节。中国地处北温带和亚热带,春季和秋季气候凉爽,昼夜温差大,适于葱蒜类蔬菜生长。葱蒜类蔬菜在中国南方可全年生长,东北、华北、西北各省,韭菜和大葱可自然越冬,在严寒季节还可进行保护地栽培。因此,葱蒜类蔬菜在调节淡季供应和实现周年供应中起着重要的作用。

七、绿叶类蔬菜

绿叶类蔬菜是指以柔嫩的叶片、嫩茎或嫩梢为食用器官的一类蔬菜植物。主要包括芹菜、莴苣、菠菜、不结球白菜、芫荽、茼蒿、茴香、苋菜、蕹菜、落葵、冬寒菜、荠菜等。

该类蔬菜分属近10个科，其形态、风味各异，起源复杂，栽培特性差异较大，适应性广、生育期短，栽培广泛。如藜科的菠菜、叶本菜、红柄叶慕菜；伞形科的球茎茴香、香芹；菊科的苦苣、香麦菜（油麦菜）、菊苣、紫背天葵；十字花科的小白菜、荠菜、乌塌菜、京水菜；锦葵科的冬寒菜；唇形科的紫苏；苋科的苋菜；旋花科的蕹菜；落葵科的落葵；番杏科的番杏等。由于不同的起源地气候差异大，对环境要求也不尽相同，按适应温度范围大体可分为2类。一类喜冷凉湿润，如菠菜、芹菜、莴苣、不结球白菜、冬寒菜、芫荽、茼蒿、荠菜等，生长适温15～20℃，能耐短期的轻霜。其中菠菜、冬寒菜耐寒力最强，在中国南方地区秋冬季栽培可露地越冬；北方稍加防寒保温亦可越冬栽培。这类绿叶菜在冷凉湿润条件下栽培，容易获得高产优质的产品器官，在高温干旱环境下品质下降，它们多属长日照植物，长日照下容易抽薹开花。另一类喜温暖而不耐寒，适宜生长温度20～25℃，低于10℃则停止生长，对日照长度不敏感。如蕹菜、落葵、苋菜、紫背天葵、番杏、紫苏等，其中以蕹菜、落葵最耐热。

绿叶类蔬菜多数属于二年生，如莴苣、芹菜、菠菜。也有一年生的，如苋菜、蕹菜。共同特点是生长期短，适于密植和间套作，要求极其充足的水分和氮肥。多数植株矮小，生长迅速，采收标准不严格，适合不同季节排开播种，或安排间、套、混作的多种茬口，充分提高土地利用率。绿叶菜类根系浅，生长量大，对土壤肥力要求较高，应选择结构疏松、有机质含量高、保水保肥能力强的土壤种植，对氮肥和水分要求多。

绿叶类蔬菜富含多种维生素、矿物质和膳食纤维，同时多数含氮、钙量较高，是营养价值丰富的一大类蔬菜。常食绿叶蔬菜可以增进食欲、促进胃肠蠕动、防止便秘。

八、薯芋类蔬菜

薯芋类蔬菜是指以富含碳水化合物的地下器官（块茎、块根、根茎和球茎）供食用的一类蔬菜，包括10个科12个属。中国主要栽培马铃薯、姜、芋、山药等，少量栽培的有豆薯、魔芋、草石蚕、银条菜、菊芋、葛、蘘荷等。薯芋类产品器官耐储运，可以周年供应和调节蔬菜的淡旺季。薯芋类富含淀粉、蛋白质等营养成分，既可鲜食也可作工业原料。生姜、魔芋、葛等还有特殊的化学成分，具有极高的药用保健价值。

薯芋类蔬菜的产品器官都位于地下，要求土壤富含有机质、疏松透气、排水良好，并严防地下病虫害。马铃薯、姜、芋等要求中耕培土，山药要求深翻土壤。薯芋类蔬菜忌连作，是其他蔬菜良好的前茬作物。

薯芋类蔬菜除豆薯、葛可用种子繁殖外，其他均用营养器官繁殖，需种量大，繁殖系数低。繁殖材料在栽培过程及储藏期间易感染病毒造成种性退化，因此，要有完善的留种保种制度。另外，无性器官作繁殖材料，多是先萌芽、后生根，发芽期很长，播种前一般对繁殖材料要进行催芽处理，以利于栽植后的幼苗早出土，提高产量。

马铃薯、菊芋、草食蚕等喜冷凉温和气候，耐轻霜，马铃薯不耐热；姜、芋、山药、豆薯、葛等喜温暖气候，不耐霜。薯芋类产品器官形成盛期，要求阳光充足和较大的昼夜温差，以利于光合产物的积累，短日照可促进地下产品器官的形成。

九、水生类蔬菜

水生类蔬菜是指在水湿环境下生长和栽培的一类蔬菜。中国是世界上水生蔬菜驯化栽培历史最悠久的国家。在浙江余姚河姆渡文化遗址中,发现的莲、菱和蒲菜等水生植物的花粉化石,距今已有7 000年之久。绝大多数水生蔬菜原产于中国。中国水生蔬菜资源丰富,栽培种类很多,有莲藕、茭白、荸荠、慈姑、水芹、芡实、菱、莼菜、蒲菜、豆瓣菜、水芋等10余种,其中以莲藕、茭白、荸荠、慈姑、菱、水芹等栽培最为普遍。20世纪90年代以来,中国水生蔬菜发展迅猛,种植面积和产量均占世界的80%以上,位居世界首位。

由于水生蔬菜均喜水怕旱,大多喜温畏寒,故多数分布在水、热、光等资源比较丰富的黄河以南地区,尤其是长江流域及其以南地区,以江苏、浙江、安徽、江西、湖北、湖南、福建、台湾、广东、广西等地栽培较多。这些地区气候温暖,年平均气温达15℃,无霜期210 d以上,雨量充沛,土壤肥沃,适合绝大多数水生蔬菜生长发育。北方地区气候干燥,气温低,栽培较少。水生蔬菜常利用低洼水田和浅水湖荡、河湾、池塘等淡水水面栽培,也可实施圩田灌水栽培。各种水生蔬菜虽然在植物学上属于不同的科、属和种,但大多起源于热带和亚热带多雨的湖泊或沼泽地区,在系统发育方面有相同的渊源,因此,在植物组织形态和生长发育对环境条件的要求等方面有许多共同特点。

十、多年生类蔬菜

多年生蔬菜是指播种或栽植一次、连续生长和采收的两年以上的草本和木本植物。中国栽培的多年生蔬菜主要有石刁柏、香椿、竹笋、金针菜、百合、枸杞、菜苜蓿、朝鲜蓟、辣根、食用大黄等。

多年生草本蔬菜的地上部一般冬季枯死,地下部器官宿存于土壤中休眠,待翌年环境条件适宜时重新萌芽、生长、发育,如此生长多年,但也有地上部常绿的竹笋。多年生蔬菜一般根系发达,适应性广,抗逆性强,对土壤、水分、营养等条件要求不严格,多以无性繁殖为主,如分株、分栽根茎、球茎、鳞茎和组织培养等,有的能结籽,亦可种子繁殖。

多年生蔬菜中,除了竹笋以南方栽培为主外,其余种类南北均有栽培。多年生蔬菜不仅供应国内市场,而且大量出口外销,经济价值高。除鲜食外,还常做成干制、盐渍、罐藏等加工品。

十一、芽苗类蔬菜

凡利用植物种子或其他营养储存器官,在黑暗、弱光条件下能生长出可供食用的芽苗、芽球、嫩芽、幼茎或幼梢,均可称为芽苗类蔬菜。芽苗类蔬菜在中国已有几千年的生产历史,并且早年由中国传入新加坡、泰国等东南亚国家,20世纪40年代美国也开始生产。芽苗类蔬菜是消费者喜食的大众蔬菜,但长期以来仅限于黄豆芽、绿豆芽、萝卜芽3种菜类,且是小规模传统栽培技术,直到1990年《中国农业百科全书·蔬菜卷》才将芽苗菜列为独立菜类,并开始在国内流行。芽苗类蔬菜以其种类繁多、生产周期短、投入少、效益高、品质柔嫩、风味独特、营养丰富、保健、无公害等特点,深受广大种植者和消费者的喜爱,现已成为一类很有发展前途的新兴蔬菜产业。

十二、食用菌类蔬菜

指能食用、无毒的蘑菇、草菇、香菇、金针菇、竹荪、猴头、木耳、银耳等。它们不含叶绿素，不能制造有机物质供自身生长，必须从其他生物的遗体或从排泄物中吸取现存的养分。培养食用菌需要温暖、湿润肥沃的培养基。常用的培养基有牲畜粪尿、棉籽壳、植物秸秆等。

十三、其他类蔬菜

以上蔬菜是按照农业生物学分类的办法分类的蔬菜，除此以外，还有一些蔬菜没有包括进去。主要有玉米笋、秋葵、蕨菜、马齿苋、蒲公英、发菜、海带等特色蔬菜。这些蔬菜大部分没有共同生物或者是栽培相似特点。

主要参考文献

[1] “我国设施园艺产业发展战略研究”项目组. 中国设施园艺产业发展战略[M]. 北京：科学出版社，2021.

[2] 喻景权，周杰.“十二五”我国设施蔬菜生产和科技进展及其展望[J]. 中国蔬菜，2016(9)：18－30.

[3] 赵剑. 以批发市场为中心的蔬菜物流发展模式研究——以四川彭州为例[J]. 农村经济2010(7)：115－118.

[4] 李锐. 我国绿色蔬菜产业营销模式分析[J]. 当代经济，2004(5)：46－47.

[5] 程智慧. 蔬菜栽培学各论[M]. 北京：科学出版社，2019.

[6] 李建明. 陕西蔬菜[M]. 北京：中国科学技术出版社，2019.

[7] 段秋. 创新蔬菜产业发展模式 筑牢利益联结助农脱贫[J]. 云南农业，2022(1)：44－46.

第二章　育苗技术

育苗是移植栽培的蔬菜先在苗床中培育幼龄植株的过程。蔬菜栽培采用育苗移栽方式，便于对幼苗进行精细管理，还可利用人工保护设施控制苗期生长发育的环境条件，从而有利于提高成苗率和提早播种、采收时期。

随着国内外蔬菜产业的发展，蔬菜育苗，特别是工厂化育苗技术作为一项先进的农业技术被广泛推广应用，其规模化、专业化、机械化、自动化水平逐步提高，已成为现代化农业的重要组成部分。蔬菜育苗技术的应用和育苗设施、设备的研制，带动了温室制造业、容器制造业、基质加工业、精密播种设备、灌溉和施肥设备、种苗储运设备等一批相关产业的发展，推动了农业生产方式的变革，加速了农业产业结构的调整和升级。

第一节　蔬菜育苗机械与设备

一、育苗基质处理装备

育苗基质搅拌是穴盘育苗作业中的一个重要环节，它直接影响基质填充和播种等作业质量以及后期种苗的生长发育。穴盘育苗基质通常由 2 ~ 3 种基质材料构成，如沙子、煤渣、草炭、蛭石和土壤等。基质材料的配比要保证其具有良好的持水能力、透气性、容度、压实度、透水能力、阳离子交换能力和坚实度。基质材料通常包括有机基质和无机基质两大类，一般有机基质具有良好的持水能力，弹性好，并且有很高的阳离子交换能力；无机基质可增加基质的通透性，提高基质的透气性和排水能力，降低基质的持水能力。育苗基质和各种添加剂的搅拌作业依靠人工或非专用搅拌机来完成的效率低、劳动强度大，而且不能保证搅拌质量。目前，国内外均有基质搅拌机产品推出。

（一）荷兰 Visser 搅拌机

图 2－1 为荷兰 Visscr 公司生产的基质搅拌机，分别为 Buz－Mix500 型重力卸料式（图 2－1A）和 Viko2M2B 型提升出料式（图 2－1B）。Buz－Mix500 型基质搅拌机有保护开关，当上料盖打开时，搅拌机将自动停机，同时该机具有调湿装置，料斗容量 500 L，搅拌功率 2.2 kW，生产率最大可达 4.5 m^3/h。Viko 2M2B 型基质搅拌机在其螺旋输送器上安置有水管，可自动调湿，螺旋提升机长 2 m，出料提升高度 1.15 m，料斗容量 1 m^3，搅拌提升功率 1.5 kW。

A. Buz - Mix 500 型

B. Viko 2M2B 型

图 2 -1　荷兰 Visser 基质搅拌机

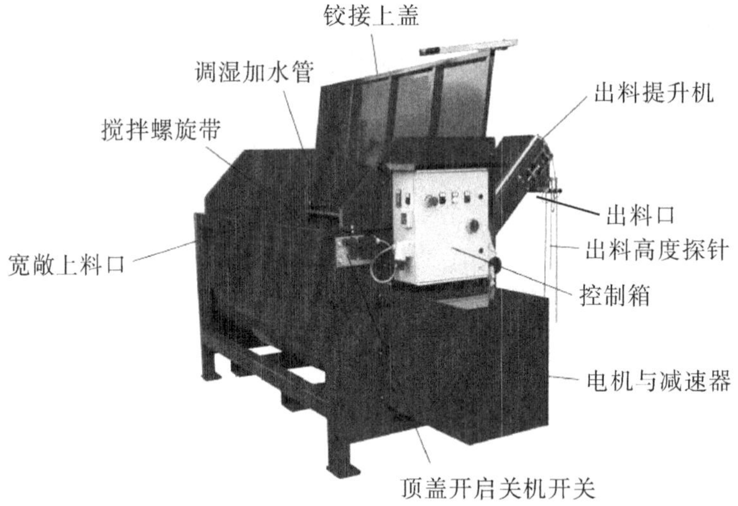

图 2 -2　意大利 Mosa 公司的 MX1000 型基质搅拌机

（二）意大利 Mosa 搅拌机

图 2 -2 为意大利 Mosa 公司的 MX1000 型基质搅拌机，该机可通过控制装置设定搅拌时间，自动进行搅拌和出料作业。该机通过传感器感知下一作业环节对基质需要的时机，自动出料，操作人员也可通过按钮手动排出完成搅拌的基质。MX1000 型可以适应搅拌以下基质材料：草炭、珍珠岩、蛭石、聚苯乙烯、轻石、膨胀黏土、树皮，该机配置有淋水管，料斗容积为 1 m^3。此类型搅拌机较为普遍，国内也有多家设施生产装备企业生产，图 2 -3 即为广州市绿翔机电安装工程有限公司生产的类似形式基质搅拌机。

图 2 -3　国产 HP1000 型基质搅拌机

(三)德国 Mayer 搅拌机

Mayer 公司的 EM 6002 型基质搅拌机(图 2-4),通过两个输送带的滚动对基质进行搅动混合,提升机链条和橡胶传送带不停地转动从而混合基质,混合时间可以根据需要进行设定。基质搅动混合结束以后,提升机向前倾斜到卸载位置,然后基质被自动排出。该机还可配置加湿装置,对基质进行加湿调控。该机料斗容积为 1.5 m^3,2 台三相 220 V 电机驱动,总功率 2.5 kW,作业生产率可达 6 m^3/h。

图 2-4 德国 Mayer 基质搅拌机

二、穴盘基质填充机

(一)荷兰 Visser 穴盘基质填充机

Visser EC-40 型基质填充机由基质提升机和穴盘输送带构成(图 2-5),填充速度通过调整基质提升电机的转速,该机采用旋转刷对填充基质的穴盘进行清扫和抚平基质表面,多余的基质重新回到基质提升机料斗内再次提升。该机适用于向穴盘或置于盘架内的营养钵填充基质,通过调整穴盘导向杆的位置可适应不同宽度的穴盘和调整作业穴盘在输送带上的位置。该机输送带速度和旋转刷高度均可调整,料斗容积为 0.6 m^3,工作电压为三相 380 V,功率 1.38 kW,基质填充生产率 300~1 000 盘/h,具体需根据穴盘或营养钵的尺寸确定。适用穴盘尺寸范围分别为:长度 230~700 mm,宽度 230~410 mm,高度 20~100 mm。

(二)德国 Mayer 穴盘基质填充机

Mayer PF 2180 型穴盘基质填充机(图 2-6)与荷兰 Visser 公司的基质填充机结构类似,也由基质提升机和穴盘输送带构成,工作电压单相 220 V,驱动功率 1.8 kW,基质料斗容积 0.6 m^3,填充作业生产率 1 500 盘/h 以上。

图 2-5 EC-40 型穴盘基质填充机

图 2-6 PF 2180 型穴盘基质填充机

三、穴盘播种机

（一）机械式穴盘精量播种机

图2－7为荷兰 Visser 的 Granuplate 机械播种部件，基于型孔定量取种和错位排种原理，利用导种管连接取种部件和投种部件以避免种子排出时弹跳落到穴孔外，排种定位精度高，适于1～4粒/穴播种，采用一组排种器播种28孔穴盘效率为200盘/h，三组排种器播种72孔穴盘效率为400盘/h。机械式穴盘播种机适于球形或丸粒化种子，对种子的外形和尺寸的一致性要求高，型孔取种易损伤种子，在育苗生产中应用较少。

图2－7　荷兰 Visser 的 Granuplate 机械播种机

（二）气力式穴盘精量播种机

图2－8A为意大利 MOSA SP13A 针式精量播种机，全气动控制，带有单行压穴板，适于最大穴盘尺寸（长×宽×高）为72 cm×48 cm×13 cm，最大播种速度为30行/min，总耗气量为100 L/min。图2－8B为美国 Seederman GS2 型针播种机，采用全气动控制，可配单行或多行压穴板，适于50～512穴孔的穴盘，288穴孔的穴盘播种效率为180盘/h，512穴孔的穴盘播种效率为120盘/h，具有种子收集、高压气枪清洁、针孔堵塞清洁等功能。图2－8C为荷兰 Flier Systems 公司的 DS11 滚筒播种机，播种速度可达1 000穴盘/h，采用触摸屏操作控制方式，滚筒能快速切换，可选择一穴一粒或一穴多粒播种模式，播种精度高，种子在穴盘内分布均匀性好。图2－8D为浙江赛得林2YB－G60A－2平板穴盘播种机，能一次整盘压穴，压穴盘拆装简单，压穴深度最大可达50 mm，适用于砧木、西瓜等大颗粒种子播种。

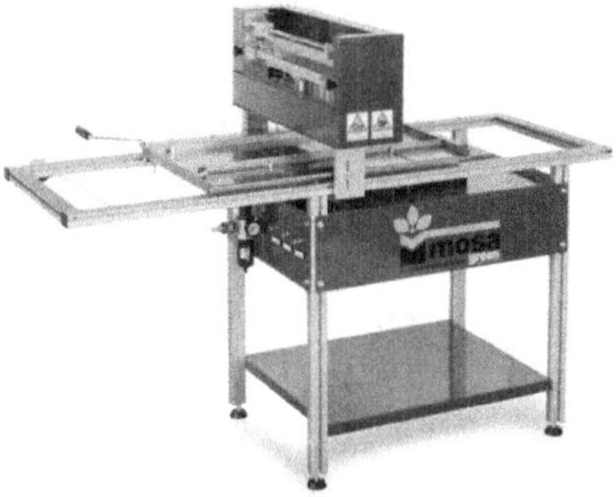

A

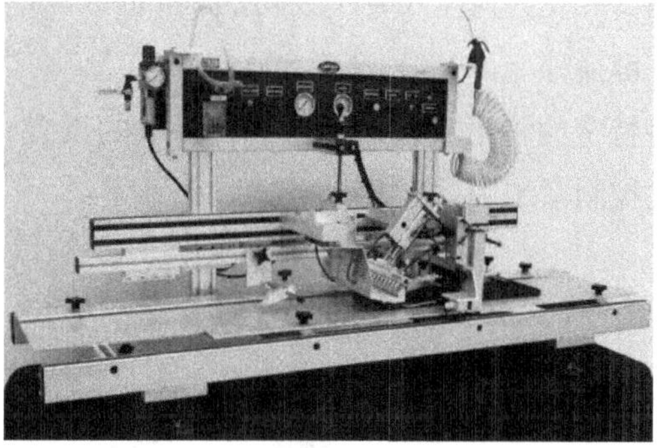

B

C

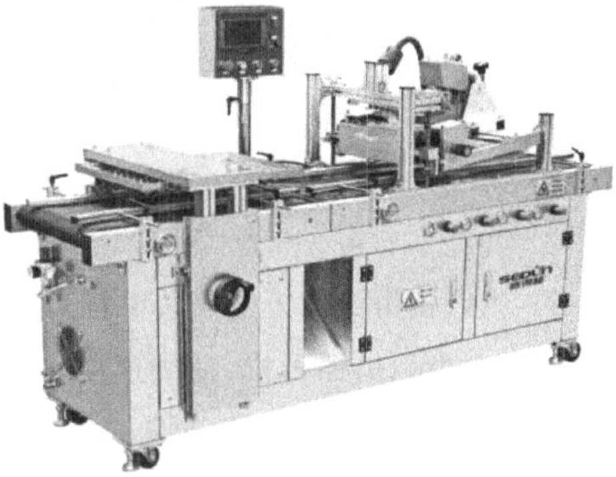

D

图2－8　气力式穴盘精量播种机

（三）穴盘播种生产线

穴盘播种生产线如图2－9所示，主要由基质搅拌充填、刮刷平土、压穴、精量播种、覆基质土和喷淋水等装置组成。一般在生产线前端安排一个工人摆放穴盘，末端安排一个工人将完成整套播种工序的穴盘放置到穴盘转运车上，生产自动化程度高，适于中大型育苗企业。

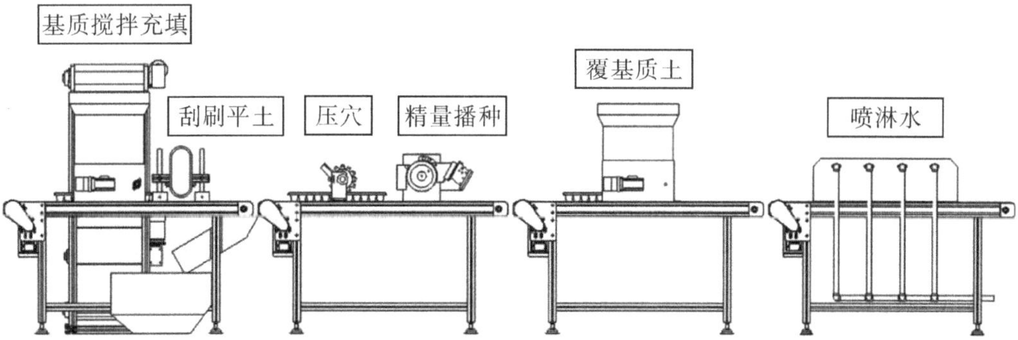

图2－9　穴盘播种生产线结构原理图

图 2－10 为荷兰 Visser 公司的 Roulette SSL 播种生产线，采用滚筒式穴盘精量播种机，具有一键播种能力，播种速度 800～1 000 盘/h，具有菜单式播种控制交互界面，能让种植用户针对特定的种子或穴盘进行播种参数的设置，如设定播种速度、吸种真空度等参数能被存储在控制系统中，操作简单方便。

图 2－10　荷兰 Visser Roulette SSL 播种生产线

图 2－11 为广州市绿翔机电安装工程有限公司的 2BS－6 蔬菜花卉穴盘精密播种生产线，采用滚筒式穴盘精量播种机，播种速度为 600～900 盘/h，适于 50、60、72、105、128、200 孔等塑料或泡沫穴盘，具有播种作业状态实时监控系统，能在线统计单粒率、多粒率及空穴率性能指标，对于缺种、缺盘或播种精度过低等问题会发出报警信息，适于蔬菜、烟草、花卉等直径在 0.3～3.0 mm 之间的不同形状种子。

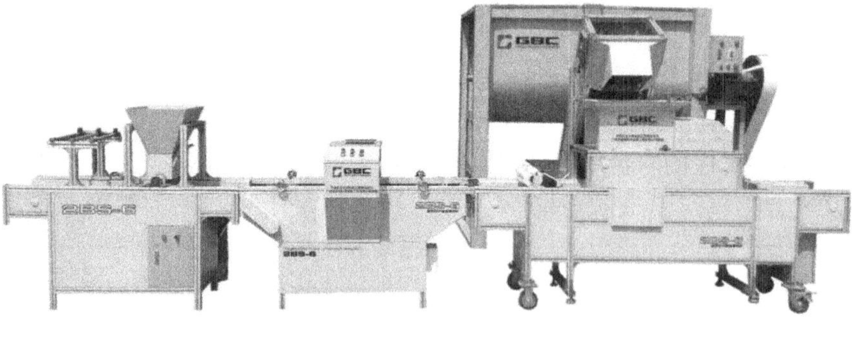

图 2－11　2BS－6 蔬菜花卉穴盘精密播种生产线

图 2－12 为上海矢崎 SYZ－S300W 穴盘育苗播种生产线，采用针式精量播种机，滚筒压穴方式，基质充填和基质覆土料斗容量为 50 L，每孔可进行 1～3 粒播种切换，可同时播种 1、2、4 粒种子，播种效率为 200～300 盘/h，配 14G－32G 吸种针头，适于花卉、蔬菜和烟草等种子。

图 2-12　上海矢崎 SYZ-S300W 穴盘育苗播种生产线

四、蔬菜种苗嫁接装备

(一)日本 GR-800B 型半自动嫁接机

这款由井关公司于 1993 年推出的嫁接机是嫁接机进入市场的标志,占日本嫁接机销售量的 80% 左右,在亚洲、北美和欧洲都有购买者,我国也有少量引入。GR-800B 型自动嫁接机为科研机构的研究成果转为井关农机会社生产,1993 年井关公司将其商品化后推向市场。该机采用人工单株形式上苗,砧木和接穗均采用缝隙托架上苗,采用气动作为运动部件的动力,嫁接成功率在 90% 以上,嫁接生产能力为 800 株/h,该机可为商业嫁接机的鼻祖(图 2-13A)。

(二)韩国 GR-600CS 型半自动嫁接机

这款嫁接机与日本 GR-800B 型嫁接机非常相似,作业生产率、作业方式、作业人数也基本相同。该机依据其不高的价格和瓜茄两用的特性,近年在欧美和亚洲销售较为广泛,我国也有几家单位购入(图 2-13B)。

(三)中国 2JSZ-600 型蔬菜自动嫁接机

20 世纪 90 年代中期,中国农业大学率先在国内开展蔬菜嫁接机的研究,1998 年成功研制出 2JSZ-600 型蔬菜自动嫁接机(图 2-13C)。该嫁接机采用单子叶贴接法,实现了砧木和接穗的取苗、切削、接合、嫁接夹固定、排苗作业的自动化。该机嫁接作业时砧木可直接带营养钵上机,生产率为 600 株/h,嫁接成功率高达 95%,可进行黄瓜、西瓜、甜瓜等瓜菜苗的自动化嫁接作业,嫁接砧木可采用云南黑籽南瓜或瓠瓜。该机砧木和接穗切削装置均采用一体式旋转切刀,砧木切刀和接穗切刀安装在同一个旋转刀架上,一次旋转可切除砧木的一片子叶和生长点,同时也切除了接穗的根部,操作简便。

(四)中国 2JC-600B 型瓜类蔬菜嫁接机

2JC-600B 瓜类自动嫁接机是华南农业大学和广州实凯科技机电有限公司(图 2-

13D)，于2011年采用斜插法推出的嫁接装置。该机适用于西瓜、黄瓜、甜瓜的双断根栽培模式。工作时，由人工上砧木苗和接穗苗，嫁接机自动完成砧木打孔、接穗切削、砧木与接穗对接及嫁接苗自动下苗等作业，综合作业生产率600～700株/h，嫁接成功率>90%。

（五）中国TJ－800型半自动嫁接机

该机与韩国GR－600CS型作业方式相近，2011年由国家农业智能装备工程技术装备研究中心推出。与韩国嫁接机相比，其砧木与接穗的上苗手臂为双臂，提高了上苗作业效率（图2－13E）。

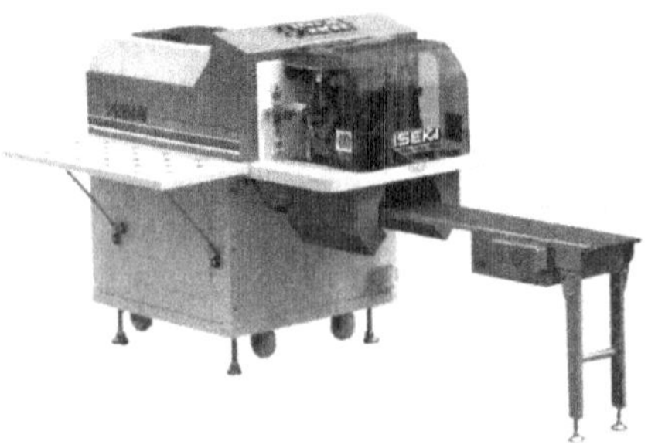

A. GR－800B型半自动嫁接机

B. GR－600CS型半自动嫁接机

C. 2JSZ－600型半自动嫁接机

D. 2JC－600B型半自动嫁接机

E. TJ－800型半自动嫁接机

图2－13　中速型嫁接机

（六）日本GRF 800－U型全自动瓜类嫁接机

该机在GR－800B型半自动嫁接机的基础上增设自动上苗装置，2009年由井关公司推出，用于瓜类蔬菜的嫁接作业。上苗以穴盘整盘放入上苗输送带，上苗机构可根据秧苗的长势调整秧苗子叶朝向，可判断穴盘缺苗、奇异苗情况，完成的嫁接苗以单株形式由输送带送出，生产率接近1 000株/h。如图2－14A所示。

（七）荷兰ISO－Graft 1100/1200型茄果类嫁接机

继荷兰ISO Group公司2009年推出的茄类蔬菜全自动嫁接机后，该公司又相继推出了ISO Graft 1100和ISO Graft 1200（图2－14B、C）。两种型号的嫁接机生产率都在1 000株/h

左右,均采用平接法嫁接,适合于茄果类蔬菜嫁接作业。前者需要 2 人操作,一人上接穗,另一人上砧木,同时将嫁接苗回栽到穴盘中;后者则只需 1 人操作,该操作者只负责上接穗,砧木通过穴盘整盘输入,完成嫁接的嫁接苗由机器自动以穴盘形式输出。该机型目前是作业机构最为复杂的嫁接机。

A. GRF800－U 型全自动瓜类嫁接机

B. ISO－Graft 1100 型半自动嫁接机

C. ISO－Graft 1200 型半自动嫁接机

图 2－14 高速型嫁接机

(八)简易型嫁接器具

图 2－15 为一些较为简单的嫁接器具,其中图 2－15A 是意大利 Tea 公司在简化改进其以往嫁接机的基础上推出的经济型嫁接器具,该器具通过人工单株输入带土坨砧木苗和接穗苗,自动切削完成后,只能上 Tea 公司特有的固定夹。图 2－15B 为日本针对茄果类蔬菜嫁接作业推出的简易型劈接法嫁接用切削器,这是最早推出的一款简易嫁接用切削器,该切削器分为砧木切削和接穗切削两部分,完成切削后再进行人工砧木与接穗的对接作业。2014 年华南农业大学与广州实凯机电科技有限公司合作推出了一款采用贴接法的切削器(图 2－15C),该切削器既可切砧木苗也可切接穗苗,并且可对穴盘内的砧木进行切削,完成切削后也需要人工进行砧木接穗的对接作业。

A. 意大利 Tea 简易嫁接器

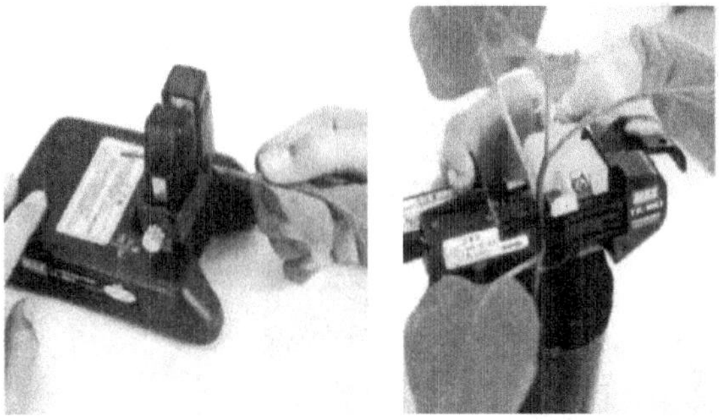

B. 日本简易手动嫁接切削器

C. 广州实凯简易手动嫁接切削器

图 2－15　简易型嫁接器具

（九）嫁接作业生产线

图 2－16 为一种有效提高人工嫁接作业生产率的生产方式——嫁接作业生产线。嫁接作业生产时，专人将嫁接用砧木苗和接穗苗向生产线输送带的一端送入，将完成嫁接的嫁接苗取出，嫁接人员分布在生产线上，只需在原地完成嫁接作业，这样可提高人工嫁接作业生产率 1 倍以上，因此，嫁接作业生产线在加拿大、荷兰等欧美国家实际生产中得到较为广泛的应用（图 2－16A、B）。图 2－16C、D 分别是意大利 Gamer 公司和广州实凯机电科技有限公司推出的嫁接作业生产线。

A. 荷兰 Flier 嫁接作业生产线

B. 意大利 Techmek 嫁接作业生产线 C. 意大利 Gamer 嫁接作业生产线 D. 广州实凯嫁接作业生产线

图 2－16 嫁接作业生产线

五、种苗物流化输送

(一)输送带输送

采用输送带搬运穴盘苗的作业方式较简单,仅依靠输送带就可将穴盘苗直接输送到温室内指定栽培区域,但该种作业方式需在温室内整个穴盘苗培育区域安置输送带,控制节点非常多,对输送带作业控制器件的质量与作业可靠性要求非常高。

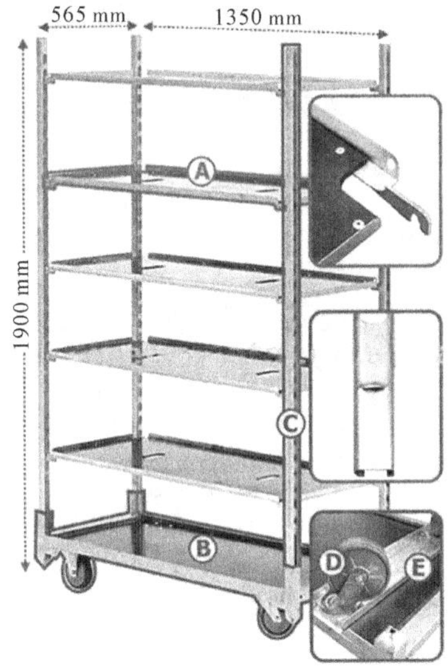

1. 隔层由电镀锌角铁与化纤板组合而成,称重 50 kg

2. 底座由热镀锌角铁与化纤板组合而成,称重 500 kg

3. 立柱为打孔电镀“U”形钢,通过不同高度的孔位可调整隔层间距

4. 带轴承塑胶轮

5. 轮托板为热镀锌 U 形钢板,与车轮及车架三点固定

图 2－17 温室专用多层推车

(二)大型移动苗床输送

苗床搬运是一种高效输送方式,苗床尺寸较大,一般为宽 1.6 m、长 4 m,可以盛放大量的穴盘(图 2－17B)。盛满穴盘苗的苗床通过温室内部的输送轨道,可自动完成纵向(苗床长边方向)运动和横向运动(苗床短边)(图 2－17B、C),实现穴盘苗以苗床为单位的搬运作业。

下面通过图 2－18 进一步介绍了苗床轨道的输送原理。苗床输送有两种基本形式,一种是横向输送,另一种为纵向输送,二者运行的轨道是不同的,为了二者可以相互转换,两种轨道设置在不同的高度上,通过一转轨提升机构进行相互转换,即可实现 90°换向输送。

苗床的纵向轨道较为复杂，苗床运动是靠多个纵向导轮托举着苗床的长向底边缘滚动实现，在苗床的长向底边缘通过一个纵向驱动胶轮带动苗床沿着两侧的纵向导轮运动，纵向驱动胶轮只在单边设置，设置间隔小于苗床的长边长度，因此，相邻纵向驱动胶轮可交替驱动苗床实现不连续间断纵向输送。苗床的横向轨道较为简单，仅是两根钢管，但是苗床上需要安装两对不同的轮子，一对是导向轮，走在同一根钢管轨道上，起到导向、锁定苗床避免出现脱轨翻落的情况，另一对是浮动轮，走在另一根钢管轨道上，四个轮子均布在苗床的下部，托举着苗床在横向轨道上运动，浮动轮可保证当出现两根横向轨道出现少许不平行时，苗床仍可顺畅地运动，苗床横向运动靠横向推板往复推动，每次逐个推入苗床，脉动式运动的。苗床90°换向需要更换苗床轨道，现根据图2－18，假设苗床由图中左上方沿纵向轨道进入，然后进行90°换向沿横向轨道由左下方输出，实现以上输送的原理是：苗床沿横向轨道右行，当撞击到纵向限位机构后，纵向驱动停止，这时苗床的两对轮子刚好到达处于下沉状态的转轨提升轨道的正上方，接着转轨提升机构推动转换提升轨道上升，顶住苗床的四个轮子，苗床随之上升，转轨提升机构完成提升后，两根转轨提升轨道刚好与两根横向轨道对接上，随后，苗床在横向推板的推动下横向进入横向轨道区域，从而实现苗床90°换向输送。

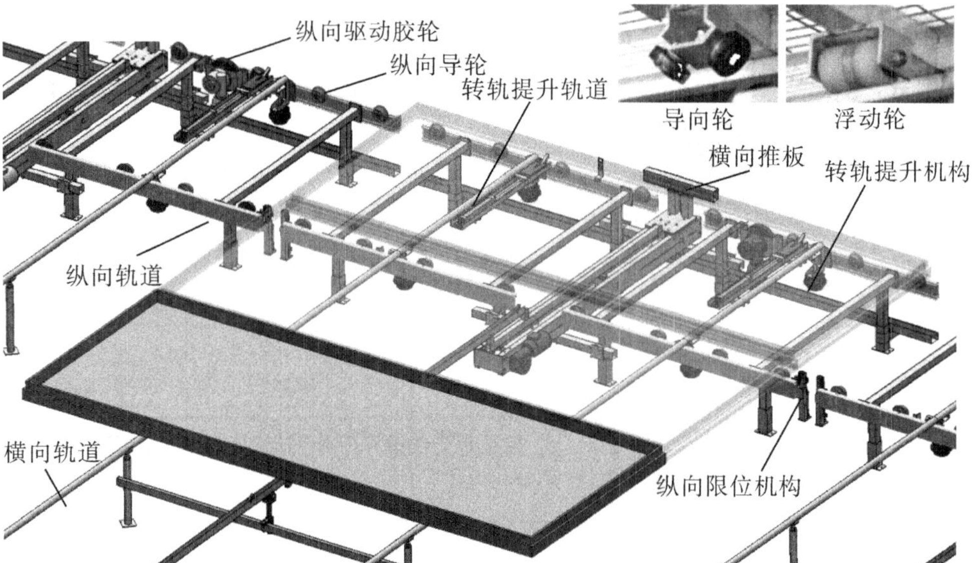

图2－18　大型移动苗床轨道输送原理

穴盘苗生产中苗床的输送路线有时非常复杂，单靠轨道输送无法完成自动运送苗床的任务，因此在很多轨道与轨道间、轨道与作业设备间需要采用提升形式运送苗床，图2－18中给出了四种苗床输送形式下所采用的提升输送设备。

利用苗床搬运穴盘苗作业效率较高，适合于大型种植企业，但全面铺设苗床输送轨道投资较大。采用苗床搬运车在作业车间和温室之间运送苗床可留出行走通道，能减少局部轨道的铺设量，并简化苗床搬运机构。荷兰生产苗床自动搬运装备的公司很多，如VISSER国际贸易与工程公司、CODEMA集团公司、Kees Grees(KG)公司及Logiqs Agro公司等，目前，大型移动苗床输送技术引入我国十年多，国内已涌现出一批可自主生产大型移动苗床输送装备系统的企业。

第二节　蔬菜常规育苗技术

一、育苗的目的

(1)育苗可提早播种，提前生长，延长生长期，可充分利用生长季节，早开花、早结果、提早供应市场。

(2)育苗可增加复种指数，提高土地利用率，提高单位面积产量。

(3)育苗可使蔬菜苗期相对集中，可较有利创造幼苗生长适宜的环境条件，易做到精细管理，容易培养壮苗，是保证栽培成功的重要环节。

二、蔬菜播种育苗前的准备

(一)蔬菜种子的准备

种子质量的优劣，对幼苗质量的好坏有很大影响，在播种前应做好选种、发芽试验、种子消毒、浸种催芽等工作，以保证苗齐苗壮。

(二)蔬菜种子的质量

用来衡量种子质量的标准很多，常用的有饱满度、纯度、发芽率、发芽势等。

(1)饱满度　衡量种子是否饱满，主要指标是千粒重，千粒重越大，种子越饱满。

(2)纯度　纯度越高，种子质量越好。

(3)发芽率　是衡量种子能够发芽多少的一个标准，发芽率越高，种子质量越好。

(4)发芽势　种子在规定时间内的发芽率，是衡量种子发芽速度和整齐度的一个标准，发芽势越高，表示种子生活力越强，种子质量越好。一般规定的天数是：番茄 2 d，辣椒 3 d，茄子 6 d，黄瓜 2 d。

(三)准备蔬菜良种

根据各地区当前的栽培情况，特别要考虑到抗病、丰产、优质的品种，还要根据不同地区人们对品种的要求、不同栽培方式，如温室栽培、大棚栽培及露地栽培，选择不同的良种。

三、种子消毒

目的在于杀死种子表面及内部的病菌。消毒的方法很多，主要有温汤浸种、药物消毒、干热消毒、化学处理等四种。

(一)温汤浸种

用较高温度的水浸泡种子，这种方法简便易行，成本低廉，在病害不太严重的情况下可普遍采用。热水烫种不仅可以借助热力杀死种子所带的病菌,而且还有促进种子呼吸作用,缩短浸种时间,得到发芽快而整齐的效果。具体方法:将精选后的种子倒入热水中。茄子、丝瓜、西瓜等种皮较厚的蔬菜种子,浸种所需用的水温,可用60～70℃热水,烫种持续时间为5～10 min。用温度计插入热水中观察,并随时搅拌种子,使种子受热均匀,5～10 min后,水温应降至30℃;茄果类可用50～55℃左右的热水浸烫5～10 min(图2－19A)。

(二)药物消毒

将消毒用的药物配成一定浓度的溶液,然后把种子浸泡其中,杀死种子所带的病菌。可用于种子消毒的药物很多,需要用什么药剂,浸泡多少时间,应根据不同病原确定。例如防止茄果类蔬菜细菌性病害,可用0.1%～0.3%升汞溶液浸泡5 min,再用1%高锰酸钾溶液浸泡10 min;防止黄瓜、番茄苗期猝倒病,可用70%敌克松药剂拌种(用药量为种子重量的0.3%);防止茄果类早疫病可用1%福尔马林溶液浸种15～20 min,然后取出用湿布覆盖,闷1～2 h,可以收到良好效果(图2－19B)。

使用药物消毒应特别注意安全,浸泡过的种子要用清水把种子上的药物淘洗干净,以防毒害种子;不要用手接触药物,因为它们对人体的皮肤有腐蚀和毒害作用。

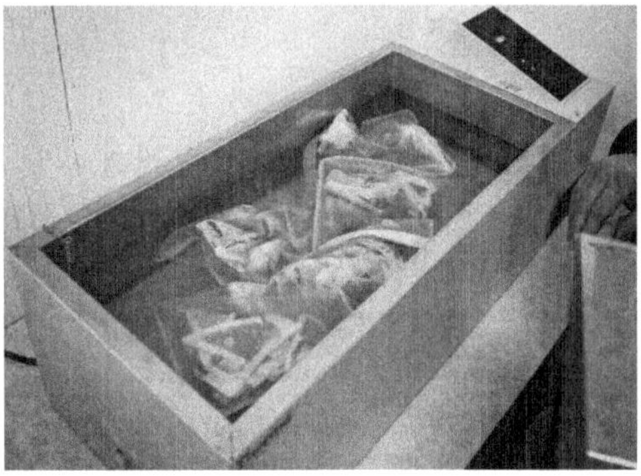

A. 温汤浸种

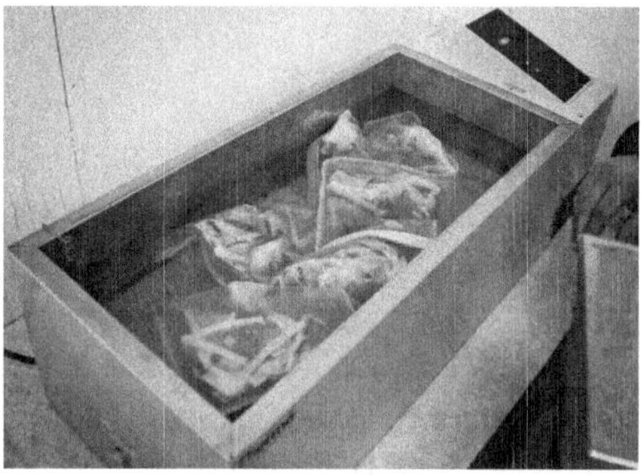

B. 药物消毒

图2－19　种子处理

(三)干热消毒

目前只用于番茄种子的消毒。具体方法是将番茄种子放入烘箱中,在70℃的条件下烘烤4 d,取出待用,但在烘烤前必须认真晾晒种子,使其含水量降到7%以下,否则会降低种子的发芽能力。

(四)化学处理

在育苗生产上对种子进行化学处理可促进种子发芽,或补给微量元素而起催化作用、增强抗性,或对种子表面消毒,同时起到促进发芽、抗虫防病的作用。

用5～10 mg/kg的赤霉素对茄子、辣椒浸种5～6 h,可起到明显提高发芽率和整齐度的作用。用0.01%～0.02%的硼酸,或0.03%的钼酸铵,或0.05%的硫酸铜,或0.02%的高锰酸钾,或0.1%的磷酸二氢钾单独或混合使用,可促进种子发芽,提高种苗抗性,并消毒种子。

四、种子催芽

催芽是指引起芽生长、休眠芽发育和种子发芽，或促使这些提前发生的措施，催芽是保证种子在吸足水分后，促使种子中的养分迅速分解运转，供给幼胚生长的重要措施。蔬菜种子的出芽率主要受温度、湿度、光照的影响，只有满足这三方面的要求，种子的出芽率才会提高，才能苗齐苗壮。

（一）温度

不同蔬菜种子的发芽对温度要求不同，因此在催芽前要先了解适合种子发芽的温度。瓜类、茄果类及部分豆类等喜温蔬菜的种子催芽适宜温度在 25 ~ 30℃，大白菜、甘蓝、芹菜、菠菜等耐寒及半耐寒性蔬菜为 18 ~ 25℃。对于处于休眠期和难发芽的种子，在催芽过程中可采取变温处理的方法，以打破蔬菜种子的休眠，提高发芽率。

（二）湿度

种子的发芽除了要有适合的温度外，还需要具备合适的湿度条件。一般蔬菜种子催芽的适宜湿度在 60% ~ 90% 之间。湿度过低，种子不易发芽，而湿度高，种子容易发霉变质，影响出芽。

（三）光照

按照蔬菜种子发芽对光的敏感程度，可将种子分为 3 类。第一类是需光种子，这类种子催芽时需要一定的光照，在无光条件下种子不能发芽或者发芽不良，例如白菜、甘蓝等蔬菜种子。第二类是厌光类种子，这类种子在无光条件下才能发芽，有光则发芽不良，例如瓜类、葱蒜类蔬菜种子等。第三类是中光种子，在有光或黑暗条件下种子都能正常发芽，例如豆类蔬菜种子。

（四）催芽的方法

催芽前要对种子进行清洗或搓洗，一直把种皮洗到洁净无黏液、无气味后再进行催芽。将泡好的种子装入洗净的纱布中，放在底部垫有潮湿的粗棉布的木箱或盒里，上面覆盖洗净的湿润纱布，放在恒温催芽箱，每隔 5 ~ 6 h 翻动一下，每天清洗 1 ~ 2 次，水温同催芽温度，有利于通气换气，使种子发芽整齐。催芽温度应前高后低，或采用“变温锻炼”，当大部分种子露白时，应停止催芽，立即播种。如不能及时播种，可将种子放入冷凉（2 ~ 5℃）处控芽，以免胚根过长而使种子报废。图 2 – 20 为西瓜种子催芽露白图。

图 2 – 20　西瓜种子催芽露白

五、苗床准备

目前主要有3种育苗床:冷床育苗、温床育苗、温室育苗。这里主要介绍温室育苗。

(一)培养土准备

培养土的好坏对育苗的影响极大,蔬菜幼苗根系生长势弱,分布浅,只能在10 cm深土层中活动,同时根在苗床中密度大,在单位面积上吸收肥量多,幼苗生长量虽小,但生长速度快,而一生中的重要器官是在苗床中奠定基础的,特别是果菜类,因此床土必须含有丰富的营养物质和良好的物理性质。要求做到苗床表面在干燥时不裂纹,浇水后表面不板结,营养成分完全具备氮、磷、钾等元素,呈微酸性或中性,无病虫害、无杂草种子。

培养土最好在头年秋季准备好,以疏松肥沃的田园土和充分腐熟的厩肥(马、牛、羊、猪粪)和有机堆肥为主体。一般播种苗床培养土中田园土和有机肥的比例为7:3,分苗的培养土比例为6:4。配制的培养土,应把肥料与土分别过筛后混合在一起。

(二)苗床的准备

温室苗床应提前翻晒,并进行施基肥,翻地平地,在播种前20~25 d检修好加温设备和保温设备(棉帘、草帘)并开始加温,将培养土覆盖10 cm厚,平整作畦,待床温上升到需要的温度,即可浇水播种。

(三)环境消毒

1. 温室熏蒸

在播种前一周燃烧硫黄粉产生烟雾,杀死病菌,还可以在硫黄粉中加些敌敌畏之类的杀虫剂,同时消灭室内的害虫。硫黄粉的用量为2~6 g/m^2,熏蒸时要密闭门窗,播前3 d通风换气(图2-21)。

A. 温室熏蒸　　B. 喷洒药剂　　C. 药剂拌种

图2-21　环境消毒

2. 药剂喷洒

药剂喷洒是生产中应用最多的一种方法。在播种前一周,将农药配成一定浓度的水溶液,喷洒在培养土中拌匀。可用50%代森锌200~400倍液,每平方米用药2~4 g,可降低苗期病害发生率。或用敌克松、甲基托布津、50%多菌灵800~1 000倍溶液,按5~6 kg/m^3药液喷洒床土。

3. 药剂拌种

将5 g 65%的可湿性代森锌粉拌入25 ~30 kg营养土中，将此土在播种前作为垫籽土和盖籽土，有防治茄果类和瓜类苗期猝倒病和立枯病的作用。

(四)营养钵的制作

营养钵类型很多，有土块营养钵、纸筒钵、陶土(塑)钵、塑料薄膜筒等。辣椒育苗多用8 ~9 cm，瓜类苗多用9 ~10 cm。

A. 塑料营养钵　B. 纸筒营养钵　C. 无纺布营养钵　D 纸壳营养钵

图2 -22　常见营养钵

六、蔬菜育苗播种

(一)播种期的确定

育苗所需的天数 = 苗龄天数 + 幼苗锻炼天数(7 ~10 d) + 机动天数(2 ~3 d)。

一般适宜的各类蔬菜苗龄天数，黄瓜30 ~35 d，番茄60 ~70 d，辣椒、茄子80 ~90 d。

在确定定植期的基础上，向前推育苗所需天数就是播种期，如春大棚番茄定植期定在4月5日，则番茄播种期向前推70 ~80 d(60 d +7 d +3 d =70 d)，为1月15日至1月25日。

(二)蔬菜播种量和播种面积的确定

1. 播种量的确定

播种量(g) = (每亩定植株数 × 栽培总面积)/(每克种子粒数 × 发芽率) × 安全系数

例：番茄栽培面积为1.5亩，需番茄种子多少克?

设：番茄每亩定植株数4 800株，每克种子粒数350粒，发芽率80%

播种量 = (4 800 ×1.5)/(350 ×0.8) ×2 =51.4(g)

若25g为1包种子，两包种子即够1.5亩的用量。

2. 苗床面积的确定

包括播种苗床面积和分苗床面积，它们的计算公式如下：

播种苗床面积 = [播种量(g) × 每克种子粒数 × 每粒种子所占的面积(cm^2)]/10 000

例：番茄播种量为50 g，每克种子粒数350粒，每粒种子占面积2 cm^2

番茄苗床面积 = (50 ×350 ×2)/10 000 =3.5(m^2)

分苗床面积 = 分苗总株数 × 每株营养面积(cm^2)/10 000

例：番茄分苗总株数 4 800 株，每株营养面积 $6\times6=36(cm^2)$

番茄分苗面积 $=(4\ 800\times36)/10\ 000=17.3(m^2)$

七、播种方法

（一）撒播

茄子、辣椒、番茄、甘蓝等小粒种子可采用撒播。播前先把苗床浇足底水，浇水后待床温上升到播种所需温度（14～25℃）时，撒培养土，把因浇水下沉不平的凹陷填平，再用洒壶洒一些温水，待水分下渗后，再撒上一层经消毒的填籽土，厚度为 0.1～0.2 cm，即可播种。播种方法可用手撒、嘴喷，要求播种密度恰当，种子分布均匀。播后及时覆土，覆土要均匀，覆土过厚会使出苗减慢，消耗营养多，出苗不壮；覆土过薄会造成种子带壳出土，影响幼苗进行光合作用和生长发育。为了使盖土厚薄一致，在覆土前应按各种蔬菜覆土厚度做好标记，然后再覆土。覆土厚度一般为 1.0～1.5 cm，用小平板轻压一下。覆盖的土可先两天运到温室走道边，使其增温，以利于更好出苗。

（二）点播

黄瓜、葫芦等特大粒种子多采用点播。先将营养袋装上 3/5 左右的营养土，再浇足水，然后将种子播于袋内，每袋播两粒发了芽的种子，最后覆上 2～3 cm 厚的营养土。注意将营养袋上面留出 1 cm 左右深，以便苗期浇水。营养袋为塑料薄膜袋，幅宽 10 cm，高度截为 11 cm。

八、苗期管理

苗期管理好坏是培养壮苗的关键。

简单的壮苗标准：根多、茎粗、节短、叶片厚而大。

苗期管理的原则：对幼苗有促、有控，促控结合。

按苗期不同生长发育的环境条件，通过控制环境条件来控制秧苗的生长发育，达到育成壮苗的目的。

（一）播种后到出苗期的管理

（1）播种后的苗床（播种箱）要及时覆盖一层塑料薄膜（地膜），以利保温保湿，待苗出土在 70% 左右，即可将覆盖的地膜揭掉。

（2）有时播种量大、种子密集，出土形成顶土，要及时用根指粗的木棍轻轻地将顶上来的土捣下去，便于种子出土和保墒。

一般在出苗子叶较壮、种皮不戴帽、相互不拥挤时，要及时在苗床（播种箱）上均匀撒上一层 0.2～0.3 cm 营养土（药土）（可将 5 g 的 65% 代森锌可湿性粉剂拌入 25～30 kg 营养土中，作为药土），可保墒、增根、防病。

（3）调节床温。从播种到出苗阶段，除苗床浇足底水、覆土深度适宜、松软透气的条件，其苗床管理的重点是苗床温度，温度高低对出苗质量影响很大。温度低发芽慢，延迟出苗时间,造成出苗不一致,大小不整齐,温度过低还会造成沤根,胚根发黄,胚芽不易出土;温度过高,出苗速度过快,胚芽出土细弱,易形成高脚苗,不易形成壮苗。这阶段喜温的蔬菜如茄果类、黄瓜等要求温度为30℃左右(28～32℃),喜凉的蔬菜如甘蓝、花菜等要求温度为22℃左右即可(测温的温度计挂在苗床上面1 cm处)。

播种后,为提高床温,昼夜可盖上帘子(草帘、棉帘、厚布帘等),但要经常查看苗床,发现开始顶土,就要逐步降低床温,降低的程度以不妨碍出苗为准,当苗子开始出土时,白天覆盖帘要卷起,夜晚盖帘,若中午太阳光很强,薄膜内温度过高(达38℃以上),育苗温室前沿可盖1/2～1/3的帘子,以遮住部分阳光。

幼苗全部出齐后,要尽量使阳光充足,并适当增加通风量,使床温逐渐降低,同时室内湿度也随之降低,白天控制在28～32℃,夜晚控制在10～15℃(室内气温),特别是夜间不能高温,这样可以避免在高温高湿、无光照条件下造成高脚徒长苗,对防止苗期病害也有重要作用。补足光照,日光灯距苗床60 cm处。中午通风3～4 h,提倡顶通风。

(二)出苗到分苗期的管理

这一时期可分为两阶段:

第一阶段:是子叶微展到初生真叶显露。这是幼苗胚轴快速生长的关键时期,要特别注意控制水分和降温,降温可以控制胚轴伸长,促进子叶肥厚;控水可以促进根系扩展和养分积累,从而可以促进生长椎中叶原基的分化,防止胚轴徒长,形成高脚苗。

第二阶段:从真叶显露到三、四叶期,在这阶段时间里,幼苗生长时间较少,但在这阶段中生长椎大量分化叶原基,果菜类是由营养生长向生殖生长转变的过渡阶段,如茄果类生长椎开始突起形成花芽,豆类和瓜类则在腋芽孕育花芽,这时生长中心在根、茎、叶。所以管理既要保证根、茎、叶的正常生长,又要适当控制,以促进叶原基大量发生和果菜的花芽分化。

1. 温度管理

温度的高低对幼苗的影响很大。温度过低,生长缓慢或停止,造成僵苗;温度过高,生长过快,造成徒长。温度管理应掌握"三高三低"的原则,即白天高,夜间低;晴天高、阴天低;出苗前和分苗后高,出苗后和分苗前低。因白天温度高,可加强秧苗根系吸收和光合作用,夜间低,可减少秧苗的呼吸强度,使白天积累的养分多一些,秧苗生长健壮。晴天温度较阴天高也是这个道理。出苗前要求一定高温,在于提高地温(20～25℃,测土温在苗床深5～8 cm处),使种子顺利出苗,出苗及时降温,以促进根系发育,抑制秧苗徒长。

苗期控温主要是通过加温和通风两个方面来调节控制。

2. 光照管理

蔬菜多是喜光植物,幼苗对光照非常敏感,光照的时间和强度一方面影响到光合作用的强度和干物质的积累;另一方面影响到幼苗的形态。在弱光下,幼苗节间伸长,叶薄色淡,含水量增加;在强光下节间短而粗壮,叶厚、色泽浓绿,干物质含量高,因此苗期管理中应充分利用光照。

3. 水分管理

幼苗生长的前期主要是防止床内湿度过高,要注意加强通风降温。

幼苗后期，使用育苗箱的由于土层薄，保水差，加之温度高易干燥，过干时可适当喷水或浇水，同时注意通风，降低空气湿度，防止徒长和发生幼苗病害。

分苗前 3 ~5 d 应控水，锻炼秧苗，提高秧苗的适应能力。

4. 间苗及除草

幼苗期及时间苗，保证每株秧苗都有一定的营养面积，茄果类苗每株营养面积在 2 ~4 cm^2，辣椒苗可密一些，茄苗可稀一些，有杂草可随时拔除。

（三）分苗和分苗后的管理

分苗的目的主要是为了扩大幼苗的营养面积，使幼苗有足够的空间继续发展茎叶和有足够的地面发展根系。另外，在分苗过程中，幼苗的主根被切断，可促使侧根的发生，并使根群集中分布在以主茎为中心的较浅和较小的床土体积内，以后定植时，根系损伤少，容易缓苗。分苗时间，一般茄子 1 ~2 片真叶、辣椒 2 ~6 片真叶、番茄 1 ~2 片真叶、黄瓜真叶顶心。

1. 分苗的准备

分苗可采用多种形式：分苗床分苗、营养钵分苗、纸钵分苗等。

营养钵分苗是当前使用较为普遍的一种方法。其优点是营养钵可使用多年，节省成本、方便搬运、利于倒苗、根系发育好、土壤理化性质好、便于定植、定植后缓苗快。

（1）备好培养土，装袋前 3 d 翻堆喷水（或药水），使培养土潮湿，手握成团，掉也可散为度。

（2）备好营养钵，一般蔬菜育苗可根据蔬菜营养面积和苗龄长短考虑用 8 ~12 cm 的营养钵。

（3）装营养土备用。为使用方便，先装土 1/2 处，用手将袋土稍压紧实，以不漏土为宜，压后有 1/3 袋高，再装入一些营养土约占袋 1/2，堆放在一起备用。

（4）将备用幼苗于前一天浇上水，便于分苗时拔苗，减少根系受损。

2. 分苗技术

目前主要采用两种分苗方法：营养钵分苗和苗床分苗。营养钵分苗主要用于温室生产、早春大棚、中棚生产用苗，而苗床分苗主要用于早春小拱棚用苗和露地生产用苗。

营养钵分苗技术要点：

（1）苗床（营养盘）头天浇水，便于拔苗，减少根系损伤。

（2）幼苗用手轻拿茎部，不要将根系握在手心。

（3）注意保持秧苗子叶和真叶干净，不要沾上水和泥土。

（4）分苗时辣椒、茄子栽植时子叶露出土面 1 cm 左右，黄瓜、番茄栽植时应根据秧苗健壮情况，健壮苗子叶可露出 1 cm 左右，徒长苗可栽深一点，子叶与土面平。

（5）分苗方法多种，简便的方法是将已装好培养土的营养钵倾斜，使土面呈 45°倾斜角，将幼苗放入斜面，再用手抓一把培养土盖住秧苗根系，将袋立起，使幼苗垂直于袋中，其装土量离袋口 1.5 cm 左右，便于浇水。

（6）分苗后的营养钵摆放整齐，地面要平整，及时浇水。水应在温室放置，水温在 15℃

以上,有条件的可使用加热到20~25℃的水更好。水要浇透,不漏浇,可用壶浇,有自来水条件的,可用细管浇,一般浇两遍即可浇透。

3.分苗管理

从分苗到定植这段时间,秧苗生长量占苗期总生长量的85%~90%,生长的中心主要是根、茎、叶,果菜类幼苗还进行着花芽的分化和形成。这一阶段管理的好坏,直接影响今后产量的高低。这一阶段的管理措施主要是适当提高室内温度,促进秧苗快速而健壮生长,但也要防止高温、高湿造成幼苗徒长。其具体管理方法如下。

(1)分苗后要3~5 d才能恢复生长,因此,这段时间一般不进行通风换气,以保持温室内较高的空气湿度,防止茎叶失水而萎蔫。其温度昼夜应保持在28~32℃,有利于幼苗根系恢复生长,缩短缓苗时间。

(2)缓苗后的管理,主要是做好通风和保温工作,这一段时间适宜的温度是:果菜类幼苗白天保持在22~25℃之间,夜晚保持在16~18℃;叶类菜秧苗白天保持在20~22℃之间,夜晚保持在12~15℃之间。这里应注意:幼苗的生长速度和健壮程度,主要依靠调节晚间地温的高低,这主要通过温室温度调节和适当通风来加以控制。如幼苗有些徒长,应降低夜温,生长过慢,心叶不舒展或停顿生长,应升高夜温。

(3)分苗后的管理,也主要是温室温度和通风换气的调节,这要通过长期管理,具有一定的实践摸索。一是要掌握好适宜的温度,二是要做好通风换气工作,这一工作往往为了保温而忽略,通风不仅调节室内空气,还可调节湿度,加速秧苗的蒸腾作用,有利于水分和养分的吸收和输导,有利于光合作用,同时又锻炼了秧苗对外界条件的适应能力。

通风要注意不要过猛,室内温度骤然下降,会导致秧苗猛然失水,而造成叶缘干枯,叶片萎蔫或受冻。叶片干枯,这种情况通常叫"闪苗"。

通风要根据分苗时间、天气、苗情而适当掌握,如分苗早的,天气较冷,苗子较弱,通风量应小,逐渐通风,一般不可采用低边通风,应采用天窗通风,随着天气转暖,通风量逐渐加大,特别是在光照强的情况下,天窗通风加上前窗低边通风也要逐渐增大,总之要根据不同天气和秧苗实际情况,灵活掌握通风时间的长短和风量的大小,才能收到好的效果。

温室内采用塑料薄膜袋分苗的幼苗,由于温室棚内各部位温度不同,靠火道的北部温度高,靠南端远离火道,棚膜易受到外界气温的影响,温度低,靠东、西两端山墙早晚遮光的影响,苗情弱些,这样在室内营养钵苗生长不一,为改变这一现象,采用营养钵苗"倒苗"是一项重要措施,"倒苗"可解决以上存在的问题,另外"倒苗"可切断钵中根系扎入地中,以保证钵中幼苗须根的发生。

分苗后营养钵幼苗水肥管理也十分重要,主要应根据苗情的具体情况来定,原则上是分苗后不再浇水施肥,因为营养钵内的肥料相对比较足,在土壤不干的情况下,也不须多浇水,防止秧苗的徒长,但有些因"倒苗"切断地下的根系,失水较多,根系受损,需要补充一些水分后才可浇一些水,追肥主要进行叶面施肥,追肥0.1%尿素液洒于叶面,果菜类可叶面喷施磷酸二氢钾0.1%~0.2%浓度或水溶性肥料等叶面肥,使幼苗叶浓绿、健壮。

（四）幼苗锻炼

幼苗采用低温锻炼，可以提高幼苗的生活力和对恶劣条件的抵抗力，增强幼苗的耐寒力和抗微霜的能力。分苗后幼苗蹲到花蕾快显出（离定植 7～10 d）时，需进行低温炼苗。茄果类苗白天 15～18℃，夜间不低于 4～5℃；瓜类苗白天 18～20℃，夜间 8～10℃；叶菜类的苗白天 10～15℃，夜间 3～4℃。经过这样锻炼的苗，进入生产设施后，抗性增强，缓苗快，一般室外气温不低于 -5℃，幼苗生长没有问题。

九、苗期病害防治

（一）苗期病害的种类

1. 猝倒病

这种病从种子发芽后就有发生，但以幼苗出土到真叶展开这段时间发病最高。其症状是病苗近地面的茎部呈水渍状，然后缢缩凹陷，最后倒伏在地面上。有时细苗外观与健壮苗无异，但贴伏地面不能立起，此病发展很快，开始是个别幼苗发病，数天内即可快速扩展，引起成片猝倒（图 2 -23）。

猝倒病是由鞭毛菌亚门、腐霉属真菌侵染引进的，病菌以卵孢子在土壤中越冬，病菌腐生性强，能在土中利用有机质长期存活侵染幼苗后以营养菌丝贯穿寄主细胞内使组织快速腐烂。

图 2 -23　西瓜猝倒病

2. 立枯病

此病从幼苗出土后便可发生，但主要发生在育苗的中期，造成大片较大的幼苗死亡。发病初期，幼苗白天萎蔫，夜间恢复，后期干枯死亡（图 2 -24）。

立枯病是由半知菌亚门丝核菌属真菌侵染引起的，病菌以菌丝体或菌核在土壤中或寄主病残中越冬，病菌腐生性较强，一般在土壤中可存活多年，在适宜条件下，病菌从伤口或穿透表皮直接侵入幼茎，引起根部发病。

图2－24　瓜类蔬菜立枯病

3. 沤根

在土壤水分过大、土温低、幼苗的根系呼吸作用弱、吸水力降低时容易发生沤根。幼苗发生沤根时，不发新根，根皮发黄呈锈色，最后腐烂，幼苗萎蔫，并容易拔起。沤根属生理性病害，它与气候条件关系很大，苗床低温、高湿和光照不足是引起沤根的主要原因（图2－25）。

图2－25　番茄苗沤根

（二）苗期病害的防治方法

（1）加强苗期管理　加强苗期管理，注意保温防寒和通风换气，既要避免苗床出现高温多湿，又要防止低温潮湿，同时要及时进行间苗，以免幼苗过分密集。

（2）进行苗床和培养土消毒（前文已述）。

（3）药剂防治　用75%百菌清可湿性粉剂600倍液；50%多菌灵可湿性粉剂600倍液，隔6～7 d喷1次，连喷2～3次，喷洒病菌周围土壤，以防止蔓延。也可使用铜氨合剂等其他广谱性杀菌剂进行防治。

第三节 工厂化穴盘育苗技术

一、工厂化穴盘育苗定义

在人工控制的适宜条件下,应用穴盘进行标准化、自动化、规模化生产的一种先进育苗方式。

二、工厂化穴盘育苗的特点

泥炭、蛭石、珍珠岩等轻基质作育苗基质,用穴盘作育苗容器,采用机械化精量播种,实现一次成苗的技术,具有用种量少、种苗质量高、定植缓苗快、生产效率高、节能、省地、省工、节约成本、适于远距离运输、机械化作业等优点,可以做到周年连续生产。

三、工厂化穴盘育苗流程

工厂化穴盘育苗的主要过程(工艺流程,如图 2－26):种子准备(精选加工、种子丸粒化)→基质准备(粉碎→过筛→混拌)→精量播种(穴盘填料→压穴→播种→覆盖→喷水)→催芽→育苗温室培养→炼苗→出圃销售→穴盘周转回收。

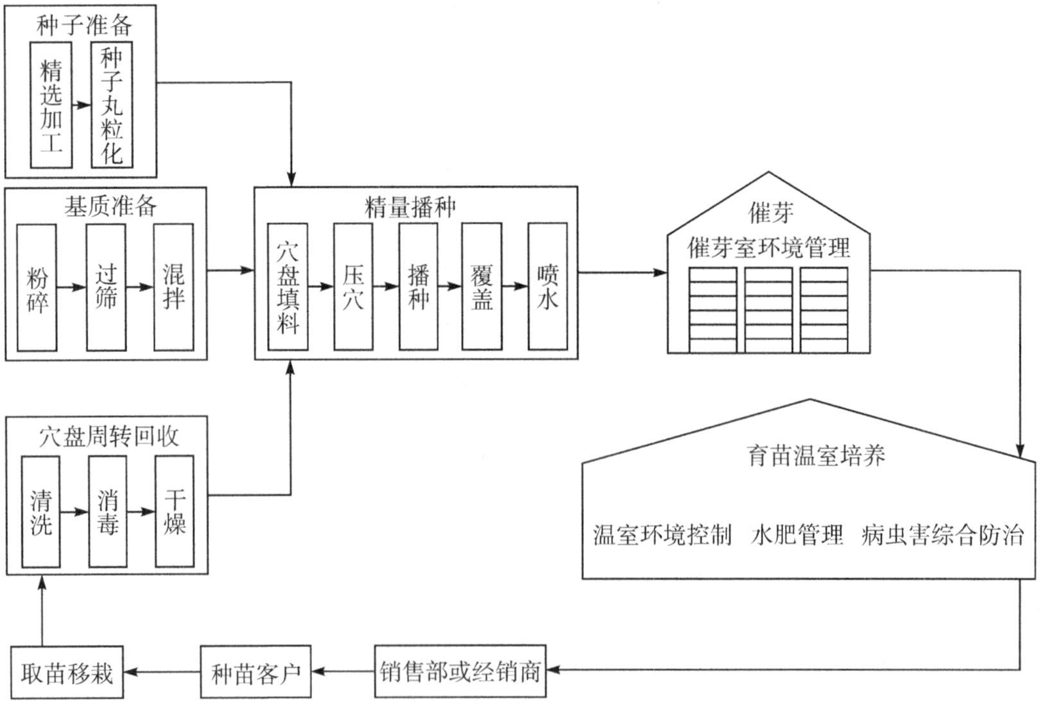

图 2－26 工厂化穴盘育苗流程

四、播前准备

(一)种子处理

应根据栽培季节和消费习惯选用抗性(抗病、抗逆)强、产量高、品质好的优良品种,选择种子发芽率大于90%、籽粒饱满、发芽整齐的种子进行育苗。采用精量播种流水线进行播种多采用干籽直播,未包衣种子播前也可经药剂处理及风干后播种;用药剂、温汤浸种和热水烫种等方法进行种子处理,可以促进种子发芽,预防病害发生,适合手工播种。

(二)基质准备

育苗基质应具有优良的理化特性,疏松透气,保水保肥,化学性质稳定,呈微酸性,不带病菌、虫卵、杂草种子以及对幼苗有害的物质。一般工厂化育苗基质的理化性质要求容重0.2~0.8 g/cm^3,可溶性盐浓度(EC值)<2.5 mS/cm,pH 5.5~7.5之间。

国际上工厂化育苗基质配料成分主要是草炭、珍珠和蛭石(图2-27)。常用的配比有草炭∶蛭石∶珍珠岩体积比3∶1∶1或6∶3∶1,或者草炭∶蛭石体积比3∶1。这样的基质理化性质相对稳定,易于实现标准化生产,但草炭为不可再生资源,我国禁止开采,生产中草炭以进口为主,价格较高。

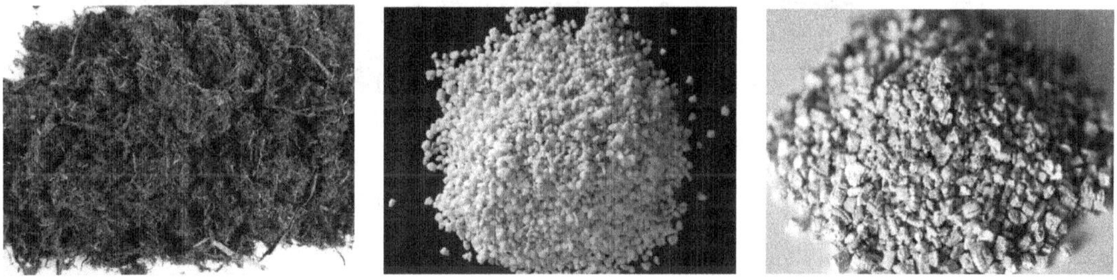

A. 草炭　　B. 珍珠岩　　C. 蛭石

图2-27　国际常用育苗基质成分

各地工厂化育苗也可根据本地基质资源选用木屑、秸秆、稻壳、菇渣等有机基质与蛭石、沙、珍珠岩、炉渣等无机基质按一定比例混合。一种有机基质为主,配合使用1~2种其他基质,如泥炭∶炉渣∶沙按4∶3∶3混合,草炭∶炉渣∶蛭石按4∶4∶2混合。有机基质须经过充分腐熟后才可使用。也可选用专用的商品化育苗基质,经药剂消毒后加适量水搅拌,直至基质含水量在40%左右可进行装盘。

(三)穴盘准备

穴盘的材质一般有聚苯泡沫、聚苯乙烯、聚氯乙烯和聚丙烯等,标准穴盘的尺寸为54 cm×28 cm,孔穴数在18~800之间,如图2-28所示。

图2-28　不同规格的穴盘

根据不同作物种类和种苗大小,选择不同规格的穴盘。培育叶面积小、苗龄短的幼苗,可使用孔径小、孔数多的穴盘;培育叶面积大、苗龄长的幼苗,应选择较大孔径、孔数少的穴盘。另外,冬、春季节育苗可选择吸光性好的黑色育苗盘,有利于幼苗根系发育;夏、秋季节育苗可选择反光性较好的白色聚苯泡沫盘,以减少幼苗根部热量积聚。瓜类蔬菜多采用50~72孔穴盘,茄果类蔬菜多采用72~128孔穴盘,叶菜类蔬菜如西兰花、甘蓝、生菜等多采用128~288孔穴盘。

穴盘可以多次重复使用。新穴盘使用前无须处理,旧的穴盘需用杀菌剂如甲基托布津、多菌灵等药液浸泡消毒30 min,用清水洗净残留药液,且在使用前洗净晾干。

五、播种

工厂化育苗通常使用精量播种流水线完成,每小时播种速度几百盘至上千盘,其主要工作流程包括基质装料、压穴、播种、覆盖、浇水等步骤,适用于专业化和集约化程度较高的工厂化育苗企业。小型工厂化育苗公司或集约化育苗合作社也采用半自动播种机或手工播种(图2-29)。

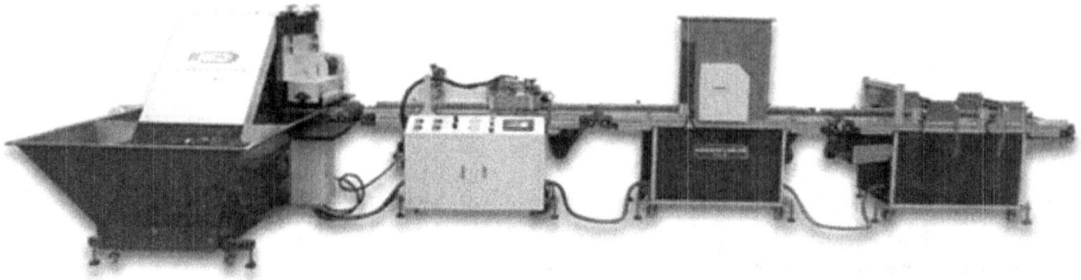

图2-29 精量播种流水线

(一)装料

将混配好的基质装入自动播种机的入料口,打开开关将基质装入穴盘中,使每个孔穴都均匀的装满基质。

(二)压穴

将播种生产线上的打穴器,调整至适合打孔深度。人工打孔播种要尽可能地保持穴孔深浅一致。

(三)播种

采用机械播种的,播种精度要保持在90%以上,人工播种的每穴播1粒。

(四)覆盖

播种后覆盖粒径≤5 mm的蛭石,覆土厚度为种子高度的1.0~1.5倍。

(五)浇水

浇水量控制在使基质含水量在60%左右,人工灌溉用喷雾器均匀喷洒。

六、催芽

将穴盘放入催芽室(图 2 - 30),保持穴盘基质温度在 28 ~ 30℃,空气相对湿度达到 90%。催芽至 60% 种子露白时,将育苗盘运到育苗车间进行苗期管理。

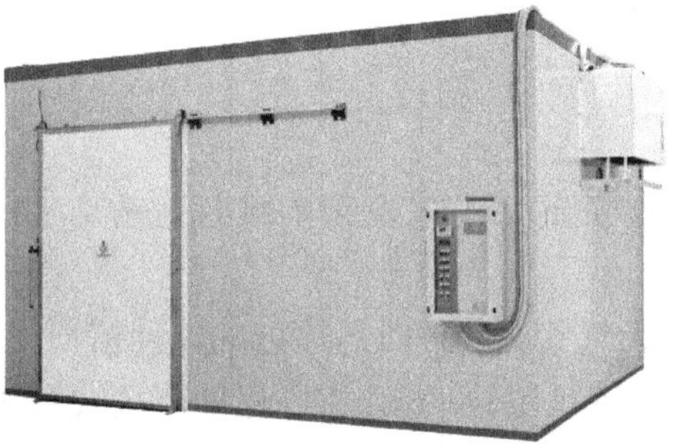

图 2 -30　催芽室

七、苗期管理

(一)出苗期管理

种子出苗后即可浇水,每次要喷匀喷透,始终保持基质湿润,基质相对湿度保持在 60% ~80%。逐渐增加光照强度,防止徒长,昼夜温差一般控制在 5 ~ 10℃。当子叶展平,心叶刚露出时浇灌 N: P: K 为20: 20: 20 的营养液,营养液 EC 值在 0.8 ~1.0 mS/cm,并尽快进行分苗和拼盘,将空的穴盘格补齐,同时检查每穴中的苗数,多于一株的应进行分苗。

营养液配方取决于基质本身的成分及其幼苗的需肥特性。采用草炭、有机肥和复合肥合成的专用基质,以浇水为主,适当补充大量元素即可;采用草炭、蛭石的通用育苗基质,则需要严格的营养液配方和肥料用量。

(二)成苗期管理

尽可能增加光照强度和光照时数,夏秋育苗,出苗前棚膜上覆盖遮阳网以降温,出苗后晴天每天 15:00 后和阴雨天要揭去遮阳网。冬春育苗,小棚上的草帘要早揭晚盖,在阴雨天也应揭开,增加棚内光照,也可配以农用荧光灯、生物效应灯、弧光灯等补充光照。逐渐降低基质湿度和空气温度,适当提高营养液浓度。出现节间长、生长旺盛时,可适宜补充 N: P: K 为17: 5: 17 和含钙的营养液,营养液 EC 值在 1.0 ~1.3 mS/cm。

(三)炼苗期管理

适当降低夜间温度,控制浇水,保持基质相对湿度在60% 左右,停止浇灌营养液。适当使用防病农药,预防定植期间的病害。出圃移栽前浇一次透水,便于从穴盘中提高以利于定植成活和缓苗。

八、商品苗标准

根据不同季节及不同规格的穴盘,商品苗标准也存在差异。总体感观标准:茎秆粗壮、子叶完整、叶色浓绿、生长健壮;根系密集,根系将基质紧紧缠绕,形成完整根坨,种苗从穴盘容易拔起,且不会出现散坨;无黄叶,无病虫害,整齐一致。

九、穴盘苗的包装与运输

工厂化育苗培养的大量穴盘苗,往往需要异地定植,因此穴盘苗贮藏与运输是工厂化育苗的重要组成部分。

运输前应做好定植前准备,关注天气预报,趁天气状况较好时运输可减少种苗损失,并能保证种苗质量。为了减少根系损伤,运输时通常带盘装箱运输,也可把种苗从穴盘拔出装箱出售,应密集排列,尽量将一定数量的种苗的根坨用薄膜包好,防止因基质散落而造成根系损伤。

A. 穴盘苗整盘装箱　　B. 穴盘苗脱盘装箱

图 2－31　穴盘苗包装

进行包装的容器有纸箱、木箱、木条箱、塑料箱等,应依据运输距离选择不同的包装容器。容器应有一定强度,能经受一定的压力与路途中的颠簸。远距离运输时,每箱装苗不宜太满,装车时既要充分利用空间,又必须留有一定空隙,防止种苗呼吸放热而受到伤害(图 2－31)。

蔬菜种苗运输对温度及通风等都有一定要求,最好采用保温空调车,车厢内温度保持 13～15℃,但运输成本较大,如采用一般大卡车运输,冬季应注意保温,防止种苗发生冻害。在运输过程中,穴盘应用苗箱装运,苗箱选用以价格较低、不易压坏为原则。

第四节　蔬菜嫁接育苗技术

近年来,随着我国蔬菜栽培面积逐年扩大,特别是蔬菜产业化、专一化、规模化等生产模式的出现,蔬菜连作障碍、次生盐渍化、土传病害频发、土壤酸化板结等问题日益严重,大幅度影响了设施蔬菜的产量和品质。连作蔬菜会使根系分泌的大量自毒物质积累,从而影响蔬菜生育。此外,由于同种蔬菜吸收相同营养元素,易导致土壤营养失衡,最终影响蔬菜生育。

为解决蔬菜连作对产量和品质影响,人们研究了许多措施,其中嫁接是最有效的方式之一。蔬菜嫁接育苗起源于中国,有多种操作方法。嫁接育苗是将一种植物的枝或芽嫁接到另一种植物的适当部位(根或茎),使二者结合成一个新的植物体的技术。接上去的枝或芽,叫作接穗,被接的植物体,叫作砧木(图2-32)。

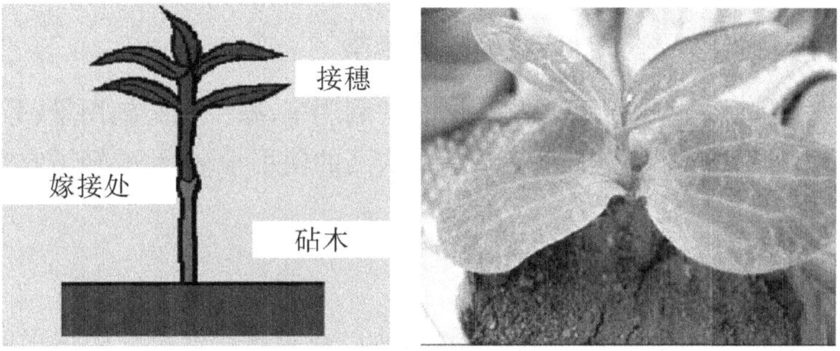

图2-32 嫁接示意图与嫁接苗

嫁接能显著提高蔬菜作物抗病抗逆能力,有效提高蔬菜品质和产量,现已成为防治连作土传病害的重要措施。嫁接技术的应用解决了蔬菜种植面临的诸多问题,嫁接苗在生产中的应用比重也越来越大。我国目前在茄子、黄瓜、西瓜、甜瓜、西葫芦、番茄、辣椒等蔬菜栽培中广泛应用嫁接技术,取得了很好的效益。随着现代蔬菜产业的发展,嫁接苗生产模式也将发生较大的改变,采用工厂化自动嫁接装备将成为蔬菜育苗嫁接操作的发展趋势。

一、嫁接育苗的意义

嫁接育苗在蔬菜生产中是一种非常重要的技术措施和手段,嫁接所用的砧木是具有某些特殊性能的野生或栽培植物,能够对接穗起保护和促进生长等作用,从而改变接穗的某些栽培性状,更有利于蔬菜生产。总结起来,蔬菜嫁接育苗的意义主要体现在以下几方面。

(一)减少病虫危害,提高土地利用率

在蔬菜生产过程中,由于蔬菜连作越来越频繁,所以病害成为影响蔬菜产量的重点。嫁接利用砧木的抗性可减少土壤病原菌、害虫对植株的侵染和危害。减轻和避免土传病害、克服连作障碍是蔬菜嫁接栽培的主要目的。瓜类枯萎病、茄子黄萎病、番茄青枯病、番茄枯萎病等均可通过嫁接得到有效的控制。嫁接育苗能减轻或防止病害的发生,同时增加了同块土地的种植茬次,提高了土地利用率。

(二)提高秧苗抗逆性,增强环境适应能力

嫁接育苗所选择的砧木多数来自野生或半野生植物,抗逆性强,用其嫁接可以提高接穗的抗逆性和对环境的适应能力,表现耐寒、耐热、耐盐、耐旱、耐湿(涝)、耐瘠薄等特点,并能扩大品种的栽培区域。例如:砧木优秀的耐温性将保证植株能够在低温下正常生长,相关研究表明,根系是否发达是植物抗低温能力的关键,而通过合理嫁接则能够借助砧木特性提高抗寒能力。南瓜具有良好的低温伸长特性,尤其是黑籽南瓜耐低温能力更强,因

此在冬季、早春设施栽培中作为砧木得到广泛应用。

（三）促进生长发育，提早成熟，提高产量，增加种植收益

嫁接后增强了秧苗的长势，砧木发达的根系可增强植株吸水吸养分能力，所以能够有效满足地上部分的生长需求，使植株生育旺盛而有利于早熟，进而带动蔬菜产量的提高。砧木根系抗低温性有利于植株提早定植，提早开花结果，延长生育期和采收期。

（四）节约肥料，减少农药使用，减轻环境污染

砧木根系发达，吸收能力强，可以提高肥料的利用率，减少化肥施用量；另一方面，嫁接苗生长健壮，病害相对较少，一定程度上减少了农药的使用量，由此减轻了农事操作给环境带来的污染。

（五）改善蔬菜品质

在嫁接育苗期间，由于砧木生长较为迅速，所以蔬菜嫁接能够在一定程度上改善植物育苗品质。

二、嫁接砧木的选择

（一）砧木选择的原则和条件

1. 与接穗亲和力强

嫁接亲和力和共生力强是保证嫁接成活的最基本条件，也是选择砧木的首要条件。要求砧木与接穗的共生力和亲和力不受栽培环境和气候变化的影响或受影响小，也不随时间的延长而发生改变。要求成活率不低于80%，成活率90%以上为优良。决定嫁接亲和力强弱的主要原因是砧木与接穗的亲缘关系。一般来说，亲缘关系越近，亲和力越强，同科同属间嫁接亲和力最强，同科异属间的亲和力较差。但是，亲和力强弱也有与亲缘关系远近不一致的情况。

2. 抗病虫能力强

提高抗病性是蔬菜嫁接栽培所要解决的首要问题。因此，砧木本身是否具有抗病能力特别是抗土传病的能力，是判断能否作为适宜砧木的重要标准。选择砧木时，首先应考虑针对何种病虫害、病虫害的发生程度以及病原菌和害虫的分类群，尤其对某些土传病虫害应免疫或高抗，同时兼顾其他优势以及与接穗的抗性互补。

3. 逆境适应能力强

优良砧木应对不良环境的抵抗能力强，能明显增强接穗的抗逆性。设施蔬菜嫁接用砧木应具备较强的耐低温能力、耐弱光能力、耐潮湿能力和耐不良的土壤环境能力（主要是耐盐碱和耐酸能力）；夏秋季嫁接栽培用砧木应具备较强的耐高温能力和耐涝能力等。

4. 具有良好的生长特性

砧木应具有良好的生长特性和嫁接增产的优势，根系发达，吸收肥水的能力强，适应性强，长势旺盛，嫁接后能显著促进接穗的生长发育和开花结实，不会发生生理性异常。不同砧木对生长的促进作用和增产效果存在基因型差异，砧木的作用也因接穗而不同，必须将两者统筹起来考虑，以便在栽培上配套，形成系列品种砧木。

5. 对产品品质无不良影响

品质问题也是选择砧木的一个重要标准，这一点对西瓜、甜瓜这些商品性较强的水果型蔬菜尤为重要。不改变接穗果实的品质，要求不明显改变果实的形状、皮色和风味，不出现砧木的风味；不明显改变果实的质地，果肉不变硬也不变软。

6. 易于获得，便于大量繁殖

选择砧木还要考虑砧木的来源、价格、数量以及嫁接操作的方便程度等。

（二）主要蔬菜砧木及其特点

1. 黄瓜

南瓜是较适宜黄瓜嫁接的砧木。国内目前主要用黑籽南瓜，其次是杂种南瓜（图2－33）。

（1）黑籽南瓜　原产于墨西哥南部，我国主要分布在云南省一带，属半野生的葫芦科植物。与黄瓜嫁接的亲和力和共生力较强，高抗黄瓜枯萎病，对黄瓜疫病、根结线虫病等也具有较强的抗性，耐低温能力强，对黄瓜果实的风味和品质无不良影响。但是种子的发芽率低且发芽不整齐，苗茎空腔出现较早。

（2）中国南瓜　亲和性及生产性品种间差异较大。日本的白菊座品种南瓜亲和性强，根系耐湿，耐高温、低温，抗枯萎病，农友公司育成的‘壮士’砧木品种生长强健，抗枯萎病，吸收能力强，低温下生长好，生长、结果俱佳。也可用我国地方品种如‘中南拉7－1－4’‘洛阳白子圆南瓜’‘西安墩子南瓜’‘青岛拉瓜’等作为砧木。

（3）杂种南瓜　杂种南瓜是印度南瓜和中国南瓜的种间杂种，包括‘新土佐’‘超级新土佐’‘铁甲’等系列品种。‘新土佐’嫁接亲和性好，耐寒、耐热，抗枯萎病，促进生长，延长生育期，适于早熟或延晚栽培作砧，但高温下易感染病毒病。

（4）印度南瓜　多数嫁接黄瓜的雌花节位升高，生产性能较差。但‘南砧1号’幼苗髓腔小、纤维化程度低，适宜嫁接时间长，嫁接成活率高，抗枯萎病，抗逆境，丰产，适宜作黄瓜砧木，但对品质影响不稳定，高温下易产生南瓜味。

（5）美洲南瓜　用金丝瓜嫁接黄瓜亲和力强，成活率高，根系低温伸长性好，嫁接苗生长势强，丰产性优，但也有亲和力较差的报道。

（6）多刺南瓜　朝鲜安东地区地方品种，嫁接亲和性好，耐旱、耐湿、促进生长，低温下易获得高产，抗根结线虫，可减少生理坏死的发生。但抗枯萎病能力较弱，发芽和生长不太整齐。

A. 黑籽南瓜　　B. 美洲南瓜　　C. 多刺南瓜

图2－33　黄瓜常用砧木

2. 西瓜

西瓜砧木主要有葫芦、南瓜、冬瓜和共砧，常用葫芦和南瓜。

(1)葫芦(包括瓠瓜) 嫁接亲和力强，稳定，易成活，耐低温、干旱，长势稳定，增产显著，对果实品质的不良影响较小，抗枯萎病，对根结线虫、黄守瓜有一定耐性，是理想的西瓜砧木。但葫芦易感染炭疽病，种子萌发较慢。20 世纪 80 年代以后，日本育成了系列砧木品种，如'相生''协力''钝 K''顶岩'等。我国引进或育成的优良砧木有'华砧 1 号''华砧 2''瓠砧 1 号''超丰 F1''京欣砧 1 号''圣砧 2 号'等(图 2－34A)。

(2)南瓜 南瓜低温生长性良好，根系发达，长势旺盛，容易丰产，抗炭疽病、枯萎病和急性凋萎病。但亲和性和抗枯萎病能力因种类和品种而异，常产生共生不亲和株，不抗白粉病，尤其是利用长势过旺的南瓜作砧，容易导致果实品质变劣。常用的有'白菊座''金刚''NO$_8$''壮士'等。杂种南瓜如'新土佐''青研砧木 1 号''全能铁甲'等，嫁接和共生亲和力强，抗枯萎病和急性凋萎病，早熟丰产，对品质无明显影响，但与多倍体西瓜嫁接时常表现亲和性较差。黑子南瓜亲和性不稳定，有时对品质影响较大。美洲南瓜中的金丝瓜与西瓜嫁接亲和性好，低温伸长性强，抗枯萎病和急性凋萎病，品质稳定，但耐旱性稍差(图 2－34B)。

(3)冬瓜 嫁接亲和性较好，抗枯萎病和急性凋萎病，根系发达，耐旱、耐热，结果稳定整齐。但胚轴较细，嫁接操作不便，嫁接苗低温下长势弱，初期生长慢，开花坐果晚，不适合早熟栽培(图 2－34D)。

(4)共砧 主要是野生西瓜，亲和力强，成活率高，生长性能好，适应性较强，抗线虫和葫芦枯萎病，结果稳定，品质优。但不抗西瓜枯萎病，长势不如其他类型砧木，低温下生长慢，嫁接操作不便。常见砧木有日本的'强刚''鬼台'，美国的'圣奥力克'和我国的'西域站'等。

A. 葫芦　　B. 南瓜　　C. 野生西瓜　　D. 冬瓜

图 2－34 西瓜常用砧木

3. 甜瓜

甜瓜嫁接最易发生不亲和现象，因此对砧木要求较为严格。南瓜砧木有利于提高嫁接亲和性，促进生长，提高产量，但采用共砧嫁接技术亲和性好，对果实品质无不良影响。

(1)南瓜 耐热，抗甜瓜枯萎病，根系吸收能力强，低温下生长好，增产潜力大。但不同种和品种的亲和力以及对品质的影响不同，以杂种南瓜较适宜。日本研究表明，普通甜瓜适宜以中国南瓜和杂种南瓜为砧嫁接，网纹甜瓜宜选用杂种南瓜或共砧。杂种南瓜亲和性好，抗病力强，耐低温、高温、潮湿、干旱，适于干燥黏重土壤栽培；但植株易疯长，导致果肉品质变差。表现较好的砧木有‘土佐’‘全能铁甲’‘圣砧1号’‘世纪星’等。用中国南瓜嫁接可减轻土传病害,耐低温,利于维持长势和品质;但砧穗间亲和性差异较大,有些组合后期易产生生理障碍或使果实品质变劣。因此,生产中应选用弱长势南瓜作砧,如‘白菊座’‘NO_8’‘亲和’‘金刚’‘壮士’等,且主要用于非网纹系列。印度南瓜、美洲南瓜和黑籽南瓜与甜瓜嫁接的亲和性差异大,对厚皮甜瓜尤其是网纹甜瓜多不适用。

(2)冬瓜 嫁接亲和力强,喜温、耐热,抗枯萎病,根系发达,土壤适应性广,长势稳定,不易徒长,果实品质较好。但不耐低温,定植初期生长缓慢,结果晚,适于高温季节栽培作砧木。

(3)共砧 系高抗枯萎病的甜瓜品种或专用砧木。亲和性好,抗枯萎病能力、低温伸长特性和长势强于自根苗,结果稳定,对品质无不良影响,适于发病较轻的土壤栽培,温室、大棚网纹甜瓜嫁接时多用。‘网纹最佳’‘绿宝石’‘大井’等适于温室甜瓜砧;‘园研1号’‘健脚’等可作大棚甜瓜专用砧。

4. *番茄*

番茄砧木主要来源于其近缘野生种及杂交后代。荷兰、日本等国曾育成许多专用砧木,如‘KNVF’‘BF兴津101’‘LS-89’‘PFN’‘耐病新交1号’等。20世纪90年代以来,日本又相继选育出一批多抗砧木,如‘影武者’‘对话’‘超级良缘’‘博士K’‘服务员1号’‘磁石’等。

(1)‘LS-89’ 抗青枯病、枯萎病,幼苗早期生长速度中等,茎较粗,易嫁接。嫁接苗根系发达,吸肥力和生长势强,适于设施和露地栽培。

(2)‘BF兴津101’ 抗青枯病、枯萎病,幼苗早期生长速度较慢,茎较细。嫁接苗吸肥力和生长势中等,不影响果实品质,适于设施和露地栽培。

(3)‘耐病新交1号’ 杂交种,抗枯萎病、黄萎病、根腐病、病毒病和根结线虫病,茎较细,生长势旺盛,吸肥力强,但幼苗早期生长速度较慢,为设施专用砧木。

(4)‘影武者’ 杂交种,抗枯萎病、青枯病、黄萎病、根腐病、根结线虫病和病毒病,幼苗茎较粗,易嫁接。嫁接苗长势中等,吸肥力较强,适于设施栽培。

(5)‘斯库拉姆’ 杂交种,抗枯萎病、根腐病、枯萎病、黄萎病、根腐病、根结线虫病和病毒病,吸肥力和生长势强,但幼苗茎较细,早期生长速度较慢,为设施专用砧木。

5. *茄子*

茄子砧木通常为对土传病害高抗或免疫的野生茄及杂交种。

(1)‘托鲁巴姆’ 野生茄,对青枯病、黄萎病、枯萎病和根结线虫病高抗或免疫。亲和性好,成活率高,根系发达,耐热、耐旱、耐湿,生长势强,高产优质。但种子休眠性较强,且幼苗初期生长缓慢,适于多种栽培形式,尤其在黄萎病重发区。

(2)‘刺茄’ 根系发达,耐涝,生长旺盛,产量高,品质优。但种子休眠性较强,幼苗初期生长缓慢,适于设施栽培。

(3)‘赤茄’ 野生茄,高抗枯萎病,中抗黄萎病,亲和性好,较耐寒、耐热,低温下伸长性好,根系发达,茎秆粗壮、节间较短、生长势强,高产,果实品质优,适于多种栽培形式。

(4)‘耐病VF’ 杂交种,高抗黄萎病和枯萎病,亲和性好,耐高温、干旱,较耐低温。

(5)‘黏毛茄’ 野生种,抗枯萎病、黄萎病和根结线虫病,亲和性好,耐寒、耐旱、耐涝,节间较长,嫁接方便,种子易发芽,初期生长快,嫁接后长势强,产量高,品质好。

6. 辣椒

目前砧木很少,多为抗病共砧,尖椒类型可选用'PFR-K64''PFR-S64''LS279'等。

三、嫁接育苗技术

在长期的蔬菜育苗生产过程中,人们研究出了多种嫁接方法,随着嫁接技术的应用和普及。嫁接方法也在逐渐丰富和改进。综合国外和国内的情况,瓜类蔬菜嫁接通常在子叶苗的下胚轴进行,主要采用插接、靠接、切接等方法;茄果类蔬菜嫁接在幼苗的上胚轴或幼茎上进行,主要采用劈接、靠接、插接、针接等方法。

(一)砧木和接穗的选择

正确选择利用砧木,是培育优质嫁接苗的重要条件。选用砧木,除要求与接穗的亲和力强外,还应有较强的抗逆性(如抗旱、抗寒、抗病虫等),对土壤的适应性要强;同时还应考虑对接穗生长和开花结果的影响。不同茄果类蔬菜的嫁接砧木不同,番茄嫁接应选择抗枯萎病、线虫病、青枯病和黄萎病的砧木品种或野生番茄;茄子砧木主要选用'托鲁巴姆'或'刺茄';辣椒砧木主要选用抗枯萎病品种。若砧木选择不当,会对嫁接蔬菜品质产生较大影响,例如,以黑籽南瓜作砧木就会造成西瓜厚皮、空心、黄筋、具南瓜味等现象。接穗通常为生产主栽品种,应具有高产、优质、多抗、便于嫁接等特点。

(二)嫁接苗培育

蔬菜嫁接用的砧木和接穗主要是通过播种培育的壮苗。蔬菜嫁接对砧穗苗龄要求严格,播种时,要准确计算嫁接苗和砧木苗播种期,避免两苗差异过大,影响嫁接质量。具体要求:

第一,根据嫁接时期(嫁接适温为25~30℃)和嫁接苗苗龄要求,确定接穗播种时期。

第二,根据接穗播种期、砧木品种和不同嫁接方法,确定砧木播种期,通常顶插接要求砧木较粗,其余嫁接法要求砧木、接穗粗细相当,秧苗不宜过大,以免影响成活。

第三,根据天气情况灵活调整播期。例如,在较低气温时,南瓜比黄瓜长得慢,南瓜要早播;在较高气温时,两者长势相当,可同期播种。

一般劈接法需要的接穗较砧木小,砧木需早播;靠接法需要较大的接穗,砧木可略晚播或与接穗同时播。嫁接育苗播种期一般比不嫁接的自根苗要提前5~7 d。嫁接砧木比接穗提前7~10 d播种,而茄子选用'托鲁巴姆'砧木比接穗要提前25 d左右育苗。

播种前,除进行常规种子消毒处理外,许多砧木种子还需进行破壳、催芽处理,例如,瓠瓜、丝瓜种皮较厚,需用尖嘴钳剪破种尖;茄子砧木'托鲁巴姆'播前用温水浸泡2 h后,可用100~200 mg/kg赤霉素浸种24 h,捞出洗净后进行变温催芽,白天保持28~32℃,夜间18~20℃。砧木可以单粒播种于营养钵或50孔穴盘中,接穗2~3粒播于72孔穴盘中。考虑前期生长特性、嫁接方法、苗期用量,应比计划用苗数增加10%~20%。苗期需注意病虫防治,加强肥水管理,适时炼苗,防止徒长,确保砧木苗和接穗苗均达到壮苗标准。在出苗后和嫁接前,分别用15%噁霉灵水剂1 500倍液喷雾1次,以防治立枯病、猝倒病、灰霉病等苗期病害。嫁接前1~2 d,浇足底水,适龄秧苗及时嫁接。

(三)嫁接操作前准备

1. 场所准备

选择安静整洁无风的场所,不仅便于操作,也利于提高嫁接质量和嫁接效率。嫁接场所要求适宜的温度利于伤口愈合,一般以 20 ~ 25℃ 为宜;为防止切削过程中幼苗失水萎蔫,空气湿度要达到饱和状态为宜;另外,为防强光直晒导致幼苗萎蔫,嫁接场所应适当遮光。冬春季育苗多以育苗温室和大中棚为嫁接场所,夏季嫁接育苗时应搭设遮阴篷,嫁接前几天浇水并密闭场所,以提高空气湿度。

2. 嫁接用具与嫁接环境的准备

(1)选好嫁接时机　冬春寒冷季节,选晴天早晨嫁接,此时空气湿度大,不易萎蔫,接后气温逐渐升高,有利伤口愈合。反之,若接后遇低温,则成活率低;夏天应选阴天或傍晚嫁接,接后气温凉爽,以免幼苗萎蔫。

(2)嫁接前准备　嫁接工具准备:双面刀片、嫁接竹签或铁签、平口嫁接夹或套管、60% ~70% 酒精消毒液、嫁接夹,以及用于嫁接的工作台、凳子等,用酒精对工具和手进行消毒,保持嫁接场所的干净、整洁;保湿荫棚准备:在育苗大棚内搭建小拱棚,棚外覆盖薄膜及遮阳网,棚内床土充分喷水湿润(图 2 -35)。

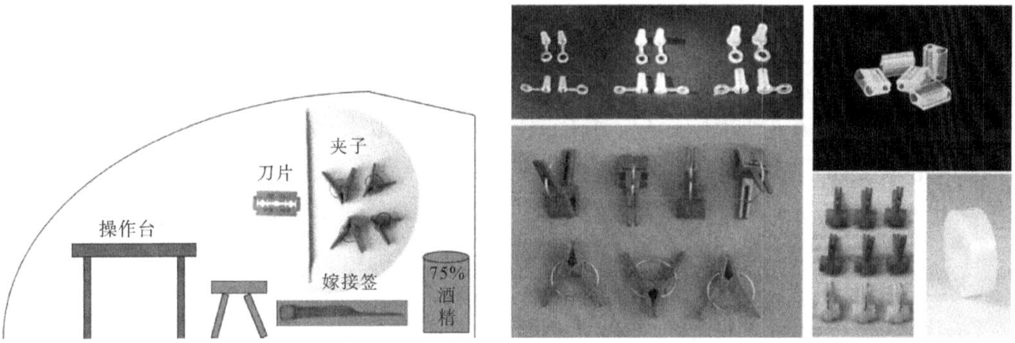

图 2 -35　嫁接工具准备

(四)嫁接常用方法

常用的嫁接方法有顶插接、贴接法、劈接法、靠接法、断根嫁接法等。

1. 顶插接法

多用于瓜类嫁接(图 2 -36)。当砧木第 1 片真叶展开,接穗子叶展平时进行嫁接。嫁接时去掉砧木的真叶和生长点,将竹签从心叶处斜 45°插入 1 cm 左右深,并使砧木下胚轴表皮划出轻微裂口,接穗子叶节下 0.5 cm 处向下斜切,切口长度 0.5 ~0.8 cm,再从邻面斜切一刀,使之呈不对称楔形。削好接穗后,立即拔出插在砧木下胚轴的竹签,将接穗插入插孔,并使接穗子叶与砧木子叶交叉呈"十"字形,接穗创伤面和砧木大斜面相互密接。选择的竹签斜面粗度应与接穗下胚轴粗度一致。

此方法砧木苗无须拔出,操作方便,嫁接效率高;接口细胞分裂旺盛,成活率高;接口远离地面,不易污染,防病效果好;但对操作技术和嫁接后管理要求较高。

A. 去除生长点　　B. 插入竹签　　C. 削接穗

D. 插接穗　　E. 十字形

图 2－36　顶插接嫁接

2. 贴接法

比接穗晚播 4 ~6 d，如图 2－37。嫁接时间同靠接。取大小、粗细相近的砧木、接穗苗，将砧木苗从心叶处向下斜切一刀，除去砧木生长点及一片子叶，长度 1.0 ~1.5 cm，然后将接穗在子叶下 1.0 ~1.5 cm 处斜削一刀，长度 1.0 ~1.5 cm，将接穗和砧木接合部用嫁接夹固定。

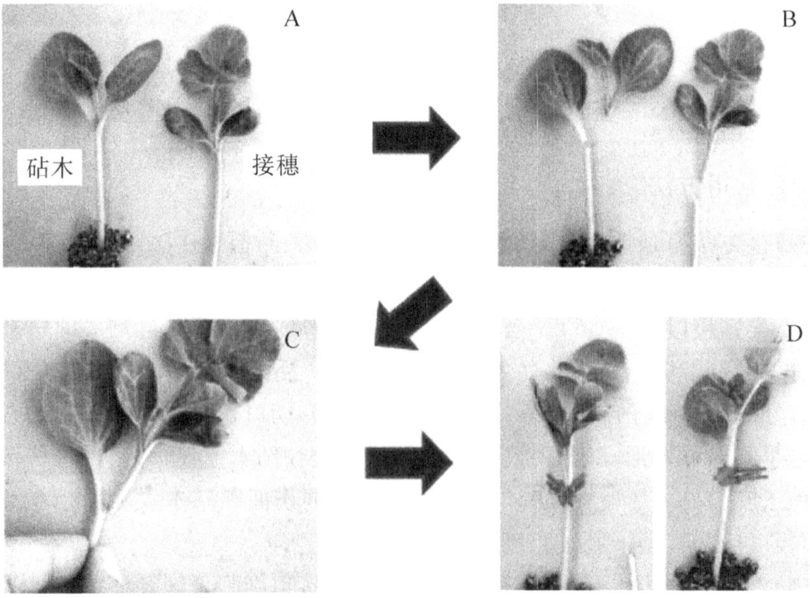

图 2－37　贴接法嫁接

3. 劈接法

砧木顶端劈口，接穗楔形插入，嫁接夹固定（图 2－38）。此法易掌握，防病效果好，但操作较复杂，工效较低，管理要求较严，适用于各类瓜果蔬菜。砧木、接穗要求大小相当，但不太严格，茄果类砧木 5～6 片真叶、接穗 4～5 片真叶，瓜类子叶展开、真叶刚露时为嫁接适期。嫁接时，砧木留 2 片真叶后，切掉上面部分，其后从茎中部垂直向下切 1 cm 深切口，接穗留 2 叶 1 心，削成 30°、斜面长 1 cm 的楔形（双斜面）；黄瓜砧木用刀片或竹签剔除生长点，在 2 片子叶中间向下切 1 cm 深切口，接穗在子叶下 1.5 cm 处切断，削成 30°、斜面长 1 cm 的楔形。将接穗插入砧木切口中，对齐砧木、接穗形成层，紧密吻合后用嫁接夹固定。

图 2－38　劈接法嫁接

4. 套管接法

砧木、接穗单斜面贴合，套管固定。其操作简单、速度快、工效高、感病率低、不易失水、成活快、成活率高，适用于茄果类嫁接。砧木、接穗要求茎粗基本一致（播期和苗期管理要求较高），砧木、接穗 2.5～3.0 片真叶、株高 5 cm、茎粗 2 mm 左右时为嫁接适期。嫁接时，根据嫁接苗粗细选取内径合适、一边开口的塑料套管，剪成 0.8～1.2 cm 备用。在砧木、接穗子叶上方 0.6～1.0 cm 处，呈 30°～45°各斜切一刀，将套管的一半套在砧木上，再将接穗插入套管中，对齐砧木、接穗形成层，使切口紧密结合。随着秧苗生长，套管自动掉落。

5. 靠接法（舌接法）

如图 2－39，单斜面贴合，茎不切断，嫁接成活前不断根，嫁接夹固定。该法成活率高、嫁接和管理技术要求不严，但较费工、防病效果较差，适用于瓜类、茄果类蔬菜嫁接。砧木、接穗苗要求大小接近，胚轴长，便于嫁接。茄果类蔬菜砧木 6 片真叶、接穗 5～6 片真叶，瓜类蔬菜砧木、接穗以子叶平展、真叶露心为嫁接适期。如黄瓜嫁接，黄瓜苗出土后（早 3～4 d）播南瓜（砧木），当南瓜子叶全展、真叶初展，黄瓜子叶全展、真叶半展时嫁接。嫁接时，去掉砧木生长点，在其子叶伸展方向的侧面下 0.5～1.0 cm 处，用刀片向下斜切 35°～40°、长 1 cm 的切口，横向深度不超过茎粗 2/3；在接穗子叶侧面下 1.5～2.0 cm 处（与砧木切口位置对应）向上斜切一刀，角度 25°～30°、长 1 cm 的切口。将接穗和砧木切口相互嵌合后用嫁接夹固定，此时接穗与砧木子叶伸展方向平行一致。成活后，去掉接穗苗根部，抹掉砧木腋芽。顶插接法砧木顶端插孔，接穗楔形插入，不用固定物。该法操作简单、投入少、工效高，由于没有固定物，伤口愈合较慢，成活率受嫁接质量和温湿度影响较大，砧木要求较接穗稍粗，且不能空心，通常用于瓜类嫁接。如黄瓜嫁接，砧木比接穗早播 2～3 d，子叶全展、第 1 片真叶已现至半展开，接穗子叶始展至全展，为嫁接适期。嫁接时，先用竹签（长 10 cm，尖

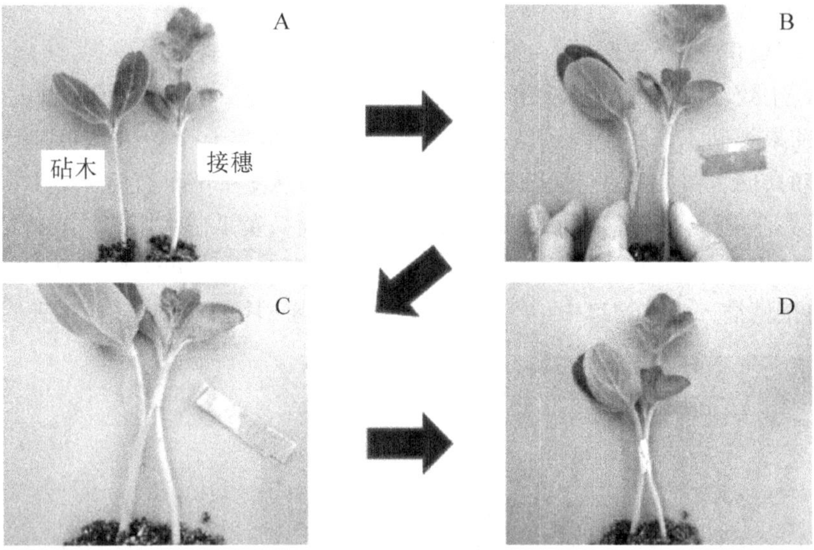

图2－39　靠接法

端楔形，粗细与接穗相当）去掉砧木生长点，再从砧木一侧子叶基部向另一侧子叶下方胚轴内斜刺插孔（接穗斜穿胚轴髓腔，避免直穿髓腔长出自生根），竹签至砧木表皮为止（不能刺透表皮），插孔深0.7 cm左右，插接穗前勿拔竹签；接穗在子叶下0.5～1.0 cm处，向下削成角度30°、长0.7 cm的楔形，楔面方向与子叶方向垂直，插入后接穗子叶与砧木子叶呈“十”字形；拔出竹签，速将接穗插入砧木插孔底部。

6. 断根嫁接

将砧木苗沿基部切断，如果下胚轴过高，也可以根据植株的高度，将地上部的茎多切除一些，然后除去砧木的真叶和生长点，用与接穗茎粗细一致的竹签从心叶处向下斜插一深1 cm左右的斜面，将接穗斜削一刀，长度1 cm左右，将削好的接穗插入砧木，接穗创伤面和砧木大斜面相互密接，然后插入预先准备好的50孔穴盘中（图2－40）。

图2－40　断根嫁接

嫁接时，必须掌握以下原则：一是小心轻放，不粘泥土，特别是接口部位，如有泥土，应用清水洗净后再嫁接；二是砧木和接穗切口下刀位置合适（茄子砧木留2片真叶、接穗留

2～3 片真叶，瓜类在子叶下 0.5～1.0 cm 处）、切口长度合适（通常为 1 cm 左右，茎粗则长，茎细则短）、切口角度合适（30°～45°，楔形长角度小、楔形短角度大）、切口平整；三是接穗与砧木形成层要对齐，两边不能同时对齐的，必须对齐一边；四是动作迅速，紧密贴合，减少伤害，及时固定；五是及时移入保湿荫棚内遮阴保湿，冬春季嫁接 50 株一移，夏季嫁接 20 株一移，同时喷水保湿。

7. 嫁接机

随着嫁接技术的不断成熟和发展，各种类型的嫁接机的研发也取得了成功，大大提高了嫁接效率（图 2－41）。

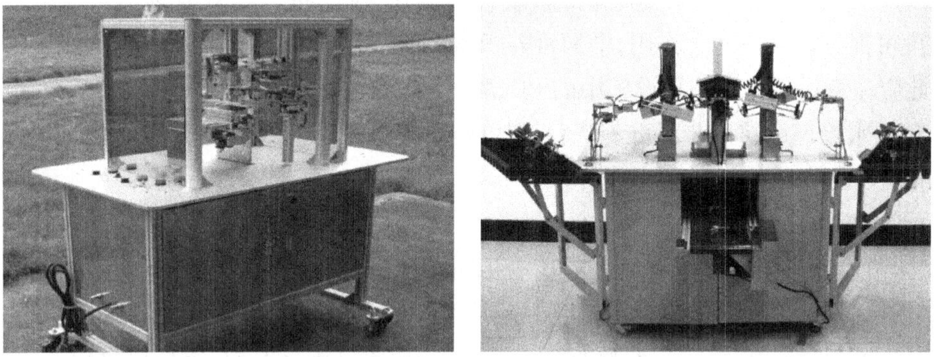

图 2－41　嫁接机

（五）嫁接苗的管理

1. 成活前管理

蔬菜嫁接完成后的 7～10 d 内，加强温度、光照及湿度管理，将会直接影响嫁接苗成活率，管理较好，成活率可在 90% 以上，管理不好成活率会非常低。高温、高湿、中等强度光照条件下愈合较快，因此嫁接完成后，应立即将幼苗转入拱棚或其他类型的驯化设施中，创造良好的环境条件，促进接口愈合和嫁接苗成活。

（1）光照管理　嫁接的接口愈合过程中，应尽量避免阳光直射，防止幼苗失水萎蔫，一般需遮光 8～10 d。前 3 d 在棚膜上覆盖黑色遮阳网全天遮光，但要注意让幼苗见散射光（5 000 lx 左右），避免黄化；3 d 后早晚不再遮光，让幼苗见弱光，以后逐渐增加光照时间，直到不用遮阳。7 d 后只在中午强光下临时遮光；待接穗新叶长出后去除遮阳物，进行常规管理。

（2）温度管理　嫁接后保持较常规育苗稍高的温度可以加快愈合进程。多数研究认为，瓜类蔬菜嫁接苗愈合适温为白天 25～28°C，夜间 18～22°C；茄果类为白天 25～26°C，夜间 20～22°C。为保证嫁接初期的适宜温度，低温季节育苗要配备增温和保温设备，高温季节育苗则应采取降温措施。特别是嫁接后 3～4 d 内，温度应控制在适宜范围内，8～10 d 叶片恢复生长后进入正常管理，白天保持 22～28℃，夜间 16～18℃。白天棚温高于 30℃时要放风，晚上低于 15℃要加温。

（3）湿度管理　嫁接愈合成活期应保持较高的空气湿度，将接穗水分蒸腾减少到最低限度,若环境低湿会因接穗蒸腾强烈而萎蔫,影响成活。幼苗嫁接完成后应立即将基质浇透水,将幼苗移入拱棚等驯化设施内,用塑料薄膜覆盖,喷雾保湿。前 3 d 相对湿度最好接近饱和状态,保持在 90% ~95% ;4 ~6 d 结合通风适当降低湿度,成活后转入正常管理,空气相对湿度保持在 50% ~60%。基质水分含量控制在最大持水量的 75% ~80% 为宜。喷雾时配合喷洒丰产素或杀菌剂,可以提高幼苗抗病性,减少病原菌侵染,促进伤口愈合(图 2 -42)。

(4)气体管理　嫁接后的前 3 d 一般不通风,保温保湿;3 d 后视作物种类和幼苗生长情况,选择温暖且空气湿度较高的傍晚和清晨每天通风 1 ~2 次,通风量逐渐加大,时间逐渐延长;10 d 左右幼苗成活后撤除薄膜或移出驯化设施,进入常规管理。空气中较高的 CO_2浓度可促进嫁接苗光合作用,增加营养积累,加速接口愈合和嫁接苗成活,防止接穗萎蔫,因此应注意适当提高驯化设施中的 CO_2浓度。

(5)肥水管理　嫁接苗不再萎蔫后,即可转入正常肥水管理。幼苗具 2 片真叶后控制水肥防徒长,培育壮苗。

2. 成活后管理

嫁接苗成活后的管理与常规育苗基本相同,但结合嫁接苗自身的特点,需要做好幼苗分级,及时去除砧木上的不定芽、嫁接夹等,从而保证嫁接的质量。嫁接苗定植前 5 d 左右开始炼苗,可通过逐渐加大通风、降低温度、增加光照等措施,营造与定植地块相近的环境。嫁接苗成苗后,定植前喷施 1 遍杀菌或杀虫剂,带药移栽。

嫁接后 1 ~2 d　　嫁接后 3 ~5 d　　嫁接后 6 ~8 d

图 2 -42　嫁接后愈合管理

(六)嫁接育苗的注意事项

(1)引用适宜的抗病砧木　由于各地青枯病菌存在不同的生理性,在选用抗病砧木时须先做引种试验。

(2)预防嫁接伤口感染　固定器过紧、湿度过大等,都易增加病菌的感染机会。因此,嫁接用具必须严格消毒,刀具锋利,嫁接口一刀成型,并保持嫁接区清洁无菌。

(3)防止接穗直接感病　番茄接穗常有自发气生根入土,青枯菌也会通过接穗气生根感病。因此移栽时不能过深,避免嫁接口被带有青枯病菌的泥土污染而发病。同时,还应及时削去接穗所产生的自发气生根。

(4)防止嫁接苗传染病毒　烟草花叶病毒(TMV)是番茄的重要病害之一,它极易通过接触传染。为防止病毒感染,除对嫁接工具进行消毒外,还应注意选用抗病毒的品种。

(七)主要病虫害防治

应尽量利用防虫网、悬挂黄板以及生物制剂防治病虫害。常见病害如猝倒病、立枯病可用72.2%霜霉威(普力克)水剂800倍液、25%甲霜灵可湿性粉剂800~1 000倍液、30%噁霉灵水剂800倍液防治。常见虫害如蚜虫和白粉虱可用40%吡虫啉水剂1 500~2 000倍液、25%噻虫嗪水分散粒剂3 000~5 000倍液防治。若因长期使用药剂导致病菌产生抗药性或对栖息在叶背面的蚜虫及易飞散的白粉虱防治效果不好时,可以使用硫黄熏蒸。

四、蔬菜嫁接苗栽培与管理要点

(一)定植不宜过深

在定植时,需要将接口露出地面。若栽植过深,接口与土壤接触,病菌更易侵袭,将导致病害发生。同时要保证定植的密度适宜,嫁接苗的根系长势旺盛,因此要采取适宜的株距,保证其更好地生长。尤其是番茄和茄子的挂果盛期,为防止植株倒伏,许多农户都有在根颈部位覆土的习惯,更要注意不要让泥土盖住接口或改覆土为插竹竿,避免病菌接触接穗。

(二)定植密度宜稀

嫁接苗一般具有强大的根系,植株长势旺,定植密度应适当小于未嫁接的自根苗。通常苦瓜80~100株/亩,株行距2.5 m ×3.0 m;茄子800~1 100株/亩,株行距(0.60~0.85)m×1 m。

(三)加强水肥管理

嫁接苗根系吸水、吸肥能力强,植株长势旺,生育期长,水肥需求量较高,应及时补充养分,特别是挂果盛期,应及时补充养分,充分发挥嫁接苗的增产、增收潜力。为防止前期营养生长过旺,造成徒长,在幼苗生长前期,应适当控制水肥,特别是速效氮肥的施用。施底肥时,可适当增加有机肥、长效肥的比例,既能控制前期徒长,又能提供后期植株所需要的养分。

(四)利用再生栽培

茄果类的嫁接苗可以在成熟期后进行再次栽培,利用茄果类较强的侧枝萌发能力,于气候炎热、结果较少的7月中旬,在主枝上保留3~4个健壮侧芽后重剪下桩,重新培育结果枝,再次培育新的茄果,获得更高的经济效益。往往较新栽苗投产更快、成本更低、效益更好。

(五)病虫害防治

嫁接苗本身对于病害有着一定的抵抗能力,但是对地上病害和虫害并不起作用,因此,不能放松对其他病虫害的防治。嫁接苗对根系病害抵抗能力有限,不能完全放弃土传病害防治,如果根系长期处于水渍状态,或使用未腐熟有机肥、过量化肥,仍可能引起根际病害的发生,甚至十分严重。

第五节 其他育苗技术

一、蔬菜漂浮育苗技术

漂浮育苗是将装有轻质育苗基质的泡沫穴盘漂浮于水面上，种子播于基质中，秧苗在育苗基质中扎根生长并能从基质和水床中吸收水分和养分的育苗方法。漂浮育苗方法简单、管理简便，所育秧苗生长健壮、根系发达、无病虫害、秧苗质量高，便于移栽，且移栽成活率很高，适合工厂化育苗生产（图 2－43）。

图 2－43 辣椒和甘蓝的漂浮育苗

（一）建造育苗池

育苗场地应选择在背风向阳，无污染、水源方便、排水顺畅，交通便利，容易平整的地方。苗床可用砖砌或土坑，上方覆盖大棚。漂浮池规格为池长 670 cm，池宽 105～110 cm（根据不同的漂浮盘大小确定），池深 20 cm，1 个池子可摆放 30 个育苗盘。用厚黑色薄膜铺在苗床底层和四周，避免绿藻爆发，并检验薄膜是否漏水。夏秋季苗床上方应覆盖遮阳网。漂浮池建好后用 200 倍的漂白粉溶液、0.1% 高锰酸钾溶液或生石灰水对场地周围、漂浮池拱架进行消毒；往苗床中加入干净水，可用自来水、干净的井水或河水，水深为 10～12 cm。

（二）育苗盘选择与消毒

漂浮育苗盘通常采用 162 孔或 200 孔的聚苯乙烯塑料泡沫漂浮盘，外形尺寸为 66.5 cm × 34 cm ×（5.5～6.5）cm，重量 180～220 g，底孔孔径 0.8 cm。新的漂浮育苗盘使用前不必消毒。使用过的漂浮育苗盘使用前用 0.1% 高锰酸钾或 1∶100 的漂白粉溶液浸泡 10 min 以上消毒。

（三）基质准备与装盘

基质要求有良好的保水性和通透性。基质可选用草炭、蛭石、珍珠岩、糠、锯末、菇渣等轻质基质。就地取材或购便宜的轻质基质，一般将不同基质混合使用。常用的配方以 2 份泥炭土和 1 份珍珠岩按体积比进行混合。基质在使用前可加入多菌灵、根腐灵等药剂，也可用65%代森锰锌可湿性粉剂消毒，每立方米基质用药60 g，混匀后盖膜2～3 d，可防苗期猝倒病和菌核病。

基质混合后用清洁水浇湿混合基质，基质水分调节到40%～50%，即手捏成团、落地自然散开。装盘要满，并均匀一致，否则会影响根系的正常生长。具体方法是将基质铺满全部孔穴后用手轻拍盘侧3次，再铺上基质，用手刮去盘面上多余的基质即可。注意不能用手指或木棍压实基质，不能干装，不能空穴。

（四）打孔播种

用打孔器打孔，孔要打在盘的中心。打孔的深浅按所要播种的种子而定，一般甘蓝为0.5 cm，番茄为0.8～1.0 cm，椒类、茄子为1.0～1.2 cm，黄瓜为1.5 cm。然后进行播种，把种子放在漂浮盘中心的孔中，每孔1粒，并用基质覆盖盘与表面相平，要做到当天播种，当天入池，以免水分散失影响出苗，并盖上无纺布（或遮阳网），用喷雾器洒上适量水分。

（五）播后管理

1. 环境管理

品种不同温度会有所差异，一般在出苗及小“十”字期前，当棚内温度高于38℃时，小棚采取两头通风，大棚需要开启门窗通风降温。气温下降时及时关棚、关门窗保温。一般阴雨天需要保温，不需要通风降温；晴天上午11时温度超过38℃时开始通风降温，下午4时盖膜保温。当出苗率在80%以上时揭去无纺布，当80%的苗进入小“十”字期后，进行间苗补苗，间除大、小苗，保留中等苗，每穴留苗1株，缺苗处用多余的苗补上。间苗补苗3 d后揭去遮阳网。

2. 营养液管理

漂浮池中营养液深度保持在10～15 cm，根据苗的颜色判断是否应该施肥，若颜色呈淡绿色或黄绿色，表明氮素浓度过低，要加入适量肥料；若颜色呈深绿色或墨绿色，表明氮素浓度过高，应加入适量清水，使氮素浓度保持在250 mg/kg。注意观察营养液是否清澈，深度是否合适，如变浑浊、发臭，应及时换水、加肥；如营养液泄漏，应立即加底膜、加水、加肥；池内颜色正常变浅时，应及时补充清水。

（六）炼苗与防病

移栽前4～7 d，根据苗情，将苗盘从苗池中取出，放在苗床边进行炼苗，使秧苗适应露地环境。移栽前可对秧苗喷施较低浓度的多菌灵或百菌清溶液以防治病害。起苗时，轻轻向上拔，不要损伤根系，连基质一起取出移栽到大田。

二、蔬菜扦插育苗技术

蔬菜扦插育苗是从蔬菜母体上切取茎、根的一部分，将其插在基质或营养液中，在适宜的环境条件下诱导生根发芽，促使成为独立的新植株。适宜扦插育苗的蔬菜有番茄、菜用枸杞、紫背天葵、空心菜、叶用番薯、无籽西瓜、木耳菜、豆瓣菜、人参菜等。扦插育苗可节省蔬菜种子，缩短育苗时间，增加蔬菜的繁殖系数，保持品种的纯度，在生产上具有一定的应用价值。

(一)蔬菜无土扦插育苗的类型

按接穗材料分,蔬菜无土扦插育苗可以分为嫩枝扦插和嫩芽扦插。嫩枝扦插以蔬菜幼嫩侧枝或茎作为扦插材料,如菜用枸杞、番茄、紫背天葵等,是蔬菜生产中应用最广泛的扦插方法。嫩芽扦插用植物的嫩芽和一小段茎作插穗,常用于大白菜、甘蓝采种过程应用(图2-44)。

按扦插的介质分,蔬菜无土扦插育苗可以分为基质扦插和水培扦插。基质扦插以固体基质作为扦插介质,简单易行,适用范围广泛。水培扦插以营养液作为扦插介质,多用于嫩枝生根,且适用于不定根再生能力强的蔬菜种类,如番茄、紫背天葵、叶用番薯等;水培扦插生根快、根系发育好,后期管理简单,如番茄采用该法进行侧枝扦插可较基质扦插缩短5 d以上的育苗时间,且根系发达、移栽成活率高,但要注意水培期间营养液氧气的供应。

A. 番茄水培扦插育苗　　B. 紫背天葵基质扦插育苗

图2-44　蔬菜扦插育苗

(二)扦插育苗时间

根据环境条件和幼苗生长速度确定扦插时间,一般在设施内可周年进行,但以春、秋两季为主。扦插苗生长速度快于播种苗,以番茄为例,只需15~20 d即可移栽,上市期可提前30~40 d。

(三)蔬菜扦插育苗过程

扦插过程一般分为4个阶段:插前准备—插穗采集与处理—扦插—后期管理。

1. 插前准备

基质扦插可以选择设施内的平整地块,用砖、木板等材料做深0.1~0.15 m的扦插床,长宽根据育苗数量确定;也可用深度大于5 cm的塑料营养钵、塑料盆、穴盘等作为扦插容器。扦插基质可选择河沙、蛭石、珍珠岩等,但必须经过消毒或充分发酵处理。

水培扦插可以用砖、泡沫板等做成0.1~0.15 m的水培槽,也可用深度大于10 cm的塑料容器。扦插所需营养液主要成分为大量元素、微量元素、生长调节剂、碳源等,具体比例依扦插作物而定。用塑料泡沫板做定植板,板上每隔8~10 cm打定植孔。

2. 插穗采集与处理

选择健壮、无病虫害、生长旺盛、易生不定根或芽的部位作为插穗，如番茄、无籽西瓜、黄瓜、茄子等一般取侧枝上的生长部位作为接穗；用消毒刀片剪除插穗上的病虫枯枝和过大的枝叶，剪口最好为30°～45°，长度8～12 cm为宜，至少保留1个芽点、2片叶，距枝底端3～5 cm内的叶片、分枝都要去除。

白菜、甘蓝多采用芽插繁殖，在叶球中层或内层叶片取一段中肋，带有一个腋芽及一小块茎的组织作为接穗，保留必需的芽点和生根部位。

为促进插穗生根发芽，可用生长调节剂对插穗进行速蘸或浸泡处理，生长调节剂可选用萘乙酸、吲哚乙酸、吲哚丁酸、2,4－D、ABT等，浓度范围100～2 000 mg/L；为防止插穗腐烂或预防病害，可用多菌灵、高锰酸钾等药剂处理插穗；为促进幼苗生长，可以用氯化钙、蔗糖、维生素等处理，促进插穗根系生长。

3. 扦插

经过预处理的插穗伤口晾干后，采用直插式扦插于基质床内，入土深度为3～5 cm，间距为5～15 cm，注意插穗极性。

水培扦插可用海绵块包裹住插穗，依次塞入定植孔内，营养液液位以没过插穗下端2～3 cm为宜。

4. 后期管理

扦插后根据蔬菜幼苗生物学特性进行环境调控，一般温度保持20～25℃，喜温暖的蔬菜略高些，喜冷凉的蔬菜略低些；若温度过高，可加强通风，并做好遮阴降温；若温度过低，可用小拱棚、地热温床提高温度，并在夜间添加外保温覆盖物。扦插一周内保持基质湿度60%～70%，空气相对湿度85%～95%。扦插后3 d内进行遮光，此后逐渐增加光照，5～7 d后进行正常管理。当幼苗长出新生组织，表明苗已成活，保持扦插基质见湿见干即可，并可适当施肥，待幼苗形成完整的根系，长出新叶或新芽后，便可进行起苗和移栽。

水培扦插温度保持20～25℃，水温15～20℃。若气温较高，水中氧气含量较低可采用充气泵进行充氧；视幼苗生长情况，每1～2周更换一次营养液。待幼苗形成了完整的根系，长出新叶或新芽后，即可移栽。

三、压缩营养块育苗技术

（一）压缩营养块简介

压缩育苗营养块又叫泥炭育苗营养块、一体化育苗营养基、基菲育苗块等。由30%纸浆、70%泥炭和混入一些肥料及胶黏剂压缩成圆饼状的育苗小块（图2－45）。育苗时把它放在不漏水的育苗盘中，然后在育苗块中播入种子，浇水使其膨胀。育苗块中混有的肥料一般可维持整个苗期生长所需。待苗长得足够大、根系伸出育苗块就可将小苗连同育苗块一起定植了。优点：无须自行配制播种育苗基质；移植的时间缩短，人工减少；幼苗移植后生长更迅速整齐；减少移植造成的伤根；可使植株开花、结实提前且生长更整齐；缩短育苗期;有效地利用了种子和种植空间;操作简单易行,节约劳动力;减少病害传播的概率。

图2-45 压缩育苗营养块

(二)压缩营养块育苗方法

压缩育苗营养块使用前,先平整苗床,用平板将苗床地面刮平,四周做好围堰,保持水分,并铺设地膜,防止根系下扎。按1~2 cm间距摆放育苗块,如果幼苗个体较大可适当放大间距。用喷壶从育苗块上面进行第一次洒水,让育苗块表面全部浸润,直到水位高度与育苗块高度持平。第二次灌水用去掉喷壶嘴的喷壶从育苗块之间的空隙中灌水,直到水位高度与育苗块高度持平时停止灌水,等待水分完全吸收。用牙签或铁丝等尖细材料扎刺育苗块,看是否充分吸胀,如果育苗块内部发硬,应继续补水,直到吸水完全。吸水充足后,将积水排掉。

将催芽萌发的种子平放到育苗块预制种穴中,每个育苗块只放一粒种子,播种后用细碎园土或蛭石覆盖种子,覆盖基质要盖满育苗块表面。苗期管理方法同基质育苗,移栽前停止供水,进行幼苗锻炼,移栽时将秧苗带块移栽到生产田块的定植穴内,浇定植水,待水分渗透后,用土将幼苗基部及育苗块表面培土覆盖2~4 cm。

四、岩棉块育苗

岩棉块的规格主要有3 cm×3 cm×3 cm、4 cm×4 cm×4 cm、5 cm×5 cm×5 cm、7.5 cm×7.5 cm×7.5 cm等。育苗时先用小岩棉块,嵌入已催芽的种子后密集置于可装营养液的箱、盘或槽子中。开始时先用稀释的营养液浇湿,保持岩棉块湿润;出苗后,在盘、槽底部维持0.5 cm厚以下的液层,靠底部毛管作用供水供肥;后期再将小岩棉块移入大育苗块中,然后排在一起,并随着幼苗的长大逐渐拉开育苗块距离,避免幼苗之间互相遮光。移入大育苗块后,营养液层可维持1 cm深度。另外一种供液方法是将育苗块底部的营养液层用一条2 mm厚的无纺布代替,无纺布垫在育苗块底部1 cm左右的一边,并通过滴灌向无纺布供液,利用无纺布的毛管作用将营养液传送到岩棉块中(图2-46)。

图2－46　育苗岩棉块

五、海绵块育苗

适用于深液流水培或营养液膜栽培。用一种育苗专用的聚氨酯泡沫小方块平铺于育苗盘中，育苗块大小约4 cm见方，高约3 cm，每一小块中央切“ ×”形缝隙，将已催芽的种子逐个嵌入缝隙中，并在育苗盘中加入营养液，让种子出苗、生长，待成苗后一块块分离，定植到种植槽中（图2－47）。

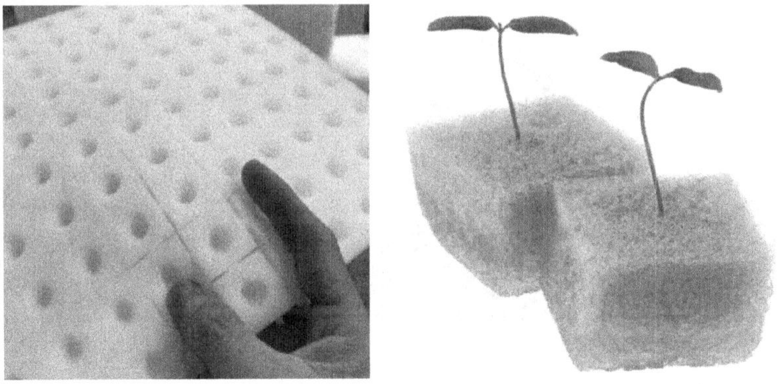

图2－47　育苗海绵块

主要参考文献

[1] 高洪波，李敬蕊. 蔬菜育苗新技术彩色图说[M]. 北京：化学工业出版社，2018.

[2] 别之龙，黄丹枫. 工厂化育苗原理与技术[M]. 北京：中国农业出版社，2019.

[3] 王爱民，邹瑞昌，鞠丽萍，等. 常见蔬菜嫁接育苗及栽培关键技术[J]. 长江蔬菜，2020(23)：37－40.

[4] 李天来. 设施蔬菜栽培学[M]. 北京：中国农业出版社，2011.

[5] 孙连波. 果菜类蔬菜嫁接育苗技术[J]. 农业开发与装备，2016(7)：143.

第三章　蔬菜生产设施建造技术

第一节　日光温室主要类型、性能与建造

日光温室的定义是，南(前)面为采(透)光屋面，东、西、北(后)三面为保温围护墙并有保温后屋面的单坡面型塑料薄膜温室，在冬季不采暖或较少采暖而又可越冬生产植物的温室称为日光温室(图3-1)。在寒冷地区，能尽可能多地吸收太阳辐射，有效地蓄热、隔热、保温，从而最大限度地利用太阳能，减少辅助加温消耗的温室，通常被称作节能日光温室。

图3-1　日光温室实景图

自20世纪80年代中国开始研究和发展日光温室以来，日光温室的结构形式不断地推陈出新，下文主要从墙体材料与结构的角度对不同类型日光温室的主要结构形式及其性能进行描述。包括屋面形状与材料、墙体结构(被动式与主动式蓄热)，以及几种特殊形式日光温室。

一、被动式蓄放热墙体日光温室

墙体的被动式蓄放热是指利用墙体本身白天吸收太阳辐射储存热量，夜间再依靠墙体自身放热补充温室热损失的热物理过程，在这个过程中，白天墙体吸收和储存的热量多少，以及夜间释放的热量多少均无法人为控制。

(一)单质材料墙体日光温室

1. 干打垒墙体日光温室

由于西北地区干旱、雨水少,日光温室土墙最早的建造方法多采用干打垒的方法。干打垒墙体是在模板中将潮湿松散的土通过人工或机械夯杵压实而成,尤宜采用黏度适中的黄土和轻质黏土,其具有强度高、耐久性好的特点,而且墙体厚度薄(多控制在 50 ~ 100 cm)、占地面积小,故建造墙体用土量少,对土壤的破坏影响小。但是干打垒墙体建造时间长、劳动强度大,尤其近几十年来,随着西北地区日光温室发展规模越来越大,干打垒墙体的建设速度远跟不上日光温室发展的要求,这种墙体建造方法也逐渐被社会淘汰。

2. 机打墙体日光温室

近二十年来,山东寿光的农民发明了机打土墙日光温室(图 3 - 2),即用挖掘机掘取地面土壤到墙体处,用链轮拖拉机或压路机压实,之后再用挖掘机将墙体上下削齐,坡度约 10° ~ 15°,外侧墙体坡度 50°左右,后墙下墙体(底部)厚度为 5 ~ 6 m,上墙体(顶部)厚度为 1.5 ~ 2 m,山墙施工工艺与后墙相同。墙体具体施工流程:先把温室建造区域内 20 ~ 30 cm 耕作层土层推到前面堆积,再下挖 50 cm 用生土做墙,墙体完成后将温室内地面整平,将堆积的熟土回填整平,保证室内种植面下挖深度 50 cm 左右。整个温室跨度为 9.0 ~ 12.0 m,后墙外高 3.0 ~ 3.5 m,脊高 4.5 ~ 5.5 m,长度 60 ~ 100 m。这种施工工艺可快速建造日光温室墙体,且建造成本低,彻底摆脱了干打垒墙体用人力夯实墙体的局面,提高了墙体建造的机械化水平。由于墙体厚,储放热能力强,温室的保温性能好,很快在全国各地得到了大面积推广应用,成为当前农村日光温室墙体的主要形式。

A. 机打土墙日光温室外景　　　　B. 机打土墙日光温室内景

图 3 - 2　机打土墙结构日光温室

但这种墙体建造用土量大、墙体占地面积大、土地利用率低、对土壤破坏严重,而且由于链轮拖拉机的自身重量所限,压制墙体的密实度不够,墙体使用寿命短。虽然这种结构的温室因其造价低廉、保温性能好而在生产中得到大量推广应用,但由于其对土壤破坏严重,在学术界一直存在很大争议。随着近年来墙体建造新技术的不断发展,要求改造和停止建造这种类型温室的呼声越来越高。

3. 山地日光温室

在此基础上,陕西延安安塞地区农民依靠当地山区特点,提出一种山地日光温室,结构如图 3 - 3 所示。它是直接将日光温室建设在山坡上,以山体作为温室后墙,再利用挖掘机将后墙上下削齐,坡度约 10° ~ 15°,由于墙体是山体,可认为墙体厚度无限厚。温室净跨度 9 m,高度为 5 ~ 6 m,长度一般 100 m,前屋面角 29°,无后坡或者后坡很短,墙体高度 5 m。简称"95 式大棚"。后墙墙体采用天然黄土,两侧山墙根据施工情况选用天然黄土或者人工夯实黄土。

温室最低承受雪载 0.35 kN/m^2,风载 0.3 kN/m^2,吊挂载荷 15 kg/m^2。冬季晴朗天气,即使外界气温达到 -24℃,室内最低气温仍可保持在 15℃,地表 100 mm 深处低温可保持在 15℃以上。在冬季晴天中午前后 2 h 内,温室的平均透光率应大于 75%。冬季晴天 1 d 内,温室辐照度总量均匀度应大于 80%。

由于当地极端温度较低,每平方米保温被 3.5 kg 以上,保温被较厚,重量较大,这种温室一般采用背负式卷帘机卷动保温被。

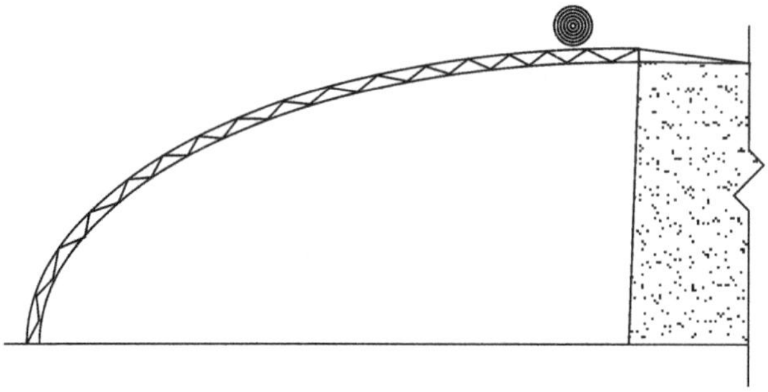

图 3 - 3　山地日光温室剖面示意图

(二)复合墙体日光温室

为了解决单质结构日光温室墙体占地面积大、对土壤破坏严重的问题,日光温室研究和建设早期对墙体结构的改造基本都是采用异质复合墙体,包括三层结构复合墙体和双层结构复合墙体,其中三层结构复合墙体在日光温室发展的早期应用最为广泛,后来随着对墙体传热理论的不断深入研究,近年来更倾向于采用双层结构复合墙体。

1. 三层结构复合墙体日光温室

(1)空心复合墙体日光温室　空心复合墙体结构由内而外依次为砖、空气和砖,其中空气夹层厚度基本控制在 300 mm 以内,主要起保温隔热作用,利用空气自身热阻大的特点;减少热量向外侧过度传递,使温室达到好的保温隔热效果。这种结构用材省、建造速度快,但在实际生产中发现,由于墙体砂浆强度不够,或砌筑时砂浆不饱满,甚至存在很多温室不做勾缝处理,造成其砖墙建造的密封性差,导致室外冷风可直接渗透到温室中。此外,由于空气间层的空间较大,事实上在两层砖墙之间根本不可能形成静止空气层,砖墙内部的空气对流也大大削弱了墙体的保温性能。因此,这种墙体结构的日光温室在实际应用中保温性能并不理想,在近 10 年来的应用越来越少。

(2)保温板复合墙体日光温室　保温板复合墙体日光温室结构如图 3 - 4 所示,墙体结构由内而外依次为砖、保温板和砖,其中砖多采用黏土砖或多孔砖,在两层砖墙中间填充厚度为 100 mm 左右的保温板。这种墙体结构一方面可以解决松散材料,如陶粒、土壤、稻草等吸潮或下沉造成保温性能下降的问题;另一方面因为保温板的导热系数小,厚度多在100 mm左右,可以进一步减薄墙体的厚度,节约土地面积。

温室跨度8.0~10.0 m,后墙高2.8~3.8 m,脊高3.5~4.6 m,长度不等。前屋面采用弧形结构,单层塑料薄膜覆盖,外覆保温被或草苫,前屋面倾角为25°~32°,后坡宽1.5~2.0 m,骨架材料主要是装配式钢管或钢筋焊接桁架。然而,在施工中往往是先施工两侧墙体,之后再将保温板塞进夹层中,难以将保温板与两侧墙体紧密贴合,而且保温板相互之间的对接和密封也不严密,导致实际运行中温室墙体的保温性能并没有达到理想的状态。

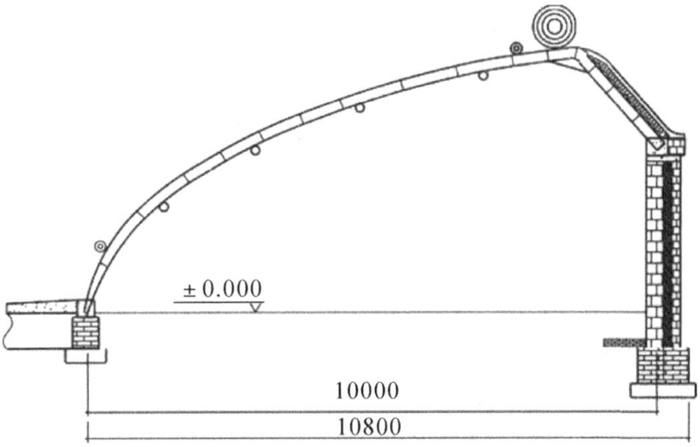

图3-4　保温板复合墙体日光温室(单位:mm)

(3)异质复合夹土/沙墙体日光温室　异质复合夹土/沙墙体日光温室结构如图3-5所示,这种类型温室的规格尺寸与普通砖墙日光温室规格尺寸类似,墙体结构由内而外依次为砖、松散材料和砖。与空心复合墙体日光温室相比,由于用松散保温材料填充两层墙体之间的夹层,解决了墙体夹层内的空气对流,而且由于保温层的热阻较大,使得温室墙体

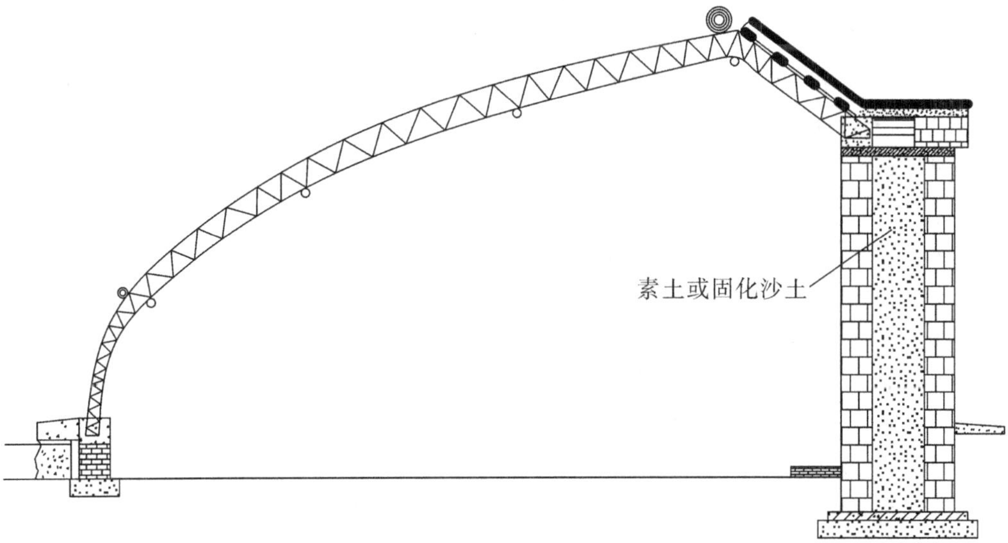

图3-5　异质复合夹土/沙墙体日光温室

的保温性能得到大大提升。其中松散材料多为耕作层以下的素土，或者通过添加10%掺量（质量比）的固化剂搅拌均匀而制成的固化沙，厚度500 mm左右，采用人工夯实，墙体整体厚度在1.0～1.3 m。

由于松散保温材料容易吸潮，吸潮后保温性能显著下降，而且随着温室使用年限的增加，松散材料在墙体内不断下沉，使墙体内下部松散材料密度增大，上部出现空气间层，总体上温室墙体的保温性能在不断降低。为此，近年来，人们在松散材料的外侧或墙体外侧配置100 mm厚保温板，以提高墙体的保温性能。

2. 双层结构复合墙体日光温室

近年来新的复合墙体改进方法是将三层复合结构改变为双层结构，即取消外层砖墙，将中间保温板直接外贴在内墙上。这种做法不仅墙体各层功能明确，而且减少了墙体占地面积、降低了温室造价、提高了温室建设速度，成为目前复合墙体结构的主流模式。其中，内层墙体承担储放热和结构承重的功能；外层保温层承载隔热功能，可以用聚苯板外挂水泥砂浆，也可以直接用彩钢板，将隔热、防水和外观集于一体。

（1）砾石蓄热墙体日光温室　为了解决传统石墙砌筑方法要求石块体积大，而且砌筑时间长、劳动强度大的问题，西北农林科技大学提出了一种采用钢筋笼装石料筑墙的方法，包括先整体搭建墙体钢筋笼后填装石料一次成型筑墙法和先用小钢筋笼装石料后码垛砌筑墙体两种方法，不仅提高了建设速度，而且对石块大小没有严格要求，极大地丰富了建材原料的来源，还省去了水泥、砂浆等胶黏剂。

其中利用小钢筋笼装石料后码垛砌筑的墙体主要由钢丝网笼与钢筋混凝土柱组成。网笼尺寸为100 cm×50 cm×50 cm，利用小型挖掘机向网内填充直径为10～15 cm的砾石，钢丝的直径为2 mm。墙体每隔1.5 m浇筑1个钢筋混凝土柱，起支撑与承压作用。建设温室过程中，先建造钢筋混凝土柱，然后在其间填入钢丝笼，笼与笼、承重柱之间由钢丝铰接固定。砾石墙体厚100 cm，外层是10 cm厚的保温板（图3－6）。

砾石蓄热墙体日光温室净跨度9 m，温室高度为4.8 m，长度一般60～100 m，前屋面角25°，后屋面角36°，后屋面投影宽度与跨度之比应为0.14～0.16，墙体高3.3 m。每栋温室靠东西墙一端后墙北侧，宜建一座砖墙钢筋混凝土顶或苯板彩钢瓦顶的作业间，面积3 m×3 m或4.5 m×4.5 m。

温室最低承受雪载0.35 kN/m^2，风载0.3 kN/m^2，吊挂载荷15 kg/m^2，温室后坡最低承载能力1.5 kN/m^2。

由于墙体石块之间的缝隙可以加强热空气的流动，将热量传递到墙体的更深位置，更有利于提高墙体储放热量的性能。与普通砖墙日光温室相比，尽管砾石蓄热后墙温室光照度没有明显差异，但是室内平均温度在典型晴天提高了4.0℃，典型阴天提高了3.0℃，典型雪天提高了3.2℃；同时墙体内部温度均有提高，尤其是距离内表面40 cm处最为明显，在晴天、阴天、雪天分别平均提高9.8℃、6.4℃、4.8℃。说明砾石适宜作为日光温室墙体蓄热材料，保温效果良好。

但是这种类型温室的不足在于尺寸较小的砾石易从网笼中逸出，易出安全事故；墙体下部网笼中砾石层需要承受上面多个砾石层的重量，网笼易变形。同时由于建造日光温室需要消耗大量的石料，而石料不像土壤那样来源丰富、造价低廉，因此在一定程度上限制了这种形式日光温室的发展。

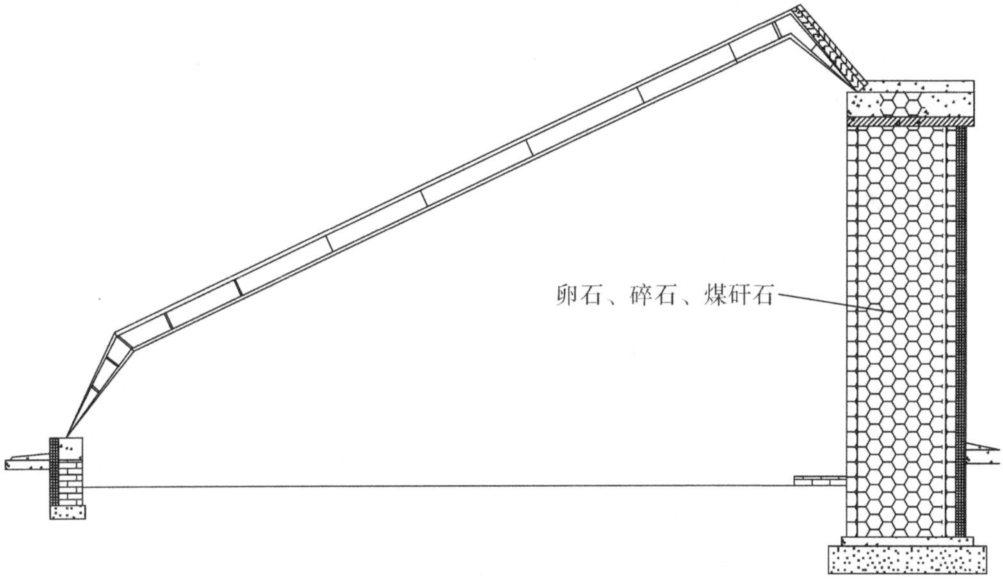

图 3－6　砾石墙体日光温室剖面示意图

（2）陶粒混凝土墙体日光温室　为了解决后墙占地面积大的问题，根据陕西杨凌地区的气候特点，西北农林科技大学提出了一种陶粒混凝土墙体日光温室（图 3－7），日光温室后墙由内而外依次是 0.3 m 厚陶粒钢筋混凝土和 0.1 m 厚保温板，其中陶粒钢筋混凝土墙是采用体积配比为 1∶0.3 的陶粒混凝土现场浇筑，整个墙体一次性浇筑而成。

陶粒混凝土墙体日光温室跨度 10 m，温室高度为 5.0 m，后墙高 3.6 m，冬季测试结果表明陶粒混凝土墙体日光温室在典型晴天条件下夜间的平均温度为 16.6℃；在典型阴天情况下夜间的平均温度为 13.1℃；在连续雪天情况下最低平均温度为 7.8℃。陶粒混凝土墙体日光温室在夜间和连续低温条件下都表现出了较好的保温性能，能够在室外温度较低时给室内作物提供较好的生长环境，且建造方便，同时与其他类型日光温室相比，陶粒混凝土墙体日光温室发展不受雨水等限制，在适宜日光温室发展的地区具有一定的推广价值。

图 3－7　陶粒混凝土墙体

二、主动式蓄放热墙体日光温室

主动蓄放热就是以最大限度吸收和储存白天温室内富余热量并在夜间根据需要高效利用和释放白天储存热量为目标，人为控制温室墙体、地面储存和释放热量的时间和多寡的技术与方法。

(一)主动蓄热日光温室

主动蓄热型日光温室净跨度 9 m，温室高度为 4.8 m，长度一般 60 ~ 100 m，前屋面角 25°，后屋面角 36°，后屋面投影宽度与跨度之比应在 0.14 ~ 0.16 范围内，墙体高 3.3 m，采用相变砌块砖或者普通黏土砖砌筑。每栋温室靠东西墙一端后墙北侧，宜建一座砖墙钢筋混凝土顶或苯板彩钢瓦顶的作业间，面积 3 m × 3 m 或 4.5 m × 4.5 m。温室最低承受雪载 0.35 kN/m^2，风载 0.3 kN/m^2，吊挂载荷 15 kg/m^2，温室后坡最低承载能力 1.5 kN/m^2。

主动蓄热型日光温室(图 3 - 8)是在温室后墙上安装轴流风机，在墙体内安装通风风道。由于温室长度方向的气流在墙体内的流道较长，为了减小气流在墙体内管道中的空气阻力和空气进出口的温差，使导入温室墙体内的热量分布更均匀，一般沿温室长度方向每组通风管道的长度控制在 30 ~ 40 m，且沿温室墙体的高度方向设置 3 ~ 5 组。在墙体内管道中的气流一般采用负压送风，即在通风管的出口安装排风风机即可。

当室内温度超过设定值时，轴流风机开启，通过主动蓄热预制孔道楼板通风道向后墙内蓄热，热量蓄积在后墙固化土蓄热层和后墙实砌砖墙中，当室内温度降低时，同样通过轴流风机将后墙中的热量送到温室内部。

一般在室内温度达到 29℃ 后开启轴流风机储热。据测定，通风口、入风口处空气温度为 29℃，相对湿度 40% ~ 60% 时，通风口、出风口处的空气温度为 12 ~ 15℃，相对湿度为 98% ~ 99%。按照降温的幅度计算温室后墙的蓄热量约为 74.025 W/m^2，相当于当天日光温室内总太阳辐射照度的 17.96%。夜间保温时段(17:00 ~ 次日 9:00)，主动蓄热日光温室较普通日光温室室内温度提高了 1.6 ~ 4.2℃。

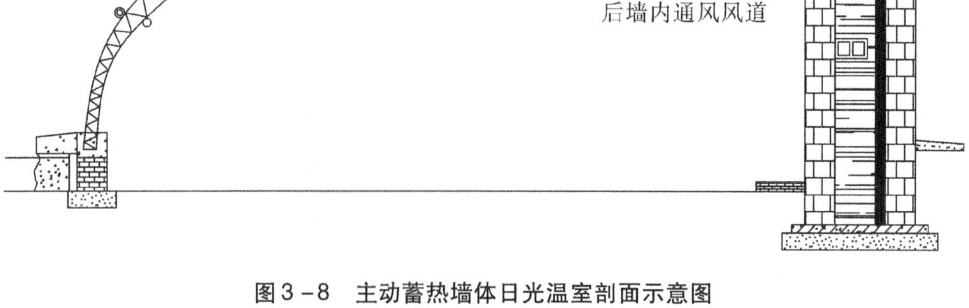

图 3 - 8　主动蓄热墙体日光温室剖面示意图

由此可见，主动蓄热型日光温室将传统日光温室被动式蓄热方式变为主动式蓄热方式，提高了后墙的蓄热能力，同时热能蓄积释放的效率提升，显著提高了日光温室冬季夜晚的温度，并且可以有效降低日光温室内的空气湿度。

（二）模块化素土主动蓄热墙体日光温室

为了减少土墙建设的用土量，同时增强土墙结构强度，近年来，西北农林科技大学联合陕西杨凌旭荣农业科技有限公司推出了一种机压大体积土坯的土墙日光温室结构（图 3 - 9）。这种墙体采用压铸的方法，使用速土成型机把原本松软的土壤挤压成规格、强度符合日光温室墙体建造要求的立方体土坯，再采用叉车搬运堆砌成墙。砌筑过程中不需要任何胶黏剂，通过错缝垒筑即成为承重和保温墙体，而且由于是压制成型，可将通风通道直接预制在土坯块上，码砌土坯后自然形成墙体内的通风通道，便于墙体内部主动储放热。由于自身强度高，墙体不仅可以自承重，而且如同干打垒墙体或砖石墙体一样具有承载温室骨架荷载的能力，同时温室的使用寿命也大大延长。此外，由于墙体厚度只有机打土墙的 1/5 ~ 1/3，与干打垒墙体厚度接近，所以大大减少了墙体的占地面积，用土量也相应减少，对土壤的破坏影响亦减少。相比干打垒土墙，其建造的机械化水平更高，土坯自身的强度也更强，且可以人为控制土坯的体积大小和土坯的密实度，还可以在土体中添加草秸等骨料和胶黏剂，进一步提高土坯的强度。同时，墙体建设完成后可在外侧增附一层保温板或其他覆盖物，可以有效进行保温和防止雨水冲淋，降低了成本并增加了美观度。

与其他类型日光温室相比，模块化素土主动蓄热墙体日光温室有以下优点：

（1）蓄放热性能好　土的可塑性、蓄热性较好，结合运用吸热、蓄热、散热的原理制作温室土墙模块，并且内有蓄热通风管道，能更好地进行蓄热与通风，使温室内气温保持在适宜水平；

（2）就地取材　制作墙体用料 99% 是土、沙、石，可就地取材建造，代替了过去的土墙、砖墙；

（3）成本显著降低　墙体以土为原材料加少量固化材料及水，采用工厂化生产，使整个温室的造价下降 40% 左右，克服了温室价格高、经济效益差的顽疾；

（4）机械化大幅度提高　一台速土成型机生产规格为 1.2 m × 1.2 m × 1.2 m 的土块用时约 8 min，温室建造过程全程机械制造，建造速度使原有建造效率提高 5 倍以上，大大节省了温室墙体建造时间；

（5）节约土地资源、更加环保　用土、沙、石混合制作的墙体，不仅节约了墙体的占地面积，也省去了制砖时用电、烧煤的能量消耗和污染，而且节能环保，可以在沙漠、戈壁、盐碱地上建造，对中国非耕地的利用有着十分重要的意义。

在冬季热环境测试过程中，模块化素土主动蓄热墙体日光温室在典型晴天条件下夜间的平均温度为 17.8℃，比传统主动蓄热墙体日光温室高 2.1℃；在典型阴天情况下夜间的平均温度为 13.8℃，比传统主动蓄热墙体日光温室高 1.4℃；在连续雪天情况下最低平均温度为 8.8℃，比传统主动蓄热墙体日光温室高 1.5℃。说明模块化素土主动蓄热温室在夜间和连续低温条件下都表现出了较好的保温性能，能够在室外温度较低时给室内作物提供更好的生长环境，且建造方便，在适宜日光温室发展的地区具有一定的推广价值。

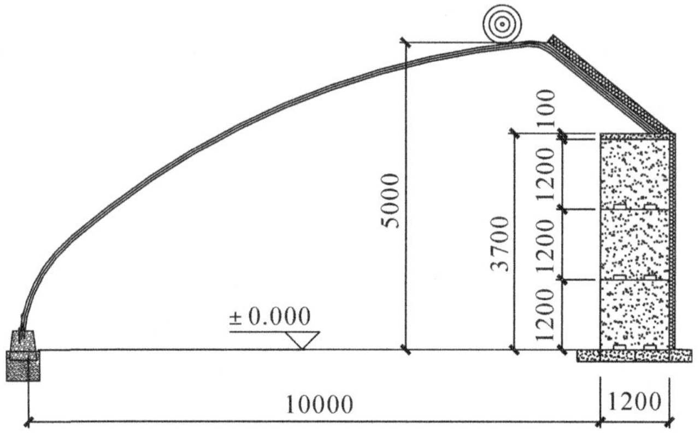

图3-9 模块化素土主动蓄热墙体日光温室剖面示意图(单位:mm)

三、无储放热功能轻质墙体日光温室

(一) EPS 空腔模块日光温室

EPS 是绝热用模塑聚苯乙烯泡沫塑料,俗称聚苯板。它是由可发性聚苯乙烯珠粒经加热预发泡后,在模具中加热成型制成的具有闭孔结构的聚苯乙烯塑料板材。发泡成型材料内部由很多封闭的多面体蜂窝组成,每个蜂窝的直径为 0.2~0.5 mm,蜂窝壁厚 0.001 mm。蜂窝内的静止空气为热的不良导体,因此这种材料具有良好的保温隔热性能。此外,这种材料还具有独特的抗蒸汽渗透性能(表面和内部均能自防水)、较高的抗压强度、便捷的施工方式和长久的使用寿命,故而在建筑节能、保温隔热中被广泛应用。

依据 EPS 空腔模块材料的特点,为了简化日光温室结构,温室建筑采用了无固定保温后屋面的日光温室形式。此外,为了减少前屋面骨架对后墙的推力,温室的后墙也由传统的直立结构改变成了斜立结构(图 3-10)。

图3-10 EPS 空腔模块日光温室

该类型温室由于取消了传统日光温室的后屋面,在简化了温室结构的同时,加大了温室的采光面积对温室白天室内温度的提升和室内种植作物的采光都起到了非常积极的作用。但由于温室的保温比(日光温室的保温比一般为温室地面、后墙和后屋面面积之和与温室前屋面面积之间的比值）相应减小，使温室的整体保温性能有所下降，由此也限制了这种类型温室在寒冷地区的推广。

（二）秸秆块墙体日光温室

稻草秸秆、小麦秸秆、玉米秸秆等农作物秸秆不仅来源丰富、价格低廉、可再生和自然降解，还具有良好的保温隔热性能，是一种潜在的建造房屋、畜禽圈舍、菌棚等的墙体材料，在大量消化和利用农作物秸秆的同时，使本已形成废弃物甚至污染物的材料得到了有效开发利用，大大提升了农业废弃物的价值。

秸秆块墙体日光温室与土墙体和砖墙体日光温室相比，除墙体材料不同外，其余材料一致。秸秆块墙体采用钢结构作为墙体支撑，秸秆块作为墙体的填充材料。首先，秸秆块墙体底部有水泥浇筑地基，以防秸秆与土壤直接接触造成秸秆腐烂（图 3－11A）；其次，秸秆块墙体中有支撑立柱，支撑柱与水泥地基中的预埋件相连，支撑柱一方面能够固定秸秆块墙体，另一方面具有支撑后屋面和前屋面重量的功能；再次，秸秆块的码砌方式采用骑马缝码砌，以增加墙体的稳固性，并且秸秆块墙体内外侧的支撑立柱间均有铁丝相连，以增加秸秆块墙体的稳固性；最后，在秸秆块墙体日光温室的山墙和北墙的外面包覆彩钢瓦，以避免秸秆块墙体因雨雪而腐烂。秸秆块墙体日光温室内部如图 3－11B 所示。

A. 秸秆块墙体　　B. 秸秆块日光温室内部

图 3－11　秸秆块日光温室

需要注意的是草墙温室不仅要求防水而且要求防潮，此外，由于农作物有机秸秆是易燃物，对草墙温室的防火要求更高。

（三）柔性保温墙体装配式日光温室

用于日光温室墙体建设的柔性保温材料通常以保温被为主，这些材料包括草苫、针刺保温被、发泡橡塑、发泡聚乙烯以及帐篷被等。柔性保温墙体装配式日光温室是一种全新的结构，后墙由透光、活动保温被覆盖保温，温室无后屋面，后墙立柱和屋面承力骨架一体化连接，单管承力、整体组装（图 3－12）。由于革新了温室后墙围护材料，与传统的土建结构日光温室相比，活动保温后墙结构日光温室自身的建筑荷载大大减轻，这为温室结构的轻简化创造了条件。

图3-12　柔性保温墙体装配式日光温室

需要强调指出的是:所有的柔性保温材料都需要增设防水面层;柔性保温材料与后墙承重立柱的连接应牢固并尽量避免形成"冷桥";柔性保温材料之间的连接应牢固、密封,不得出现漏水、漏风等现象。塑料薄膜、防水布、电缆皮等都是常用的柔性保温材料表面防护材料。压膜线紧压、针刺缝合以及热压粘合是柔性保温芯和表面防护层之间结合的主要方式。

从这种类型温室的分布地域可看出,这种温室更适合在冬季或生产季节室外温度高于-10℃左右的地区推广。若需在冬季室外温度低于-10℃左右的地区推广,可利用当地的冷凉气候条件进行夏季果菜生产,冬季深冷时节由于加温成本高、生产风险大可休闲备耕。

四、不同屋面结构类型日光温室

(一)可变采光角日光温室

传统日光温室在设计建造完成后其屋面固定不变。这是由于温室过高,一是增加建筑成本;二是增加温室之间的间距,降低土地利用率;三是室内热空气向上运动,降低了作物生产区的温度;四是太高的温室空间不利于温室保温;五是部分作物生产不需要过高的空间。但是在温室高度一定时增加温室跨度后,温室前屋面的采光角将会减小,尤其在光照较弱、太阳高度角较小的12月至翌年1月,进入温室的太阳辐射将会显著减少,影响温室的采光和室内的温度。

基于这样的生产实际需求,西北农林科技大学提出一种可变倾角的日光温室,它的工作原理是将温室的采光面设计为可转动屋面,就是把温室的整个采光前屋面当作一扇窗扇,像连栋温室的屋面开窗一样,用传动机构控制整体屋面的启闭。在太阳高度角比较低的季节,白天将温室前屋面的后部抬起,加大屋面倾角,减小太阳光入射角,从而增加温室的采光量;到了傍晚温室需要覆盖保温被时,将温室前屋面再回位到温室屋面骨架的位置。其中操控温室屋面启闭方法有两种:一是采用传统的温室齿轮齿条控制;二是用液压气缸控制。相对连栋温室的开窗机构,开启日光温室屋面的负荷较大,因此对开启屋面的支撑构件的强度要求也较高；同时液压气缸的输出动力更强，运行也更平稳，但造价也相对较高。

可变倾角日光温室结构示意图如图 3－13 所示。温室净跨度 10 m，高度 4.8 m，长度一般 60～100 m。可变采光倾角温室前屋面倾角为 53°，机动屋面的倾角可以在 25°～35°连续变化。对应的太阳入射角也逐时发生着变化，在西安地区冬至日正午，固定采光面的太阳入射角为 38°，而机动屋面太阳入射角为 24°，后屋面太阳入射角为 36°，后屋面投影宽度与跨度之比应为 0.14～0.16，墙体高 3.8 m。墙体采用相变砌块砖或者是普通黏土砖砌筑。每栋温室靠东西墙一端后墙北侧，建一座砖墙钢筋混凝土顶或苯板彩钢瓦顶的作业间，面积 3 m×3 m 或 4.5 m×4.5 m。

温室最低承受雪载 0.35 kN/m^2，风载 0.3 kN/m^2，吊挂载荷 15 kg/m^2，温室后坡最低承载能力达 1.5 kN/m^2。

与固定采光倾角日光温室相比，典型晴、阴天时可变采光倾角日光温室内的平均光照度分别提高 29.0%、22.3%。

这种可变屋面倾角温室，一是可以增加白天温室的采光，提高室内温度；二是可以在相同跨度、同等采光量的条件下降低温室高度，进而降低温室的土建费用，缩短前后温室之间的间距，节约建设用地。不过与传统固定式前屋面日光温室相比，这种可变倾角日光温室前屋面骨架材料要求高、耗钢量大、施工复杂、造价高。

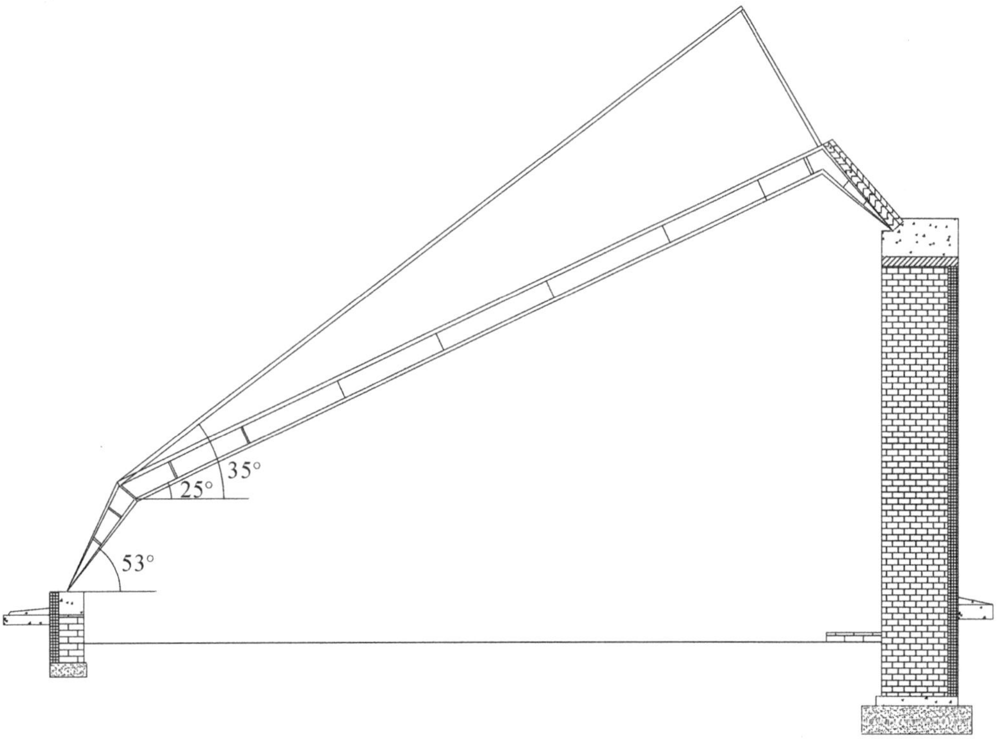

图 3－13　可变倾角日光温室剖面示意图

（二）内保温日光温室

内保温日光温室结构如图 3－14 所示。温室净跨度 9 m 或者 10.5 m，高度为 4.6 m 或者 5.9 m，长度一般 60～80 m，前屋面角 32°或者 29°，后屋面角 36°，后屋面投影宽度与跨度之比为0.14～0.16，墙体高3.3 m。墙体采用相变砌块砖或普通黏土砖砌筑。每栋温室靠东西墙一端后墙北侧，宜建一座砖墙钢筋混凝土顶或苯板彩钢瓦顶的作业间，面积3 m×3 m或4.5 m×4.5 m。

温室最低承受雪载0.35 kN/m^2，风载0.3 kN/m^2，吊挂载荷15 kg/m^2，温室后坡最低承载能力1.5 kN/m^2。

冬季晴朗天气，外界气温在－10℃以上，室内最低气温可保持在8℃，地表100 mm深处低温可保持在15℃以上。冬季晴天中午前后2 h内，温室的平均透光率应大于70%。

内保温日光温室将保温被放置在内层，有助于减少保温被损耗，延长保温被使用寿命，不过这种保温被放置方式只能采用侧卷式卷帘机，限制了日光温室的长度；同时，由于日光温室屋面是双层骨架，相比于传统单层骨架日光温室，造价更高。

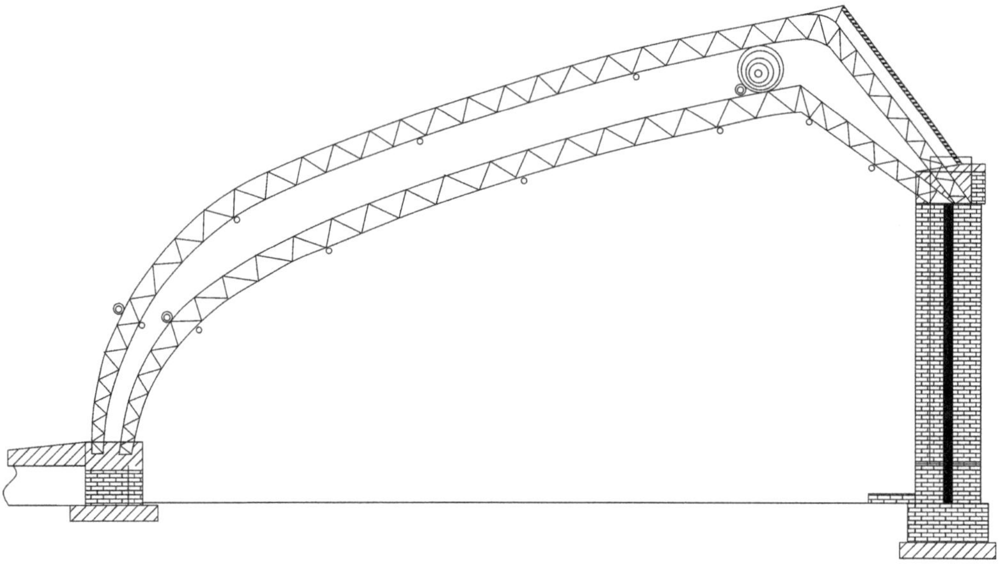

图3－14　内保温日光温室剖面示意图

（三）光伏日光温室

光伏发电是一种利用光伏组件直接将太阳能转换成电能的发电技术。光伏组件包括单晶硅组件与非晶硅组件，由于单晶硅组件不透光，因此单晶硅组件多放置于日光温室室外南侧或后墙顶部，而非晶硅组件具有一定的透光性，可放置于日光温室前屋面上，通常可采用棋盘式或直线式布置。

为了测试光伏日光温室的发电效果以及内部光环境对室内作物的影响，西北农林科技大学分别在陕西安塞和陕西杨凌地区开展了相关试验，其中陕西安塞光伏日光温室（图3－15）前屋面透明覆盖材料为PC阳光板、非晶硅电池组件、塑料薄膜，屋面以直线形式布置非晶硅电池组件，跨度方向组件铺设长度为6.5 m，长度方向组件宽度为1.1 m，与PC阳光板以1∶1比例间隔铺设，整个非晶硅电池组件的面积为286 m^2，夏季晴天光伏日光温室正午前后2 h内的太阳总辐射透过率为38.7%，光合有效光量子流密度透过率为38.9%，分别较塑料薄膜日光温室低30.3%和17.6%；而阴天时光伏日光温室的太阳总辐射透过率为 34.6%，光合有效光量子流密度透过率为 31.1%，分别较塑料薄膜日光温室低 15.8%和 9.4%；不过两个日光温室内的番茄果实产量与品质无显著性差异。

其中光伏日光温室前屋面透明覆盖材料包括 PC 阳光板、非晶硅电池组件、塑料薄膜 3 种材料。PC 阳光板与非晶硅电池组件构成倾角为 25°的倾斜平面，该平面包含 6 列非晶硅电池组件，每列长 5.6 m，宽 1.1 m，自西向东每 3 列组件与 PC 阳光板分别以 1∶2和1∶3的比例间隔，其余部分均采用 PC 阳光板覆盖。该倾斜平面底部至温室屋面底角之间采用塑料薄膜覆盖，整个光伏系统功率为 2 kW。冬季 1 月份，光伏系统日发电量最大值为 9.544 kW · h，最小值为 1.414 kW · h，可以满足日光温室日常卷帘机、卷膜器等设备的运行。

光伏日光温室的优点在于既满足作物生长的同时，又能利用光伏组件发电；缺点在于项目前期投资大，单晶硅组件遮阳，导致日光温室土地利用率进一步降低，同时温室内作物种类较多，不同设施作物与非晶硅光伏组件之间的合理配置比例尚需进一步研究。

图 3－15　光伏日光温室

五、几种特殊结构类型日光温室

（一）集雨型日光温室

集雨型日光温室结构如图 3－16 所示。温室净跨度 8～10 m，高度 3.7～4.5 m，前屋面角 28°，后屋面角 48°，后屋面投影宽度与跨度之比应为 0.13～0.15，墙体高 2.8～3.5 m。一般每栋温室长度 60～80 m。蓄水池可以修建于温室的中部或东、西侧，施工过程中需要进行防渗漏处理，外界雨水可以沿混凝土水沟汇入 PVC 管中，流入蓄水池中，不过在进入 PVC 管道之前需要进行简单的杂物过滤处理。蓄水池的大小可以根据作物所需灌溉量进行设计。不过由于蓄水池施工费用较高，目前部分日光温室逐渐利用低成本的大型塑料桶代替蓄水池。

温室最低承受雪载 0.35 kN/m^2，风载 0.3 kN/m^2，吊挂载荷 15 kg/m^2，温室后坡最低承载能力 1.5kN/ m^2。

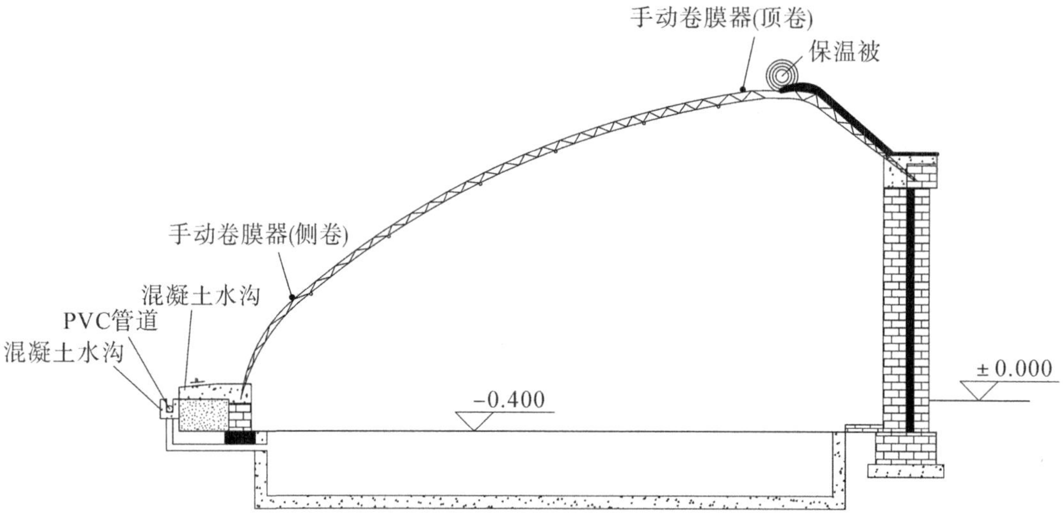

图3-16　集雨型日光温室剖面示意图

冬季晴朗天气，外界气温在-8℃以上，室内最低气温可保持在8℃，地表100 mm深处低温可保持在15℃以上。在冬季晴天中午前后2 h内，温室的平均透光率应大于75%。

（二）相变后墙日光温室

温室净跨度9 m，温室高度为4.8 m，长度一般60~80 m，前屋面角29°，后屋面角36°，后屋面投影宽度与跨度之比应为0.14~0.16。墙体高3.3 m，采用相变砌块砖砌筑或者直接在墙体表面安装相变蓄热板（图3-17）。其中相变砌块砖制作工艺将制备好的定型相变材料和水泥、石子、沙子、陶粒等建筑材料和水按一定比例混合，经砌块成型机制作成标准空心蓄热保温砌块。砌块性能为：抗压强度4.6 MPa，体积质量975 kg/m^2，导热系数0.792 W(m·K)，蓄热系数21.34 kJ/kg。每栋温室靠东西墙一端后墙北侧，宜建一座砖墙钢筋混凝土顶或苯板彩钢瓦顶的作业间，面积3 m×3 m或4.5 m×4.5 m。

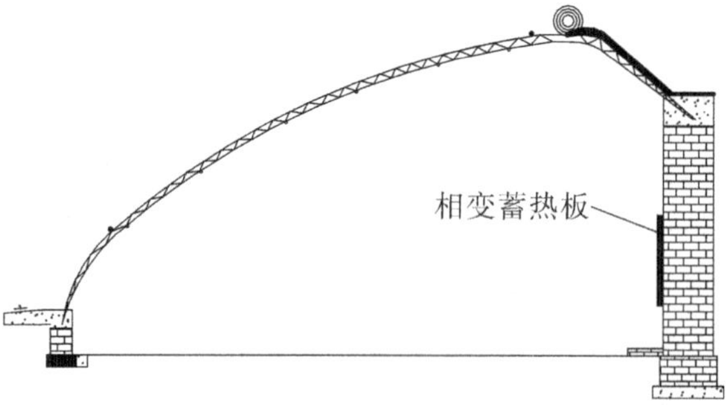

图3-17　相变蓄热日光温室剖面示意图

温室最低承受雪载0.35 kN/m^2，风载0.3 kN/m^2，吊挂载荷15 kg/m^2，温室后坡最低承载能力1.5 kN/m^2。

与普通砖墙日光温室相比，相变蓄热墙体日光温室可提高气温1.7℃，室内番茄生长状况更优，说明相变蓄热墙体日光温室具有更好的蓄热保温性能，更有利于冬季作物生长。

(三)阴阳型日光温室

阴阳型日光温室在传统日光温室的北部,借用(或共用)后墙,建造一个采光面朝北的棚室,形成阴阳型日光温室(图3－18)。其中南面棚室用于种植果菜类蔬菜,北边棚室用于种植食用菌或养殖家禽。与传统日光温室相比,这种类型日光温室的土地利用率更高,同时减少了南面棚室后墙的热量损失,有利于提高温度。

温室坐北朝南,东西延长,长度60～100 m。南边棚室跨度9～11 m,脊高4.5～5.5 m,后坡长度1.5 m左右,仰角45°。墙体厚度0.37～0.5 m,高度3.8 m,阴棚跨度6～8 m。

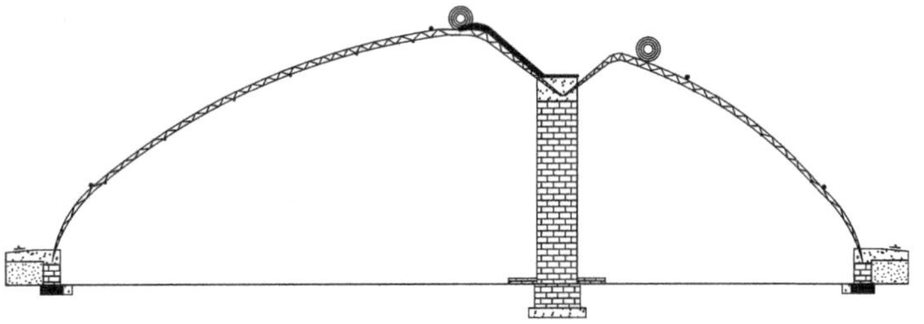

图3－18　阴阳型日光温室剖面示意图

第二节　拱棚主要类型、性能与建造

塑料大棚是指以塑料薄膜为覆盖材料的简易单栋拱圆形保护地设施,跨度在6 m以上,中高2.6 m以上,长度在30 m以上,用塑料薄膜覆盖的棚室。这类大棚起初多用竹木搭建骨架,20世纪90年代以后,骨架逐渐被钢筋焊合桁架和装配式骨架所取代。塑料大棚以其构建简单、组装方便、单位面积成本低等优点,目前已成为适合我国国情且能够广泛应用的种植设施。

一、大棚的结构类型

大棚是由一定数量拱形骨架连接,借以支撑和固定塑料薄膜而形成的具有一定高度的保护设施。塑料大棚是指以塑料薄膜作为透光覆盖材料的单栋拱棚,一般跨度在6.0～12.0 m,脊高2.4～3.5 m,长度在30～100 m以上,大棚一般无加温设施。

依照大棚屋顶的形状,可将大棚分为拱圆形、屋脊形、圆形;根据建筑材料的不同,可将大棚分为竹木结构、钢筋水泥结构、全钢结构和装配式钢管结构。

目前生产中应用的大棚,按棚顶形状可以分为拱圆形和屋脊形,但我国绝大多数为拱圆形。按骨架材料则可分为竹木结构、钢架混凝土柱结构、钢架结构、钢竹混合结构等。

塑料薄膜大棚的骨架是由立柱、拱杆(拱架)、拉杆(纵梁、横拉)、压杆(压膜线)等部件组成,俗称“三杆一柱”。这是塑料薄膜大棚最基本的骨架构成,其他形式都是在此基础上演化而来。大棚骨架使用的材料比较简单,容易造型和建造,但大棚结构是由各部分构成的一个整体,因此选料要适当,施工要严格。

二、中拱棚

中拱棚的面积和空间比小拱棚大，人可在棚内直立操作，是小棚和大棚的中间类型，常用的中拱棚主要为拱圆形结构。

三、竹木结构大棚

这种大棚的跨度为 8 ~ 12 m，高 2.4 ~ 2.6 m，长 40 ~ 60 m，每栋生产面积 333 ~ 666.7 m^2。由立柱（竹、木）、拱杆、拉杆、吊柱（悬柱）、棚膜、压杆（或压膜线）和地锚等构成。

四、水泥柱钢筋梁竹拱大棚

这种结构的大棚宽 10 ~ 12 m，高 3.2 m 以上，长 40 m 以上。立柱全部用含钢筋的水泥预制柱。柱体断面为 10 cm × 8 cm，顶端承担拱杆，每排横向立柱有 4 ~ 6 根，南北向每 3 m 一排立柱。

拉杆为钢筋或钢管，纵向连接立柱，支撑拱杆。一般可做成单片花梁，上部用 8 mm 圆钢，中下部用 6 mm 圆钢焊成三角形三梁桁架。

拱杆用直径 4 ~ 6 cm 竹子制成。其他同木竹结构大棚，其结构见图 3 - 19。

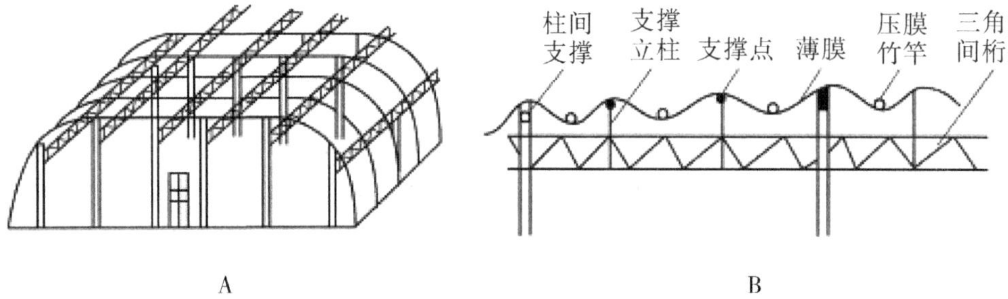

图 3 - 19　水泥柱钢筋梁竹拱杆大棚图

五、钢拱架大棚

这种大棚的骨架是用钢筋或钢管焊接而成，其特点是坚固耐用，中间无柱或只有少量支柱，空间大，便于作物生育和人工作业，但一次性投资较大。

这种大棚根据骨架结构不同可分为：单梁拱架、双梁平面拱架、三角形（由三根钢筋组成）拱架。通常大棚宽 10 ~ 12 m，高 2.5 ~ 3.0 m，长 50 ~ 60 m，单栋面积多为 666.7 m^2，两侧距棚边 1 m 处的垂直高度约 1.5 m。

钢架大棚的拱架多用 ø12 ~ 16 mm 圆钢或直径相当的金属管材为材料；双梁平面拱架由上弦、下弦及中间的腹杆连成桁架结构，两弦间的腹杆用直径 6 mm 的圆钢制成，桁架间距为 1.2 ~ 1.4 m，各个桁架也是由纵向拉梁连接为一整体。三角形拱架则由三根钢筋及腹杆连成桁架结构（图 3 - 20）。这类大棚强度大，刚性好，耐用年限在 10 年以上，但用钢材较多，成本较高；钢架大棚需注意维修、保养，每隔 2 ~ 3 年应涂防锈漆，防止锈蚀。

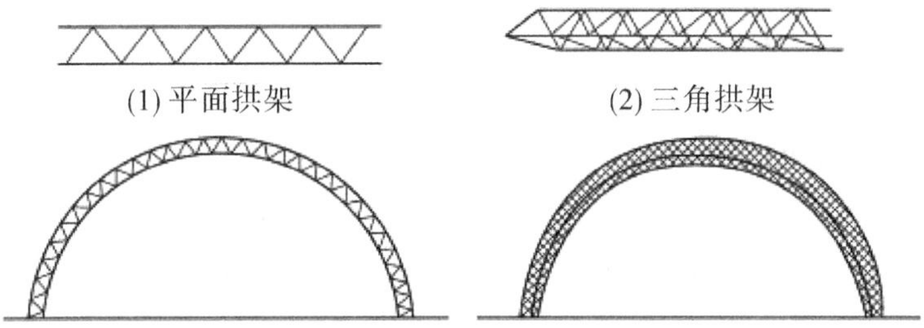

图 3－20　钢架单栋大棚的桁架结构

平面拱架大棚是用钢筋焊成的拱形桁架，棚内无立柱，跨度一般在 10～12 m，棚的脊高为 2.5～3.0 m，每隔 1.0～1.2 m 设一拱形桁架，桁架上弦用 ø14～16 mm 钢筋、下弦用 ø12～14 mm 钢筋、其间用 ø10 mm 或 ø8 mm 钢筋作腹杆（拉花）连接。上弦与下弦之间的距离在最高点的脊部为 25～30 cm，两个拱脚处逐渐缩小为 15 cm 左右，桁架底脚最好焊接一块带孔钢板，以便与基础上的预埋螺栓相互连接。拱架横向每隔 2 m 用一根纵向拉杆相连，拉杆为 ø12～14 mm 钢筋，拉杆与平面桁架下弦焊接，将拱架连为一体。在拉杆与桁架的连接处，应自上弦向下弦上的拉梁处焊一根小斜撑，以防桁架扭曲变形，其结构如图 3－21 和图 3－22，单栋钢骨架大棚扣塑料棚膜及固定方式，与竹木结构大棚相同。大棚两端也有门，同时也应有天窗和侧窗通风。

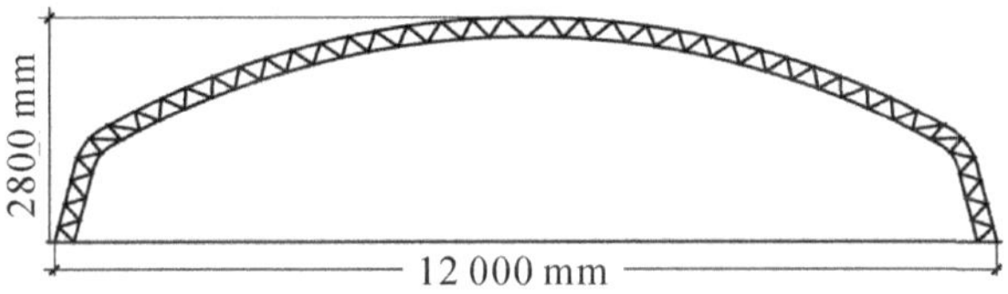

图 3－21　钢筋桁架无柱大棚桁架结构图

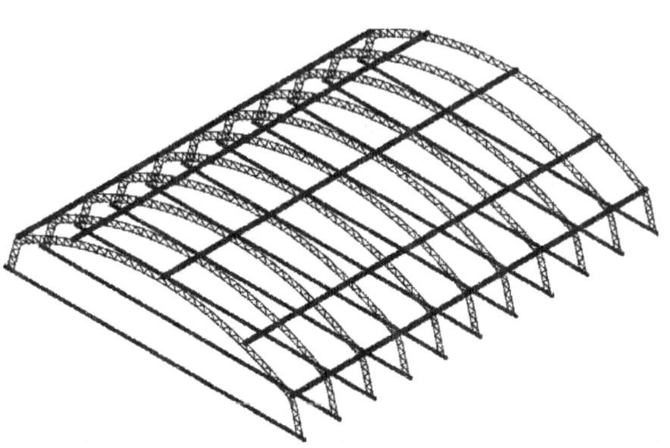

图 3－22　钢筋桁架无柱大棚示意图

六、装配式管架大棚

（一）镀锌钢管装配式大棚

自20世纪80年代以来，我国一些单位研制出了定型设计的装配式管架大棚，这类大棚多是采用热浸镀锌的薄壁钢管为骨架建造而成。尽管目前造价较高，但由于它具有重量轻、强度好、耐锈蚀、易于安装拆卸、中间无柱、采光好、作业方便等特点，同时其结构规范标准，可大批量工厂化生产，所以在经济条件允许的地区，可大面积推广应用。大棚的全部骨架是由工厂按定型设计生产出标准配件，运至现场安装而成。

（二）GP系列镀锌钢管装配式大棚

骨架采用内外壁热浸镀锌钢管制造，抗腐蚀能力强，使用寿命10～15年，抗风荷载31～35 kg/m^2，抗雪荷载20～24 kg/m^2。代表性的GP－Y8－1型大棚，其跨度8 m，高度3 m，长度42 m，面积336 m^2，拱架以1.25 mm壁厚镀锌钢管制成，纵向拉杆也采用薄壁镀锌钢管，用卡具与拱架连接；薄膜卡槽及蛇形钢丝弹簧固定，还可外加压膜线，作辅助固定薄膜之用。该棚两侧有手摇式卷膜器，取代人工扒缝放风（图3－23）。

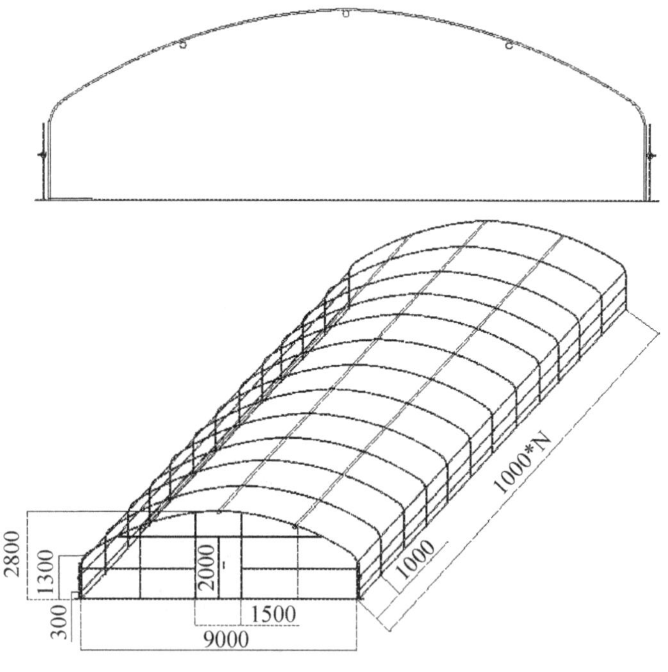

图3－23　钢管组装式大棚的结构（单位：mm）

目前国内主要生产跨度6 m、8 m、10 m，长30～60 m，高度2～3 m等规格的拱圆形大棚。棚体南北延长，无立柱拱杆，由直径25～32 mm镀锌钢管在顶部用套管对接而成；立杆由直径25 mm镀锌管用拉杆插销连接，用十字管将拱杆固定其上；全棚用6条纵向拉杆连接成整体。大棚两端6根直径25 mm钢管立柱，并用横向拉杆构成棚头和门。薄膜覆盖于棚上，用固膜槽固定。其结构见图3－24。

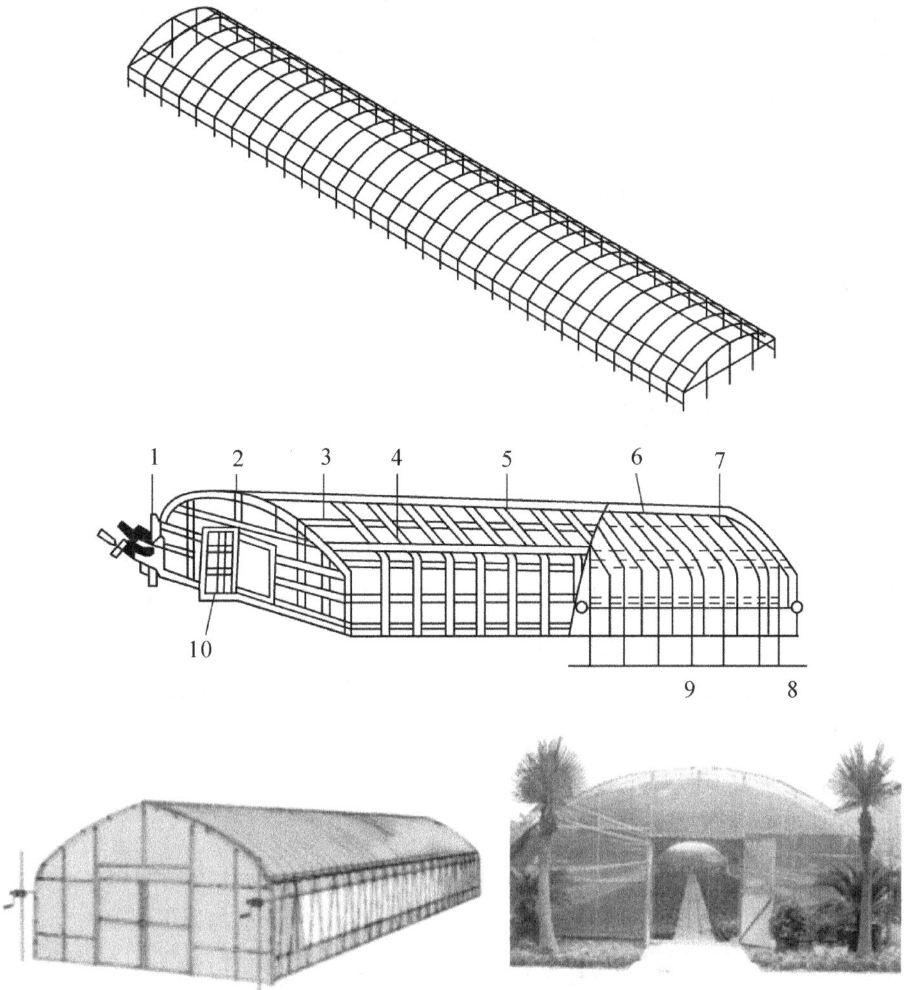

1. 装膜机;2. 立柱;3. 纵向拉梁;4. 拱杆;5. 卡膜槽;6. 薄膜;
7. 压缩线;8. 木桩;9. 8 号铁丝;10. 门。

图 3－24　装配式管架大棚图

此种就是我们传统意义上的“冷棚”，单栋设计，结构简单，造价低廉。一般冬季不加热，适合于“春提早、秋延迟”的错季种植方式，所以也被称为春秋棚。覆盖多采用单层薄膜。

单栋塑料大棚设计建造应考虑的问题：

(1)大棚的稳定性　对塑料大棚安全威胁最大的自然力是风。风可以通过 3 种方式损坏大棚，一是风能直接对大棚施加压力，作用在大棚的迎风坡面，应确保大棚结构能承受当地 30 年一遇的风荷载；二是当风掠过大棚时，由于不同时间在薄膜外表面不同部位的风速变化，导致棚内外发生压强差，从而使之破坏；三是外界空气以很高速度直接涌入棚内，产生对塑料膜的举力。

塑料大棚的稳定性既决定于骨架的材质、薄膜质量、压膜线的牢固程度，也与大棚的尺寸比例、棚面弧度、高跨比有密切关系。应尽量选用性能好、质量优的防老化膜、多功能膜或长寿膜,以增强大棚的牢固性,延长使用寿命,还要注意薄膜的黏结质量。压膜要尽量压紧,防止塑料薄膜滑动和摩擦。用铁丝、木条和竹竿压膜时,要防止这些材料划破薄膜,造成大的裂口。地锚的牢固性不可忽视,以防春季化冻后大风把地锚拉出地面,地锚最好做成“十”字花形,深埋至少 50 cm。

大棚的长宽比对稳定性有较大影响,相同的大棚面积,长宽比值越大,周长越长,地面固定部分越多,其稳定性越强,但跨度太窄,有效利用面积小。通常认为长宽比等于或大于 5 较好。例如,500 m^2的大棚,长 40 m 时跨度 12.5 m,周长只有 105 m,其稳定性不如跨度为 8 m,长 62.5 m 的大棚,其周长为 141 m。

风力对大棚的损坏方式之一是风速较大时形成对棚膜的举力,会使棚面薄膜鼓起,随风速的变化,棚膜不断鼓起落下地振荡,造成棚膜破损或挣断压膜线,而使“大棚上天”。根据流体力学的原理,风速越大,气流对棚膜的抬举力量越大,使薄膜鼓起越严重,再加上如果大棚外表面形状复杂,造成气流变化急剧,则棚膜振荡现象也越厉害。因此,在大棚体型设计时,应尽量降低其对风的扰动程度。在满足内部使用空间要求的前提下,大棚高度应尽量低一些,因大棚越高,气流掠过时速度增大越多,且不同部位变化越大,棚膜的振荡情况越严重。实践证明,北方大棚的高跨比(棚高/跨度)以 0.25 ~0.3 较好,风速小的地方可适当提高;南方还要考虑有利自然通风等问题,高跨比宜大些,为 0.3 ~0.4。此外,大棚外形上应圆滑,如采用流线型棚面,风掠过时气流平稳,具有减缓棚膜振荡的作用,且棚膜压紧均匀,有利于提高其抗风的能力。有时为保证棚边部的管理作业高度,一些大棚做成带肩的形式,其外形变化较大,抗风能力也就差些。

(2)妥善固定骨架中的各种杆件,维持几何不变体系　要求在大棚的设计和建造中,无论使用何种骨架建材,都必须对骨架中各种杆件的连接点和节点加以妥善固定。骨架连接点、节点固定用工不多,用料不贵,技术也简单,但关系重大。同时,骨架中各杆件应连接构成几何上稳定不变的体系。

(3)重视防腐,延长使用寿命　对于竹木结构大棚,可对木立柱做防腐处理,埋于地下的基部可以采用沥青浸法处理,地上部分可用刨光刷油、刷漆、裹塑料布等方法处理。钢件防腐处理可以采用镀锌或者刷漆等方法。

第三节　大跨度保温大棚的类型与建造

在化石燃料能源枯竭和环境恶化的背景下,夜间温室顶部覆盖保温材料是一种有效减少室内热量流失的节能生产方式。塑料大棚是中国园艺设施中应用面积最广的一种设施类型。近年来,随着设施园艺逐渐向机械化、自动化、智能化方向发展,传统小跨度塑料大棚已不能满足机械生产需求。为了提高塑料大棚生产效益,在传统塑料大棚的基础上,增大塑料大棚跨度,结合外保温覆盖的节能方式,由西北农林科技大学李建明教授团队首次提出,并研究设计出了系列大跨度保温大棚。

一、大跨度保温型大棚的主要类型

按照覆盖层次可将大跨度保温型大棚分为单层保温大棚和双层保温大棚；按照拱形对称与非对称划分为对称保温大棚和非对称保温大棚；按照辅助增温设备划分，有水控酿热保温大棚、太阳能集热大棚、地下深层蓄放热保温大棚等。使用者可依据生产需要，选择不同类型的棚体结构（图 3－25）。

A. 大跨度非对称水控酿热保温大棚

B. 大跨度非对称双层保温大棚

C. 大跨度非对称蓄热大棚

D. 大跨度非对称非等高保温大相

E. 大跨度单层保温大棚

F. 大跨度双层内保温大棚

图 3－25　大跨度大棚的主要类型图

二、大跨度保温型大棚的建造技术

选用陕西省杨凌示范区五泉镇毕公村杨凌现代农业融合体验园区（东经 107.97°，北纬 34.31°）跨度 18 m 的非对称保温塑料大棚为案例，日光温室施工时间为 2017 年 9 月至 11 月，由杨凌示范区农业农村局负责施工运营。本案例主要针对非对称保温塑料大棚设计与建造施工等相关方面的知识进行解析，让读者可以更好地学习保温塑料大棚的施工建造。

（一）保温塑料大棚基本尺寸

本案例中非对称保温塑料大棚坐北朝南，东西走向（图 3－26），双层骨架，跨度为 18 m（内跨度为 16.6 m），南屋面投影宽度为 12 m（内层南屋面投影宽度为 11.26 m），北屋面投影宽度为 6 m（内层南屋面投影宽度为 5.35 m），脊高为 6.0 m（内层脊高 5.2 m），北侧设置宽度为 0.75 m 的道路，栽培区域宽度为 15.86 m，长度为 70 m，栽培面积为 1 110.2 m^2。内层南北屋面覆盖厚度为 0.12 mm 的塑料薄膜，在冬季，白天内层南屋面塑料薄膜上卷以便阳光进入，夜间塑料薄膜下放进行保温，而内层北屋面塑料薄膜一直处于下放状态以便保温。外层南北屋面外覆盖厚度为 0.12 mm 的塑料薄膜以及厚度为 20 mm 的保温被，南北屋面底部和顶部共设置 4 个通风窗口以便通风降温，其中南屋面保温被白天上卷透光，夜间下放保温，而北屋面保温被从立冬开始一直处于下放覆盖状态，直至立春才开始揭帘、放帘。

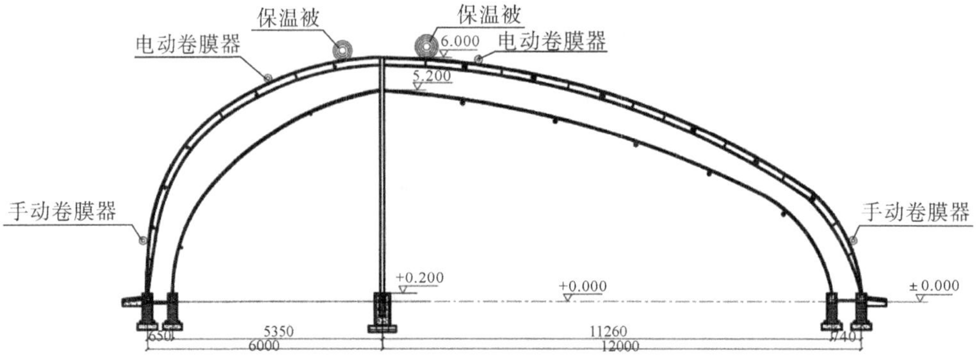

图 3－26　18 m 跨度非对称保温塑料大棚剖面图(单位:mm)

(二)保温塑料大棚基础施工

1. 条形基础施工

本案例中四周骨架安装在条形基础的预埋件上(图 3－27),基础垫层采用三七灰土。三七灰土是一种以石灰与黏土按照一定比例配制而成具有较高强度的建筑材料,其中熟石灰需要用 6～10 mm 的筛子过筛;土料用 16～20 mm 筛子过筛。在灰土施工过程中应将基槽表面的虚土、树叶等清理干净,然后再分层铺灰土、夯实。

图 3－27　保温塑料大棚条形基础

基础采用厚度为 240 mm 的砖基础,施工工艺与案例 2 中日光温室墙基础施工工艺相同。基础顶部铺设厚度为 240 mm 的 C_{20}圈梁,其中主筋采用 4 根直径为 12 mm 的钢筋,箍筋直径为 8 mm,间距为 300 mm,内部嵌入预埋件。

2. 独立基础施工

本案例中立柱采用独立基础（图3－28），为C_{20}钢筋混凝土独立基础，尺寸为400 mm×400 mm，埋深0.75 m，内部嵌入预埋件。垫层采用C_{15}细石混凝土，厚度为150 mm。

图3－28　保温塑料大棚独立基础

（三）保温塑料大棚骨架安装

本案例中塑料大棚外骨架为双弦杆结构，间距为1.2 m，其中上弦采用DN 32 mm×2.5 mm镀锌圆管，下弦杆采用DN25 mm×2.5 mm镀锌圆管，中间通过钢片焊接，横拉杆采用DN 20 mm×2.0 mm镀锌圆管（图3－29）。内骨架为单管结构，间距2.0 m，其中钢管为30 mm×75 mm×2.5 mm椭圆管，横拉管为DN 20 mm×2.0 mm镀锌圆管（图3－30）。中间立柱采用100 mm×100 mm×3.5 mm的镀锌方钢，间距为6.0 m，相邻方钢之间通过

图3－29　保温塑料大棚外骨架结构

图3－30　保温塑料大棚内骨架结构

2 道桁架连接，桁架上弦为 50 mm×50 mm×3.5 mm 的镀锌方钢，上弦为 50 mm×50 mm×2.5 mm 的镀锌方钢，中间通过 50 mm×50 mm×2.5 mm 的镀锌方钢连接（图 3－31）。塑料大棚两端立柱各增加一道斜撑，斜撑尺寸采用直径为 25 mm 的镀锌圆管（图 3－32）。

图 3－31　保温塑料大棚立柱通过桁架连接

图 3－32　保温塑料大棚斜撑

三、大跨度保温大棚的性能

在严寒的冬季，非对称保温塑料大棚北屋面外一直覆盖保温被，可有效地减少室内热量流失。然而，随着室外气候变暖，太阳直射光在室内地面的投影也在逐渐向南移动，其中最为关键的部分是什么时间节点为非对称保温塑料大棚内北侧最后一排作物全天接受南屋面投射阳光直射的最后一天，同时当天北屋面可以开始适当揭帘以增加北侧太阳散射光进入。时间节点过早，则非对称保温塑料大棚内热量流失过多，夜间室内气温会过低；时间节点过晚，则室内北侧作物接收太阳光照射的总量会降低，不利于作物生长发育。

根据研究结果，当室外最低温度变化范围为－15～－5℃时，非对称保温塑料大棚内平均最低气温为 4.1℃，番茄在夜间的最低耐受空气温度为 5℃。为此，以满足植物夜间生长发育温度为优先条件，选择以室外月平均最低温度为－5℃作为阈值，即当平均最低温度超过－5℃时，北屋面才开始适当揭帘，而当平均最低温度低于－5℃时，应保证在当地正午 12:00 室内北侧最后一排作物能够接受太阳光直射，依此选择非对称保温塑料大棚北屋面合适的揭帘时期。

考虑到杨凌地区 2 月份平均最低温度高于－5℃，提出杨凌地区非对称保温塑料大棚北屋面选择合理的揭帘时期为立春至次年立冬，18 m 跨度非对称保温塑料大棚的南屋面投影宽度为 11.6 m，北屋面投影宽度为 6.4 m，而本案例中南屋面投影宽度可达 12.0 m，显然满足非对称保温塑料大棚的设计需求，不过与非对称保温塑料大棚南屋面种植区域相比，北面种植区域的光照要更弱，需要采取补光或其他措施处理。

第四节　连栋温室的主要类型、性能与建造

现代温室，指的是骨架由采用经热镀锌防锈处理的型钢构件组成，具备相应的抗风雪

等荷载的能力；采用玻璃、塑料薄膜、硬质塑料、PC 板等透光材料覆盖及其相应的卡槽、卡簧、铝合金型材等紧固、镶嵌构件，具有透光和保温的性能要求；配备有遮阳、降温、加温、通风换气等配套设备和栽培床、灌溉施肥、照明补光等栽培设施；还有环境调控的控制设备等，形成完整成套的技术和设施设备。

一、现代大型连栋温室基本性能

为了加大温室的规模，适应大面积，甚至工厂化生产植物产品的需要，将两栋以上的单栋温室在屋檐处连接起来，去掉相连接处的侧墙，加上檐沟（或称天沟），就构成了连栋温室，又称为连跨温室、连脊温室。

常见的连栋温室类型有 Venlo 型温室、锯齿形连栋温室、圆拱形连栋温室、三角形大屋面连栋温屋面温室等。在覆盖材料上有连栋玻璃温室、双层充气温室、双层结构的塑料膜温室、聚碳酸酯板（PC 板）温室和聚对苯二甲酸乙二醇酯（PET）温室等。其配套的设备有遮阳、通风降温、加温、保温、自动化控制系统，栽培床、活动苗床、喷滴灌和自走式喷灌、自走式采摘车、自动化穴盘育苗、水培设备等先进的设备。

连栋温室一般都采用性能优良的结构材料和覆盖材料，其结构经优化设计，具有良好的透光性和结构可靠性。连栋温室一般都配备智能环境控制设备，例如为了达到良好的冬季保温节能性，连栋温室内部设置缀铝膜保温幕以及地中热交换系统贮存太阳能，用于夜间加温等技术与设施；设有自然通风与强制通风以及湿帘降温与遮阳幕系统，保证温室达到良好的通风条件，夏季有效降低室内气温，满足温室周年生产的需要。依靠温室计算机环境数据采集与自动控制系统，实时采集、显示和存储室内外环境参数，对室内环境实时自动控制。

二、玻璃温室结构

玻璃温室的屋面形式基本为平坡屋面，一面坡温室屋面为多折式，连栋温室基本为“人”字屋面。“人”字屋面的结构形式包括门式钢架结构、组合式屋面梁结构、桁架结构屋面、Venlo 型结构。

（一）门式钢架结构

门式钢架结构的特点是屋面梁和立柱以及屋面梁在屋脊处的连接为固结形式，这种结构形式内部的弯矩较大，结构用材较多，单位面积用钢量在 12 ~ 14 kg/m^2，甚至更高。为了减少构件内部的弯矩，常在门式钢架屋面结构上增加拉杆，这样可使结构内部的应力分配更加均匀，有利于全面发挥结构的作用（图 3 – 33）。

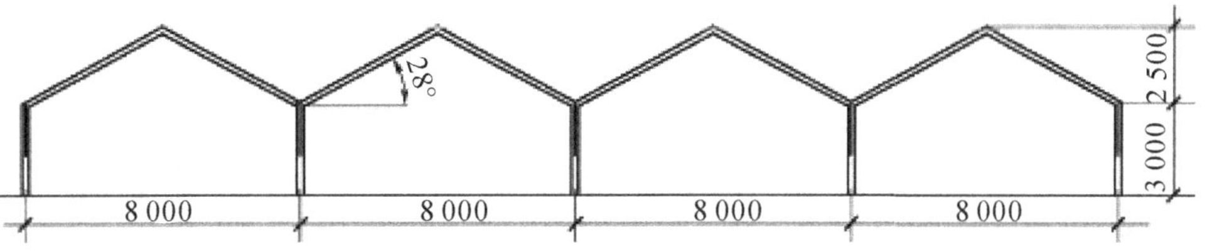

图 3 – 33　门式钢架结构温室（单位：mm）

(二)桁架结构屋面梁结构

桁架结构屋面梁结构是沿用传统民用建筑的结构形式。采用这种结构,构件的截面尺寸可以大大减少,温室的跨度可以扩大到10 m以上,最大结构的温室跨度可以到21～24 m,大大增大了温室的内部空间。一些展览温室、养殖温室等常采用这种结构形式(图3－34)。

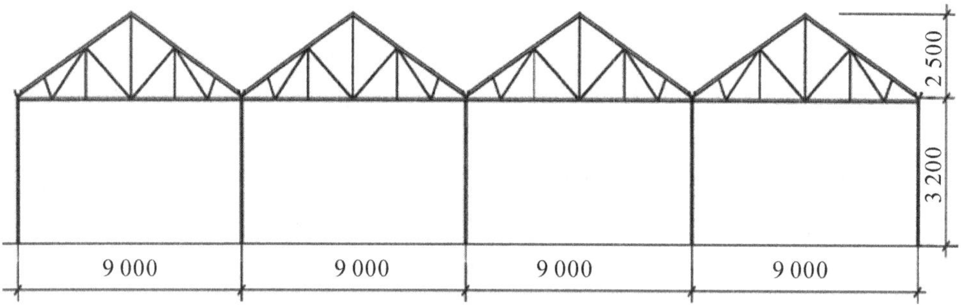

图3－34　木行架结构屋面梁温室结构形式(单位:mm)

(三)屋面组合梁结构

屋面组合梁结构的屋面梁采用了桁架,拉杆和腹杆采用简单的钢管或型钢,使温室的承载力大大加强,温室同样可以做成大跨度形式(图3－35)。

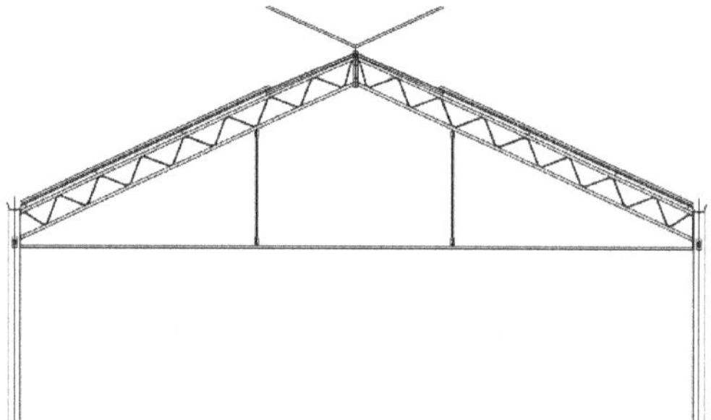

图3－35　屋面组合梁温室结构形式

(四)Venlo型结构

Venlo型温室是我国引进的玻璃温室的主要形式(图3－36),也是目前比较流行的一种结构形式,为荷兰研究开发而后流行全世界的一种多屋脊连栋小屋面玻璃温室,温室单间跨度为6.4 m、8 m、9.6 m、12.8 m,开间距3 m、4 m,或4.5 m,檐高3.5～5.0 m,每跨由2～3个(双屋面的)小屋面直接支撑在桁架上,小屋面跨度3.3 m,矢高0.8 m。近年有改良为4.0 m跨度的,根据桁架的支撑能力,还可将2个以上的3.2 m的小屋面组合成6.4 m、9.6 m、12.8 m的多脊连栋型大跨度温室。可大量免去早期每个小屋面排水槽下的立柱,减少构件遮光,并使温室用钢量从普通温室的12～15 kg/m^{2}减少到5 kg/m^2,其覆盖材料采用4 mm厚的园艺专用玻璃,透光率大于92%,由于屋面玻璃安装从排水沟直通屋脊，中间不加檩条，减少了屋面承重构件的遮光，且排水沟在满足排水和结构承重条件下，最大限度地减少了排水沟的截面（沟宽从0.22 m缩小到0.17 m），提高了透光性。开窗设置以屋脊为分界线，左右交错开窗，每窗长度1.5 m，一个开间（4 m）设两扇窗，中间1 m不设窗，屋面开窗面积与地面积比率（通风窗比）为19%，若窗宽从传统的0.8 m加大到1.0 m，可使通风窗比增加到23.43%，但由于窗的开启度仅0.34～0.45 m，实际通风面积与地面积之比（通风比）仅为8.5%和10.5%。

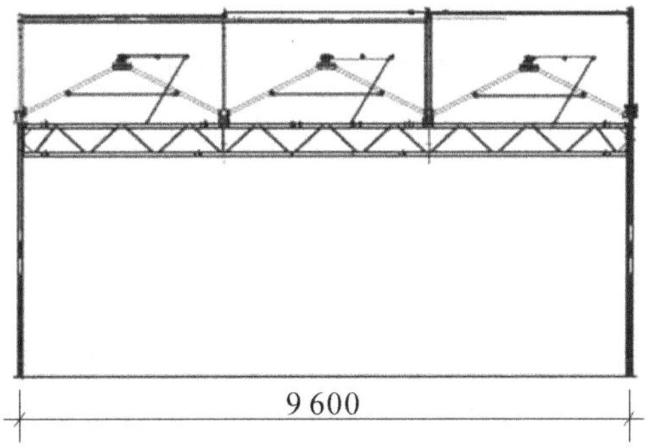

图3－36　Venlo型温室结构形式（单位：mm）

这种结构采用了水平桁架做主要承力构件，与立柱形成稳定结构。水平桁架与立柱之间为固接，立柱与基础之间的连接采用铰接。水平桁架上承担两个以上小屋面。传统的Venlo型结构每跨水平桁架上支撑2～4个3.2 m跨的小屋面，形成标准的6.4 m、9.6 m、12.8 m跨度温室。这种结构的屋面承力材料全部选用铝合金材料，既充当屋面结构材料，又兼做玻璃镶嵌材料。结构计算中，屋面结构和下部钢结构分别计算。屋面铝合金材料按三铰拱结构单独计算，下部水平桁架和立柱组成的受力体系，按照钢结构的要求单独计算。

近年来，国内经过多年的实践工程，对引进的标准Venlo型温室结构进行了改进，改变了标准的3.2 m单元跨度，将标准的单元跨度做成3.6 m或4.0 m，这样在工程实践中就出现了8.0 m和10.8 m跨度的温室结构。相比原引进的标准Venlo型温室，屋面承载力构件改用了小截面的钢材，传统铝合金的双重作用就简化成了只起玻璃镶嵌的作用，铝合金的用量和铝合金的断面尺寸大大减小。在改良型的结构中，计算模型应将屋面构件和水平桁架以及立柱结构结合在一起，形成整体计算模型进行内力分析和强度验算（图3－37）。

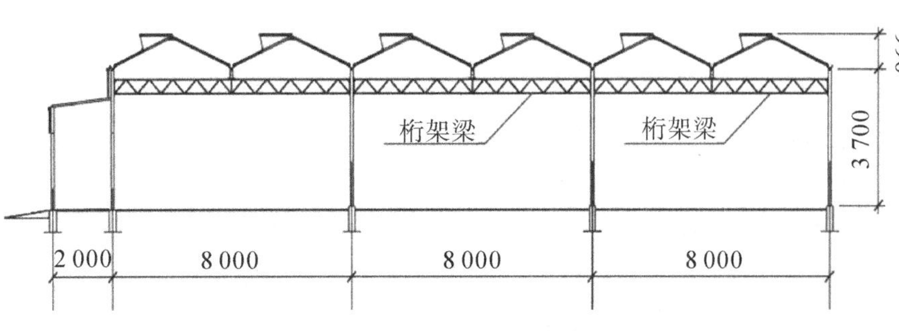

图3－37　改良型Venlo型温室结构形式（单位：mm）

（五）屋顶全开启型温室

该类型温室最早是由意大利某公司研制成的一种全开放型玻璃温室，近年来在亚热带暖地逐渐兴起成为一种新型温室。其特点是以天沟檐部为支点，可以从屋脊部打开天窗，开启度可达到垂直程度，即整个屋面的开启度从完全封闭直到全部开放状态，侧窗则用上下推拉方式开启，全开后达 1.5 m 宽，全开时可使室内外温度保持一致。中午室内光强可超过室外，也便于夏季接受雨水淋洗，防止土壤盐类积聚。可依室内温度、降水量和风速而通过电脑智能控制自动关闭窗，结构与 Venlo 型相似。与普通温室自然通风系统的屋顶部开窗相比，具有明显的优点：窗口开启的实际有效通风面积大大增加，通风效果好；屋顶开窗机构更简单，活动窗框、固定窗框、铝材及其连接件用量减少，成本降低、安装简单；减少温室的屋面覆盖材料对自然光所产生的光照损失。

三、塑料温室结构

圆拱结构是塑料温室最常用的建筑外形之一，但组成这种建筑外形的结构形式却有多种。最简单而且常用的结构形式为吊杆桁架结构，这种结构屋面梁采用单根或两根拼接的圆拱形单管，通常为圆管、方管或外卷边 C 型钢，拱杆底部有一根水平拉杆，一般为钢管，在拱杆与水平拉杆之间垂直连接 2 根或 3 根吊杆，拱杆矢高为 1.7 ~ 2.2 m。这种温室结构简洁、受力明确、用材量少，在风荷载较小的地区应用较多。为了增强温室结构的承载能力，在大风或者多雪地区，温室的屋面结构常做成整体桁架结构，其中完全桁架结构也用于大跨度温室（图 3 – 38）。

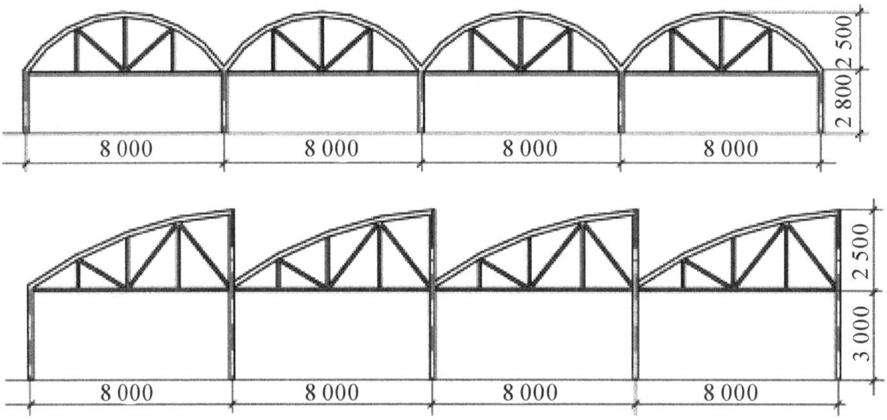

图 3 – 38　圆拱结构塑料温室结构形式（单位：mm）

根据拱杆的截面尺寸和布置间距不同，连栋塑料薄膜温室单拱杆拱架可分为小截面密布和大截面疏布两种形式。其中，小截面密布的拱杆可直接采用相应跨度塑料大棚的拱杆，拱杆直径 ø 22 ~ 32 mm、间距 0.75 ~ 1.0 m，两端可直接固定在承重天沟的侧板上，或天沟下柱顶横梁上，原因是部分温室天沟只承担屋面排水和固定屋面塑料薄膜的功能，这种情况下需要在天沟下沿天沟方向设置一道连接温室立柱柱顶的纵向水平承重连系梁，该承重连系梁可根据结构的承载要求选择圆管、方管、槽钢等不同规格的型材。大截面疏布的拱杆，由于拱杆端部传递荷载大，直接固定在承力天沟的侧板上可能会造成天沟的局部变形甚至过载，所以屋面拱杆直接固定在天沟托架上并通过天沟托架将拱杆端部的内力传递到温室立柱。这种屋面拱杆的布置位置有两种方式：一种是拱杆与立柱一一对应，拱杆间距即温室开间的距离；另一种是拱杆间距为开间距离的1/2或1/3，在立柱位置拱杆通过天沟托架与立柱相连，不在立柱位置的拱杆也用于柱处，同样的天沟托架将拱杆通过天沟托架连接到天沟上。

连栋温室设计中应考虑如下方面的事项：

（1）安全性　温室作为农用设施，其设计均以植物生产为主要目标，不能像民用建筑一样充分考虑人的安全问题。温室设施包括覆盖材料（玻璃等）、传动系统（电机、齿条等）以及其他各类零部件的失灵、脱落，以及将无阻燃性能的材料用作覆盖材料，都可能对室内工作人员的安全构成威胁。这些都是温室设计与建造者应该认真考虑的问题。

（2）艺术性与实用性相结合　温室的主体建筑，除必须具备调控环境等功能以外，部分展览性或观光性温室为了吸引更多的人来此休闲、娱乐，优美的建筑风格也是必需的。其建筑应艺术化，并使主体建筑与内部园林景观、功能分区相协调，应根据不同功能区的环境和景观布局的需要配置植物。高大的植物如香蕉、椰树类可以种植在地势较低的水系边，喜光的瓜果蔬菜可以种植在光线较好的温室四周，蔓生的植物可以设支架或攀缘于生态雅间之上，矮小的耐阴花草、食用菌可以培植于篱架下和高大植物下。总之，要创造一个全方位、立体的景观绿化美化效果。

（3）各功能区的合理布局　温室内根据不同功能区对光照、温湿度调控的要求，应进行分区隔断控制。

主要参考文献

[1] 鲍恩财，朱超，曹晏飞，等. 固化沙蓄热后墙日光温室热工性能试验[J]. 农业工程学报，2017，33(9)：187－194.

[2] 黄红英，武国峰，孙恩惠，等. 秸秆块墙体日光温室在苏北地区应用效果试验[J]. 农业工程学报，2014，30(14)：170－178.

[3] 李建明. 设施农业概论（第2版）[M]. 北京：化学工业出版社，2020.

[4] 王晨晨，鲍恩财，刘露，等. 日光温室主动采光与相比蓄热改造后性能分析[J]. 北方园艺，2018(6)：56－61.

[5] 张勇，邹志荣，李建明. 倾转屋面日光温室的采光及蓄热性能试验[J]. 农业工程学报，2014，30(1)：129－137.

[6] 赵雪. 光伏日光温室的性能分析与应用研究[D]. 陕西杨凌：西北农林科技大学，2013.

[7] 周长吉. 温室设计手册[M]. 北京：中国农业出版社，2007.

[8] 周长吉. 温室工程实用创新技术集锦[M]. 北京：中国农业出版社，2016.

[9] 周长吉. 温室工程实用创新技术集锦2[M]. 北京：中国农业出版社，2019.

[10] 邹志荣，鲍恩财，申婷婷，等. 模块化组装式日光温室结构设计与实践[J]. 农业工程技术，2017，37(31)：55－60.

[11] 邹志荣，周长吉. 温室建筑与结构[M]. 北京：中国农业出版社，2012.

第四章　蔬菜设施栽培技术

第一节　茄果类蔬菜设施栽培技术

一、日光温室番茄栽培模式与技术

我国北方地区日光温室番茄栽培茬口较多,主要有秋冬茬(7 月至 8 月育苗,7 月下旬至 9 月初定植,10 月至来年 1 月采收)、越冬茬(9 月至 10 月育苗,10 月至 11 月定植,来年 1 月至 6 月采收)和冬春茬(11 月至 12 月育苗,1 月至 2 月定植,4 月至 6 月采收)等。

(一)定植前准备

1. 施用基肥

根据温室栽培年限、土壤肥力和目标产量,一般每 667 m^2 施入适量的复合肥、堆肥(腐熟农家粪肥)或有机肥料以及玉米或其他作物秸秆(表 4－1)。其中有机肥和秸秆可在每年倒茬时一次性施用。土壤肥力高的取低值,土壤肥力低的取高值。秸秆还田可以采取秸秆反应堆方法,也可以采取粉碎秸秆撒施结合高温闷棚的方法施用。其他微生物菌肥和中微量肥料可根据实际情况施用。

表 4－1　日光温室番茄栽培基肥施用方案

土壤肥力特征	复合肥(每茬, kg/667 m^2)	方案 1	方案 2	秸秆(每年, kg/667 m^2)	参考种植年限(a)
		有机肥料(每茬, kg/667 m^2)	堆肥(每茬, m^3/667 m^2)		
低肥力	30～40	1 500～2 000	15～20	2 000～3 000	1～4
中肥力	15～20	1 000～1 500	10～15	1 500～2 000	5～9
高肥力	0～10	700～1 000	7～10	1 000～1 500	≥10
注 1:土壤肥力很高时,基肥可以不施用化肥。 注 2:农家粪肥符合堆肥标准。					

2. 土壤消毒

(1)夏季土壤消毒　夏季在前茬作物拉秧后,进行高温闷棚消毒。方法是:每 667 m^2 土壤表面撒施 1 500～2 000 kg 玉米或水稻粉碎秸秆,然后深翻,混合均匀,浇透水,覆盖地膜,密闭温室,高温闷棚 20～30 d,使距地表 25 cm 的土层温度达到 55℃。也可不用地膜等覆盖地面，高温闷棚期间可每隔7～10 d左右旋耕1次，接着继续高温闷棚，总计旋耕2～3次。如果土壤酸化严重，在施用秸秆的基础上，还可撒施60～100 kg/667 m^2氰氨化钙，将土壤pH调节为6.0～7.0之间。

(2)秋冬季土壤消毒 宜选择植物源、微生物源等消毒剂。于定植前15～20 d进行土壤消毒。方法：前茬作物拉秧后清洁温室病残体，旋地，然后将旧滴灌管均匀摆放，覆盖塑料膜，并将膜四周压严实。先浇透水，后随水冲施消毒剂，用量按照产品说明书使用。15 d后揭膜散气，待气体完全挥发后即可整地做畦。

3. 整地

所有肥料均匀撒施土壤表面后，旋耕或深翻30 cm左右。

(二)定植

1. 品种选择与秧苗培育

根据茬口不同和市场需求，选择优质、高产、抗病、抗逆品种。秧苗培育优先选用集约化育苗场生产的叶片油绿而厚、根系发达的壮苗。

2. 定植前秧苗处理

定植前7 d左右栽培畦浇水造墒，秧苗进入栽培棚前喷施广谱性杀虫剂和杀菌剂，并用含腐殖酸的水溶肥或有机水溶肥浸根3～5 s，也可在浸根的肥料溶液中兑防治土传病害的农药。上述防治病虫害的农药和浸根水溶肥的使用浓度和方法参照相应产品的说明书执行。

3. 定植方法

选择当天和后3 d均为晴天的上午定植。定植密度根据品种特性和温室气候条件，每667 m^2定植1 800～2 200株；定植深度以营养坨面与畦面相平为宜；秋冬茬和越冬茬在秧苗定植后15～20 d覆盖地膜。冬春茬栽培可在定植前覆盖地膜，并按设定的株行距打定植孔。

(三)田间管理

1. 环境管理

(1)温湿度管理 根据番茄生长发育对环境条件的要求适当调整和控制温度。温室内空气相对湿度保持在85%以下，采用地面覆盖地膜，膜下滴灌或微喷，作业道铺撒锯末、稻壳和粉碎秸秆等降湿，也可采取夜间或早晨揭帘前后加温措施降低室内相对湿度。春秋季节，可采用早、中、晚三段式放风方法进行排湿，特别注意早上揭帘后与傍晚盖帘前，进行短时间放风与快速排湿。冬季尽量利用晴天上午放风降湿。不同茬口日光温室番茄温湿度管理方案参见表4－2、表4－3、表4－4，可根据作物的长势进行调整。

(2)光照 10月末至11月初，温室老旧棚膜要更换为新棚膜，保证冬季棚膜优良的透光率，同时还可以在温室棚膜表面悬挂自动净膜条带，确保棚膜清洁干净，提高棚膜透光率和温室采光蓄热性能。春末和夏季开始，可采用覆盖遮阳网或在棚膜上喷遮阳涂料的方法，降低温室内的光照强度。

表4－2 日光温室秋冬茬番茄温湿度管理最佳指标

生长时期	白天最高温度/℃	白天最低温度/℃	夜间最低温度/℃	湿度/%
7月下旬至8月下旬（定植—缓苗期）	<32	<25	<18	75～85
9月上旬至10月上旬（蹲苗—开花期）	26～28	20～22	<15	75～85
10月上旬至11月中旬（膨果期）	26～28	23～25	12～15	65～75
11月中旬至拉秧（成熟期）	28～30	25～27	13～16	65～75

表4－3 日光温室越冬茬番茄温度管理方案

生长时期	白天最高温度/℃	白天最低温度/℃	夜间最低温度/℃	湿度/%
10月中旬至12月中旬	30～32	26～28	15～18	75～85
12月中旬至2月上旬	27～30	23～26	12～15	75～80
2月上旬至3月上旬	26～28	23～25	13～15	70～75
3月上旬至拉秧	26～27	22～23	12～13	60～70

表4－4 日光温室冬春茬番茄温度管理方案

生长时期	白天最高温度/℃	白天最低温度/℃	夜间最低温度/℃	湿度/%
1月至2月上旬	30～32	26～28	15～18	70～80
2月上旬至3月上旬	27～30	23～26	12～15	70～80
3月上旬至5月中旬	26～28	20～22	12～15	65～75
5月下旬至拉秧	< 32	26～30	>12	60～70

（3）温室环境综合管理指标　以日光温室的光照为核心，建立日光温室番茄的温室环境综合管理指标（表4－5）。

表4－5　日光温室番茄适宜光照度、CO_2浓度和昼夜温度综合管理方案

光照分段	昼间最大光照度/($\mu mol \cdot m^{-2} \cdot s^{-1}$)	昼间适宜 CO_2浓度/($\mu L \cdot L^{-1}$)	昼间适宜温度/℃	夜间适宜温度/℃
强光段	>1 200	>500	30±2	18±2
次强光段	1 000～1 200	>600	28±2	16±2
中光段	800～1000	>700	26±2	14±2
次中光段	600～800	>800	24±2	12±2
弱光	400～600	>900	22±2	11±2

(4)肥水管理

①根部灌溉　采取水肥一体化的灌溉方式。按照日光温室番茄每茬每667 m^2的目标产量1.25×10^4 kg,通过测土平衡施肥,确定底肥和追肥的使用量和使用方法。春季与秋季温室可采用无机类水溶肥,冬季低温弱光季节施用有机类水溶肥或有机无机混合型水溶肥。三个茬口的水肥一体化灌溉方案分别见表4－6、表4－7和表4－8。

表4－6　日光温室番茄秋冬茬水肥一体化灌溉方案

生长阶段	每次灌水量	施肥量		
		无机类水溶肥/(kg/667 m^2)	有机类水溶肥/(L/667 m^2)	说　明
苗　期	20 m^3/5～7 d	3	3～5	长势弱:高氮肥 N∶P_2O_5∶K_2O=2∶1∶1
第1穗果	20 m^3/5～7 d	5～7	5～8	果实膨大时施肥 长势旺:高钾肥 N∶P_2O_5∶K_2O=2∶1∶3 长势正常:低磷肥 N∶P_2O_5∶K_2O=2∶1∶2 长势弱:平衡肥 N∶P_2O_5∶K_2O=1∶1∶1
第2穗果至第3穗果	10 m^3/7～10 d	6～8	5～8	间隔7～10 d 长势旺:高钾肥 N∶P_2O_5∶K_2O=2∶1∶3 长势正常:低磷肥 N∶P_2O_5∶K_2O=2∶1∶2 长势弱:平衡肥 N∶P_2O_5∶K_2O=1∶1∶1
第4穗果	10 m^3/7～10d	8～10	8～10	间隔7～10 d 长势旺:高钾肥 N∶P_2O_5∶K_2O=2∶1∶3 长势弱:平衡肥 N∶P_2O_5∶K_2O=1∶1∶1
第5穗果	10 m^3/10 d	5～7	10～15	间隔10 d 长势旺:高钾肥 N∶P_2O_5∶K_2O=2∶1∶3 长势弱:平衡肥 N∶P_2O_5∶K_2O=1∶1∶1
第6穗果至第7穗果	10 m^3/15～20 d	5～7	10～15	间隔15～20 d 长势旺:高钾肥 N∶P_2O_5∶K_2O=2∶1∶3 长势弱:平衡肥 N∶P_2O_5∶K_2O=1∶1∶1 根据长势可叶面施肥

表4-7 日光温室番茄越冬茬水肥一体化灌溉方案

生长阶段	每次灌水量	施肥量		
		无机类水溶肥/(kg/667 m^2)	有机类水溶肥/(L/667 m^2)	说明
苗期	20 m^3/10~15 d	—	5~8	长势弱:高氮肥 $N:P_2O_5:K_2O=2:1:1$
第1穗果	20 m^3/10~15 d	3~5	10~15	果实膨大时施肥 长势旺:高钾肥 $N:P_2O_5:K_2O=2:1:3$ 长势正常:低磷肥 $N:P_2O_5:K_2O=2:1:2$ 长势弱:平衡肥 $N:P_2O_5:K_2O=1:1:1$
第2穗果至第3穗果	10 m^3/7~10 d	4~6	10~15	间隔7~10 d 长势旺:高钾肥 $N:P_2O_5:K_2O=2:1:3$ 长势正常:低磷肥 $N:P_2O_5:K_2O=2:1:2$ 长势弱:平衡肥 $N:P_2O_5:K_2O=1:1:1$
第4穗果	10 m^3/7~10 d	8~10	8~10	间隔7~10 d 长势旺:高钾肥 $N:P_2O_5:K_2O=2:1:3$ 长势弱:平衡肥 $N:P_2O_5:K_2O=1:1:1$ 根据长势可叶面施肥
第5穗果	10 m^3/10~15 d	6~8	5~8	间隔10~15 d 长势旺:高钾肥 $N:P_2O_5:K_2O=2:1:3$ 长势弱:平衡肥 $N:P_2O_5:K_2O=1:1:1$
第6穗果至第7穗果	10 m^3/15~20 d	5~7	3~5	间隔15~20 d 长势旺:高钾肥 $N:P_2O_5:K_2O=2:1:3$

表4-8 日光温室番茄冬春茬水肥一体化灌溉方案

生长阶段	每次灌水量	施肥量		
		无机类水溶肥/(kg/667 m^2)	有机类水溶肥/(L/667 m^2)	说明
苗期	15 m^3/10~15 d	—	5~8	长势弱:高氮肥 $N:P_2O_5:K_2O=2:1:1$
初花期	15 m^3/7~10 d	5~7	10~15	长势好:可以不给肥 长势旺:高钾肥 $N:P_2O_5:K_2O=2:1:3$ 长势正常:低磷肥 $N:P_2O_5:K_2O=2:1:2$ 长势弱:平衡肥 $N:P_2O_5:K_2O=1:1:1$

续表

生长阶段	每次灌水量	施肥量		
		无机类水溶肥/(kg/667 m^2)	有机类水溶肥/(L/667 m^2)	说明
第1穗果	20 m^3/7～10 d	5～7	8～10	果实膨大时 长势旺:高钾肥 N:P_2O_5:K_2O=2:1:3 长势正常:低磷肥 N:P_2O_5:K_2O=2:1:2 长势弱:平衡肥 N:P_2O_5:K_2O=1:1:1 根据长势可叶面施肥
第2穗果至第3穗果	10 m^3/7～10 d	5～7	5～8	间隔7～10 d 长势旺:高钾肥 N:P_2O_5:K_2O=2:1:3 长势正常:低磷肥 N:P_2O_5:K_2O=2:1:2 长势弱:平衡肥 N:P_2O_5:K_2O=1:1:1 根据长势可叶面施肥
第4穗果	10 m^3/5～7 d	8～10	5～8	间隔7～10 d 长势旺:高钾肥 N:P_2O_5:K_2O=2:1:3 长势弱:平衡肥 N:P_2O_5:K_2O=1:1:1 根据长势可叶面施肥
第5穗果	10 m^3/5～7 d	6～8	3～5	间隔7～10 d 长势旺:高钾肥 N:P_2O_5:K_2O=2:1:3 长势弱:平衡肥 N:P_2O_5:K_2O=1:1:1
第6穗果至第7穗果	10 m^3/5～7 d	5～7	3～5	间隔7～10 d 长势旺:高钾肥 N:P_2O_5:K_2O=2:1:3

②叶面施肥　根据植株长势,结合打药,进行药肥协同施用。主要是在植株生长的中后期,注意补充中量元素、微量元素以及高钾肥,并根据相应栽培季节面临的主要逆境现状喷施诱抗剂等。

(5)植株管理

①整枝、吊蔓　采用单杆整枝方法,植株高度30 cm左右时及时吊蔓,每株一绳。每隔5～7 d手工缠绕一次,保持主茎向上生长。每一花穗下的侧枝长至5 cm左右时及时抹除。6～8穗果掐尖,在顶部保留2～3片叶。在缺苗附近的植株,或每行两端的植株,可进行双杆整枝。

②打杈、摘老叶　应及时摘除侧枝和底部老叶。生长期植株一般至少需要保留12片叶片,果实转色后,下部叶片可打掉。

③授粉、蘸花、疏果吊果

——授粉。优先采取人工辅助授粉、熊蜂授粉或番茄震荡授粉器授粉的方法辅助授粉。

——蘸花。冬季低温弱光条件下，可在上午露水下去后，采用具有增强花器养分竞争能力的外源植物生长调节剂进行蘸花或喷花。

——疏果吊果。及时疏除畸形果，每果穗保留发育正常的果实。对于果柄长的大果型番茄，当果实开始膨大时，应及时将果柄吊起。

2. 病虫害防治

(1)主要病虫害种类　主要病害有晚疫病、灰霉病、叶霉病、灰叶斑病、细菌性溃疡病和病毒病等。主要害虫有蚜虫、白粉虱、烟粉虱、蓟马、美洲斑潜蝇和茶黄螨等。主要生理病害有脐腐病、裂果、畸形果等。

(2)防治方法

①农业防治

——实行轮作制度。与非茄科作物轮作3年以上。有条件的地区可实行水旱轮作。

——选用抗病品种。针对栽培季节及当地主要病虫害控制对象，选用高抗、多抗性品种。

——培育壮苗。培育适龄壮苗，提高作物的抗逆性。

——减少病、虫源。清洁温室环境，及时清除温室内植株老、病、残叶，每茬种植前进行温室消毒。

②物理防治

——防虫网隔离。在温室通风口处设置防虫网，防止外部害虫进入。

——色板诱杀。每667 m^2悬挂30～40块黄板诱杀蚜虫和粉虱等害虫，如有蓟马为害，还需同时悬挂蓝板诱杀。

——杀虫灯诱杀。利用频振杀虫灯、黑光灯等诱杀害虫。

③生态防治

——降湿控病。主要采用通风降湿方法，此外，还可采用垄沟铺设锯末、稻壳和粉碎秸秆等方法，降低温室湿度。

——夏季休闲期高温闷棚。在夏季休闲季节，采取太阳能高温闷棚方法进行土壤和温室消毒。注意要将所有温室使用的农具和用具等放在温室中同时进行消毒。

④生物防治　在病虫害易发期或发生初期，可采用生物方法防控病虫害。常见病虫害生防制剂及天敌昆虫见表4－9，生防制剂使用浓度参考相应产品说明书。

表4－9　日光温室番茄病虫害生物防治方法

病虫害种类	生防物品	施用方法
蚜虫、粉虱类	丽蚜小蜂	苗期释放5头/株；结果期释放5头/株
	印楝素乳油、苦参碱水剂	喷雾
潜叶蝇、茶黄螨	阿维菌素	喷雾
灰霉病、叶霉病	多抗霉素、木霉菌	喷雾

续表

病虫害种类	生防物品	施用方法
枯萎病、根腐病等土传病害	芽孢杆菌类(多黏芽孢杆菌、枯草芽孢杆菌、蜡质芽孢杆菌等);木霉菌	灌根、穴施或拌土
细菌性病害	春雷霉素、中生菌素、新植霉素	喷雾
病毒病	氨基寡糖素、多糖类制剂(菇类蛋白多糖、香菇多糖)、超敏蛋白、宁南霉素	喷雾
根结线虫病	阿维菌素、淡紫拟青霉	灌根、穴施或拌土

⑤化学防治　日光温室番茄病虫害防治用药见表4－10和表4－11。使用浓度参考产品说明书。

表4－10　日光温室番茄主要病害防治

生长阶段	主要病害	预防药剂	治疗药剂
苗期	猝倒病	甲霜·噁霉灵喷淋苗床	霜霉威盐酸盐喷淋茎基部
结果期	晚疫病	百菌清烟剂熏蒸	氟噻唑吡乙酮、氟菌·霜霉威、氰霜唑、烯酰吗啉喷雾
	灰霉病	腐霉利烟剂熏蒸	多抗霉素、嘧霉胺、氟菌·肟菌酯、氟菌·戊唑醇、唑醚·氟酰胺喷雾
	叶霉病	百菌清烟剂熏蒸	嘧菌酯、氟硅唑、春雷·王铜喷雾
	灰叶斑病	百菌清烟剂熏蒸	苯醚甲环唑、腈菌唑、嘧菌酯、氟菌·肟菌酯等喷雾
	溃疡病	喹啉铜喷淋基部	春雷·喹啉铜、噻唑锌、春雷霉素喷雾
	病毒病	加强防治传毒昆虫	防治传毒昆虫,药剂参见粉虱和蓟马防治用药;喷雾三氮唑核苷、盐酸吗啉胍等缓解症状

表4－11　日光温室番茄主要虫害防治

生长阶段	主要虫害	预防药剂	治疗药剂
苗期	潜叶蝇	溴氰虫酰胺,移栽前2 d全株喷淋,带土移栽	阿维菌素、灭蝇胺喷雾
结果期	白粉虱	噻虫嗪喷雾	啶虫脒、吡虫啉喷雾
	蓟马	噻虫嗪喷雾	甲氨基阿维菌素苯甲酸盐、乙基多杀菌素喷雾
	甜菜夜蛾		氯虫苯甲酰胺、氟虫双酰胺喷雾
	茶黄螨		联肼·乙螨唑、乙唑螨腈、螺螨酯喷雾

⑥生理病害防治　日光温室番茄常见生理病害防治措施参考表4－12。

表 4-12 日光温室番茄主要生理病害防治

生理病害	解决措施
脐腐病	选择果形圆、果皮较厚的品种;适时、均匀灌水,避免土壤忽干忽湿;喷施 1.0% 过磷酸钙、硝酸钙溶液或含钙的叶面肥,10~15 d/次,连喷 2~3 次
裂　果	结果期,保持土壤湿度适宜和稳定,避免忽干忽湿;果实膨大期,追肥适量均匀、少量多次,避免大量施用速效氮肥;喷洒 96% 硫酸铜 1 000 倍液或 0.1% 硫酸锌,加 0.1% 硼砂,10~15 d/次,连喷 2~3 次
畸形果	冬季选用耐低温、弱光性强的品种;花芽分化期防止温度过低,夜温最低不低于 12℃;蘸花时严格控制蘸花剂浓度,并避免重复蘸花;及时摘除畸形瓜

二、日光温室越夏茬番茄栽培技术

我国北方高寒和高海拔地区,由于气候冷凉,日光温室越夏茬番茄栽培是重要的栽培模式,产品主要针对长江以南地区市场需求。种植时间从 5 月到 10 月,一般是指 5 月下旬至 6 月上旬育苗,6 月中下旬定植,8 月中下旬开始采收,10 月中下旬采收结束。可根据各地实际气候特点和日光温室生产性能灵活应用。

(一)定植前的准备

1. 温室消毒

定植前 15 d,将上茬作物清除后,高温闷棚 5~7 d,每 667 m^2 用 80% 的敌敌畏乳油 250 mL、3~4 kg 硫黄粉和适量锯末混合,每隔 10 m 放一堆,从里向外逐渐引燃,熏蒸一昼夜,放风至无味后定植。

2. 土壤消毒

普通药剂消毒法。根据前茬作物病虫害发生种类及轻重选择药剂。如每 667 m^2 用 80% 噁霉·福美双可湿性粉剂 1 kg+86.2% 氧化亚铜可湿性粉剂 1 kg,土壤深翻后,整地做畦浇大水,将药剂冲入土壤中。

3. 整地施肥

每 667 m^2 施入充分腐熟的农家肥 8~10 m^3,硫酸钾型复合肥(N∶P∶K 为 15∶15∶15)50 kg(5 年以上的老温室,施肥量可减半)、硅钙或硝酸铵钙或钙镁磷肥 20~25 kg,均匀铺于温室内,精细翻耕 30 cm 以上。

4. 装防虫网

定植前温室装防虫网,上通风口 50 目,下通风口 60 目。

(二)做畦与定植

高垄单行栽培,畦面宽 60 cm,作业道 40 cm,高 5~10 cm 的半高畦,在定植前 7~10 d,浇透水造墒。然后铺设滴灌带,每畦 2 根。畦面要与吊绳铁丝对应,以备吊蔓。

6 月下旬定植。秧苗定植前对穴盘喷淋杀虫杀菌药剂,每 15 kg 水兑 30% 氯虫噻虫嗪 10 mL(或用 35% 噻虫嗪悬浮剂 10 g)+40% 精甲霜灵·咯菌腈 10 mL(或用 25% 嘧菌酯悬浮剂 2 500 倍液）蘸根，时间 4 ~5 s。

按 30 cm 株距打孔单行定植，每 667 m^2 1 800 株，打孔的深度超过番茄苗基质坨 1 cm 为宜，将番茄苗坨放入定植孔后，将坨与土之间的缝隙用土封严，坨上不覆土，以利散热和降温。定植后浇缓苗水，要浇透水，缓苗水中加入生根剂，促进生根。缓苗后中耕松土，隔 5 ~7 d 再连续中耕 2 ~3 次，然后覆盖银黑双色膜或黑色地膜。

（三）田间管理

1. 温度管理

番茄生育适宜温度范围 10 ~33℃，地温 18 ~23℃。开花结果期的适宜温度白天 20 ~30℃，夜间 15 ~20℃。果实膨大期适宜温度白天 24 ~28℃，夜间 13 ~17℃。越夏番茄栽培处于高温季节至冷凉转换期，要采取灵活措施，尽量满足番茄生育温度需求。

（1）高温季节管理　主要以控温为主。缓苗后至结果前期，尽可能加大放风量，上、下风口要全部打开，栽培沟内小水勤浇降低地温，棚膜上喷泥或化学涂料，或白天温度超过 28℃安装 50% 黑色遮阳网遮光降温（遮阳网要在晴天高温的中午覆盖，其余时间不覆盖）。

（2）天气转凉后管理　9 月上旬之后，天气逐渐转凉，相应番茄进入采收盛期，要随着外界温度的降低调整温度管理模式，白天要逐渐缩小放风口，减少通风量，晚上注意保温，关好底风，逐渐缩小顶部放风口，夜温最低不能低于 8℃。进入 10 月下旬，要加强夜间保温，将棚前底膜盖严，必要时在前底膜外加围草苫子，白天棚内温度控制在 20℃以上，以加速果实的生长和成熟。

2. 水肥管理

缓苗后至坐果前，保持土壤见干见湿。坐果后，保持水分均匀供应。高温季节浇水要掌握小水勤浇，并在早晨或傍晚进行。9 月中旬以后浇水要在上午进行，浇水过后要防风排湿。10 月以后要少浇水，不旱不浇水。第一次追肥在第一穗果长到鸡蛋黄大小时进行，每 667m^2施高钾型水溶肥（如 N: P: K =18: 6: 26 或相似比例）或硝酸钾 7.5 ~10 kg，植株长势弱时，可每 667 m^2增加 2.5 kg 尿素，或直接冲施高氮高钾肥。以后，每层果膨果时都要追一次肥。盛果期，根据植株长势情况喷施叶面肥。为增加花柱产生糖分，促进坐果，花前浇水后，隔 2 ~3 d 喷施尿素、白糖加米醋（按照 50 g: 100 g: 100 g 比例兑水 15 kg）。

3. 及时保花

番茄开花正值夏季高温时期，气温较高不利于授粉、受精，可采取以下措施：

（1）激素蘸花或喷花　在第一穗花开放 2 ~3 朵时，把畸形花和特小的花疏掉，每穗保留 5 ~6 朵花。用 20 ~30 mg/L 的番茄丰产剂 2 号或 10 ~20 mg/kg 的 2,4 – D 等植物生长调节剂喷花或蘸花，在蘸花药液中加入 6.25% 咯菌腈悬浮剂。药剂中加红色颜料作为蘸过花的标志，以防止重复。注意避免药液滴落到枝、叶和生长点上。每天上午 8:00 ~9:00 进行。要严格掌握浓度，避免浓度过高或重复蘸花。如果一个果穗上的果实过多，应及时疏果，每穗留果 3 ~4 个，把不需要保留的幼果和晚花全部摘掉，使植物养分集中供养选留果实，以加速果实的生长膨大。

（2）熊蜂授粉　在通风处加设防虫网，在番茄第一穗果植株开花 20% 时，日落前 1 h 把熊蜂蜂箱水平放置在棚室阴凉位置，在蜂箱上方 0.5 m 处加盖遮阳板（防止阳光直射），巢口朝南或东南，不能随意挪动蜂箱位置和巢口方向。如果进行病虫害化学防治，将蜂巢关闭后移至未用药的棚室。

(3)番茄授粉器授粉　打开电动震动棒的电源开关，震动整个番茄茎蔓及花穗果柄，或直接震动花穗上下，进行授粉。坐果后，摘除残留花瓣，每穗选留3～4个果形端正、大小均匀、无病虫害的果实，将其他果实疏除。

4. 整枝控秧

采用单干整枝，当植株长到30 cm时及时吊秧，并抹去多余分叉，单株只留1个头，5～7个果穗，每穗3～4个果。最后一穗果上留3片叶掐尖。注意经常摘掉基部老叶，及时落秧盘秧。番茄生长中后期，要摘掉基部老叶、病叶、黄叶，加强通风透光。

(四)病虫害防治

1. 主要病害

叶霉病、灰霉病、早疫病、灰叶斑、黄化曲叶病毒、溃疡病等。

2. 主要虫害

白粉虱、蚜虫、潜叶蝇、蓟马、根结线虫等。

3. 防治方法

按照"预防为主、综合防治"的植保方针，坚持以"农业防治、物理防治、生物防治为主、化学防治为辅"的绿色食品防治原则。

(1)农业防治　选用抗(耐)病虫、优质、高产的良种；培育适龄壮苗，提高抗逆性；采取清洁温室等农技措施。

(2)物理防治　采用定植前高温闷棚；全生产期内温室的通风口处应用防虫网；挂银灰色塑料条驱避蚜虫；挂黄板粘除蚜虫、潜叶蝇和白粉虱等，挂蓝板诱杀西花蓟马、花蓟马和棕榈蓟马等，密度每667 m^2温室悬挂20～25张，悬挂高度为距作物冠层上方5～10 cm高处，挂于作物行间与垄平行。色板适时更换。

(3)生物防治　利用害虫天敌防治害虫，如在温室内释放丽蚜小蜂防治白粉虱；利用生物农药，如井冈霉素、农用链霉素、浏阳霉素等防治病虫害。

(4)药剂防治　农药的选择和使用应符合国家要求。应识别症状，对症下药；合理混用、轮换交替使用不同作用机制或具有负交互抗性的药剂，克服和推迟病、虫抗药性的产生和发展。禁止施用国家限制施用的农药。

三、日光温室越冬茬茄子长季节栽培技术

目前我国北方地区日光温室茄子栽培主要采用越冬一大茬的长季节栽培模式，一般是指5月下旬至9月中下旬培育嫁接苗，9月中下旬至10月上旬定植，11月中下旬开始采收，翌年6～7月拉秧。

(一)定植前的准备

1. 整地施肥

根据温室栽培年限，每667 m^2施充分腐熟发酵的农家肥4～15 m^3(鸡粪4～5 m^3，猪粪

5 ~6 m^3，羊粪 10 ~12 m^3，牛粪 12 ~15 m^3），或生物有机肥料 400 ~500 kg。硅钙或硝酸铵钙 20 ~25 kg、硫酸钾型复合肥（N∶P∶K =15∶15∶15）50 ~100 kg、硫酸镁 20 ~30 kg、硫酸亚铁 5 kg、硫酸锌 3 kg、硼酸或硼砂 1.5 kg。微量元素肥料与有机肥混合施用。所有肥料均匀撒施，然后旋耕或深翻 30 cm 左右。

2. 装防虫网

安装防虫网，上通风口 50 目，下风口 60 目。

3. 温室及土壤消毒

（1）温室消毒　定植前 15 d，温室覆膜后，高温闷棚 5 ~7 d，并用硫黄熏蒸。方法是每 667 m^2 用 80% 的敌敌畏乳油 250 mL、硫黄粉 3 ~4 kg 和锯末适量混合，每隔 10 m 放一堆，从里向外逐渐引燃，熏蒸一昼夜，放风至无味后定植。

（2）土壤消毒　根据前茬作物病虫害发生种类及轻重选择药剂。如每 667 m^2 用 80% 噁霉·福美双可湿性粉剂 1 kg +86.2% 氧化亚铜可湿性粉剂 1 kg，土壤深翻后，整地做畦浇大水，随水将药剂浇灌到土壤中。

（3）温室及土壤消毒　每年 6 月至 7 月前茬作物拉秧后，利用到茄子定植 60 ~70 d 的高温休闲期进行氰氨化钙 + 秸秆消毒。方法是每 667 m^2 施入土壤 60 ~80kg 氰氨化钙和 1 000 kg 粉碎秸秆，然后深翻起垄，浇大水，覆膜密封种植区域，并密闭温室 30 d 左右。

4. 秸秆生物反应堆技术

每 667 m^2 需秸秆 2 000 ~3 000 kg。先挖深 20 ~25 cm，宽 60 ~70 cm 的槽，槽内填玉米秸秆，铺匀，踏实，厚度 30 cm，槽南北两头露出 10 cm 秸秆茬，然后撒施菌种，再回土做畦。

（二）定植

1. 做畦

高畦双行栽培，畦高 20 cm，畦面宽 90 ~100 cm，过道宽 50 cm；高畦单行栽培，畦高 20 cm，畦面宽 70 cm，过道宽 40 cm。在定植前 7 ~10 d 浇透水造墒。安装滴灌带，每行 2 根。

2. 定植

（1）品种选择与秧苗培育　选择耐低温弱光、抗逆抗病性强、优质、丰产、耐贮运的品种。砧木品种选用亲和力强、抗土传病害、对接穗品质影响小的品种。优先选用集约化育苗场培育优质秧苗，宜选用嫁接秧苗。壮苗标准为秧苗整齐，无病虫害。株高 15 ~20 cm，砧木高度 5 ~8 cm，砧木粗 0.4 cm 以上。2 叶 1 心至 4 叶 1 心，真叶叶色浓绿，茎秆粗壮，根系发达。

（2）秧苗蘸根　秧苗定植前，每 15 kg 水兑 70% 噻虫嗪悬浮剂 10 g +25% 嘧菌酯悬浮剂 10 mL +0.003% 丙酰芸苔素内酯 5 mL 蘸根。

（3）定植方法　每 667 m^2 定植 1 600 ~1 800 株。双行栽培按照大行距 80 ~90 cm，小行距 60 ~70 cm 开沟，沟深 10 cm，株距 50 cm 左右。单行栽培在畦中央开沟，沟深 10 cm，株距 35 cm 左右。定植深度以秧苗的嫁接口处高出地面 3 cm 以上为宜。

3. 田间管理

（1）9 月下旬至 10 月中旬秋季高温期管理

①缓苗炼苗　定植后浇透缓苗水,2～3 d 后再浇 1 次水。之后控水通风降温,进行炼苗,直至新叶开始生长时再浇 1 次水。

②中耕覆膜　根据墒情,缓苗水之后尽早中耕,之后间隔 5～7 d 连续中耕 2～3 次,保持土壤上干下湿,上虚下实。中耕时要距植株根茎部 5 cm 左右,离植株较近处中耕深度 1 cm 左右,较远处可适当深至 2～3 cm,定植 20～25 d 后覆盖地膜。

③温光管理　采取遮阳网、向棚膜上泼泥浆、喷洒降温剂等遮阴措施,或通过田间喷洒清水来降温。保持白天温度在 30℃ 左右,不高于 35℃,夜间温度在 22℃ 左右,不高于 25℃。

④水肥管理　开花坐果前一般不施肥。出现植株矮小、生长缓慢时,每 667 m^2 随水冲施大量元素水溶肥(N: P: K = 20: 20: 20)4～5 kg,或全溶性晶体二铵 2.5 kg。

⑤病虫害预防　此期易发生虫害,主要有红蜘蛛、蓟马、粉虱、蚜虫以及各种螨类等。病害主要有病毒病、茎基腐病等。要注意加强预防。

(2)10 月下旬至 11 月下旬秋季适温期管理

①温光管理　白天 25～30℃,夜间 12～20℃,昼夜温差达到 10℃左右为宜。棚外最低气温降到 15℃时,夜间关闭下风口,12℃时上下风口全部关闭,5℃以下时前底角盖立帘。10 月下旬至 11 月初更换棚膜。如棚膜更换过早,因新膜透光性好,温室气温突然升高而导致茄苗出现心叶变黄现象时,可喷施锌、铁叶面肥,7～10 d 喷 1 次,连续使用 2 次植株基本能恢复正常。

②水肥管理　植株坐果前一般不浇水。植株长势弱时可随水追肥。

③植株调整　门茄开始膨大时,及时摘去门茄以下的侧枝及老叶。双杆整枝,结果期间每条主杆上的侧枝留第一朵花,花后留 2 片叶掐尖。

④保花保果　当花达到半开状态时,于上午 9:00—10:00,用防落素 20～30 mg/kg 或 2,4 - D 10～20 mg/kg 蘸花,药液不能溅到叶片和茎上。药液中加入红色或黑色颜料作标记,以防重涂。药液中加入 40% 双胍三辛烷基苯磺酸盐可湿性粉剂 1 000 倍液和 0.003% 丙酰芸苔素水剂 2 000 倍液,预防灰霉病和畸形果。

⑤病虫害预防　此期要防止棚外害虫进入温室内。病害主要有叶霉病、褐斑病、细菌性叶枯病等叶部病害,要注意加强预防。

(3)12 月上旬至 2 月下旬冬季低温期管理

①温湿度管理　采取高温管理,温室气温达到 35℃以上放风,降到 32℃关闭。此阶段放风主要用于排湿而不是降温,放风时间要短,在 0.5 h 左右,防止冷空气下沉降低地温。空气相对湿度保持在 80% 以下,湿度一次排不净可分多次放风排湿。在畦间过道内覆盖 10～15 cm 厚的稻草、玉米等粉碎秸秆,可以提高地温,降低湿度。保温被尽量早揭晚盖,上午揭帘时间以揭帘后温室气温无明显下降为准,温室内温度不低于 10℃,最好在 15℃以上;下午温室气温降至 20℃左右盖保温被。出现连续阴雪天和严寒天气,温室温度无法保证时,可采取电加温、增温快等临时加温措施。

②光照管理　尽量早揭保温被,经常擦拭冲洗棚膜,或在棚膜上安装"抹尘布"。在温室后墙上张挂反光幕。及时打掉植株下部的病叶、老叶。光照最弱期间,光照强度应保持在 3 000 lx 以上。可安装补光灯,安装使用方法参照 DB21/T 2990。

③水肥管理　正常天气情况下 15 ~ 20 d 浇水 1 次，浇水宜在晴天 10:00—12:00，不能浇大水。特别寒冷的天气可推迟 2 ~ 3 d，待气温稍有回升时再浇水。随水冲施腐植酸、酵素菌类生物肥等。每 7 ~ 10 d 喷施 1 次丙酰芸苔素内酯、碧护、磷酸二氢钾、尿素、液体氮肥等叶面肥。采用颗粒气肥坑埋法、化学反应法、吊袋式二氧化碳气肥发生剂 3 种方法增施二氧化碳气肥。

④植株调整　及时摘除老叶病叶，侧枝长出后保留 1 片叶掐尖，不留果。

⑤灾害性天气管理　连续阴雪天过后，天气乍晴，突遇强光和升温，温室温度不能骤然升高，要间歇打帘或者打花帘子。给叶面喷清水，适当增加温室内湿度，提高地温。叶面喷施多元微肥、生物菌肥、0.3% 的磷酸二氢钾和 1% 红糖等补充植株营养，提高抗性。

⑥病虫害预防　重点是灰霉病、菌核病、细菌性叶枯病等，要注意识别并加强防治。

(4)3 月至 5 月春季适温期管理

①温光管理　气温回升后，温度恢复正常管理，保温被早揭晚盖，早晨揭帘温室气温在 12℃为宜。上午温室气温达到 30℃时要放风，下午加大放风量，保持在 23℃左右，夜间温室气温 15 ~ 18℃。如果室外夜温最低气温高于 12℃，晚上可不盖保温被；室外气温高于 15℃，晴天时可不关温室上风口。

②水肥管理　适当增加浇水次数，提高钾肥、钙肥、硼肥的用量。一般 7 d 左右浇水 1 次，灌水量可比低温季节适当增大，垄内存水深 1.0 ~ 1.5 cm 时关闭进水口。每次每 667 m^2 随水冲施高钾肥水溶肥(N: P: K = 12: 2: 44)10 kg。

③植株调整　当植株长到 1.6 ~ 1.7 m 时及时掐掉顶尖。去除植株 40 cm 以下萌蘖的侧芽，40 cm 以上的侧芽预留 1 ~ 2 个幼果后掐尖。

④病虫害预防　此期重点防治褐斑病、叶霉病、灰霉病、菌核病等病害。虫害要重点防粉虱、螨、蓟马三大害虫。要注意识别并加强防治。

(5)6 月至 7 月夏季高温期管理

①温光水肥管理　温度管理由单纯保温变为加强通风降温。白天温室气温超过 30℃应及时放风。温室夜间气温超过 20℃，放夜风 1 ~ 2 h。当室外最低温度在 15℃时，可以整夜放风。光照管理可采取遮阳措施。水分管理采取大水浇灌。肥料管理根据茄子市场价格以及植株长势等情况灵活掌握。注意收听天气预报，出现降雨及时将顶部放风口关闭或设置防雨膜。

②病虫害预防　病害重点防治叶霉病、疫病、白粉病、细菌性叶斑病等。虫害重点防治粉虱、螨、蓟马等。

四、日光温室辣椒栽培模式与技术

目前我国北方地区日光温室辣椒栽培茬口和栽培模式较多，主要茬口有早春茬(1 月上旬至 2 月上旬定植，4 月至 5 月开始收获，6 月至 7 月拉秧)、秋延后茬(7 月中旬至 8 月上旬定植，10 月至 11 月开始收获，来年 1 月上旬拉秧)和越冬一大茬(8 月中下旬定植，11 月开始收获，翌年 6 月中旬拉秧)。

(一)定植前准备

1. 温室消毒

要根据不同种植茬口选择不同的方法进行土壤消毒。优先采取在夏季休闲期进行1个月左右的高温闷棚消毒方法,其他季节可以选择石灰氮+秸秆消毒、化学药剂消毒等方法,还可采用百菌清烟雾剂或硫黄熏蒸进行温室空间消毒。

2. 施用底肥

根据土壤肥力情况合理选择有机肥,定植前每667 m^2底施腐熟农家肥10 m^3左右,或者商品有机肥4 t左右。底肥化肥施用根据土壤肥力确定,如果是新建日光温室,每667 m^2可施用三元复合肥(N: P: K = 15: 15: 15)50 ~ 70 kg,以及适量的中微元素肥料和微生物肥料,撒施,耕翻与土混匀。种植5年以上的日光温室宜减少底肥化肥用量30% ~50%,10年以上老旧日光温室可减少化肥施用量50% ~70%,此外也可以增加微生物肥料的用量。

3. 整地做畦

定植前15 ~20 d整地,耕翻土壤25 cm以上。采用大小行栽培,按大行距80 ~100 cm、小行距50 ~70 cm起垄或小高畦,垄(畦)高20 ~25 cm。高地下水位地区,宜采用高畦栽培,畦高不低于30 cm。

4. 铺设滴灌带

每一栽培行铺设1条滴灌带。

(二)秧苗定植

1. 品种选择

按栽培茬口选择符合市场需求、产量高、品质好的品种,且具备以下品种特性:

——早春茬,适应能力强、耐低温、耐弱光、早熟性好、耐贮运;

——秋冬茬,抗病毒病能力强、中熟、前期抗热、后期耐低温弱光;

——越冬一大茬,植株长势强、抗病毒病能力强、腋芽再生和连续结果能力强、耐贮运。

2. 种苗要求

优先选用集约化育苗场生产的优质秧苗。根据需求宜选择3叶1心至5叶1心的自根苗或嫁接壮苗。

3. 定植

(1)定植密度　根据品种特性、区域气候条件及栽培模式,每667 m^2定植2 000 ~2 800株。

(2)定植方法　早春茬宜选晴天上午定植;秋冬茬、越冬一大茬宜选阴天或晴天傍晚定植。定植前用木霉菌等生物菌液蘸苗盘,带坨移栽,覆土不露坨为宜。

(3)覆盖地膜　早春茬,先覆盖地膜再定植或定植后5 ~7 d覆盖地膜;秋冬茬、越冬一大茬,定植后15 d至低温来临前采用对接法覆盖地膜,覆盖地膜前中耕1 ~2次。

(三)田间管理

1. 环境调控

(1)温度　根据辣椒生长发育对环境的要求,结合生长季节适当调整和控制温室温度。

——缓苗期:白天28~32℃,夜间15~16℃;

——开花坐果期:白天上午11:00之前不高于28℃;11:00后,适当提高至30℃左右。夜间上半夜18~20℃;下半夜降低至13~15℃;

——膨果期:白天25℃~30℃;夜间上半夜18℃~20℃,下半夜14℃~16℃;

——转色期:灯笼辣椒中的彩椒需要转色,期间应适当提高温度,但白天不应高于32℃。

深冬季节(12月下旬至翌年2月中旬)及阴雨天,可适当降低温度指标;极端低温天气下,温度不满足辣椒需求时启动辅助加温设备补温;夏秋高温季节当温室内温度过高时,启动高压微雾系统和(或)加盖遮阳网降温;适宜地温控制在17~25℃,最低不低于13℃。

(2)光照

——秋冬茬或越冬茬在秧苗定植前要更换温室老旧棚膜;

——采用透光性好的棚膜,冬春季节保持膜面清洁;

——晴天尽量早揭晚盖保温被;

——连续阴天时,仍要适当揭保温被,下午早盖;

——连阴天过后骤晴时可通过分次揭被的方法揭保温被见光,即第一次先揭开1/3,不出现植株萎蔫时再揭起1/3,第三次才将保温被全部揭起;

——深冬季节,当温室内光照不满足辣椒生长时,宜启动补光设备进行补光。

(3)空气湿度　采用膜下滴灌、通风排湿、温度调控、行间地面覆盖(覆草或盖地布)等措施调控温室空气相对湿度,白天空气相对湿度控制在不大于75%,夜间不大于85%。

2. 肥水管理

(1)灌水原则　依据辣椒的需水规律、天气情况及土壤墒情确定灌水时期、次数和灌水量。缓苗期土壤相对湿度保持在85%~90%,坐果前65%~75%,结果期75%~85%。冬季灌溉,水温不宜低于12℃。

(2)灌水次数和灌水量　定植后滴灌缓苗水,滴灌一次透水,每667 m^2灌水15~20 m^3;定植后10~12 d滴灌促棵水,每667 m^2灌水5~8 m^3;定植后20~25 d滴灌促花水,每667 m^2灌水5~8 m^3;坐果后每隔5~8 d滴灌1次,每次每667 m^2灌水7~10 m^3。拉秧前10 d停止浇水。

(3)追肥原则　根据辣椒不同生长期、不同生长季节的需肥特点以及生产目标,按照平衡施肥的原则,在辣椒生长期分阶段进行合理施肥。根据滴灌肥料养分含量高低,适当增减每次施肥量。

(4)追肥方案　缓苗水每667 m^2随水冲施有机水溶肥或腐植酸肥5~6 kg;促棵水每667 m^2随水冲施钙肥4~6 kg+微量元素肥0.3~0.5 kg;促花水每667 m^2随水冲施氮磷钾复合肥(10:40:10)2~4 kg+硼肥0.35~0.5 kg;从坐果开始,隔一次清水施一次滴灌肥料,每次每667 m^2结合滴灌加肥4~5 kg。滴灌肥料养分含量50%~60%,含有适量中微量元素,N: P: K 比例前期约为1.2: 0.7: 1.1,中期约为 1.1: 0.4: 1.5,后期约为 1.0: 0.2: 1.9;低温季节滴施腐植酸、氨基酸等可溶性有机肥料;开花坐果期叶面喷施富含腐植酸、氨基酸、硼锌等微量元素的叶面肥 1 ~2 次;结果中后期用0.2% ~0.3% 的氯化钙溶液叶面喷施 2 ~3 次。

3. 植株管理

(1)吊秧　植株进入开花期开始吊秧,每个主杆均需吊秧,用吊秧夹将吊绳夹在茎部或用吊秧绳将茎部轻轻系住,将每个主杆缠绕在吊绳上;吊绳额定载荷 5 ~10 kg。

(2)整枝　早春茬和秋冬茬宜选用 3 ~5 杆整枝,从下到上依次结果:当对椒坐住时,在对椒上面保留 3 ~5 个长势健壮的侧枝作结果主杆;每主杆再分侧枝,主杆椒保留,侧枝再保留 1 个椒后留 2 片叶掐尖;每主杆长到 1.8 ~2.0 m 时打顶。

越冬一大茬宜选用 2 ~4 杆循环整枝,从下到上、从上到下不断循环结果:去掉门椒,植株保留 2 ~4 个生长势旺盛的侧枝作主杆;在每一主杆保留 6 ~8 个次生枝作为结果枝,之后主杆摘心;每一结果枝留 1 朵花,坐果后留 2 ~3 片叶摘心,去除每条结果枝上再发生的分枝;果实采摘后在距主杆 0.4 ~0.8 cm 处用剪刀把结果枝剪断,促使其基部潜伏芽萌发并再次生长成结果枝。

留取长势相近的枝条作为主杆。长势强的主杆上采取多留果的方式,抑制强枝的营养生长;弱枝则采取少留果或适当留果的方法,促进营养生长,使弱枝尽快复壮。

(3)促进坐果

——晃棵:辣椒开花期,每天 10:00—11:00 将辣椒植株全部晃动一遍。

——熊蜂授粉:10% ~15% 的辣椒植株开花时引入蜂群,按照 1 个含有 60 ~80 头工蜂的蜂群承担 600 ~1 200 m^2的授粉面积配置。45 d 左右根据辣椒开花与授粉情况及时更换蜂群。

(4)留果和疏果　根据品种的特性和整枝方式选择留果的个数。

羊(牛)角辣椒一般不留门椒,从对椒开始留果,根据季节和植株长势强弱调整留果数量;灯笼辣椒一般不留门椒和对椒,第一茬留果不宜超过 4 个,以后留果不宜超过 10 个;应及时摘除畸形果。

(5)防止徒长　坐果前对于长势偏旺或徒长植株,可喷洒 20 ~25 mg/kg 矮壮素水溶液 1 ~2 次。

(四)病虫害防治

1. 主要病虫害

主要病害有病毒病、灰霉病、疫病、炭疽病、疮痂病、白粉病、根腐病等;主要害虫有蚜虫、白粉虱、烟粉虱、蓟马、茶黄螨和甜菜夜蛾等。

2. 防治原则

预防为主,综合防治,针对不同防治对象及其发生情况,根据辣椒生育期,分阶段进行绿色防控,优先采用农业防治、物理防治、生物防治,科学、合理地使用化学农药。

3. 技术措施

(1)农业防治

——合理轮作，夏季休闲期轮作玉米、大葱等；

——选用抗（耐）病毒病、疫病的品种；

——培育无病虫辣椒壮苗；

——采用抗根腐病等土传病害砧木嫁接育苗。

（2）物理防治

——温室通风口处覆盖防虫网阻隔蚜虫、温室白粉虱、烟粉虱、甜菜夜蛾等进入；

——温室内悬挂黄板诱杀粉虱、蚜虫；蓝板诱杀蓟马；

——温室通风口处悬挂银灰色地膜条驱避蚜虫。

（3）天敌防治

——采用色板监测或目测害虫种群发生情况，发现害虫即可释放相应的天敌：

——释放异色瓢虫、草蛉等防治蚜虫；

——释放斯氏钝绥螨、丽蚜小蜂防治温室白粉虱、烟粉虱；

——释放智利小植绥螨防治茶黄螨、红蜘蛛；

——释放小花蝽、黄瓜新小绥螨、巴氏新小绥螨防治蓟马。

（4）生物药剂

——利用甜菜夜蛾核型多角体病毒、棉铃虫核型多角体病毒分别防治甜菜夜蛾、烟青虫；

——利用植物源农药，如苦参碱、苦皮藤素、藜芦碱分别防治蚜虫、甜菜夜蛾和红蜘蛛；

——利用微生物源农药如申嗪霉素、枯草芽孢杆菌、多黏类芽孢杆菌分别防治疫病、枯萎病、青枯病；球孢白僵菌、苏云金杆菌分别防治蓟马、烟青虫。

（5）化学防治

当农业防治、物理防治和生物防治不足以控制病虫害时，可精量使用低毒、低残留化学农药。优先施用高压微雾、静电喷雾法喷药，烟剂熏蒸，弥粉法施药器械等。禁止施用国家限制施用的农药，确保产品质量安全。

第二节　设施瓜类蔬菜栽培模式与技术

一、黄瓜

黄瓜又称胡瓜、王瓜，原产于印度的喜马拉雅山脉地区，黄瓜在中国有 2 000 年的栽培历史。它传入我国有两条途径，一条是从原产地向东，同时传入我国南部，形成现在的华南型黄瓜；另一条是通过丝绸之路引入我国，形成了华北型黄瓜。华南生态型的黄瓜叶片较厚，根系较强，果实粗而短，果皮较坚硬、无刺瘤，晚熟。华南生态型的黄瓜节间和叶柄较长，根系细长、再生能力弱，果实较长，皮薄、有刺瘤，早熟。

黄瓜以嫩果为主，其风味独特，食用方法多样，深受消费者的喜爱。据 FAO 2019 年的数据统计，亚洲黄瓜生产占世界产量的 88.6%；2019 年我国的黄瓜栽培面积为 125.8 万 hm^2，总产量达 6 045 万 t。近年来，设施黄瓜的栽培面积逐年扩大。

(一)生物学特性

1. 植物学特征

黄瓜的根系由主根及侧根组成,入土较浅,主要的根系分布在 25 cm 以内的土层里,且以水平分布为主,根系易老化,断根后难以恢复,因此育苗时需要采取护根措施。黄瓜的茎蔓生,一般需要支架或吊蔓进行固定;茎上易生侧枝和卷须。栽培上,应及时摘除卷须和侧枝;茎易愈合,适宜嫁接育苗。黄瓜的叶面积大、叶片薄,水分蒸发量大,耐旱性差,空气湿度大时易发生叶部病害。

黄瓜的花基本为雌雄同株异花,也有部分雌雄异株类型,偶尔出现两性花。花的性别具有可塑性。低温、短日照均有利于雌花分化,生产上可利用激素来调节花的性型。

黄瓜具有单性结实的习性。单性结实与品种特性有关,未受精的胚珠也可以合成一定量的生长素类物质,从而保证坐果,绝大多数设施栽培品种都可以单性结实。黄瓜花粉寿命短,一般开花后 4 ~5 h 失活,制种时要注意人工授粉时间。黄瓜花性型类型丰富,根据在植株上出现的花种类,可将黄瓜植株分为纯雌株、全雄株等 8 种类型。黄瓜果形多样,有筒状、棒状、圆形等,果色有绿色、白色、深绿色等。栽培上应结合各地的消费习惯进行品种选择。黄瓜的种子种皮较薄,吸水快,发芽快。千粒重 20 ~40 g。发芽年限为 4 ~5 年。

2. 生长发育周期

黄瓜的生育周期可分为发芽期、幼苗期、甩条发棵期和结果期四个阶段,保护地黄瓜的生长发育周期较长,根据栽培茬次有所不同,如日光温室越冬黄瓜生长发育期长达 240 d 以上。

(1)发芽期　黄瓜发芽的标志是种子萌动至第 1 片真叶显露;在 25 ~30℃ 条件下约 5 ~6 d。这一段时间的管理要点是,保持适宜的温度和湿度条件,促进快速整齐的萌发。

(2)幼苗期　幼苗期是从第 1 片真叶显露至第 4 片真叶展平;在适宜条件下约 30 d;期间管理的要点是培育壮苗。此期的高夜温和弱光照很容易引起植株地上部徒长,此阶段要注意促控结合。

(3)甩条发棵期　是从第 4 片真叶展平至第 1 雌花坐瓜,又称为初花期,这个时期植株生长加快,节间较长,花芽持续形成,花数不断增加,生长中心逐渐由营养生长转向营养生长和生殖生长并进。该期一共持续 15 ~20 d。

(4)结果期　此期的标志是第 1 雌花坐瓜到拉秧结束。保护地栽培 240 ~300 d;此期植株生长显著加快,茎叶生长和果实发育齐头并进,管理应以平衡秧果关系为中心,注意水肥管理,促丰产优质。

3. 对环境条件的要求

黄瓜性喜温暖,不耐寒冷,不耐热,不耐霜冻。因此,整个生长发育期适温为 15 ~32℃,其中白天 20 ~32℃,夜间 15 ~18℃。

黄瓜不同的生长发育期对温度也有不同的要求:种子发芽期适温 25 ~30℃;幼苗期白天适宜温度为 22 ~25℃,夜间适宜温度为 15 ~18℃;开花结果期适宜温度白天为 25 ~30℃,夜间为 18 ~22℃。

黄瓜耐低温的能力弱,尤其是要注意地温对黄瓜的影响。根系生长适宜地温为 25℃,

8℃以下根系不能伸长，12℃以下根系生理活动受阻，下部叶片变黄，12～14℃以上根毛才能发生。黄瓜根系的适宜生长温度为20～25℃，夏季32℃以上的高温环境不利于黄瓜根系生长，易老化。

黄瓜根系吸水能力弱而叶片蒸腾量大，因此具有喜湿不耐旱的特点，要求较高的土壤湿度和空气湿度。黄瓜最适土壤湿度为80%～90%，尤其在开花结果期，必须经常保持土壤湿润；空气湿度以70%～90%为宜。

在高湿条件下，黄瓜植株可忍耐短期45～50℃的高温，生产中利用这一特点进行高温闷棚可以有效地防治黄瓜霜霉病等病害。高温闷棚的做法是：42～45℃、100%空气湿度、持续1～2 h，可以有效地防治霜霉病。

黄瓜光补偿点为0.2万lx，光饱和点为(5.5～6.0)万lx，最适光强度4万～6万lx，为喜光作物，但对弱光也有一定的适应性。

黄瓜要求富含有机质、通气良好、肥沃的轻质壤土。土壤pH以5.5～7.2为好。因根系吸肥能力弱，一般施肥量较大。黄瓜对矿质元素的吸收量以钾为最多，氮次之，其次是钙、磷、镁等。黄瓜需消耗氮磷钾的比例为(2～3)：1：4。

黄瓜光合作用的CO_2饱和点为1 590 μL/L。因此，提高CO_2的量可以提升黄瓜的光合作用。黄瓜根系需氧量较高，为15%～20%。

黄瓜的性型受到营养因素、环境条件以及生长调节剂的影响，在营养因素方面，如碳氮比高低等，含碳化合物多，容易促进雌花的分化；氮多会刺激雄花的分化。在环境条件方面，主要是低夜温有利黄瓜雌花的形成。光周期也会影响黄瓜的花芽分化。小于8 h的短日照有利雌花形成，大于12 h的长日照则促进雄花形成。较弱光照有利于雌花形成。较高的土壤湿度和空气湿度有利雌花形成。增加CO_2浓度也可促进雌花形成；CO有利于雌花分化，乙烯增加雌花并减低节位。矿质营养也会影响黄瓜的花芽分化，施钾有利于雄花分化。乙烯利、NAA、IAA、2,4－D、CCC等都可以诱雌；GA3、$AgNO_3$等可以诱雄。

(二)品种类型和栽培季节

1. 类型和品种

黄瓜栽培历史悠久，历经长期自然或人工选择的影响，形成了许多类型和品种。根据我国品种的分布区域及其生态学性状分为华南和华北两个生态类型；因为地理位置的不同，黄瓜可被分为东亚、欧亚、西双版纳和印度四大种类，还可以根据果实皮色将黄瓜分为黄白、绿白、浅绿、绿和深绿等类型，也可以根据栽培季节分为春黄瓜、夏黄瓜、秋黄瓜、冬黄瓜，还可以分为早、中、晚熟品种等；栽培上根据黄瓜果实大小、刺瘤与刺的有无和疏密分为有刺普通黄瓜和无刺小黄瓜两个大类。

2. 栽培季节

在我国由北向南黄瓜有多个栽培茬次，因其喜温怕热不耐寒，在东北和西北高寒地区一般进行春夏茬栽培，北方地区多是春、秋两茬栽培，南方一般进行春、夏、秋三茬栽培，华南等热带地区也可在冬季进行栽培。因此，寒地栽培若配合中小棚、大棚、日光温室等保护地栽培，可进行周年生产。因而，如果利用大棚进行栽培可以适当提早和延后，就是春提早和秋延后。

春提早一般在当地断霜前 40 ~ 45 d 播种育苗，苗龄 40 d 左右，断霜前 30 d 左右定植，定植后约 30 d 采收，采收期为 80 ~ 90 d。

秋延后一般在当地早霜前 100 d 左右育苗，定植后 1 个月采收，采收期约 50 d。也可以利用日光温室进行长季节、冬春茬或者秋冬茬的栽培。

（三）黄瓜设施栽培技术

如果在日光温室进行栽培，则可以进行早春茬、冬春长季节、秋冬茬 3 个栽培茬口。早春茬栽培在 11 月下旬到 1 月上旬育苗，一个月到 40 d 后定植；3 月上中旬开始采收，直到 6 月下旬拉秧。此期光温条件最好，栽培容易，但价格较低，生产效益不高。冬春长季节栽培一般于 9 月下旬到 10 月上旬播种，10 月下旬到 11 月上旬定植，12 月上旬到 6 月上中旬收获。这个栽培茬次的生长期和采收期最长，产量高，且主要在春节前后采收上市，价格和生产效益最高，但因冬季低温寡照，栽培难度较大。秋冬茬前期温度高，易受暴雨和阴雨天的影响，后期又值低温时期，易遭受冷害或冻害，且生长采收期较短，故生产效益不高。该茬次一般于 8 月中旬播种，9 月上中旬移栽，10 上旬到 12 月下旬收获。以下以越冬茬黄瓜栽培技术进行阐述。

1. 适期播种

在西北及华北地区一般于 9 月中旬至 10 月中旬播种，直至来年春末夏初拉秧，若管理得好，采收期可延长至 7 月份。在种植之前，日光温室最好进行清园消毒。清园之后，采用硫黄进行熏蒸，可杀灭白粉虱、叶螨及部分真菌病害等。

2. 选择适宜的品种

根据栽培季节来看，进行日光温室越冬茬的栽培品种，最好要耐低温、耐弱光、抗病、节成性好，单性结实能力强，比如津春 3 号、津优三号等。

3. 嫁接育苗

利用嫁接苗可以有效防止土传病害、克服设施土壤连作障碍，增加作物的抗逆性和生长势，增加产量，尤其是在日光温室冬春茬黄瓜栽培中地温较低的情况下，增产效果突出。

4. 深翻土地，大量施用有机肥，并进行蘸根等处理

在栽植之前，深翻结合施用大量腐熟的有机肥。每亩施用有机肥 8 ~ 10 m^3，结合磷酸二铵 50 kg，钾肥 20 kg 或者腐熟细碎饼肥 300 ~ 500 kg。平整土地，大量增施有机肥。整平地面做畦，北方地区做成宽窄畦。宽畦 70 cm，窄畦 50 cm。也可以采用垄栽。11 月上中旬定植。当苗龄 30 d 左右、四五片真叶时即可定植。根据需要在移栽时最好用杀菌剂、生物菌剂、生根养根产品、杀虫剂等进行蘸根。可起到杀菌和促进根系生长的作用。

5. 适期定植，合理密植

西北及华北地区的栽植日期在 10 月中旬至 11 月中旬。最好选择在阴尾晴头的天气进行定植。栽后及时浇透定植水。定植的株距为 20 ~ 25 cm。密度为每 667 m^2 4 500 株左右。在宽畦内沿着畦的方向开定植沟。黄瓜定植时宜浅不宜深，栽时尽量使植株直立，如果是徒长苗，可以采用卧栽法。定植后的管理原则是，前期以促根控秧为主。结瓜期要保瓜保秧，加强特殊天气条件下的管理和病虫害综合防治，防止早衰，延长采收期。

6. 黄瓜定植后要尽快缓苗

缓苗期要进行保温促缓苗。黄瓜的缓苗期一般为 3 ~ 5 d，当新叶长出，可认为缓苗结束。

为促进快速缓苗,要做到定植后闷棚 5 ~ 7 d,一般是密闭棚室,此间不通风,要求气温白天 25 ~ 32℃,夜间大于 15℃,地温 15 ~ 18℃以上。中午棚内温度高达 31℃时再适当放风。

同时做好夜间防寒,保持地温。适宜黄瓜根系发育的地温是 18 ~ 20℃。定植 7 d 后,再视干旱程度浇 1 次缓苗水,并及时中耕 2 ~ 3 次,促进发棵。

缓苗结束后,可适当降低棚内温度,白天温度控制在 20 ~ 23℃,夜间温度控制在 15 ~ 16℃。

7. 发棵期做好营养生长和生殖生长之间的协调

如管理得不好,容易出现植株早衰或者徒长。此期外界温度并不低,要注意调控好温度,加大温差,白天棚内保持 25 ~ 30℃,夜间 12 ~ 18℃,防高夜温。要通过晚盖早揭草苫等手段控制夜温和促进黄瓜多见光,防徒长。此阶段一般无须刻意进行浇水施肥,如黄瓜植株表现干旱状态可浇一次小水,并要注意浇水后放风排湿降夜温。浇水后中耕 2 ~ 3 次,松土促发根,不要急于扣地膜。在黄瓜 5 片叶后时覆盖地膜,可抑制土壤杂草滋生,减少养分流失,让营养集中供给黄瓜苗。

此期要注意促根护根和防治土传病害。越冬黄瓜常常发生根系发育不良或者根腐病,因此,要用生根剂加霜霉威和噁霉灵及农用链霉素或中生菌素浇根 1 ~ 2 次,以达到促根防根腐的目的。尽量张挂反光幕,改善温室内后部群体的光照状况。

8. 在发棵期需要进行植株吊蔓和整枝的工作

这是调整营养生长和生殖生长非常重要的一个环节。在黄瓜植株 5 ~ 6 叶时适时吊蔓。要及时、正确地进行吊蔓、整枝、打杈。吊蔓时要调整黄瓜生长点高度一致。维持均匀长势,便于统一管理。主蔓坐瓜前,下部侧枝全部摘除,主蔓坐瓜后长出的侧枝瓜前留一片叶摘心。

9. 黄瓜结瓜初期的温湿度管理

既要防止营养生长过盛,又要防止生殖生长过盛出现早衰。越冬茬黄瓜在根瓜采收后正值严冬,也就是在 11 月中下旬至 2 月上旬,此期光照差、温度低,而且经常"晴三阴四",有时甚至连阴 7 d 以上,易受寒害或病害,或者造成花打顶。花打顶指顶部节间极度短缩,叶片小而薄、多皱缩,生长点难以伸长和长出新叶,并形成雄雌花相间的花簇,呈花抱头状。

因此,在越冬前,即结瓜前期,要做好温度、湿度、光照、水肥等管理。为保证植株的健康生长,在温度方面最好进行四段变温管理。也就是晴天日出后使棚温迅速升到 22 ~ 25℃,最高 30℃,下午温度降到 20 ~ 25℃,前半夜控制在 16 ~ 19℃,最高 20℃,以利于光合产物运转;后半夜维持在 10 ~ 12℃,湿度在 90% 左右。

结瓜初期要注意湿度的管理。为排除室内湿气、有害气体和调整温度时,需要在早上揭被后就开一次风口,这次开风口是为了换气,开上十几分钟就要赶紧关上。冬季放风要处理好降湿与保温之间的关系;大约 11:00 放风排湿,使湿度降低到 75% 左右;要在下午 2:00 前后关风口。最好采用膜下滴灌技术进行灌溉;放风时一般只开启上放风口,放风中要经常检查室温变化,防止温度下降过低。阴天则尽量保温,但也要注意揭开棉被进行照光。连阴天过长,注意保温防寒,必要时采用临时加温措施。

越冬后,也就是进入了春季,植株也进入了盛瓜期,温度的管理是白天 25 ~ 32℃,最高 35℃,夜温 14 ~ 18℃,不超 20℃。进入 3、4 月份白天上午温度掌握在 28 ~ 32℃,夜温 18 ~

21℃。久阴乍晴,要逐渐揭开保温被进行照光,防止叶片萎蔫。春末夏初以后,光照增强,要加强通风,防止高温为害。加强通风有两个要点:处理好降湿与保温之间的关系;第二次放风要在下午 2:00 前后关风口。最好采用膜下滴灌技术进行灌溉。

10. 结果期的水肥管理

在黄瓜植株的初瓜期,此时正处严冬和早春,植株生长缓慢,结瓜量小,需水量小,一般 10 ~ 15 d 一水。要采用膜下暗灌,只浇小沟。选晴天上午浇水,忌下午和阴天浇水。此间植株要喷施一次钙镁叶面肥,以满足植株对钙、镁等元素的吸收,减轻开花结果初期烂头病的发生。

越冬后进入盛瓜期,此时正值初夏,5 ~ 10 d 一水。采用宽窄沟全浇。越冬期的黄瓜,生育期长,总需肥量大。虽然嫁接的南瓜根系耐肥吸肥能力强,但是每次追肥量也不宜太大。因为冬季黄瓜生长量不大,又不能多浇水,如果追肥量过大,易造成土壤溶液浓度过高,还易诱发微量元素缺乏症,所以追肥原则仍为少施勤施。

初瓜期 15 ~ 20 d 追一次肥,每 667 m^2 施用 7 ~ 10 kg 硝酸钾或者 10 kg 尿素。

盛瓜期以水带肥,每 667 m^2 施用 15 ~ 20 kg 尿素,可配合追施 1 ~ 2 次磷酸二铵,每 667 m^2 冲施磷酸二氢钾 2 kg。此期间追肥要以钾肥为主,控制氮肥和磷肥施入量。

在开花结果期要及时进行整枝打杈以及摘除卷须及多余的雄花,后期去除老弱病叶,根据拉秧期及时摘心。

黄瓜以嫩瓜供食,应及时采收。一般在开花后 8 ~ 12 d 采收。

黄瓜常见的生理病害有花打顶、化瓜、畸形瓜、苦味瓜等。

(四)黄瓜生理病害和防治措施

1. 花打顶

花打顶是指顶部节间极度短缩,叶片小而薄、多皱缩,生长点难以伸长和长出新叶,并形成雌雄花间杂的花簇,呈花抱头状。花打顶主要因为短日照、低夜温、昼夜温差大,进入冬季后,日照时间更短,夜温更低,雌花数量越来越多,或者是因为管理措施不当、温度变化异常、营养供应不充分。为了防止花打顶,应该及时疏花疏果,施加氮磷肥,温度白天控制在 25 ~ 30℃,夜间保持 18 ~ 20℃,一般 7 ~ 10 d 后可长出新叶。

2. 化瓜

在生长过程中,黄瓜常常发生化瓜现象,即雌花形成后不能继续长成商品瓜,而是逐渐黄萎、脱落的现象。化瓜是养分不足,或各器官之间互相争夺养分造成的。化瓜的防治方法是通过增加光照,二氧化碳施肥等增加营养。

3. 畸形瓜

黄瓜还容易发生各种畸形瓜。总体分析来说,造成瓜条畸形的原因主要表现在花芽分化不良和营养不足两方面。其中大头瓜和尖嘴瓜发生的主要原因是花芽分化不良,其次是水肥管理不当。细腰瓜和弯曲瓜的主要原因是营养不良,其次夜间温度较高,植株徒长,同化产物在瓜条中积淀量减少。

防治方法有如下几个方面:第一,保持合适的温度。特别是夜间温度,保持在 13 ~ 15℃,白天 25 ~ 28℃。增加雌花数量,保证花芽分化品质;第二,保证肥水供应。处于结瓜盛期以及后期的黄瓜，要保持充足的肥水供应，特别是磷钾肥的补充；第三，及时进行病虫害的防治。遵循"以防为主，综合防治"的植保原则。平时可以叶面喷施一些广谱性的杀菌剂，例如百菌清、丙森锌、代森锰锌等药剂，把一切病害消灭在萌芽阶段，防止由病虫为害造成的畸形瓜。

4. 黄瓜苦味

黄瓜苦味的产生，是由一种叫葫芦素（苦味素）的物质引起的。黄瓜品种、生长条件、植株营养状况、生活力的强弱等均影响黄瓜苦味的发生。在土壤中的氮素过多或不足、有机肥缺乏、温度过低或过高、日光照射不足、营养不良、土壤干旱缺水、病虫害以及植株衰弱多病等条件下，都可诱发苦味素的形成和积累。因此在栽培上应设法使黄瓜的营养生长和生殖生长、地上部和地下部生长平衡进行，从而防止黄瓜苦味的发生。

（五）黄瓜病害和防治措施

1. 霜霉病

霜霉病属真菌性病害，是黄瓜最常见的一种病害，苗期、成株期均可染病。发病初期叶片上出现褪绿斑，扩展后形成黄褐色不规则病斑，湿度高时叶片背面先呈水浸状，而后产生灰黑色霉层。病菌为活体专性寄主真菌，种子不带菌，病菌靠气流传播，从叶片气孔浸入。发病起始温度为16℃左右，而流行温度为20～24℃，而且要求相对湿度在85%以上，该病的蔓延速度很快，有人将其称为"跑马干"。

该病可通过物理方法或者药剂防治。其中物理方法主要通过高温闷棚进行。一般情况下，在高湿条件下，黄瓜植株可忍耐短期45～50℃的高温，生产中利用这一特点进行高温闷棚（42～45℃，100%空气湿度，1～2 h）可以有效地防治黄瓜霜霉病等病害。

此外，要及时地进行药剂防治，可采用70%乙磷锰锌500倍液，或72.2%普力克水剂800倍液，或72%克露可湿性粉剂750倍液等进行喷施。

2. 黄瓜白粉病

黄瓜白粉病属真菌性病害，以叶片受害最重，其次是叶柄和茎，一般不危害果实。初期病斑呈白色近圆形小粉斑，严重时叶面布满白粉，呈灰白色。其发病原因主要是因为外界温度升高，棚内湿度降低，阴天或浇水后，湿度忽然升高导致。

黄瓜白粉病的防治主要通过加强管理进行预防。尤其是要注意湿度均匀，注意降低湿度，同时结合喷药，能一举控制病害。发病初期可选用50%硫黄悬浮剂250倍液，或25%强力苯菌灵乳剂800～1 000倍液喷雾。6～8 d喷1次，交替轮换用药，连续喷洒3～4次。

3. 黄瓜靶斑病

黄瓜靶斑病又称"黄点子病"，主要危害叶片，严重的也危害叶柄、茎蔓及瓜条。初期叶片染病会出现黄色水浸状米粒大小近圆形或不规则斑点，病斑中央颜色一般较浅，呈灰白色、半透明似靶心状，易穿孔，边缘通常有黄绿色晕圈，病斑多时可达数百个，并随着病情的发展，病斑逐渐扩大为白色至黄褐色凹斑。后期病斑连成一片，干裂坏死，导致叶片枯死，湿度较大时病斑背面可见稀疏的灰黑色霉状物，呈环状。

病原具有喜温好湿的特点，病菌侵入后6～7 d后发病，高湿或通风透气不良的条件下易发病；气温25～27℃，湿度饱和的条件下发病重；温差大也有利于发病。靶斑病要及时进行防治，尤其要加强农业防治，加强栽培管理，及时清园，减少初浸染源；小水勤灌，避免大水漫灌，注意通风排湿，增加光照，创造有利于黄瓜生长发育的温湿度条件；在结瓜盛期，及时进行植株整理，摘除老叶、病叶，也要做好药剂防治。可使用25%的嘧菌酯悬浮剂1 500倍液，或40%嘧霉胺悬浮剂500倍液，或25%的咪鲜胺乳油1 500倍液，每隔7～10 d喷1次，连喷2～3次，上述药剂可选择性交替轮换使用，忌连续使用单一药剂2次以上。

二、西葫芦

西葫芦，别名美洲南瓜、搅瓜、蔓瓜、白瓜等，为葫芦科南瓜属一年生植物。西葫芦起源于墨西哥和中南美洲，中国于19世纪中叶开始从欧洲引入栽培，世界各地均有分布。西葫芦的染色体数为$2n=2x=40\sim42$。在我国栽培历史较短，据史料分析，西葫芦大约是在16世纪经海上丝绸之路经福建、浙江等地传入我国的，到19世纪中叶，才开始在我国有较大面积的种植。

西葫芦以果实为产品，嫩果和老熟果实都可以食用，具有较高的营养价值和药用价值。西葫芦果实营养丰富，其维生素C和糖类含量比较高，研究表明，西葫芦一般每100 g鲜重含维生素C 2.5～9 mg，糖类2.5～3.3 g，蛋白质0.6～0.9 g，脂肪0.1～0.2 g，纤维素0.8～0.9 g，胡萝卜素20～40 μg，钙22～29 mg。此外，西葫芦还具有较明显的药用价值，西葫芦含有丰富的瓜氨酸、天冬氨酸等，润肺止咳，除烦止渴，在调节人体机能方面具有多种功效。

（一）生物学特性

1. 植物学特征

西葫芦根系分布范围广，较耐瘠薄，侧根分枝能力强，横向分布范围1.1～2.1 m，西葫芦根系垂直分布主要在15～20 cm的土层内。具有一定的耐干旱和耐贫瘠能力，但根系再生能力较弱，需要进行育苗移栽。

西葫芦的茎较粗壮，表面有棱沟，多刺，深绿色或淡绿色，一般为空心。西葫芦茎可分为矮生、半蔓生、蔓生3种类型。多数西葫芦品种主茎长势强，较少发生侧枝或侧枝长势较弱；蔓生种的茎节间较长。西葫芦大多数品种是主茎结果，一般侧蔓长至5 cm左右时应及时去除。

西葫芦的叶片大，叶片挺立，呈掌状，边缘有不规则的锐齿，裂刻深浅不一，裂刻较深的可形成花叶。叶柄较粗壮，呈中空状，较长。叶柄表面有短刚毛，其中叶片大小和叶柄的长短与品种的遗传特性以及栽培环境都密切相关，是确定定植密度的重要依据。

西葫芦为雌雄同株作物，其中西葫芦的雄花出现时间较早，数量比雌花多，花柄较细长，颜色鲜艳。雌花的花柄短粗，子房下位，形态和着生节位因品种而异，西葫芦的花具有可塑性，雌雄花多在黎明4:00—5:00开放。上午10:00在雌花开放当日授粉受精能力最强。西葫芦的果实为瓠果，一般作为嫩果进行收获，设施栽培的西葫芦可以在7～10 d采收。西葫芦的果实表面较平滑，靠近果柄端的果面稍有棱，果实的形状、颜色和大小因品种而有所不同。嫩果的果皮薄、果肉厚、汁多，口感爽脆，瓜瓤（即胎座组织）比较致密，整瓜都可以食用。果实皮色有绿色、浅绿色、白色和金黄色等，少数品种还有条纹。种子为浅黄色披针形，千粒重为100～160 g，发芽年限为5～6年。生产使用年限为2～3年。

2. 生长发育周期

西葫芦的生育周期可分为发芽期、幼苗期、开花结果期和结果期 4 个阶段。目前生产上多采用矮生类型的早熟品种，生育期 100 ~ 130 d，其中幼苗期为 45 d 左右，从定植到开始收获需要 30 d 左右，收获期 40 ~ 60 d。

(1)发芽期　种子萌动到第 1 片真叶显露为发芽期；在 25 ~ 30℃条件下 5 ~ 6 d。在第 1 片真叶显露前，注意调整湿度和光照，避免下胚轴徒长形成徒长苗。在适宜条件下，此期需 5 ~ 7 d 完成。

(2)幼苗期　幼苗期是从第 1 片真叶显露至第 5 片真叶展平(团棵)；在适宜条件下约 25 ~ 30 d；在幼苗期，茎尖 10 节以下的花芽的性别已确定，因此，期间培育壮苗非常重要。此期的高夜温和弱光照很容易引起植株地上部徒长，此阶段要促控结合。

(3)开花结果期　是从第 4 ~ 5 片真叶展平至第 1 雌花开放。这个时期植株生长加快，节间较长，花芽持续形成，花数不断增加，进入营养生长旺盛期，也是营养生长和生殖生长并行的时期，需 15 ~ 20 d。

(4)结果期　此期的标志是第 1 雌花坐瓜到拉秧结束。此期植株生长显著加快，茎叶生长和果实发育齐头并进，管理应以平衡秧果关系为中心，注意水肥管理，促丰产优质。

3. 对环境条件的要求

西葫芦较耐寒不耐高温，不耐霜冻，0℃会被冻死；种子发芽的适温为 25 ~ 30℃，生长发育的适温为 20 ~ 25℃，8℃以下停止生长。30℃以上生长缓慢，32℃以上花蕊不能正常发育，开花结果时的适温是 22 ~ 28℃。根系生长的适温为 25 ~ 28℃。

西葫芦耐弱光，比较喜欢强光，光照不足时易徒长，不容易坐果；光照充足时，植株生长发育良好且第 2 雌花提早开放，在 1 ~ 2 片真叶的幼苗期，每天 8 ~ 10 h 的短日照可促进雌花的发生。

西葫芦对水分有较强的吸收和利用能力，喜湿润而不耐干旱，土壤相对湿度以 70% ~ 80% 为宜，空气相对湿度为 45% ~ 55%。空气湿度过大，影响雌花正常的受精，从而导致化瓜或形成僵瓜，还可诱发多种病害。

西葫芦对土壤类型要求不甚严格，土层深厚、保水保肥能力强、疏松肥沃的壤土有利于根系发育。适宜的土壤 pH 为 5.5 ~ 6.8。每生产 1 000 kg 的西葫芦需要的 N∶P∶K 的比例为3∶1∶4。

(二)品种类型和栽培季节

1. 类型和品种

西葫芦有矮生、半矮生和蔓生 3 种类型，其中矮生类型的瓜条短、节间短、株型紧凑、早熟；蔓长 0.3 ~ 0.5 m，第 1 雌花着生于第 3 ~ 8 节，以后每节或隔 1 ~ 2 节出现雌花，如一窝猴、站秧、花叶西葫芦。半蔓生类型节间较长，蔓长 0.5 ~ 1.0 m，主蔓 8 ~ 10 节前后开始着生第 1 雌花，属中熟种，如花皮西葫芦、裸仁西葫芦等，该类型栽培较少。第 3 种为蔓性类型。蔓性类型节间长，蔓长 1 ~ 4 m，晚熟，主蔓在第 10 节开始结瓜，耐寒力较弱，抗热性较强，如扯秧西葫芦、河北长蔓西葫芦等，北方农村栽培较多。

2. 栽培季节

西葫芦主要在春季进行种植，因其喜温怕热不耐寒，在东北和西北高寒地区一般进行春夏茬栽培,北方地区多是春、秋两茬栽培;南方无霜或轻霜地区1~3月播种,长江中下游地区,露地多在3月下旬直播。华南等热带地区也可在冬季进行栽培。因此,寒地栽培若配合保护地栽培,可以进行周年生产。在日光温室中可作越冬茬栽培或秋冬茬栽培。

(三)西葫芦越冬茬栽培技术

1.品种选择

西葫芦越冬栽培中应选择早熟高产、耐低温、耐弱光的品种,如'灰采尼''冬玉F1''纤手''银青一代'等。

2.适时播种

育苗一般在9月中下旬至10月上中旬为宜。为避免土传病害,可利用云南黑籽南瓜或白籽南瓜做砧木,进行嫁接育苗。

3.整地施肥做畦

每667 m^2施腐熟优质有机肥8 000~10 000 kg、过磷酸钙150~200 kg、硫酸钾25~50 kg、饼肥200~300 kg,深耕细耙。越冬西葫芦采用宽窄行种植,一般宽行70~80 cm,窄行45~50 cm,垄高15 cm。

4.定植

苗龄25 d左右,2叶或3叶1心可以定植。定植时间一般在10月中下旬至11月上旬。定植密度为30 000~32 000株/hm^2,株距45~50 cm,行距65~70 cm。定植密度不要过大,否则湿度较大时,容易发生灰霉病和化瓜。

5.定植后管理

(1)水肥管理　西葫芦地上部不耐高湿,根瓜坐瓜前,一般不浇水施肥,以促根控秧,防止化瓜。若土壤干旱,可小水勤浇,保持土壤见干见湿。根瓜开始膨大时浇水,5~7 d浇一次水,浇水应在晴天的上午进行。浇水后追肥,每667 m^2用硝酸铵20 kg或氮磷钾复合肥30 kg。随着植株的生长,严冬季节应适当减少浇水次数。春季温度升高,应加大浇水施肥量,根据天气情况决定浇水次数,每浇水2次追肥1次,每667 m^2追施尿素与硫酸钾复合肥各10~15 kg。期间可以喷施磷酸二氢钾或尿素等叶面肥。

(2)温度管理　定植后尽快促进缓苗。白天保持温度25~30℃,夜间18~20℃。缓苗后,白天气温保持在20~25℃,夜间保持在15~18℃。12月下旬至次年2月上旬保持白天20~25℃,夜间13~16℃,或采用四段变温法进行管理。期间要合理通风,保持适宜温度,尽量延长光照。翌年3月后温度逐渐升高,应及时通风换气,避免高温高湿,随着外界温度升高,应增加通风次数和通风量。

(3)植株调整　温室生产所选品种多为矮蔓类型,但越冬茬茎蔓可长到1 m以上,叶片容易相互遮挡而引起病害发生,最好进行吊蔓栽培。定植缓苗后,在每行西葫芦的温室上方拉一道和行向平行的细铁丝,在细铁丝上拴上细塑料绳,塑料绳的下端固定在瓜苗的茎基部,随着瓜蔓的生长,将瓜蔓缠绕在吊绳上。当瓜蔓长度接近棚顶时,随着下部瓜的采收要及时落蔓,在生长后期及时打掉老叶和病叶以及侧蔓,以增加通风通透的能力,有助于减轻病害。

(4)人工授粉　西葫芦进入结瓜期后,通过人工授粉促进坐果。授粉时间最好在上午

8:00—9:00,摘下雄花进行授粉,或用 20 ~ 30 mg/kg 2, 4 - D 溶液涂抹柱头和花冠。

嫩瓜应及时采收,以防发生化瓜或坠秧现象。

三、南瓜

南瓜为葫芦科南瓜属一年生草本植物,其种类繁多,果实形状和大小各异,色彩缤纷。包括中国南瓜、印度南瓜、美洲南瓜、灰籽南瓜、无花果叶南瓜等。南瓜多以老熟果为食,具有较高的营养价值和药用价值。南瓜含有丰富的维生素和果胶,能起到解毒作用,对肝肾具有一定的保护作用,还可以护胃助消化,其富含色氨酸,有助于缓解紧张情绪,改善心情,有助入眠。南瓜种子中的脂类物质对前列腺增生具有良好的预防作用,有明显的抗衰老作用。

(一)生物学特性

1. 植物学特征

南瓜的根系发达,主根直径较粗,可形成 1.5 ~ 2.5 m 长的三级侧根,还可发生大量的须根和不定根,因此,南瓜根系强大。主要根群分布在 10 ~ 40 cm 的耕层中,吸收能力强,耐旱耐瘠薄。

南瓜的茎绿色,被绒毛,主蔓长短因品种而异,多蔓生,一般为 3 ~ 5 m。主茎品种因种类和品种而异,多蔓生,一般蔓长 3 ~ 4 m,也有矮生类型。南瓜的蔓分枝能力强,且每个叶腋处都有腋芽,茎节上可产生不定根。南瓜的叶互生,心脏形、掌状或近圆形。叶柄粗壮,长 8 ~ 19 cm,着生短刚毛;叶片有 5 角或 5 浅裂,单叶面积可达 30 cm^2,叶面粗糙,上面密被茸毛,常根据叶面茸毛、斑纹和叶形进行分类。南瓜的花为雌雄同株异花,花萼筒状,花冠黄色、钟状,雄蕊有 5 枚,花粉粒较大,花柱较短,柱头 3 裂,子房下位。果实形状扁圆形、长圆形、梨形或者纺锤形,嫩果皮色为绿色或者白色。成熟时呈灰绿色、橘红色或者金黄色。种子多卵性,扁平。千粒重 100 ~ 160 g。种子寿命 4 ~ 6 年。

2. 生长发育周期

(1)发芽期　由种子萌动到第 1 片真叶显露为发芽期,需 7 ~ 10 d。

(2)幼苗期　从第 1 真叶开始显露至团棵(具有 5 片真叶);在适宜条件下 25 ~ 30 d;该时期生长迅速,植株直立生长,早熟品种开始花芽分化,因此幼苗培育以及壮苗形成非常重要。此期的高夜温和弱光照很容易引起植株地上部徒长。

(3)开花结果期　是从团棵至第 1 雌花开放。这个时期茎叶生长加快,节间伸长加速,植株由直立转向匍匐生长,需要及时吊蔓。期间花芽持续形成,花数不断增加,进入营养生长旺盛期,也是营养生长和生殖生长并行的时期,需 10 ~ 15 d。

(4)结果期　第 1 雌花坐瓜到拉秧结束。此期植株茎叶生长和果实发育齐头并进,共需要 50 ~ 70 d,此期注意水肥管理,促丰产优质,保证营养生长和生殖生长的平衡。

3. 对环境条件的要求

南瓜喜温耐热,适宜的温度为 18 ~ 32℃。不同的生长期需要的温度也有所不同。发芽的适温为 28 ~ 30℃,幼苗期 25 ~ 32℃,夜间 13 ~ 15℃,有利于促进花芽分化。开花结果适温是 27 ~ 30℃,夜间 15 ~ 18℃,低于 15℃或者高于 35℃都有可能引起开花授粉不良。南瓜喜欢短日照和适宜强度的光照。其喜欢的光照长度为 8 ~ 12 h，其光照补偿点为 1 500 lx，而光照饱和点为 45 000 lx。南瓜的根系发达，对水分有较强的吸收和利用能力，具有一定的耐旱能力，土壤和空气相对湿度以 60% ~70% 为宜。空气湿度过大，影响雌花正常的受精，从而导致化瓜或形成僵瓜，还可诱发多种病害。

南瓜对土壤类型要求不甚严格，但喜欢壤土或者沙质壤土，有利于根系生长发育。适宜的土壤 pH 为 5.5 ~6.8。每生产 1 000 kg 的南瓜需要的 N∶P∶K 的比例为 3∶2∶7。

（二）品种类型和栽培季节

1. 类型和品种

南瓜有短蔓和长蔓两种类型，其中长蔓的蔓长在 3 m 以上，短蔓的蔓长较短，一般不超过 50 cm。长蔓的第 1 雌花节位在第 10 节以上，雌花比例低，果实成熟晚，单果重 10 kg 以上；短蔓第一雌花节位在 6 ~9 节，雌花比例高，结果多，果实成熟早，果实小。按照果实形状可以分为圆形南瓜和长形南瓜。

2. 栽培季节

北方地区南瓜主要在春夏季露地种植，南方地区秋冬春季都可以进行栽培，南瓜生长势强，吸收水肥能力强。露地温度在 15℃以上时，南瓜可定植，因此，各地的定植时间都不太一样，差异较大。南瓜生长期较长，一般一年栽培 1 次。南瓜不耐连作，故要注意不要和瓜菜类蔬菜连作。

（三）南瓜春提早栽培技术

1. 品种选择

南瓜春提早栽培主要选择早熟性好、结果性较强、耐低温、品质优良的品种，比如‘东升’‘锦荣’‘甘栗’等品种。

2. 适时播种

春季大棚内栽培，可以在 12 月上中旬采用营养钵育苗，2 月中旬移栽，一般每 667 m^2 种植 800 株左右。

3. 整地施肥做畦

每 667 m^2 施腐熟优质有机肥 8 000 ~10 000 kg、过磷酸钙 150 ~200 kg、硫酸钾 25 ~50 kg、饼肥 200 ~300 kg，深耕细耙。

4. 定植

当苗龄 30 d 左右、总叶数为 5 片时开始移栽，爬地栽培时，一般每 667 m^2 定植 500 株左右。搭架栽培时，可适当密植，一般每 667 m^2 800 ~1 000 株，单蔓整枝。

5. 定植后管理

（1）水肥管理　早熟栽培结瓜早，坐果多，因此要养分充足。以施足基肥为主、追肥为辅。前期氮肥不要过多，否则影响头茬瓜坐果。当主茎蔓长 1 m 左右并现花时，每 667 m^2 追复合肥 20 kg。坐果时，每 667 m^2 施复合肥 8 kg，以后每摘一批南瓜就追施 1 次肥。幼瓜坐稳后，结合追肥浇水 1 次，其余时间可视苗情而定；为保证品质，采收前 10 d 不宜浇水。

（2）温度管理　定植初期，采用闭棚管理，以提高温度，促进缓苗。缓苗结束后，白天棚温保持在 25 ~28℃，夜间 15 ~18℃，当棚温高于 32℃时，应通风降温。

(3)植株调整　定植后 7 d 左右,植株开始匍匐生长,爬地栽培的应及时引蔓,搭架栽培的应在蔓长 60 cm 左右时及时搭架,操作要小心,否则容易折断茎蔓。南瓜生长期间,应及时去除无效侧枝,单蔓整枝,侧枝全部去除。单株的坐果数一般为 3 个,不宜多坐果。疏去多余雌花。在头瓜采收前后,应摘除植株基部的老叶,以改善通风透光,减轻病害。

(4)点花保果及整枝疏花　在结果早期,可采用保果灵等进行点花保果,以促进多结果、早结果。嫩瓜应及时采收,以防发生化瓜或坠秧现象。

第三节　设施西甜瓜栽培模式与技术

一、设施西瓜栽培模式与技术

(一)西瓜日光温室冬春茬栽培模式与技术

在我国北方的京、津、冀、鲁、豫、晋及西北的陕、甘、宁、新疆等地,冬春和夏初少雨,空气干燥,日照充足,昼夜温差大,是发展日光温室冬春茬西瓜生产的适宜地区。

1. 播期安排

一般日光温室西瓜 12 月底 1 月初育苗(嫁接苗),1 月底 2 月初定植,4 月中旬 5 月初上市。温室内 20 cm 地温 12 ~ 14℃,是嫁接西瓜苗移栽的最早期限,各地可根据自然条件和设施条件安排播种时期。

2. 品种选择

风味佳、口感细腻爽口、纤维少;抗病、抗逆性强;商品性好,果型小,特色鲜明;果皮薄而韧,不易裂瓜。

3. 播种育苗

(1)种子处理

①晒种　选择晴朗无风天气,把种子摊在席或纸上,厚度不超过 1 cm,在阳光下暴晒 4 ~5 h,每隔 2 h 左右翻动一次。

②温汤浸种　将西瓜种子放入 55℃的温水中,连续搅动 15 min 以上,自然冷却降温后继续浸种 4 ~6 h。

③高温烫种　在两个容器分别装入等量的开水和冷水,水量为拟处理种子量的 3 倍,将种子倒入开水中,迅速搅拌 3 ~5 s,立即加入冷水并不断搅拌,使水温降至 30℃左右,在室温下浸种 3 ~4 h。

④药剂处理　用 50% 的可湿性多菌灵粉剂配制 500 倍药液,将西瓜种子浸泡 1 h 后清水冲洗,可防止炭疽病。用 10% 的磷酸三钠溶液,浸泡西瓜种子 20 min,用水清洗干净,能起到钝化病毒活性的作用,对防治西瓜花叶病毒有一定效果。用 Tsunami100(苏纳米译音)与水按 1∶80 混合消毒液;消毒液与湿种子比例为 2∶1;浸泡西瓜种子 15 min,浸泡时要不停地搅动种子,将种子捞出平摊在塑料纱网上进行晾晒,预防西瓜果斑病。

对于包衣种子,不进行种子处理,因为包衣剂里面含有杀菌剂,本身有杀菌作用。

(2)浸种　浸种的常用方法有冷水浸种(室温冷水浸 6 ~ 10 h,每 2 ~ 3 h 充分搅动一次),温水浸种(25 ~ 30℃恒温水浸 3 ~ 6 h,每 1 ~ 2 h 搅拌 1 次)。对于包衣种子,浸种方法与其他种子相同。

(3)催芽　西瓜种子常用催芽方法主要有以下几种。

①恒温箱催芽法　恒温培养箱有自动控温调湿装置,催芽时将温度控制装置调到适当位置,使箱内温度保持 28 ~ 30℃恒温。将湿纱布或毛巾平铺在盘上,将种子平摊到布上,要注意厚度均匀,上面再盖 1 ~ 3 层湿布,将盘放在箱架上进行催芽。每天要将种子取出 1 ~ 2 次,用清洁温水冲洗,沥干后重新放回。一般 24 h 后开始出芽,2 ~ 3 d 基本出齐。

②暖水瓶催芽　将做完浸种处理的种子用湿布包好,外面再包一层塑料布,包的大小以能顺利放入瓶口为宜。取一保温性能好的暖水瓶,加入瓶内体积 1/2 的 32℃温水,将种子包用绳捆好放入暖水瓶中,距水面 3 ~ 5 cm,将绳另一端固定在暖瓶把上,盖紧瓶塞进行催芽。普通暖瓶每个瓶内放置的种子数量不宜超过 100 g,以免影响催芽效果。瓶中温水一般 6 ~ 12 h 换 1 次,每天将种子用温水淘洗 1 次,24 ~ 36 h 后即可开始出芽,芽出齐后取出播种。

此外还可用火炕、人体体温、电热褥等做热源催芽。催芽的注意事项:第一,需尽量保持恒温,不能忽高忽低,最高温度不能超过 33℃;第二,种子出芽长度以露白为度,不要大于 3 mm,芽过长易折伤。必要时可将已出芽种子挑出用湿布包好放在 15℃条件下,待种子全部出齐后一起播种;第三,催芽时要使全部种子均匀受热,避免局部种子长时间高温产生发酵,出现种子烂芽现象。

(4)苗床设置　采用电热温床育苗,利用电热线加温调控地温、气温。苗床深度 25 cm,宽 1.3 m,铲平床底,填入 10 cm 厚的麦糠、木屑做隔热层,上面盖一层 3 ~ 5 cm 厚无病细土,拍平土面,其上铺设电热线,每平方米苗床需 80 ~ 100 W 功率。

布电热线时,苗床中间的电热线间距大一些,靠近床边的电热线间距小一些,以确保苗床内地温均匀,使瓜苗生长一致。嫁接育苗和实生育苗都可使用电热床育苗,嫁接分苗苗床用电热床可提高嫁接成活率。

(5)营养土的配制　营养土冬前挖取,捣细过筛,加入筛过的腐熟厩肥,按土 7 份肥、3 份的比例配制,每立方米营养土再加入尿素 0.25 kg、过磷酸钙 1 kg、硫酸钾 0.5 kg,或者只加入氮、磷、钾三元素复合肥 1.5 kg,以增加床土中的速效肥料含量,床土要过筛并充分调匀。每立方米营养土用多菌灵或甲基托布津 80 ~ 100 g,加入辛硫磷 500 倍液喷洒土壤,进行消毒。盖上塑料薄膜闷 3 ~ 5 d,然后摊开晾晒,让农药味散去,再装入营养钵中摆放整齐放入苗床,灌足水以备播种。也可采用基质穴盘育苗,穴盘一般选用 50 孔,基质选用专用育苗基质。

(6)播种　地温提高到 10℃以上时,将催好芽的种子播入营养钵。每个营养钵内播一粒带芽的种子。先在营养钵的中间用竹棍挑一个 0.5 cm 深的小穴,将种子平放在中间,胚芽朝下,然后盖上 1.5 cm 厚的营养土,浇一次水,注意浇水要足,再盖上一层地膜,夜间在畦膜上盖上草苫。为了保持苗床周围的地温,夜间温室棚膜上也要盖上草苫。

如果是培育嫁接苗,应按嫁接的要求播种。如用插接法,应先将砧木提前 5 d 播种,如用靠接法,则将接穗先播 5 d。

(7)苗床的管理　幼苗出土前苗床温度保持在 30℃左右。幼苗顶土时把地膜揭开,也可用小刀将地膜割开一个十字口，将幼苗放出膜外，此时还应适当降低苗床温度，白天22～25℃，夜间15～17℃，抑制下胚轴伸长过快，防止形成高脚苗。出苗破心后可再次提高苗床温度，白天27～30℃，夜间20℃左右。幼苗后期根据墒情及时补足水分。当苗床湿度过大时，可通过通风，在苗床上撒草木灰吸湿和进行浅耕等措施降低湿度。

4. 嫁接育苗

(1)砧木选择　嫁接砧木要求能抗枯萎病及其他病害，砧木和接穗之间亲和力强，不影响西瓜果实品质，嫁接操作方便。

西瓜的砧木以葫芦属和南瓜属为宜。葫芦砧嫁接亲和力高，品种间无本质上的差别，有稳定的亲和性，嫁接苗生长期间不发生畸形的不亲和株。南瓜砧的生长势和抗病性好，但与西瓜的亲和力较差，且南瓜砧嫁接苗结的西瓜，果肉较坚硬，对西瓜果实品质有一定影响。

(2)嫁接方法

①顶插接　嫁接时砧木苗以真叶初露时为宜，接穗西瓜苗以子叶充分开展为宜。砧木提前5～7 d播种，出苗后移植在钵中，于此时播催芽的西瓜种子，7～10 d后嫁接。

选1叶1心的砧木苗，用刀片削除其生长点，用粗度与接穗下胚轴相近的竹签在砧木刀口下插深约1 cm的孔，将子叶充分展开的接穗在离子叶节0.3～0.5 cm处，由子叶端向根端削成楔形面，削面长1 cm，将削好的接穗插入砧木孔中，使接穗子叶与砧木子叶呈“十”字状紧密结合。

②靠插接　在砧木下胚轴靠近子叶节，用刀片作45°角向下削一刀，达胚轴的2/5～1/2，长约1 cm，然后在接穗的相应部位向上作45°角斜削一刀，深及胚轴的1/2～2/3，长度相等，将两者切口嵌入，捆扎固定。嫁接后把接穗、砧木同时栽入塑料钵，相距约1 cm，接口距土面约2 cm。接穗应提前5～10 d播种，7 d后接口愈合后，应切断接穗的根部，10～15 d应及时解除捆扎物。

(3)嫁接苗的管理

①温度　嫁接后1～3 d，床温应保持在25℃，气温保持在25～28℃。嫁接5 d后，接穗新叶开始生长，可随通风逐渐降低温度，气温白天23～24℃，夜间18～20℃，土温24℃。嫁接10 d后恢复正常管理，待4叶1心时即可定植。

②湿度　嫁接前1～2 d砧苗和接穗要充分浇水，不必换气。3～4 d进入愈合期，一方面要防止接穗凋萎，一方面要逐渐接触外界条件，在清早、傍晚空气湿度大时换气，并逐渐增加通风时间和通风量，10 d后按一般苗床管理。

③遮光　嫁接后2～3 d在早、晚除去遮阳网，使嫁接苗接受散射光，并逐渐增加见光时间，1周后只在中午遮光，10 d后恢复到一般苗床管理。

④除萌　砧木子叶节萌发的不定芽应随时切除。

5. 整地、施肥

前茬蔬菜收获后及时清园，深耕晾垡熟化土壤，并盖膜闷棚10～15 d进行太阳能消毒，或喷洒800倍多菌灵消毒，以杀死土壤中的部分病菌和虫卵。结合深翻，每667 m^2施优质厩肥2 000～3 000 kg，深翻30 cm，然后按南北向做畦。日光温室多采用立架吊蔓栽培，大行距为1m，小行距为0.8 m。定植前10～15 d，开挖瓜沟，做瓜垄。瓜沟深宽各

40 cm,每 667 m^2 按磷酸二铵 40 ~ 50 kg、硫酸钾 50 kg、硫酸锌 5 kg、硫酸亚铁 3 kg、硼砂 1.5 kg、硫酸铜 1.5 kg,施于瓜沟内,肥土混匀,整成高 20 cm,畦沟深 20 cm、宽 40 cm 的瓜畦。用地膜将畦面与畦沟全面覆盖,以提高地温,并降低棚内湿度。

6. 定植

根据苗情和天气情况确定定植时间。一般在棚内 10 cm 地温提高到 13℃以上时定植。在定植前 30 d,应用薄膜扣棚增温。定植前 3 ~ 5 d 翻膜,目的是减少棚内薄膜的水滴。

定植宜选在晴天上午进行。定植时在畦面地膜上打点挖定植穴,穴深 10 cm,株距为 35 cm,每穴浇定苗水 250 ~ 500 mL,然后从营养钵中把苗取出定植于穴内,取苗时保持土坨完好。定植完毕将膜破口处用土封压,最好在垄面上搭小拱棚,夜间小拱棚和日光温室均加盖草苫,形成"三膜两苫",增加温度,加快缓苗。

7. 定植后的管理

(1)温度管理　定植后 10 d 以内,一般白天揿开小拱棚的草苫,以利提高地温,促进缓苗。缓苗后白天棚内气温控制在 25 ~ 30℃,夜间不低于 10℃,地温控制在夜间不低于 12℃。3 月上旬以后,随温度升高,可逐步去掉小拱棚的草苫和小拱棚。开花授粉期应保持较高的气温和充足的光照,白天棚内气温控制在 28 ~ 32℃。膨瓜期棚内白天气温保持在 25 ~ 32℃,瓜成熟期白天气温控制在 30 ~ 35℃,使之形成较大的昼夜温差,以利于果实内糖分的形成和积累,提高西瓜的品质。

(2)湿度管理

①严格控制灌水量　浇水量根据土壤墒情和植株长势加以掌握。浇水应按"冷尾暖头"的要求,在晴天上午进行,阴天或傍晚一般不浇水。

②改进灌水方法　改漫灌、畦灌为微灌渗灌、节水灌溉,可提高地温,降低空气湿度,减少病虫害,促进作物生长,提前收获,并可节约 60% ~80% 的用水量。

③全畦面覆盖地膜　畦面地膜覆盖可减少土壤水分蒸发,降低棚室内空气湿度。

④合理通风换气　在保温的前提下,尽可能加大放风量,延长放风时间,阴天也要适当通风,晴天应加强通风。

(3)肥水管理　定植后,一般可浇 3 ~ 4 次水,追 2 ~ 3 次肥。第一次当瓜蔓长到 30 cm,开始"甩龙头"时浇抽蔓水,应采用沟浇小水,结合追施硫酸钾复合肥每 667 m^2 20 kg。开花期严禁灌水,否则会造成落花落果。第二水于坐瓜后 4 ~ 5 d,幼瓜鸡蛋大小时每 667 m^2 追施硫酸钾复合肥 15 ~ 20 kg、磷酸二铵 20 kg。此后可根据土壤墒情和植株长势及时浇水追肥,防止瓜秧脱肥和土壤湿度变化过大,成熟前不再浇水。

(4)整枝留果

①整枝　吊蔓栽培,每株留 2 蔓整枝,主蔓 40 cm 左右时将其系在引绳上向上攀缘,从基部选留一条健壮侧蔓作为营养枝,系绳吊蔓或使侧蔓匍匐于宽行并向一个方向延伸,其余侧蔓全部摘除。

②授粉　3 月中下旬主蔓上第 2 或第 3 雌花开时,每天上午 9:00 前后雌花开放,将开放的雄花去除花瓣,用雄花花药对准雌花柱头轻轻涂抹数次,每朵雄花可给 1 ~ 2 朵雌花授粉。为提高坐果率,可对主、侧蔓上的雌花都进行授粉,以便有选瓜余地。每次对授过的花做好标记。

(5)整枝留果

①留瓜　当幼瓜长到鸡蛋大小时,应在每株选留1个瓜柄粗壮、果形圆整、发育快的幼瓜,并优先留主蔓上的幼瓜,将其余的瓜摘除。对于生长势强的小型瓜可在主、侧蔓同时留2个瓜。

②选留二茬瓜　4月中旬到5月上旬,头茬瓜采收后,将主蔓从基部50 cm处剪断,可陆续生出侧枝,在再生枝上选留二茬瓜。侧蔓有瓜,可留侧蔓瓜;侧蔓无瓜,可从主蔓生出的再生蔓上留瓜。蔓长到40 cm以上时出现雌花,可进行人工授粉,同时加强肥水管理。头茬瓜采收后及时追肥浇水,促使再生蔓生长,坐瓜后及时追肥浇水,5月下旬至6月上旬采收第二茬瓜。一般二茬瓜产量高于头茬瓜。如果植株健壮的话,还可留第三茬瓜。

(6)采收

①标记法　在授粉的同时,用有颜色鲜艳的毛线作标记物绑在坐果瓜蔓上,每2~3 d换一种颜色的毛线,并记录所用毛线的日期,然后计算理论成熟日期,在理论成熟期抽样调查,确定采收期。

②目测法　成熟的西瓜,瓜皮纹路清晰,深浅分明;瓜柄与瓜顶处略有收缩;皮色光亮,茸毛消失;坐瓜节邻近卷须干枯。

③手摸拍打法　熟瓜手感光滑,比重小,手感轻。用手指轻弹和轻拍瓜皮,有砰砰低哑浊音和震颤感。

(二)大棚西瓜早春栽培模式与技术

大多数北方省区将大棚西瓜栽培作为早春茬西瓜生产,育苗时间因各地气象条件和设施不同而有所不同,栽培时期的调节依据仍然以大棚内10 cm地温达到13℃为标准,依这个深度土层的温度值来确定移栽定植期。陕西关中东部大棚西瓜一般1月中旬育苗播种,苗龄30~35 d,于2月中旬定植移栽,4月底5月初开始收瓜上市,比露地西瓜提早上市50 d左右。中西部2月上中旬播种,3月中旬定植移栽,5月底6月初开始上市。

1. 品种选择

抗病力强、易坐果、品质好的中早熟品种,爬地栽培时可选择稍大一些的果型,从产量上争取优势。

2. 播种育苗

可采用带有加热设施的日光温室育苗(参照西瓜日光温室冬春茬栽培技术),也可用大棚套小棚双膜覆盖的电热床育苗。

(1)营养土的配制　用腐熟厩肥和质地疏松未种过西瓜的肥沃土壤,按3∶7的比例混匀,同时加入0.5%的过磷酸钙,过筛后装钵。也可采用基质穴盘育苗,穴盘一般选用50孔,基质选用专用育苗基质。

(2)电热温床的建造　床面长度根据情况确定,宽1.3 m,深25 cm。床的基部要整平,底层铺一层木屑或碎草,厚5~10 cm,踩实后铺上一层地膜。按每平方米80~100 W的功率,以10 cm的间距布好电热线,在电热线上加一层薄细土(1 cm),将装好营养土的营养钵整齐排好。

在温床上按0.8 m左右间距插上竹片,搭成宽1.5 m、高0.8 m的小拱棚,再用4 cm粗的青竹竿按0.8～1.0 m的间距搭成宽4 m、高1.8 m的大棚，并提早覆膜，提高土温。

（3）种子处理　晒种2～3 d，用50%的多菌灵可湿性粉剂500倍液浸种1 h，或用1%高锰酸钾溶液浸种15 min，然后将种子放入50～55℃的温水中浸种6～8 h。用清水洗净种皮上的黏着物，晾干表皮，用湿纱布包好，放在20～30℃的条件下催芽，每天用30℃左右的清洁温水淘洗种子1～2次，当有2/3的种子破嘴露芽时，即可播种。

（4）播种　营养钵育苗，或营养土块育苗，营养钵直径为8 cm，营养土块10 cm×8 cm×8 cm。播种在棚内进行，播前补足钵土水分，随即将发芽种子的芽尖向下平播在钵内，每钵1粒，播后覆盖过筛细沙土1.0～1.5 cm厚，再铺一层地膜。嫁接栽培时，应将西葫芦或南瓜等砧木苗的种子播在营养钵中，西瓜苗可以撒播，砧木苗应比西瓜提前7 d播种，然后覆盖地膜，待幼苗出土后撤掉薄膜。

（5）苗床管理　出苗前不必揭膜通风，床温白天控制在28～32℃，夜间20～25℃。出苗70%后揭去地膜，床温白天保持在20～25℃，夜间15～17℃。移栽前7 d，进行降温、控水处理，适当炼苗，并用乐果加70%甲基托布津1 000倍液喷洒，预防蚜虫和炭疽病。嫁接育苗，西瓜苗龄40～45 d，实生育苗30～35 d可以定植。在移栽前7～10 d，通过放风降温、控制肥水，锻炼幼苗的抗逆能力。

3. 整地施肥

（1）地块选择　地块要求平展向阳，宽度要以修建大棚为基本要求，土壤肥沃，土质疏松，土层深厚的地块最为理想。西瓜对土壤条件的适应范围较广，尤其喜欢土层较厚的沙质土。

（2）整地做畦　瓜沟做成畦底，整成宽30 cm左右的平面，再将畦底两侧的土分别向畦背扒，使两沟之间形成圆滑的龟背形，即成龟背畦。一般畦底深度为20 cm左右。

（3）施足基肥　采用开挖施肥沟带的方法施入基肥，以利于西瓜根系的发育。施肥沟宽1.2 m，深30 cm左右，每个沟都作为一个施肥带。基肥每667 m^2用土杂肥5 000 kg，磷酸二铵35 kg，硫酸钾35 kg，尿素25 kg（或碳酸氢铵50 kg），硫酸锌5 kg，硫酸亚铁3 kg，硼砂1.5 kg，硫酸铜1.5 kg；或5 000 kg优质厩肥，添加瓜菜专用的复合肥100 kg，另加上微量元素肥料。以上肥料施在沟内，将肥土充分混合，用铁锹翻两遍，然后将挖出的土约80%回填入沟内，再将化肥、微量元素肥料施入沟内，用锄锄几遍，将土肥充分混匀，最后将剩余的土填入沟内整平。移栽定植前，在施肥带中间（即栽瓜处）开一条20 cm深的宽沟，浇足底水，造墒提温保墒，准备移栽定植。

4. 定植

大棚西瓜的定植适期要根据当年气候条件、大棚保温性能、西瓜上市要求和管理水平综合决定。一般在棚内10 cm最低土温稳定在13℃，棚内气温稳定在18℃以上，最低温度不低于12℃时为安全定植期。

大棚西瓜密度要充分利用棚内空间，小果型西瓜，一般可采用搭架立体栽培；每667 m^2可定植2 000～2 200株，采用双蔓整枝。大中果型西瓜采用爬地栽培时，三蔓整枝每亩可定植500～700株，并注意选用节间短、长势稳、耐低温弱光的品种。定植前10 d扣棚，提高棚内地温。定植时间宜选晴天上午9:00后至下午3:00前，保证土温有利缓苗。定植方法参照日光温室西瓜栽培技术进行。

5. 定植后管理

(1)环境调控　白天棚内温度保持25～35℃,夜间不低于15℃。从缓苗生长到雌花开放期,白天棚内温度控制在20～25℃,夜间不低于12℃。开花坐果期棚温白天保持在25～30℃,超过30℃时通风降温,夜间温度保持在15℃以上。坐果后,棚温白天不超过30℃,夜间保持在15～20℃,昼夜温差10～15℃,以促进果实成熟,提高果实品质。

通过合理控制灌水量可以间接调控大棚内空气湿度。在西瓜生育中后期,由于叶片蒸腾量的大大增加,降低棚内空气湿度主要靠通风换气排湿,使棚内空气相对湿度保持在白天55%～65%,夜间75%～85%,此为适宜西瓜生长发育的水平。在有条件的地方还应积极采用膜下滴灌技术。

(2)整枝　采用爬地栽培方式,整枝采用三蔓紧靠式整枝法,即保留主蔓和2条健壮侧蔓,其余均及时剪除。压蔓时,将3条蔓紧靠在一起进行压蔓。结瓜前压蔓,近头重压,即用较大的土块压在瓜蔓靠近生长点20 cm处,促使瓜蔓粗壮节短,叶片肥大,雌花发育良好。要选择主蔓上第二朵雌花坐果,并在第二朵雌花花蕾前留3～5片叶进行摘心,及时淘汰其他雌花。主蔓摘心后,若遇雌花子房脱落,则应选留侧蔓上第二朵雌花坐果。

(3)辅助授粉　雌花开放时,于开花的当天上午7:00—9:00进行人工授粉,提高坐果率。授粉后及时插牌标记授粉日期,便于推算成熟期。

(4)肥水管理　苗期适当控制肥水,一般不浇水,若底墒不足,幼苗表面缺水时,可进行点浇或小水暗浇。

伸蔓后,浇水量要适当增加,但以开沟浇小水为主,切忌大水漫灌。植株“甩龙头”后追肥1次,方法是在植株一侧20 cm处开沟,每667 m^2 施用三元复合肥15～20 kg。开花坐果期一般不施肥浇水,以防化瓜。

结果期要肥水紧促。坐瓜后5～7 d追1次肥,每667 m^2 追施三元复合肥25～30 kg,尿素5～6 kg,开沟施入或结合浇水冲施。其后,根据天气情况每2～3 d浇1次水,保持畦面湿润,促使果实膨大。果实采收前5～6 d,最后一次浇水,每667 m^2 施尿素7.5～10 kg,硫酸钾5.0～7.5 kg,促进割蔓后新蔓萌发。

6. 割蔓再生二次结果技术

采用割蔓再生结瓜,坐瓜节位低,生长迅速,瓜体较大,单瓜平均较新梢留瓜重1 kg,亩产增加784 kg,增产38.5%。早春大棚西瓜头茬瓜收获后及时割蔓,萌发的侧枝生长迅速,一般长到10～13节即可坐瓜,成熟期也较头茬瓜时间短,产量可占总产量的40%,如管理得当,品质可较头茬瓜好。

(1)割蔓时间　割蔓时间应在头茬瓜采收后进行,一般在5月中旬,此时气温已高,可将大棚撤去,或将四周棚膜掀起。

(2)割蔓方法　在第一茬瓜全部采收后,在主蔓和两条侧蔓的基部保留20～30 cm左右的茎蔓,剪去其余部分,约3～5 d后,基部潜伏芽就可萌发出新蔓。

(3)促发新蔓　割蔓以后,应将地膜上的泥土清扫干净,提高地膜的透光率。土壤墒情较差时,可在地膜前侧开一条宽、深各20 cm左右的沟,顺沟浇水,浸润膜下,结合浇水每亩可施尿素5～7.5 kg,硫酸钾5～6 kg,或三元复合肥7.5～10 kg,促进新蔓早发旺长。

(4)防治病虫害　常见的病虫害有枯萎病、炭疽病、蔓枯病、疫病、叶枯病、蚜虫等,应在割蔓前后提前预防和及时用药。枯萎病除采用嫁接预防外,可用重茬剂1号稀释300倍,每株西瓜0.5 kg灌根防治;叶面病害可用77%可杀得500倍液喷洒防治;蚜虫可用50%辟蚜雾2 000倍液或25%敌杀死1 500倍液防治。

(5)肥水管理　开花坐果前每667 m^2 追施腐熟饼肥40~50 kg,三元复合肥5.0~7.5 kg。幼瓜坐稳后,每667 m^2 施磷酸二铵15~20 kg或尿素10~15 kg、复合肥10 kg,追肥在距瓜根30 cm处开沟或挖穴施入,追肥后浇水。

(6)整枝与留瓜　新蔓长至30 cm左右时,进行三蔓紧靠式整枝。留瓜节位为第2或第3雌花,3条蔓上见到雌花后,均在开花后进行人工授粉,幼瓜坐稳后在适宜的节位上留一个发育良好的幼瓜,其余摘除。

(7)采收　采收的主要内容是鉴定西瓜成熟度的技术和经验,方法在日光温室西瓜栽培中已经作了简单介绍,可以参照进行。

(三)塑料中棚西瓜栽培模式与技术

1. 整地施肥

中棚跨度4 m,种植2行时在立柱两侧30 cm以外,各挖宽40 cm、深40 cm的瓜沟,瓜沟内集中施肥,一般每667 m^2 施腐熟鸡粪3 000~4 000 kg、豆饼50~75 kg、硫酸钾40~50 kg、碳铵50 kg或磷酸二氨50 kg,土肥混匀,然后顺瓜沟造墒,待地表稍干后,整平做成小高畦,畦面宽60 cm,畦间距60 cm,畦间为浇水沟,做好后畦面覆盖地膜。

中棚跨度为6 m时,可种植3行,同样先挖2个瓜沟,距棚中90 cm处,施肥后做成2个瓜畦,其中一个瓜畦栽2行,要求瓜沟深80 cm,施肥也要是另一个的2倍。

选用中早熟的品种在4 m棚也可栽3行,在整畦时距棚边20 cm各整2行,中间做1行畦,整蔓时两边植株向内生长,中间1行则分向两边生长。搭建中棚,扣好薄膜。

2. 定植

(1)定植时期　中棚西瓜3月份定植,具体定植时期可根据苗龄情况、棚的跨度大小及保温性能稍有不同,前后活动时间范围可掌握在15 d左右,太早易出现冷害,太晚则延后上市,降低生产经济效益。

(2)定植　中棚每667 m^2 一般定植700株苗,按已定的定植畦行距计算株距,在畦面地膜上按株距打孔,定植3行时,中间1行的定植穴与两个边行的交错开来,以合理利用土壤养分。向定植孔浇足坐苗底水后栽苗,移栽苗子要求营养钵面与畦面一致,高度要求整齐一致。

3. 整枝留瓜

一般采取三蔓整枝,当主蔓长30~50 cm时,除需要保留的侧蔓外,将主蔓基部的其他侧蔓及侧芽一次清理干净,以减少后期整枝次数。整枝时注意及时理蔓、顺蔓,使瓜蔓在地面均匀分布,防止其重叠、遮压,以充分利用光照。留瓜后幼果至根部的侧芽应及时抹去,幼果至生长点的侧蔓为营养枝,可任其生长。

4. 人工授粉与留瓜

辅助授粉是每天早晨7:00—9:00时,将开放的雄花撕去花冠,用花药去涂抹已开的雌花柱头,将其均匀地抹一层花粉,一般每朵雄花的花粉可供3~4朵雌花授粉用。操作中要周到均匀，以防止出现畸形果。每授一瓜均要做好标记。

当幼果长至鸡蛋大小时，选留第二雌花节位发育快、长势好、形状端正的幼果，疏去多余的幼果，每株留果1个。

5. 肥水管理

主蔓长约50 cm时，可结合浇水每667 m^2 穴施三元复合肥15～20 kg；当幼果长至鸡蛋大小时，每667 m^2 灌施尿素15 kg，加磷酸二氢钾10 kg；果实碗口大小时，还可补浇催果水。西瓜植株生长早期，根系少，吸收力弱，或后期机能衰退，都能造成生理供肥不足，可采用叶面喷肥。目前可喷施的肥料品种很多，其成分大多包括肥料三要素及微量元素、生长调节剂，以及促使肥料渗入和转移的辅助剂等。目前应用较广的当属磷酸二氢钾，喷施时间以傍晚最好，喷施浓度不超过0.5%。

6. 采收

适时采收，对保证西瓜品质、成熟度及市场销售十分重要，其主要内容是成熟度的鉴定方法，可以用坐瓜日期标记法、观察皮色特征法、比重手感法、观察卷须法、抽样调查法等。

二、设施甜瓜栽培模式与技术

（一）日光温室甜瓜栽培模式与技术

日光温室甜瓜栽培可分为冬春茬、早春茬和秋冬茬。冬春茬栽培播种期一般为11月下旬至12月下旬，翌年1月定植，收获期为来年的3月中旬至5月上旬，6月下旬至7月上旬拉秧。具体播期应根据当地气候条件、温室保温性能和种植者的生产经验适当提早或推迟。

1. 品种选择

要选择早熟、优质、风味好，耐低温、耐弱光、耐湿、抗病的品种。

2. 培育壮苗

（1）常规育苗

①苗床设置　可采用电热温床。电热温床应设在温室中部最温暖的部位，床底铺设地热线，电热温床地热线功率要求每平方米100～120 W（每根地热线的功率为800～1 000 W，可铺设8～10 m^2 苗床），当苗床温度达不到要求时，即可通电加温。苗床上面设小拱棚，夜间在拱棚上加盖塑料薄膜，根据需要还可在薄膜外加盖草苫等保温材料。苗床长度不限，宽度以1.2～1.5 m为宜，深度20～25 cm。

②营养土的配制　育苗用的营养土是用6份不带病菌的大田土加4份充分腐熟的圈肥混合而成。田土和圈肥须先打碎过筛，再按体积比混合而成。然后在每方混合土中加入过磷酸钙2 kg，或复合肥1 kg左右，多菌灵或甲基托布津80 g，敌百虫60 g，充分混匀，盖膜闷制7～10 d。然后装入育苗钵中（育苗钵上口直径8～10 cm），或直接铺到苗床上，厚度10 cm，灌水后切成10 cm见方，即可播种。也可采用基质穴盘育苗，穴盘一般选用50孔，基质选用专用育苗基质。

③种子处理

A. 选种与晒种　在播种前，首先要对种子进行精选，弃除秕子、杂子和烂子。种子选择后进行晒种。晒种时将种子摊放在报纸或草席上，在中午阳光下暴晒 4 ~ 5 h，其间翻动 1 ~ 2 次，使种子受光均匀。

B. 温汤浸种　将精选的种子投入 55 ~ 60℃的热水中，水量为种子体积的 5 倍，不断搅动，使水温降至 30℃左右，浸泡 6 ~ 8 h，捞出后即可催芽。

C. 药剂消毒　用 0.1% 的高锰酸钾溶液或 200 倍福尔马林溶液浸种 20 min，然后洗净催芽，可杀死种子内外的大部分病菌；用 50% 多菌灵 500 倍液或 70% 甲基托布津 800 倍液浸种 15 ~ 20 min，捞出用清水洗净，可预防枯萎病和炭疽病；用 10% 磷酸三钠溶液浸种 20 min，捞出后用清水洗净，可钝化病毒。

D. 浸种催芽　对经上述方法处理过的种子进行浸种催芽。浸种常用 25 ~ 30℃的温水浸泡种子 6 ~ 8 h。种子浸好后捞出控干，用湿纱布包好、甩干，放在干净的非金属容器中，置于 28 ~ 32℃条件下催芽。催芽期间除要掌握适宜的温度外，还应保持适宜的湿度和良好的通气条件，每天用温水淘洗种子 1 ~ 2 次，以换气、补水，并防止种子霉变。一般 24 ~ 36 h 即可发芽。

④播种

A. 播种期的确定　各地的适宜播种期应根据当地的定植期和苗龄长短来确定。幼苗一般以 3 ~ 4 叶为宜，在温室采用电热温床育苗，大约需 40 d 的苗龄。

B. 播种方法　播种前先在苗床浇足底水，最好用 25 ~ 30℃的温水。待水下渗后，在苗床上撒一薄层营养土，再将已出芽的种子点播到营养钵，每个营养钵点播 1 粒种子，播后覆盖 1.0 ~ 1.5 cm 厚的营养土，并随即覆盖地膜保湿，出苗后撤去地膜。

⑤苗床管理　苗床管理是培育壮苗的关键，重点是抓好温度控制。苗床的温度一般要掌握“二高二低”的调控原则：播种后到子叶出土，白天床温保持在 30℃左右，夜间在 20℃以上；子叶出土到第 1 片真叶出现（破心），白天保持在 25℃左右，夜间在 13 ~ 18℃；第 1 片真叶出现到定植前 5 ~ 7 d，白天应保持在 25 ~ 35℃，夜间保持在 15 ~ 20℃；定植前 5 ~ 7 d，白天应控制在 20 ~ 30℃，夜间在 12 ~ 17℃。

除温度之外，还应注意苗床湿度的控制。空气湿度过大容易诱发病害，应及时通风，也可在苗床上撒些干土或草木灰降湿。育苗期的土壤水分主要靠底水，苗期较少灌水，但若土壤干旱则需适时灌水。灌水应选晴天中午进行，并严格掌握灌水量，以防灌水过多。

当幼苗达 3 叶 1 心时即可定植。

（2）嫁接育苗

①砧木选择　高抗枯萎病等土传病害，与接穗的嫁接亲和力和共生亲和力强，不影响甜瓜的外观、色泽、口感等品质；具有较强的耐寒性。甜瓜嫁接的适宜砧木有白籽南瓜、抗病性强的甜瓜品种（共砧）等。

②嫁接方法　甜瓜常用嫁接方法有靠接法和插接法。

A. 靠接法　共砧品种一般与接穗同期播种或砧木早播 2 ~ 3 d；南瓜砧应比接穗晚播 3 ~ 4 d。砧木和接穗第 1 片真叶均长至 5 ~ 10 mm 时为嫁接适期。嫁接时，分别取砧木和接穗苗。用刀片或竹签去除砧木生长点和真叶，在砧木扁茎的窄面距子叶节 0.5 cm 处，用刀片向下斜切一刀，深度达茎粗的 2/5 ~ 1/2，刀口长约 0.8 cm；然后在接穗苗距子叶节约 1.5 cm 处向上斜切一刀，深度达茎粗的 2/3，刀口长度同砧木；再将砧木与接穗切口对插嵌合，并用嫁接夹固定。嫁接后，把接穗和砧木同时栽入营养钵，两根相距约 1 cm，接口距土面约 3 cm，以免后期接穗产生不定根。

B. 插接法　共砧品种应比接穗早播 5～7 d，南瓜砧可与接穗同期播种或比接穗早播约 3 d。当砧木苗第一片真叶直径达 2～3 cm、接穗苗子叶充分展开时为嫁接适期。嫁接时，先取砧木苗，用刀片或竹签去除真叶和生长点，用竹签（粗度与接穗下胚轴相当）由生长点切口向下斜插一孔，深度以不穿破下胚轴表皮、隐约可见竹签为宜，深约 0.8 cm。注意不要将竹签垂直插入茎的空心处，否则接穗易向下生长出不定根，失去嫁接作用。再取接穗苗，在子叶节下约 1.2 cm 处用刀片向下斜切成楔形，刀口要平，然后取出砧木上的竹签，将削好的接穗插入砧木孔中，使接穗切面与砧木紧密结合。

③嫁接苗的管理　嫁接后的愈合期，尤其是前 5 d 左右的管理是成败的关键，应加强温度、湿度和光照的管理，加速接口愈合和促进幼苗生长。

A. 温度管理　嫁接后及时移栽到苗床，在小拱棚上加盖塑料薄膜，并加盖草苫等保温。前 4 d 左右，白天苗床温度控制在 26～28℃，夜间 20～22℃，地温 20℃以上。4～5 d 后开始逐渐通风降温，1 周后床温白天 23～24℃，夜间 18～20℃。以后进入苗床正常管理。

B. 湿度管理　嫁接后保持高湿条件，减少接穗水分蒸腾，防止叶片萎蔫，是提高嫁接苗成活率的关键。嫁接苗栽入苗床后及时浇一次透水，并盖严塑料薄膜，3 d 内不通风，保持空气相对湿度 90% 以上（但须防止棚面滴水，可在棚膜下衬一层无纺布吸水）。以后逐渐通风排湿，7～8 d 后进入正常管理。

C. 光照管理　嫁接后 3 d 内要用黑色薄膜、草苫或纸被等覆盖遮光，避免阳光直射引起接穗萎蔫。3 d 后逐渐揭开遮光覆盖物使嫁接苗接受光照，10 d 后撤除遮光覆盖物。

D. 断根和去萌芽　采用靠接法的嫁接苗，嫁接后 10 d 左右，当接口已愈合时，要及时切断接穗根部。切断部位要尽量靠近接口，以防接口靠近地面发生不定根而影响嫁接效果。嫁接苗成活后，砧木上常萌发侧芽，与接穗争夺养分，影响接穗的生长发育，因此要及时除去这些萌芽。

3. 定植前的准备

定植前的准备主要包括温室消毒、土壤翻耕施基肥和造墒做垄等。

（1）温室消毒　在夏季休闲期或定植前进行温室消毒，对降低病虫基数、控制病虫害、减少化学防治的用药量、提高产品的安全质量具有重要的作用。常用消毒方法有以下几种：

①高温闷棚消毒　夏季休闲期，前茬作物收获后及时清园，随后全面灌水、覆盖地膜，并封严棚膜进行高温闷棚，使温室内气温在 55℃ 以上，地温在 50℃以上，持续两周左右，可有效杀灭枯萎病、根结线虫、白粉虱、潜叶蝇等顽固性病虫源。也可在定植前 15 d 左右封严棚膜进行高温闷棚消毒。

②化学药剂消毒　在定植前 10 d 左右，每 667 m^2 用 40% 的福尔马林 1 kg，兑水 30～45 kg，全面喷洒，密闭消毒 5～7 d，然后通风，使药剂完全挥发后定植。

（2）整地翻料施基肥　甜瓜对土壤通气状况要求高，不耐涝，怕积水。种植甜瓜应选择地势高燥、排水良好、土层深厚的沙壤土或壤土地块。

甜瓜忌连作，温室大棚种植应进行 3～5 年轮作。不宜与西瓜、南瓜、黄瓜等葫芦科作物连作。前茬作物收获后，清除残株烂叶，及时深翻土壤，结合深翻施入基肥。甜瓜生长期长、需肥量大，特别是对磷钾肥的需求高，因此要施足基肥。科学选用肥料，做到有机肥与无机肥相结合，速效肥料与缓效肥料相结合，氮、磷、钾肥相结合，大量元素肥料与微量元素肥料相结合，以保证甜瓜的整个生育期间有充足的养分供应。一般每 667 m^2 撒施腐熟有机肥2 000 ~ 3 000 kg，施用磷钾含量比例高的复合肥 30 ~ 40 kg。要将肥料全层施入，即将有机肥撒施到土壤表面后，深翻 25 ~ 30 cm，耙平后再撒施复合肥，然后浅耕 10 ~ 15 cm，使土肥相容，再整平地面。

(3)造墒做垄　甜瓜喜欢干燥的气候，为了减少生长期的灌水，控制空气湿度，底墒一定要足。为此，一般在定植前 10 ~ 15 d 先灌水造墒，地表稍干后即可浅耕、做垄。宜采用宽窄行高垄栽培，一般按小行距 60 cm，大行距 80 cm(平均行距 70 cm)，做成南北向的高垄。垄高 15 ~ 20 cm，垄宽 50 cm。窄行垄沟要浅，深约 15 cm；宽行垄沟要深，深约 20 cm。垄做好后要及时覆盖地膜以保墒和提高地温。

4. 定植

(1)定植时期　定植期一般为 1 月中下旬至 2 月上旬，如果温室保温性能好、栽培技术水平高，定植期还可提早到 12 月中下旬。不论定植时期早晚，在具体定植时间上必须满足温室内 10 cm 地温稳定在 15℃以上。定植时选择“冷尾暖头”的天气，在晴天上午定植。

(2)定植密度　采用吊蔓栽培，定植密度较大。密度大小与品种、整枝方式以及当地的光照条件等因素有关。一般在光照条件好的地区，单蔓整枝，小果形品种每 667 m^2 栽植 2 200 株以上[行株距为 70 cm × (40 ~ 43) cm]，大果形品种每 667 m^2 栽植 2 000 ~ 2 200 株[行株距为 70 cm × (43 ~ 47) cm]；在光照条件较差的地区，小果形品种每 667 m^2 栽植 1 800 ~ 2 000 株[行株距为 70 cm × (43 ~ 52) cm]，大果形品种每 667 m^2 栽植 1 500 ~ 1 700 株[行株距为 70 cm × (56 ~ 63) cm]。采用双蔓整枝，密度应降低到每 667 m^2 1 500 株以下。

(3)定植方法　定植方法有挖穴定植和开沟定植两种。定植前已覆盖地膜的采用挖穴定植，即按已确定的株行距破膜挖穴，穴内栽苗、灌水，水下渗后覆土。定植前未覆盖薄膜的，开沟定植，即按已确定的行距在垄顶开定植沟，按株距栽苗，在沟内灌水，待水下渗后覆土平沟。然后刮平垄台，用宽度为 100 cm 的地膜覆盖两垄及窄行垄沟，把秧苗引出膜外。无论采用何种定植方法，都应注意用湿土封严定植口。定植深度以营养钵土面与垄面持平为宜。

5. 定植后的管理

(1)温度与光照调节　要求较高的温度和强光照，而冬春茬栽培正值温室内温度最低、光照最弱的时期，所以在管理上应以保温、增光为重点。

①缓苗期　定植后 7 d 左右为缓苗期，应密闭温室保温保湿，促进缓苗。白天温度应保持在 26 ~ 35℃，夜间不低于 18℃，地温在 27℃左右。为保持较高温度，此期应适当早盖晚揭草苫。如果温度偏低，定植后可在温室内加盖塑料小拱棚，夜间在小棚上覆盖草苫等以提高温度。

②伸蔓期　缓苗后，为了防止茎叶徒长，促进根系生长和花芽分化，可适当降低温度。白天温度保持在 25 ~ 28℃，夜间温度保持在 13 ~ 17℃，地温保持在 25℃左右。中午温度超

过30℃时,要适当通风降温,温度低于25℃时收风,午后温室内温度降至18~20℃时盖草苫保温。此期应适当早揭晚盖草苫等保温覆盖物,延长光照时间。为提高后部的光照度,可在温室后墙内侧张挂反光幕。

③结果期　结果部位雌花开放后就进入了结果期。此期甜瓜对温度和光照要求非常严格,既需要较高的温度和较大的昼夜温差,又要求较强的光照条件。开花坐果期白天温度保持在25~30℃,夜间在15℃以上,高于35℃和低于15℃都会影响甜瓜的正常坐果。果实膨大期白天温度保持在27~35℃,不超过35℃不放风,夜间13~20℃,加大昼夜温差,地温保持在20℃以上。果实成熟期白天温度保持在28~30℃,夜间温度不低于15℃。进入果实膨大期后,要逐渐早揭晚盖草苫,延长光照时间;白天揭掉草苫后及时清洁屋面薄膜,提高透光率。

在温度调节中应注意两个问题:一是温度的高低还要与光照的强弱相配合,阴、雪(雨)天气光照不足,为了减少植株的呼吸消耗,应适当降低温室内的温度;二是在连续阴、雨(雪)天后,天气突然转晴,温室内温度急剧升高,此时不能通风降温,而要在中午盖上草苫(回苫)遮阴降温,高温过后再揭掉草苫。如果不回苫遮阴降温,则极易使叶片失水萎蔫,严重时会造成植株死亡。

(2)追肥与灌水

①追肥　一般在伸蔓期和膨瓜期分两次追肥。追肥结合灌水进行,伸蔓期每667 m^2追施尿素10~15 kg、磷酸二铵10~15 kg。如果基肥充足,植株生长旺盛,伸蔓期可不追肥。进入膨瓜期后,需肥量大增,是追肥的关键时期,每667 m^2追施磷酸二铵15~30 kg,硝酸钾或硫酸钾约15 kg,或追施氮、磷、钾三元复合肥20~30 kg。不要在果实膨大后期施用速效氮肥,以免降低品质,延迟成熟期。如果进行2~3次结果,还应在二、三层果实膨大期各追1次肥,每次每667 m^2施硫酸钾或硝酸钾10~15 kg,磷酸二铵10 kg。生长中后期还可叶面喷施0.2%~0.3%的磷酸二氢钾等肥料,于傍晚喷施,15~20 d喷1次。成熟前10~15 d应停止追肥。

②灌水　一般分为缓苗水、伸蔓水和膨瓜水。定植时如采用穴内或定植沟内灌水,土壤水分不足时,可在缓苗期于膜下暗沟轻灌一次缓苗水。如定植水充足,可不灌缓苗水。进入伸蔓期,植株生长加快,需水量增加,在茎蔓开始伸长时于膜下暗沟灌一次水,以促使茎蔓的迅速生长。这一次水量要适当,既要满足整个伸蔓期和开花坐果期对水分的需求,又要防止水分过多造成茎叶徒长,影响开花结果。开花坐果期严格控制灌水,防止茎叶徒长,促进坐果。果实膨大期是甜瓜一生耗水量最大的时期,也是水分管理的关键时期,应保持土壤相对含水量在80%~85%。当幼瓜达核桃大小时,结合施膨瓜肥灌1次促瓜水,约10 d后再灌1次水。采收前10~15 d应停止灌水,以防降低糖分含量、影响品质,延迟成熟期和引起裂果。留二层果的,在二层果膨大期再灌水1~2次。

对于网纹甜瓜来说,开花后14~20 d进入果皮硬化期,果面开始有裂纹并逐渐形成网纹,如果网纹形成初期水分过多,容易发生较粗的裂纹,影响果实美观。因此,在网纹形成前7 d左右应减少供水量,以促进网纹形成。

如有条件最好采用滴灌,既灌水均匀,又能节水,还可有效控制空气湿度,减少病害发生。采用滴灌,每次灌水量小,灌水次数应相应增多。一般在伸蔓期灌水2次,初花期灌水

1 次,果实发育期每 5 ~ 7 d 灌水 1 次,温度高时灌水间隔可缩短到 4 d 左右,果实成熟前 7 d 左右停止灌水。

甜瓜喜欢干燥的气候,温室栽培应注意防止空气湿度过大。除合理灌水外,还应结合温度调节加强通风,降低空气湿度。

③二氧化碳施肥　甜瓜温室栽培施用二氧化碳气肥,一般从定植缓苗后至果实膨大期,施放 30 d 左右。植株长势过旺应推迟施用,采收前 2 周左右停止施用。二氧化碳施肥连续进行才能达到持续增产的效果,一旦中途停止使用,植株易早衰。因此,决定停止使用时,须采取逐渐降低浓度的方法,使植株能够适应。一天施用的开始时间为日出后或揭苫后半小时,停止施用的时间为通风前半小时,每天施用 2 ~ 3 h。一般施用浓度为 700 ~ 1 000 μL/L,阴天降至 600 μL/L。

二氧化碳施肥的方法较多,但适合于广大农民使用的方法主要有化学反应法和二氧化碳颗粒气肥。

目前生产中多使用二氧化碳发生器释放气肥,方法简便,操作安全,应用效果较好。二氧化碳固体颗粒气肥以碳酸钙为有效成分,以有机酸为调整剂,以无机酸为载体,在高温高压下造粒而成,施入土壤后缓慢释放二氧化碳。这种颗粒气肥使用方便、安全,但对贮藏条件要求极其严格,释放二氧化碳的速度受温度、水分的影响,释放时间和释放量不易控制。

(3)吊蔓与整枝　当幼苗长出 6 ~ 7 叶时,需及时吊蔓。一般用尼龙绳或聚丙烯撕裂膜带吊蔓,吊绳下端系短竹棍插入靠近植株的土壤中,上端固定在植株顶部的专用吊蔓铁丝上,将瓜蔓引到吊绳上,使瓜蔓与地面垂直,保持立体受光姿态。双蔓整枝则每个植株用 2 根吊绳,使两条蔓呈"V"字形向上吊起。第一次引蔓以后,每隔 3 ~ 5 叶用吊绳缠蔓 1 次。

甜瓜分枝能力强,如不进行整枝打杈,不仅主蔓生长弱,侧蔓长势很强,而且枝叶繁茂,营养生长过于旺盛,开花结果不良,产量和品质都会大大降低。

整枝方式有 3 种,即单主蔓整枝、单子蔓整枝和双蔓整枝,其中以单主蔓整枝应用普遍。各种整枝方式具体做法如下:

①单主蔓整枝法　适合于子蔓结果为主的早熟品种。保留主蔓,在主蔓的 9 ~ 11 节(果形较小的品种)或 13 ~ 15 节(果形较大的品种)选留 3 条子蔓为结果预备蔓,其余子蔓全部摘除。但如果要进行二次结果,应在主蔓顶部再留 2 条子蔓结果。结果子蔓于结实花开放前 2 d 在雌花前留 1 片叶摘心,主蔓于 22 ~ 25 节摘心。

②单子蔓整枝法　此法适合于子、孙蔓结果为主的中熟品种。主蔓 4 ~ 5 片真叶时摘心,在基部选留健壮子蔓 1 条,摘除其余子蔓。在保留的子蔓上 10 ~ 12 节选留 3 条孙蔓为结果蔓,其余孙蔓全部摘除,子蔓于 22 ~ 25 节摘心,其他做法同单主蔓整枝。

③双蔓整枝法　这种方法适合于果实较小的品种。主蔓在 4 ~ 5 片处摘心,从发出的侧蔓中选留两条长势相当的侧蔓引上棚架,去掉其余侧蔓,最后在两条侧蔓的 10 ~ 13 节处各留 1 个瓜。留瓜后,在留瓜节位以上留 10 ~ 12 片叶摘心,留瓜节位的孙蔓留 1 ~ 2 片叶后摘心,留瓜节位以外的孙蔓全部摘除。

在植株生长过程中,要适时摘除基部变黄的老叶和严重的病叶,以利通风透光,并摘除卷须,以减少养分消耗。

(4)人工授粉　人工授粉宜在上午 8:00—10:00 进行,将当天刚刚开放的雄花摘下,去掉花瓣,露出雄蕊,然后把雄蕊放到留瓜节位刚开放的雌花上轻轻涂抹几下,使柱头均匀受粉即可。一朵雄花一般可为 2 ~4 朵雌花授粉。授粉后挂上不同颜色的标牌,标记授粉日期,以便根据果实发育天数判断成熟期。

6. 果实管理

果实管理包括留瓜和吊瓜。留瓜在授粉后 5 ~ 10 d,当幼瓜果达核桃大小时进行。选择果形端正、果柄较粗的果实保留。单蔓整枝的植株一层只留 1 个果,双蔓整枝每蔓各留 1 个果,其余果实及时摘除。

为减轻茎蔓负荷,避免随果实增大而出现"坠秧"现象,当幼瓜长到 0.2 ~0.3 kg 时,应进行吊瓜。吊瓜可用撕裂的塑料薄膜条带,打活结系到靠近果实部位的果柄上,连同结果枝一起吊在温室顶部的铁丝上,或者用塑料网袋将果实套住吊起。吊瓜高度应基本一致,以使果柄略低于结果枝在主蔓上的位置为宜。

7. 采收

当果实达到本品种应有的大小,表现出品种果实固有的色泽,网纹品种的网纹发育充分,软果肉型品种的果实顶部变软,有香味的品种散发出浓郁的香气,脱柄品种 1/2 果柄脱离果实,食用品质达到或接近最佳时,即为充分成熟。生产实际中,常用果实发育天数(从结果雌花开放到果实成熟的天数),结合上述指标判断甜瓜的成熟度。不同熟性的甜瓜品种,果实发育的天数大致是:早熟品种 30 ~40 d,中熟品种 40 ~50 d,晚熟品种 50 ~60 d,极晚熟品种 60 d 以上。但在光照弱、温度低的条件下,果实发育期会延长。

甜瓜的销售方式不同,对采收期要求也不同。就地销售时,应在充分成熟时采收;运销外地或采收后贮藏,应在接近成熟(八九分成熟)时采收。未表现出固有的色泽、果肉坚硬、无香气、果实与果柄难分离的果实为未熟果,品质发育不充分,不宜采收。

采收应在晴天无露的早晨或傍晚,或者无雨阴天的上午进行。晴天午后采收,温度高,果实带有大量的田间热,呼吸旺盛,不耐贮运;雨天或带露采收,果面湿度大,容易招致病菌侵染,运贮过程易烂果。采收时最好带部分茎蔓与果柄成"T"字形。

果实采收后置于阴凉处,避免重叠,待果温下降后再包装。包装应在阴凉场所进行,先选果分级,拣出过熟、未熟、带伤、虫蛀和畸形瓜,按大小分级,然后包装。包装时,先在果面上统一贴上商标,按单果套上泡沫网袋,再装入带通气孔的纸箱内。包装箱规格和每箱装瓜数依果形大小而异,大果形品种每箱 4 ~6 个,重量 15 kg 左右;小果形品种每箱 6 ~12 个,重量 10 kg 左右。

(二)大、中棚甜瓜栽培模式与技术

甜瓜塑料拱棚栽培可分为大、中棚春茬栽培和大棚秋茬栽培等茬口类型。不同地区的茬口安排,一定要根据当地的气候条件、拱棚类型以及是否采用多层覆盖保温措施等来确定。

大、中棚春茬在陕西关中地区一般 2 月中、下旬播种育苗,3 月下旬至 4 月上旬定植,5 ~6 月采收上市。如果采用多层覆盖保温措施,即在大、中棚下加设小拱棚,小拱棚下覆盖地膜,则可提前 10 d 左右育苗和定植。

1. 品种选择

选择早熟、耐低温、耐弱光、品质优、抗病性强、产量稳定的品种。

2. 育苗

可在温室、大棚内加盖小拱棚和地热线育苗。苗龄 35 d 左右,成苗具 3 叶 1 心为宜。育苗期既要防止低温危害,也要防止高温危害,定植前要加强幼苗锻炼,以适应定植后棚内夜温较低的状况。有关培养土的配制、种子处理和苗床管理等,参考日光温室冬春茬育苗部分进行。

3. 定植前的准备

(1)整地施基肥　多选用冬闲地,前茬作物收获后,清洁田园,冬前深翻土壤 30 ~ 40 cm,并冻垡。春季化冻后浅耕 2 次后整地。结合浅耕整地,每 667 m^2 施充分腐熟的优质农家肥 3 000 ~ 5 000 kg,二铵 20 ~ 30 kg,硫酸钾 20 kg。其中 2/3 全面撒施后翻入土中,剩余1/3 在做畦(垄)时集中施于畦或垄下。

(2)扣棚做垄　为提高地温,一般于定植前 15 ~ 20 d 扣上棚膜暖地。如果墒情不足,于定植前 10 d 左右灌水造墒,灌水量不可过大,以防降低地温。分墒后做垄。大棚采用立体(吊蔓或支架)密植栽培,按宽窄行做垄。窄行垄距 60 cm,垄沟深 15 ~ 20 cm;宽行垄距 90 cm,垄沟深 25 ~ 30 cm;垄基宽 60 cm,双行定植。中棚采用爬蔓栽培,按行距 1.5 m 左右做垄。垄高 25 cm,垄基宽 60 cm。垄做好后,及时在垄面和垄沟上覆盖地膜,膜边压严,以保墒和提高地温。

4. 定植

一般当棚内 10 cm 地温稳定在 15℃,最好在 18℃以上时即可定植。定植应选晴天上午进行。

定植密度依栽培和整枝方式而定。立体密植栽培:单蔓整枝,每 667 m^2 栽植 2 200 株左右,行距 70 cm,株距约 45 cm;双蔓整枝,密度减半。爬蔓栽培:单蔓整枝,每 667 m^2 栽植约 1 500 株,行距 1.2 m,株距 35 ~ 40 cm;双蔓整枝,每 667 m^2 栽植 800 株左右,株距约 54 cm;三蔓整枝,667 m^2 栽苗约 600 株,株距约 70 cm。为提高地温,促进缓苗和防止冷害,可于定植后加设小拱棚保温保湿。

5. 定植后的管理

(1)温度管理　定植后 5 ~ 7 d,一般不通风,盖严内外双层棚膜,提高温度,促进缓苗。白天保持棚温 30℃左右,夜间保持 18℃以上。缓苗后至开花,逐渐通风降温、排湿,小拱棚昼揭夜盖,加大昼夜温差,促进根系深扎,防止地上部徒长。白天棚温降至 28℃,夜间降至 13 ~ 16℃,当地终霜后 10 d 左右撤除小拱棚。坐果阶段白天棚内气温保持在 28 ~ 30℃,夜温保持在 15 ~ 17℃。坐果后的果实膨大期保持较高的温度有利于果实发育,白天保持棚温在 28 ~ 32℃,最高不超过 35℃,夜间保持在 15 ~ 18℃。温度调控通过通风进行。通风的原则是:由小到大逐渐进行,中午晴天多通风,早晚阴天少通风。开始通风时在拱棚背风的一端开口通风,通风口由小到大,通风时间逐渐延长。随着温度升高,由一端通风变为两端通风,再由两端通风到两侧通风。侧面通风一定要从小到大逐渐进行,并要在高温到来之前进行。一般当棚内温度达 25℃时开始通风,不能在高温期骤然通风,以防发生"闪苗"。当外界最低气温达 15℃时,可将大棚裙膜昼夜揭起通风,中棚则可经几天大通风后逐渐撤去棚膜。

(2)肥水管理　定植后至伸蔓前,需要水分较少,要控制灌水,以防降低地温,不利于幼苗的生长。到伸蔓期，灌一水，并结合灌水追施1次肥料，每667 m^2 施尿素10 kg，磷酸二铵15 kg，或施入氮、磷、钾复合肥料30～40 kg。开花至坐果期控制灌水，防止植株徒长，影响正常坐果。进入膨瓜期（幼瓜达核桃大小时）及时灌膨瓜水，促进果实膨大。以后根据土壤墒情和植株生长状况再灌水1～2次。最好采用膜下暗沟灌水或滴灌。避免大水漫灌，以防降低地温，增大空气湿度，诱发病害的发生。采用滴灌时，应增加灌水次数，保证足够的灌水量。

（3）整枝与留瓜　大棚立体栽培，可吊蔓或支架绑蔓。支架避免使用“人”字形架，宜用直立架，使瓜蔓垂直于地面，保持植株的立体受光姿态。6～7叶时进行第1次绑蔓或吊蔓，以后每隔3～4叶绑蔓或用吊绳缠蔓1次。

大棚立体栽培多采用单蔓整枝，也可采用双蔓整枝。其整枝方法和果实管理同日光温室冬春茬栽培。中棚爬蔓栽培以双蔓整枝为主，也可采用三蔓整枝。

双蔓整枝的方法是：当幼苗4叶心时及时摘心，待子蔓长到10～15 cm时，选留其中2条生长一致的健壮子蔓（多为2～3节的子蔓），其余子蔓及早摘除。在子蔓4节以上坐果，每条子蔓留1～2个瓜，每株留2～4个瓜，也可留4～6个瓜，待幼瓜达核桃大小时，选留果型端正的瓜，其余幼瓜及时疏除。如果在孙蔓上结瓜，孙蔓坐瓜后于瓜前留2片叶摘心，子蔓20节左右摘心。

三蔓整枝在幼苗5叶期摘心，选留3条健壮子蔓（多为2～4节的子蔓），其余子蔓及早摘除。一般每条子蔓选留1～2个瓜，每株留3～6个瓜。果型较大的品种单株留瓜少，果型小的品种单株留瓜多。每条子蔓选第2、第3节雌花或孙蔓留第1个瓜，孙蔓坐瓜后于瓜前留2片叶摘心。每条子蔓于最后一个瓜前留3～4片叶摘心。

整枝宜在晴天上午进行，结合整枝理顺瓜蔓，以使植株受光均匀。大中棚春茬栽培，前期温度较低，缺少传粉昆虫，应进行人工授粉，或在棚内释放蜜蜂等传粉，以提高坐果率。

第四节　设施豆类及特色蔬菜栽培模式与技术

豆类及特色蔬菜的种类较多，经济价值较高，是人们最喜爱的鲜菜之一。近年来设施豆类及特色蔬菜种植面积不断扩大，但与茄果类、瓜类等蔬菜相比仍然较小。本节重点介绍菜豆、豇豆、豌豆、韭菜、芹菜、芦笋等常见设施豆类及特色蔬菜的栽培模式与技术要点。

一、设施菜豆栽培

菜豆，又称芸豆、四季豆等，为一年生缠绕性草本植物，是豆科菜豆属中以嫩豆荚和豆粒为食用器官的蔬菜作物，也是人们食用量较大的蔬菜种类之一，在设施蔬菜的周年生产供应中占有重要地位。由于各地的气候条件及所利用的温室和大棚等设施不同，因此，菜豆的设施栽培类型较多，主要有春提早栽培、秋延后栽培和越冬栽培等。其中，以日光温室越冬栽培的效益较好，下面以日光温室越冬栽培为例，介绍设施菜豆的栽培技术要点。

（一）品种选择

一般情况下，日光温室越冬栽培菜豆的适宜播种期为9月下旬至10月上旬，初冬定植，生长期在冬春季。选择品种时应根据前茬作物的倒茬早晚而定，若正常倒茬，则宜选择结荚期长、产量高的优质蔓生品种，如'芸丰''绿龙'等；若倒茬较晚，则宜选择结荚期短、早熟的矮生品种，如'供给者''新西兰3号'等。

（二）育苗

菜豆根系木栓化早、再生能力弱，因此栽培中多进行直播，若前茬作物倒茬太晚，则需进行育苗。可在日光温室内铺设电热温床，用营养钵或营养纸袋等育苗，以便保护根系。

1. 播种

播种前精选种子，并提前晒种2～3 d以提高发芽率，一般不用两年以上的种子。多干籽直播，若浸种催芽，则注意水温以25～30℃为宜，浸泡12 h后在20～25℃条件下催芽。选择晴天的上午播种，先浇透水，每钵播2～3粒，覆细土2～3 cm，覆盖薄膜进行保温。

2. 苗期管理

主要通过揭盖保温被和通风来调节温度。出苗前不通风，每天及时揭盖保温被。苗出齐后适当通风，防止徒长；白天温度以15～20℃为宜，夜间温度以10～15℃为宜。第一片真叶展开至定植前10 d，需提高温度，以促进花芽分化和叶片生长；白天以20～25℃为宜，夜间温度以15～20℃为宜。定植前10 d开始，逐渐降温进行秧苗锻炼，白天温度15～20℃，夜间温度则可降至5～12℃甚至可短时0～5℃，以锻炼幼苗。苗期一般不浇水，若用电热温床进行育苗，则应根据情况适当浇水，以防基质干燥；同时，应在晴天上午浇小水，浇后注意提升温度。营养钵育苗的，则定植前一天浇水，以湿透基质坨为宜。

（三）定植

倒茬后及时清除病株残体，结合整地，每667 m^2施腐熟有机肥5 000 kg、尿素15～20 kg、磷酸二铵20～25 kg作基肥。深翻25 cm并耙细整平后，做宽100～120 cm的高畦。定植前进行3～5 d的高温闷棚消毒，再通风降温。蔓生菜豆按（45～50）cm ×（28～30）cm的行株距，矮生菜豆则按穴距20 cm左右进行定植。定植以晴天为宜，要求10 cm地温稳定在10℃以上。先开沟灌水，水渗下后栽苗，栽后覆干土。

（四）定植后管理

1. 温度管理

定植后1～2 d不通风，利于缓苗。白天棚内温度超过32℃时，应适当通风降温。缓苗后开花前，白天温度以20～25℃为宜，高于28℃即需通风；夜间保持在15～18℃。进入开花结荚期，注意保温和通风换气，以白天20～25℃、夜间13～15℃为宜。天气转暖后应加大通风，以白天26～28℃、夜间15～20℃为宜。

2. 水肥管理

定植后2～3 d开始中耕培土。定植到开花前不浇水或少浇水，每隔6～7 d中耕1次，先深后浅，并向根部培土。土壤过干时，在晴天上午开沟浇暗水，并注意中耕松土。生长速度加快时追施1次氮肥，每667 m^2追施硫酸铵10～15 kg。开花到嫩荚坐住，不浇水。结荚期加强肥水管理，可随水冲施速效肥，每667 m^2追施尿素10～15 kg。每采收1次就浇水1次，每2次浇水中有1次随水追施速效肥。

3. 植株调整

蔓生菜豆在蔓长 30 cm 左右时应及时搭架引蔓，多为吊绳，也可用竹竿材料的“人”字架或篱笆架。矮生类型则搭 50 cm 左右高度的篱笆架，以防倒伏。

4. 防止落花落荚

菜豆花量较多，通常能正常开放的花仅有 20% ~30%，而且能结荚的花又仅占开放花的 20% ~30%。因此，菜豆的结荚率很低且栽培过程中易出现落花落荚现象，其原因主要包括遗传因素和外部环境影响两个方面。就外部环境影响而言，主要包括两方面：一是由于环境条件不适宜（如温度过高或过低等），造成授粉受精不良，从而引起落花；二是植株的水肥供应不足，造成各器官间激烈的营养竞争，弱的花芽就会变为潜伏芽或开花时脱落。

防止落花落荚的措施主要有以下三方面：一是加强温光及空气湿度的管理，创造有利于菜豆开花结荚的环境条件；二是加强水肥管理，维持营养生长与生殖生长平衡，并注意植株群体通风透光；三是适时采收，防止结荚过量而坠秧。

5. 主要病虫害防治

温室菜豆主要病害有根腐病、炭疽病、锈病和细菌性疫病。根腐病可用 70% 甲基托布津可湿性粉剂 800 ~1 000 倍液浇灌根部，也可用 75% 百菌清 600 倍液或 50% 多菌灵 500 ~600 倍液喷洒植株茎基部；炭疽病可用 75% 百菌清可湿性粉剂 600 倍液防治；锈病发病初期用 25% 粉锈宁可湿性粉剂 2 000 ~3 000 倍液或 50% 萎锈灵乳油 800 ~1 000 倍液防治；细菌性疫病可用高锰酸钾 1 000 倍液，或用农用链霉素 3 000 ~4 000 倍液喷雾防治。菜豆主要虫害有豆蚜，可用高效 Bt 水剂 500 ~700 倍液喷雾防治。

（五）采收

菜豆为嫩荚采收，采收过早会影响产量，采收过晚又会影响品质，因此应掌握好采收时期。一般落花后 10 ~15 d 为采收适宜期，进入盛荚期可每 2 ~3 d 采收 1 次。采收标准为豆荚颜色由绿转为淡绿，外表有光泽，种子略显露。蔓生菜豆从播种到采收需要 2 个月左右，可连续采收 2 ~3 个月，而矮生菜豆可比蔓生菜豆提早 10 d 左右采收。

二、设施豇豆栽培

豇豆，又称长豆角、带豆等，为豆科豇豆属一年生草本植物，有菜用种和粮用种两类。蔬菜栽培中的豇豆均指菜用种，以嫩荚和种子为食用器官。豇豆较耐热，对日照要求不严格，生长期和供应期较长，在设施豆类蔬菜栽培中，仅次于菜豆，近年来还有逐渐增多的趋势。其主要设施栽培形式有日光温室冬春栽培、日光温室秋冬栽培、日光温室越冬栽培、大棚春提前栽培、大棚秋延后栽培，播种时间则依据品种的熟性、前茬作物腾茬时间、播种方法及栽培方式等具体情况而定。下面以日光温室越冬栽培为例，介绍设施豇豆的栽培技术要点。

（一）品种选择

宜选用适应性强、耐低温弱光、生长势强的豇豆品种，如‘之豇 28 －2’‘早生王’‘挂面王’‘长豇 3 号’‘绿领’等。

(二)播种育苗

日光温室栽培豇豆,有直播和育苗移栽两种方式。实践表明,采用直播法,日光温室茎叶生长旺盛而结荚少;育苗移栽较直播提早上市 10 ~ 15 d,可增产 25% ~35% 。通过育苗移栽,可抑制植株前期营养生长而促进生殖生长,达到早结荚、多结荚的效果,且可集中管理幼苗,利于培育壮苗,还能灵活掌握日光温室栽培的定植期。

1. 催芽播种

对精选晾晒好的种子用 0.5% 高锰酸钾溶液浸泡 20 min,然后捞出放入 25 ~30℃温水中浸泡 3 ~4 h;捞出沥干水,用湿布包好放至 20℃下催芽 18 h 即可发芽。挑选芽长一致的种子播于营养钵内,播后覆土并覆地膜以利保墒出苗。在 25 ~30℃条件下,3 d 即可齐苗。

2. 苗床管理

幼苗出土后,立即撤去地膜并覆一层 0. 5 cm 厚湿润基质。齐苗后将床温降至 13 ~20℃,以防幼苗徒长。当幼苗第 1 片真叶充分展开后增加光照,叶面喷施 0.5% 磷酸二氢钾和硼肥,以促进花芽分化和培育壮苗;在幼苗二叶期、三叶期,各重复喷施 1 次。当幼苗长至四叶期时,进行炼苗,准备定植。

(三)定植

1. 整地施肥

豇豆虽有根瘤,但固氮能力较弱,植株生长前期根系自身的根瘤菌生长活动所需吸收的氮素 50% 要靠土壤供给。一般宜选用土层深厚、排水通气良好的沙壤土栽培。种植前施入充足的且充分腐熟的有机肥作基肥,同时每 667 m^2 增施三元复合肥或磷酸二铵 30 kg 左右。

2. 合理密植

日光温室栽培豇豆生长处于“高温、高水、高肥、弱光”环境,植株稍有密闭即易徒长、落花。因此,在日光温室栽培豇豆,栽植密度较露地栽培小。可采用高畦地膜覆盖栽培,在温室内南北走向做畦,畦宽 110 ~120 cm、高 20 cm 左右,大行距 70 cm、小行距 50 cm,穴距 28 cm,每穴栽 2 株,每亩约栽 6 000 株。定植后畦面覆盖地膜,及时放苗浇水。

(四)定植后管理

1. 中耕

定植后及时中耕松土及除草,提地温,促缓苗;若设施内土壤湿度不大,应及时再浇小水,并随水每 667 m^2 追施氮肥 15 kg,以提苗、促发秧,随后控水至植株进入开花结荚期。

2. 增加光照

秧苗定植后,在保证温度的前提下早揭晚盖保温覆盖物,及时通风排湿,增强光照,促壮根、壮秧,提高幼苗光合能力,为丰产打好基础。

3. 甩蔓期管理

植株快速生长至现蕾为甩蔓期,历时 10 ~15 d。这一时期植株生长加快,节间伸长,光合作用能力强,根瘤固氮能力差,易徒长,茎蔓也易相互缠绕;要及时搭架引蔓,控制浇水,促进开花结荚;叶面喷施硼肥,控秧促荚;浇水时“浇荚不浇花”,避免引起落花落荚;待嫩荚长至 15 cm 左右时结束控秧,加强水肥管理。

4. 开花结荚期管理

指从开花至采收结束,一般历时 60 ~ 80 d。为实现丰产,管理上需增加室内光照,适当提高室温,白天控制在 25 ~ 30℃,夜间控制在 12 ~ 15℃,以保证光合产物顺利运输及豆荚快速生长。加强水肥供应,保证植株有良好的营养状态,整个采收期每隔 10 ~ 12 d 追肥 1 次;结合浇水,每 667 m^2 冲施三元复合肥或磷酸二铵 10 ~ 15 kg,可与速效冲施肥交替施用。及时进行植株调整,包括搭架、摘心、打杈等,这是日光温室豇豆丰产的关键。豇豆植株甩蔓后,要及时搭架引蔓上架,并将第一穗花以下的侧枝全部抹掉;主蔓长至 1.8 m 时摘心,促进幼荚生长和侧枝萌生;当侧枝坐荚后及时摘心,以节约营养促进幼荚生长,实现优质高产。

5. 病虫害防治

温室豇豆主要病害有叶霉病、锈病和炭疽病,主要虫害有蚜虫、白粉虱和潜叶蝇,一般采用预防为主、综合防治原则进行病虫害防治。主要病害和蚜虫防治技术可参照菜豆进行;白粉虱可用 2.5% 联苯菊酯乳油 3 000 倍液,或 10% 吡虫啉可湿性粉剂 2 000 ~ 3 000 倍液喷雾防治;潜叶蝇可用 1.8% 齐螨素乳油 2 000 ~ 3 000 倍液喷雾防治。

(五)采收

豇豆一般在花后 10 ~ 20 d、豆粒略显时采收,收获初期每隔 3 ~ 5 d 采收 1 次,盛果期每隔 1 ~ 2 d 采收 1 次。采摘时要特别注意保护小花蕾不受损害,最好在嫩荚基部 1 cm 处剪断。

三、设施豌豆栽培

豌豆,又称荷兰豆、麻豆等,为豌豆属豌豆种一年生攀缘草本植物,以嫩豆粒和嫩豆荚等为食用器官,是一种营养价值较高的蔬菜。豌豆可利用温室大棚进行春提早、秋延后或越冬栽培。下面以日光温室豌豆越冬栽培为例,介绍设施豌豆的栽培技术要点。

(一)品种选择

豌豆越冬栽培应选用耐低温、耐弱光、对日照长短要求不严格的抗病品种,如‘奇珍76’‘台中 13 号’‘法国大菜豌’等。

(二)种子处理与播种

1. 种子处理

为促进豌豆的春化作用迅速开花,降低其花序着生节位,达到早熟高产的目的,播种前最好进行低温处理。方法是:选择籽粒饱满、有光泽、整齐、无病虫害的豌豆种子,用冷水浸种 2 h,捞出用纱布包好,每隔 2 h 用冷水浇 1 次,约经 20 h 种子开始萌动,胚芽露出后置于 0 ~ 5℃的低温下处理 10 d 左右便可取出播种。

2. 整地施肥

整地时应特别强调精耕细耙,施足基肥。基肥除优质土杂肥外,还要多施磷肥、钾肥,如草木灰等。一般每 667 m^2 施有机土杂肥 2 500 ~ 3 000 kg、过磷酸钙 20 ~ 25 kg、草木灰

100 kg 或氯化钾 15 ~ 20 kg。最好将化肥与有机肥混合后同时施入。设施栽培豌豆宜做成高畦，一般畦宽 80 cm，畦高 10 cm，畦沟宽 40 cm。

3. 播种

种子以条播、点播为主。播种方法：在 80 cm 宽的高畦上种 2 行，即开 2 个深 3 ~ 4 cm 的沟；沟内浇足底水，按 8 ~ 10 cm 的株距进行点播，每穴播 2 ~ 3 粒种子，覆土厚度 3 ~ 4 cm。畦面整平后覆盖地膜，每 667 m^2 播种量为 4 ~ 5 kg，约 1.2 万株为宜。亦可采用商品苗移栽。

（三）田间管理

1. 温度管理

若为育苗移栽，定植后 3 ~ 5 d 闭棚增温，促进缓苗；至现蕾开花前，设施内昼温保持 20℃左右，超过 25℃时放风，夜间不低于 10℃；进入结荚期，以昼温 15 ~ 20℃、夜温 10 ~ 12℃为宜；随外界气温的变化，要注意掌握放风时间及放风量的大小，以维持正常的温度条件。

2. 水肥管理

现蕾前一般不再浇水施肥。进入盛花结荚期后加大水肥，每 10 ~ 15 d 浇 1 次水，隔 2 次水带 1 次肥，每 667 m^2 每次追施氮磷钾复合肥 10 ~ 12 kg；选择在晴天上午膜下沟灌，浇水后及时放风排湿。

3. 植株调整

当秧苗 20 ~ 25 cm 时，及时搭支架扶蔓或用吊绳吊蔓，辅以适当的人工绑蔓和引蔓，以改善叶片的受光态势，提高光合效率；对于分枝能力较差的品种，可在长到适当高度时打顶，促进侧枝萌发；进入盛花期后，如发现落花落荚，可用 5 ~ 10 mg/kg 防落素喷花。

4. 主要病虫害防治

豌豆越冬栽培主要病害有锈病、白粉病和炭疽病，虫害主要有蚜虫、白粉虱、潜叶蝇等，防治方法参照日光温室菜豆和豇豆。

（四）采收

豌豆食用部位不同，采收时期不同。以嫩荚作为产品时，采收时期早晚对产品质量和产量影响很大；多数品种在嫩荚充分肥大、籽粒开始发育时采收，一般在开花后 8 ~ 10 d 进行采收，采摘时注意不要伤荚或枝蔓，豆蔓基部的豆荚要一次性采摘干净，以免植株养分转入豆荚种子，造成上部落花，影响嫩荚发育。以嫩豆作为产品时，须在豆粒充分饱满、豆荚由深绿变为淡绿时采收，一般在开花后 15 ~ 18 d 可采收。

四、设施韭菜栽培

韭菜是百合科葱属多年生宿根蔬菜，主要以嫩叶和叶鞘（假茎）为食用器官，其营养丰富，且有特殊的香辛味，能增进食欲，因而深受广大群众的喜爱。韭菜的栽培形式多种多样，适合各种类型的设施栽培，与露地栽培相结合，可以达到周年生产、均衡供应。目前，设施韭菜栽培主要茬口为塑料大棚秋延后栽培和日光温室冬春茬栽培。北方地区以日光温室冬春茬为主，一般在春天露地播种育苗，10 月中下旬上冻前移入日光温室定植，11 月至翌年 5 月收获。下面以日光温室冬春茬为例，介绍设施韭菜的栽培技术要点。

（一）品种选择

韭菜品种资源丰富，按食用部位可分为根韭、叶韭、花韭和花叶兼用型四种类型，以花叶兼用韭栽培最为普遍。适合日光温室冬春茬栽培的韭菜应具备叶片肥厚、直立性和分蘖性强、休眠期短、萌芽快、生长快、对温度的适应性强、抗病性较强等特性。常用的品种有‘汉中冬韭’‘大金钩韭’‘河南 791’‘嘉兴白根（杭州雪韭）’‘竹竿青’等。

（二）播种育苗

1. 育苗养根

韭菜育苗养根通常在露地进行，可分为当年直播养根和移栽养根两种形式，设施栽培以育苗移栽为宜。

2. 整地施肥播种

土壤化冻 30 cm 深时整地，每 667 m^2 施腐熟农家肥 5 000 kg、过磷酸钙 50 kg，深翻细耙。当 10 cm 地温稳定在 10 ~ 15℃时可播种，条件满足播种越早越好，以增强植株越夏能力。春季气温低，常用干籽播种，将畦面整细耧平，按 10 ~ 12 cm 行距划沟，沟深 1.5 cm。撒籽后耙平床面，用脚轻踩床面然后浇水，每 667 m^2 播种量一般为 3.5 ~ 5.0 kg。

3. 苗期管理

韭菜苗期管理的原则是前促后控，主要措施有中耕除草和施肥灌水等。出苗后每隔 10 ~ 20 d 中耕 1 次，及时除草。水分管理的总原则是前期勤浇、轻浇，经常保持畦面湿润；当苗高 15 cm 左右时适当控水蹲苗，防止幼苗细弱而引起倒伏烂秧。结合灌水，苗期追肥 2 ~ 3 次，每 667 m^2 每次施尿素 8 ~ 10 kg。苗龄 75 d 左右，株高 20 ~ 25 cm，5 ~ 7 片叶即可移栽。

（三）根株移栽

移栽时期一般在 7 月下旬，尽量避开高温雨季。栽植方式有沟栽和平畦栽两种。沟栽时，首先在温室栽培床施基肥，土肥混匀整平，按 35 ~ 40 cm 行距开定植沟，沟深 13 ~ 15 cm，穴距 20 ~ 25 cm，每穴 25 ~ 35 株，加大行距有利于培土软化；平畦栽按行距 17 ~ 20 cm、穴距 13 ~ 20 cm、每穴 7 ~ 10 株定植，此方法栽植较密，不易进行培土软化。

（四）扣膜前管理

定植后至扣膜前，在管理上养根不收割。秋末在韭菜休眠前备好棚膜。立冬前后，韭菜地上部经霜冻叶片停止生长，营养物质向根部输送及贮存，进入休眠，俗称“回根”。此期要及时清除枯叶和杂草，浇足冻水，结合施肥浇灌农药防止韭蛆。

（五）扣膜后管理

1. 扣膜时期

北方地区韭菜多在 10 月下旬至 11 月下旬冻土层 6 ~ 10 cm 时进入休眠期，此时是温室扣膜的适期。有的品种休眠期短或不休眠，可不经营养回根，即可温室生产。

2. 温度管理

日光温室扣膜初期昼夜室温保持在 20～25℃为宜,5～7 d 即可化冻。如果升温过快,已经冻结的根系因急剧化冻,水分大量渗出根外,根系易腐烂;之后温室内昼温仍须保持在 28℃以下,夜温 8～10℃,若温度高于 30℃且湿度过大,韭菜易徒长,应及时通风、降温降湿。严冬季节晴天温室顶部放小风,夜温低于 8℃时,应加盖保温被保温;2 月上旬气温回升时,应加大通风量,保持昼温在 25℃以下。

3. 中耕培土

一般在畦土化冻后韭株萌发前中耕松土,扒开苗眼晒土增温,剔除死株弱株。温室扣膜半个月后,韭菜开始返青生长。此时开始培土 2～3 次,最后培成 10 cm 高的小垄,造成黑暗湿润环境,以增加韭白长度,提高产品品质及产量,之后每次收割后均进行中耕培土。

4. 水肥管理

韭菜生长前期气温低,水分蒸发少。为避免灌水降低地温,一般灌足封冻水和追过肥的地块,在第一茬韭菜收割前不追肥灌水。从第一茬收割后开始,每次收割后马上松土,待长出新叶后灌水,每 667 m^2随水施尿素 10 kg。灌水应选择晴天,灌水后及时通风排湿,使室内湿度保持在 70%～80%。若湿度过大或植株含水量过大,收割后韭菜易萎蔫腐烂。

5. 病虫害防治

日光温室冬春茬韭菜的主要病害是灰霉病,低温高湿易发生和流行。防治措施主要通过加强通风和水分管理,以降低室内湿度,防止韭叶表面结露;在每次收获后培土前喷药预防,药剂可用 50% 多菌灵可湿性粉剂 400～500 倍液,或 50% 速克灵可湿性粉剂 1 500 倍液,或 2.0% 粉锈宁乳油 1 000 倍液。韭蛆是韭菜生产中的毁灭性虫害,其防治措施包括合理密植、改善通风;幼虫防治可选用 50% 辛硫磷乳油 1 000 倍液、48% 乐斯本乳油 500 倍液、1.1% 苦参碱粉剂 500 倍液灌根,每月 1 次;成虫防治可用 40% 辛硫磷乳油 800～1 000 倍、2.5% 溴氰菊酯或 20% 杀灭菊酯乳油 2 000 倍以及其他菊酯类农药等,上午 9:00—11:00 对茎叶喷雾用药。

(六)收获

韭菜叶部再生力强,一年可多次收割。每次收割后,新叶的形成依靠根茎中贮藏的养分供应。因此,收割与养根存在着矛盾。收割茬次过多,或收割间隔时间短,根茎中贮藏养分不足,以后植株生长不良,分蘖减少,产量降低,易早衰,难于持续高产。为延长寿命和持续高产,应严格控制收割次数。一般日光温室韭菜株高 30 cm 左右时,即可收第 1 刀,以后每隔 20～25 d 可收 1 刀。韭菜收割以晴天为好,以保持产品鲜嫩。每次收割下刀深浅要适宜,下刀深易伤鳞茎,影响植株分蘖和后期产量,下刀浅则降低此茬产量。留茬高度以鳞茎上 2～3 cm 为宜,每刀留茬应较上一刀高出 1 cm 左右。如果割口处呈黄白色表明收割深浅适宜,如果呈白色则表明割深了,如果割至鳞茎则太深了;割口呈绿白色则表明割浅了,留茬过高。有时收割深浅也应视具体情况而定,收割时市场价格不理想时可浅割,有利于下茬韭菜生长。

五、设施芹菜栽培

芹菜为伞形科芹属二年生耐寒性蔬菜,以肥嫩叶柄为食用器官,其营养丰富,茎叶有独特的芳香风味，是城乡人民需求量较大的重要蔬菜。芹菜植株较小，在各类塑料拱棚、日光温室等园艺设施均可栽培，其中以塑料大棚芹菜栽培面积较大。北方地区一般在大棚春茬果菜类蔬菜的后茬种植芹菜。下面以大棚秋延后茬口为例，介绍设施芹菜的栽培技术要点。

（一）品种选择

根据叶柄的充实度，芹菜可分为实心芹和空心芹两种。其中，实心芹菜叶柄充实，质地脆嫩、高耐贮运，不宜抽薹，生长速度慢，较适于大棚秋延后栽培，如‘美国西芹’‘津南实芹’‘上海黄心芹’‘玻璃脆’等。

（二）播种育苗

北方地区多在 6 ~ 7 月播种。先整好苗床，播种前浇足底水，每 667 m^2 播种量约为 1.5 kg。这个季节播种气温偏高，喜凉的芹菜难以正常发芽，应进行低温催芽，催芽温度宜保持在 15 ~ 20℃。当多数种子露胚根时进行播种。幼苗长至 1 ~ 2 片真叶时，进行 1 次间苗，保持苗距 3 cm 左右；幼苗 3 ~ 4 片真叶、高 5 ~ 6 cm 时进行 1 次分苗，分苗密度一般为 5 ~ 6 cm 见方。也可采用 144 孔穴盘进行芹菜育苗。

夏季育苗要特别注意水分管理，整个苗期以小水勤浇为原则，保持土壤湿润。播种后到出苗前要用喷壶浇水，齐苗后灌 1 次水，以后做到畦面见干见湿。当植株长至 5 ~ 6 片真叶时，根系较发达，适当控制水分，防止地上部徒长。幼苗 8 ~ 9 片真叶时即可定植，定植前一周左右，要适当控制浇水，以利定植后成活。

（三）定植

芹菜定植有单株、双株和丛栽等模式，定植方法与密度随品种、地力、季节、水肥条件等不同而不同。设施栽培芹菜多采用小沟单株条栽，株行距 10 cm × 12 cm，每 667 m^2 保苗 50 000 株左右；西芹单株大，产量高，株行距 20 cm × 60 cm，每 667 m^2 保苗 5 500 株左右。

（四）田间管理

1. 温度管理

秋延后栽培，温度由高向低变化，定植初期可按自然温度管理，中后期需加强防寒保温。当外界最低气温降至 15℃以下时，须扣棚保温。定植初期大棚两侧薄膜不全放下，使芹菜逐步适应大棚环境。当外界气温降至 6 ~ 8℃时，夜间闭棚保温；该阶段仍应注意白天通风换气，防止棚内高温、高湿。棚温保持在白天 20 ~ 22℃、夜间 13 ~ 18℃，地温 15 ~ 20℃，以后根据情况，逐渐减少通风量、缩短通风时间。温度较低时，可拉二道幕或加盖防寒覆盖物，提高保温性能，促进芹菜快速生长。当棚内最低气温 2 ~ 5℃时应及时采收，以免产品受冻。

2. 水肥管理

大棚秋延后芹菜水肥管理应以促为主、促控结合。扣棚前浇 1 次透水，追施速效氮肥，并增施磷钾肥，以增强植株抗寒性；扣棚后到夜间闭棚前再追施氮肥 1 次。浇水以畦面湿润为宜，轻浇、勤浇温水；中后期减少浇水，以免降低地温和增加棚内湿度。

3. 病虫害防治

芹菜的主要病害有斑枯病和叶斑病，主要危害叶片、叶柄和茎。在斑枯病发病初期，可采用65%代森锌500倍液，或多硫胶悬剂1 000倍液，或75%百菌清600～700倍液防治，每隔5～7 d喷1次，连喷2～3次。在叶斑病发病初期，可采用80%代森锰锌800倍液，或70%甲基托布津可湿性粉剂600倍液喷雾防治，隔7～10 d再喷1次，连喷2次。芹菜主要虫害是蚜虫，可用40%康福多水剂3 000～4 000倍液，或2.5%天王星乳油3 000倍液，或10%一遍净可湿性粉剂2 000倍液喷雾防治，每7～10 d喷1次，连喷2～3次。

(五)收获

由于塑料拱棚保温性较差，应格外注意棚温变化，做到适期收获。白天棚温7～10℃、夜温2℃、地温12℃以下时，即产生冷害。根据种植方式、市场需求等，分大株、中小株和劈收叶柄等方式收获。整株收获时，注意勿伤叶柄，择除黄叶、烂叶和老叶，整理成束或打捆上市。短期贮藏，一般带3～4 cm短根收获，捆好，根朝下，于棚内假植贮藏，分期上市。劈收叶柄不可过早、过晚，过早收影响产量，过晚则叶柄质地疏松、空心、品质降低；收获时勿伤内叶，保留足够的心叶，以利于老株继续生长；通常外叶60～70 cm时采收较宜，可分2～3次劈收叶柄，分期供应。

六、设施芦笋栽培

芦笋，又称石刁柏、龙须菜等，为百合科天门冬属多年生蔬菜，以嫩茎为鲜食器官，不仅味道芳香鲜美，而且营养全面均衡，素有"蔬菜之王"的美誉。芦笋较高的营养价值和独特的口感使其日益成为人们喜爱的时令蔬菜，近年来市场需求量逐年增加。下面以日光温室芦笋种植为例，介绍设施芦笋的栽培技术要点。

(一)品种选择

芦笋按嫩茎抽生早晚可分为早、中、晚三类。早熟类型茎多而细，晚熟类型嫩茎少而粗。目前常用的品种有'玛丽·华盛顿500''UC309''UC157''绿色伟奇'等。

(二)育苗

1. 种子处理

播种前需进行严格的种子处理。先将种子放在55～60℃水中浸泡30 min，期间不断搅拌；再倒出热水，加入20℃以上冷水搓洗种子2～3次；然后用冷水浸种30 h左右，捞起用湿布包好，放于28～30℃恒温箱中催芽。

2. 播种

营养土可采用腐熟的有机肥和菜园土、泥炭土等混合而成，有机肥30%、菜园土40%、泥炭土30%，温室种植芦笋一般采用中苗移植，用12 cm × 18 cm规格育苗袋育苗较适宜。催芽30 h、种子露白时即可播种。如用育苗袋育苗，每袋1粒；起畦育苗，苗床为1.5 m × 10 m，苗床整平、整细，施2.5 kg磷酸二铵、1.5 kg硫酸钾，先按行距10 cm开沟，沟深5 cm，再按10 cm株距点播，每穴1粒种子，覆土3 cm左右，上面覆一层地膜，盖严封好。

3. 苗期管理

由于芦笋种子在10℃以上才能发芽,最适温度为25~30℃,小棚育苗时温度尚低,夜晚棚上要盖保温被。60%幼苗顶土时,应及时撤除地膜。幼苗出齐后,即进行放风。放风要在上午11:00后,下午2:00盖上,放风口由小到大。随着笋苗的长大,最后全部揭开棚膜。幼苗期白天温度最好控制在20~25℃,夜晚以18℃左右为宜。

(三)定植

一般在6月上旬,当苗高50 cm,有3~6条根、3个嫩茎时即可定植。定植的笋苗要按大小分级,分别定植,移栽时使芦笋根盘萌发面都朝南。定植前施足基肥,一般每667 m^2施农家肥7 500 kg以上、三元复合肥50~70 kg、尿素20 kg、硫酸钾30 kg。将土壤耕深约20 cm,整平。从温室一侧按照南北向开沟,沟深10 cm,沟内施地虫净和地菌净各3 kg,土药掺匀,即可按照行距90 cm × 30 cm定植。定植后第1次覆土3~5 cm,待缓苗7~8 d后进行第2次覆土,与原苗土深相同为宜,第1次覆土后应浇透水。

(四)田间管理

1. 除草补苗

定植后1个月内要及时清除杂草,查苗补苗,发现死苗及时补栽,补栽苗要比原苗大。幼苗定植后,待7~8 d就有嫩茎抽出。由于笋苗细嫩,对病虫害的抵抗力和再生能力较差,要及时检查,发现病虫害及时喷药防治。

2. 水肥管理

芦笋的耐旱性较强,但保持充足水分对提高其产量与品质尤为重要,浇水时可采用沟灌和淋灌方式交替进行,切不可淋湿母茎。芦笋刚移栽后,施肥应少量多次,且以速效肥为主,第1次追肥在定植后30 d进行,可每667 m^2施尿素8 kg、复合肥20 kg,开浅沟条施或面施,施后浇水;第2、第3次施肥时间和用量参照第1次。定植后第二年开始正式进入采笋阶段,期间追肥尤为重要,一般667 m^2施尿素15 kg、复合肥50 kg,每隔20~30 d追施1次;硫酸钾50 kg,每60 d追施1次。每年芦笋清园后,每667 m^2施有机肥8 000~10 000 kg,在采笋期间一般不施有机肥。

3. 温度及光照管理

在芦笋栽培期间要给予充足的光照,尽量使棚膜保持清洁,及时擦去灰尘。棚内温度白天保持在20~28℃,夜间18~20℃,温度超过32℃时要及时放风降温。进入冬季,夜晚盖上保温被保温。

4. 种子留养母茎

从定植成活后1个月开始,就要剪掉过密、过细的植株,保留新抽出的健壮植株。在采笋季节,为防止株条过密、田间通风透光差、田间湿度过大而感染病害,一般每棵盘留2~5株母茎。母茎要健壮,最好选留1 cm直径以上实心茎作母茎。

5. 病虫害防治

芦笋的主要病害有茎枯病、枯萎病和根腐病。在茎枯病发病初期,可用16%抑菌净1 000倍液,或50%多菌灵500倍液,或70%甲基托布津800倍液进行喷洒防治。在枯萎病发病初期,应及时喷药以封锁中心病株和发病中心;对常发病区,应在芦笋萌发出土发病前喷药,可用50%多菌灵可湿性粉剂500倍液、10%苯醚甲环唑可分散粒剂1 500倍液、70%甲基托布津可湿性粉剂400倍液等连续喷药3~4次,每7~10 d喷1次(要喷透淋足)。在根腐病发病初期,应及时挖走被害植株,并施用生石灰等杀菌消毒,以防病菌蔓延;苗株种植前,用40%二氯异氰尿酸钠水溶液浸渍10~15 min以杀菌。芦笋的主要虫害是木蠹蛾、甜菜夜蛾和斜纹夜蛾,化学防治的重点是杀灭1~3龄幼虫。对于芦笋木蠹蛾,可用1.8%阿维菌素乳油500倍液灌根,每茎用药量约10 mL,使笋茎基部周围2 cm深土壤湿润,每10 d灌根一次。对于芦笋甜菜夜蛾和斜纹夜蛾,可使用1.8%阿维菌素乳油1 000倍液,或16 000 BT粉剂300倍液,或1%甲氨基阿维菌素苯甲酸盐2 000倍液进行防治,每隔7 d喷药1次。

(五)采收

温室芦笋的采收,本着早投产早获利和及时更新品种的原则,科学控制开始采笋的时间和采笋方式。若是当年春天移栽,秋天即可开始采收;若是秋天移栽,则从第二年春天陆续采收。嫩茎顶土时,及时破膜放苗,当嫩茎长至20 cm高时,用锋利的采笋刀齐地割下,以上午6:00—9:00采收为宜。采完后将嫩茎整理,分级捆扎、装箱,用湿布盖好出售,可暂时放于阴凉处,切不可用水浸泡,以免腐烂变质。

主要参考文献

[1] 孙周平. 日光温室蔬菜高效栽培技术模式系列挂图[M]. 沈阳:辽宁科学技术出版社,2019.

[2] 孙周平. 辽宁省地方标准:日光温室蔬菜绿色生产技术规程(第1部分):总则(DB21/T 3416.1-2021)

[3] 孙周平. 辽宁省地方标准:日光温室蔬菜绿色生产技术规程(第2部分):番茄(DB21/T 3416.2-2021)

[4] 孙周平. 辽宁省地方标准:日光温室蔬菜绿色生产技术规程(第3部分):黄瓜(DB21/T 3416.3-2021)

[5] 席海军. 辽宁省地方标准:日光温室番茄越夏栽培技术规程(DB21/T 2350-2020)

[6] 席海军. 辽宁省地方标准:日光温室茄子长季节栽培技术规程(DB21/T 3245-2020)

[7] 马双武. 西瓜甜瓜生产关键技术百问百答[M]. 北京:中国农业出版社, 2009.

[8] 刘声锋, 郭守金, 张显. 西甜瓜生产技术400题解读大全[M]. 银川:宁夏人民出版社, 2011.

[9] 李胜利. 西瓜甜瓜标准化生产[M]. 郑州:河南科学技术出版社,2012.

[10] 刘海河,张彦萍. 西瓜、甜瓜安全优质高效栽培技术[M]. 北京:化学工业出版社,2012.

[11] 徐锦华,羊杏平. 西瓜　甜瓜设施栽培[M]. 北京:中国农业出版社,2013.

[12] 刘建辉. 温室大棚西瓜、甜瓜栽培技术[M]. 杨凌:西北农林科技大学出版社, 2015.

第五章　露地蔬菜栽培技术

第一节　一年一茬种植模式与技术

一、高山高原辣椒越夏种植技术

（一）品种选择

选用优质、抗病、高产、稳产、抗逆性强、商品性好的品种。如，羊角椒品种有：‘中椒209号’‘海丰14号’‘京辣2号’‘金椒20号’‘金椒18号’‘陇科5号’‘兴蔬208’‘螺椒2号’‘陇椒10号’‘金帝4号’‘金鼎绿剑’‘乐椒1号’‘骄辣98’等品种；甜椒品种有‘中椒7号’‘绿甜一号’‘黄星1号’‘紫星2号’‘海丰25号’‘海丰166’‘天惠’‘黄大将等品种；牛角椒品种有：中椒106号’‘湘椒47号’‘紫龙’‘兴蔬早惠’‘宝剑2号’等品种；螺丝椒品种有：‘中椒109号’‘中椒509’‘螺辣二号’‘蛟龙8号’等品种；线辣椒品种有：‘博辣8号’‘黑线211’‘鼎辣33’‘红秀404’‘中椒L1’等品种。

（二）育苗

根据采收上市时间，一般于3月上旬到5月中旬采用营养土育苗，或穴盘育苗，或漂浮育苗等方式育苗。

（三）施肥整地

结合施肥进行深翻土地，每667 m^2 撒施腐熟有机肥4 000～5 000 kg。开沟起垄时，垄下集中施蔬菜专用复合肥50 kg、二铵30 kg。带形起垄覆膜，垄面宽（窄行）50 cm，垄高15～20 cm，铺膜，垄两侧栽植辣椒，垄沟（宽行）70 cm。

（四）定植

1. 定植方法

5月20日以后，当地温稳定在12℃以上、气温稳定在18℃以上时进行定植。采用起垄覆膜定植，宽行距80 cm，窄行距40 cm，平均行距60 cm。单株栽植，每667 m^2 定植4 000～4 400株，株距为25～28 cm。双株栽植，每667 m^2 定植3 500～3 800株，株距为30～32 cm。

2. 壮苗标准

定植时的壮苗标准：株高15 cm左右，4叶1心，叶色深绿，现蕾株不超过20%苗。

（五）田间管理

1. 搭架与整枝

辣椒植株因结果多、果实大，地上部的负担较重，容易发生倒伏，应设置支柱或搭简易支架等方法帮扶。支柱或简易支架，可用小竹木逐株立柱，或在垄面两侧搭成栅栏形支架，再逐株用塑料绳绑在支架上。及时将下部侧枝抹去，生长一般或较差的辣椒一般可以不打侧枝。

2. 浇水追肥

辣椒是连续生长结果而分批采收的蔬菜，浇水追肥可采用水肥一体化技术，根据发棵情况和植株长势及时随浇水追施速效肥。注意氮、磷、钾三要素的合理搭配施用。原则上苗期以追施氮肥为主，开花、结果期要保证氮肥，增施磷、钾肥。

（1）定植至坐果前　定植后浇定植水，缓苗后浇缓苗水，缓苗后至开花前要进行蹲苗，尽量不浇水，采用中耕进行保墒，浇水应小水轻灌。

（2）开花坐果期　开花期视土壤湿度适当控制浇水量，门椒长至 3 cm 时结合浇水进行第 1 次追肥，每 667 m^2 施尿素 7～10 kg，或大量元素水溶肥 5 kg，或硫酸钾 5 kg，3 种肥料可交替使用。

（3）盛果期　每 3～5 d 浇 1 次水，隔水追肥，结合浇水，每 667 m^2 追施蔬菜专用肥，或氮磷钾复合肥 5 kg。

3. 整枝

门椒采收后，植株基部易长出侧枝消耗养分，应及时除去，进入开花结果后期下部果实采收后，要及时摘除植株下部老叶、黄叶、病叶，以利于通风透光和防止病害发生。

（六）收获

及时采收。一般前期尽早采收，生长弱的植株更应注意及时采收。采收的基本标准是果皮大部分转红并初具光泽。采收宜在早晨或傍晚进行，采后的果实要放到阴凉处，及时分级包装，可用纸板箱包装，后迅速装上冷藏车进入冷库预冷，并及时销售。

二、高山高原大白菜（娃娃菜）越夏种植技术

（一）品种选择

选择早熟、冬性强、对低温反应不敏感、耐未熟抽薹、黄心、优质、商品性好的品种。如，大白菜有：‘金冠’‘山地英雄’‘耐斯高’‘CR 京春 3’‘金峰 3 号’‘CR 帝王 26’‘秦春 2 号’‘秦春 3 号’‘幕田尚品’‘CR 秀春’‘金星黄’等；娃娃菜品种有：‘福娃’‘玲珑黄’‘金典’‘小黄蜂’‘秦春娃 1 号’‘秦春娃 2 号’‘春玉黄’‘黄贝贝’等品种。

（二）育苗

根据采收上市时间，一般于 3 月中旬到 7 月中旬采用穴盘育苗，或漂浮育苗方式育苗。

(三)施肥、整地、覆膜

1. 施肥整地

选择土层深厚,保水保肥力强,排水良好的地块,避免与十字花科蔬菜连作。于播种前15～20 d进行翻耕晾晒,耕层的深度在15～20 cm。做到早耕多翻,土壤耕细耱平,打碎耙平,捡净残茬、残膜,施足基肥。结合深耕整地增施基肥,中等土壤肥力地块,结合整地,每667 m^2施腐熟有机肥3 000～4 000 kg,氮、磷、钾复合肥40 kg,硫酸钾12 kg,过磷酸钙25 kg。

2. 做畦覆膜

一般采用平畦,或半高垄方式栽培。

(1)平畦栽培:旋耕平整后的地块,按1 m划线,按行距50 cm、间隔50 cm覆地膜;

(2)半高垄栽培:旋耕平整后的地块,做成垄面宽50 cm,沟宽50 cm,畦高10～15 cm,对垄面50 cm覆地膜。覆盖的地膜一般选择加厚地膜和生物质全降解地膜,地膜选择幅宽70～80 cm。

盖膜时一定要拉紧、盖平,膜的四周要用土压严,使膜不易被风吹动。

(四)定植

1. 定植时间

当5 cm地温稳定在13℃以上时开始定植。一般5月中旬到8月上定植。苗龄25～30 d,6～8片真叶,叶色浓绿,无病虫害,根系发达。

2. 定植方法

选择阴天或晴天的下午定植,每畦定植2行,错位定植。定植时先用花铲在畦面上按规定株距挖穴,把幼苗栽在穴内,定植深度以埋住根茎部但不埋住心叶为准,定植时茎基部地膜四周应盖土封严,定植后应及时浇缓苗水。定植时如果底墒不足,应随栽随浇水,方法是去掉喷雾器喷头,给定植的苗子根部适量喷清水,喷完水后及时用田土封口。

3. 留苗密度

①大白菜 行株距50 cm×(40～50)cm,每667 m^2定植密度2 800～3 300株。

②娃娃菜 行株距25 cm×(20～25)cm,每667 m^2定植密度10 000～12 000株。

(五)田间管理

1. 中耕、锄草

直播田块,要及时查苗补苗,不能出现缺苗现象。中耕不仅可消灭杂草,还可起到松土、保墒、增温、灭虫、促进根系发育、调节土壤养分和水分的作用,确保幼苗健壮生长。中耕一般要2～3次,分别在拉十字、2～3片真叶和5～6片真叶时进行,原则是头遍浅刮,二遍深挖,三遍趟平,下不伤根,上不伤叶。

2. 肥水管理

大白菜前期需水肥较少,后期较多,在浇水上要采取控、促、控相结合的措施;中期进入快速营养生长阶段,要加强水肥管理,每次追肥后要坚持浇水,应掌握中水中肥。为了防止后期脱肥,促后期长心包实,应大水大肥,包心期结合浇水可667 m^2追施尿素15 kg,紧接着浇水1次。

(六)收获

根据市场需求,叶球长到七成心时,即可收获上市。

三、高山高原甘蓝越夏种植技术

(一)品种选择

选择早中熟、抗病、丰产、稳产、抗逆性强、耐运输、商品性好的品种。如,'中甘15''中甘21号''中甘828''超越''珍绿''普世玛''贝莱胜''新绿州''绿宝石''罗迪玛''碧云''富绿''富尔''铁头8号''捷甘1370''绿抗9号''CR先锋''久盛''希望之星''紫阳''新红路''紫晨'等品种。

(二)育苗

根据采收上市时间,一般于3月中旬到6月下旬采用营养土育苗,或穴盘育苗,或漂浮育苗等方式育苗。

(三)施肥整地、覆膜定植

结合整地,每667 m^2 施腐熟有机肥5 000 kg,氮、磷、钾复合肥30 kg,深翻耙匀、整平,进行划线、起垄、覆膜,垄宽50 cm,沟宽40 cm,垄高15 cm,并用宽70 cm地膜覆盖垄面。也可采用平畦覆膜栽培,畦宽50 cm,操作行宽40 cm。每垄(畦)两行,按品种熟性确定株距,一般株距30~40 cm,打孔定植。不论哪一种盖膜方法,膜的四周一定要抻紧、压实,栽苗膜孔用土埋严,防止膜下热气从膜孔处逸出而烤伤幼苗。

(四)田间管理

定植后要浇定植水,栽后10 d左右结合中耕培土施提苗肥,促早发棵,施肥时可在每株旁边15 cm处穴施,采用施肥器进行,每667 m^2 施尿素5 kg左右,并浇水1次。栽后35 d左右,每667 m^2 再施尿素10 kg、硫酸钾10 kg促其包心,并浇透水1次。接近封行时,可用爱多收6 000倍液加0.2%磷酸二氢钾叶面喷施1次。结球中期视生长情况酌情补肥1次,并根据天气情况保持田间湿润,采收前10 d要严格控制浇水。

(五)收获

可根据品种熟性和定植期的早晚,一般于7月初至9月中旬,可根据市场行情陆续采收上市。

四、高山高原松花菜越夏种植技术

(一)品种选择

选择抗病、抗逆性强、品质优、高产、适应性强,适于高山地区种植的品种。如,'庆扬全松90''庆扬全松75''长胜90''长胜80''长胜70''高山宝85''京松1号''津松88''浙农松花88''福花90''津品88''津雪88''亚非松花85''台湾有机花菜100天''青梗绿'等品种。

(二)育苗

根据采收上市时间,一般于3月中旬到6月下旬采用营养土育苗,或穴盘育苗,或漂浮育苗等方式育苗。

(三)施肥整地

根据土壤肥力状况确定基肥用量,每667 m^2 施腐熟有机肥4 000~5 000 kg、钙镁磷肥25 kg、硼砂0.5~1.0 kg、钼酸铵50 g,土壤耕细耱平,打碎坷垃,捡净残茬、残膜。将地整细整平后,按畦宽1.1~1.3 m,操作行宽0.3 m,进行畦地膜覆盖栽培。

(四)定植

秧苗带土护根定植,每畦栽2行,行距50~80 cm,株距45~70 cm,每667 m^2 早熟品种定植1 500~2 000株、中晚熟品种定植1 200~1 500株。定植穴略低于畦面,以利施肥培土,但要防止积水。定植后,浇95%敌克松可溶性粉剂600~800倍稀释液,以利缓苗防病。要选晴暖天气,最好覆盖地膜增温,以利促发新根,促进幼苗生长和抗寒。

(五)田间管理

1. 追肥

苗期以氮肥为主,薄肥勤施,促发莲座叶;现蕾前后以磷、钾肥为主,重施花蕾肥,随水浇施,可延长膨蕾期,促进花球发育膨大。在高温干旱条件下,施肥必须与供水有机结合,一般随水浇施能够提高肥料利用率,增强速效性。在生长过程中,还要增施硼、钼、镁、硫等中微量肥料,其中硼素对花球产量和质量影响十分显著,必须叶面追施2~3次,尤其在花球膨大期必不可少。中后期追肥,严禁使用碳铵或含碳铵的肥料,以免花球产生毛花。

2. 浇水

松花菜叶片多而薄,生长中后期有17~23片叶,比普通花菜品种多6~8片,蒸腾量很大,失水萎蔫现象经常发生,特别在连续阴雨后突然放晴、暴雨后放晴、高温干旱强光等条件下,萎蔫现象明显。因此,种植松花菜的地块既不能过湿而导致沤根,也不能太旱而导致缺水,生产上常采用清沟排水、浇水、培土、覆草、盖地膜等方法,及时调整水分状况,达到供水均衡,保持土壤湿润疏松。

3. 培土

松花菜根系由主茎发生,具有层性,在生长过程中,深层根系不断老化,近地面茎不断发生新根,总体分布较浅,须根主要分布在主茎附近。因此,松花菜生产一般都需要培土,通过培土,促发不定根,保证根系生长的适宜环境,增强植株长势和抗倒伏能力。花菜生长过程中,一般应进行锄草、松土、施肥,培土1~3次;不进行培土的松花菜应该深栽,不培土而又浅栽的松花菜,长势和产量都不好。

4. 束叶护花

松花菜的花球经阳光照射都会发黄,高山高原环境下光照强变色更深,这种变化不仅影响商品外观,也影响花球的鲜嫩品质,故花球护理是高山高原松花菜生产过程中重要的一环。松花菜多采用束叶护花而不采用折叶盖花方法。束叶护花的具体做法是:在花球长至拳头大小时，将靠近花球的4～5片互生大叶就势拉拢互叠而不折断，再用1～2根直径2～3 mm、长度7～10 cm的小竹签或小柴杆等物作“针”，穿透互叠叶梢，穿别固定在主脉处，被固定的叶片呈灯笼状束起，罩住整个花球，使花球在后续生长过程中免遭阳光直射，拢叶下应留有足够的发育膨大空间。遮阳护花越严越好，严密的护花束叶，能完全避免阳光照射到花球，即使在盛夏环境中，仍可使整个花球都保持洁白鲜嫩。

（六）收获

采收应分批进行。花球充分长大、周边开始松散时及时采收，采收时留5～7片叶保护花球，以免贮运过程中损伤或沾染污物；田间暂时堆放时，还要采取措施进行遮阴、防晒、防雨。采收后尽快出售，或去除茎叶后入库预冷保鲜，短时保鲜温度控制在0～5℃。

五、高山高原青花菜越夏种植技术

（一）品种选择

选择中早熟、耐寒性强、适应性广、抗病性强、品质好、球形周正、蕾粒均匀紧实、色泽深绿、茎基部不空心、株型直立的品种。如，‘耐寒优秀’‘炎秀’‘马拉松’‘惠绿早生’‘玉冠’‘青峰’‘中青8号’‘领袖’‘领秀2号’‘绿莲’‘碧盛’‘碧冠’‘台绿5号’‘碧绿258’‘绿宝3号’‘曼陀绿’‘中青11号’‘中青12’‘中青16号’等品种。

（二）育苗

根据采收上市时间，一般于3月中旬到6月下旬采用营养土育苗，或穴盘育苗，或漂浮育苗等方式育苗。

（三）施肥整地

定植前清理田间杂草及前茬作物残枝，每667 m^2施腐熟有机肥4 000～5 000 kg、氮、磷、钾复合肥40 kg，旋耕耙耱，使基肥与土壤混合均匀，再起垄覆膜，垄面宽60 cm，垄沟宽50 cm，垄高10 cm，有膜下滴灌、水肥一体化条件栽培的，每垄膜下铺设1条滴灌管，滴灌带采用内镶式，外径16 mm，孔距30 cm。

（四）定植

每垄定植2行，定植时按株距错位破膜、挖穴，早熟品种行株距为（55～60）cm×（40～45）cm，每667 m^2定植2 500～2 700株；中晚熟品种行株距（55～60）cm×（45～50）cm，每667 m^2定植2 200～2 400株。定植时先在穴内浇水，待水下渗后摆苗，扶正培土，定植深度以刚好埋住幼苗土坨为宜，并将土坨周围的土壤填实，使根部与土壤紧密接触，以利成活。

（五）田间管理

1. 浇水

定植后7～10 d，根据降雨和土壤墒情进行1～2次行间小水渗灌，以促进幼苗成活和新根生长。蹲苗期不施肥浇水，行间浅中耕1次，降低表层土壤水分，增强通透性，促进根系下扎，防止幼苗徒长。以后要经常保持土壤湿润，特别是花芽分化前后及花球膨大期不可缺水，否则会出现早花和花球长不大的现象。

2. 施肥

要掌握“前促、中控、后攻、少量多次”的原则，缓苗后结合浇水每667 m^2 追施尿素10 kg，莲座期结合浇水，每667 m^2 追施氮磷钾复合肥10 kg，结球期至膨大期每667 m^2 追施氮磷钾复合肥5～6 kg，连续追施2次，同时叶面喷施0.2%的硼砂。主球采收后，若需继续采收侧花，应及时追肥，促进侧枝生长和蕾球膨大。

3. 整枝

青花菜易产生侧枝，在主球未充分长大前应先打去侧枝，以减少营养消耗，利于通风透光，促进主球发育。当主球直径11～13 cm时，可适当留3～4个侧枝，以增加产量，提高生产效益。此外，青花菜结球期不需用老叶遮盖蕾球，以增强蕾球的色泽和品质。

（六）收获

青花菜采收期较严格，采收过早，花球较小，影响整体产量；采收过迟，花梗则会伸长，小花蕾变黄，花球松散解体，影响品质。当青花菜花球球面直径长至13～15 cm，小花蕾整齐未松散，整个花球紧实完好、呈鲜绿色时商品性最佳，为采收适期。采收时将花球连同10 cm左右长的嫩茎一起割下，花球要轻拿轻放，以防损伤。采收后要及时送进冷库进行冷风预冷，冷库温度0～2℃，预冷10 h。预冷后将青花菜按要求进行挑选、修整、包装、销售。

六、高山高原萝卜越夏种植技术

（一）品种选择

选择性状稳定、耐未熟先期抽薹、抗病、优质、丰产、商品性好、适宜市场和消费习惯的品种。如，‘黎明1号’‘YR新白玉春’‘凌玉’‘凌翠’‘秦萝2号’‘秦萝3号’‘亚美白春’‘YR新白玉春’‘玉山白雪’‘上将6号’‘上将9号’‘春翡翠’‘幸福’‘秀绿’‘世农青秀’等品种。

（二）施肥、整地、覆膜

选择土层深厚、保水保肥力强、排水良好的地块，于播种前10～15 d进行翻耕晾晒，要结合深耕整地增施基肥，每667 m^2 施腐熟有机肥4 000～5 000 kg，氮、磷、钾复合肥30 kg，萝卜对硼肥特别敏感，缺硼肉质根黄心黑腐，丧失商品价值，因此要特别注意硼肥的合理使用，结合整地667 m^2 施硼肥1 kg，做到早耕多翻，土壤耕细耱平、打碎坷垃、捡净残茬、残膜。采用半高垄地膜覆盖栽培。深翻后的地块，进行旋耕耙平，地整细整平后，做成宽50～55 cm、高20～30 cm的垄，相邻垄沟宽40 cm，垄面用70～80 cm宽的地膜覆盖，地膜要拉紧铺严，使膜不易被风吹动。

（三）播种

1. 播期

应在5 cm地温稳定通过10℃开始播种。根据采收上市时间，一般5月上旬至7月下旬均可播种。

2. 播种方法

采用穴播，每667 m^2 用种量75～100 g。每垄播种2～3行。播种时在垄面上按株距破膜挖播种穴，穴深0.5～1.0 cm，每穴播1～2粒种子，播后覆0.5～1 cm厚细土。

3. 播种密度

大型品种行距45～50 cm，株距18～20 cm，每667 m^2 留苗5 000～7 000株；中小型品种行距20～30 cm，株距15～18 cm，每667 m^2 留苗7 000～8 000株。

（四）田间管理

1. 中耕锄草

结合间苗，及时中耕除草，宜浅中耕，中耕时不能损伤萝卜根系。2～4片真叶期间中耕除草1次，中耕要浅，划破地皮即可；幼苗长到第4～5片真叶时，结合进行间苗，每穴留1株壮苗；12～14片真叶展开，叶盘直径30～40 cm快封垄时结合中耕培土1次，封垄后停止中耕。

2. 间苗定苗

做到早间苗，多次间苗，晚定苗。在2～3片真叶时进行第1次间苗，4～5片真叶时进行第2次间苗，6～7片真叶时定苗，每穴保留1株。

3. 追肥浇水

在6～8片真叶展开，根部直径2 cm左右，叶盘直径30～40 cm时，根据苗情每667 m^2 追施尿素5 kg；当根部直径达3 cm时，每667 m^2 追施尿素10 kg；幼苗期为避免幼苗缺水而生长停滞和发生病毒病，应小水勤浇。4～5片真叶时要适当控水5～7 d进行蹲苗，促进根系下扎，蹲苗结束后立刻追肥浇水，肉质根生长盛期，需水最多，必须保证水分充分供应，保持土壤湿润，避免忽干忽湿现象。

（五）收获

萝卜出苗后50～55 d、肉质根单根重750～800 g时进行采收。商品萝卜要求根皮光滑、肉质紧密，无糠心。当天采收的萝卜当天清洗、分级、包装、预冷、销售。

七、高山高原胡萝卜越夏种植技术

（一）品种选择

选择冬性强、耐抽薹、抗病、优质、高产，根形整齐、美观、均匀、顺直的品种。如，‘中誉1870’‘孟德尔’‘多哈’‘红色巨人’‘金红六号’‘红参’‘韩美七寸参’‘红映二号’‘超级红芯’等品种。

（二）施肥整地

选择在地势较高、排水良好、土层深厚、质地疏松、有机质含量高的沙质土壤。每667 m^2 施腐熟有机肥4 000～5 000 kg，氮、磷、钾复合肥50 kg，深耕土地，使土壤和底肥充分混匀，然后喷洒除草剂，每667 m^2 用1.0～1.5 kg的25%除草醚，先用少量水溶解，再用

100～200 倍水稀释，或用 48% 氟乐灵 200 g 稀释后均匀地喷布地面，再精细旋耕 2～3 遍，使土地平整干净。

（三）播种

1. 种子丸粒化

采用种子专用丸粒机将胡萝卜种子丸粒化，粒径 0.2～0.3 cm。丸粒过程中涂上红色或者绿色的显色剂，以便于在播种后观察发芽状态。

2. 绳带编织

采用专用绳带编织机将种子均匀编织于水溶纸带中，单粒编织，种子间距 3.5～4.0 cm，每 667 m^2 用绳量 1 700 m。

3. 起垄播种

5 月上旬，10 cm 土层地温稳定在 13℃以上可进行播种。

播种有 3 种方法：一是土地深翻细耱后，用拖拉机带动的点播机，一次性完成，起一个高 25 cm 和宽 85 cm 的垄，垄面开 4 条种植浅沟，4 行直播，2 条滴灌带，最后选择宽 1.4 m 的地膜把整个垄面覆盖；二是先起垄，再用手推式播种机开沟、播种、覆土，然后人工铺设滴灌带，最后选择宽 1.4 m 的地膜把整个垄面覆盖；三是采用起垄、覆膜、播种一体机，垄面宽度 36～38 cm，高 20～25 cm，垄沟宽 42～44 cm，按行距 15 cm，每垄播 2 行，种绳带播于垄顶的 2 个梯形播种槽内。

播种槽深度 6 cm，底部宽 6 cm，顶部宽度 8 cm，播种深度 1.0 cm 左右，滴灌带在起垄时一并浅埋入垄中间。

（四）田间管理

1. 放风及揭膜

7～8 d 后有出苗的，随时观察适时放风，放风时要按照胡萝卜行间段的间隔来划破薄膜。到胡萝卜苗 2 叶 1 心或外叶顶到膜面时揭掉全部地膜。

2. 滴水

滴灌系统组装好后进行第一次放水。同时，要根据实际情况和药剂剂量随水跟滴毒死蜱，以防地下害虫咬断滴水带。土壤干旱会推迟出苗，并造成缺苗断垄，播种至出苗连续浇水 2～3 次，土壤湿度保持在 70%～80%。胡萝卜比较怕涝，所以下雨后要及时排水。幼苗期保持土壤见干见湿，促进根系正常生长。土壤过干则根扎不下去，过湿则易烂根尖。胡萝卜长到手指粗即肉质根膨大期，是对水分需求最多时期，应及时浇水防止肉质根中心木质化。一般 10～15 d 浇 1 次水，防止水分忽多忽少。适时适量浇水对提高胡萝卜的品质和产量，阻止形成裂根与歧根十分重要。水分供应相对稳定，切忌大干大浇。先过干后过湿，胡萝卜易开裂；先过湿后过干，胡萝卜表皮粗糙，肉质老化。

3. 间苗

及时间苗，将过密苗、劣苗及杂草及早拔除，4～5 片真叶时定苗，苗距 4～6 cm。

4. 追肥

在定苗期进行第 1 次追肥，以氮肥为主，每 667 m^2 追施尿素 10 kg，或沼液 300 kg；在肉质根膨大期进行第 2 次追肥，每 667 m^2 追施氮、磷、钾复合肥 10～15 kg，或沼液 450 kg。第

3 次追肥在第 2 次追肥并浇水 1 次后，每 667 m^2 追施沼液 450 kg。追肥数量确定后，将其充分溶解并直接倒入施肥罐，由滴灌系统输送到目的地。收获前 10 d 停止追肥灌水。

（五）收获

胡萝卜生育期一般为 90～120 d，在肉质根基本长成、叶片不再生长后，可随时收获，收获要在晴天、凉爽、无霜冻的条件下进行。采用简易式机器，由四轮车带动一个与比垄稍宽的挖掘铲，把挖掘铲从整个垄底拉过，使萝卜和土壤一起上移变松，只需轻轻一提胡萝卜秧子就可拿出，然后拧秧、筛选、分级、装袋。

八、高山高原菜豆越夏种植技术

（一）品种选择

选择分枝力强、抗病、高产、适应性强、无筋、荚肉厚，粗纤维少、商品性好，品质鲜嫩、耐阴雨的品种。蔓生型菜豆类型，其节间较长，无限生长，结荚期和采收期较长；蔓生型品种从播种至初收需 50 d 左右，采收期 50～70 d。菜豆豆荚的长短品种间差异较大，豆荚的形状品种间也有相当大的差异，主要分为圆荚和扁荚两类；豆荚的色泽有深绿色、浅绿色、绿白色。各地消费者对这些豆荚性状的要求并不完全一致，所以在选择品种时应考虑到消费习惯的差异。如，'泰国架豆王''碧丰''星级白荚冠''浙芸 3 号''吉架豆 10 号''连农架豆 36 号''丰旺''瑞丰''高产架豆王''翠玉 2 号''架豆王''百威架豆''盛星架豆''秋紫豆'等品种。

（二）施肥整地

架豆耐酸、耐盐性弱，微酸性及中性土壤有利于其根系的生长和根瘤的发育。前茬选择非豆科作物，宜选十字花科蔬菜、瓜类和玉米等前茬地。前茬作物收获后清除田间枯枝烂叶，适当晾晒地面；冬前提早深翻土壤，晒土和利用高海拔地区冬季寒冷的有利气候条件，冻杀病菌和虫卵，减少菜豆病虫害发生，同时熟化土壤。翌年春季土壤解冻后，播种前结合深翻土地，每 667 m^2 施氮、磷、钾复合肥 50 kg、过磷酸钙 30 kg。有条件的可每 667 m^2 增施腐熟有机肥 2 000～3 000 kg。深翻 20～30 cm，破碎土块，精细整平地面。垄作以半高垄和 M 型垄为好。高垄栽培行 12 cm×50 cm，覆盖地膜，双行栽培，操作行距 90 cm，平均行距70 cm；M 垄高 12 cm，宽 50 cm，覆盖地膜，双行栽培，操作行距 90 cm，平均行距 70 cm。

（三）种子处理

适宜栽培品种确定后，选择粒大饱满、无虫蛀和病斑的种子晒 1～2 d 播种，有利于提高种子的发芽率，保证出苗快而整齐；或采用相当于种子重量 0.4% 的 50% 多菌灵可湿性粉剂，或种子重量 0.3%～0.5% 福美双可湿性粉剂拌种（1 kg 种子用 0.3～0.5 g 药剂），以杀灭种子表皮的病菌；经处理后的种子直播或育苗均可。菜豆不提倡浸种，如果播种后地温低，湿度大，浸种易导致烂种。

（四）直播

1. 播期确定

播种期对菜豆的产量、产值、生育期具有显著的影响。因此，要根据当地的气候条件、按照栽培品种的特性要求等，因地制宜地确定最适播种期。播种期确定依据为露地断霜前 5～7 d 和地表下 10 cm 处地温≥10℃即开始直播；采用地膜覆盖栽培比露地栽培提前 7 d 左右播种。

2. 播种方法

菜豆地膜直播分为两种方法，一种是先覆膜后播种，有利提高地温；一种是先播种后盖膜，有利提高播种效果。目前生产上多采用先覆膜后播种。具体做法：整好地后，按照株距 40～45 cm 破膜，挖成 2～3 cm 穴，穴内浇足水，等水渗入土壤后，每穴播 2～3 粒种子，随后覆盖土，覆土厚度 2.0～3.0 cm。覆盖土不宜过薄，否则易导致戴帽出土；覆盖土也不宜过厚，否则易导致出苗困难。

3. 留苗密度

一般每 667 m^2 播 2 800 穴左右，用种量 4～5 kg。

（五）育苗移栽

1. 育苗时间

一般比直播提早 7～10 d。

2. 育苗方式

高山高原地区菜豆栽培育苗时期处在春季较寒冷季节，一般利用阳畦、小拱棚或大棚采用塑料钵、纸钵或穴盘方式育苗。

3. 育苗营养土配制

营养土为 5 份田土∶3份山皮土∶2份优质有机肥，混匀、晒干、捣碎、过筛，营养土加复合肥 5 kg/m^3、钾硼铁钙微肥 1 kg，同时加入 50% 福美双 200 g 混合均匀。

4. 育苗

选晴天上午进行播种，播种前将装有营养土的塑料钵或纸钵摆放于苗床，用水浇透营养土，待水渗下后点播种子，每钵播种 2～3 粒。播种后覆盖 2.0～3.0 cm 厚的营养土。穴盘育苗，一般选用 50 孔穴盘，将水分适宜的基质装入穴盘，表面刮平，在穴孔中心部位下压 2.0 cm 左右孔穴，每孔穴播 2～3 粒种子，播后覆盖基质厚 2～3 cm，整齐摆放于苗床上，并及时浇透育苗盘。播种后搭建阳畦或小拱棚竹竿、覆盖塑料膜和保温帘，保温保湿，促进出苗。大棚内如果保温效果好，可不再搭建小拱棚。

5. 苗床管理

播种后需要较高温度，保持苗床温度白天 20～25℃左右，夜间 10℃左右。出苗前不需要放风，以免降低床温。幼苗真叶展开后开始通风锻炼，背风面先通小风，后通大风。在保证苗床适宜温度的前提下尽量多通风，提高幼苗素质，防止出现高脚苗和徒长弱苗。育苗土保持见干见湿，浇水时间以晴天上午为宜。每次浇水应浇透，防止漏浇。2 片真叶时进行定苗，每钵或每穴留 1～2 株苗（单苗栽培留 1 株，双苗栽培留 2 株）。定植前 7～8 d，逐步进行幼苗适应性锻炼，逐步加大通风量，定植前 2～3 d 全部除去覆盖物，使之适应露地气候条件。

6. 定植

一般第5片真叶片展开,苗龄20~25 d即可定植。定植密度同直播密度。地膜覆盖栽培可选用先覆膜、后定苗,或先定苗、后覆膜。土壤干燥或浇水不方便时,最好选用挖穴落水定苗,定植穴深8~10 cm,深度以把育苗土刚埋没为宜。

(六)田间管理

1. 间苗、补苗和定苗

直播后7 d左右开始出苗,出苗后选留壮苗。因幼苗生长快、分枝强,定苗不可过密,每穴留1苗。若弱苗或缺苗,要及时补栽。两种直播方式,均要及时对膜下芽苗进行破膜放苗,最好在上午11:00前完成,以防中午高温烧苗。放苗后用土将地膜口封严,防止土壤水分散失。出苗后要查苗,如有缺苗应及时补苗,3片真叶时进行间苗。

2. 中耕除草

苗期要适当中耕,结合中耕进行培土,促进幼苗不定根发生。直播出苗后或育苗定植后7~10 d进行第1次中耕除草,间隔10~15 d除草1次。

3. 及时搭架

菜豆6~7片真叶时,顶端开始甩蔓,在抽蔓10~15 cm时应及时搭架,架材选用较粗的竹竿,防止倒伏。竹竿长度2.5~3.0 m,架杆插在苗外15 cm处,每穴1杆,搭人字架。抽蔓初期,需人工逆时针引蔓上架,共引蔓2~4次,以后任其生长。

4. 肥水管理

在施足基肥的基础上,还需追施3次肥。追肥原则"花前少施,花后适施,荚期重施,减氮肥,增施磷、钾肥和硼、铁微肥"。一般在抽蔓期追肥1次,每667 m^2 可用45%硫酸钾复合肥10~15 kg进行穴施;在结荚期重施2~3次,即一般采摘2次追施1次,每次每667 m^2 施45%硫酸钾复合肥15 kg左右,在根外10 cm处或两穴之间穴施。如遇干旱和采收后期,可叶面喷施0.2%磷酸二氢钾+0.3%尿素进行根外追肥。高山地区空气湿度较大和雨水较多,菜豆栽培以防涝为主,大雨后及时排除田间积水,以利菜豆根系通气性良好,防治沤根。如遇较长时间段的干旱,有条件地区可浇水;结荚前一般土壤不干不浇水,开花结荚后,要保持土壤湿润状态,以提高产量和质量。

5. 摘除老叶

菜豆进入开花结荚后期,同化作用明显下降,植株生长衰退,果荚多呈畸形。若气候条件适合其生长,应进行复壮,及时清除老叶、病叶,摘除靠近地面40~70 cm以内的老叶、黄叶,及时改善通风透光条件,减轻病害发生,防止落花、落荚。

(七)收获

高山高原地区菜豆主要运往外地,因此采收环节很重要,要严格按照产品质量标准和市场需求标准适时采收,一般菜豆开花后15~20 d即可采收,以早晨采收为最佳。对于茎基部第一批初采豆荚不要等到充分膨大时再采收,相对要早收,否则植株小,消耗营养多,影响植株和上部豆荚健壮生长。一般采收初期和后期,每隔2~3 d收获1次,中期每隔1天采收1次。只有适时采收才能保证豆荚的肉质脆嫩饱满,促进其他花朵开花结荚,减少落花落荚,提高产量。采收后立即装于筐内并放入阴凉处,散去田间热。

九、高山高原洋葱越夏种植技术

(一)品种选择

选择高产、稳产、优质、抗病虫害、耐贮运、抗逆性强、皮薄、色亮、形好、不易掉皮、鳞茎收口紧、综合性状优良的长日照型品种。如,'红地球''红太阳''红帝''紫冠''紫星''红鹤''天正201''紫星一号''金罐1号''奥迪'等品种。

(二)育苗

苗床应选择土质疏松、肥沃、保水性强,每667 m^2 苗床用种量4~5 kg,可定植3 hm^2 大田面积。播种前施足腐熟的农家肥和氮、磷、钾复合肥,然后翻耕,精细整地,做成1.5~2.0 m宽的畦,浇透水,待播。一般于3月初土壤解冻后就可播种,采用干籽撒播,播后覆盖细土,以不见种子为宜。盖土后,每667 m^2 苗床可用33%的除草通100 mL喷雾,除去苗床上的杂草。播种后,在畦面上盖一层山皮土,或麦秸,有利于保湿、防高温和防降雨,到出苗前应一直保持土壤湿润,当苗床上有60%左右的苗长出时就可揭除覆盖物,视天气情况及时浇水,防止苗床板结,并结合浇水追施少量尿素,通过肥水调控培育适龄壮苗。既要防止幼苗长得过大,引起早期抽薹,又要避免幼苗生长细弱。当秧苗长到4片真叶、株高20~25 cm、叶鞘直径6~7 mm时即可定植。

(三)施肥整地

洋葱不宜连作,也不宜与其他葱蒜类蔬菜重茬。定植前结合整地,每667 m^2 施腐熟有机肥4 000~5 000 kg,再混入硫酸钾复合肥20~25 kg、磷酸二铵20~30 kg,耕翻地时应将土壤充分耙匀,使土壤与肥料均匀混合,然后覆膜,膜带面宽1.20~1.25 m,膜带间距0.30~0.35 m,拉紧并压紧。定植前若土壤墒情差,可提前3~4 d浇浅水1次。

(四)定植

大球型品种行距15 cm,株距16 cm,每膜带种植9行,每667 m^2 保苗2.3万~2.5万株。中球型品种行距14 cm,株距15 cm,每膜带种植10行,每667 m^2 保苗3万株左右。定植前1 d打孔或随打孔随定植。起苗时剔除病苗、弱苗,按苗大小分级,捆成1 kg左右的小捆,随后用50%多菌灵可湿性粉剂500~800倍液蘸根。定植时如果幼苗叶太长,可剪去上半部叶,留下半部10~15 cm长的叶,以防定植后幼叶伏在地膜表面被蒸干或浇水时被冲走。定植深度以茎盘距地面1.0~1.5 cm为宜,定植后浅浇1次移苗水。若定植前已浇透水,且定植质量好,可延后10 d左右再浇水,有利于缓苗。

(五)田间管理

定植后3~4 d,及时查苗、补苗,补苗后及时用细土封孔。需要勤浇水、浅浇水,全生长期浇水6~8次。头水至第2水的间隔时间一般控制在20~30 d,此时苗小,需水量少,地温低,蒸发量也少,延长浇水间隔天数有利于提高地温和促进缓苗。第2至第3水根据天气情况间隔 10 ~15 d,此时地温回升,幼苗进入生长旺期,需水量增大,要求土壤保持见干见湿,有利于生长。鳞茎膨大期要求土壤保持湿润,10 d 左右浇 1 次水,有利于获得高产。采收前 7 ~8 d 要停止浇水。洋葱较喜肥,但根系对肥的吸收能力较弱,需要适量多次追肥。结合浇第 2 水每 667 m^2 追施尿素 10 kg,第 3 水时每 667 m^2 追施尿素 15 kg,第 4、第 5 水每 667 m^2 各追施尿素 10 kg。鳞茎膨大期间可叶面喷磷酸二氢钾等叶面肥 2 ~3 次。

(六)收获

植株基部叶片枯黄,上部叶片尚带绿色,假茎失水松软,地上部倒伏,外层鳞片呈角质化时是收获的最佳时期。收获过早,鳞茎尚未充分成熟,含水量高,易腐烂;收获过晚,叶片全部枯死,容易裂球、茎盘腐烂。收获前 10 d 停止浇水。采收应在晴天进行,拔出整株,抖落泥土,原地晾晒 1 d,待鳞茎表皮干燥,在假茎 2 cm 处剪掉上部茎叶,分级、装袋、销售。

十、高山高原西葫芦越夏种植技术

(一)品种选择

选择耐寒、抗逆、抗病,瓜条长棒形、油绿色果皮、商品性好、植株生长势强,连续坐瓜能力强,产量高的品种。高档特色西葫芦,宜选择商品瓜金黄色、亮度好、外观漂亮、瓜条直的品种。如,'京葫 CRV1''绿秀 516''新浪潮''珍奇''中葫 8 号''玉莹''东葫 5 号''凯帅''露玉 33''秀玉 4363''寒绿 7042''东葫 4 号''珍玉 35''早冠''冬青''安德福'等品种。

(二)育苗

根据采收上市时间,一般于 4 月中旬到 6 月上旬采用穴盘方式育苗。

(三)施肥整地

种植西葫芦应选择地势平坦、土层深厚、保水保肥能力强、疏松肥沃的地块,忌选择重茬、连作地块。定植前 15 d 施肥整地,深翻 30 cm 以上,确保土壤疏松,蓄水保墒。结合整地,每 667 m^2 施入优质腐熟有机肥 3 000 ~5 000 kg,氮、磷、钾复合肥 40 ~50 kg,按行距 80 ~100 cm,做成垄宽 50 cm 的平畦,或 15 ~20 cm 的小高垄,覆 70 cm 宽地膜。

(四)定植

一般 5 月中下旬到 6 月下旬定植,每垄定植 1 行,采用等行距定植,株距 50 m,定植前按株距先打孔,定植时一手握住含有基质块的幼苗根部,另一只手刨开定植穴,放入并点浇后立即用浮土压实。每 667 m^2 定植密度 1 500 ~1 800 株。

(五)田间管理

1. 结瓜前管理

从定植到结瓜前 20 ~25 d,以控水、促根、发秧、防徒长为主,培育壮苗,为后期丰产打好基础。定植缓苗后,根据幼苗的生长情况,可浇一次催苗水,同时根据底肥情况随水施人粪尿 500 kg,或每 667 m^2 施硝酸铵 10 ~15 kg,以达到促秧的目的,但此水不宜过大。浇完促秧水后要中耕 2 ~3 次,以提高地温、促根壮秧。中耕时切忌伤根,因西葫芦的根易木质化，断根后很难恢复，在此期间一般不浇水，否则会引起植株的徒长，从而导致落花落果。但过分干旱时或缺肥时应视情况适当浇水施肥，否则会使秧苗瘦弱，开花过早、过多，导致瓜小，产量下降，品质变差。观察苗情，如果发生徒长，可喷50%矮壮素600倍液防止徒长；如果秧上瓜码过多，出现坠秧现象，则要及时疏去部分幼瓜。

2. 结瓜期管理

(1)肥水管理　当根瓜长至10 cm时，可结合追肥浇1次膨瓜水。每667 m^2 追施二铵或氮、磷、钾复合肥10～15 kg，根瓜采收后，第2个瓜膨大时结合浇水进行第2次追肥，每667 m^2 追施硫酸钾或氮、磷、钾复合肥20～25 kg，以后结合采瓜，每采收2次追1次二铵或复合肥，3～5 d浇1次水。

(2)植株调整　把枝蔓在田间同一方向牵引，使枝蔓排列有序，利于通风透光。若营养生长长势弱，要及时进行疏果，防止坠秧而化瓜，并要及时摘除病叶、老叶，增加通风透光，减少病害的发生。

(3)人工辅助授粉　若雄花开放少，坐果困难，要进行人工授粉。人工辅助授粉要在上午10:00之前进行，避免授粉不良；选择晴天上午浇水，酌情随水追肥，避免产生畸形瓜。

3. 及时采收

西葫芦在一条主蔓上连续结瓜，下部的瓜如不及时采收，不但影响上部的幼瓜生长，甚至还会引起化瓜现象，因此只有提高采收率，多采收嫩瓜，才是获得优质高产的主要途径。一般开花后10～15 d，瓜条具备商品价值后即可嫩瓜上市。西葫芦为高产作物，生育期喜欢大水大肥，采收1茬后要及时浇水和施肥，以保证植株旺盛。高峰期每天都可采收1茬。

(六)采收注意事项

采收最好在早晨进行，采收时注意不要损坏瓜秧，不要遗漏应采收的嫩瓜。采收后截取过长果柄，用发泡网套好，然后装袋或装箱，及时进入销售渠道以保证新鲜度。

十一、高山高原西洋南瓜越夏种植技术

(一)品种选择

目前，高山高原栽培的小南瓜品种主要是锦栗南瓜和红栗南瓜。锦栗南瓜果皮深绿色，红栗南瓜果皮深红色，都属西洋南瓜类型，特点是果实整齐一致，肉质紧密，耐贮运，淀粉、蛋白质、果胶物质及维生素等含量远远高于普通南瓜，对糖尿病、高血压、冠心病等具有预防和辅助治疗作用，果实还可深加工成南瓜粉、南瓜茶等高附加值产品。如，‘贝贝’‘栗丰’‘贝栗’‘大吉’‘绿珍宝’‘红栗2号’‘金香栗’‘东升’等品种。

(二)施肥整地

南瓜根系发达，长势旺，宜做成宽4～5 m的爬蔓畦。在爬蔓畦中间做0.7～0.8 m的播种畦，播种畦要细平，爬蔓畦要粗平，且略呈龟背形。结合整地施足基肥，一般中等肥力田块每667 m^2 施腐熟鸡粪1 000 kg，或腐熟有机肥2 000～3 000 kg。化肥以条施为主，以提高肥效，一般每667 m^2 施氮、磷、钾复合肥50 kg。

(三)播种覆膜

一般5月上旬到6月上旬10 cm土温稳定在12℃以上时即可陆续播种。按株距50 cm挖穴,每穴浇水1.5~2.0 kg,水下渗后即可播种。种子平放在穴内,每穴1粒,覆土深度1.5~2.0 cm,用铁铲轻拍一下。在垄沟的两侧各开一小沟,顺垄铺1.0~1.2 m宽的地膜,把膜绷紧,使膜下形成一个空间。

(四)田间管理

1. 破膜放风

当2片子叶出土后,为防止烧苗,在苗上方将膜捅破进行放风。

2. 除草封穴

当幼苗长出1片真叶时,揭开一侧地膜,每667 m^2追施尿素10 kg,后中耕除草,膜复原位,苗露膜外,苗基部用潮土压实。膜内处于封闭状态,防草保水。

3. 整枝授粉

为获高产,每株留一主蔓和一侧蔓。以后见侧枝均去掉。第1雌花摘掉,当第2雌花开花时,进行人工授粉,待瓜坐住后(鸭梨大小),前端留6~7片叶打顶。

4. 翻瓜、垫瓜、防日晒

爬地栽培,地面潮湿,极易使瓜贴地面部分不光滑,形成癞瓜,可在果实膨大期,用泡沫等不吸水材料垫瓜,保持瓜形美观。垫瓜时将瓜翻面,使瓜柄向上,瓜身受光均匀,保持瓜面着色一致。一般红皮品种,光线越强着色越红,瓜皮表面光泽越好;绿皮或墨绿皮品种不耐强光照射,易造成日灼,影响商品性,所以当瓜长到500 g大小,要用瓜叶或杂草盖瓜。

(五)收获

一般早熟品种在开花后23~25 d,中熟品种需要30~35 d,即可采嫩瓜上市;老熟瓜采收,在花后45 d以后,果梗周围有裂纹时采收,采收越迟品质越佳。

十二、高山高原鲜食玉米越夏种植技术

(一)品种选择

应根据高山高原气候特征、品种特性及市场需求三方面因素,因地制宜,选择适应性广、抗性强、商品性较佳的品种。如,‘金冠218’‘正甜89’‘米哥’‘万糯2000’‘京科甜112’‘西星甜玉2号’‘和甜五号’‘粤甜619’‘粤甜520’‘粤甜316’‘紫美人’‘双色之巅’等品种。

(二)施肥整地

冬闲地,适时深翻冻垡,耕深20~25 cm,耕作层深浅一致,做到翻地无漏耕。翻出杂草根部,使虫卵暴露在外,减少越冬害虫数量。播前7 d左右视天气和土壤墒情及时旋耕,做到耙碎整平,上虚下实,无较大土垡。结合整地,每667 m^2施腐熟有机肥3 000~5 000 kg,氮、磷、钾复合肥50 kg,将地整平耙细。机械起垄、覆膜,垄宽50 cm,垄高10~15 cm。宜选

用延展性好、适宜机械作业的宽 70 cm、厚 0.01 mm 的加厚地膜或黑色地膜，便于后期田间管理。

毁茬地，及时抢墒耕地，耕深 15 ~ 20 cm，精耕细耙，平整地面。在一些土壤水肥条件较好、土质较为松软的田地上，对地面的残茬处理完后，可进行免耕播种。

(三) 直播、育苗移栽

1. 直播

(1) 播期确定　当土壤 5cm 深地温稳定通过 12℃时开始播种，一般在 4 月中下旬至 5 月上中旬。

(2) 播种方法　一般 667 m^2 播种量为 2.0 ~ 2.5 kg。按种植密度要求确定株距，破膜挖播种穴，每穴播 2 ~ 3 粒种子，覆土 3 ~ 5 cm，播种时要求深浅一致、覆土均匀。

(3) 种植密度　应根据选用品种特性确定。一般低山低原地区每 667 m^2 为 3 500 ~ 4 000 株；而高山高原地区每 667 m^2 为 3 000 ~ 3 500 株。

2. 育苗移栽

于 4 月上中旬采用穴盘育苗，或漂浮育苗，待 2 叶 1 心时开始定植。定植时把叶片与行向垂直，按株距实行错窝等距离定植，这样可以充分利用阳光，提高光合作用效率。

(四) 隔离种植

与其他生育期相同的普通玉米品种同期播种时，应保证空间隔离距离 300 m 以上。达不到空间隔离要求的采用时间隔离，播期和定植期应间隔 20 d 左右。

(五) 田间管理

1. 补种

播种后出苗前及时检查田间种子发芽情况，如发现大量烂种现象，应及时浸种催芽进行补种。

2. 补苗

缺苗达到 5% 以上时及时补苗，在幼苗 2 ~ 3 叶期带土取苗补栽，并浇定根水，保证苗齐。

3. 间苗

当幼苗达到 3 ~ 4 片可见叶时及时间苗，去病留健、去杂留纯、去弱留壮、去小留齐。

4. 定苗

幼苗达到 5 ~ 6 片可见叶时及时定苗，每穴留苗 1 株，有少数缺株处可留双苗。

5. 中耕除草

一般定苗后进行 2 次中耕除草。在幼苗 5 ~ 6 片可见叶时结合追施苗肥进行第 1 次中耕除草，在 12 ~ 13 片可见叶时结合追施穗肥进行第 2 次中耕除草培土。

6. 水肥管理

掌握好“巧施攻秆肥，重施攻苞肥，以促为主”的施肥原则。在拔节期(7 ~ 8 叶)，施好攻秆肥，每 667 m^2 施尿素 10 kg；在大喇叭口期(抽雄前)重施攻苞肥，每 667 m^2 施尿素 12 kg。每次追肥均宜采用穴施肥后及时覆土的方法，减少挥发；追肥后及时浇水，提高肥料利用效率。穴施肥结合中耕除草及培土进行,以增强玉米的抗倒伏能力。苗期、拔节期保持土壤湿润,大喇叭口期至灌浆期是需水关键期,遇旱要及时浇水。

7. 植株调整及化学调控

(1)打杈除蘖　鲜食玉米具有分蘖、分枝或多穗特性,为保证果穗的产量和等级,应及早打杈除蘖,每株只保留最大的 1 个玉米苞,其余的果穗全部摘除,操作时尽量避免损伤主茎及叶片。

(2)健壮素化控　玉米大喇叭口期,每 667 m^2 用 30 mL 玉米健壮素兑水 15 ~ 20 kg,均匀喷施于植株上部叶片,可防止玉米倒伏,促进根系发育,提高结实率,缩短生育期。

(3)硝酸钾增甜　鲜食玉米从抽雄至抽雄后 10 d 内,结合防虫治病,叶面喷施 2.5% 硝酸钾液,以提高幼粒含糖量。

(4)及时去雄　有条件的,要在雄穗刚露头尚未开花散粉时隔株去雄,以利集中养分提高穗重。

(5)及早拔除病株　田间空秆、黑穗等病株应及时拔除,以改善田间通风透光条件。

(六)收获

适时采收才能保证甜度、糯性和风味。过早采收籽粒嫩、水分多、色泽浅、风味差、产量低。过迟采收籽粒变老、甜度下降、风味也差。一般在吐丝后 20 ~ 28 d 采收,糯玉米在吐丝后 23 ~ 30 d 采收。最佳采收期的把握标准一般为花丝变为黑褐色,剥开果穗苞叶,用手指掐穗中间有少量浆液为最佳采收适期。

鲜食糯玉米以人工收获为主,收获时连苞叶一起收获,防止水分流失影响口感。当天采收没有处理完的可以临时贮存在通风、阴凉、卫生干净的环境里,不应堆码,并进行冷贮处理。

第二节　一年二茬种植模式与技术

一、春拱棚番茄—秋大白菜种植模式

(一)茬口安排

平原地区高效栽培模式。第 1 茬种植拱棚春番茄,春番茄于 1 月下旬阳畦育苗,2 月下旬至 3 月上旬阳畦分苗,3 月下旬至 4 月上旬定植于拱棚,6 月初开始采收,7 月中下旬采收结束;第 2 茬种植秋大白菜,秋大白菜于 8 月中旬直播,11 月下旬至 12 月初收获。

(二)春拱棚番茄栽培技术

1. 品种选择

选择耐低温、抗病、高产、优质的品种,如,‘毛粉 802’‘中杂 9 号’‘合作 903’等品种。

2. 播种育苗

将番茄种子放在 55℃的温水中浸泡 15 min,并不断搅拌,然后放在清水中浸种 3 ~ 5 h,

捞起后用纱布包好放在25～30℃的条件下催芽，有50%种子露白时即可播种。1月下旬在阳畦内播种育苗，播前苗床要浇透水，待水渗透后进行播种。播种时将种子用细沙拌匀，均匀撒在苗床上，再覆细土厚1 cm左右，盖膜，加盖草苫。出苗前以保温、保湿为主，出苗后适时通风降温以炼苗。当幼苗长至2叶1心时进行分苗，间距为10 cm，分苗后以控水肥为主，培育叶色浓绿、无病虫害的壮苗。

3. 施肥整地

冬前深翻土地，翌年3月下旬结合整地，每667 m^2施腐熟有机肥5～7 t，氮、磷、钾复合肥100 kg，钙镁磷肥100 kg。充分耙匀整细，做出畦宽1.2 m，畦埂宽0.6 m的宽窄行。

4. 适期定植，合理密植

3月下旬至4月上旬，当幼苗6～7片真叶时，带花蕾定植。定植时，先在畦内开沟、浇水，再摆放苗子。每畦栽3行，株距20 cm，每667 m^2定植5 500株。定植后覆盖地膜，破膜后将苗引出，并盖上小拱棚。

5. 田间管理

（1）温湿度管理　定植后7 d内不揭膜，以利缓苗，以后随着气温的升高，逐步揭膜透风。番茄生长的适宜温度为20～25℃，超过30℃放风，午后降到20℃闭风，生长后期要注意遮阴降温。生长前期，空气相对湿度维持在60%～70%，生长中后期维持在50%～60%。

（2）水肥管理　定植后及时浇缓苗水，第1穗果坐住前一般不再浇水。第1穗果核桃大时根据墒情适当浇水，结合浇水，冲施1次氮、磷、钾复合肥，667 m^2施10 kg左右。

（3）植株调整、保花保果　采用单干整枝，及时绑蔓，疏花疏果，每株留2穗果，每穗留果3个左右，每株留果5～6个。为防止低温造成落花落果，当花序第1朵花开放时，用2,4－D蘸花或防落素喷花。

（4）病虫害防治　坚持预防为主，综合防治的植保方针，首先采用农业防治、生物防治。对大棚番茄主要病害如灰霉病、早疫病、晚疫病等可采用高效、低毒、低残留的农药防治。

6. 适时收获

一般于6月初开始采收，一直可以采收到7月底结束。

（三）秋大白菜栽培技术

1. 品种选择

选用抗病抗逆性强、耐贮运、产量高、品质佳的品种。如，‘秦白80’‘秦白4号’‘秦杂80’‘义和秋’等品种。

2. 施肥整地

前茬收获后，及时清理残枝败叶，整地要精细，结合整地，每667 m^2施腐熟有机肥5 000 kg，磷酸二铵30 kg，耕翻后耙细、耙平、起高垄，垄距60～65 cm，垄高15～20 cm。

3. 播种

选择适宜的播期。如中晚熟品种在陕西关中地区一般8月13—15日播种，以穴播为主，行株距55 cm左右。

4. 田间管理

播后及时浇水，防止高温干旱影响幼苗生长，做到适时间苗、中耕、除草，适时浇水。莲座期每 667 m^2 施人粪尿 1 000 kg,或尿素 10 kg,施肥后及时浇水,以后掌握见干见湿原则。结球期,保证水分的充分供应,一般 7 ~8 d 浇 1 次水,每 667 m^2 追施人粪尿 2 000 kg,或尿素 15 kg;收获前 7 ~10 d 停止浇水。对于病虫害,做到预防为主、综合防治,以农业防治、生物防治为主。

5. 适时收获

11 月下旬至 12 月初收获。

二、春甘蓝—秋芹菜种植模式

(一)茬口安排

平原地区高效栽培模式。第 1 茬种植春甘蓝,春甘蓝在 12 月中下旬至 1 月上旬利用阳畦或日光温室育苗, 3 月中下旬地膜定植,6 月上中旬采收;第 2 茬种植秋芹菜,秋芹菜在 6 月中旬至 7 月中旬育苗,7 月下旬至 8 月中旬定植,霜降到立冬采收。

(二)春甘蓝栽培技术

1. 品种选择

选用抗寒性强、结球紧实、品质好、不易未熟先期抽薹、适于密植的早熟品种。如,‘中甘 15’‘中甘 21’‘绿球 66’等品种。

2. 适时培育壮苗

(1)播期确定　春甘蓝生产的突出问题是未熟先期抽薹,因为甘蓝属于绿体春化作物,如果播种过早,幼苗生长过大,遇到低温条件则完成春化阶段,引起早期抽薹,所以应适期播种。如,陕西关中地区一般在 12 月中下旬至 1 月上旬利用阳畦或日光温室育苗。

(2)苗床准备　播前育苗床要施足腐熟有机肥,并且用多菌灵进行杀菌消毒,深翻耙平。

(3)种子处理及播种　选择籽粒饱满种子,用 18℃温水浸种 2 h,然后保持 15 ~18℃催芽。在晴天上午,浇足底水,水渗后将发芽的种子均匀撒播在畦面上,覆土 1 cm,每平方米播种量 4 g,每 667 m^2 需播种床面积为 5 m^2。

(4)苗床管理　出苗前不要通风,白天畦温应保持在 20 ~25℃,夜间为 10 ~16℃。苗出齐后适当通风,白天畦温 18 ~20℃,夜间 10 ~12℃,在秧苗 5 片真叶后畦温不能低于 10℃,防止秧苗通过春化阶段发生先期抽薹。定植前 10 d 可加大通风,进行秧苗低温锻炼。

3. 施肥整地

选择疏松肥沃的土地,于冬前每 667 m^2 施腐熟有机肥 5 000 ~7 500 kg,深翻 20 cm。定植前每 667 m^2 施磷酸二铵 20 ~25 kg、尿素 15 kg,犁耙后将地平整好,做成畦宽 1.5 m 左右,长10 ~15 m 的平畦。

4. 适期定植,合理密植

3 月中下旬进行定植,定植株行距为 30 ~33 cm,或按 35 ~40 cm 的行距、25 ~30 cm 的株距进行定植。栽完后立即覆地膜。

5. 田间管理

(1)缓苗期管理　早春定植春甘蓝,因外界气温偏低,可能还会遇到晚霜冻,缓苗期较长,叶片往往呈现紫色。这主要是定植时根系受伤和早春地温低、根系吸收磷素减少而影响糖类运转,导致叶片花青素积累造成的。因此,春甘蓝缓苗期的田间管理应以增温保墒为主。可于定植后 4 ~5 d 浇缓苗水,浇水量要小。

(2)莲座期管理　主要是控制莲座叶生长不能过旺,以促使结球叶的分化。其措施是通过控制肥水进行蹲苗,使莲座期的植株生长壮而不旺,为结球期奠定良好基础。当植株生长健壮,叶片蜡粉明显增厚,心叶开始合抱时则应及时结束蹲苗,进行追肥浇水,促进结球。每 667 m^2 追施尿素 20 kg,追肥后及时浇水。

(3)结球期管理　甘蓝进入结球期以后,其生长速度明显加快,此期甘蓝的生长量最大,约占整个营养生长量的 70% ~80% ,也是整个生长时期肥水需求最大的时期。因此,保证充足的肥水供应是甘蓝长好叶球的物质基础。可结合浇水追肥 2 ~3 次。每 667 m^2 每次追施尿素 10 ~15 kg,或磷酸二铵 15 ~20 kg,收获前 20 d 停止追施氮肥,以提高产品的品质。

6. 适时收获

当叶球八成紧时,外层球叶片发亮时,即可分批采收供应市场。如果收获不及时,往往会出现裂球而影响甘蓝品质和产量,使种植效益降低。

(三)秋芹菜栽培技术

1. 品种选择

选用高产、优质、抗病、实杆类型的品种,如,'文图拉''加州王''津南实芹''铁杆芹菜'等品种。

2. 育苗

(1)苗床准备　秋芹菜播种期正值 6 ~7 月份高温多雨季节,应选在排灌方便的地块作育苗畦。苗床做成宽 1.0 ~1.2 m 的平畦,苗床面积与栽培面积比例为 1∶15。每平方米苗床施腐熟优质有机肥 5 kg 和磷酸二氢钾 25 g,翻耙混匀之后,耧平踩实备用。

(2)浸种催芽　播种前 8 ~9 d 进行浸种。用 0.1% 高锰酸钾溶液浸种 10 min 后,用清水淘洗种子,除去种子表面药剂,用干净湿纱布盖好,放在 15 ~18℃ 的阴凉、潮湿处催芽。催芽期间,每天用清水淘洗 1 次,约 6 ~7 d,大部分种子可出芽。

(3)播种　播种前将苗畦浇足底水,水渗下后在苗畦表面撒一层细土,然后撒籽,撒籽要力求均匀,撒籽后薄薄地盖一层过筛细土,厚约 0.5 cm,随后在畦面喷洒除草剂,可用 48% 氟乐灵乳油 100 ~150 mL 或 48% 地乐胺乳油 200 mL,喷后不要破坏畦面药膜。播种后立即在苗畦上进行遮阴降温和防雨措施,可用竹竿支成塑料薄膜拱棚,四周通气,或用遮阳网搭成拱棚,防止雨水直接冲刷和遮阴降温保湿。

(4)苗期管理　小苗出齐后浇 1 次水,以后每隔 2 ~3 d 浇 1 次水,天气太热或土壤保水能力较差的苗畦要缩短浇水间隔时间,浇水应在清晨或傍晚天气较凉爽时进行。小苗出齐浇水后,给苗畦薄薄地覆一层细土(最好用细沙土)。幼苗长有 1 ~2 片真叶时再覆一次细土。每次覆土都在叶面水分干了以后进行,每次覆土厚度在 0.5 cm 以内。幼苗长有 2 ~

3片真叶时进行一次间苗，去弱留强，去病留壮，留苗间距2～3 cm。当苗长至4～5片叶，适当控水，防止徒长。一般苗龄60～70 d，具5～6片真叶，苗高15～18 cm时即可定植。

3. 施肥整地

前茬作物收获完毕即可清洁田园，结合整地，每667 m^2 施腐熟有机肥4 000～5 000 kg、过磷酸钙50 kg、尿素10 kg、硫酸钾20 kg、硼砂1 kg作基肥，施后深耕30 cm，使肥土充分混合，耙平耙细后做成1.2～1.5 m宽的平畦即可移栽定植。

4. 定植

定植宜在下午4:00时以后进行。要随起苗随栽苗，应选用大小基本一致的壮苗。如幼苗大小差异较大，应分开栽植。秋芹菜宜栽单株，要合理密植，地力好、施肥水平高的，株行距掌握在13 cm；地力中等、施肥水平中等的，株行距掌握在10 cm。栽苗不宜过深，一般把短缩茎埋入土中1.5 cm左右，不把心叶埋入土中，栽后浇水时又不飘苗为适度。

5. 田间管理

（1）浇水　定植后立即浇水，隔1 d浇第2水，再隔1～2 d浇第3水，第3水后隔3～4 d浇第4水，4水后进行中耕蹲苗，结束蹲苗后继续浇水。一般秋分节前每隔2～3 d浇1次水，遇天热时间隔1天浇1次水，秋分节后每隔3～4 d浇1次。寒露节前后，芹菜长到30～40 cm高时加大浇水量，经常保持土壤湿润。在收获前一周停止浇水。

（2）中耕、除草　定植后浇过第4水进行中耕，深度不超过3 cm。中耕要周到、细致，结合中耕清除田间杂草，中耕后蹲苗7 d左右。在苗高25 cm左右时再除草1次。

（3）追肥　生长期要多次追肥。第1次在蹲苗结束，每667 m^2 随水追施尿素10 kg；第2次在秋分节前后芹菜约有25 cm高时，每667 m^2 随水追施尿素10～15 kg；第3次在寒露节前后，芹菜有30～40 cm高时，每667 m^2 随水再追施1次尿素10～15 kg。

（4）防治病虫害　秋芹菜主要病害有疫病和斑枯病，主要虫害是蚜虫，要勤检查，除采取农业措施防治外，还要及时喷药进行防治。

6. 适时收获

当叶柄高50～60 cm时可开始采收。一般从霜降开始，到立冬前后可收获完毕。

三、春西葫芦—秋花椰菜种植模式

（一）茬口安排

平原地区高效栽培模式。春西葫芦于3月上旬播种育苗，4月上旬定植，4月下旬至6月下旬收获。秋花椰菜于6月中下旬育苗，苗龄25 d左右，7月中旬秧苗长到5～6片叶时定植，10月下旬即可开始收获。

（二）春西葫芦栽培技术

1. 品种选择

选用早熟性好、耐寒能力强、化瓜率低、抗病毒病能力强、株型紧凑、长势强健、品质优良的品种。如，'京葫36''银青''春葫1号'等品种。

2. 培育壮苗

（1）浸种催芽　将种子放入20～30℃的温水里浸泡2～3 h，让种皮、种肉和胚胎充分吸水后，捞出晾干种皮，用湿毛巾包起，放在 25 ~ 30℃处催芽，待芽长 0.2 ~ 0.4 cm 时即可播种。

(2)播种　播种时先将营养钵(或苗床)灌透水，待水下渗后，每个营养钵点播 1 粒种子，覆土 1.5 ~ 2.0 cm，然后在其上覆盖塑料薄膜。

3. 施肥、整地、做垄

早春，土地解冻后，尽早施肥整地，每 667 m^2 施腐熟有机肥 4 000 ~ 5 000 kg，磷酸二铵 50 kg，深翻 30 cm，使土肥充分混合后耙平做垄。行距 60 cm，垄高 15 ~ 20 cm。

4. 定植

在垄中间按株距 50 cm 开沟或开穴，先放苗并埋入少量土固定根系，然后浇水，水渗下后覆土并压实。栽植深度不要太深。定植后及时给栽培垄覆盖地膜。

5. 田间管理

(1)水肥管理　定植缓苗后浇一次缓苗水，待土壤干湿适宜时中耕松土并开始蹲苗，连续中耕 2 ~ 3 次，以提高地温，促进根的发育。一般在西葫芦开花前不再浇水追肥，以免引起植株徒长。当第一雌花开花后，瓜长到 10 cm 左右时，应及时浇水追肥，以保证植株生长和果实膨大所需的营养。追肥每次每 667 m^2 追施人粪尿 500 kg，或尿素 10 ~ 15 kg，或复合肥 15 ~ 20 kg，以后每隔 5 ~ 7 d 浇 1 次水，每浇 2 次水追 1 次肥，即隔 1 次水追 1 次肥。

(2)人工授粉　为提高西葫芦的坐果率，保证高产稳产，在雌花开放时应进行人工辅助授粉。授粉工作应在早上 6:00—9:00 时进行，将采摘下来的雄花花瓣去除，露出雄蕊，然后在雌花柱头上进行涂抹，保证雌花柱头上有雄花花粉即可。若遇雨天，可用纸袋于前一天下午将次日要开的雌花、雄花花蕾罩住，第二天清晨授完粉后，继续罩住雌花，以防雨水浸入影响坐瓜。人工授粉的同时，注意去除侧枝、侧芽。

6. 适时收获

要及时采收，尤其是第一个瓜，要根据市场消费习惯尽量提早采收，以免发生坠秧现象。第一个瓜在重达 0.25 kg 左右时即可采摘，以后要根据市场需求习惯进行及时采收，防止瓜长得太大而坠秧，影响后期产量。

(三)秋花椰菜栽培技术

1. 品种选择

选用耐热、耐寒抗病性强的中晚熟品种，如，紧花型的有‘津雪 88’‘天雪 75’‘雪峰’‘日本雪山’‘雪莲’等品种；松花型的有‘庆扬 70’‘长胜 65’‘青美松 70’‘正能松 80’等品种。

2. 播种育苗

于 6 月中下旬进行播种育苗，育苗床应选地势高燥、土层疏松肥沃的沙壤土为宜。应采取降温、防雨设施。播种后 20 d 左右，幼苗 3 ~ 4 片真叶时分苗，分苗行株距 10 cm × 10 cm，按苗大小分级，行株对齐，以利于定植前划土块取苗带土移栽。经 15 ~ 20 d，7 ~ 8 片真叶时即可定植，不可久拖，否则秧苗老化致使定植后生长缓慢。

3. 整地定植

结合整地，施足基肥，每 667 m^2 施腐熟有机肥 3 000 ~ 4 000 kg，氮、磷、钾复合肥 30 ~

50 kg。做成 1 m 宽的平畦，每畦定植 2 行。定植选择在晴天下午或阴天进行，定植时边栽苗边浇水，以利于成活。

4. 田间管理

(1)水肥管理　秋茬栽培前期气温较高，要注意浇水和中耕除草，雨后注意排涝。花椰菜整个生长期，对水肥要求较高。前期追肥以氮肥为主，花球形成期适当增施磷、钾肥，每 667 m^2，一般需尿素 15 ~ 20 kg，钾肥 5 ~ 10 kg，钾肥应用硫酸钾。追磷肥可叶面喷施磷酸二氢钾。追肥应结合浇水进行，结球期要肥水并重，特别是浇水不能间断，隔 2 ~ 3 d 浇 1 次，直到收获。

(2)病虫害防治　在苗期和大田生长期，遇到高温、高湿条件易发生霜霉病，可喷施 75% 百菌清 600 倍液，或 70% 乙・锰可湿性粉剂 500 倍液进行防治，或采用 25% 瑞毒霉 800 ~ 1 000 倍液防治。亦可选择其他合适的杀菌剂。防治黄条跳甲、菜青虫、小菜蛾、菜螟，可用 20% 杀灭菊酯，或 2.5% 溴氰菊酯 3 000 倍液。

5. 适时收获

花球充分长大，表面平整，基部花枝略有松散时采收为宜，也可根据市场需求及时采收。

四、春马铃薯—秋冬胡萝卜种植模式

(一)茬口安排

平原地区高效栽培模式。春马铃薯于 2 月中下旬催芽，3 月上旬采用地膜覆盖栽培，5 月下旬到 6 月中旬采收；秋胡萝卜于 7 月中旬播种，12 月份采收。

(二)春马铃薯栽培技术

1. 品种选择

选择早熟性好、芽眼浅、无病虫、单个重 25 ~ 30 g 的小粒薯作种薯，如，'费乌瑞它''克新 4 号''中薯 2 号''早大白''紫花白'等品种。

2. 施肥整地

马铃薯适应性广，最适合生长的土壤是轻质壤土。应选择质地疏松、易灌易排地块，播种前一次性施足底肥，每 667 m^2 施腐熟有机肥 4 000 kg、硫酸钾复合肥 30 kg、硼肥 1.5 kg，深耕 25 ~ 30 cm，翻耙均匀，做好双行垄畦，畦宽 95 cm，沟宽 25 cm，深 25 cm。

3. 种薯处理

播种前 10 ~ 15 d，种薯尚未通过休眠的要打破休眠，具体方法如下：

(1)切块　将种薯从顶部纵切数块，每块有芽眼 1 ~ 2 个，切口要贴近芽眼。

(2)浸种　用 5 ~ 10 mg/L 的赤霉素浸种 5 ~ 10 min。

(3)催芽　选用冷床、温室或塑料大棚均可。地面铺干净湿润的沙土(以手捏成团、手松便散为宜)厚约 10 cm，床宽 1 m。将浸过种的种薯晾干后均匀摊于苗床上，将种薯芽眼向上，再用湿润的沙土覆盖薯块 2 cm 厚，保持 25 ~ 28℃，芽长 2 ~ 3 cm 即可栽种。

4. 适期栽种，合理密植

3 月上旬栽种，每畦栽 2 行，株距 20 cm，栽种深度 10 cm，栽种时每个种薯只留 1 个壮芽，然后紧贴地面覆盖地膜，两边压紧实，每667 m^2 栽种5 000株，需种薯125～150 kg。

5. 田间管理

(1)及时破膜　播种20～25 d后马铃薯陆续出苗顶膜，在晴天下午及时破孔放苗，并用细土将破膜孔掩盖，防止苗遭受地膜中的热气流造成的热害。

(2)肥水管理　出苗前一般不浇水，雨后土壤板结，应耙破土壳，保证通气。出苗后早追肥、早浇水、早松土。齐苗后，结合浇水，每667 m^2 追施发棵肥尿素5～10 kg。发棵期结合中耕进行浅培土，薯块膨大期结合清沟、中耕进行大培土。

(3)合理化调　马铃薯施氮过多，易发生徒长，在始花期到盛花期每667 m^2 用多效唑30 mL，加水50 kg均匀喷雾，可有效防止徒长。

(4)防治病虫　马铃薯病虫害主要有晚疫病、病毒病和地下害虫。应坚持绿色植保理念，坚持预防为主、综合防治的原则，优先采用农业防治、物理防治和生物防治，合理使用化学防治。晚疫病可选用35%甲霜灵锰锌、58%瑞毒锰锌等农药交替喷施防治，每隔7 d喷1次，连续防治2～3次；病毒病以防治蚜虫为主，可用吡虫啉喷雾防治；地下害虫蛴螬、大小地老虎可用敌百虫灌根和诱杀。

6. 采收

马铃薯在植株大部分叶由绿转黄达到枯萎，块茎停止膨大的生理成熟期采收，也可根据需要在商品成熟期及时采收。

(三)胡萝卜栽培技术

1. 品种选择

选择供应期长、抗病、高产、优质、根形好、生长势强的品种，如，'透心红胡萝卜''新黑田五寸参''菊阳五寸参'等品种。

2. 施肥整地

胡萝卜根系发达，入土深，要选择土层深厚、松软透气、排水良好的地块。胡萝卜发芽慢，对土壤条件要求高，要求深耕30 cm，结合深耕每667 m^2 施腐熟有机肥4 000～5 000 kg，尿素20 kg，磷酸二铵20 kg。一般有高垄和平畦两种栽培方式。高垄垄距50 cm，垄高10～15 cm，垄背耧平后上宽20 cm，播种2行；平畦畦宽1.0～1.7 m，长6～10 m。

3. 种子处理

胡萝卜的种子有刺毛，有挥发油，果皮、种皮透性差，吸水发芽缓慢，为了促进其发芽，可以用冷水浸种3～4 h，沥干后装入棉布袋中，在25℃下保湿催芽，有10%～20%的种子露白时即可播种。

4. 播种

采用直播方式，在畦内按15～20 cm的行距开沟，沟深2 cm左右，在沟内播种，播种要均匀，覆土要均匀，不能露籽，播后用脚踩一遍再浇水，再喷施新高脂膜800倍液保温保墒，防止土壤结板，提高出苗率。

5. 田间管理

(1)间苗、中耕与除草　播种后要防止暴雨拍实土面影响出芽，从播种到出苗一般连续浇2～3次水，保持土壤湿度65%～80%。幼苗1～2片叶时，及时进行间苗，株距3 cm，并在行间浅锄；幼苗4～5片叶时，适时定苗，除去过密株、弱株和病株，并喷施新高脂膜防止病菌侵染，提高抗自然灾害能力，保护幼苗茁壮成长，当幼苗5～6片真叶时进行定苗，中小型品种株距为10 cm，大型品种株距为13～15 cm。中耕可在每次间苗、定苗、浇水追肥后进行，不宜过深，以防伤根。中耕时注意培土。田间杂草主要是单子叶植物，每667 m^2 可用10.8%盖草能20 mL兑水20 kg喷雾，进行化学除草。

（2）肥水管理　当幼苗生长到7～8片叶时，应适当控制浇水，加强中耕松土，促使主根下伸和须根发展，并防止植株徒长。秋冬胡萝卜生长期长，而且需肥高峰期在中后期，所以在施足底肥的基础上要进行分期追肥。以追施速效性肥料为宜，全生长期追肥3次，每15 d追施1次。每667 m^2 追施氮、磷、钾复合肥15～20 kg，以结合浇水冲施为宜。肉质根长到手指粗时，要控制好水分供应，过干易引起肉质根木质栓化，侧根增多；过湿易引起肉质根腐烂；忽干忽湿供水不匀，易引起肉质根开裂，降低品质。

6. 收获

10月下旬开始收获，陆续供应市场。准备贮藏的胡萝卜可在11月中旬前后收获，一般土壤上冻前收获完毕。

五、春夏小拱棚西瓜—秋青花菜种植模式

（一）茬口安排

平原地区高效栽培模式。拱棚西瓜于3月上旬进行嫁接育苗，3月下旬至4月上旬小拱棚定植，6月中下旬当西瓜陆续进入成熟期，可根据西瓜成熟度和市场行情等适时收获上市，7月下旬采收完毕；青花菜于6月中下旬育苗，8月上中旬定植，11月收获。

（二）小拱棚西瓜栽培技术

1. 品种选择

可选用瓠瓜、黑籽南瓜、冬瓜以及野生西瓜作砧木，常以黑籽南瓜为主，杂交一代品种有‘新大佐’‘早生新土佐’‘超丰F1’等。西瓜一般选择‘菊城龙旋风’‘豫园抗8’‘改良京抗2号’等品种。

2. 嫁接苗培育

（1）播种　砧木一般在3月上旬育苗，每667 m^2 用种量500 g。育苗前，选择晴天将种子晾晒1～2 d，浸种12 h至种皮充分软化，在30℃恒温条件下催芽24～48 h，待80%种子露白后即可播种。播种前浇透营养钵内的营养土。播种时胚芽朝下，每钵1粒，播后覆厚1.5～2.0 cm细土，再盖上一层塑料薄膜。接穗比砧木晚播7～10 d，每667 m^2 用种量50 g。育苗前，选择晴天将种子晾晒1～2 d，浸种12 h至种皮充分软化，在30℃恒温条件下催芽24～48 h，待85%种子露白后即可播种。播种前浇透沙箱内的营养土；按1.2 cm×1.2 cm规格播种，播种时胚芽朝下。播种后覆盖厚1.5～2.0 cm细土，再盖上一层塑料薄膜。

（2）嫁接　在嫁接前1 d下午，将砧木浇透水，用50%多菌灵800倍液对砧木和接穗及周围环境进行消毒。嫁接时，将接穗从育苗盘中轻轻拔起，将沙子冲洗干净，然后浸泡于70%甲基硫菌灵可湿性粉剂800倍液中，5 s后取出滤干药液，用湿布盖好保湿即可用于嫁

接。一般砧木第1片真叶充分展开,接穗2片子叶尚未平展,子叶由黄转绿时为嫁接适宜时期。常采用插接法进行嫁接。将嫁接好的营养杯紧凑排列,覆盖地膜保湿育苗,成活后逐渐揿膜降湿,接穗长出2叶1心即可出苗移栽。

3. 整地做畦

结合整地,每667 m^2 施充分腐熟的鸡粪3 m^3、硫酸钾40 kg、尿素15 kg,耕翻耙匀。3月下旬选晴天及时做畦,小拱棚宜选择南北走向,占地宽1.4～1.6 m。先做成宽60 cm、高15 cm的垄,垄两侧各做1条宽30 cm的水沟,在水沟外侧各做1条高20 cm、宽20 cm的畦梗,畦梗上每隔1.2 m插1条长2 m、宽4 cm的竹片,形成宽1.5 m、高0.7 m的拱架。定植前7～10 d浇地,架上扣宽2 m的薄膜,烤地、升温。

4. 适时定植

一般在3月底4月初,小拱棚内5 cm地温稳定在12℃以上时,即可选无风晴天定植。每个栽培床定植2行,株距不低于0.7 m,每667 m^2 定植650～700株。定植后将膜孔用土封严,及时加盖小拱棚。

5. 田间管理

(1)温度管理　定植后,前3 d一般不放风以促进缓苗。缓苗后可每天10:00—14:00时逐步加大放风量,以达到降温、排湿、改善光照条件的目的。团棵期增大通风量,降低植株生长速度,提高抗逆能力,达到叶厚、颈粗、根系壮的目的。进入4月下旬晚霜期已过,要采取上午、中午放大风,提早坐果。

(2)肥水管理　在定植水浇足的情况下,主蔓长约50 cm时,可结合浇水每667 m^2 追施尿素5 kg、磷酸二氢钾10 kg。当幼果长至鸡蛋大时,每667 m^2 随水冲施尿素15 kg、磷酸二氢钾20 kg。果实碗口大时可根据地力情况每667 m^2 追施尿素10 kg、磷酸二氢钾15 kg,另外还可喷施叶面肥料防止茎叶早衰。

(3)整枝方式　一般采用三蔓整枝方式,当主蔓长30 cm,茎基部枝条达5 cm时,每株选留2条长势均匀的健壮侧蔓,多余的侧蔓及早去掉。一般选留主蔓第2或第3雌花坐果,主蔓坐不住时可选留侧蔓雌花坐果。一般坐果节位前多余的侧枝应及早去掉,而坐果节位后几节的侧枝可留3～6片叶打尖,以增加叶面积、提高产量。

(4)人工辅助授粉　每天7:00—11:00时,将当天开放的雄花去掉花瓣,将花粉轻轻涂抹在已开放的雌花柱头上。在操作中应注意要涂抹均匀,以防出现畸形果。

6. 适时采收

一般在6月中下旬至7月中下旬收获上市。

(三)秋青花菜栽培技术

1. 品种选择

选择高产、抗病品种,如,'绿岭''秋绿''耐寒优秀'等品种。

2. 播种育苗

6月中下旬进行播种育苗,育苗床应选地势高燥、土层疏松、肥沃的沙壤土为宜。应采取降温、防雨设施。播种后20 d左右,幼苗3～4片真叶时分苗,分苗行株距10 cm×10 cm,苗大小分级,行株对齐,以利于定植前划土块取苗带土移栽。经15～20 d,7～8片真叶时即可定植，不可久拖，否则秧苗老化致使定植后生长缓慢。

3. 定植

西瓜拉秧后应及时施肥整地，每667 m^2 施腐熟有机肥3 000 kg、过磷酸钙20 kg、草木灰100 kg、氯化钾7 kg。当幼苗4～5叶、苗龄25～30 d时起垄，按大小苗分级移栽，株距35 cm，行距65 cm，每667 m^2 定植2 700～3 000株。

4. 田间管理

移栽后及时浇缓苗水，适时中耕、松土、除草。大田生长期间结合浇水一般追3次肥。第1次为提苗肥，结合第1次中耕每667 m^2 施尿素10 kg、硫酸二铵15 kg；第2次为花芽分化肥，栽后20～25 d、植株12～15叶时追施，每667 m^2 施尿素7 kg、草木灰30 kg、硫酸钾6 kg，第3次为花球膨大肥，一般在花球豌豆大小时重施肥，每667 m^2 施过磷酸钙10 kg、尿素和氯化钾各5 kg，同时叶面喷施0.05%～0.10%硼砂和0.05%～0.10%钼酸铵溶液，能提高花球质量，减少黄蕾和焦蕾发生。

5. 病虫害防治

霜霉病，可在发病初期用25%甲霜灵可湿性粉剂500倍液，或64%杀毒矾可湿性粉剂500～600倍液喷雾防治；黑斑病，可在发病初期用65%代森锌可湿性粉剂500倍液，或50%甲基硫菌灵可湿性粉剂500倍液喷雾防治。蚜虫，可用10%吡虫啉可湿性粉剂1 500倍液喷雾防治；菜青虫和小菜蛾，可用2.5%溴氰菊酯乳油2 500倍液喷雾防治。

6. 采收

花球充分长大但未散球前适时采收。采收标准：花球直径12～18 cm，紧实圆正，无病斑，无伤残。

六、大葱—冬小麦套种模式

（一）茬口安排

平原地区高效栽培模式。耕作带宽130 cm，大葱定植1行，于6月中下旬定植，最迟在7月上旬，小雪前后开始至12月土壤上冻前收获；10月上旬先将培土冬葱铲齐，行间浅耕耙平后再条播小麦5～6行，小麦于翌年6月初收获。

（二）大葱栽培技术

1. 品种选择

选择生长健壮、耐干旱、耐热、耐寒性强、抗病、耐贮藏、葱白肉质脆嫩、味稍甜而香、品质佳的品种。如，‘赤水孤葱’‘章丘梧桐葱’等品种。

2. 适时播种

（1）播种时间　大葱对播种要求很严格，分春播育苗和秋播育苗两种。秋播，一般在冬前40～50 d播种，即9月下旬至10月上旬，越冬时葱苗高约7 cm、直径不足9.5 cm，有3片真叶为好。春播可在惊蛰后清明前播种，即3月中下旬，春播占地时间短，管理比秋播简单。

（2）播种方法　一般定植667 m^2 大田，需用葱种1.25～1.50 kg，需苗床67 m^2。分湿播法和干播法两种。湿播法:播种前苗床浇水,浇水量以够出苗所需为原则,过大则地温不易回升,对发芽出苗不利,水下渗后,将种子与适量的湿润细沙混匀后进行撒播,播后覆土1 cm 左右。干播法:在土壤合墒状态时撒播,播后浅耙、踩实,再以耙背刮平畦面保墒。若冬春季干旱,土壤墒情为黄墒或干墒时,应提前浇水造墒。

(3)苗床管理 幼苗出土前覆地膜保墒。拱土时揭膜,并补撒细土,以护外露的幼根。当幼苗子叶伸腰后,应结合浇水追肥 2 ~ 3 次,一般每次每 667 m^2 施尿素 5 ~ 10 kg,忌撒施碳酸氢铵,以免伤苗。苗期不间苗,注意除草,播种后出苗前可用 33% 除草通乳油 100 ~ 150 mL 兑水喷雾,当苗高 35 ~ 45 cm、假茎横径 1 cm 左右时即可定植。

3. 科学定植

(1)开沟施肥 按行距 130 cm 开深、宽各约 30 cm,底宽 10 cm 的沟。将摆葱的南沟壁,或西沟壁上下铲齐,另一面拍平拍光,沟底刨松、刨平。顺沟每 667 m^2 撒施油渣 25 ~ 30 kg,或腐熟有机肥 2 500 kg,再施入磷酸二铵 15 ~ 20 kg 和硫酸钾 15 ~ 20 kg。

(2)起苗分级 苗床提前灌水,合墒时起苗,除去根系宿土,并将健壮秧苗按大、中、小苗分级,存放于室内或田间,加盖芦席或遮阳网,防止日晒萎蔫。

(3)定植 定植宜早不宜晚,过晚气温过高,不易缓苗,而且葱白生长期短,不利于增产。一般在 6 月中下旬定植。通常在下午高温过后栽苗。株距 3.3 cm 左右;小苗密些,大苗稀些。覆土厚度以刚刚埋没假茎基部葱白即可。

4. 田间管理

(1)水肥管理 定植后立即灌少量水稳苗,地面发白时再灌水缓苗。缓苗以后注意中耕保墒,控水蹲苗,以促进发根。小暑后葱株进入半休眠状态,应避免灌水过多或暴雨后积水时间过长;立秋后,葱株进入生长阶段,宜少灌、轻灌和早晚灌;白露后,葱株生长迅速,宜勤灌、灌足;寒露以后不再灌水。结合灌水进行追肥,缓苗后每 667 m^2 施尿素 7.5 kg;立秋前后每 667 m^2 施腐熟有机肥 2 000 kg、氮、磷、钾复合肥 20 kg;处暑、白露、秋分前后每 667 m^2 施氮、磷、钾复合肥 25 kg。

(2)培土 随着葱株的生长,立秋、处暑、白露、秋分前后结合追肥各培土 1 次,每次培土高度以不超过最外功能叶片的出叶口(“葱心”)为宜。最后一次培土,两侧用土夹实葱株,拍紧,这时培土高度超过叶口亦无妨。

(3)病虫害防治 常见病害有霜霉病、紫斑病、锈病等。发病初期可用 75% 百菌清可湿性粉剂 600 倍液,或 72.2% 普力克水剂 800 倍液,或 64% 杀毒矾可湿性粉剂 500 倍液、50% 扑海因可湿性粉剂 1 500 倍液,或 50% 多菌灵可湿性粉剂 500 倍液防治,交替使用。隔 7 ~ 10 d 喷药 1 次,连续喷药 2 ~ 3 次。主要害虫有蓟马、潜叶蝇等,蓟马可通过清除田间杂草及枯枝落叶,减少越冬虫源,加强水肥管理,增强抗虫能力等措施来防治。在田间设置蓝色、与作物高度持平的粘板诱杀成虫。或选择高效、低毒、低残留的农药,为了避免产生抗药性,防治时应轮换使用农药,喷雾时除对植株上部重点喷施外,还应对植株周围地面喷药,可杀灭自然入土的蓟马。潜叶蝇要注意定期摘除虫、蛹叶;严重时,结合翻耕锄草灭蛹等措施,降低虫口密度;大葱收获时彻底清理田间病株残体,集中处理或烧毁。在成虫盛发期、幼虫初孵期、预蛹期,进行化学防治。

5. 收获贮藏

小雪前后开始挖葱至 12 月土壤上冻前为止。从初培土的一侧向下挖。挖出后整理成捆,近根部和近梢部各绑一道,一捆 10 kg,放置阴凉处。三捆相靠为一排,依次向前靠排成长方形,隔 30 ~ 40 cm 再以同样的方法摆放。因大葱耐寒性强,不盖草席防冻可贮存至翌年立春前后。如继续贮存,须移地倒捆 1 次。不可大量堆积,以防受热腐烂。

(三)冬小麦栽培技术

1. 品种选择

选择优质高产,抗逆性强的品种,如,'西农 979''陕 148''小偃 22'等品种。

2. 播种

10 月上中旬。此时大葱已基本长成,可进行最后一次培土。培土后将垄背横向用脚踩实,再用铁锨将垄背两侧的土垂直切下一部分(葱株两边各留约 10 cm 宽),两边要切整齐,然后整平沟底,施入基肥,使肥、土混匀,即可开沟播种小麦。为防治地下害虫,播前可撒施毒饵,播后浇水。

3. 田间管理

冬前管理,收葱时不要损坏麦苗。大葱收获后清理畦面,整好畦背,应及时查苗、补苗,确保苗全、苗匀,适时进行冬前化学除草及冬灌。早春进行中耕锄划,提温保墒促早发。结合春灌每 667 m^2 行追施尿素 10 ~ 15 kg。并及时进行化控防倒。

4. 收获

6 月上旬收获。

七、大蒜—春玉米套种模式

(一)茬口安排

平原地区高效栽培模式。耕作带宽 150 cm,每带内种玉米 3 行、大蒜 6 行。玉米一般在 4 月底、5 月初播种,行距 75 cm,株距 24 ~ 26 cm,每 667 m^2 留苗 3 000 ~ 3 500 株。9 月上、中旬收获;8 月上、中旬在玉米行间套种 3 行大蒜,行距 25 cm,株距 5 ~ 6 cm,每 667 m^2 栽 45 000 ~ 50 000 株,播种深度 2 ~ 3 cm。蒜苗一般从 11 月开始采收,陆续采收至翌年 3 月下旬。蒜薹于 4 月下旬开始采收,蒜薹采收后 15 ~ 20 d,收获蒜头。

(二)春玉米栽培技术

1. 品种选择

选用高产、优质、抗病性强的品种,如,'蠡玉 16''先玉 335'等品种。

2. 施肥整地

结合整地,每 667 m^2 施腐熟有机肥 4 000 ~ 5 000 kg,或腐熟鸡粪 2 000 ~ 2 500 kg,并用 50% 多菌灵可湿性粉剂 3.0 ~ 3.5 kg 进行土壤处理。然后用旋播机旋耕入土,并将行距调整到 75 cm,开沟待播。

3. 适期播种

4 月底至 5 月初播种,播种时每 667 m^2 顺沟施尿素 15 ~ 20 kg,然后按照株距进行沟播,播后覆土并及时灌水,确保一播全苗。

4. 加强管理

出苗后及时中耕除草,保墒定苗,定苗在5~6叶时进行,去小留大,去弱留健,定苗时视土壤墒情及时浇水促缓苗,一般每667 m^2 留苗3 000~3 500株。拔节期每667 m^2 追施尿素20~25 kg、磷酸二铵20~25 kg,埋肥后隔行培垄并灌水,玉米行间是规划的大蒜套种带。玉米抽穗扬花期结合大蒜播种做好肥水管理。

5. 适时收获

玉米在蜡熟期收获,及时运出玉米秆,避免给大蒜遮光。在收获玉米时,特别注意不要损伤蒜苗。

(三)大蒜栽培技术

1. 品种选择

选用抗病、优质、丰产、抗逆性强、适应性广、商品性状好的优良品种,如,'四川红皮蒜''山东苍蒜'等品种。

2. 适期播种

种蒜选择直径3.5~5.0 cm的蒜头,剥瓣时将发生霉变、蒜瓣发软、有虫蛀的蒜瓣以及夹瓣蒜予以淘汰,然后分级播种。重茬地、病害较重的田块,先用40%杜邦福星乳油6 000倍液,或4%农抗120水剂100倍液浸种15 min,然后晾干进行播种。收获蒜薹和大蒜的,一般8月上中旬播种;收获蒜苗提早上市的,可于7月底播种。播种时在玉米行间开沟播种,沟深4~5 cm,然后按株距点播种瓣,并每667 m^2 撒施尿素10~15 kg、氮、磷、钾复合肥400~50 kg。施肥结束后进行覆土合沟,覆土深度以2 cm左右为宜。播种完毕及时进行灌水。

3. 田间管理

(1)中耕除草　蒜苗幼苗生长期,当杂草刚萌生时即进行中耕,同时也除掉了杂草,对株间难以中耕的杂草也要及早拔除,以免与蒜苗争肥。特别是浇水过后杂草萌生,要及时进行中耕除草。

(2)水肥管理　玉米成熟后及时收获,并酌情施一次促苗肥,结合灌水每667 m^2 追施尿素8~12 kg,促进大蒜苗齐苗匀。幼苗期以浅锄保墒为主,促进大蒜根系生长发育。越冬前每667 m^2 施腐熟有机肥2 500~3 000 kg,结合灌水追施尿素5~10 kg,并趁墒浅锄弥缝,保护蒜苗安全越冬。翌春蒜苗进入返青期后,春分前后结合浇返青水,每667 m^2 追施尿素8~12 kg,同时进行中耕松土,提高地温。清明前后,大蒜进入旺盛生长时期,对水肥需要显著增加,结合浇水,每667 m^2 追施尿素15~20 kg,经常保持地面湿润。

4. 采收

(1)采收蒜薹　一般蒜薹抽出叶鞘并开始甩弯时,是采收蒜薹的适宜时期。采收蒜薹最好在晴天中午和午后进行,此时植株有些萎蔫,叶鞘与蒜薹容易分离,并且叶片有韧性,不易折断,可减少伤叶。若在雨天或雨后采收蒜薹,植株已充分吸水,蒜薹和叶片韧性差,极易折断。

(2)采收蒜头　采收蒜薹后15~20 d(多数是18 d)即可收获蒜头。适期收获蒜头的标志是:叶片大都干枯,上部叶片褪色成灰绿色,叶尖干枯下垂,假茎处于柔软状态,蒜头基本长成。收藏过晚,蒜头嫩而水分多,组织不充实、不饱满,贮藏后易干瘪;收藏过晚,蒜头容易散头，拔蒜时蒜瓣易散落，失去商品价值。收藏蒜头时，土壤黏重田块应用锨挖，土壤疏松田块直接用手拔出。起蒜后运到场上，后一排的蒜叶搭在前一排的头上，只晒秧，不晒头，防止蒜头灼伤或变绿。经常翻动2～3 d后，茎叶干燥即可贮藏。

八、冬小麦—线辣椒套种模式

（一）茬口安排

平原地区高效栽培模式。耕作带宽133 cm，10月上旬播种4～5行小麦，占地66.4 cm，留空地66.6 cm，在5月上旬（初夏）套栽辣椒2行，行距52 cm。麦辣间套共生期30 d左右，6月上旬在小麦进入蜡熟后期，完熟初期进行收获，辣椒9月上旬开始采收到冬小麦播种前结束。

（二）冬小麦栽培技术

1. 品种选择

选择株高70～80 cm，茎秆坚硬，特别抗倒伏、早熟、产量高、品质优的良种，如，'小偃986''小偃503''西农9766''豫麦9023'等品种。

2. 施肥整地

前茬作物收获后要及时深耕整地，去除前茬作物留下的根、茎和杂草等，保证土壤的细绵、湿润和土地的平整。为了改善土壤结构、提高土壤的蓄水能力，每667 m^2 撒施碳酸氢铵88 kg，或尿素33 kg、过磷酸钙63 kg、硫酸钾33 kg作基肥，然后翻耕深度不小于25 cm。

3. 适期播种

一般10月上旬播种，合理密度为每667 m^2 播种7 kg种子，出基本苗15万～18万棵，成穗35万～40万棵。

4. 田间管理

冬前锄草（化除），冬灌水，开春碾耕保墒；防治小麦条锈病、吸浆虫、蚜虫，促进和保护小麦健壮生长。

5. 适时收获

为了缩短小麦和辣椒的共生期，6月上旬在小麦进入蜡熟后期，完熟初期进行收获。小麦早收2 d，辣椒就早发2 d，有利形成壮株。

（三）线辣椒栽培技术

1. 品种选择

选择优质、抗病、高产、高品性好的品种。如，'陕椒2003''陕椒2002''陕椒2001'和'陕椒8819'等品种。

2. 培育健康壮苗

壮苗的标准是株高15 cm左右，茎秆粗壮，苗子墩实，叶色青绿，叶肉肥厚，根系发达，生长势强，一般每定植667 m^2 大田，需苗床地36 m^2。采用坑式阳畦小拱棚育苗，其苗床宽120 cm，长100 cm，深12～15 cm，四周用拍板打实，坑上耙耕10 cm深。在播种前10 d，每床施腐熟有机肥200 kg，氮、磷、钾复合肥1 kg，与土壤混匀待用。播种时间在3月下旬，苗龄40～50 d。每苗床用种50 g，栽培667 m^2 需用种150 g。在播前将苗床平整成水平型，灌1次透水，水位达到坑壁高度的2/3处，并待水下渗后进行播种育苗。在撒种前畦面需再平整1次，达到地平如镜后均匀地撒播种子。随后用过筛的1∶1粪土覆盖种子，厚度1 cm。播种后及时搭好小拱保温保湿。在出苗前，棚温保持在白天22～28℃，夜间12～18℃，不揭棚放风。出苗后棚温一般控制在20～28℃，最高不能超过30℃，最低不能小于10℃。采用通风方法调整好棚内每天的温度，以防烧苗。出苗后，在晴朗天的下午，将杂草拔除干净，发现苗床土壤缺水，可灌1次小水补充。在移栽前1天，可灌1次水，以利起苗带土移栽。

3. 定植

5月上旬（初夏）定植，合理密度是81 cm×52 cm大小行距，株距26 cm，每穴定植3株，每667 m^2 栽植密度11 500株。

4. 田间管理

（1）移栽后及时灌缓苗水。一般下午移栽，晚间灌水，第2天下午追肥和浅中耕保墒，促进发苗。

（2）在缓苗后的25～30 d内，控制田间土壤持水量在60%左右，以利蹲苗。

（3）在植株生长到四门斗期，进行第2次追肥，并培土防倒伏。

（4）盛花坐果期为辣椒需水的高峰期，应及时灌水，促进多开花、多坐果。这期间田间土壤持水量应控制在70%～80%。

（5）为了预防辣椒"三落"（落叶、落花、落果），从开花期到成熟期，每隔7～10 d喷1次0.4%磷酸二氢钾和0.2%硼砂，或0.1%硫酸锌水溶液。

（6）在果实膨大期遇到干旱、土壤缺水时，可隔行灌1次水。

（7）及时防治病虫害。病毒病初发时，可用植病灵、病毒A 1 000倍液防治。炭疽病可用70%代森锰锌可湿性粉剂800倍，或50%多菌灵可湿性粉剂800倍液防治。青枯病可用72%农用链霉素4 000倍，或401抗菌剂500倍液灌根防治。对茶黄螨可用18%阿维菌素乳油1 500倍液，或15%哒螨灵乳油3 000倍防治。对棉铃虫、烟青虫，可用20%杀灭菊酯乳油3 000倍，或25%溴氰菊酯乳油2 000倍溶液防治。

5. 采收

9月上旬开始采收，红熟一批，及时采收一批。在拔除辣椒秆前15 d，为了促进晚青椒成熟，可用乙烯利800～1 000倍液喷洒株果，以促进成熟和着色，提高商品率。

九、菜豆—春鲜食玉米套种模式

（一）茬口安排

高山高原地区高效栽培模式。地膜春玉米于4月上中旬播种，7月上中旬采收上市。下茬套种菜豆，7月中旬玉米采收前在株间播种。玉米收后及时打光叶片，以玉米茎秆作菜豆的架杆。9月上中旬菜豆采收上市。

（二）春鲜食玉米栽培技术

1. 品种选择

选择早熟或中早熟品种。如，'津鲜2号''垦糯1号''京早8号'等品种。

2. 整地施肥

选择土层深厚、排水良好、地力较强的沙壤土为好。每 667 m^2 施鸡粪 2 m^3，或优质有机肥 3 m^3 作底肥，4 月初整地做垄时施入，然后做成 55 cm 宽的小垄。

3. 播种

4 月上中旬播种，按行距 55 cm，株距 33 cm 距离刨穴。穴深 7 ~ 8 cm，穴土堆放在株边。然后施入磷酸二铵作种肥，每 667 m^2 施 15 kg，随后浇水，水渗下后播种。每穴播出芽的种子 2 ~ 3 粒，覆土 1 cm 左右厚，再均匀喷洒乙草胺除草剂，每 667 m^2 用药 0.2 kg，兑水 40 kg 进行地表层封闭，随后覆膜。采用宽 110 cm、厚 0.008 mm 的地膜，一膜覆两垄，两边用土压平、压实，防止风大揭膜。

4. 田间管理

玉米出苗顶膜时，于上午打孔通风炼苗。随着气温的增高和苗龄的增大，通风孔逐渐扩大。待到 5 月初终霜过后，将玉米苗用手拨出膜外，随后落膜，用土封严苗眼。玉米长到 9 片叶时进行打孔追肥，每 667 m^2 追施尿素 20 kg。

5. 采收

7 月中旬玉米收后将叶片打光，秸秆留作菜豆的架杆。

（三）菜豆栽培技术

1. 品种选择

选用生长势强、丰产、耐热，耐涝，抗病品种，如，‘九粒白’‘芸丰’‘双丰 2 号’‘秋紫豆’等品种。

2. 播种

播种过早与玉米共生期相应延长，不利于生长；播种过晚，产量和效益下降，一般在 7 月上、中旬玉米抽丝期播种较为适宜。在距玉米根部 15 ~ 20 cm 处开穴直接点播，每穴播种 2 ~ 3 粒，覆土 1.5 ~ 2.0 cm 厚。播种时随种施入磷酸二铵 5.0 kg 作种肥播种。

3. 田间管理

秋菜豆生育期短，在伏天播种，霜前生长结束。生育初期是在高温长日照条件下生长；中期温度由高到低，日照逐渐缩短。这样，菜豆需在短期内快速分化许多花芽。植株和花序内的各花朵之间争夺营养，套种后菜豆与玉米又有一段共生期，因此，必须加强管理。营养生长期应以壮根壮秧为主，协调营养生长与生殖生长的矛盾，出苗后进行中耕松土，促根壮苗，避免草荒，要注意控水蹲苗和引蔓，使蔓尽早爬到玉米秆上，以促进迅速生长，及早开花结实。为促进主蔓生长，应进行整枝，即可将第 1 穗花以下的腋芽抹掉，待主蔓爬到玉米雄穗时摘去顶心，促进侧枝生长，侧枝长到一定程度也要摘心。

4. 采收

9 月上中旬开始采收，一直可以采收到早霜来临前。

十、春甘蓝—辣椒一膜二熟种植模式

（一）茬口安排

高山高原地区高效栽培模式。地膜春甘蓝于 3 月上旬采用保护地育苗，4 月中旬晚霜结束后定植,6 月中下旬收获。辣椒于 3 月下旬至 4 月上旬拱棚育苗,6 月下旬定植,8 月下旬至 9 月下旬收获。

(二)春甘蓝栽培技术

1. 品种选择

选择早熟、耐热、耐裂球、抗逆性强、商品性好、不易未熟先期抽薹的品种,如,‘中甘 15 号’‘中甘 21 号’等品种。

2. 地块选择

选择地势高燥,排灌方便,地下水位较低,土层深厚疏松,土壤为中性,或微酸性、保水保肥性好的地块。

3. 培育壮苗

(1)养土配制　选用田园土、充分腐熟并过筛农家肥及干净的细河沙,按 6∶3∶1的比例混合均匀配制营养土,每立方米加氮、磷、钾复合肥 1 kg,混匀堆放 5 d 后铺于苗床,或装入穴盘。播种时将 40% 五氯硝基苯粉剂与 50% 的福美双可湿性粉剂按 1∶1的比例混合,每立方米按 8 ~10 g 的用量与 4 ~5 kg 过筛细土混匀制成药土,于播前和播后分两次覆于营养土表面进行消毒,其中播种前覆 2/3,播种后覆 1/3。

(2)播种　3 月上旬采用保护地育苗。点播育苗播种规格为 4 cm ×5 cm,或 5 cm ×5 cm。播种时苗床应灌足底水,待水下渗后覆 1 层营养土和药土,将种子均匀播于床面或穴盘,再覆盖 0.6 ~0.8 cm 的细土和药土。

(3)苗期管理　播种后,温度白天保持在 20 ~25℃ ,夜间保持在 15℃左右。苗出齐后至定植前,白天温度保持在 15 ~23℃,夜间保持在 8 ~15℃。苗出齐后及时通风,通风口不能过大;如早晨幼苗出现萎蔫,要及时小水浇灌;定植前 5 ~7 d 要炼苗,使幼苗逐渐适应外界气候,定植苗龄为 40 ~45 d。

4. 施肥整地

基肥在早春深翻时一次性施入,每 667 m^2 施优质腐熟有机肥 4 000 ~5 000 kg、磷酸二铵50 kg、尿素 25 kg,深翻 25 ~30 cm。地面整平、整细,划线起垄,垄宽 50 cm,沟宽 30 cm,垄高 15 ~20 cm,用宽 70 cm 的地膜覆盖垄面。

5. 定植

4 月中旬晚霜结束后定植,在垄面“品”字形定植,每垄 2 行,行距 40 cm,株距 20 cm。

6. 田间管理

定植后及时浇定植水;7 ~10 d 后浇缓苗水,结合浇水每 667 m^2 追施尿素 10 ~15 kg;莲座期要控水蹲苗 10 ~15 d,同时叶面喷施 2 g/kg 的硼砂溶液和 3 ~5 g/kg 的氯化钙溶液;蹲苗结束后,进入结球初期,要灌足水,并结合浇水每 667 m^2 追施尿素 15 ~20 kg、硫酸钾 10 ~15 kg;结球后期要控制灌水次数和灌水量,保持土壤湿润即可,以防止叶球开裂,促进叶球紧实。采收前 15 ~20 d 不追肥。

7. 采收

定植后 55 d 左右,当叶球直径 15 ~18 cm、重量 0.6 ~1.0 kg、叶球紧实度达到八成、外层球叶发亮时应及时采收。采收时要切去根蒂,去掉外叶,做到净菜上市。

（三）辣椒栽培技术

1. 品种选择

选择早熟、抗病、丰产、耐寒性和耐热性强的辣椒品种，如，‘荷椒15’‘绿美龙’‘航椒5号’‘航椒6号’‘长青龙’‘螺丝长线’等品种。

2. 适期育苗

于3月下旬至4月上旬，采用塑料拱棚营养钵育苗。苗床与大田栽培的面积比例为1∶33。营养土用菜园土5份、腐熟优质有机肥3份、细河沙2份混匀过筛后每立方米加磷酸二铵12～15 kg配成。播种前先将种子倒入55℃水中（水量是种子量的5倍），并快速搅动，待水温降至30℃时再把种子放入10 g/kg硫酸铜溶液浸泡5 min，然后用清水浸种8～12 min，并在清水中搓洗去掉种子黏液。将清洗净的种子用湿布包住，放在25～30℃条件下催芽，4～5 d即可发芽。将发芽的种子每钵2粒点播在已提前1 d浇透水、消过毒的营养钵内，上覆营养土0.5 cm厚，播后盖地膜保湿保温，3～4 d后幼苗拱土时揭掉地膜。苗床温度白天保持在25～30℃，夜间保持在15～20℃，整个苗期温度不宜过高，土壤湿度不宜过大，以利蹲苗形成壮苗，防止出现高脚苗。

3. 清理垄面，修补地膜

前茬甘蓝收获后，要对垄面进行全面的杂物清理，保持垄面平整、无根茬、无土块。并对损坏或被风吹起的地膜要用细土封严压实，提高保墒效果。

4. 定植

6月下旬定植。选择晴天下午定植，在垄面上按三角形挖穴，每垄定植2行，穴（株）距35 cm，每穴2～3株，每667 m^2定植3 500穴。

5. 田间管理

定植后垄沟灌足缓苗水。缓苗到采收阶段一般不追肥。至门椒开始膨大时，达2～3 cm长时开始浇水。追肥结合灌水进行，每次随水每667 m^2追施尿素15～20 kg。生长中后期可视情况在开花结果期间叶面喷施2～3 g/kg磷酸二氢钾溶液2～3次。

6. 病虫害防治

辣椒的病虫害主要是猝倒病、疫病和蚜虫。一是采用农艺措施防治，即与非茄科、瓜类作物实行2～3年轮作；覆盖地膜可阻挡土壤中病菌溅附到植株上，减少侵染机会；保持育苗设备透光良好，增加光照，促进秧苗健壮生长；发现病株及时拔除，集中烧毁。二是药剂防治，猝倒病选用75%百菌清可湿性粉剂800倍液，或50%多菌灵可湿性粉剂600倍液，或70%代森锌可湿性粉剂500倍液喷雾防治，每隔7 d喷1次，连喷2～3次。疫病可选用72%杜邦·克露可湿性粉剂600～800倍液，或77%可杀得可湿性粉剂1 000倍液，或64%杀毒矾可湿性粉剂800倍液，或58%甲霜灵锰锌可湿性粉剂1 000～1 200倍液，或25%甲霜灵可湿性粉剂500～600倍液喷雾防治。蚜虫可选用50%抗蚜威可湿性粉剂1 500倍液，或2.5%杀灭菊酯乳油1 000～1 500倍液喷雾防治。

7. 采收

一般开花授粉后20～30 d果实已经达到充分的膨大，果皮具有光泽，已达到采收青果的标准，应及时采收。门椒应提前采收，如果采收不及时，果实会消耗大量养分，影响以后植株的生长和结果。

十一、大白菜—结球生菜一膜两茬栽培模式

(一)茬口安排

高山高原地区高效栽培模式。大白菜,于4月中旬进行育苗,5月中旬定植,地膜覆盖栽培,6月下旬至7月上旬采收,每667 m^2 产量6 500～7 000 kg。结球生菜,于5月中旬进行育苗,6月下旬至7月上旬大白菜收获后及时清理残枝败叶,利用原地膜定植,8月底到9月中旬收获,每667 m^2 产量2 500～3 000 kg。

(二)大白菜栽培技术

1.品种选择

选择冬性强、耐抽薹、中早熟、优质、抗根肿病和软腐病的品种。如,'耐斯高''景福''秦春2号''秦春3号'等品种。

2.育苗

一般4月中旬采用穴盘育苗,或漂浮育苗方式育苗。

3.施肥、整地、覆膜

一般覆膜前结合整地,每667 m^2 施充分腐熟的农家肥3 000～5 000 kg,或生物有机肥2 000 kg、氮磷钾复合肥30～40 kg,早耕多翻,土壤耕细耱平,打碎坷垃,捡净残茬、残膜。多采用平畦栽培,按1 m划线,按行距50 cm,间隔50 cm覆地膜。盖膜时一定要拉紧、盖平,膜的四周要用土压严,使膜不易被风吹动。

4.定植

一般苗龄25～30 d,株高8～12 cm,6～8片真叶时为移栽适期。覆膜后按行距50 cm、株距45 cm开穴,每畦种植2行,"品"字形栽苗,每667 m^2 定植3 000～3 500株。

5.田间管理

(1)中耕、锄草　中耕不仅可消灭杂草,而且还可起到松土、保墒、增温、灭虫、促进根系发育、调节土壤养分和水分的作用,确保幼苗健壮生长。中耕的一般原则是头遍浅刮,二遍深挖,三遍趟平,下不伤根,上不伤叶。

(2)肥水管理　大白菜前期需水肥较少,后期较多,在浇水上要采取控、促、控相结合的措施;中期进入快速营养生长阶段,要加强水肥管理,每次追肥后要坚持浇水,应掌握中水中肥。为了防止脱肥,促后期长心包实,应大水大肥,包心期结合浇水可667 m^2 追施尿素15 kg,并紧接着浇水1次。

6.收获

根据市场需求,叶球长到七成心时,即可收获上市。收获时可用手捏大白菜顶部,结球度以手捏稍微发软为最佳。成熟度过大,大白菜易裂球,且遇下雨易腐烂,因此要适时收获。

(三)结球生菜栽培技术

1. 品种选择

应选择耐寒性强、适应性好、抗病性强的中熟品种。如,'万盛118''射手101''名匠''元首'等品种。

2. 育苗

一般于5月中旬采用穴盘育苗,或漂浮育苗方式育苗。

3. 定植

一般苗龄30~35 d,株高6~9 cm,6~7片真叶时为定植适期。大约在6月下旬至7月上旬大白菜收获后定植于大田,前茬大白菜收获后应及时清理残枝败叶,将原地膜表面清理干净,按株距30 cm开穴进行定植,一般每667 m^2 定植4 500株左右。

4. 田间管理

定植后应及时浇水,以利缓苗。前期结合浇水分期追肥,并及时中耕除草,保持土壤半湿,促进根系发育和叶片旺盛生长。中后期要不断地均匀供水,追施氮肥,结球后期既怕旱,又怕涝,要控制水分,应保持土壤湿润,以免裂球或发生软腐病。采收前5~7 d停止浇水,以利收获和贮运。

5. 收获

叶球成熟后应及时采收,栽培时间过长,容易抽薹及发生病害,降低品质和产量。

十二、早熟甘蓝—辣椒—膜两茬栽培模式

(一)茬口安排

高山高原地区高效栽培模式。早熟甘蓝,于3月上旬采用保护地育苗,4月中旬晚霜结束后定植,地膜覆盖栽培,6月中下旬收获,每667 m^2 产量2 500~3 000 kg。辣椒,于3月下旬至4月上旬拱棚育苗,6月下旬定植,8月下旬至9月下旬收获,每667 m^2 产量3 000~3 500 kg。

(二)早熟甘蓝栽培技术

1. 品种选择

选择早熟、耐热、耐裂球、抗逆性强、商品性好、不易未熟先期抽薹的优良品种。如,'中甜15''超越''绿宝石''碧云'等品种。

2. 地块选择

选择地势高燥,排灌方便,地下水位较低,土层深厚疏松,土壤为中性,或微酸性、保水保肥性好的地块。

3. 育苗

于3月上旬采用营养土育苗,或穴盘育苗,或漂浮育苗等方式育苗。

4. 施肥整地

基肥在早春深翻时一次性施入,每667 m^2 施优质腐熟有机肥4 000~5 000 kg、磷酸二铵50 kg、尿素25 kg,深翻25~30 cm。地面整平、整细,划线起垄,垄宽50 cm,沟宽30 cm,

垄高 15 ~ 20 cm，用宽 70 cm 的地膜覆盖垄面。

5. 定植

于 4 月中旬晚霜结束后定植，在垄面“品”字形定植，每垄 2 行，行距 40 cm，株距 20 cm。

6. 田间管理

定植后及时浇定植水。7 ~ 10 d 后浇缓苗水，结合浇水每 667 m^2 追施尿素 10 ~ 15 kg；莲座期要控水蹲苗 10 ~ 15 d，同时叶面喷施 2 g/kg 的硼砂溶液和 3 ~ 5 g/kg 的氯化钙溶液；蹲苗结束后，进入结球初期，要灌足水，并结合浇水每 667 m^2 追施尿素 15 ~ 20 kg、硫酸钾 10 ~ 15 kg；结球后期要控制灌水次数和灌水量，保持土壤湿润即可，以防止叶球开裂，促进叶球紧实。采收前 15 ~ 20 d 不追肥。

7. 采收

定植后 55 d 左右，当叶球直径 15 ~ 18 cm、重量 0.6 ~ 1.0 kg、叶球紧密度达到八成、外层球叶发亮时应及时采收。采收时要切去根蒂，去掉外叶，做到净菜上市。

（三）辣椒栽培技术

1. 品种选择

选择早熟、抗病、丰产、耐寒性和耐热性强的辣椒品种。如，‘螺椒 2 号’‘中椒 2009’‘中椒 509’‘蛟龙 8 号’‘博辣 8 号’等品种。

2. 育苗

一般于 3 月下旬至 4 月上旬采用穴盘育苗，或漂浮育苗方式育苗。

3. 清理垄面，修补地膜

前茬甘蓝收获后，要对垄面进行全面的杂物清理，保持垄面平整、无根茬、无土块。并对损坏或被风吹起的地膜要用细土封严压实，提高保墒效果。

4. 定植

于 6 月下旬定植。选择晴天下午定植，在垄面上按三角形挖穴，每垄定植 2 行，穴（株）距 35 cm，每穴 2 ~ 3 株，每 667 m^2 定植 3 500 穴。

5. 田间管理

定植后垄沟灌足缓苗水。缓苗到采收阶段一般不追肥。至门椒开始膨大时，达 2 ~ 3 cm 长时开始浇水。追肥结合灌水进行，每次随水每 667 m^2 追施尿素 15 ~ 20 kg。生长中后期可视情况在开花结果期间叶面喷施 2 ~ 3 g/kg 磷酸二氢钾溶液 2 ~ 3 次。辣椒整个生育期内白粉虱、斑潜蝇、蚜虫较为严重，应选用 40% 氧化乐果乳油 1 000 ~ 1 500 倍液、10% 吡虫啉可湿性粉剂 2 000 倍液交替喷施，每 5 ~ 7 d 喷施 1 次。

6. 采收

一般开花授粉后 20 ~ 30 d，果实充分膨大，果皮具有光泽，达到采收青果的标准时应及时采收。门椒应提前采收，如果采收不及时，果实会消耗大量养分，影响以后植株的生长和结果。

十三、莴笋—娃娃菜一膜两茬栽培模式

(一)茬口安排

高山高原地区高效栽培模式。莴笋,于3月下旬育苗,4月下旬定植,6月下旬收获,每667 m^2 产量3 000~5 500 kg。娃娃菜,于6月上旬育苗,6月下旬移栽,9月上旬收获,每667 m^2 产量6 000~6 500 kg。

(二)莴笋栽培技术

1. 品种选择

选择长势强,嫩茎棒棍形、淡绿色,肉质脆嫩,品质佳,抗病性强,不易未熟抽薹,不易裂口的品种,如,'太原笋''三青香''永安大绿洲'等品种。

2. 育苗

一般于3月下旬采用营养土育苗,或穴盘育苗,或漂浮育苗方式育苗。

3. 施肥整地、覆膜定植

选择地势平坦、土层深厚、土壤肥力较好,前茬非十字花科作物的地块。4月下旬,当外界气温稳定在13℃以上,15 cm土壤温度稳定在10℃以上时即可起垄定植。采用半高垄覆膜栽培,垄宽40 cm,垄高15 cm,沟宽30 cm,沟深15 cm。用幅宽70 cm的地膜覆盖垄面,按株距35 cm在垄上挖穴定植,每穴1株,每垄2行,每667 m^2 定植5 400株。

4. 田间管理

莴笋生长期注意促控结合,定植后及时浇水追肥。定植后至幼苗期浇水2次,为防止徒长,幼苗期要喷施1~2次500 mg/kg矮壮素液。莲座期浇水2次,结合浇水穴施尿素8 kg、磷酸二铵15 kg。为防止温度较高时莴笋抽薹,影响产量和品质,莲座期也要喷施2~3次350 mg/kg矮壮素液。嫩茎膨大期是需肥较多的时期,也是形成产量和保证质量的关键时期,共浇水2次,结合灌水追施尿素10 kg、硫酸钾20 kg。为了防止莴笋生长后期发生空心,在嫩茎膨大期要喷施0.3%的硼砂2~3次,一般每隔7 d喷1次。

5. 适时采收

当莴笋肉质茎充分膨大,主茎顶端与最上部叶片的叶尖相平时为最佳收获期。收获过晚,则花茎伸长,纤维多,肉质变硬,品质降低。

(三)娃娃菜栽培技术

1. 品种选择

选择生育期短,外叶直立、浓绿色,内叶嫩黄,结球快、包心紧实、口感好、品质佳、商品率高、抗病性强的品种,如,'春玉黄''金皇后''京春娃''秦春娃1号''秦春娃2号''福娃'等品种。

2. 清洁地块

莴笋收获后,用小铁铲及时清除垄上的残留根茎并封穴,然后用扫帚清扫田间残枝败叶和地膜表面的浮土,做到垄面整洁,达到一膜两用的目的。

3. 育苗及定植

娃娃菜育苗及幼苗管理与莴笋育苗管理相同，一般苗龄 20 d 左右。待娃娃菜幼苗 5 ~ 6 片真叶时方可定植。按株距 20 cm 在垄上挖穴定植，每穴定植 1 株，每垄 2 行，每 667 m^2 定植10 000 株左右。

4. 田间管理

定植后及时浇水，以利缓苗。缓苗后以促为主，适时浇水追肥，浇水时做到沟内不积水，垄面不见水，植株不缺水。幼苗期结合浇水每 667 m^2 穴施尿素 10 kg 促进发棵；莲座期结合浇水每 667 m^2 穴施磷酸二铵 18 kg，促进团棵；包心期结合浇水每 667 m^2 追施硫酸钾 25 kg 以利于包心。后期视田间长势叶面喷施 0.1% ~0.2% 磷酸二氢钾 2 ~ 3 次。

5. 适时采收

当娃娃菜株高 25 ~ 30 cm、包心紧实后，即可根据市场需求采收。采后整株运回冷库，包装时剥去外叶，削平基部，用保鲜膜打包，置于冷库中 1 ~ 3℃ 条件下预冷 24 h 即可外运出售。

十四、莴笋—甘蓝一年两熟高效栽培模式

（一）茬口安排

高山高原地区高效栽培模式。莴笋，于 3 月上旬育苗，4 月上中旬定植，地膜覆盖栽培，6 月中下旬即可收获，每 667 m^2 产量在 3 000 kg 以上。甘蓝，于 5 月下旬育苗，7 月上中旬定植，地膜覆盖栽培，9 月中旬收获，每 667 m^2 产 4 000 kg 左右。

（二）莴笋栽培技术

1. 品种选择

选择长势强，嫩茎棒棍形、淡绿色，肉质脆嫩，品质佳，抗病性强，不易未熟抽薹，不易裂口的品种，如，‘太原笋’‘三青香’‘永安大绿洲’等品种。

2. 育苗

一般于 3 月上旬采用营养土育苗，或穴盘育苗，或漂浮育苗等方式育苗。

3. 施肥、整地、覆膜

选择地势平坦、土层深厚、土壤肥力较好，以前茬不是菊科作物的地块最好，避免重茬导致病虫害发生。春季土壤解冻后结合整地，每 667 m^2 施腐熟有机肥 3 000 ~ 4 000 kg、氮磷钾复合肥 25 kg。播种前 1 周整地起垄覆膜，垄宽 60 cm，覆宽 80 ~ 100 cm 的地膜。

4. 定植

4 月上中旬，苗龄 25 ~ 30 d，5 ~ 6 片叶时定植。每垄双行栽培，按株行距 30 cm × 24 cm，打孔穴播定植。定植深度以埋到第一片叶柄基部为宜，定植后及时浇缓苗水。

5. 田间管理

在莲座叶形成前，适当蹲苗促进根系下扎和叶丛生长。莲座叶形成后，嫩茎开始肥大时结束蹲苗，及时浇水追肥。追肥以水溶性肥料和叶面喷施为主。随着莴笋茎部不断膨大，需水、需肥量也不断增加，要加强肥水管理，以保证水肥供给。切忌久旱后大水漫灌造

成茎部开裂或过早抽薹。一般 10 d 浇水 1 次，可结合浇水适量追肥，每次每 667 m^2 追肥尿素不宜超过 10 kg。

6. 适时采收

莴笋应在“平口”期进行采收，“平口”即莴笋主茎顶端与最高叶片的叶尖相平。此时莴笋质地脆嫩，含水量大，口感香甜可口，采收后品质及商品性最佳。可根据市场行情和田间生长状况，适当分批采收。采收早了产量会降低，采收晚了莴笋易抽薹，导致肉质发硬变老，纤维素含量增加，出现大量空心，食品品质下降。

（三）甘蓝栽培技术

1. 品种选择

选择生育期在 60 ~ 70 d，优质、丰产、耐热、抗病、耐贮运、商品性好的中熟品种。如，‘山地铁塔’‘久盛’‘富尔’‘CR 先锋’‘紫阳’‘新红路’等品种。

2. 育苗

在 5 月下旬采用营养土育苗，或穴盘育苗，或漂浮育苗等方式育苗。

3. 整地

在莴笋收获后及时进行整地。可参照上茬莴笋整地标准执行。

4. 定植

一般苗龄 40 d 即可定植。按每垄双行，株距 40 ~ 45 cm，打孔进行定植，膜的四周一定要抻紧、压实，栽苗膜孔用土埋严，防止膜下热气从膜孔处逸出而烤伤幼苗。

5. 田间管理

在甘蓝定植后要及时灌水，保证成活率。进入莲座期后，蹲苗 6 ~ 8 d，促进莲座叶生长和结球叶分化。当心叶开始抱合时，结合灌水进行追肥，促进甘蓝结球。5 ~ 6 d 施 1 次肥，每 667 m^2 每次施尿素或硫酸铵 10 ~ 15 kg，同时用 0.2% 的磷酸二氢钾溶液叶面喷施，整个生育期施肥 2 ~ 3 次。并根据田间杂草情况，做到及时除草。

6. 适时采收

根据田间生长情况，结合市场需求，可陆续采收上市。采收必须在用药安全间隔期后采收。采收时去除黄叶和有病虫斑的叶片，有条件的可适当晾晒后装箱出售，最晚必须在霜冻前收获完毕。

十五、马铃薯—早甘蓝一年两熟栽培模式

（一）茬口安排

高山高原地区高效栽培模式。马铃薯，于 3 月下旬至 4 月上旬栽种，地膜覆盖栽培，7 月上旬收获，每 667 m^2 产量 3 000 ~ 3 500 kg。甘蓝，于 5 月上中旬育苗，7 月中下旬定植，地膜覆盖栽培，9 月中下旬收获，每 667 m^2 产量 3 000 ~ 4 000 kg。

（二）马铃薯栽培技术

1. 品种选择

选择早熟性好、芽眼浅、无病虫、单个重 25 ~ 30 g 的小粒薯作种薯，如，‘费乌瑞它’‘克

新4号''中薯2号''早大白''紫花白'等品种。

2. 施肥整地

马铃薯适应性强，最适合生长的土壤是轻质壤土，选择质地疏松、易灌易排田地，播种前一次性施足底肥，每667 m^2 施腐熟有机肥4 000 kg、硫酸钾复合肥30 kg、硼肥1.5 kg，深耕25～30 cm，翻耙均匀，做好双行垄畦，畦宽95 cm，沟宽25 cm，深25 cm。

3. 种薯处理

播种前10～15 d，种薯尚未通过休眠的要打破休眠，具体方法如下：

(1)切块　将种薯从顶部纵切成数块，每块有芽眼1～2个，切口要贴近芽眼。

(2)浸种　用5～10 mg/L的赤霉素浸5～10 min。

(3)催芽　选用冷床、温室或塑料大棚均可。地面铺干净湿润的沙土(以手捏成团、手松便散为宜)厚约10 cm，床宽1 m。将浸过种的种薯晾干后均匀摊于苗床上，将种薯芽眼向上，再用湿润的沙土覆盖薯块2 cm厚，温度保持在25～28℃，芽长2～3 cm即可栽种。

4. 适期栽种，合理密植

于3月下旬至4月上旬栽种。每667 m^2 栽种5 000株，需种薯125～150 kg。每畦栽2行，株距20 cm，栽种深度10 cm，栽种时每个种薯只留1个壮芽，薯芽一律朝上，覆土厚度为10～12 cm，栽种后及时覆盖地膜，有利于保墒，提高地温，及早出苗。

5. 田间管理

(1)及时破膜　播种20～25 d后马铃薯陆续出苗顶膜，在晴天下午及时破孔放苗，并用细土将破膜孔掩盖，防止幼苗受到地膜中的热气流而遭受到热害。

(2)肥水管理　出苗前一般不浇水，雨后土壤板结，应耙破土壳，保证通气。出苗后早追肥、早浇水、早松土。齐苗后，结合浇水，每667 m^2 追施发棵肥尿素5～10 kg。发棵期结合中耕进行浅培土，薯块膨大期结合清沟、中耕进行大培土。

(3)合理化调　马铃薯施氮过多，易发生徒长，在始花期到盛花期每667 m^2 用多效唑30 mL，加水50 kg均匀喷雾，可有效防止徒长。

(4)防治病虫危害　马铃薯病虫害主要有晚疫病、病毒病和地下害虫。坚持绿色植保理念，坚持预防为主、综合防治的原则，优先采用农业防治、物理防治和生物防治，合理使用化学防治。晚疫病可选用35%甲霜灵锰锌、58%瑞毒锰锌等农药交替喷施防治，每隔7 d喷1次，连续防治2～3次；病毒病以防治蚜虫为主，可用吡虫啉喷雾防治；地下害虫蛴螬、大小地老虎可用敌百虫灌根和诱杀。

6. 采收

7月上旬，马铃薯在植株大部分叶由绿转黄，达到枯萎，块茎停止膨大的生理成熟期采收，也可根据需要在商品成熟期及时采收。

(三)早熟甘蓝栽培技术

1. 品种选择

选择早熟、抗寒、抗病、优质、结球紧实、耐运输、市场销售好的优良品种。如，'中甘159''中甘828''超越''普世玛''绿宝石''珍绿''贝莱胜'等品种。

2. 育苗

一般于5月上中旬采用营养土育苗，或穴盘育苗，或漂浮育苗等方式育苗。

3. 施肥整地、覆膜定植

马铃薯收获后及时清除残枝败叶、残地膜。结合整地，每 667 m^2 施有机肥 3 000 ~ 4 000 kg、氮、磷、钾复合肥 30 ~ 40 kg 做基肥。可采用平畦栽培，畦宽 120 cm，畦埂宽 50 cm，覆宽幅 140 cm 的地膜，每畦定植 4 行；也可起垄进行半高垄栽培，垄高 15 ~ 20 cm，垄底宽 25 ~ 30 cm，垄距 50 cm，覆宽幅 70 cm 的地膜，每垄定植 2 行。

4. 田间管理

定植后加强肥水管理，适时灌水，保持土壤湿润。在形成肥大莲座叶后及时蹲苗，以控制莲座叶生长过旺，促进球叶分化，及早转入结球期。在莲座初期，结球初期和中期追施速效性肥料。结球期，在增施氮肥的基础上增施磷、钾肥，尤其是钾肥能使叶球充实，对提高产量有显著效果。

5. 适时采收

当甘蓝进入结球中后期，要适时采收，做到丰产丰收。

第三节　一年三茬及三茬以上种植模式及技术

一、春马铃薯—夏茬西瓜—秋冬萝卜种植模式

（一）茬口安排

平原地区高效栽培模式。春马铃薯于元月下旬至 2 月上旬进行催芽，2 月中下旬采用地膜覆盖栽培，5 月中下旬采收。夏茬西瓜 5 月上中旬育苗，6 月上旬定植，8 月上旬收获。秋冬萝卜于 8 月 20 前播种，11 月下旬到 12 月上旬采收。

（二）春地膜马铃薯栽培技术

1. 品种选择

选择早熟性好、芽眼浅、无病虫、单个重 25 ~ 30 g 的小粒薯作种薯，如，‘费乌瑞它’‘克新 4 号’‘中薯 2 号’‘早大白’‘紫花白’等品种。

2. 催芽

播种前 10 ~ 15 d 进行催芽（方法见“露地春马铃薯—胡萝卜种植模式”）。

3. 播种

播种前结合整地，每 667 m^2 施腐熟有机肥 4 000 kg，翻耙均匀，采取宽行大垄栽培法，单行种植，行距 70 cm 左右，每 667 m^2 定植 4 000 ~ 4 500 株，双行种植，行距 80 cm 左右，每 667 m^2 种植 5 000 ~ 5 500 株。机械开沟播种，开沟深度 4 ~ 6 cm，按确定的种植密度摆种块，将土豆芽朝上放置。播种后用专用施肥机施肥或人工穴施，每 667 m^2 施氮、磷、钾复合肥50 kg、硫酸锌 1.2 kg、硼酸 1 kg。然后进行覆土起垄，覆土厚度 10 ~ 12 cm，覆土后耧平，每 667 m^2 用 33% 二甲戊灵乳油 200 ~ 300 mL，或 96% 异丙甲草胺乳油 55 ~ 65 mL 均匀喷雾垄面，之后用覆膜机一次性覆盖地膜。

4. 田间管理

(1)及时破膜　播种 20 ~25 d 后马铃薯陆续出苗顶膜,在晴天下午及时破孔放苗,并用细土将破膜孔掩盖,防止薯苗遭受地膜下的热气流造成的热害。

(2)科学灌溉　播种后出苗前以保温增温为主,一般不浇水。出苗后需水量大,供水不能间断,特别是在块茎形成期和块茎膨大期,缺水会造成块茎停止生长,严重减产或降低品质。马铃薯生长的适宜土壤含水量,全生育期土壤持水量保持在 80% 最为理想,其中苗期要保持在 70% ~80% ,收获前保持在 65% ~75% 为宜,块茎形成至块茎膨大阶段必须保持在 80% ~85% 。灌溉要掌握小水勤灌的原则,切忌大水漫灌过垄面,以免造成土壤板结,影响产量。在收获前 10 d 停止灌溉,以确保块茎周皮充分老化,利于贮藏。

5. 采收

于 5 月中下旬及时采收,为后茬作物及时腾地。

(三)夏茬西瓜栽培技术

1. 品种选择

选择早熟、抗病、高产、优质、耐高温、光合能力强的品种。小型西瓜可选择‘黑美人’‘京欣’系列等;无籽西瓜可选择‘黑蜜 1 号’‘黑蜜 2 号’等品种;中大果型西瓜可选择‘凯旋’‘庆宝王’等品种。

2. 播种育苗

于 5 月上中旬采用塑料小拱棚穴盘(50 孔)育苗,苗龄 20 d 左右为宜,这时西瓜有 2 叶 1 心或 3 片真叶,移栽前 5 ~7 d 晚上揭开薄膜进行炼苗。

3. 整地定植

马铃薯收获后立即进行翻地,翻地前重施基肥,以磷钾肥为主,氮肥补充,微量元素肥料调剂,一般每 667 m^2 施腐熟有机肥 4 000 ~5 000 kg、过磷酸钙 25 kg、尿素 10 kg、多元复合肥5 ~7 kg,充分耙匀后,做成宽 1.5 m,或 3 m 的畦,畦间挖宽 40 cm、深 25 ~30 cm 的沟,以备排灌。畦宽 1.5 m,栽单行,畦宽 3 m,栽双行,株距 0.6 m,每 667 m^2 栽 700 ~800 株,移栽后 3 ~5 d 内适当遮阴,促进缓苗。

4. 田间管理

西瓜移栽后正值夏季,雨水较多,须防雨涝。移栽后 10 ~15 d 开始整枝,采取三蔓整枝法,即每株可留 3 条蔓,多余蔓应及早摘除。西瓜坐果有拳头大小时追施尿素 5 kg、硫酸钾 10 kg,或多元复合肥 15 kg,追肥后及时浇水,促进西瓜膨大。西瓜雌花开放后,人工辅助授粉,以提高坐果率,由于雌花在上午 7:00—9:00 时受精率最高,此时进行人工辅助授粉,其坐果率可达到 98% 。瓜坐稳后,当主侧蔓长至 25 节时进行摘心。

5. 采收

于 8 月上旬适时采收,及时为下茬作物腾地。

(四)秋冬萝卜栽培技术

1. 品种选择

选择抗病、高产、耐贮运的品种。如,‘秦萝 1 号’‘青丰冬’‘豫萝卜 1 号’‘露头青’‘欧雅 2 号’等品种。

2. 施肥、整地、起垄

前茬作物收获后及时清洁田园。结合播前翻地，施入基肥。肥料用量为每 667 m^2 施腐熟有机肥 2 500 ~3 000 kg、草木灰 50 kg、磷酸二铵 20 ~25 kg。施肥后耕翻入土。采用高垄栽培。每 60 ~70 cm 做一垄，垄高 15 ~20 cm，垄面宽 18 ~20 cm。

3. 播种

采用点播法或条播法，点播法是在垄背上按株距要求开穴（即戳按），穴深约 3 cm，每穴点播 2 ~3 粒种子，随后覆土镇压，覆土约 2 cm 厚。条播法是在垄背的中心，顺垄开一条约 3 cm 深的小沟，随后将种子均匀地捻在沟里，覆土后进行镇压，使土和种子紧密接触，利于种子发芽出土。

4. 田间管理

（1）间苗和定苗　一般间苗 2 ~3 次，第 1 次在真叶展开时进行，拔除细弱、畸形和病虫为害的苗，留苗间距为 3 ~4 cm。在 2 ~3 片真叶展开时进行第 2 次间苗，拔除劣苗、杂苗，留下健壮、品种纯正的苗。第 3 次在幼苗"大破肚" 时进行，留具有本品种特征的健壮苗 1 株。

（2）中耕、除草及培土　苗期高温多雨，尤其在幼苗期，气候炎热，雨水多，杂草生长迅速，要勤中耕除草。从第 1 次间苗到叶片封垄前应进行多次中耕。一般在间苗、定苗浇水后进行 3 次中耕，前 2 次中耕在幼苗期，中耕不宜过深。第 3 次中耕在莲座期，可适当深中耕，要深锄沟，浅耪背，并要适当培土，中耕时要防止伤根，以免引起萝卜肉质根分杈、裂口或腐烂。

（3）合理浇水　播种后，若土壤墒情不好，天气干旱，应立即浇 1 次水，开始出苗时再浇 1 次水，保持地面湿润，保证出苗整齐。出苗后至幼苗期经常保持土壤湿润，防止高温灼伤幼苗，减轻病毒病的发生。在定苗以后，进入叶片生长盛期，此时雨季已过，需要适时浇水，以供植株正常生长所需要的水分，但也不宜浇水过多，以免叶片徒长。所以，在叶片未封垄以前，要结合蹲苗适当控制浇水。"露肩" 以后萝卜将进入肉质根生长盛期，在肉质根迅速生长期间，需要充足的水分和养分，要勤浇水，浇透水。根据土质和当时的气候条件掌握浇水间隔日数，要保持土壤经常湿润，避免土壤忽干忽湿，防止裂根。直到收获前 5 ~7 d 停止浇水。

（4）科学追肥　蹲苗结束后，结合浇水，每 667 m^2 追施尿素 5 ~8 kg。"破肚"后，进入叶生长盛期，为促进叶面积扩大，宜重施一次速效氮肥，每 667 m^2 追施尿素 15 kg。在"露肩"后，萝卜进入肉质根膨大盛期，每 667 m^2 追施 20 kg 氮、磷、钾复合肥。收获前 20 d，每周 1 次，连喷 2 次 0.2% 的磷酸二氢钾进行叶面追肥，对提高产量和肉质根品质有良好效果。

5. 收获与贮藏

萝卜一般以肉质根充分肥大后为收获适期，秋冬萝卜在上冻前进行收获。准备贮藏到冬、春食用的，不应马上入窖，可挖 0.5 ~1.0 m 深的坑，将萝卜暂时贮藏于坑中，上面盖层薄土，只要把萝卜盖住就行，随着气温的降低，再盖 2 ~3 次，直到 11 月上、中旬，窖温已降到 2℃左右时，萝卜再入窖，这样萝卜既不糠，又不易发芽，还好吃。

二、洋葱—夏茬黄瓜—娃娃菜种植模式

（一）茬口安排

平原地区高效栽培模式。洋葱于9月中旬育苗，11月中旬定植，翌年5月下旬收获；夏茬黄瓜于6月上旬直播，7月下旬至8月上旬收获；娃娃菜于8月中旬直播，10月中旬到11月上旬收获。

（二）洋葱栽培技术

1. 品种选择

洋葱选用‘红皮高桩’‘紫星’‘紫冠’等优良品种。

2. 育苗

9月中旬，选择地势较高，未种过洋葱、大蒜、韭菜的地块作苗床。每667 m^2 大田栽培需苗床60 m^2。育苗床播前每667 m^2 施充分腐熟的有机肥3 000 kg，做成1.2 m宽的平畦。灌足底水，待水渗下后播种。每667 m^2 用种量150 g。洋葱壮苗标准：苗龄60 d天左右，假茎粗0.5 cm，株高20 cm左右，3叶1心至4叶1心。

3. 定植

11月中下旬整地，每667 m^2 施腐熟有机肥3 000～5 000 kg、硫酸钾复合肥50 kg。施肥完毕，地块要深耕、耙细、平整，做成宽2.2 m的种植畦，畦埂宽40 cm，畦上覆盖地膜，两边压紧。幼苗按大小分级定植，株距14 cm，行距18 cm，用小木棍打眼，定植深度1～2 cm，每667 m^2 栽2.6万株。定植后及时浇缓苗水。

4. 田间管理

洋葱冬前管理简单，可自然越冬，翌年2月洋葱苗返青后应及时浇返青水，促其早发。随着气温升高，鳞茎进入膨大期后浇水次数增多，每隔7～8 d浇1次水，结合浇水每667 m^2 每次追施尿素15 kg。采收前10 d停止浇水。春季风大天旱，要注意压膜，防风保湿。

5. 病虫害防治

危害洋葱的虫害主要是地蛆和葱蓟马。5月上中旬是地蛆危害盛期，必须从4月中旬开始，用48%乐斯本乳油结合灌水施药防治。葱蓟马一般5月开始大量发生，必须从4月上旬开始及早防治。可用10%吡虫啉可湿性粉剂进行防治。危害洋葱的病害主要是霜霉病和灰霉病。霜霉病秋季育苗时就要防治，春季4月中旬重点防治。可用58%甲霜灵锰锌500倍液，或64%杀毒矾500倍液喷施。间隔5～7 d喷1次，交替用药，连防2～3次。灰霉病春季发病严重。4月中旬开始，用48%灰霉克星500倍液喷洒，地面也要喷到，以减少互感机会。

6. 收获

当植株茎秆变黄、部分倒伏，鳞茎充分肥大，表皮老化时应及时收获。

（三）夏茬黄瓜栽培技术

1. 品种选择

宜选用耐高温、耐涝、抗病高产的品种。如，‘津春4号’‘津研4号’‘露地2号’‘夏丰

1号’等品种。

2. 精细整地

结合整地，每667 m^2 施腐熟有机肥5 000 kg、复合肥50 kg、多元素硼肥5 kg，整平后做畦，畦宽1.2 m，畦面暴晒2～3 d后播种。每畦播种2行，穴距20 cm，每穴播3粒种子，每667 m^2 种5 000穴左右，播后覆盖宽90 cm的地膜。

3. 田间管理

瓜苗出土顶膜时立即破膜。破膜后遇干旱天气，应在晚上逐棵浇水。齐苗后7 d定苗，每穴留1株健壮苗。并浇1次水，以后中耕。黄瓜苗“甩头”时插支架，及时引蔓上架，防止相互缠绕，影响生长，避免下雨叶片溅上土泥，影响光合作用，绑蔓时，使瓜蔓在架上分布均匀，并使瓜蔓迂回向架顶伸展，以延长主蔓，促使多结瓜，同时及时摘除叶卷须和下部老叶、病叶等。初花期清除杂草，采收根瓜前进行第2次中耕。进入盛瓜期后，黄瓜生长旺盛，浇水和降雨较多，土壤养分容易流失，所以应多追肥、勤浇水，浇水应在傍晚或早晨进行。遇高温干旱天气，每隔1～2 d浇水1次，隔水每667 m^2 追施尿素20 kg。连阴雨或大雨时，要排水防涝，夏季暴雨后，要及时浇井水降温。为延长盛瓜期，提高产量，每667 m^2 可用磷酸二氢钾100 g兑水50 kg进行叶面喷施，每隔3～5 d喷1次，也可叶面喷施多元复合有机肥，稀释500倍，叶面喷施2～3次。

4. 防治病虫

夏茬露地黄瓜病虫害较多且危害较重，应定期喷药，重点防治。病害主要有霜霉病、白粉病、炭疽病和细菌性角斑病等。霜霉病可用72%杜邦克露可湿性粉剂600～800倍液；白粉病可用腈菌唑1 500倍液；炭疽病可用50%炭疽福美、施保功等可湿性粉剂500倍液；细菌性角斑病可用松脂酸铜500倍液喷雾防治。虫害主要有蚜虫、茶黄螨等，可用吡虫啉或者阿维菌素等喷雾防治。

5. 及时采收

夏季气温高，植株生长快，果实发育快，一般播种后30 d就可开始采收。采收时宜早收勤收，以免坠秧，一般多以隔天采收，盛瓜期可每天采收，以确保瓜条鲜嫩和瓜秧旺盛生长。

（四）娃娃菜栽培技术

1. 品种选择

选用‘春小黄’‘福娃’‘玲珑黄’‘金宝’‘秦春娃1号’‘秦春娃2号’等优良品种。

2. 施肥整地

于4月中下旬施肥整地，每667 m^2 施腐熟有机肥4 000～5 000 kg、过磷酸钙30～50 kg、硫酸钾15～20 kg，耙细、整平后，做成垄面宽50 cm、沟宽30 cm、高15～18 cm的垄，垄上播种2行。

3. 播种

每667 m^2 用种量100～150 g，按行距25 cm、株距20 cm破膜点播，每穴2～3粒种子、播种深1.0～1.5 cm，覆土厚不超过1 cm，每667 m^2 保苗1万株左右。直播后及时覆地膜。

4. 间苗定苗

当幼苗2～3片真叶时进行第1次间苗，每穴留2株苗，并补苗，覆土封穴。5～6片叶时结合第 2 次间苗进行定苗，每穴选留健壮苗 1 株，同时覆土，间、定苗时可结合人工进行除草。

5. 肥水管理

娃娃菜生育期短，生长快，是喜肥蔬菜，氮、磷、钾合理的施肥配比为 1∶3.27∶1.59，即每 667 m^2 需施尿素 15.3 kg、过磷酸钙 54.2 kg、硫酸钾 24.3 kg。前期因苗小一般不浇水，莲座期开始浇水追肥，一般每 667 m^2 可随水施入尿素 5 kg；结球期需肥量增大，每 667 m^2 宜追施尿素 10 kg；生长期间叶面喷肥 3 次，可用 0.1% 磷酸二氢钾 +0.3% 尿素混合液喷施。

6. 病虫害防治

娃娃菜生产上的主要病害有病毒病、霜霉病和软腐病，虫害有蚜虫、菜青虫、小菜蛾等，需选择适宜药剂，适时防治。

7. 采收

当娃娃菜长至株高 30～35 cm、叶球纵径约 15 cm、最大横径 7 cm、中部稍粗、单球净重 250～300 g 时应及时采收（整株娃娃菜质量 800 g 左右），叶球过大或过于紧实易降低商品品质。采收时，一般将整株连同外叶运回冷库预冷，包装前再按娃娃菜商品标准大小剥去外叶，每包装 3～4 个。娃娃菜的包装和运输应在冷藏条件下进行，以便达到保鲜和延长货架寿命的目的。

三、春提早番茄—夏丝瓜（青苦瓜）—秋延后西芹种植模式

（一）茬口安排

平原地区高效栽培模式。拱棚春提早番茄于 12 月下旬至翌年 1 月上旬育苗，2 月下旬定植，4 月底开始采收，6 月上旬采收完毕。夏丝瓜（或青苦瓜）于 4 月中下旬于大棚内营养钵育苗，6 月中旬定植，7 月初开始采收，8 月中旬采收完毕。秋延后西芹于 6 月中下旬育苗，8 月中下旬定植，11 月下旬至 12 月中旬收获。

（二）春提早番茄栽培技术

1. 品种选择

选择早熟、耐低温、弱光、抗病性强、植株开展度小、分枝性弱、节间短、不易徒长、适宜密植的品种，如，‘粉贝娜’‘巨粉冠’‘L402’‘合作 908’‘金棚 1 号’等品种。

2. 育苗

在播种前 3～4 d 进行催芽。把晾晒过的种子用 55℃ 温水浸泡 8 h 后捞出，用清水淘洗，用纱布或毛巾包好，在 25～30℃ 催芽，2～3 d 出芽进行穴盘播种育苗。播种后，白天温度保持在 26～28℃，夜间 20℃ 以上。出苗后保证充足的光照，注意降温，以免形成高脚苗。白天保持 22～26℃，夜间 13～14℃。定植前 5 d 左右，加大通风量，进行低温炼苗。

3. 整地做畦

结合整地每 667 m^2 施腐熟有机肥 4 000～5 000 kg，氮、磷、钾复合肥 50 kg，磷酸二铵 25 kg，微生物肥 10 kg 作基肥，然后深翻 25～30 cm，将肥料和土掺匀整平做畦。畦面宽 1.2 m，沟深 20 cm，宽 30～40 cm。在施基肥的同时，每平方米加 50% 多菌灵可湿性粉剂 8 g 进行土壤消毒。

4. 定植

定植时的苗龄为4叶1心。定植密度为行距80 cm,株距40 cm,每667 m^2 定植1 800~2 000株。

5. 田间管理

结果前期从定植到第一穗果膨大,关键是防冻保苗,力争尽早缓苗。定植后3~4 d内不通风,棚温维持在30℃左右。缓苗后,白天棚温20~25℃,夜间13~15℃。夜温不低于15℃,白天最高棚温在30℃。定植缓苗后10 d,第一花序开花时应适当降低棚温,进行深中耕蹲苗,插架、绑秧,切忌在开花时浇大水,避免因浇大水而造成落花。结果期棚温不能超过35℃,空气湿度为45%~55%,土壤湿度为80%~85%。第一穗果坐住后结束蹲苗,及时浇水追肥,促进果实发育。当果实由青转白时,每隔5~6 d结合浇水施1次冲施肥,盛果期必须肥水充分,追肥以磷钾肥为主。浇水要均匀,不可忽大忽小,否则会出现空洞果或脐腐病。

6. 病虫害防治

主要病害有猝倒病、叶霉病和早疫病。对猝倒病,除加强光照、提高地温、放风、拔除病株外,还需用7.5%百菌清1 000倍液喷雾。对叶霉病和早疫病可用百菌清600~800倍液防治。虫害主要有棉铃虫和蚜虫,对棉铃虫和蚜虫可用2.5%溴氰菊酯8 000倍液防治。

(三)夏丝瓜(青苦瓜)栽培技术

1. 品种选择

丝瓜选择主蔓结瓜性好、坐瓜节位低、坐果率高、抗病性强、耐高温、对短日照不敏感的品种,如,‘夏优’‘新夏棠’‘雅绿1号’‘秀玉’等品种。苦瓜选择耐高温、抗病性强且适合本地消费习惯的品种,如,‘白苦瓜’‘翡翠1号’‘穗新二号’‘绿宝石’‘绿冠1号’等品种。

2. 育苗

播前用50~60℃的温水浸种10 min,不断搅拌,然后在清水中浸8~10 h,捞出后在30~35℃条件下催芽,2~3 d露白后即可穴盘播种育苗,苗龄20~30 d,3~4片真叶时定植。

3. 整地定植

结合整地施足基肥,每667 m^2 施腐熟有机肥3 000 kg、氮、磷、钾复合肥50 kg。深翻耙匀后,丝瓜地做成畦面宽1.2~1.5 m,沟宽30~40 cm,畦高35 cm的高畦。定植行距70~80 cm,株距50 cm。苦瓜地畦面宽2 m,栽双行,株距30~35 cm,每穴栽2株。

4. 田间管理

(1)整枝引蔓　当抽蔓长卷须时,一般蔓长30 cm时,要及时搭“人”字架或拱形棚。丝瓜插架后,不要马上引蔓,要适当窝藤、压蔓,有雌花出现时再向上引蔓,并使蔓均匀分布,或主蔓长至1 m时摘心留两侧蔓结果。苦瓜以主蔓结瓜为主,要及时摘除侧蔓,如肥水条件好,后期可留几个侧蔓。采收后期,及时摘除老叶、黄叶、病叶,以便通风透光。

(2)合理施肥　丝瓜和苦瓜都有耐肥不耐瘠的特点,施肥应勤施薄施,结瓜前控制水肥,结瓜后施重肥,并重视磷、钾肥的施用。整个生长期追肥3次,植株开始出现雄花时追第1次肥,开始结果时追第2次,第1次采收后,进入盛果期时追第3次,施肥量应增加1~

2 倍，并加施 1 ~ 2 次草木灰，每次每 667 m^2 施 50 ~ 100 kg。

（3）水分管理　丝瓜和苦瓜全生育期需水较多，生长前期应保持土壤湿润，植株开花结瓜期间需水最多，根系也较强，需加强灌溉。既需水，又忌积水，灌水时应即灌即排，不漫灌，尤其是雨季，要注意排水，以免积水引起烧根。

（4）病虫害防治　丝瓜主要病害为霜霉病，可喷 70% 代森锰锌 500 倍液，或 72% 雷多米尔 600 倍液防治，一定要在霜霉病初发生时用药。虫害主要有白粉虱、菜青虫、斜纹夜蛾，可用杀虫双 500 倍液喷雾防治。喷药时间一般选择在傍晚进行。苦瓜主要病害为炭疽病。发现病株及时拔去，并用 50% 炭疽福美，或 50% 托布津可湿性粉剂 500 倍液喷洒，隔 5 ~ 7 d 喷1 次，连续 3 ~ 4 次。主要虫害有螨、瓜实蝇和蚜虫，防治螨虫可用 40% 三氯杀螨醇 1 000 倍液喷洒叶片，防治瓜实蝇可用 25% 的速灭杀丁 8 000 倍液喷杀，防治蚜虫用 50% 乐果 600 倍液喷洒叶的背面。

5. 采收

丝瓜开花后 10 ~ 14 d，在果实充分长大且比较脆嫩时采收，采收要及时，否则遇雨后瓜条内部湿度大，种子易发芽。当苦瓜果皮瘤状物突出膨大，果顶开始发亮时及时采收。

（四）秋延后西芹栽培技术

1. 品种选择

选择叶柄长、根系发达、纤维少、丰产性好、抗逆性强的品种。如，'文图拉''高犹它''自由女神''胜利西芹'等品种。

2. 播种育苗

播前将种子晾晒 4 ~ 6 h 后，在清水中浸泡 12 ~ 16 h，在 10℃ 以下处理种子 8 d，放在 20℃ 以下的阴凉处催芽。把催芽的种子掺湿沙，均匀撒在准备好的苗床，苗床要短（10 m 左右）要平。施足底肥后，翻耕、耧平、灌足水。然后用过筛细土薄薄撒一层盖住种子，及时给畦面均匀喷雾施田补，或农思它除草剂，每 667 m^2 用药 120 ~ 150 g，喷完后搭上遮阳网。出齐苗后要分 3 次进行间苗，最后一次苗间间距 4 ~ 5 cm。

3. 整地定植

定植前 15 d 整地做畦，结合整地，每 667 m^2 施腐熟有机肥 4 000 ~ 5 000 kg，深翻细耙，整平，做成 1.0 ~ 1.2 m 宽的高畦。当幼苗 6 ~ 8 片叶，株高 10 cm，苗龄 60 ~ 70 d 时定植，定植前 1 ~ 2 d 给苗床浇透水，切块起苗移栽，少伤根，抖去泥土，淘汰病虫危害的苗和弱苗，按大小分二级或三级，选无风晴天定植。定植方法按行距 25 ~ 30 cm 开浅沟，株距 20 ~ 25 cm 挖穴栽苗，每 667 m^2 定植 1.3 万株，栽植的深度以露出心叶为宜，不宜过深。定植后浇定根水，待心叶变绿，即新根发出时浅耕松土，促进根系发育。

4. 田间管理

定植后要保持土壤湿润，进入生长后期，加强肥水管理。

（1）中耕除草　西芹的苗期生长时间长，生长较慢，田间易滋生杂草，结合中耕应及时进行除草。一般中耕除草 2 ~ 3 次，以浅为主，防止伤根，中耕后立即培土。

（2）施肥　缓苗后 7 ~ 10 d，结合浇水每 667 m^2 追施尿素 10 kg，以后每间隔 10 d，每 667 m^2 追施尿素 15 kg，采收前 15 d 喷施 30 ~ 50 mg/kg 赤霉素 1 ~ 2 次，有明显的增产

效果。

(3)浇水　全生育期一般浇水4~7次,以小水勤灌为主,保持土壤湿润。进入叶丛生长盛期,水肥充足时,西芹表现出特有的脆嫩口味。

(4)病虫害防治　西芹常见病虫害有斑枯病、叶斑病、病毒病、蚜虫和潜叶蝇等。一般防治方法为种子消毒、物理防治、药剂喷施与加强田间管理相结合。采收前10 d禁止施药。

5. 采收

定植后70 d以上,株高90 cm左右,单株15~19片叶,单株重1 kg左右为采收适期。采收方法可分次劈收叶柄,也可一次性连根铲收。

四、春莴笋—夏豇豆—秋延后甘蓝种植模式

(一)茬口安排

平原地区高效栽培模式。春莴苣于第一年秋季10月下旬播种育苗,12月下旬至1月上旬定植,4~5月收获。夏豇豆于6月初播种,7月下旬开始采收,8月中旬采收完毕。秋延后甘蓝于6月下旬至7月上旬播种育苗,8月下旬定植,12月上中旬采收。

(二)春莴笋栽培技术

1. 品种选择

选择早熟、耐寒、适应性强、迟抽薹、不易裂口的品种,如,'种都3号''耐寒白叶尖''耐寒二白皮'等品种。

2. 培育壮苗

(1)催芽　用清水浸泡种子5~6 h,然后轻轻搓洗一遍,沥干再用湿纱布包好,放在5~6℃条件下,进行低温处理24 h,拿出用清水冲洗,置于15~20℃下催芽1~2 d,大部分种子发芽后即可播种。一般每667 m^2用种50 g。

(2)苗床准备　一般定植667 m^2需要育苗床面积15~20 m^2,育苗床应施腐熟过筛的有机肥100~150 kg,氮、磷、钾复合肥3~4 kg。

(3)播种　播种前将育苗床浇一遍透水,水渗下后播种,将催好芽的种子掺少量细沙均匀地撒在育苗床上,然后覆细土0.5 cm,畦面用50%辛硫磷乳油800倍液,或72%普力克可湿性粉剂800倍液喷洒,以防治地下害虫和立枯病。

(4)苗期管理　播种后4~5 d即可齐苗。幼苗2~3片叶时应及时分苗,苗距5~6 cm。苗期适当控制浇水,使叶片肥厚、平展,防止徒长,并及时除草,防止草与苗争肥,影响幼苗生长。

3. 施肥整地

莴笋根系发达,生长旺盛,需肥量大,一般667 m^2施腐熟有机肥3 000~4 000 kg、磷酸二铵,或氮、磷、钾复合肥50 kg。施肥后整地、起垄,要求垄宽55~60 cm,高15 cm,沟宽20 cm。

4. 定植

播后25 d左右,当幼苗长至5~6片叶时即可定植。定植时每垄2行,行距30~

40 cm,株距 25 ~ 30 cm,每 667 m^2 栽 5 000 ~ 5 500 株。

5. 田间管理

春莴笋以幼苗越冬,前期生长缓慢,需肥量少,栽后浇一次清粪水,促使根系生长。冬前要控制肥水,避免徒长,增强耐寒力,安全过冬。开春后,茎叶迅速生长,进入莲座期后,要及时中耕松土,以便提高土温,结合追肥 1 次,每 667 m^2 施有机肥 1 000 ~ 1 500 kg。植株封行后,茎部肥大加速,需肥量多,重施 2 ~ 3 次追肥,每 667 m^2 追施尿素 8 ~ 10 kg,保证茎部膨大。注意施肥不能过迟,以免造成茎部开裂。

6. 适时采收

当茎顶端与最高叶片尖端相平时为采收适期,嫩茎充分膨大为品质最佳。

(三)夏豇豆栽培技术

1. 品种选择

选择耐热性好的品种,如,'之豇 28 - 2''扬豇 40''宁豇 3 号'等品种。

2. 施肥整地

播前深翻整地,结合整地,每 667 m^2 施腐熟有机肥 2 000 kg、过磷酸钙 20 kg、硫酸铵 15 kg,精细整地,土肥混匀,整地耧平,做成高 12 ~ 13 cm、90 cm 的小高畦。

3. 种子处理及播种

播前对种子进行粒选,晾晒 1 ~ 2 d,将种子用温水浸泡 4 ~ 6 h, 捞出晾干趁墒点播,行距 40 cm + 30 cm,宽行为人行道,窄行用于搭架。株距 20 cm,每穴播种 2 ~ 3 粒。

4. 田间管理

(1)立支架　当植株长到 5 ~ 6 片叶时开始伸蔓,及时用竹竿插"人"字形架,每穴插 1 根,引蔓上架。引蔓在晴天中午或下午进行,防止茎叶折断。

(2)水肥管理　水肥管理应按照前控后促原则,开花结荚前控制肥水,到第 1 花序开花结荚,其后几个花序显现,开始浇第 1 次水肥,结束蹲苗,促进果荚和植株生长,进入结荚期是需肥的高峰期,集中连续追肥,每次每 667 m^2 追施尿素 15 kg,或腐熟人粪尿 1 000 kg,视植株生长情况可叶面喷肥 0.4% ~0.5% 尿素,或 0.2% ~0.3% 磷酸二氢钾 1 ~2 次。

(3)植株调整　将主蔓第 1 花序以下的侧芽全部抹除,使营养集中供应花开,促进早开花。主蔓第 1 花序以上各节位花芽和叶芽混生的,将叶芽抹除,促花芽萌发。没有花芽,只有叶芽的,叶芽生长成侧枝,留 1 ~2 叶摘心,形成一穗花序。主蔓生长到 15 ~ 20 节,达 2 ~ 2.5 m 时摘心,促进多出侧枝,形成较多花芽,侧枝坐荚后摘心。

5. 病虫害防治

主要病害是锈病和叶斑病,可用 15% 粉锈宁可湿性粉剂 2 000 倍液,或 75% 百菌清可湿性粉剂 600 倍液,或 50% 多菌灵可湿性粉剂 600 倍液,每 7 ~ 10 d 喷 1 次,交替使用,可控制病害的蔓延危害。

6. 采收

开花后 10 ~ 20 d,豆粒略显为采摘适期。采摘的具体方法为在嫩荚基部 1 cm 外掐断或剪断,不能损坏其他花序,采收宜在下午进行,避免碰伤茎蔓和叶片。

(四)秋延后甘蓝栽培技术

1. 品种选择

选择耐热、抗寒、丰产、抗病、优质、耐贮藏的品种。如,'秦甘70''中甘17''富尔''富绿''世农200'等品种。

2. 育苗

育苗畦应建在高燥、易灌水、肥沃的地块,苗床上先铺10 cm厚的营养土,选没种过十字花科蔬菜的肥沃园土2份与充分腐熟的过筛有机肥1份充分混匀后,均匀加入氮、磷、钾复合肥1 kg/m^3配成,再用8~10 g/m^2杀菌剂(50%多菌灵可湿性粉剂与50%福美双可湿性粉剂按1:1比例混合)与4~5 kg过筛细土混匀后施于床面消毒。播前用55~60℃温水浸种1 h。在苗床墒情良好的条件下,则无须浸种催芽,可干籽直播。苗床干旱时可浇小水,待水渗下后直接播种,或在水渗下后再撒一层干细土后播种,撒播后覆细土1 cm厚,然后用遮阳网遮阴。

3. 适时定植

苗龄在30 d左右,7~8片叶时进行定植。定植时正值温度高、土壤湿度小、蒸发量大的季节,应选阴天或晴天傍晚进行。定植前一天,苗床浇透水,挖苗不要伤根过多。定植时适当浅栽,有利于发根。定植水要浇足,缓苗水要早浇,并做好补苗工作,以保全苗。行距50~60 cm,株距45~50 cm。

4. 科学追肥

追肥一般分5次进行。定植时追施1次稀淡的人粪尿;莲座叶形成时,追施第2次肥,要提高浓度,增加用量,可用人粪尿和尿素;莲座叶生长盛期,追施第3次肥,可在行间开沟埋肥,将有机肥与氮、磷化肥混合,施入后封土灌水,然后在地面撒施草木灰。在结球前期和中期各追肥1次,每次每667 m^2追施尿素20 kg左右,结球后期停止追肥。

5. 浇水排水

前期注意松土透气,防旱、防草和排水防涝。中后期肥水齐攻,旱时及时浇水,保持土壤见干见湿,进入莲座期后保持土壤湿润,浇水最好浇井水。大雨过后及时做好排水工作,田间不能有积水。收获前10 d控制水肥,以利收贮。

6. 病虫害防病

定植后注意防治病虫害,病毒病可喷施20%病毒A可湿性粉剂500倍液,或喷施1.5%植病灵1 000倍液防治。黑腐病可用50%灭菌成800倍液,或72%农用链霉素3 500倍液,或77%可杀得500倍液喷雾。防治菜青虫、小菜蛾及夜蛾等害虫,可用5%抑太保乳油1 500倍液喷雾。

7. 采收

叶球紧实度达到八成时即可采收。早熟品种为了提早供应,可分期收获,中晚熟品种宜集中收获。上市前可喷洒500倍液的高脂膜,以防叶片失水萎蔫而影响经济价值;同时应除去黄叶或有病虫斑的叶片,然后按照叶球的大小进行分级包装和出售。

五、越冬花椰菜—春大白菜—鲜食玉米种植模式

(一)茬口安排

平原地区高效栽培模式。越冬花椰菜于7月25日至8月5日育苗,9月20前茬鲜食玉米收获完后定植。翌年3月上旬至4月中旬采收;春白菜于3月中旬育苗,4月中旬定植。叶球紧实后及时采收,根据市场行情上市,一般5月底到6月上旬采收;鲜食玉米于6月中下旬播种,9月中旬,当鲜食玉米花丝枯萎变黑时应及时进行采收。

(二)越冬花椰菜栽培技术

1.品种选择

选择耐寒性和抗病性较强的品种,以保证正常越冬。品种生育期为220~240 d,如,'冬花二号''新雪球''早春玉''春元宝''雪妃''新珍宝''冬花越冬王'等品种。

2.培育壮苗

育苗畦选择地势较高,能灌能排的地块。苗床营养土按田土和过筛的腐熟有机肥1:1配制,用40%福尔马林溶液加水50倍稀释,喷洒消毒,用塑料薄膜覆盖密闭24~48 h后去掉覆盖物并把土摊开,待气体完全挥发后便可使用,充分整平,耙细苗床,做到上虚下实,做成1.2~1.5 m苗床待播,播种时要求按10 cm×10 cm见方。播种时要单籽点播,播后覆湿润细土厚约1 cm,播后覆盖地膜,上面盖小拱棚,以增温保湿,达到保墒促齐苗的目的;齐苗后,根据天气情况逐渐撤去拱棚。

3.合理密植

每667 m^2定植2 600株左右。大小苗分开,以提高田间整齐度,去除太弱的苗,以免定植后散球。定植密度过小,虽然单个花球大,但种植株数少,总产量低;定植密度过大,营养生长相对生殖生长旺,花球表面夹生绿色小叶,外观差,商品价值低,影响收益。

4.越冬前管理

定植后,要及时浇缓苗水1~2次。缓苗后,每667 m^2及时追施15~20 kg尿素作提苗肥,并且要中耕除草。苗期适时控水蹲苗,保持土壤见干见湿,促使茎秆粗壮、叶色深绿,提高植株抗寒能力。植株封垄前中耕培土,以保护越冬花椰菜的根部,每667 m^2追施尿素20~30 kg,或腐熟有机肥500 kg。越冬前保证花椰菜植株叶片有18片左右。11月中下旬至12月上中旬在低温来临前,及时浇好封冻水,且要浇足浇透,以提高土壤的保温能力。越冬花椰菜越冬期间一般不浇水不施肥,但如果遇到特别干旱的年份,植株出现局部萎蔫、下部老叶变黄时,可在晴天上午土壤和植株解冻后浇1次水,但要保证畦面没有积水,避免冬季夜晚温度降低植株出现冻害。

5.翌春管理

(1)肥水管理　2月中旬天气转暖,露地越冬花椰菜开始返青时,根据土壤墒情及时浇返青水,促进外叶生长。待心叶旋拧时,每667 m^2追施尿素15 kg和硫酸钾5~10 kg,以利现球。花椰菜现球后7 d浇1次水,根据情况每14 d适时追肥,保证花球生长需要。花球膨大形成期对水分最敏感,水分过多,花球易霉烂,品质差,商品性受影响;水分过少,叶片

短缩、花球易散，产量低，因此，应根据春季雨水情况，做好浇灌和排涝的工作。

（2）摘叶护球　在阳光直射下，花球会由白色变成淡黄色、绿色或毛球，产品商品性变差，因此，在花球直径达 8～10 cm 时，可摘取花球下部的叶片遮盖花球，以保持花球洁白、光滑。

6. 及时采收

按现球时间早晚分批及时采收上市。一般当花球充分长大、边缘花枝开始向下反卷而尚未散开时采收。采收过早，产量低；采收过迟，花球松散、变黄、表面凸凹不平、商品性差。收获时，常保留 5～6 片叶包被花球，以保护花球免受外界损伤和污染，提高商品性。

（三）春大白菜栽培技术

1. 品种选择

选择冬性强、抗抽薹、中早熟、优质、抗逆性强的品种。如，‘秦春 1 号’‘秦春 3 号’‘强势’‘京春黄’‘秀春’等品种。

2. 育苗

采用拱棚或阳畦育苗。选用市售无土育苗基质或自配，基质配比为草炭：蛭石：珍珠岩为4：2：1，为增加肥力，每立方米基质加入干鸡粪 10 kg、氮、磷、钾复合肥 1～2 kg。播种选晴天的中午进行，撒种要均匀、适量。一般情况下每 667 m^2 用种量为 150 g，防止因播种量过大、幼苗生长过于拥挤而出现生长不良。播种后及时覆盖，覆盖基质厚度在 1.0～1.5 cm，不可过厚，以免影响种子发芽。育苗期间，苗床温度白天 16～25℃，夜间最低温度不低于 13℃。当外界温度低于 5℃的时候，要在傍晚为阳畦或拱棚加盖草苫保温，白天当棚内温度在 30℃以上时，要及时放风降温。

3. 施肥整地

前茬收获后，及时清除田间的残枝败叶，耕地前及时施入底肥，每 667 m^2 施腐熟有机肥3 000～4 000 kg、尿素 15～20 kg、过磷酸钙 30～40 kg、硫酸钾 10～15 kg。精细整地，土肥混匀，整地耧平，按垄距 100 cm、垄基宽 70 cm、垄面宽 50 cm、垄高 10～15 cm 做垄。

4. 定植

苗龄 25～30 d、5～6 片真叶、室外夜间气温在 8℃以上时，就可进行大田定植。定植时宜选无风下午进行，每垄栽 2 行，行距 35～40 cm，根据品种要求，株距 30～40 cm，每 667 m^2 栽 3 300～4 400 株。小棵型品种，行距可缩小为 40～45 cm，每 667 m^2 栽 5 300 株左右。可采用两种方式进行定植。第一，采用先覆膜后定植的方式。先在畦中覆膜，四周压实，开孔定植，移植要快，浇足水，封土要适中，防止过深或过浅。也可把幼苗栽入沟底，覆盖地膜做到“先遮天后盖地”，等缓苗后再破膜放出菜苗。第二，采用先定植后覆盖地膜的方式。先在垄面上按定植穴浇水，水渗后栽苗，缓苗后沿垄沟浇水。也可定植后浇小水，土壤墒情适宜时中耕，然后覆盖地膜。

5. 田间管理

春大白菜田间管理的重点是以促为主，避免先期抽薹。要注意促进营养生长，以抑制未熟抽薹的情况发生。因为，春大白菜先期抽薹的根本原因是幼苗期温度低，通过了春化阶段，大白菜结球前营养生长缓慢，生育期延长，后期高温又不利于结球，也容易发生先期抽薹。因此,在管理上要以促为主,不进行蹲苗,充分满足大白菜生长对肥水的要求。幼苗期,地温和气温偏低,中耕垄沟可提高地温,能有效促进白菜幼苗根系的生长。幼苗期结束或定植缓苗后进行追肥,每 667 m^2 追施尿素 5 ~ 10 kg,结合追肥浇水,促进莲座叶的发育和生长。进入莲座期可适当增加灌水量,保持土壤湿润。开始包心时,结合浇水,每 667 m^2 追肥尿素 10 ~ 15 kg,促进结球。结球中期,再结合灌水追施 1 次灌心肥,每667 m^2 追施尿素 10 ~ 15 kg,或人粪尿 1 000 ~ 1 500 kg,促进包心、结球紧实。

6. 适时收获

5 月底到 6 月上旬,大白菜叶球抱合紧实后及时进行收获,以防反包散球,发生裂球抽薹、软腐病引起球叶腐烂等现象,导致产量及品质下降。

(四)鲜食玉米栽培技术

1. 品种选择

选择生育期在 75 ~ 90 d 的品种。超甜玉米,如,‘甜蜜’‘华甜一号’等品种;糯玉米,如,‘京科糯 2000’‘中糯 3 号’‘郑黄糯 2 号’‘郑白糯 4 号’等品种。

2. 施肥整地

每 667 m^2 施腐熟有机肥 3 000 ~ 4 000 kg,氮、磷、钾复合肥 30 kg,尿素 30 kg,先将肥料一次性撒入,然后再深耕细耙,确保土壤细腻、平整。

3. 隔离种植

甜玉米、糯玉米与普通玉米间不能混种,以防串粉影响品质。因此在甜、糯、普通玉米的栽培布局上,要从空间或时间上进行隔离种植,空间隔离 300 m 以上,时间隔离 10 d 以上。

4. 合理密植

种植密度每 667 m^2 种植 3 300 株左右,行距 50 cm,株距 38 ~ 40 cm,每穴 2 ~ 3 粒。种植深度 3 cm 左右。

5. 田间管理

(1)间苗、定苗　三叶期间苗,每穴留 2 株。五叶期定苗,每穴留 1 株壮苗。

(2)肥水管理　定苗后及时追施促苗肥,每 667 m^2 施尿素 10 kg,钾肥 5 kg,或复合肥 20 kg。在孕穗期,每 667 m^2 施尿素 20 kg,钾肥 10 kg,或复合肥 25 ~ 30 kg。中后期需水较多,抽雄、抽丝期是需水关键期,要防止土壤干旱缺水,及时灌溉。

(3)及时打杈、掰苞叶　要及时摘除基部分蘖 1 ~ 2 次,避免分蘖消耗养分。同时,为了提高鲜食玉米的产量和质量,每株只留第 1 个果穗。在打杈、摘除多余果穗时,尽量选择晴天进行,避免损伤主茎和功能叶片。

6. 适时采收

甜玉米采收过早,籽粒太嫩,内容物少,总糖量低,风味差;采收过迟,则籽粒变老,皮厚,甜度下降。甜玉米的适宜采收期在吐丝后 20 ~ 28 d,糯玉米在吐丝后 23 ~ 28 d,采收时间尽量在清晨进行。采收后的甜糯玉米因含糖量迅速下降而使风味变差,应尽量在 24 h 内处理完毕。

六、春甘蓝—青葱—秋大白菜种植模式

(一)茬口安排

平原地区高效栽培模式。春甘蓝一般于上一年的12月下旬在温室播种育苗,3月中下旬覆地膜定植,5月20日以后开始收获;青葱于上一年的8月下旬播种,苗期露地越冬,春甘蓝收获后的5下旬至6月定植,一般8月上中旬收获;大白菜于8月上旬育苗,8月下旬至9月初定植,11月下旬到霜冻前采收。

(二)春甘蓝栽培技术

1. 品种选择

选用耐抽薹、优质、抗病的早熟品种。如,'8398''中甘21''中甘56''美味早生'等品种。

2. 育苗

利用温室育苗,播种至齐苗适宜温度为白天20~25℃,夜间14~16℃;以后白天温度不得低于12℃,夜间不得低于6℃,以预防先期抽薹。分苗前间苗1~2次,苗距2~3 cm,去除病苗、弱苗及杂苗,间苗后覆土1次。当幼苗2叶1心时分苗,行株距10 cm见方。缓苗后中耕2~3次,床土不干不浇水,浇水宜浇小水,定植前7 d浇透水,1~2 d后起苗囤苗,并进行低温锻炼。

3. 施肥整地

早春在土壤解冻时施足基肥,每667 m^2施优质腐熟的有机肥5 000 kg,深翻耙地,每667 m^2施磷酸二铵,或氮、磷、钾复合肥25 kg,然后按垄宽60 cm、高15 cm起垄。一般覆盖80 cm宽的地膜。

4. 适期定植

地膜覆盖栽培定植过程中,小心起苗、运苗,不要使土坨散开,注意保护根系。定植时先在地膜上划"十"字形定植孔,栽苗后压严定植孔周围的地膜。一般每667 m^2栽植4 000株左右。

5. 田间管理

定植后立即浇水,以利缓苗,1周后再浇1次水。缓苗后可浅锄垄沟1次,疏松土壤,提高地温。前期浇水次数要少,要勤中耕。莲座期植株生长加快,要适当进行中耕蹲苗。结球期要保证水肥供应,满足叶球迅速生长的需要。生长期间要注意地膜维护和防治杂草。及时防治病虫害,可选用5%抑太保乳油2 000~2 500倍液,或1.8 %阿维菌素乳油3 000倍液于菜青虫卵孵化盛期和小菜蛾二龄幼虫盛期喷雾防治;用10 %吡虫啉可湿性粉剂1 500倍液,或4.5%氯氰菊酯乳油4 000倍液喷雾防治蚜虫。

6. 收获

叶球生长紧实后达八成时及时采收,一般收获期在5月中下旬。

(三)青葱栽培技术

1. 品种选择

选择‘章丘大葱’‘赤水大葱’‘日本钢葱’等优良品种。

2. 育苗

青葱栽培对播种期要求比较严格,一般前一年秋分过后即播种,施肥整地,每 667 m^2 施硫酸钾复合肥 15 ~20 kg。然后做畦,畦宽 1 m 左右,长 7 m,便于管理。苗床与栽植田的面积比为(1∶6) ~(1∶4)。按播种量计算,500 g 种子可栽植 1 000 m^2。播前最好浸种催芽。为使幼苗生长整齐,最好采用条播,按行距 10 ~ 15 cm,开深 1.5 ~2.0 cm 的浅沟,顺沟灌水,水渗下后均匀播种于沟内。全畦播后整平畦面。冬前苗床管理要做到控制肥水,防止幼苗生长过快。注意及时中耕防除杂草。冬前浇封冻水。翌年春季及时浇返青水。视苗情追肥1 ~2 次,每次每 667 m^2 追施尿素 8 kg。

3. 及早定植

5 月下旬至 6 月上旬,春甘蓝收获后应及时清理地块,整地开沟。按行距 70 cm 开沟,沟深 15 ~20 cm,在沟底每 667 m^2 集中施入腐熟有机肥 3 000 ~4 000 kg、硫酸钾复合肥 30 ~40 kg。为防治地下害虫,顺沟撒施辛硫磷颗粒 2.0 ~2.5 kg。深刨沟底,使肥、药、土混合均匀,并将沟内耧细耙平,以备栽植。起苗前 2 ~3 d 给苗床灌水,以便起苗。采用干栽法定植,株距3 cm,排葱后覆土 4 cm,踩实,顺沟灌水。

4. 田间管理

由于是鲜葱销售,因此一定要加强肥水管理。在定植到收获的两个多月,一般要浇水 4 ~5 次,每隔 10 ~15 d 浇 1 次;追肥 1 ~2 次,栽后 20 d 左右随水追肥 1 次,20 d 后再追施 1 次,每 667 m^2 每次施硫酸钾复合肥 7.5 kg。雨季来临时要注意大雨过后及时排涝,否则容易发生沤根现象。

另外要及时中耕培土,以软化葱白,提高品质,防止倒伏,增加葱白长度。生长期间一般要培土 2 ~3 次,每隔 20 d 左右培 1 次,到 7 月中旬平沟,8 月收获时葱沟已变成垄脊。每次培土高度以培到叶鞘和叶身分界处为宜,不能埋住叶身。

5. 病虫害防治

大葱生长期间极易受葱斑潜蝇的为害,使葱叶遍布白点和白线,影响商品品质,因此防治一定要及时。在葱叶上开始出现零星白点时即要喷药防治,可选用 2.5% 溴氰菊酯乳油 1 500 ~2 000 倍液,或 1.8% 阿维菌素乳油 2 000 ~3 000 倍液防治,每隔 6 ~10 d 喷 1 次,连喷 2 ~3 次。

6. 采收

8 月初即可收获新鲜大葱。可分批起葱,也可一次收完,应根据市场行情而定,收获期可延至 8 月下旬,一般每 667 m^2 可产新鲜大葱 4 000 ~4 500 kg。

(四)大白菜栽培技术

1. 品种选择

选用中早熟、抗病、丰产、品质佳的品种。如,'秦白 80''秦白 2 号''金秋 68''秦杂 2 号''金秋 70'等品种。

2. 适期育苗

7 月下旬至 8 月上旬育苗,及时遮阴育苗,防止高温,预防苗期病毒病。及时间苗、补苗。

3. 适时定植,加强田间管理

一般在 8 月底定植,每 667 m^2 定植 2 000 ~ 2 500 株。水分管理应掌握莲座期土壤见干见湿,结球期保持土壤湿润的原则。收获前 5 d 停水。在莲座期、结球期结合浇水各追肥 1 次,每 667 m^2 每次追施硫酸钾复合肥 10 ~ 15 kg。结球期可用 0.7% 氯化钙和 50 mg/kg 萘乙酸混合液喷雾 2 ~ 3 次,以促进结球和防止干烧心。生长期间要注意防治霜霉病和软腐病等病害。一般用 75% 百菌清可湿性粉剂 500 倍液,或 64% 杀毒矾可湿性粉剂 500 倍液喷雾防治霜霉病;用 72% 农用链霉素可湿性粉剂 3 000 ~ 4 000 倍液,或 14% 络氨铜水剂 350 倍液喷雾防治软腐病。

4. 采收

一般于 11 月下旬到霜冻前进行采收,每 667 m^2 产量 5 000 ~ 5 500 kg。

七、越冬菠菜—春甘蓝—夏茬西瓜—秋青花菜种植模式

(一)茬口安排

平原地区高效栽培模式。越冬菠菜于 10 月上旬播种,翌年 2 月底至 3 月初前收获完;春甘蓝在 12 月中下旬利用阳畦或日光温室育苗,3 月上旬拱棚定植,5 月下旬至 6 月上旬采收;夏茬西瓜于 5 月中旬育苗,6 月中旬定植,8 月上旬收获;青花菜于 7 月上中旬育苗,8 月中旬定植,9 月下旬收获。

(二)越冬菠菜栽培技术

1. 品种选择

选用刺籽菠菜或尖叶菠菜等耐寒性强的品种。如,'快绿'和'速生大叶'等品种。

2. 整地播种

结合整地,每 667 m^2 施磷酸二铵 35 kg、碳酸氢铵 50 kg,整地要精细,采用机播或人工撒播,每 667 m^2 用种 2 kg,不能播得太深,以肉眼从地表看不见浮籽为好,播后镇压。

3. 田间管理

苗出土后,要进行一次浅锄松土,以达到除草保墒作用。当植株长出 3 ~ 4 片叶时,要保持土壤湿润,并酌情追肥;当植株长出 5 ~ 6 片叶时,要及时浇冻水,浇水时机应掌握在表层土壤昼化夜冻之际。浇冻水最好用粪水,有利于菠菜早春返青后加速生长。

4. 采收

2 月底至 3 月初前采收上市，正好填补市场绿叶菜较少的当口。

（三）春甘蓝栽培技术

1. 品种选择

选用抗寒性强、结球紧实、品质好、不易抽薹、适于密植的早熟品种。如，‘中甘 15’‘中甘 56’等品种。

2. 培育壮苗

播前育苗床要施足腐熟有机肥，并且用多菌灵进行杀菌消毒，深翻耙平。选择饱满种子，用 18℃温水浸种 2 h，然后保持到 15～18℃催芽。在晴天上午，浇足底水，水渗后将发芽的种子均匀撒播在畦面上，覆土 1 cm，每平方米播种量 4 g，每 667 m^2 需苗床面积 5 m^2。出苗前不要通风，白天畦温保持在 20～25℃，夜间 10～16℃。苗出齐后适当通风，白天畦温 18～20℃，夜间 10～12℃，在幼苗 5 片真叶后畦温不能低于 10℃，防止秧苗通过春化阶段发生先期抽薹现象。定植前一周可加大通风，进行秧苗低温锻炼。

3. 精细整地，提早扣棚

前茬收获后，每 667 m^2 施腐有机肥 4 000～5 000 kg，深翻 20 cm，做成 1 m 或 1.5 m 宽的平畦，在定植前 25 d 扣棚烤地。

4. 合理密植

选择晴天上午定植，移苗时要保护好土坨，刨沟后浇水摆秧，水渗后覆土，也可先开沟，再顺沟栽苗，后浇明水，每 667 m^2 定植 5 500～6 000 株。

5. 加强田间管理

（1）温度管理　定植后要注意防寒保温，围绕改善温度条件来加强管理，下午 4:00 时至次日上午 9:00 时，四周要盖草苫子，缓苗期间 7～10 d 内，一般不放风，提高棚温，白天 25～27℃，夜间 11～15℃；缓苗后进行降温蹲苗 7～10 d，白天 15～20℃，夜间 12～14℃。生长前期棚内气温超过 20℃时开始放风，当棚内夜间最低气温稳定在 10℃时，撤除棚内小拱棚。

（2）水肥管理　定植后 15 d 左右进行第 1 次追肥，结合浇水每 667 m^2 施硫酸铵 15 kg，以后适当控水进行蹲苗，当球叶开始抱合时结束蹲苗，并进行第 2 次追肥，每 667 m^2 追施磷酸二铵30 kg，或随水冲施腐熟人粪尿 800 kg。此后每隔 7 d 浇 1 次水，在收获前一周停止浇水。

6. 采收

为争取早上市，在叶球八成紧时即可陆续上市供应。一般开始时 3～4 d 采收 1 次，以后隔 1～2 d 采收 1 次。

（四）夏茬西瓜栽培技术

1. 品种选择

选择抗病、高产、优质的良种。中大果型西瓜可选择‘龙卷风’‘凯旋’‘西农 8 号’‘日本巨宝王’‘庆宝王’‘黑巨冠’‘赣农 8 号’等品种；小型西瓜可选择‘黑美人’小西瓜；无籽西瓜可选择'黑蜜1号''黑蜜2号'等品种。

2. 播种育苗

于5月上中旬采用塑料小拱棚穴盘(50孔)育苗,苗龄20 d左右,这时西瓜有2叶1心或3叶,移栽前5~7 d晚上揭开薄膜进行炼苗。

3. 整地定植

春甘蓝收获后及时进行翻地,翻地前重施基肥,以磷钾肥为主,氮肥补充,微量元素肥料调剂,一般每667 m^2 施腐熟有机肥4 000~5 000 kg、过磷酸钙25 kg、尿素10 kg、多元复合肥5~7 kg,充分耙匀后,做成宽1.5 m,或3 m的畦,畦间挖宽40 cm、深25~30 cm的沟,以备排灌。按照畦宽1.5 m,栽单行,畦宽3 m,栽双行,株距0.6 m,每667 m^2 栽700~800株,移栽后3~5 d内适当遮阴,促进缓苗。

4. 田间管理

西瓜移栽后正值夏季,雨水较多,须防雨涝。移栽后10~15 d开始整枝,采取三蔓整枝法,即每株留3条蔓,多余蔓应及早摘除。西瓜坐果有拳头大小时每667 m^2 追施尿素5 kg、硫酸钾10 kg,或多元复合肥15 kg,追肥后及时浇水,促进西瓜膨大。西瓜雌花开放后,人工辅助授粉,以提高坐果率,由于雌花在7:00—9:00时受精率最高,此时进行人工辅助授粉,其坐果率可达到98%。瓜坐稳后,当主侧蔓长至25节时进行摘心。

5. 采收

西瓜成熟后应及时采收,以利下茬作物的安排。

(五)秋青花菜栽培技术

1. 品种选择

选择早熟、抗病、适应性强的品种。如,'惠绿早生''中青2号''碧松''绿丰''艾伦特'等品种。

2. 育苗定植

7月上中旬采用拱棚内盖遮阳网育苗。因秋季气温较高,不需催芽,直接播种即可,播种后5~7 d即可出苗,生长前期要注意防雨,生长后期已逐步进入高温、干旱季节,应及时给苗床补充水分。因幼苗处于高温多湿环境,应注意加强病虫害的防治,幼苗长至2叶1心时,可进行假植或栽入营养钵中,育苗期间温度较高,生长速度较快,应及时对幼苗进行1~2次追肥。

3. 整地定植

苗龄30 d,4~5片真叶时定植。青花菜的根系发达,定植前应深翻整地,施足基肥,每667 m^2 施腐熟有机肥4 000~5 000 kg、过磷酸钙20 kg、氮磷钾复合肥20 kg及镁、硼等微量元素肥少量,充分耙匀后,做成宽1.2 m的平畦。定植前如遇高温干旱可在前1~2 d对定植田灌透水。定植时间应在傍晚稍前,可采取对称式或"品"字形定植,每畦种植两行,株距35~45 cm,定植后及时浇水,以利缓苗。定植前应对幼苗做好"三带"工作,即带肥、带药、带土定植。

4. 田间管理

(1)中耕施肥　封行前结合除草中耕松土2次,大雨前后及时排涝降渍,雨过天晴要松土透气，生长期间追肥 3 次：第一次在定植后一周，结合浇水追施提苗肥，每 667 m^2 施尿素 10 kg；第二次在植株叶龄 12 ~ 13 片时，结合浇水追施发棵肥，每 667 m^2 施尿素 15 kg；第三次在现蕾时，结合浇水每 667 m^2 施氮磷钾复合肥 25 kg、尿素 10 kg。

（2）病虫害防治　病害主要是黑根病。病害发生初期，用 25% 多菌灵、70% 甲基托布津进行防治。虫害主要是菜青虫、小菜蛾、甜菜夜蛾和斜纹夜蛾，可选用高效低毒农药进行防治。

（3）及时整枝　现蕾前后，及时去除主茎以下侧枝，抹掉细弱侧枝可以节约养分，供主枝花球生长。

5. 采收

青花菜的适收期很短，应适时采收，每天采收。收主球时，连茎秆长 25 cm 切断，除去叶柄后立即包装运送市场。收获时间以清晨温度较低时为宜。

主要参考文献

[1] 赵利民，赵志国. 高山蔬菜绿色高效栽培技术[M]. 杨凌：西北农林科技大学出版社，2022.

[2] 程智慧. 蔬菜栽培学各论（第二版）[M]. 北京：科学出版社，2021.

[3] 赵利民，程永安，李高宝，等. 太白高山越夏耐抽薹萝卜品种比较试验[J]. 陕西农业科学，2012，58（2）：68 – 70，77.

[4] 刘宝军. 北方秋菜花栽培管理技术[J]. 农民致富之友，2013（9）：116，170.

[5] 季永杰. 秋季胡萝卜栽培管理技术[J]. 现代农业，2018（5）：18.

[6] 王艳霞，王拴马，左秀丽，等. 小拱棚西瓜高产栽培关键措施[J]. 现代农业，2013（24）：122 – 123.

[7] 安庆飞. 介绍几种高产高效间作套种模式[J]. 河南农业，2009（11）：50.

[8] 贾铭，张世洪，杨虎，等. 鲜食糯玉米绿色高产高效栽培技术[J]. 种子科技，2021（17）：48 – 50.

[9] 肖晨，董军，王雅，等. 太白高山地区结球生菜品种比较试验[J]. 长江蔬菜，2021（22）：51 – 54.

[10] 陈志宏，卢玉福，朱万龙. 高海拔冷凉区莴笋—娃娃菜高效栽培模式[J]. 中国蔬菜，2017（8）：103 – 104.

[11] 侯丹英，樊力鹏，米乐，等. 商洛地区高山菜豆绿色生产技术[J]. 长江蔬菜，2020（11）：13 – 14.

[12] 胥志文，张琼. 宝鸡地区小麦套种线辣椒双高栽培技术[J]. 辣椒杂志，2005（2）：26 – 27.

[13] 蓝娟. 地膜辣椒高产栽培技术[J]. 现代农业科技，2014（19）：80，82.

第六章　蔬菜无土栽培技术

第一节　无土栽培的类型

无土栽培(Soilless Culture, Hydroponics,Solution Culture)是指不用天然土壤,而用营养液或固体基质加营养液栽培作物的方法。固体基质或营养液代替天然土壤向作物提供良好的水、肥、气、热等根际环境条件,使作物完成从苗期开始的整个生命周期。过去甚至目前,日本、英国等国家的有些学者认为无土栽培主要指营养液栽培,所以无土栽培有时又称为营养液栽培、水耕、水培、溶液栽培、养液栽培等。

无土栽培的类型众多,我国习惯按照是否使用基质,将其分为基质栽培和无基质栽培。

一、基质栽培

基质栽培是固体基质栽培的简称,是指作物根系生长在各种天然或人工合成的固体基质环境中,通过固体基质固定根系,并向作物供应营养和空气的方法。

可根据选用的基质成分不同而分为有机基质栽培、无机基质栽培和人工合成基质栽培;根据空间的利用形式不同而分为平面基质栽培和立体基质栽培,平面基质栽培主要有槽式基质栽培、袋式基质栽培和基质盆栽等。槽式基质栽培是指将栽培用的固体基质装入种植槽中栽培作物的方法,一般有机基质栽培和容重较大的重基质多采用槽式基质栽培;袋式基质栽培是指把固体基质装入基质袋中,排列放置于地面上种植作物的方法;立体基质栽培是利用垂直空间种植小株型作物的方法。

二、非固体基质栽培

非固体基质无土栽培是指根系直接生长在营养液或含有营养成分的潮湿空气之中,根际环境中除了育苗时用固体基质外,一般不使用固体基质。它又可分为水培和雾培两种类型。

(一)水培

水培是指作物根系直接生长在营养液液层中的无土栽培方法。它又可根据营养液液层的深度不同分为多种形式。以 1 ~2 cm 左右的浅层流动营养液来种植植物的营养液膜技术(Nutrient Film Technique, NFT)。将植物种植在深 6 ~8 cm 且流动的营养液层中的深液流技术(Deep Flow Technique, DFT)。在 5 ~6 cm 深的营养液层中放置一块铺设无纺布的泡沫板，根系生长于湿润无纺布上的浮板毛管技术（Floating Capillary Hydroponics，FCH）。除此之外，还有一种以纳米膜为核心，利用纳米膜完善植物成长机制，促使植物自动吸收、生长，并有效隔绝病害及污染的纳米水凝膜水培技术。

（二）雾培

雾培又称为喷雾培或气培，是将雾化后的营养液间歇喷洒在植物根系上的一种无土栽培方式。主要由栽培系统、喷雾系统、营养液循环系统和控制系统组成。根系悬空在一个容器中，容器内部装有自动定时喷雾装置，每隔一段时间将营养液从喷头中以雾状的形式喷洒到植物根系表面，同时解决了根系对养分、水分和氧气的需求，并且有利于实现立体化栽培和自动化生产。由于雾培设备投资大，管理不甚方便，而且根系温度易受气温影响，变幅较大，对控制设备要求较高，生产上很少应用。雾培中还有一种类型是有部分根系生长在浅层的营养液层中，另一部分根系生长在雾状营养液空间，称为半雾培，也可把半雾培看作是水培的一种。

第二节　基质栽培技术

一、袋培

基质袋栽培是将基质填充入以适宜材料制成的栽培袋中种植植物的一种无土栽培方法。目前已经用于我国多种蔬菜（番茄、黄瓜等）和花卉的种植栽培中，具有制作工艺简单、成本低廉、移动方便等特点（图6－1，图6－2）。基质袋培主要由栽培袋、贮液池、供液系统等部分组成。

图6－1　枕式基质袋培

图6－2　筒式基质袋培

（一）基质袋的设置

基质袋主要以抗紫外线的聚乙烯薄膜或无纺布为材料制成，根据季节和当地气候条件，当光照强、气温高时，栽培袋表面以乳白色为好，有利于反射阳光，控制基质温度；当光照较弱、气温偏低时，栽培袋则以黑色为好，有利于基质保温。根据栽培需求，栽培袋可制成筒式或枕式两种形式。筒式基质袋的规格一般为：直径 30 ~ 50 cm，高 35 cm，一端封严，直立放置，每袋基质容量 10 ~ 15 L；枕式基质袋的规格一般为 100 cm × 30 cm × 20 cm（长 × 宽 × 高），先将一端封严，按照每株植株供应 5 ~ 9 L 基质，再封严另一端，根据种植株距在基质袋上方开定植孔。基质袋底部或两侧开 2 ~ 3 个直径为 0.5 ~ 1.0 cm 的排液孔，防止积液沤根。除此之外，还可以根据温室的大小，将聚乙烯薄膜平铺于温室地面上，裁剪成宽 70 ~ 80 cm 大小的长条形，沿着中心线填充基质，然后沿着宽幅两侧将聚乙烯薄膜合起，形成长袋状基质袋，然后每间隔 100 cm 用塑料夹或撕裂绳扎紧形成若干个小基质袋，每个小基质袋规格为高 15 ~ 20 cm，宽 20 ~ 30 cm。

（二）栽培基质

一般应用于无土栽培的基质都可用来袋培。根据栽培需求，可采用珍珠岩、稻壳、泥炭、椰糠等单一基质；但多采用混合基质进行栽培。

（三）供液系统

袋培常采用滴灌的形式进行供液，每株对应一个滴头，营养液供应无须循环，多余的营养液从基质袋底部或两侧的排液孔排出，经排水沟排到温室或其外部（图 6 – 3）。

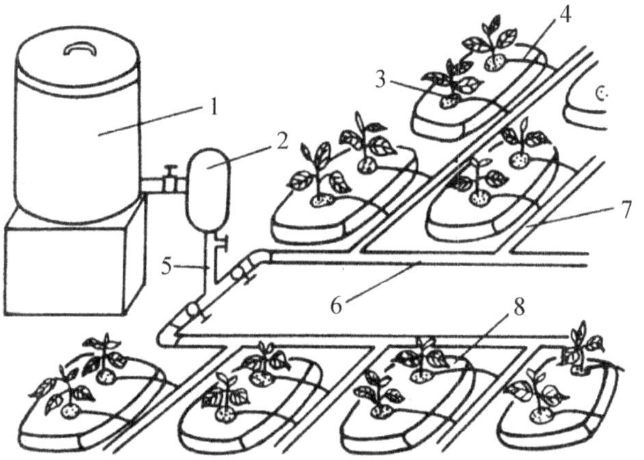

1. 贮液罐；2. 过滤器；3. 滴头；4. 水阻管；5. 主管；6. 支管；7. 毛管；8. 栽培袋。

图 6 – 3　基质袋培滴灌示意图

（四）袋培管理技术要点

（1）育苗与定植　育苗可采用穴盘育苗或者塑料钵育苗，定植时将幼苗栽入基质袋的定植孔中，定植深度以基质覆盖苗坨表面为宜，适当压实并浇灌营养液，保证苗坨和栽培基质结合，有利于幼苗定植后的营养液吸收。

（2）栽培基质的选择　基质的选择不仅要就地取材、节约成本，还要具有良好的栽培效果。基质要具有良好的保水和排水性能，孔隙比适宜，化学稳定性好且不含有害物质。栽培基质一般以混合基质较好，选择 2 ~ 3 种基质按照合适比例混合均匀，严格消毒杀菌，调节 pH 近中性。

(3)营养液管理　因有机基质中含有一定的可被植物吸收利用的营养元素,所以选用有机质栽培时,要根据栽培基质的成分以及作物需求进行适当调整营养液的配方和管理方案。种植前可将基质与一些肥料混合。营养液的供应要及时、充足且均匀,保证基质含水量在60% ~80%,单株供液量维持在6.7 L左右。一般情况下营养液一天供应1次,在高温天气或者作物生长盛期可一天2次,阴雨天气可不进行营养液供应。在日常栽培管理中需经常检查营养液的pH变化、滴头是否堵塞等情况,防止供液不均匀、植株缺素等情况的发生。

二、基质槽培

槽培是将栽培基质装入一定容积的栽培槽中以种植植物的一种无土栽培形式。

(一)栽培槽

平整、夯实温室、大棚等设施地面,槽体可选用木板、竹片、石棉瓦、水泥瓦、石板、红砖、聚苯乙烯泡沫塑料等制作,也可直接用水泥砌筑成永久性栽培槽,目前应用较为广泛的是由红砖垒成的半永久性栽培槽。在满足作物栽培过程中基质可维持在栽培槽内的要求下,各地可根据当地情况,就地取材制作简易的栽培槽。栽培槽框建造完成后,在槽的基部铺设1 ~2层塑料薄膜,起到避免基质渗漏、隔离土壤的作用。以番茄为例,栽培槽的规格一般为:槽宽(内径)48 cm,深15 ~20 cm,槽长5.5 ~8 m,槽长的长度由温室的大小、灌溉系统的能力、温室的结构等因素确定,可根据具体生产条件进行调整。坡度应大于1∶200,槽底设置一个直径10 cm,高5 cm的"U"形槽用于排液管的放置,槽间距50 ~60 cm。通常每槽种植两行,方便进行整枝、灌溉等田间管理,也可降低成本增加种植行数。栽培槽可设计成地下式、半地下式或地上式3种形式,地下式经济成本最低,半地下式次之,地上式经济成本最高(图6 -4)。

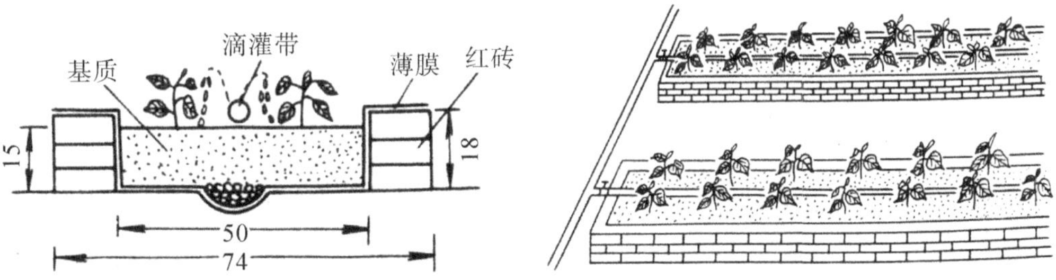

图6 -4　基质槽及栽培示意图

近年来为解决生产中的实际问题,对基质槽培的形式进行了丰富和改进,出现了许多改良的槽培技术。如:为解决温室低温胁迫,提升槽培作物根际温度,提出了新型的土壤起垄内嵌式栽培法(SRSC),即利用土垄包被栽培槽,有效蓄积太阳能提高根区温度并增强根区基质的稳定性和缓冲能力;在改进回液收集方式和提高根区环境调控能力方面,北京农业推广站研发了拼插式自回水基质栽培槽。栽培槽呈倒梯台形,槽体上口长80 cm,上口宽40 cm,下口长65.6 cm,下口宽23.6 cm,高35 cm;槽体两端设置连接管并与槽体合为一体,连接管由槽体两端紧贴槽底向槽内延伸,槽内设置渗水隔板,渗水隔板设置渗水孔;槽体中间设置通气管，通气管一端插入渗水隔板中。

（二）栽培基质

常用的槽培基质主要有蛭石、珍珠岩、泥炭、锯末、沙、炉渣等。生产上多采用优质草炭、蛭石、珍珠岩为基质材料，按体积比3∶1∶1的比例混配，或者直接采用商品基质。根据栽培作物加入一定量的氮磷钾三元复合肥，然后进行杀菌、消毒。混配处理好的基质不可久置，以免影响基质的 pH 和 EC 值。

（三）供排液系统

营养液的供给依靠滴灌进行，根据营养液是否循环利用，基质槽培可分为封闭式槽培和开放式槽培。开放式槽培的栽培基质多为复合基质，多余营养液经槽底的排液管直接排出。封闭式槽培的栽培基质采用无机基质（如：珍珠岩、沙砾），由供液池、集液池、水泵、供排液管道、控制系统等部分组成，营养液经水泵泵出进行灌溉，多余的营养液经槽底通过排液管道进入集液池，集液池的营养液达到一定深度经消毒后通过电泵泵至供液池，利用控制器进行回流时间的控制，使营养液始终在一个封闭的系统内。

（四）槽培管理技术要点

槽培以栽培番茄、黄瓜等大株型果菜为主。基质多采用珍珠岩、蛭石和草炭混配的复合基质，需添加一定的肥料，如：草炭 0.4 m^3，炉渣 0.6 m^3，硝酸钾 1.0 kg，蛭石复合肥 1.0 kg，消毒鸡粪 10.0 kg。基质混配好后要进行消毒杀菌，调整至适宜的 pH 值，填充至栽培槽后浇透水，基质下沉后补填一定基质。定植密度根据作物类型而定。根据基质的种类及所含的养分进行适当调整营养配方，尽可能地减少养分的浪费。营养液供应要及时且均匀，一般每天供应 1 次，可根据天气条件和作物生长时期灵活调整。日常管理中要及时检查滴头是否堵塞、营养液的 pH 和 EC 值的变化等，适时进行滴头清洗、基质洗盐等工作。

三、岩棉培

岩棉培最早在荷兰成功应用并大面积推广，是目前荷兰主要的无土栽培形式。我国于 1987 年研发出国产农用岩棉并投入生产，因此我国岩棉培的应用也得到进一步推广。岩棉培的基本模式是将岩棉基质分割成规格大小一致的块状，置于栽培槽中形成岩棉垫，然后利用黑白膜将其包裹成枕头袋块状，在膜上开口作为种植孔，种入育好的幼苗，然后利用滴灌系统进行营养液灌溉。根据营养液是否循环利用，可分为开放式岩棉培和封闭式岩棉培。

（一）开放式岩棉培

1. 栽培床

栽培床由种植畦和岩棉垫组成（图 6－5）。可直接平整棚室地面，根据栽培作物筑起适宜规格的龟背形畦，以温室中常见作物番茄、黄瓜为例，畦宽（畦沟到畦沟之间的距离）150 cm，畦高（畦沟底至畦面的距离）10～15 cm，由畦宽中点左右两边各 30 cm 处平缓倾斜形成畦沟，沿长边方向设置 1∶200 的坡降，用于排除积水和废液。种植畦构筑完成后，将整个畦压实并覆盖一层 0.2 mm 的乳白色塑料薄膜，使塑料薄膜贴紧种植畦和畦沟，使能够凸显出畦和畦沟的形状。也可以采用木板和硬质泡沫塑料板材在地面筑起畦框，畦框的规格一般为高 15 cm，宽 32 cm，长 20 ~ 30 m。框内筑起小沟，坡降 1∶200 并沿废液池方向倾斜。畦框筑好后铺设 0.2 mm 的乳白色聚乙烯薄膜，具体铺设要求同上述畦。多余的营养液经畦沟排出至废液池或直接排到温室内。岩棉种植垫的规格一般为 1 000 mm × 200 mm × 75 mm（长 × 宽 × 高）。不同的栽培作物，可根据岩棉的孔隙度、作物的最大蒸腾量等参数来计算适宜的岩棉种植垫的规格。岩棉种植垫外包裹聚乙烯薄膜，并在膜上方按照栽培密度划出栽培种植孔，株距一般为 30 ~ 40 cm。

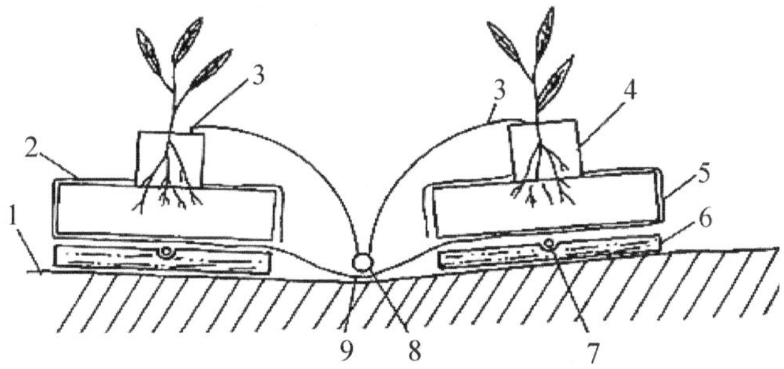

1. 畦面；2. 岩棉种植垫；3. 滴灌管；4. 岩棉育苗块；5. 塑料薄膜；
6. 泡沫塑料块；7. 加温管；8. 滴灌毛管；9. 排液沟。

图 6－5　开放式岩棉培结构示意图

2. 供液系统

开放式岩棉培采用滴灌系统进行供液，主要由贮液池、水泵、供液管道、过滤器、排液管道、废液池组成。

贮液池可根据温室的大小进行建造，可用水泥和砖砌成地下式，由水泵提供动力进行营养液灌溉；也可以在高于地面 1 m 处，采用大容量的储液桶（箱）设置成地上式。另外也可以不使用大容量的贮液池，利用小型储液桶放置营养液母液，在供液时按照营养液配方将母液进行加水混合，再进入供液管道。实际生产中可根据实际情况选择合适的贮液池。

供液管道主要由主管、各级支管、过滤器、滴头等部分组成。主管连接 1 ~ 2 个过滤器，经支管进入栽培区，然后经 2 级主管进入栽培行，利用塑料软管一端连接栽培行的支管，一端连接滴头并插入岩棉定植孔中固定。另外营养液的供应可通过电磁阀和定时器等控制元件相互配合实现营养液供应的自动控制。

在畦上放置岩棉种植垫进行种植时，需在种植垫的侧面设置 2 ~ 3 个 5 ~ 7cm 切口作为排液孔排出多余营养液至畦沟内。在畦框内种植时则依靠底部的排液管将多余的营养液收集并排入废液池，多余的营养液可以灌溉温室中的其他作物。

（二）封闭循环式岩棉培

在栽培中营养液无法实现营养的全利用，会有多余的营养液流出，循环式岩棉培就是将岩棉种植垫中流出的多余营养液通过回流管道收集于集液池中，通过消毒过滤泵至供液池实现营养液的循环利用。但是其设施结构复杂，建造成本较高，营养液循环易引起病害传播。

1. 栽培床

利用硬质泡沫塑料板材、木板或金属等材料制作畦框，规格为 100 cm × 30 cm × 15 cm（长 × 宽 × 高），可刚好放入岩棉种植垫，将多个畦框拼接成长 20 ~ 30 m 的栽培槽，底部筑起小沟，并设置 1∶200 的坡降。在框内铺设 0.2 mm 的乳白色塑料薄膜并贴紧畦框和小沟，使小沟和畦框的形状凸显出来。

畦框底部安置一条直径 20 mm 的硬聚乙烯排液管并连接到畦外的集液池，其上方添加规格为 90 cm × 30 cm × 10 cm（长 × 宽 × 高）的岩棉垫，并用无纺布将四周包裹防止根系伸到底部，小沟两端利用塑料块或者岩棉块将岩棉种植垫架空，有利于排液。在种植垫上方铺设直径为 20 mm 的软滴灌管，一端连接供液池，每隔 40 cm 在管身开一个直径 0.5 mm 的供液孔用于营养液灌溉（图 6 – 6）。

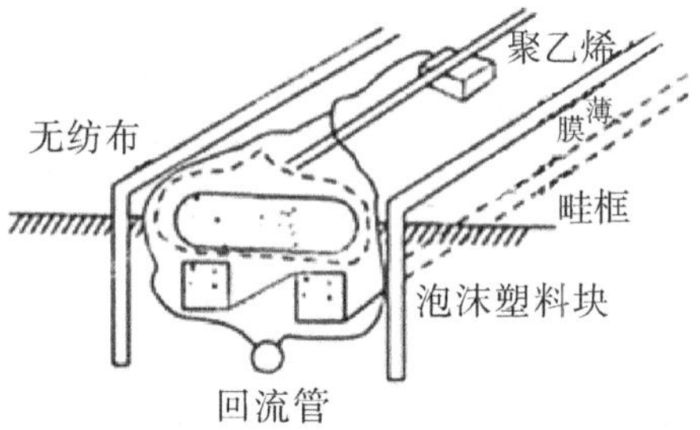

图 6 – 6　循环式岩棉培栽培床示意图

2. 供液及回流系统

主要由供液池、供排液管道、集液池、水泵、过滤器、电磁阀、定时器等部分组成（图 6 – 7）。通过电磁阀和定时器来进行营养液供应，可根据需求设定时间，而供应过程中多余的营养液经排液管道进入集液池，当达到一定液位时触碰传感器，水泵启动并将营养液泵至供液池。供液池也设有液位感受器，当达到一定液位时便切断水泵电源。另外在供液主管道处要安装过滤器，过滤掉营养液中的粗大颗粒和杂质。

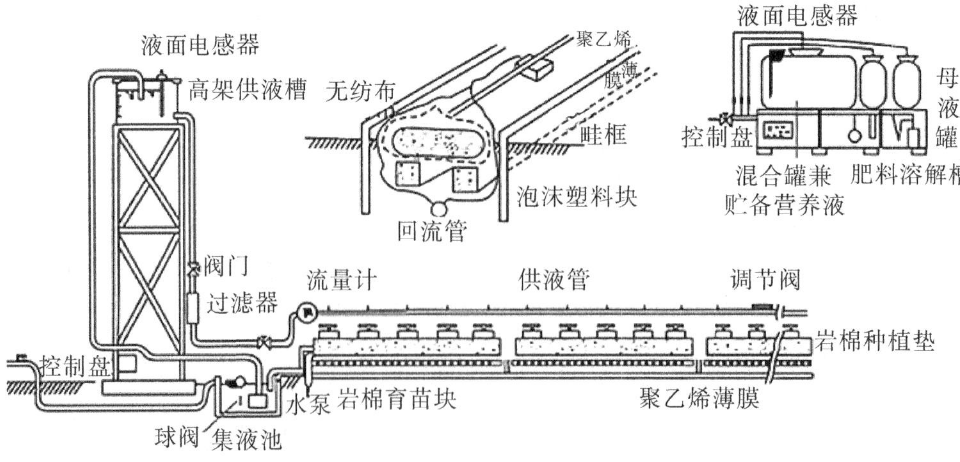

图 6 – 7　循环式岩棉培供液装置示意图

(三)管理技术要点

1. 育苗与定植

一般采用岩棉块进行育苗,根据作物种类和所需苗龄选择一定规格的岩棉块,四周用乳白色的不透光的塑料薄膜包裹,在岩棉块上表面切开一缝隙,嵌入催芽的种子并置于盛有营养液的槽中,灌溉营养液润湿岩棉块,出芽后在槽底维持 0.5 cm 左右的营养液层。定植时先在岩棉种植垫上切开与育苗块规格一致的定植孔,浇灌营养液润湿岩棉垫,然后将岩棉育苗块放入定植孔中,将滴头插入育苗岩棉块中供液。待根部伸长至岩棉种植垫后,将滴头插入岩棉垫进行供液,定植结束。

2. 营养液管理

采用营养液灌溉的方式,植物对养分和水分是同步吸收的,原则上营养液浓度是不变的,但实际的生产中由于气候条件和作物生长时期的不同的影响,往往使得水肥吸收并不同步。在高温低湿、植株较大时,作物蒸腾旺盛,水分吸收大于养分吸收,此时要降低营养液浓度,反之则要提高营养液浓度。根据实际生产状况,合理控制营养液浓度,一般供液电导率不应低于0.6～1.0 mS/cm,最高不超过2.2～2.5 mS/cm,当电导率过高时就应该停止营养液灌溉,浇清水进行基质洗盐。

供液量的确定一般与基质持水量、植株基质占有体积、植株生长时期、气候条件等因素有关。生产上岩棉适宜的基质持水量是60%,其中岩棉上层为40%,下层为80%,不同部位的基质持水量有利于解决水气矛盾,有利于植株吸水。因此岩棉培一般不会产生水分胁迫,但是要密切关注植株根际环境的变化,以免造成植株干旱。植株的需水量可根据栽培基质的体积和安全持水量进行计算,如,番茄占有的基质体积为 6.7 L,安全的持水量为60%,则番茄占有的营养液供应量为4 L,此时可采用张力计进行测定和记录,当张力计出现变化时,适当进行营养液灌溉。根据实际的生产经验可确定一定的供液量,为了方便管理,可在此基础上适当增加供液量,多余的营养液经排液管道排出,不会影响植株生长。

一般在日出后的 1～2 h 开始供液,为保证岩棉较长时间保持理想的持水量,采用间歇多次灌溉。供液次数与植株占有的岩棉体积、栽培气候条件有关。当温度高且阳光充足时需要多供液,当温度低且阴天时需要减少供液。供液时间取决于排液量,每次排出的多余营养液为总供液量的 20% 为宜。

栽培中由于营养液的配方、营养液的更换速率、栽培作物等因素的影响,往往会引起 EC 值的变化,因此要经常检测营养液的 EC 值。当 EC 值超过 3.5 mS/cm 时,要停止营养液灌溉,利用清水进行洗盐,当流出的洗液电导率接近清水时,便改用稀营养液(1/4～1/2 的原营养液浓度)进行洗盐,直至洗液的电导率接近稀营养液后,重新滴灌原营养液。

(四)岩棉种植垫的再利用

岩棉种植垫在种植一茬过后可经消毒处理再次使用,若轮作则无须消毒处理便可直接使用。岩棉垫在使用 2 年以上后往往出现纤维断裂、残根等杂质增多、通气性下降等情况,此时无法继续使用,填埋岩棉成分不易分解且污染环境,可通过破碎、过滤、压块、冶炼等过程进行加工,再次制作成岩棉制品进行循环利用。

四、立体基质培

立体基质培是一种新颖、高效的现代无土栽培技术，可充分利用有限的栽培空间，不仅可以节约土地，还能够增加产量。立体化的栽培模式最早起源于欧美发达国家，我国于20世纪90年代开始探索研究该技术模式，目前该技术基本成熟，主要有管道式、垂挂式、墙体式等栽培形式。共同特点是以柱、槽、盆钵等容器装载轻基质，以滴灌的方式供液（多为开放式）。

（一）管道式立体栽培

管道式栽培是以PVC管或者其他硬质管进行栽培。栽培床由若干根管道按照一定的间距排列而成，管道上按一定间距开定植孔，定植孔中安放塑料定植杯，将植株定植在定植杯内，管道之间通过上水管和回水管与营养液池相连。管道式立体栽培可以根据不同的栽培空间设计成不同造型的管道形式，常见的有“A”字架形（图6－8）、“H”型架（图6－9）、拱门长廊形等。

图6－8　“A”字架式管道栽培

图6－9　“H”形架式管道栽培

（二）立体盆钵式栽培

立体盆钵式栽培是将多个定型的盆钵填充基质并上下交错叠放进行植物栽培的一种无土栽培形式。主要由贮液池、平面DFT系统、栽培立柱、栽培钵（图6－10）和供、回液系统组成（图6－11）。其中贮液池的容积一般是每667 m^2 使用15～20 t营养液，平面DFT系统可用塑料板和泡沫板制成，一般栽培槽的高设置为5～20 cm。栽培立柱由底座和镀锌钢管组成，底座规格为直径15 cm、厚2 cm，底部设有直径3 cm的小孔，镀锌钢管直接插入底座的小孔中。栽培钵一般采用硬质塑料材质，规格为直径20 cm，高20 cm；形状呈花瓣状（5～6个花瓣），每个栽培立柱放置8～12个栽培钵。供、回液系统主要由水泵、供回液管道、滴液盒组成，营养液由水泵泵至供液管道，经滴液盒对栽培钵进行滴灌，由上及下逐渐滴落，多余的营养液收集于平面DFT系统，再经过回流管道进入贮液池，以实现营养液的多次循环利用。

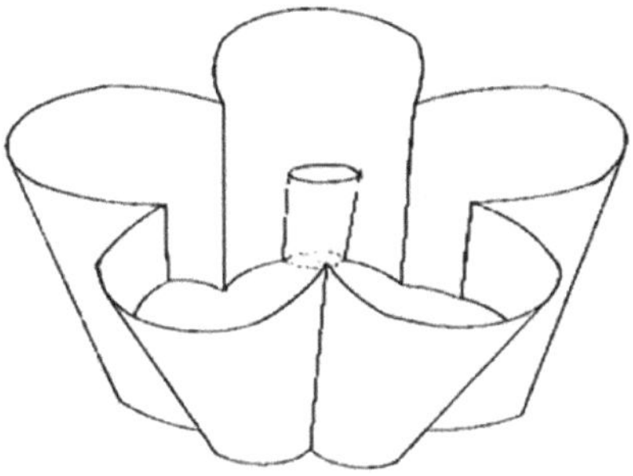

图6－10　五瓣式栽培钵结构图

图6－11　立体盆钵式栽培

(三)垂挂式栽培

垂挂式栽培是将植物脱离地面定植于悬置的容器中进行栽培的方式，主要有吊槽式(图6－12)和吊袋式(图6－13)。吊袋式的种植袋以聚乙烯塑料袋制成直径15 cm，长2 m的种植筒，两端封严以防基质洒漏，底部设置排液孔，悬挂于温室中，在吊袋的表面开直径2.5～5.0 cm的种植孔，栽培袋之间间距80 cm左右，行距1.2 m左右。以滴灌系统灌溉，营养液从顶部灌入，渗透至底部，多余的营养液从排液孔排出。根据情况适时进行基质洗盐。吊槽式栽培的种植槽可选用木板、塑料板材或者质地硬而轻的金属材料等制作而成，也可以选用合适内径的PVC管纵切得到两个栽培槽。规格一般为：宽40 cm左右，高20 cm左右，槽间距50 cm，利用钢丝悬挂，可建成可升降式。采用滴灌系统进行灌溉，槽底部设置渗液槽收集多余营养液，在槽两端连接塑料软管以排出废液。

图6－12　吊槽式垂挂栽培

图6－13　吊袋式垂挂栽培

(四)垂蔓式立体栽培

该设施主要由钢丝网槽、槽体支架、供回液管路、无纺布等部分组成。栽培槽采用离地设置，一般设置离地高度为1.4 m，作物垂蔓高度1.0～1.2 m，有效地提高了空间资源的利用率，简化了绑蔓、绕蔓等管理作业程序，适用于各种垂蔓植物的观赏栽培，可应用于农业科技园区的栽培模式展示、家庭阳台的蔬菜栽培和花草的绿化种植(图6－14)。

图6-14　垂蔓式立体栽培

(五)墙体式立体栽培

墙体式栽培是一种将作物直接种植在栽培墙面上,以此节省栽培空间的立体栽培模式。墙体栽培主要以不同的墙体材料构建成多种形式的栽培墙墙体(如叠槽式、链条式等),以此进行植物的立体栽培。

叠槽式墙体栽培主要由塑料种植槽、支撑方管、供回液管路等部分组成。塑料种植槽的规格为60 cm×15 cm×12 cm,槽体可加工成多种颜色,以此拼接成各种立面色彩图案,形成景观图案;另外种植槽可单独竖向叠合安装,也可横向、竖向安装成种植墙,实现种植景观的变换。该设施结构简单、安装方便、整体感强,适用于各种矮生、垂挂生长的草本植物和叶菜类植物的栽培(图6-15)。

链条式墙体栽培主要由链条式种植槽、槽盖、集液槽、"U"型定植杯及配套接管、供回液管路系统等部分组成。栽培槽体由高密度聚苯材料模压而成,一般规格为槽外径86 cm,高12.5 cm,深1 cm,厚2 cm。槽内分设4个挡格,每个挡格底部设置2个排液口,两侧各设置1个凸出的"U"型定植口,整个栽培槽体两侧共8个定植口。槽顶盖内深6 cm,底部具有一个内径2.5 cm,外径5 cm的排液口,可外接聚氯乙烯管。基座一般采用砖混结构,高度20~24cm。该设施具有安装简便、整体性强、封闭性好等特点,并且链条式组拼搭接的结构,可实现墙体造型的变换,有利于立体墙体景观塑造(图6-16)。

图6-15　叠槽式立体栽培

图6-16　链条式立体栽培

（六）插管式立体栽培

插管式立体栽培是将泡沫粘合成中空柱并填充海绵，在柱身打孔插入塑料插管，在装有基质的插管中种植植物的一种无土栽培形式。栽培立柱的制作是将高密度的泡沫板裁成长条形，利用马蹄形打孔器钻打定植孔，内部铺设无纺布并进行固定粘合而成，立柱完成后将插管直接插入栽培立柱便可进行栽培（图 6－17）。

图 6－17　插管式立体栽培

（七）串挂式立体栽培

串挂式栽培是将多个花盆串挂在塑料或金属材质的栽培立柱上，实现多层立体种植的一种无土栽培形式。花盆由聚丙烯材质注塑而成，直径 22 cm，高 12 cm，底部设置 1 个直径 2.5 cm 的立柱孔，4 个直径 0.8 cm 的排液孔，栽培柱通过底部的小孔串叠多个花盆，在顶部安装滴头，在立柱底部安装营养液回收槽，营养液从顶部灌溉，经排液孔自上而下依次流入各栽培盆中（图 6－18）。

图 6－18　串挂式种植碗及栽培示意图

（八）叠碗式立体栽培

叠碗式栽培是利用串叠的碗形种植器来进行植物栽培的一种无土栽培方式。主要由种植碗、调节杯、柱芯管、基座和供、回液系统组成。叠碗配合管圈可实现种植碗纵向间距的调节,生产中可根据种植需求调整种植碗间的距离(图 6 - 19)。叠碗式栽培具有结构简单、线条优美等特点,适用于芽苗菜、小棵形叶菜以及休闲观光花草的种植,也是阳台园艺作物的重要栽培形式(图 6 - 20)。

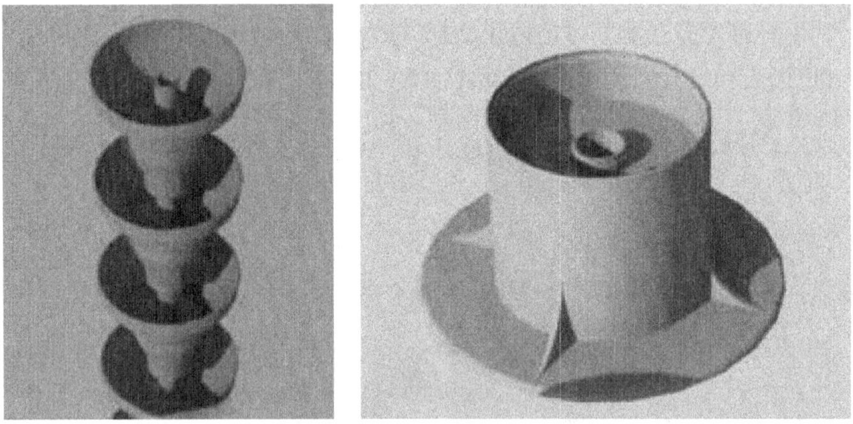

图 6 - 19 “碗形”种植器及“杯形”间距调节器示意图

图 6 - 20 叠碗式立体栽培

(九)抱柱式立体栽培

抱柱式立体栽培由 1/4 圆弧形种植盒、1/4 圆弧形连接盒、固定螺丝螺母、内支撑骨架、供回液管路等部分组成(图 6 - 21)。通过圆弧形的种植盒和连接盒可附着于大部分温室的立柱,并且种植盒和连接盒内壁具有钩形固定结构,适于附着在不同垂直载体上安装固定;种植盒、连接盒具有互相嵌合、咬合的结构,可实现抱柱式使用上的独立成型,连接盒可实现上下种植盒间距的调节。

该设施可应用于休闲观光温室的立体景观塑造、温室立柱美化、建筑物外墙角的“抱合式”、外墙面的“半圆柱式”、内墙角的“填角式”的立体种植与美化,是一种用途广泛的大型立体种植设施。

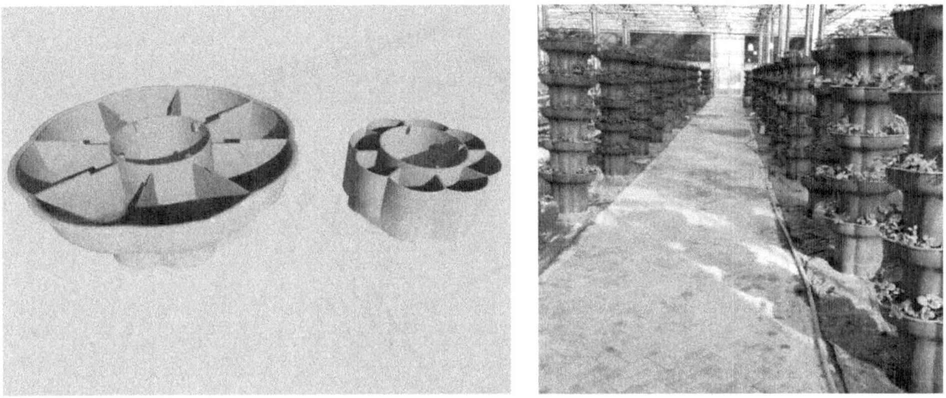

图 6－21　抱柱式栽培种植器、连接盒及栽培示意图

五、其他基质栽培技术

（一）沙培

沙培是以沙粒作为栽培基质的一种无土栽培技术。沙粒作为栽培基质具有来源广泛、价格低廉、消毒杀菌彻底等优点，而且生产设施的建造较为简易、成本较低，因此在许多国家得到广泛应用。

1. 种植槽

种植槽可分为地上式和地下式两种。地下式栽培槽是以地面为基准，挖深 30 cm 的畦，槽底呈“V”形，槽底部和两侧铺设聚乙烯薄膜隔离土壤，槽内径 40 ~ 50 cm，槽两端设置 1∶400 的坡降，较低的一端留 20 cm，向深 10 cm 形成一个与栽培槽连通的凹坑，在种植槽底部铺设塑料软管，一头连接凹坑，一头插入种植槽内，软管每隔 30 ~ 50 cm 扎孔，以此排出多余营养液并观察营养液的浇液量。种植槽底先铺设 10 cm 的厚粗沙或者小卵石，再填充 20 cm 深的河沙。地上式种植槽主要以泡沫板、砖等材料建成，其他设置同地下式（图 6－22）。除了“V”形槽底，栽培槽的底部也可建造成倒“V”形（图 6－23）和平底形。

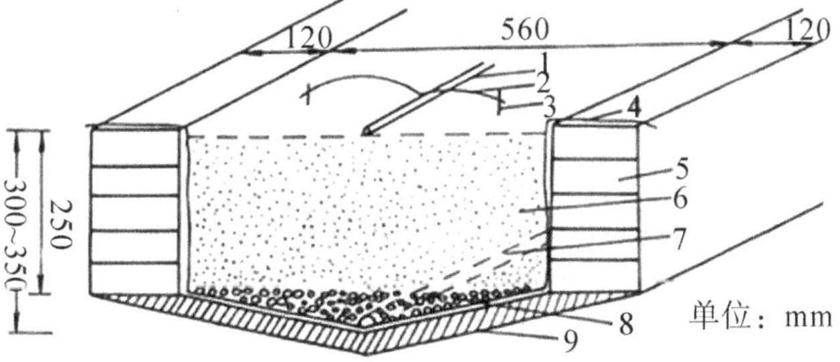

1. 供液管；2. 水阻管；3. 滴头支架；4. 塑料薄膜；5. 槽框；6. 基质（沙）；7. 排液管；8. 粗沙或石砾；9. 槽底（铺设塑料薄膜）。

图 6－22　“V”形种植槽

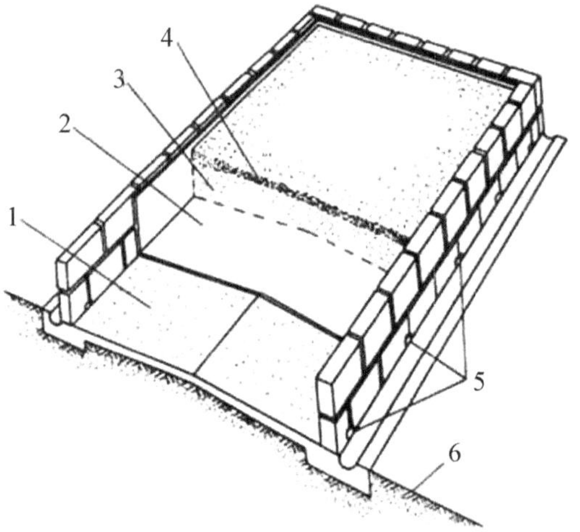

1. 两侧高，中间低的槽底；2. 塑料薄膜；3. 基质（沙）；4. 粗大的石砾；5. 排液孔；6. 地面。

图 6－23　倒"V"形种植槽

此外，为了进一步保证营养液回流和根际呼吸，形成了"水汽式"沙培。将种植槽建造成"V"形底，槽底平铺铁网作为托架，上部覆盖尼龙网防止沙粒渗漏，底部形成"V"形空隙。在栽培时，一方面提高了营养液的回流速度，方便管理；另一方面使作物根系一部分暴露于湿润的空气中，一部分浸没于营养液中，有利于根际呼吸，减少沤根现象。

2. 基质的选择

由于沙的不同粒径组成、物理性质存在很大差异，决定了栽培效果，粗沙透气好而持水力弱，细沙及粉沙相反。沙的粒径以 0.6～2.0 mm 为宜，使用前通过筛选去除大粒径砾石。此外要对沙进行相关化学分析，确定有关成分含量，保持营养成分的合理用量和有效性。

3. 供排液系统

采用滴灌的形式进行营养液灌溉，主要由贮液池、供排液管道、水泵、电磁阀、定时器等部分组成。为了降低成本，可采用重力自流式灌溉，此时贮液池要建于地面且底部高于地面 1 m 以上。也可以将贮液池建于地下，利用水泵进行营养液灌溉，营养液经供液管道进入种植槽。在供液主管道前端要设置 100 目的过滤器，防止杂质堵塞。灌溉中多余的营养液经排水孔流出进入排液管道，收集在集液池中，集液池中的营养液可经过过滤再次进入贮液池。

4. 沙培管理技术要点

（1）供液系统的管理　栽培中要经常检查滴头的流畅性并及时清洗，在换茬时可将滴头全部取下，利用稀盐酸浸泡清洗，对供液管道进行清水清洗。

（2）营养液管理　对于营养液配方要选择生理反应稳定的，供液的次数要结合气候条件进行调整，当气温较高且阳光充足时，可适当降低营养液浓度并增加供液次数，而当气温较低且光照不足时，要增加营养液浓度并减少供液次数。每次供液要均匀且充足，允许 8%～10% 的营养液流出，以此确定供液充足。

（3）基质盐分的消除　灌溉中会产生盐分累积，需要每隔 50 d 用清水冲洗基质表面，每隔 2～3 周用清水或者稀营养液冲洗供液管道。

(4)基质消毒　一般每年或者每茬进行一次基质消毒,利用1%的福尔马林溶液喷洒基质,消毒放置24 h之后用清水清洗去除药剂,以消除土传病虫害。

(二)有机生态型基质栽培

有机生态型无土栽培是指不用天然土壤,采用价廉易得并可就地取材的农产废弃物作为无土栽培基质,利用有机固态肥并直接用清水灌溉作物的一种无土栽培技术。由中国农业科学院蔬菜花卉研究所研发提出,有效简化了传统无土栽培技术的操作管理规程,降低了生产成本,有利于推动农业的可持续发展。

1. 主要栽培形式

我国目前有机生态型无土栽培的主要形式有:槽式栽培、袋式栽培、立体栽培等,为了进一步降低成本,还出现了插管时式栽培、穴式栽培、平式栽培等形式,但生产上以槽式栽培表现最优,是目前主要的有机生态型栽培形式。

槽式栽培的栽培槽主要有地上式、半地下式和地下式,栽培槽可利用砖、防腐木板或塑料板材建成。地上式栽培槽是以地面为基准,采用砖砌而成,规格一般为:内径宽48 cm,高20 cm,槽间距90 cm。半地下式栽培槽是以地面为基准,向下挖10 cm槽深,槽内径50 cm,地面砌筑两层砖,槽间距90 cm。地下式栽培槽是向地下挖20～30 cm槽深,槽内径宽80 cm,槽边铺设一层砖。不论哪种形式都要在槽两端设置2°左右的坡降以方便排水,并铺设塑料薄膜隔绝土壤,膜上填充砾石、炉渣等粗基质,保证透气排水,最后添加栽培基质(图6－24)。

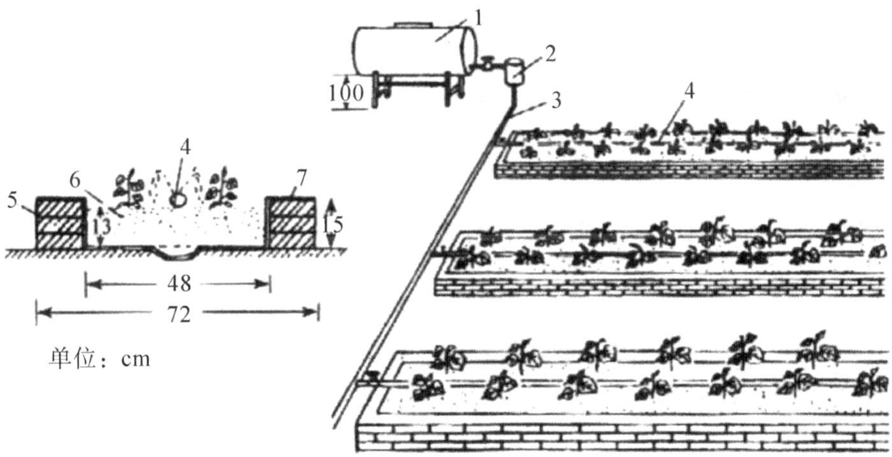

1. 贮液罐;2. 过滤器;3. 供液管;4. 滴灌带;5. 砖砌槽框;6. 有机基质;7. 塑料薄膜。

图6－24　有机生态型槽式栽培示意图

2. 栽培基质

栽培基质常由无机基质和有机基质混合而成。有机基质主要以农作物秸秆、加工下脚料(如菇渣、甘蔗渣、花生壳、酒糟等)和禽畜粪便为主,通过腐熟发酵而成;无机基质主要有珍珠岩、河沙、蛭石、炉渣等,以改善有机基质的物理性能。栽培基质的混配配方可根据当地情况就地取材,混配的原则是:基质种类以2～3种混合为宜,不宜选用过多;无机物用量不超过60%，有机物与无机物的体积比为6:4最佳，保证具备一定的保水保肥能力；有机质含量维持在40%甚至50%以上，C:N比维持在30左右，总养分含量为3～5 kg/m^3，pH 5.8～6.4，容重为0.30～0.64 g/m^3，总孔隙度大于85%。

3.供水系统

在温室近水源一侧建造一个半地下式的蓄水池，上方加盖木板和棚膜，保证水温和室温一致。安装滴灌设备，每个栽培槽铺设2根滴灌带，靠近作物根部，利用水泵进行加压供水。灌溉的水量要根据植株大小和气候变化进行调整，同时避免污水灌溉。

4.养分供给

不同的作物、不同的生长时期对肥料的需求不同。因此前期的基肥要保证肥效好、养分全面且充足，在作物生长旺盛期要合理追肥，对于生长期较长的作物要进行多次施肥。

第三节　非基质无土栽培技术

非基质无土栽培是指不采用任何固体基质作为介质利用营养液栽培作物的一种无土栽培生产方式。非基质无土栽培技术是基于德国著名化学家兼作物营养科学的奠基人李比希提出的作物矿质营养学说理论发展而来。1865年，德国科学家萨克斯和克诺普成功实现了在营养液中种植作物，形成了无土栽培技术的雏形。20世纪中叶，一些发达国家先后建立了无土栽培基地，将无土栽培作为一种新的栽培方法，陆续用于农业生产。现如今，无土栽培已成为许多国家设施园艺的关键技术并被广泛采用，使设施园艺蔬菜的产量和品质大幅度提高，生态环境得到了保护。许多发达国家已逐步实现了无土栽培的集约化、现代化、自动化、工厂化生产，实现了高产、优质、高效、低耗的生产目的。基于其的优越性，无土栽培越来越受到人们的重视，目前无土栽培技术的发展水平和应用程度已成为世界各国农业现代化水平的重要标志之一。

我国无土栽培的研究和生产应用始于20世纪70年代前，起初主要用于水稻无土育秧和蔬菜作物无土育苗。1985年，我国在上海分别建成了深液流和营养液膜水培设施各一座，用于种植番茄，这为非基质无土栽培技术在中国农业中的应用奠定了良好基础。随后几年，我国从国外（如日本）引进了多套先进水培设施，但由于成本过高限制了大量推广。为了降低成本和技术本土化，我国科研工作者开始致力研制适合中国国情的水培设施，经过多年的发展，我国非基质无土栽培技术得到了长足发展。如今，在我国大力发展现代农业、积极推进生态农业，加快社会主义新农村建设的形势下，随着人们对健康重视程度和环保意识的增强，无土栽培凭借自身独特的技术优越性，必将成为促进我国现代农业、设施农业、生态农业、旅游观光农业、都市农业和节水农业发展的强有力的技术支撑，也成为解决人口增长、耕地减少、土壤连作障碍、水资源匮乏等现实问题的重要技术，也是实现农业和农民增收的有效手段和重要途径。

一、非基质无土栽培的营养液配制与管理

营养液是非基质无土栽培的关键，营养液的配制、管理及其配套装置与所培育植物的

生长发育、产量和品质密切相关。

（一）营养液的配制

1. 水的要求

在生产中配制营养液的水可使用洁净的雨水、井水或自来水等。在配制营养液时要考虑水质。水质要求：水的硬度一般以不超过 10 度为宜；酸碱度以 pH 6.5 ~ 8.5 为宜；溶解氧应接近饱和，溶解氧的饱和值和温度相关，在室温条件下，溶解氧的饱和值为 9.08 mg/L；氯化钠（NaCl）浓度须小于 2 mmol/L；重金属等有害健康的元素要少于允许极限，如，汞（Hg）<0.005 mg/L、镉（Cd）<0.01 mg/L、砷（As）<0.01 mg/L、硒（Se）<0.01 mg/L、铅（Pb）<0.05 mg/L、铬（Cr）<0.05 mg/L、铜（Cu）<0.10 mg/L、锌（Zn）<0.01 mg/L、铁（Fe）<0.50 mg/L 等。除此之外，如果配制营养液的水为自来水，还要考虑液氯（Cl_2）含量最好小于 0.3 mg/L。为解决液氯问题，在实际生产中，自来水在容器中放置半天，可有效降低液氯的含量。

2. 营养液的营养元素

营养液必须含有蔬菜生长所必需的全部元素，现已确定蔬菜必需的营养元素有 16 种，分别为碳（C）、氢（H）、氧（O）、氮（N）、磷（P）、钾（K）、钙（Ca）、镁（Mg）、硫（S）、铁（Fe）、锰（Mn）、锌（Zn）、铜（Cu）、钼（Mo）、硼（B）和氯（Cl）。其中碳主要由空气供给，氢和氧由水与空气供给，其余 13 种营养元素从土壤或营养液中吸收。因此，营养液中需含这 13 种元素的化合物。

3. 营养液的浓度表示方法

无土栽培营养液浓度用一定体积的溶液中含有多少溶质来表示，这是直接表示营养液浓度的方法，常用的浓度单位为 mmol/L。营养液浓度还可以用电导率（EC）来表示，营养液的浓度越高，电导率越高，其单位为 mS/cm。不同蔬菜的秧苗对营养液浓度要求不同，同一蔬菜在不同生育时期对营养液浓度要求也不一样。通常，幼苗的营养液浓度应稍低，为成株期标准浓度的 1/2 或 1/3，随着秧苗生长，营养液浓度应逐渐提高。

4. 营养液的 pH

pH 表示营养液的酸碱度，营养液的 pH 对蔬菜的生长有重要影响。资料显示：除个别耐酸和耐碱的蔬菜以外，营养液的 pH 过高或过低时都会对蔬菜的根系造成伤害，当营养液的 pH <4 或 pH >9 时，溶液对蔬菜将造成明显伤害。蔬菜不同，对营养液酸碱度的需求不同，因此，在配制营养液之前，要查阅所培育蔬菜适宜生长的 pH 范围。

5. 营养液的配制

营养液的配制与施用是无土栽培的关键技术，它不仅直接影响到蔬菜的生长发育及产量，而且关系到能否节约用肥量、降低生产成本和提高经济效益。营养液的配制是指将水和营养元素混配的过程。营养元素包含大量元素和微量元素两种。大量元素指氮、磷、钾、钙、镁和硫元素。营养液中的大量元素多使用农用肥料或工业原料配制，如，使 $NH_4H_2PO_4$、KH_2PO_4、KNO_3、K_2SO_4、$Ca(NO_3)_2 \cdot 4H_2O$ 和 $MgSO_4 \cdot 7H_2O$ 来提供各种大量元素。微量元素主要包括铁、锰、锌、铜、钼、硼和氯，蔬菜对微量元素需要量少，多使用纯度化学试剂。对于大多数园艺作物来说，将微量元素含量控制在一定范围即可，如：铁元素质量浓度在 3 ~

6 mg/L、硼元素质量浓度在0.2～0.5 mg/L、锰元素质量浓度在0.5～1.0 mg/L、锌元素质量浓度在0.02～0.20 mg/L、铜元素质量浓度在0.01～0.05 mg/L、钼元素质量浓度在0.01～0.05 mg/L范围为宜。氯元素因水源中含有足够作物生长需要的量，无须考虑额外添加。

配制营养液之前，应首先对当地水源的水质、所用肥料的纯度、待种蔬菜的养分需求规律等信息进行了解，适当调整营养液配方来应对相应变化。营养液的配制包括浓缩贮备液的配制和工作液的配制两个重要步骤。

（1）浓缩贮备液的配制　在大规模生产中，一般是先配制营养液的浓缩贮备液（母液），使用时再稀释成工作浓度的工作液。配制母液时，为了防止不同化合物混配时产生沉淀，需要将配方中的化合物进行分类，将不会产生沉淀的盐类放在一起溶解。在实操中，一般会准备A、B、C三个溶液罐：A灌以钙盐为中心，所有不会和钙作用产生沉淀的盐类均可置于A罐中溶解；B罐以磷酸盐为中心，所有不会和磷酸根产生沉淀的盐类均可置于B罐中溶解；C罐盛放的是微量元素。A和B母液的浓缩倍数一般为工作液的100或200倍，C母液浓缩倍数可为工作液的1 000或2 000倍。此外，为了调整营养液pH的范围，还要有一个专门盛放酸的溶液罐D，酸液一般是稀释到10%的浓度。在配制时，根据预设的母液倍数和母液体积计算配方中各化合物的用量，称取相应重量后分别对应A、B、C罐依次溶解每种化合物。每次只溶解一种化合物，经过充分搅拌，待第一种化合物充分溶解后再加入第二种化合物，直至所有化合物全部溶解后，加水至所需配制体积，搅拌均匀即可。

（2）工作液的配制　在栽培中使用的为工作液。具体工作液的配制过程为：计算所需的母液体积；在贮液池中放入工作液总体积一半的清水，量取A母液倒入贮液池，搅拌使A母液充分混匀；量取B母液，并打开水源，将B母液缓慢倒入贮液池的水源入口处，搅拌使B母液充分混匀，继续加清水至工作液总体积80%；量取C母液，按照加B母液的方式混配C母液，并加清水至所需工作液的总体积（图6－25）。

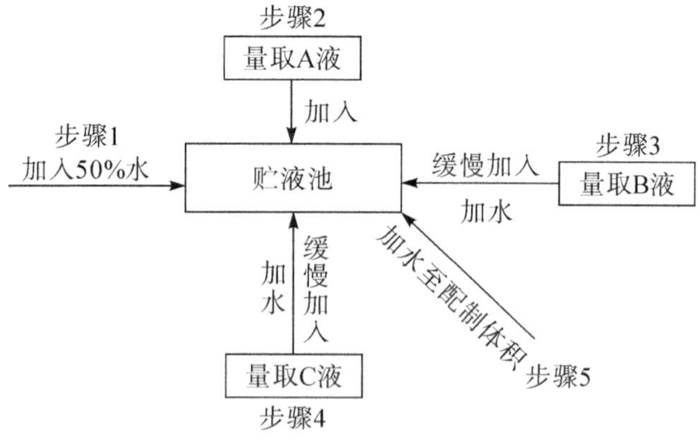

图6－25　工作液配制过程图

（二）营养液的管理

营养液的管理主要针对营养液循环使用的无土栽培系统。在营养液循环的无土栽培系统使用的过程中，蔬菜根系吸收营养液中的水分、养分，消耗其中的氧气，因此，营养液的浓度、组分、酸碱度、溶氧量等均会随之发生变化。随着蔬菜生长以及环境变化，需要对营养液的浓度、酸碱度、溶氧量和液温等进行及时调整，确保蔬菜正常生长。

1. 浓度和酸碱度的管理

随着蔬菜的生长发育，根系不断吸收水分和养分，营养液的浓度会发生较大变化，需要及时增加母液或增加清水保证养分适宜浓度。此外，蔬菜吸收养分的同时还会释放一些有机酸和糖类物质，使营养液的酸碱度发生变化，需通过酸碱中和等方法来调整营养液的pH，保证pH在期望水平。

2. 溶氧量的管理

作物根系发育需要足够的氧气，在营养液循环栽培系统中，根系呼吸作用所需的氧气主要来自营养液。对大多数蔬菜来说，溶氧质量浓度在4～5 mg/L即可正常生长。高温下，蔬菜的耐低氧能力明显降低，保持营养溶液中有足够的溶氧量是越夏水培蔬菜能够稳产、高产的关键。缺氧是水培生产中比较常见的现象，需要利用机械或物理的方法增加营养液与空气的接触机会。在实际生产中，可用图6－26所示的落差、喷雾、搅拌或压缩空气的方法，增加氧在营养液中的扩散能力，从而提高营养液中氧气的含量。最近有研究指出，还可采用微纳米气泡发生装置，快速增加营养液的溶氧量。

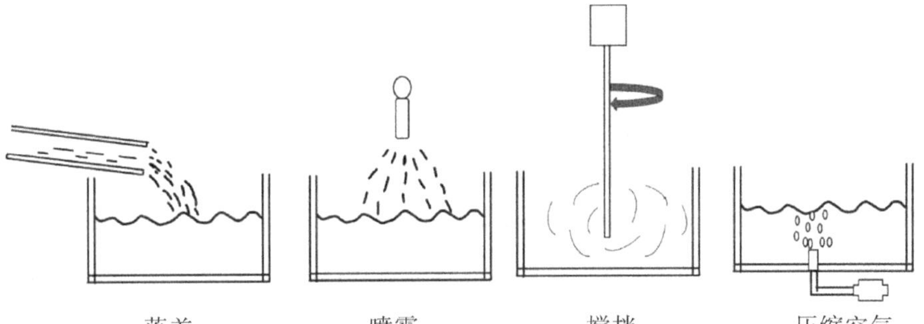

图6－26　营养液中增氧常用的方法

3. 液温管理

营养液的液温直接影响蔬菜根系的养分吸收、溶解氧的消耗及微生物的活性，进而影响蔬菜生长，过高或过低的液温均会导致蔬菜出现生理障碍。对营养液的液温管理需参考蔬菜的最适温度，大部分蔬菜生长的最适温度范围都在15～23℃。

4. 更换与再利用

营养液在长期使用后会积累有害物质[非营养元素（例如Na^+）、蔬菜根系分泌物和脱落物、根际微生物代谢产物及病原微生物]或降低营养元素的含量，因此影响蔬菜生长，需要定期更换营养液。此外，大量废弃营养液的排放不仅造成水、肥资源的浪费，还会导致地下水污染，不利于农业可持续发展，营养液能够重新循环再利用是生态友好的需求。营养液的循环再利用需经过以下处理：通过紫外线照射、加热、杀菌药剂投放等方式进行杀菌；利用沙层过滤或膜分离的方式除去废液中的漂浮物和有害盐类物质；调整废液的营养元素。

5. 营养液配方

经过多年的实践探索,国内外已经积累了许多营养液配方,有的可以直接使用,有的需要进一步稀释。我国也筛选出了具有地域特色或适宜不同蔬菜种类的无土栽培专用营养液配方,使用时根据植物需求去选择,具体配方请查阅相关文献。

6. 营养液的供液方式

营养液供液有连续供液和间歇供液两种方式,在实际生产中按实际需求选择合适的供液方式。

二、非基质无土栽培的类型和装置

非基质无土栽培按供应营养液的方式不同,分为水培和雾培两种方式。水培是指作物部分或全部根系浸润生长在营养液中,一部分根系裸露在潮湿空气中的一类无土栽培方法。雾培是指作物根系生长在雾状的营养液环境中的一类无土栽培方法。这两类无土栽培技术与固体基质无土栽培方式的不同之处在于根系生长的介质环境是营养液而非固体基质。

(一)水培

水培是无土栽培的重要方式,其设施一般由种植槽、定植板、贮液池、循环供液系统等四大部分组成。根据其营养液液层的深度、设施结构和供氧、供液等管理措施的不同,水培可分为深液流水培技术(DFT)和营养液膜技术(NFT)两大类型。深液流水培的营养液液层较深,作物由定植板或定植网框定植在营养液液面上方,而根系从定植板或定植网框伸入到营养液中生长。深液流水培技术也称深水培技术。营养液膜栽培的营养液液层较浅,植株及定植钵直接放在栽培槽槽底,根系在槽底生长,大部分根系裸露在潮湿的空气中,而浅层营养液在槽底流动。营养液膜栽培技术也称浅水培技术。

1. 深液流水培技术

深液流技术指植株大部分根系浸泡在深 5 ~ 10 cm 的营养液中,通过营养液循环流动提高营养液溶解氧含量,满足根系呼吸需要的一种水培技术(图 6 - 27)。深液流水培的主要形式包括动态浮根水培系统、M 式水培设施、水泥砖结构固定式水培系统、协和式水培设施、日本神园式水培设施和新和等量交换式水培设施等。

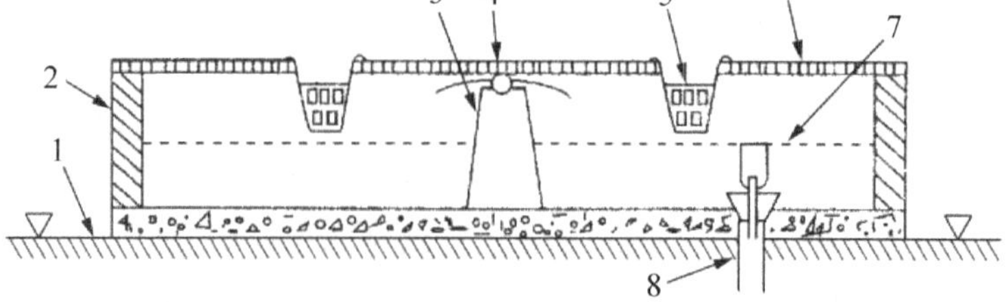

1. 基础面;2. 种植槽;3. 支撑墩;4. 供液管;5. 定植杯;6. 定植板;7. 液面;8. 回流及液层控制装置。

图 6 - 27　深液流种植系统横切面示意图

(1)动态浮根栽培系统 由我国台湾研究人员开发,适宜热带或亚热带气候的水培系统。蔬菜根系置于栽培床的营养液中,可随营养液的液位变化而上下左右波动。动态浮根栽培系统主要包括栽培床、营养液池、空气混入器、排液器与定时器等部件(图6-28)。当营养液层达到8 cm时,栽培床内的自动排液器将营养液排出,使液位降至4 cm的深度。此时上部根系暴露在空气中可以吸氧,下部根系浸在营养液中可以吸收水分和养料。为了保证营养液的溶氧量,一般白天10:00—16:00之间,每小时抽气1次,持续时间约15 min。其余时间,每2~3 h循环1次,持续时间约15 min。

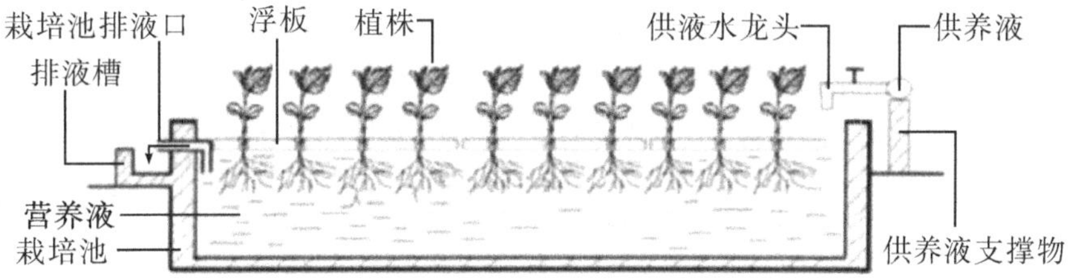

图6-28 动态浮根设施的栽培床截面

(2)M式水培设施 是日本较早应用于商业化生产的一种深水培技术,无贮液池,营养液通过水泵在栽培槽中循环。M式水培利用定型泡沫塑料拼装成栽培槽,然后在泡沫塑料槽内铺垫一层塑料布以使栽培槽中可盛装营养液,再在槽底安装一条开有许多小孔的供液管,穿过栽培槽底部薄膜安装营养液回流管并与水泵相连,同时在水泵出口处附近安装一个空气混入器(图6-29)。当水泵开启时,将栽培槽内的营养液抽出流经空气混入器,使营养液中的溶氧量含量增加,这些经过增氧的营养液再从供液管上的小孔喷射回栽培槽中。此种方式以栽培叶菜为主。

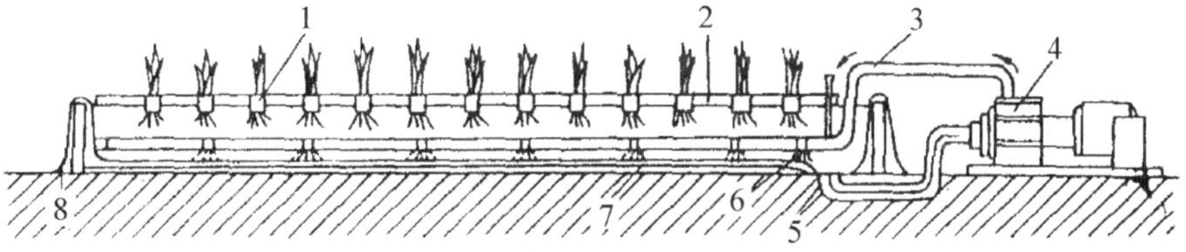

1. 海绵块;2. 定植板;3. FV心管道;4. 水泵;5. 入水口;6. 喷液口;7. 种植槽;8. 塑料膜。

图6-29 M式水培设施示意图

(3)水泥砖结构固定式水培系统 由华南农业大学无土栽培技术研究室结合国内外深液流水培技术的特点和我国的国情,设计的一种以水泥砖砌的深液流水培设施。该系统用水泥和砖作为设施的主体建造材料,整个系统包括栽培槽、定植板或定植网框、贮液池、营养液循环流动系统四个大部分(图6-30)。该设施具有建造方便、耐用、管理简单等特点。多年的生产实践证明,这是一种较适宜我国经济和技术水平,特别适宜南方热带亚热带地区且种植效果良好、管理较为简便的一种无土栽培技术,现已在上海、山东、福建、湖北、广西、四川和海南等许多省市大面积应用。

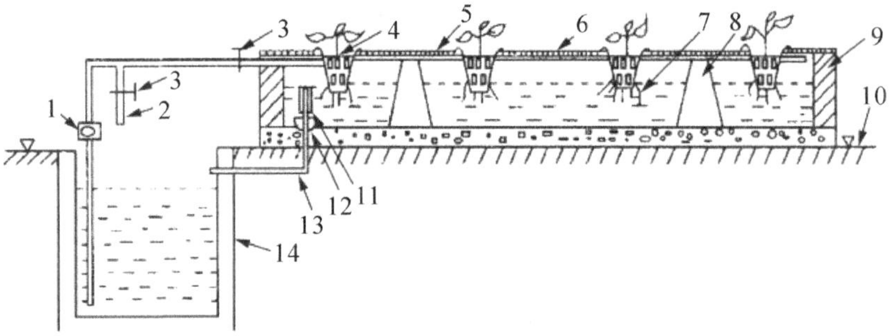

1. 水泵；2. 充氧支管；3. 流量控制网；4. 定植杯；5. 定植板；6. 供液管；7. 营养液；
8. 支撑墩；9. 种植槽；10. 地面；11. 液层控制管；12. 密封垫；13. 回流管；14. 贮液池。

图 6－30　水泥砖结构固定式水培系统横断面示意图（引自秦新惠等，2015）

（4）协和式水培设施　与水泥砖结构深液流水培的结构类似，但其栽培槽为泡沫塑料拼装而成，可拆卸，安装较为简单。整个栽培系统分成多个栽培床，每个栽培床分别设置供液、排液装置（图 6－31）。该设施采用连续供液法，可通过增大栽培槽面积、扩大贮液容积来提高栽培系统的稳定性。该水培设施以栽培果菜为主。

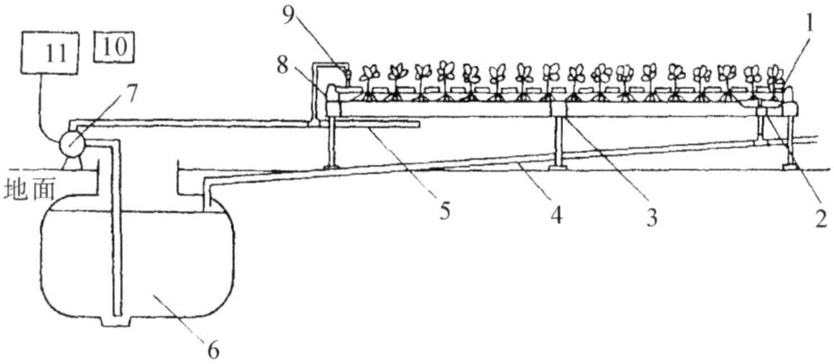

1. 定植板；2. 液位调节装置；3. 栽培架；4. 回流管道；5. 供液管道；
6. 贮液池；7. 水泵；8. 种植槽；9. 空气混入器；10. 追肥自控装置；11. 供液及液温控制盘。

图 6－31　协和式水培设施示意图

（5）日本神园式水培设施　与水泥砖结构深液流水培的结构类似，但栽培槽为水泥预制件拼装而成，需衬垫一层或两层薄膜（图 6－32）。此外，营养液是通过在栽培槽中供液管上加上喷头的喷雾形式供应，其营养液的溶氧量可达较高的水平，有利于根系对氧的吸收。与全用塑料制造 M 式和协和式水培设施相比，神园式水培设施由水泥构件制成。通过生产实践证明，神园式比较适合中国国情，通过改进的神园式深液流水培系统即水泥砖结构固定式水培系统在中国各地大量使用。

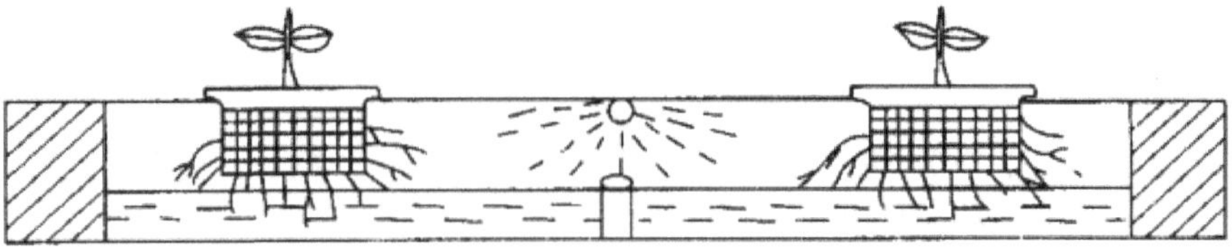

图 6－32　神园式水培设施横断面示意图（引自秦新惠等，2015）

(6)新和等量交换式水培系统　不设贮液池，其水培种植槽由聚苯乙烯泡沫塑料压铸而成，呈“U”形，使用时按种植面积将种植槽拼接，槽内衬垫塑料薄膜，与供排液管道相连，在槽框上放上定植板用于蔬菜种植，水泵提供供液动力。该系统的栽培槽分 A、B 两部分，各部分水泵独立设置，两部分的营养液能在栽培槽之间的交换槽中进行等量交换，从而促进营养液的循环流动(图 6－33)。这种水培方式使根系的氧气补给不仅在营养液中进行，而且也在空气中进行，更适合果蔬类蔬菜栽培。

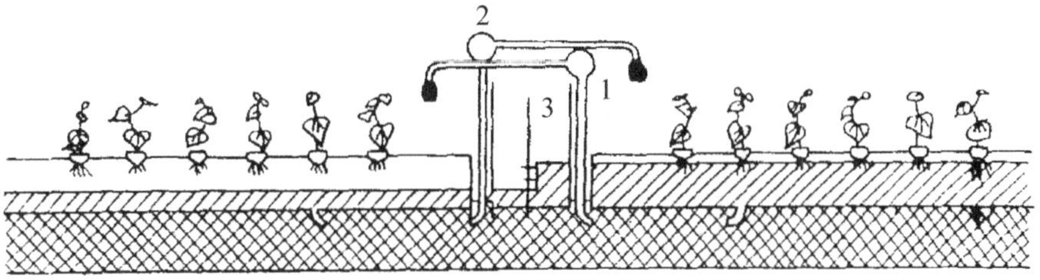

1. 水泵；2. 水泵；3. 交换槽。

图 6－33　新和等量交换式水培系统的组成

2. 营养液膜水培技术(NFT)

营养液膜技术由英国温室作物研究所的库柏教授发明，其栽培槽有一定的坡度，营养液从栽培槽较高的一端流入，从较低的一端流出。营养液在栽培槽底部，液层较薄，厚 1～2 cm，植物根系在沟状栽培槽底部展开。根据供液方式的不同，此技术可分为连续供液和间歇供液两种类型。营养液膜水培系统主要由贮液池、栽培槽、营养液循环系统和控制系统 4 个部分组成(图 6－34)。

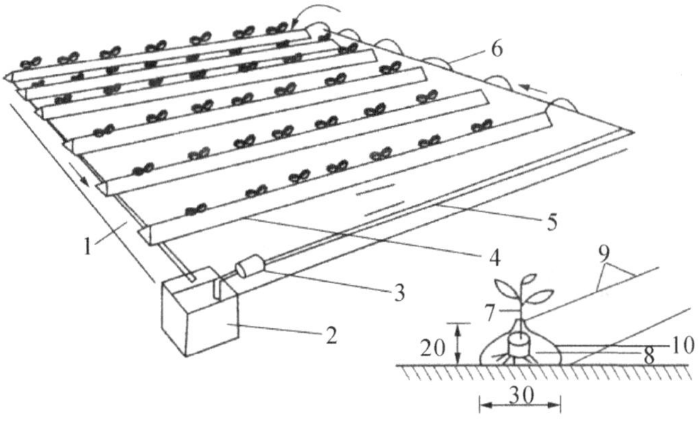

1. 回流管；2. 贮液池；3. 泵；4. 栽培槽；5. 供液主管；6. 供液支管；
7. 苗；8. 育苗钵；9. 夹子；10. 黑白双色塑料薄膜。

图 6－34　营养液膜栽培系统组成示意图(引自秦新惠等，2015)

(1)贮液池　贮液池建造的大小根据种植规模来确定，如种植番茄或黄瓜类蔬菜，贮液池的大小可按 $20 \sim 25\ m^3/667\ m^2$ 来建造则可。贮液池通常采用经济实用的砖混结构，也可采用贮液罐来替代。

(2)栽培槽　依种植蔬菜种类的不同可分为两类，分别为栽培株型较大蔬菜栽培槽和栽培小株型蔬菜栽培槽。

①大株型蔬菜的栽培槽结构简单，可用塑料薄膜围成横截面类似于等腰三角形形状。定植时，将育苗块按一定株距摆放在槽体中间，排放好后将两边薄膜拉起用夹子夹住。每个栽培槽较高的一端设2～3根毛管，并保证2～4 L/min的流量，使槽内营养液层的深度维持在1～2 cm。在槽底铺设一层3～5 mm厚的塑料网+无纺布或直接在槽底铺无纺布，防止蔬菜根系发达后阻碍营养液流动导致氧气和养分供应不足。

②小株型蔬菜栽培槽与大株型蔬菜的栽培槽完全不同，主要有2种类型。一类槽体为管状（图6－35），由硬质塑料或工程塑料制成，其截面为圆形、椭圆形、长方形、梯形或不规则形，栽培槽长度控制在20～30 m，坡降为1∶100；栽培槽或盖板打孔定植蔬菜。另一类栽培槽则由石棉水泥瓦、硬质塑料、铁板、聚苯乙烯泡沫塑料等材料做成宽20 cm的浅槽，多槽连体；上盖2 cm厚的聚苯乙烯泡沫塑料定植板，盖板的长、宽要同槽体相匹配；定植板上打定植孔（图6－36）。

一体式　　　　分体式

图6－35　管状栽培槽

（3）营养液循环系统　营养液循环系统由供液管、回液槽、水泵、定时器、各级管道及流量调节阀门等构成。定时器控制水泵的工作状态，实现营养液定时从贮液池中抽出营养液通过供液管进入栽培槽，供给蔬菜吸收后经回液槽流回贮液池。水泵宜选用耐酸碱、耐腐蚀的自吸泵或潜水泵。供液管道包括主管、支管和毛管，直径逐级变细，采用耐腐蚀的硬质或软质塑料管，避免使用镀锌钢管，以防腐蚀。回流管道用于使营养液流回贮液池，在种植槽的低端设排液槽或排液管，回流主管通常采用直径110～160 mm的聚氯乙烯排水管。

图6－36　浅槽型栽培槽

（4）控制装置　营养液膜水培系统的液层浅，营养液总量少，因此营养液的浓度和组成变化快。相比其他栽培方式，营养液膜水培的营养或水分的补充、酸碱度和温度的调节相对频繁。控制装置由电导率及酸碱度传感器、检测及控制仪表、浓缩营养液注入泵以及与水源连接的电磁阀等部分组成，实现营养液的养分和水分的管理。没有控制装置的营养液膜水培系统需要手动控制养分和水分调整。

3. 其他水培技术

为了充分发挥水培技术的作用，许多国家和地区因地制宜创造出了许多水培的形式，有些是在深液流水培或营养液膜技术基础上改进的，有些则是二者的结合，还有为适应家庭种植而设计的水培装置，下面介绍几种应用较多的水培技术。

(1)浮板毛管栽培　该栽培槽(长×宽×深：150 cm×35 cm×10 cm)用聚苯乙烯泡沫板制成，盛放营养液，营养液液面上部置聚苯乙烯泡沫浮板，浮板上铺上无纺布，无纺布两头垂入营养液中，通过分根法和毛管作用，使部分根系在浮板上呈湿润状态吸收氧气，另一部分根系伸入深层营养液中吸收养分和水分(图6-37)。这种形式的栽培方法协调了供液和供氧间的关系，液位稳定，停电停水对种植的影响较小。

(2)深水漂浮栽培　该设施包括栽培床、定植板、营养液循环系统、自动控制系统和营养液消毒装置。栽培床一般用砖和水泥砌成，用于盛放营养液。该系统除了两端留出少量空间作为工作通道及放置移苗、定植的传送装置之外，在整个温室内部还建成一个深80～100 cm的水池，整个水池盛放80～90 cm深的营养液。在水池底部安装连接压缩空气泵的出气口以及连接浓缩液分配泵的出液口，池中的营养液通过回流管道与另一个水泵相连接，通过该水泵进行整个贮液池中营养液的自循环。其应用场景如图6-38所示。

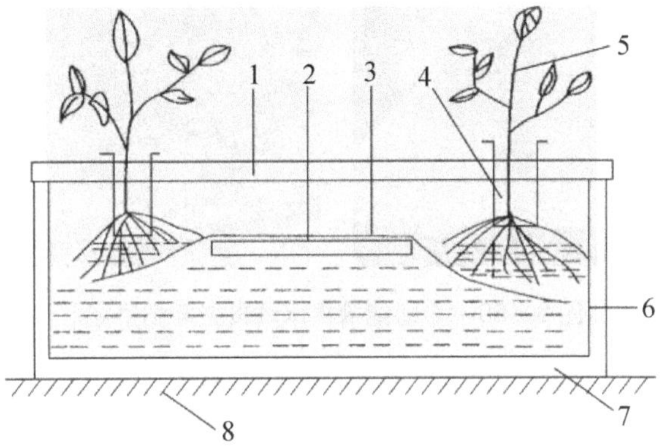

1. 定植板；2. 浮板；3. 无纺布；4. 定植杯；5. 植株；
6. 营养液；7. 定型聚苯乙烯种植槽；8. 地面。

图6-37　浮板毛管栽培种植系统横断面示意图

图6-38　深水漂浮栽培系统场景图

深水漂浮栽培系统的优点：蔬菜根系所处环境的营养成分和温度相对稳定；蔬菜漂浮在营养液表面，操作移动方便；换茬方便快捷，土地利用率高；营养液循环使用，省水省肥，栽培管理简便。

该系统的缺点：设施建造成本较高；首次使用营养液用量大；易发生病害，须安装营养液消毒装置。

(3)多功能槽式水培　是一种具有多种栽培用途的泡沫板槽式栽培装置无土栽培方式,该水培设施由通用的底槽、槽堵和定植板组成,均由高密度聚苯材料模压而成;定植板附有栽培专用的方形定植钵或定植杯等产品(图6－39)。定植板包括A、B、C、D 4种型式。A型定植板模压成外罩式,板厚度为2 cm,长×宽×深:100 cm×60 cm×1 cm,每个定植板有纵向三排,每排5个隐形定植孔,定植板两端有嵌合结构,用于与底槽口连接。B型定植板与A型相似,不同之处在于每个定植板纵向六排,每排10个定植孔。C型托植板模压成“内嵌式托板”,每个托植板有纵向八排,每排7个“扎根透水孔”。D型定植板也为外罩式,板厚度为2 cm,长×宽×深为80 cm×60 cm×5 cm,板内侧顶部有2根加强筋,每个定植板有纵向两排,每排有2个方形定植孔。

图6－39　多功能槽式水培设施及场景图

(4)立体水培　包括层架式、柱式、管式、墙式多种形式立体栽培方式,可充分利用温室空间。最典型的结构(图6－40)包括:

图 6－40 立体水培种植场景图

①链条组合式墙体栽培设施 由墙体栽培槽、槽顶盖、底部集液槽、基座、固定轴管、无纺布、基质、定植杯、营养液循环供液系统等组成。

②三角立柱栽培设施 由三角立柱钵、无纺布、基质、定植杯、柱芯管、集液槽、营养液循环供液系统等组成。

③组合墙式立体栽培 装置包括固定架和设置于固定架上数个拼合的栽培单元，栽培单元上设有至少一个定植孔，定植孔内设有栽培杯；栽培单元叠放在一起呈墙状，可以根据栽培需求叠放所需栽培单元数量，可有效节约土地的使用；叠放到所需的高度时，再在定植孔里面放置栽培杯开始种植植物，处在同一个墙面上的植物都能得到均匀的阳光，保证了植物的生长需求，从而提高了单位面积的生产效率。

④螺旋仿生立体水培柱 由栽培钵、外罩式定植盖、内嵌式种植盘、小型定植杯、柱芯管、营养液循环系统等组成。

(5)小型水培设施 该装置主要用于家庭栽培、中小学教具或科研单位用作研究工具，大多结构简单，只需一个不漏营养液的容器，再加上充气泵等少量配件即可。常用的小型水培设施包括以下一些装置：小型简单静止水培装置、带充气设备的小型水培装置、报架式小型立体水培装置、各种家庭水培装置等(图 6－41)。

图 6－41 小型水培设施种植场景图

(二)雾培

雾培根据根系是否浸润或短时间浸润在营养液层中而分为半雾培和雾培两种类型。半雾培是指有部分根系浸入营养液的液层中或根系短时间浸没在雾状的营养液中，而大部分根系或多数时间根系生长在雾状的营养液中。雾培的根系则完全裸露生长在含有营养液的雾状水气中。雾培因设施结构的不同分为“A”型雾培、立柱式雾培、箱式雾培、移动式雾培等类型。

1. 半雾培

半雾培是指作物的根系大部分时间生长在空气中,短时间生长在营养液中。营养液以喷雾的形式喷入栽培床内,因喷液量大,每次加液后,栽培床内迅速充满营养液,根系全部或部分浸泡在营养液中。泵停止工作后,栽培床内的营养液以一定的速度从床底部的排液管流出,根系重新暴露在潮湿的空气中。这种栽培方式设计的初衷是解决水培供液与供氧的矛盾及降低能耗的问题。半雾培的主要设施包括栽培床、喷雾装置、营养液循环系统和自动控制系统,半雾培系统如图6-42所示。栽培床宽40 cm,高30 cm,长度可根据需要灵活设计,其上部盖有2~3 cm厚的聚苯乙烯泡沫定植板。喷雾装置在栽培床的侧壁上部,每隔1.0~1.5 m设一个喷嘴。

2. "A"型雾培

"A"型雾培由美国亚利桑那大学研究开发,系统构成主要包括栽培床、喷雾装置、营养液循环系统和自动控制系统。喷雾装置是雾培的重要设施,该装置实现将雾状的营养液喷到根系上,典型结构截面示意图如图6-43所示。"A"字形的栽培框架是该类型雾培的重要特征,蔬菜种植在侧边,根系垂于"A"型容器的内部,间歇性沐浴在雾状营养液中。"A"型雾培可显著提高土地利用率,以框架侧边与底边呈60°角设计雾培结构,则蔬菜实际生长的面积是土地面积的两倍。

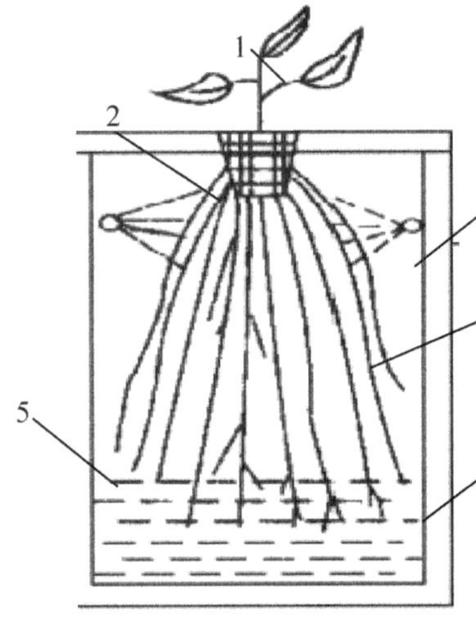

1. 植物;2. 栽培体;3. 喷头;
4. 根系;5. 营养液;6. 栽培床。

图6-42 半雾培栽培系统剖面图

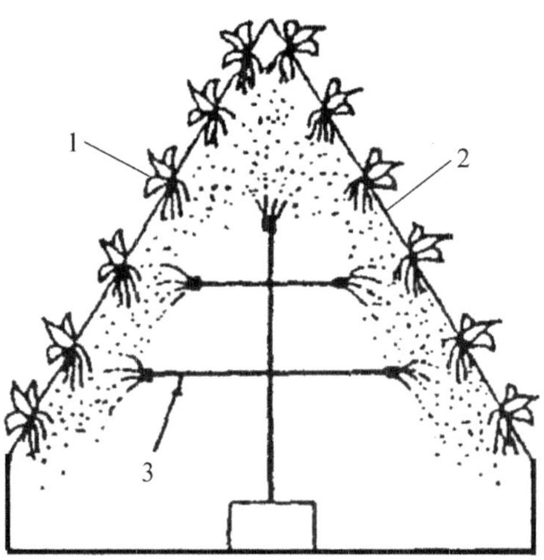

1. 植物;2. 栽培床;3. 喷雾装置。

图6-43 "A"型雾培剖面图

3. 立柱式雾培

立柱式雾培最初由意大利比萨大学的研究人员开发,是一种作物种植在垂直的柱式容器的四周,根系生长在容器内部的雾培方式。立柱式雾培的主要设施包括立柱、喷雾装置、营养液循环系统和自动控制系统。立柱的顶部设有喷雾装置,可将雾状营养液喷到根系上,多余的营养液经柱底部的排液管回收,经消毒后循环使用(图6-44)。立柱式雾培具有充分利用空间、节省占地面积的优点。

图 6－44　立柱式雾培种植场景图

4. 箱式雾培

箱式雾培主要用于马铃薯种薯的生产，这是目前雾培成功用于商业化生产的形式之一。栽培系统主要包括栽培床、喷雾装置、营养液循环系统和自动控制系统。栽培床使用长方体的泡沫箱或塑料箱，下部以金属支架支撑。用箱式雾培进行马铃薯种薯的生产或脱毒薯的加代繁育，减少了病虫害的发生，大大提高了种薯的产量、质量和繁殖系数（图 6－45）。

图 6－45　马铃薯箱式雾培种植场景图

5. 移动式雾培

移动式雾培是应现代农业的展示与教育功能而形成的一种雾培技术。移动式雾培的主要设施包括移动轨道、喷雾箱、营养液循环系统和自动控制系统。蔬菜悬垂或置于可缓慢移动的空中轨道。当蔬菜移动到喷雾箱时，雾状营养液喷到根系上供给蔬菜生长的水分和养分；其余时间，蔬菜的根系裸露在空气中。移动式雾培最早由美国的亚利桑那大学开发，并在迪斯尼乐园展示。北京市农林科学院的研究人员在借鉴国外经验的基础上，自主研发了国产的移动式雾培装置，其运行场景如图 6－46 所示。此移动式雾培系统还可进一步升级改造，提升经济实用性，以满足规模化栽植蔬菜的需要。

图 6 -46　移动式雾培系统

(三)非基质无土栽培技术生产特点分析

相比于土壤栽培,无土栽培具有避免连作障碍、省水、省肥、省力、省工、作物长势强、产量高、品质好、扩展农业生产空间、有利于实现农业生产现代化等优点。相比土壤和固体基质栽培,非基质无土栽培方式有其优势,也存在一定的不足。不同水培方式的具体特点见下文。

1. 深液流水培技术特点

(1)深液流水培技术具有特有的优势

①液层深,每株作物所占有的营养液量较大,营养液的浓度、pH、温度较稳定、根际环境缓冲能力大,受外界环境影响较小;

②植株悬挂于定植板上,根系部分裸露在空气中,部分浸没在营养液中,可较好地解决根系的水气矛盾;

③营养液循环流动,能增加营养液中的溶氧量,消除根表有害代谢产物的局部累积,通过降低根表与根外营养液的养分浓度差,促使因沉淀而失效的营养物重新溶解;

④适宜种植的作物种类多,除了块根、块茎作物之外,几乎所有的作物均可在深液流水培中良好生长;

⑤养分利用率高,在 90% ~95% 以上;

⑥营养液封闭循环利用,不污染环境。

(2)深液流水培因本身技术的限制存在的缺点

①投资较大,成本高,特别是固定式的深液流水培设施的建造费用较拼装式的高;

②易造成病害的蔓延,深液流水培是在一个相对封闭的环境中进行的,营养液不断循环利用,一旦根系病害发生,极易蔓延扩散;

③技术要求高,如在悬挂定植时,植物根茎若浸没于营养液中就会腐烂而导致植株死亡;而且在植物栽培过程中,需要定期对营养液进行科学的管理。

2. 营养液膜水培技术特点

(1)营养液膜水培技术优点

①设施投资少,施工简单、方便;

②种植槽内的液层浅且流动,作物根系一部分浸在浅层营养液中,另一部分暴露于空气中,可以较好地解决根系的氧气供应问题;

③易于实现生产过程的自动化管理。

(2)营养液膜水培技术的缺点

①种植槽的耐用性较差,维护工作频繁,运行成本较高;

②营养液总量少,液层浅,根际环境稳定性差,对管理人员的技术水平和设备的性能要求较高;

③营养液膜水培系统为封闭的循环系统,一旦发生病害,较容易在整个系统中传播、蔓延。

3. 雾培技术的特点

(1)雾培技术的优点

①不使用额外能源就可很好地解决水培根系供液与供氧的矛盾;

②“A”型雾培和立柱式雾培还具有节省占地面积、提高单位面积产量的优势;

③各种类型的雾培因其新颖独特的设施和先进的栽培管理方法,成为观光农业和展示现代农业的重要方式。

(2)雾培技术的缺点

①雾培设施的首次投资较大,且由于雾培作物根际环境的缓冲性差,雾培对生长环境的温湿度有较严格的要求;

②一旦发生停电等故障,作物将面临死亡的危险。

因此,迄今为止,雾培在各个国家都没有成为无土栽培的主要方式,尚未用于大规模的商业化生产,然而作为一种先进的栽培方式,雾培经过完善优化后会在无土栽培应用领域占据重要席位。

三、非基质无土栽培的发展前景

非基质无土栽培技术虽然存在一定的不足,但不可否认非基质无土栽培具有良好的发展前景,尤其在生产高档园艺产品、家庭园艺、立体栽培、有机生态型无土栽培、观光、生态农业和农业科普教育等应用领域必将成为非基质无土栽培技术的重要应用领域和未来的发展方向。在这些领域应用,由于产品的高附加值,可使用户取得较好的收益,从而突破无土栽培技术在农业生产应用中基于经济效益低而无法推广应用的瓶颈。

总之,虽然非基质无土栽培技术存在各种各样的问题,但是随着人口的增加、土地资源的减少、水资源匮乏等问题的出现都呼唤无土栽培技术的发展和应用,无土栽培技术会成为未来农业的一种重要栽培方式。在一些沙漠、荒滩、礁石等地发展无土栽培,可有效缓解我国土地资源不足等问题。

第四节　蔬菜工厂化生产技术

一、蔬菜工厂化生产的含义

工厂化农业则是设施农业的高级层次，工厂化农业利用工程技术和工业化管理原理，在相对可控的环境条件下，通过有效的管理方式，为动植物提供适宜的生长环境，从而在最经济的时空内获得最高的产量、品质和经济效益的农业生产方式。工厂化农业是应用农业高新技术，按工业化方式管理，在人工创造并控制的环境下实现农产品连续、高效生产的一种新兴农业形态，是传统农业向现代农业变革与发展的一项重要内容。

工厂化农业具有极高的农业劳动及土地生产率和投入产出经济效益，能够最大限度地节约土地及水资源，用少量的土地和水资源即能生产出大量的农产品，同时还能够有效拓宽土地、水域及动植物等自然资源的利用范围，使一些难以利用的自然资源得以利用。大力发展工厂化农业，对缓解我国人均耕地少、水资源不足的农业发展矛盾具有十分重要的作用和意义。

二、蔬菜工厂化生产的内容

蔬菜工厂化种植方式主要包括温室大棚和植物工厂两种类型。能对作物的生长环境进行一定程度或完全的控制，从而满足作物生长发育的需要，减轻受自然环境的限制。并采用相关设施装备与设备，实现标准化、机械化、自动化、智能化生产。

三、蔬菜工厂化生产设施

（一）连栋温室

在栽培设施中，连栋温室使用寿命长，适合于多种地区和各种气候条件下使用。具有自动化、智能化、机械化程度高的特点，温室内部具备保温、光照、通风和喷灌设施，可进行立体种植。它克服了单体温室的缺点，具有造价低、保温效果好的优点，可利用面积远大于单体温室，操作科学，可节约时间、提高效率。连栋温室可配备天窗、侧窗、湿帘等装备，为实现温室生产的自动化和智能化控制奠定了基础。

1. 玻璃连栋温室

优点：外观美观大方，温室档次较高；全钢架结构，设计先进，抗风雪能力较强，使用寿命25年以上；温室内部操作空间较大，可以大面积连栋，适合进行工厂化、规模化生产作业；温室自动化程度较高，可拓展选择空间较大。缺点：温室造价较高，投资成本较大；冬季保温需要增加保温设施；玻璃作为易碎物，使用过程中存在安全风险，钢化玻璃等造价较高，没有普遍采用。

2. 塑料连栋温室

以钢架结构为主，主要用于种植蔬菜、瓜果和普通花卉等。其优点是使用寿命长，稳定性好,具有防雨、抗风等功能,自动化程度高;其缺点与玻璃连栋温室相似,一次性投资大,对技术和管理水平要求高。

(二)节能型日光温室

节能型日光温室,跨度可达 15 m 以上。墙体部分采用土墙砌筑后,再使用水泥砂浆加固;骨架采用热镀锌矩形管加卡簧卡槽构成。优点:节能型日光温室墙体采用水泥砂浆加固,耐用性和使用寿命增加 5 ~ 10 年以上;棚面薄膜采用卡簧卡槽固定,日后更换薄膜较为方便;跨度大空间大,可配置移动苗床、移动喷灌等先进设备。缺点:墙体占地面积较大,造价较高。

(三)植物工厂

植物工厂是现代农业的重要组成部分,是设施园艺发展的最高阶段,是集生物技术、设施园艺技术、植物生理、植物栽培、现代装备工程、环控信息技术的高科技产业。植物工厂是通过设施内高精度环境控制实现农作物周年连续生产的高效农业系统,使设施内植物生育不受或很少受自然条件制约的省力型生产。

植物工厂分为人工光型植物工厂、太阳光型植物工厂及太阳光与人工光并用型植物工厂。人工光植物工厂就是完全使用人工光源、进行多层立体栽培植物的设施,是完全使用人工光源,具有环境高度可控,多层立体培养,工业化、标准化、周年生产等特点。太阳光型工厂及人工光并用型植物工厂就是不补光或补光的大型温室设施,其实现了高效节能的规模化量产。

四、蔬菜工厂化生产工艺流程

国外设施园艺发达的国家,已将先进的工业技术应用到园艺(蔬菜)作物生产的各个环节,从播种、育苗、整地、定植、施肥、灌溉、环境调控、病虫害防治,到产品采收、分级、包装、储藏、保鲜、运输等环节,不仅节约了大量劳力,而且生产效率显著提高。随着我国设施园艺新材料、新设备、新机械的研制和应用,设施环境调控技术水平会不断提高,温、光、水、肥、气等环境调控手段正逐步向机械化、自动化、智能化方向发展,并能够对温室进行精确管理。设施园艺智能化是实现园艺作物播种移栽、栽培管理、环境调控、监测预警、作物采收、内部物流等全过程数字化、精细化、自主化的高级生产形态。

种苗生产可分为播前处理、播种、嫁接、移栽、定植几个环节。

(1)播前处理环节　主要包括基质消毒、穴盘清洗消毒、基质搅拌等。

(2)播种环节　主要采用播种流水线,由穴盘解垛、基质填充、压穴、播种、附土、喷淋、穴盘播后码垛等单机设备串联组成。

生产过程自动化、智能化一直是设施园艺领域研究与发展的重点,目前中国与其他设施园艺发达国家相继开发出设施环境控制、作物植株调整与授粉、病虫害防治及自动采摘等自动化与智能化技术装备,大幅度节省了劳动力、提高了资源利用率与生产效率及生产操作舒适度,在一定程度上实现了设施园艺的自动化与智能化生产。

设施作物收获是生产中耗时耗力与持续时间较长的环节,是智能农业机器人技术集中呈现的领域。自动导航、机械手臂与视觉识别技术的日渐成熟提高了作物自动收获的可行性。

物流仓储是产后商品化的重要过程,主要包括内部输送、分级分选、洗净、包装、储藏保鲜、追溯等装备。

近年来,计算机技术、自动化装备技术、互联网技术及人工智能技术的飞速发展,极大地推动了设施农业生产技术的发展。设施数字化生产中的数字化代表的是利用计算机对设施生产进行自动控制,并对生产过程进行计算机管理,设施数字化生产主要包含作业控制数字化、生产管理数字化和品质管理数字化。其中作业控制数字化是核心执行内容,其含义是利用先进的生产装备进行生产,在计算机的控制下进行环境调控、水肥供给、作业对象搬运等作业;生产管理数字化是对生产对象、生产人员及环境条件等生产要素进行计算机管理,目的是快速掌握生产装备的运行合理性、准确核算生产成本、扩大生产的可预见性;品质管理数字化是针对种植对象的成品甚至是种植过程中的表型形态和品质进行检测、存储、比对,结合实际实施的种植环境、水肥条件等的生产效果,合理修改环境、水肥等生产要素,力求达到高产、高品质生产,最终达到生产、效益最优化。

五、蔬菜工厂化生产技术

(一)番茄工厂化生产技术

1.育苗

选择50孔穴盘基质(草炭、蛭石、珍珠岩混合)育苗,日历苗龄45 d左右。

2.栽培技术

(1)栽培模式选择　将温室土地进行平整,覆盖地布,采用椰糠基质条(槽或袋)栽培,南北畦向,坡度3‰,畦间距1.6 m。采用带压力补偿的滴灌带进行肥水一体化供应。

(2)基质使用　选用椰糠基质,定植前一周用清水进行泡发,以手抓捏实无滴水为准,灌装到栽培槽(袋),灌装深度25 cm。椰糠基质条则在定植前1 d滴清水泡发。

(3)定植　选择晴天下午或者阴天定植,选择大小均一的无病壮苗,每667 m^2定植2 200株左右。

(4)水肥管理技术　在植株生长过程中,营养液通过自动滴灌设备供给,可以选用番茄栽培专用水溶肥来配制营养液。苗期EC值1.8~2.0 mS/cm,开花坐果期EC值2.5~2.8 mS/cm,成株期EC值4.0 mS/cm,pH控制在5.8~6.5之间。

根据植株长势、天气、检测结果,对营养液进行动态管理。灌溉起始时间为日出后2 h,停止时间为日落前2 h;60%灌溉量集中在11:00—15:00之间;根据植株长势、天气情况、温度变化,及时调整灌溉策略。

(5)温度管理　白天温度控制在25~28℃,最高不超过32℃;夜间控制在13~18℃,最低不低于10℃。

(6)湿度管理　温室内湿度维持在60%~85%。当温室内温度上升至28~30℃时,逐渐拉开风口放风,使温度控制在30℃以下,当低于22℃时即完全关闭风口。通过放风可以排出温室内的湿气,同时补充新鲜空气。

(7)光照管理　采用高透光率棚膜,定期清理棚膜保证透光率。根据条件可以配套补光灯具,根据棚内光照条件必要时开启补光灯,保持光照时间 12 h 以上。

(8)植株调整技术

①吊蔓　番茄定植一周左右开始吊蔓。具体方法:将吊蔓专用落蔓钩上部固定在温室吊线上,下部吊线固定在植株基部,植株主干按顺时针方向缠绕在吊绳上,落蔓钩可在铁丝上移动。

②绕秧打杈　吊蔓完成后一周左右开始绕秧、打杈操作。将番茄植株中上部按照顺时针方向缠绕到吊绳上,每次绕 2 ~3 圈,吊绳避开花穗。绕秧后进行打杈操作,第 1 侧枝长至 8 cm 左右去除,其余侧枝尽早从杈基部去除。

③疏花疏果　每周进行 1 次疏花疏果,每穗果有 50% 的果实坐住时进行操作,及时摘除畸形果、虫咬果、病果。大型番茄品种一般每穗留 4 ~6 个果,樱桃番茄每穗留 12 ~20 个果。

④摘叶　番茄第 1 穗果实开始转色后进行摘叶。每周 1 次,每次每株摘 2 ~3 片叶,每株番茄保留 15 片叶左右。

⑤落蔓　当植株坐果至 7 穗果时开始进行落蔓操作。将吊绳挂钩沿同一方向翻转放绳,落蔓 20 ~30 cm,挂钩翻转放绳后向同一方向平移 20 ~30 cm 重新固定,完成落蔓。落蔓每周进行 1 次,避免扭裂或折断茎蔓,植株吊蔓高度保持一致。

(9)采收　番茄果实开始转红时应及时采收。及时采收可以减少养分消耗,有利于后续果实的生长发育。

(二)绿叶蔬菜工厂化生产技术

绿叶蔬菜工厂化生产包括设施设备和关键技术两大方面。设施设备包括温室、基质搅拌机、播种机、温室物流系统、采收包装等;生产技术包括品种选择、基质配制、肥水管理、绿色防控、物流加工等。

1. 品种选择

绿叶蔬菜工厂化生产茬口密度高,要求品种对温度适应性强,耐阴耐湿,喷灌适应性好;直立性强,适合机械化采收;种子萌发力强,出芽率高,出苗整齐一致,适宜精量播种。

2. 基质配制

绿叶蔬菜的工厂化生产可以采用基质栽培和营养液栽培两种方式,基质栽培投资少,技术难度较低,多数采用这种方式。栽培基质主要由泥炭、椰糠、珍珠岩等按一定比例混匀,可以添加形成有机肥的有机栽培基质。

3. 肥水管理

生长周期在 20 d 内的绿叶蔬菜,一般将肥料一次性添加到基质中;对于生长周期长、易出现缺肥现象的蔬菜种类,通过营养液或叶面施肥补充。灌溉方式可采用喷灌和微喷。

4. 绿色防控

(1)抗性品种的选用　抗性强的品种具有较强的环境适应性和抗病性等。种子处理可以提高发芽率和发芽势、减少种子带菌。

(2)基质与灌溉水消毒　基质使用前要采用高温(60℃)堆焖方式去除所携带的病菌、

虫卵和杂草种子。灌溉水可以采用多层过滤、臭氧消毒等。

(3)安全隔离　综合应用防虫网、杀虫灯、性引诱剂、黄板等措施,可有效控制病虫害的发生,减少或避免农药的使用。

(4)生产器具的消毒　在每一茬作物生产结束之后,应对穴盘、苗床等设备进行清洗消毒。

5. 采收

绿叶蔬菜鲜嫩、含水量高,采收、清理、包装等操作对产品质量影响较大,在较低温度下采收,可延长货架寿命。人工采收时尽量缩短采收时间,并及时进入冷链储运环节;尽可能减少整理、分级包装等商品化处理环节。

采收和包装的机械化作业是工厂化生产的重要技术环节,越来越得到应用。蔬菜流通过程中的保鲜主要依靠冷库贮藏和冷链运输来实现。

(三)芽苗菜工厂化生产技术

芽苗菜具有速生洁净、投资成本低、见效快、便于实现工厂化生产等优点,同时易于消化、营养丰富,受到广大民众的欢迎。

1. 芽苗菜类型

(1)籽菜芽　利用种子贮藏的养分培育出的苗菜,如黄豆芽、香椿芽、花生芽、萝卜芽、豌豆芽、绿豆芽等。

(2)体菜芽　利用两年生或多年生作物的宿根、肉质直根、根茎或枝条中积累的养分培育出的芽球、嫩芽、幼茎等,如菊苣芽球、苦菜芽等。

2. 创造无菌环境

芽苗菜生产可利用塑料大棚、温室等设施,也可利用厂房或闲置房屋。为了确保芽苗菜健康生长,需要营造无菌的环境,避免细菌和病原菌影响芽苗菜生长发育。利用泡沫板将生产车间隔离成多个小空间,并逐个进行消毒杀菌处理。生产过程中相关人员应更换无菌衣物之后方可入内,保持车间的无菌环境。

需要在每个生产车间内设置物理杀菌系统,主要采用紫外线杀菌。

3. 采用立体栽培

为了充分利用生产车间的空间,采用立体的栽培架,栽培架高度 2 m、层高 0.5 m、宽度 0.6 m,每两架并放为 1 行,行间距 50 ~ 80 cm,最底层不能直接与地面接触,距离地面 0.5 m。

4. 栽培容器与基质

芽苗菜栽培一般采用规格为 60 cm × 24 cm 的蔬菜育苗盘。栽培基质多选用洁净、质轻、无毒、吸水持水力强、使用后残留物易处理的材料,如纸张、白棉布、无纺布、珍珠岩等。

5. 种子处理

精选籽粒均匀饱满、发芽率高、无破损的种子。用 55 ~ 60℃温水浸种 10 ~ 15 min,用清水淘洗 2 ~ 3 遍,清除种子表面黏液。

6. 播种上盘、催芽

苗盘内铺栽培基质,均匀撒播经浸种处理的种子。播后喷 1 遍水,并注意保湿。当绝大部分种子露芽时,剔除败芽、烂芽、伤芽、不发芽的种子。在 18 ~ 22℃的适温下催芽 2 ~ 3 d。芽苗高 1.5 ~ 3.0 cm 时,移入栽培管理。

7. 栽培管理

催芽室温度 20～25℃，相对湿度 90% 左右；栽培室温度白天 20℃以上，夜晚不低于 16℃，相对湿度控制在 85% 左右。

芽苗菜整个生长期都要保持芽体湿润。生长前期每天淋水 2～3 次，生长中后期每天淋水 3～4 次。每次以基质湿透为度，但不能使栽培盘底部有积水，以免造成烂苗。芽苗菜生长适温 20℃左右，12～30℃均可生长，一般控制在 19～23℃。芽苗菜在黑暗条件下生长迅速。芽苗高 4～5 cm 时，采用散射光使其见光绿化。

注意室内适当通风换气，以保持适宜的温度和清新空气。同时可以补充二氧化碳和调节室内的氧含量，促进芽苗菜生长，提高芽苗菜产量。

8. 智能化环境控制

芽苗菜工厂化生产的智能化环境控制实现主要是依靠传感系统（如空气温湿度传感器、光照强度、二氧化碳浓度传感器等）、计算机系统和自动控制系统来完成。在计算机系统中设置最佳的控制参数，可对生产车间环境的自动化进行调整和优化处理，保持在利于芽苗生产发育的状态下。自动化控制装置主要包括通风换气系统、灭菌灯、补光灯、水泵和加热线等。

9. 采收

芽苗菜绿色、苗高 10 cm 左右，顶部叶展开，茎端 8～10 cm 尚未纤维化时就可以采收。

主要参考文献

[1] 蒋卫杰，刘伟，余宏军，等. 我国有机生态型无土栽培技术研究[J]. 生态农业研究，2000，8(3)：17－21.

[2] 赖景煌. 台湾草莓高架化——离地栽培模式[J]. 长江蔬菜，2012(6)：52－55.

[3] 李卫强，崔万锁，梁树乐. 日光温室浮板毛管水培技术[J]. 蔬菜，2000(3)：16－17.

[4] 马艳，李芳，孙周平，等. 不同栽培袋材料对袋培黄瓜生长、产量及品质的影响[J]. 中国蔬菜，2013(14)：66－71.

[5] 王紫芹，甘德欣，龙岳林. 无土栽培研究进展（英文）[J]. Agricultural Science & Technology，2013(14)：269－278，323.

[6] 晏琼，刘晓宇，虞昊安，等. 植物无土栽培技术研究进展[J]. 中国农业大学学报，2022，27(5)：1－11.

[7] 张东旭，张洁，张晓文，等. 深液流技术（DFT）生菜栽培条件探索[J]. 农业工程技术（温室园艺），2012(45)：54－56.

[8] MORI Y. New agro－technology (Imec) by hydrogel membrane[J]. Reactive and Functional Polymers，2013(73)：936－938.

[9] RODRíGUEZ－ORTEGA W M，MARTíNEZ V，NIEVES M，et al. Agricultural and Physiological Responses of Tomato Plants Grown in Different Soilless Culture Systems with Saline Water under Greenhouse Conditions[J]. Scientific Reports，2019(9)：6733.

第七章　食用菌及其栽培技术

第一节　食用菌概述

食用菌是指具有可供人类食用、能形成大型子实体的所有真菌，是一类重要的真菌食品。全球已记载的大型真菌逾万种，我国发现大型经济真菌 1 341 种。根据人类对食用菌的认识与利用，可以将其划分为野生食用菌和人工栽培食用菌，其中可人工栽培或菌丝体发酵培养的食用菌有 92 种。我国食用菌种类多、分布广、资源丰富。据报道，全国食用菌最新统计数 930 多种。依其繁殖生长的基质和生态习性，将我国野生食用菌划分为五大类，即：木生菌、粪草菌、土生菌、虫生菌、菌根真菌。

一、食用菌的生物学特征

（一）食用菌的分类地位

最早的生物分类系统是林奈的两界学说。在这个分类系统中，食用菌被划归为植物界的真菌亚门。在后来的三界学说中，食用菌仍被划归为植物界。随着人类对生物认识的不断提高，威特克提出了五界学说，在五界学说中，将生物划分为原核生物（如细菌）、原生生物（如纤毛虫）、植物、真菌、动物五界，从此，真菌独立成界——真菌界。在这个分类系统下，食用菌属于真菌门中的子囊菌亚门和担子菌亚门（图 7－1）。子囊菌亚门和担子菌亚门有 284 属、81 科、21 目。其中食用菌有 876 种、161 属、53 科，其中担子菌亚门占绝大多数的种。这些担子菌又多集中于伞状的有褶菌类（伞状菌类）中。

- 生物
  - 原核生物
  - 原生生物
  - （光合）植物
  - （吸收）真菌
    - 黏菌
    - 卵菌
    - 壶菌
    - 接合菌 } 食用菌
    - 子囊菌 } 食用菌
  - （摄食）动物

图 7－1　食用菌在生物界中的分类地位

(二)食用菌的形态和结构

食用菌不论大小、土生、木生,尽管形态变化多端,但都是由菌丝体和子实体两大部分组成的,分别代表着食用菌的两个不同的发育阶段。菌丝体是食用菌的营养器官,子实体是食用菌的繁殖器官。食用菌的结构组成如图 7－2 所示。

- 食用菌
  - 菌丝体
    - 菌丝束——白色疏松的线状物
    - 菌素——黑色致密的索状物
    - 菌丝团——疏松的菌丝组结索状物
    - 菌核—坚硬致密的菌丝团
      - 真菌核——纯由菌丝组成
      - 假菌核——杂有土沙异物
  - 子实体
    - 菌盖
      - 附属物——纤毛、鳞片、疣、刺、粉末、晶粒、黏液……
      - 菌肉
      - 菌褶或菌管—子实层—担子—担孢子
    - 菌柄
      - 菌环
      - 菌托

图 7－2　食用菌的结构组成

1. 菌丝体

(1)菌丝体　食用菌的菌丝体由无数条管状的菌丝组成,这些菌丝由无数的管状细胞生长连接而成。在光学显微镜下,在细胞的连接处可以见到分隔细胞的隔膜。多数食用菌的隔膜外侧具有锁状联合结构。

食用菌的菌丝个体在光学显微镜下多数无色透明,当众多菌丝聚集在一起时,多数呈白色和乳白色,但也有不少种类呈现出各种不同的颜色,常见的有褐色、浅褐色、肉色、黄色、粉红色、红色、黑色等。菌丝体的色泽是区分人工栽培食用菌种的重要特征。

菌丝体是食用菌的营养器官,由各种繁殖体(孢子)萌发而成。在自然界,它们生长在各自生存的基质中,如枯死的树木枝干、树蔸、枯枝落叶、沤腐的秸秆堆、草堆和粪堆上,或树根、草根、土壤里,它们的功能是分解基质,吸收营养。

菌丝体是食用菌营养体的基本结构,菌丝个体之间处于分散状态。但是,有些食用菌,部分分散的菌丝可以互相结合,有的形成菌索,有的形成菌核。

(2)菌索　在特定的环境条件下,菌丝聚集,纠结成绳索状,以输送养分和抵御不良环境条件。菌索也常称作菌丝束和根状菌索。有些大型真菌,如牛肝菌、红菇、乳菇、松茸、口蘑等还与高等植物共生,与高等植物的根形成菌根。栽培食用菌中,需覆土出菇的种多在覆土中形成菌索,如双孢蘑菇和鸡腿菇。

(3)菌核　菌核常由菌丝脱水、细胞质浓缩、菌丝细胞聚集而成。菌核初期往往白色或浅色,随着菌核的成熟渐变为褐色或黑色。菌核中贮藏了较多的养分,对高温、低温和干燥都有很强的抵抗力。产生菌核的食用菌有茯苓、猪苓、灰树花、羊肚菌等。

2. 子实体

在食用菌中,把产生无性或有性孢子的器官称作子实体,是人类食用的主要部分。如我们常见的香菇、黑木耳、平菇、蘑菇、银耳等。伞菌的子实体,通常由菌盖、菌褶、菌柄、菌托、菌环、菌幕组成,有的菌盖外表还具有鳞、丝、疣等附属物。

(1)菌盖　菌盖是子实体的帽状部分,也是人类食用的主要部分。因种类的不同,形态各异,很多种类幼小时和成熟时也不一样。如平菇,幼小时圆形,成熟时伸展为扇形。通常的形态学描述则以成熟时为标准。这大致有圆形、圆锥形、钟形、半球形、斗笠形、匙形、扇形、漏斗形、喇叭形、浅漏斗形、圆筒形、马鞍形等。其中央部分又可分为平展、中凸、凹等,边缘可分为圆整、开裂、内卷、外卷、外翻等形态。

此外,菌盖的表面特征也是重要的鉴别依据。菌盖表面有的光滑;有的有皱纹、条纹或龟裂;有的干燥,有的湿润或水渍状,黏滑或黏胶;有的有纤毛、鳞片、绒毛或小疣等。

菌盖的颜色也是多种多样的。有的种类幼小时和成熟时颜色还不一样,如糙皮侧耳,幼时铅灰色至蓝灰色,成熟时变为瓦灰色的灰白色;大球盖菇幼小时白色,渐变为红褐色至葡萄红褐色。但是,大致可分为白、黄、灰、褐、绿、红、紫、黑等几大基本色调,并常呈现一些中间色,如灰白色、橘红色、黄褐色等。其色泽的深浅常受日照的影响。各种颜色大多只是呈现在菌盖的表皮上,如香菇、金针菇,也有少数种表皮下的菌肉呈现与表皮相近或完全相同的颜色。

菌盖表皮下是菌肉,这正是人类喜食的部分。多数食用菌菌肉白色鲜嫩。有的菌肉伤损后变色或有汁液流出,如牛肝菌、松乳菇。

(2)菌柄　菌柄位于菌盖下方,是菌盖的支持物。绝大多数食用菌都有菌柄,少数没有(如牛舌菌、侧耳等,当它们从树干上侧长出来时,往往没有菌柄或者不明显)。菌柄的颜色多为白色或近白色,形状为圆形或纺锤形,可分为中实型(完全肉质)、中空型或中松型(中间为疏松的髓质)。

菌柄在菌盖上着生的位置有 3 种:中央生,菌柄生于菌盖中央,如蘑菇、草菇等;侧生,菌柄生于菌盖的一侧,如侧耳等;偏生,菌柄生于菌盖的偏心外,如香菇等。

(3)菌环　有些食用菌(如红顶环柄菇)在幼小时,菌柄和菌盖之间有一包膜相连,子实体长大时该膜破裂,一部分留在菌盖边缘,一部分残留于菌柄上,留在柄上的称为菌环。不同种类蘑菇的菌环的形状、厚薄、大小不同,有的菌环固定在柄上不动,有的则能活动。菌环的着生位置也可有上、中、下 3 种。

(4)菌托　有些伞菌(如香菇)幼小时,其菌蕾的外边包着一层膜。菌蕾延长,则外膜被撑破,留在菌柄基部的残膜即称之为菌托(或叫苞脚)。菌托的形状有鞘状、杯状、囊状、裂片状等。其大小、深度、质地、厚薄、色泽及存在时间长短等特征,都是食用菌分类的依据。

(三)食用菌的生活史

由孢子萌发成菌丝,由菌丝发育成子实体,由子实体产生新一代的孢子,这种循环往复以至无穷,就是真菌中菇菌类特有的生活史或生活周期。从它们的机能来看,菌丝体是营养器官,相当于高等植物的根、茎、叶,子实体是繁殖器官,相当于高等植物的花、果及种子。

1. 孢子

孢子是能开始新的生活史的、特殊的、独立自主的,极微小的繁殖细胞。通常是单细胞,罕为若干细胞,它们是食用菌的“种子”,也是它们主要的散布因子。孢子萌发需一定的条件,这包括其内在的生理条件和外部适宜的环境条件。内在的生理条件要求孢子成熟、核相正常，外部环境条件主要要求适宜的温度和充足的水分。有的种类还需一些萌发的诱导物。这些种类，当没有诱导物，或萌发不整齐。在人工栽培的种类中，萌发比较困难的有双孢蘑菇、草菇和灵芝，比较易于萌发的有香菇、金针菇和平菇。

担孢子萌发的第一步是吸水和膨胀，在特定的温度和营养条件下几日后便可生出芽管。担孢子萌发的温度多高于其菌丝生长的适宜温度 2 ~ 3℃。

2. 初生菌丝（单核菌丝）

担孢子萌生出芽管后，在适宜的环境条件下芽管继续伸长，形成初生菌丝。初生菌丝初期多核，多数种很快变为单核。初生菌丝分解基质能力较差，生长缓慢。单核的初生菌丝的显著形态特征是菌丝外侧无锁状联合。但是，有的人工栽培的食用菌初生菌丝一直保持多核状态，如草菇。

3. 次生菌丝（双核菌丝）

两个来自不同担孢子与可亲合的初生菌丝细胞壁接触，并融合，形成双核的次生的菌丝，次生菌丝中的每个细胞中都有两个分别来自两个亲代的细胞核，每个细胞的隔膜外都有一个扣状的锁状联合。锁状联合是双核的次生菌丝所特有的形态标志。

次生菌丝的生活力大大强于初生菌丝，分解基质的能力大大增强，生长也较快，在适宜的营养和环境条件下可无限生长。次生菌丝阶段占食用菌生活史的部分时间。

4. 子实体形成和发育

食用菌子实体的形成和发育大致经历菌丝聚集、原基形成、子实体形成和分化、子实体快速伸展和成熟这样 5 个阶段。

（1）菌丝聚集　次生菌丝经一定时期的生长，积累了足够的养分，在外界条件（如温度、湿度、光照和氧气）适宜时，便开始聚集连结。这时从外观上看，可见到凸起或隆起物。

（2）原基形成　菌丝聚集成凸起物后，基质中菌丝的养分就不断地向这个凸起物输送，菌丝间由初期的较松散状态变得紧密，从而组织化，这一组织化的凸起物就是子实体原基。原基没有明显的子实体形态结构的分化，就伞菌来说，就是没有菌盖和菌柄的区别。

（3）子实体的形成和分化　原基形成后，在适宜的环境条件下，不断膨大并分化，当用刀片将其纵向切开时，可明显地区别出菌柄和菌盖，进而分化出菌褶和子实层。

（4）快速伸展期　分化完成后，便进入迅速伸展期，这一时期菌盖菌柄同步伸展，个体迅速发育，并产生担孢子。担孢子形成的数量随子实体的发育成熟而增多。

（5）成熟　经过一定时期的快速生长，子实体个体不再增大，多数伞菌菌盖边缘出现波状或上卷，有的菌盖渐渐展平而薄，这表明已完全成熟。这时，菌盖下方的菌褶上产生最大量的担孢子。大量的担孢子被弹射，释放到空中，这时子实体变得松软，甚至出现自溶。

（四）食用菌的生活条件

食用菌的生活条件在这里是指人工栽培食用菌生长发育所需要的基本条件，包括营养和环境因子两大方面。

1. 营养条件

食用菌的生长发育需要多种养分，将这些养分归类后，主要是碳源、氮源、矿物质和生物素四大类。

(1)碳源　碳素是生物的最大量元素。碳是构成一切有机物质的骨架,是生物细胞的结构和能源物质。食用菌生长过程中,所需要的碳源都是有机物,这主要是木质素、纤维素和半纤维素,其次还有淀粉、糖、醇和有机酸等小分子化合物,小分子化合物较木质纤维素类易于食用菌的吸收。糖类是食用菌最易吸收利用的碳源,因此,常在各级菌种的培养基中加入一定量的葡萄糖或蔗糖。此外,油脂类也是食用菌的优良碳源,特别是有利于子实体的形成,经乳化处理的油脂对多种食用菌有显著的增产作用。

(2)氮源　氮素是碳素以外需求量最大的也是最重要的营养要素。对食用菌最好的氮源是有机氮,有机氮普遍存在于各类培养料中,以各种饼肥(花生饼、柿仁饼、豆饼、菜籽饼等)、麦麸、米糠、厩肥、豆粉等含量最丰富。在有机氮和无机氮中,食用菌优先利用有机氮,无机氮中优先利用铵态氮。

菌丝生长期氮素的最适浓度常用碳氮比(C/N)来表示,多数食用菌播种时培养料的适宜碳氮比在(30~40):1,出菇期的碳氮比(17~20):1。食用菌栽培中的氮源主要来自有机氮。在人工栽培条件下,应该按其生长发育适宜的碳氮比来配料生产。

(3)矿物质　食用菌生长发育需要多种矿物质。其所需的矿物质以无机盐的形式添加。这些矿物质中可分为大量元素和微量元素两大类。

①大量元素　也称常量元素,主要是钙、磷、钾、硫和镁。这些元素对食用菌常有促进菌丝生长和子实体形成作用。这些元素在栽培用的培养料中也是广泛存在的。人们为了获得更好的栽培效果,往往再额外加入这些元素的无机盐类,如硫酸钾、草木灰(有效成分氢氧化钾)、磷酸二氢钾、磷酸氢二钾等,其用量0.1%~0.3%不等。

②微量元素　食用菌需要的微量元素主要有铁、锌、锰等,并对其有较好的富集作用。人们常通过适量加入这些元素到培养料中,获取富集产品,如富硒的平菇和富锌的金针菇。微量元素对食用菌的作用非常微妙,使用浓度要恰到好处,浓度过低时不显效,浓度过高时又会产生毒害作用,抑制食用菌的生长。这些微量元素都不同程度地存在于作为培养料的各种秸秆皮壳中,在没有精确实验数据和称量设备的情况下,栽培时不可盲目加入,一般来说,天然存在的含量就可满足食用菌生长发育的基本需要。

(4)生物素　生物素是一类有生物活性的大分子,主要是维生素类和生物激素类。它们参与食用菌的新陈代谢。这些物质是食用菌生长所必需的,一旦缺少,就会影响正常的生长发育。如维生素 B_1,可促使香菇和双孢蘑菇菌丝体中贮存的养分输送到子实体中,对其子实体的形成和发育有着不可代替的作用。一些植物激素,如赤霉素和三十烷醇对食用菌的生长发育也有促进作用。

琼脂培养基中常用的马铃薯、麦芽汁和酵母粉都含有丰富的维生素,培养料中的麦麸、米糠、玉米粉中也都含有多种维生素。因此,当培养基中有这些成分时,就不需要额外地添加维生素。

2. 环境条件

环境条件包括温度、湿度、空气、光线、酸碱度等条件。

(1)温度　食用菌的生长发育需要适宜的温度。值得指出的是菌丝生长的适温和子实体发生、生长发育的适温是不同的。多数食用菌子实体分化、生长发育的适温都比其菌丝低,而且适温的范围比菌丝窄,这一点在人工栽培中尤应注意。

总的来说，菌丝在一定的温度下开始生长，温度上升生长加快（木生菇菌在30℃比在20℃生长快一倍），超过适温生活力反而衰退，温度再高就停止发育或死亡。相反地，虽然它们对低温有极强的抵抗力，不会立刻死亡。但在一定的低温之下，菌丝也不能发育。一般来说，菌丝生长的范围最低5～8℃，最适20～26℃，最高30～36℃。

温度的变化给予第二次菌丝体的刺激是形成子实体必要的条件之一，尤其是需要变温才能出现子实体的种类，更是这样。相反地，若给组织块——菇菌子实体的碎片以菌丝生长发育的适温，组织块就转向菌丝的方向发育，而不形成子实体。这一点就是用组织培养法获得纯菌种的原理。根据同一道理，子实体分化后环境的温度只能维持或低于子实体分化的温度，决不能使之回升，否则将出现大量死菇，这一点在菇菌栽培中是很重要的。

（2）湿度　在食用苗的生产实践中，湿度常有两个含义：基质（培养料）的含水量和大气相对湿度，都用百分数表示，含水量的计算公式为：

$$含水量(\%)=\frac{水重量}{培养料湿重}\times 100$$

在生产实践中，也常有人使用料水比来表示基质的含水量，这一般都用在培养料的制备过程。大气相对湿度用干湿球温湿度计观测，可在玻璃仪器或医疗器械商店买到。不同种类的食用菌，不同发育时期对湿度的要求不尽相同，应分别处置：

①菌丝体生长阶段所需的基质含水量　食用菌菌丝生长阶段所需的基质含水量多在50%～75%这一范围内，多数种类在55%～65%之间。人工栽培的种类，草菇和大球盖菇要求基质含水量高些，在70%～78%。食用菌生长发育所需要的水分绝大部分来自基质，因此，拌料时必须水分充足。这一方面是菌丝正常生长所必需的，同时也是子实体正常生长发育的保障。多数食用菌在基质含水量50%时生长明显变缓，低于40%时，多数食用菌几乎不能生长。食用菌生产中菌丝生长都是在几乎封闭的条件下进行的，有的是用玻璃瓶或塑料袋作容器，有的是在塑料袋或薄膜包裹下的菌棒、菌砖、菌块里，在这个小气候中，大气相对湿度几乎是100%。在这些容器和包裹物之外的大气候，则以较低的大气相对湿度较利于食用菌菌丝的生长，一般应控制在75%以下。空气湿度过高易引起污染。

②子实体生长发育所需的基质含水量和大气相对湿度　子实体生长发育期也就是出菇期，这一时期所需基质含水量高于菌丝生长期，多在70%～80%，以75%为最适。由于呼吸作用，在正常的发菌管理条件下，发菌完成后的基质含水量一般较接种前提高10%～15%，正合出菇要求。同时还需要较高的大气相对湿度，一般为85%～90%。

当基质中含水量不足时，其他环境条件适宜，仍不能形成子实体。因此，如果配料时水分加入不足，不能如期出菇，后延数日后，由于菌丝的呼吸作用，使基质中含水量增至适宜出菇时，方有子实体形成。基质中水分不足时，已形成的子实体生长缓慢，个体也不大，易出现小菇，口感不好。出菇期基质含水量不够时，则不再出菇或出菇很少，但是，在栽培实践中，也时有水分过大导致不出菇的问题发生，这主要是可浸水补水的菇类，如香菇，浸水过头，基质中含水量过高，氧气大大减少，使基质中的大量菌丝窒息而死。

原基形成和分化需要较高的大气相对湿度，多在95%左右，子实体伸展期则多在85%～95%。在生产实践中，持续较高的大气相对湿度不利于病虫害的控制，也不利于优质菇的形成。多数种类在相对湿度80%～95%之间的变温条件更利于形成盖厚柄短的优质菇。

各种菇的出菇期,都不可使大气相对湿度过高,在持续高湿的条件下,子实体生长发育迟缓,或菌盖反卷而畸形。在大气相对湿度不够时常出现菌盖干缩、干裂、龟裂、生长迟缓等。

③湿度对食用菌生产的影响　在食用菌生长发育所需的诸要素中,如果说温度决定着它们的地理分布,那在栽培生产中,湿度的作用则影响着生产的进程和成败。这主要从以下几个方面影响食用菌的生产。

第一,影响杂菌的发生。杂菌的预防,在生产实践中至关重要,它关系到生产的成败。侵害食用菌的杂菌多数喜湿,因此,栽培中的高含水量的基质和高的大气相对湿度都利于杂菌的发生。高湿引起的杂菌大量发生常能造成菇场完全溃败。湿度适当,控制好培养料的含水量和大气相对湿度是预防杂菌的有效措施。生产上,常以稍低于其生长的含水量预防发菌期的污染。如香菇的适宜含水量在60%左右,而生产上常使用含水量55%～58%,适当降低基质含水量,可有效地减少发菌期污染。

第二,影响产量和品质。含水量和大气相对湿度不适,都不能获得丰产丰收,也影响产品品质。正如前文所述,水分和大气相对湿度不够时,菇的质量明显下降;水分和湿度过高时,也影响菇的品质,多湿的环境有碍子实体的正常发育,易滋生食用菌的病害和杂菌,也使产品风味改变,质量下降。

第三,影响生长周期。因为水分直接影响食用菌各阶段的生长速度,影响出菇的早晚和出菇持续时间以及间隔时间,所以可利用水分的调节控制生产周期。

(3)光照　虽然食用菌不含叶绿素,不像高等植物那样离不开光线,但食用菌子实体形成时需要不同强度和质量的光。不同食用菌种类和食用菌的不同生长发育阶段对光的要求差异很大。

食用菌孢子必须在有光条件下才能形成并散发出去。只有双孢蘑菇可以在黑暗中产生孢子,并且孢子在有光和黑暗条件下都可萌发。大多数食用菌的菌丝生长不需要光照。由于直射光线含紫外线,具有杀菌作用,同时直射光又会引起水分的急剧蒸发,使空气相对湿度降低,对其生长不利。菌丝的生长以黑暗条件最好,光线对菌丝生长有抑制作用,而且主要是由波长为380～540 nm的蓝光所造成的。红光和黑暗无大差别,对菌丝生长无害。

(4)氧气与二氧化碳　食用菌与其他生物一样,每时每刻都在进行着呼吸作用,吸收氧气(O_2),呼出二氧化碳(CO_2)。正常空气中大约含有氧气21%,二氧化碳0.03%。二氧化碳分压增高时必然会降低氧气的分压,过高的二氧化碳分压则会影响食用菌的呼吸作用。食用菌对氧气的需求量随子实体形成而增大,但子实体发育对二氧化碳浓度的敏感程度差别较大。白蘑菇、平菇、猴头菇、银耳、灵芝等对二氧化碳浓度十分敏感,而香菇、黑木耳、金针菇对此反应不明显。因此,适当的氧和二氧化碳配比可用于食用菌的保鲜,如5%氧气和9%二氧化碳(温度1℃)可使阿魏侧耳保鲜20 d。

(5)酸碱度(pH)　大多数食用菌喜欢酸性环境(草菇例外)。菌丝体生长的适宜pH范围为3.0～8.0,最适pH为5.0～5.5。大部分食用菌,在pH大于7.0时生长受阻,大于8.0时生长停止。酸碱度也是孢子萌发的重要环境因素。草菇担孢子在pH 7.5时萌发率最高,pH为8.0时几乎等于零,pH在5.0以下萌发率极低,在5.0～7.5之间萌发率逐步升高。通常孢子萌发的pH比菌丝生长要求的范围要窄些。

食用菌的许多培养料在高压灭菌后,pH会降低,所以配制培养基时,pH应通过试验,以便灭菌后正好达到最适 pH。另外，在培养食用菌的过程中，由于其新陈代谢作用也会改变环境的 pH，为了稳定环境的 pH，在培养基中常加入 0.2% 的磷酸氢二钾或磷酸二氢钾等缓冲物。若培养过程中产酸过多，还可加入少量中和剂——碳酸钙，不至于使 pH 下降过多而影响食用菌的继续生长。

二、食用菌的栽培种类

(一)食用菌的营养类型

食用菌无叶绿素，没有根茎叶的分化，不能像绿色植物那样行光合作用进行自养，而是以体壁吸收的方法从基质中吸收营养，是吸收式异养生物。按其对基质的要求和与基质的关系，可将食用菌分为以下数种类型。

1. 腐生菌类

腐生菌类只能从枯死的枯木、草本植物中吸收营养并形成子实体，人工栽培食用菌多数属于这类，如香菇、平菇、银耳等。按照它们在自然状态下栖息生存的基质和状态的不同，又分为木腐菌、草腐菌、粪生菌、土生菌四大类型。

(1)木腐菌　在自然状态下，它们只生于枯死的木本植物残体上，如香菇、平菇、金针菇、滑菇、榆耳、银耳等。这类菌在人工栽培条件下，可以木本植物残体作基质，也可以草本植物秸秆作基质。

(2)草腐菌　在自然状态下，它们的子实体只生在枯死的草本植物残体上，如草菇、银丝草菇。这类菌人工栽培时，只可使用草本秸秆，而不能利用木质材料(如木屑、原木等)。

(3)粪生菌　在自然状态下，它们的子实体只生于发酵的牛粪、马粪的粪堆上，如双孢蘑菇、大肥菇等。这类菌人工栽培时，只可使用草本秸秆，而不能利用木本植物材料。而且栽培中需要较高含量的氮，如马粪、牛粪、鸡粪、厩肥、化肥等。

(4)土生菌　在自然状态下，子实体发生于林地、坡地、水沟等场所的地面。这类菌有的其生长处下面较近处即有其生存的基质，如枯枝、腐根等，这类菌人工栽培相对容易，如鸡腿菇、竹荪；有的则距其生长基质还很远，这类菌多数不易人工栽培，如羊肚菌。

这四类腐生菌中，木腐菌和草腐菌都较易于驯化和人工栽培，粪生菌驯化栽培时，需多注意培养料的配方和发酵，土生菌人工驯化难度较大，这是从事驯化栽培中要注意的。

2. 寄生菌类

寄生菌类只有侵染活的生物才能生长，在食用菌中主要是虫草菌类，如冬虫夏草、蛹虫草、蝉花等。寄生菌类人工栽培主要是采取菌丝体发酵的方法，固体栽培获得子实体比较困难。近年来，用禾谷类种子人工栽培蛹虫草已获得子实体，并形成了规范技术，这是人类在寄生菌驯化上的重大突破。

3. 兼性寄生菌类

以腐生为主要营养方式同时也可寄生的种类为兼性寄生菌。如蜜环菌，在自然界，蜜环菌腐生于枯木上，在腐生条件下完全可能完成其生活史。同时，又可寄生于兰科植物天麻。由于蜜环菌与天麻的互利生存关系，也有人将其收入共生菌类。

4. 弱寄生菌类

以在枯死的树木枝条上腐生为主，也能在活木上寄生，这类菌有木耳、榆耳等。

5. 共生菌类

共生菌类不像上述各类菌那样，有了适宜的基质就可以生长至完成生活史再到形成子实体。这类菌绝大多数必须与植物的根共生形成菌根，才能形成子实体，完成生活史，也常称作菌根菌。菌根菌的菌丝体在腐生条件下可以生长，但不能形成子实体。自然界中存在的大型真菌多数是共生菌，如与某种禾本科草本植物共生的口蘑，与松树共生的松茸、松乳菇、块菌、牛肝菌等。在食用菌中非常有趣的是鸡枞发生地下必有白蚁窝，这是很典型的食用菌与动物共生的现象。共生菌类与植物和动物的生理关系是互惠互利，但其化学机制尚缺乏研究，因此，共生菌类较难进行人工栽培。人们对松茸和块菌的人工栽培的研究已有六七年了，但至今仍有很多机理不明，可行的仍是野外的半人工栽培。这些种类的人工栽培距我们现今的商业栽培差距还很大。

（二）食用菌的温度类型

根据子实体形成和生长发育所要求的温度，可以将食用菌分为高温菌类、中温菌类、低温菌类三大温型。

1. 高温菌类

高温菌类的子实体形成和发育需要较高的温度，在25℃以上，甚至菌丝体的生长要求温度也高于其他菌类，如草菇子实体形成和发育的适温为30～32℃，其菌丝生长的适温达32～35℃，盖囊菇、鲍鱼菇、毛木耳等食用菌的子实体形成和发育的适温也在25℃以上。

2. 中温菌类

中温菌类的子实体形成和发育的适温在15～25℃，这类食用菌的菌丝体生长适温在20～25℃，这种类型的食用菌比较多，如香菇、平菇、榆黄蘑、凤尾菇、银耳、灰树花、榆耳、姬松茸、鸡腿菇、猴头、茶薪菇等。

3. 低温菌类

低温菌类的子实体形成和发育需要较低的温度，高于这一温度则子实体不能形成，或不能正常生长。这类食用菌子实体形成的适宜温度低于15℃，如金针菇、滑菇等。

第二节　食用菌的品种、菌种及其制备

一、食用菌品种和菌种的基本概念

食用菌，与微生物（细菌）、植物相同，不同的种、菌株、品种、菌种具有明显的差异性，二者既有共性，亦有区别，搞清楚二者的关系对于生产实践具有重要的指导作用。

（一）食用菌品种的概念

选择优良品种是食用菌生产实现优质高产高效的前提。一个优良的食用菌品种通常具有高产、优质、适应性广、抗逆性强等特点，在同样的栽培条件下，其产量和质量均高于一般品种，给食用菌生产者带来更大的经济效益，因此品种的选育在食用菌的科研与生产中都具有重要的意义。

一般认为，食用菌品种是指每一个具有共同祖先，有一定的经济价值，遗传性状稳定且一致的人工栽培的食用菌群体。品种是人工选择的结果，是人们利用同一物种不同个体的差异，按照人类的经济目的不断选择培育而成，能适应环境条件和栽培条件，在产量和品质上比较符合人类的要求。食用菌的品种是以食用菌的孢子、菌丝体或子实体的存在表现的，通常把代表不同品种的纯菌丝体称作“菌株”，是单一菌体的后代，是由共同祖先（同一种、同一品种、同一子实体）分离出来的纯培养物。

（二）食用菌菌种的概念

食用菌菌种是指为满足科研和生产的需要，经人工培养，并供进一步繁殖用的某种食用菌品种的纯菌丝体。菌种的遗传学性状是由品种的特性所决定的，菌种质量的好坏对于该品种农艺学性状的表达也起着重要的作用。因此，在食用菌生产实践中，不仅需要优良的品种，也需要优良的菌种，虽然菌种质量很好，但品种存在某种不足，也是不宜应用于生产的。菌种质量的优劣，直接关系到食用菌的产量和质量，甚至关系到食用菌生产的成败。

二、食用菌菌种的类型及制备

（一）食用菌菌种的分级

食用菌的菌种分为三级，即母种（一级种）、原种（二级种）和栽培种（三级种）。

1. 母种（一级种）

通过孢子或组织分离培养获得，并经鉴定为种性优良，遗传和生理性状相对稳定的在试管斜面上生长和保存的纯菌丝体。也有人称之为试管种。

2. 原种（二级种）

由母种转接到天然基质（培养基）上经培养而成的菌种。这是菌丝体和天然基质的混合体。

3. 栽培种（三级种）

由原种转接在天然基质（培养基）上扩大繁殖而成的菌种。栽培种也是菌丝体和天然基质的混合体。栽培种常作为栽培菌种，或直接出菇。也有人称之为生产种。

（二）培养基的类型及制备

食用菌培养基，又称培养基质或培养底物，是根据食用菌营养生理要求，采用人工合成或直接利用天然产物制作的培养基质。对食用菌来讲，培养基相当于栽培农作物所需的土壤和肥料，没有培养基，食用菌就无法生长。

1. 培养基的类型

根据食用菌对营养、水分和酸碱度的要求配制而成的培养基，是食用菌生长发育的营养基础。培养基的种类很多，下面从两个方面来划分。

（1）按培养基的营养物质来源分

①天然培养基　利用天然有机物配成的培养基叫作天然培养基。常用的有马铃薯、麦芽、玉米、豆芽等植物的浸出液。适用于培养、保存菌种和食用菌生产。

②合成培养基　用已知成分的化学药品配制而成的培养基叫合成培养基。

③半合成培养基　在天然培养基中加入一些化学成分以补充天然成分，这类培养基称为半合成培养基。它介于天然培养基和合成培养基之间，因此应用较广泛，常用于生产、菌种制备和一般性试验。

(2)按培养基的物理状态分

①液体培养基　一般用于深层发酵。

②固体培养基　在液体培养基中加入一定的凝固剂制成的培养基。常用的凝固剂有琼脂、硅酸钠等。琼脂在生产中最为常用。固体培养基一般用于培养和保存菌种。

③半固体培养基　加入少量凝固剂的液体培养基即为半固体培养基。这类培养基用得不多。

目前，食用菌在生产上使用的培养基大部分为固体培养基。

2. 母种培养基的制备

配制母种培养基，一般用试管作容器，试管以 20 mm × 200 mm 为好，母种培养基又称为试管培养基或斜面培养基。常用于分离、提纯、扩繁、转管以保存菌种。

(1)常用配方

①马铃薯—葡萄糖—琼脂培养基(PDA)　马铃薯(去皮)200 g，葡萄糖 20 g，琼脂 20 g，水1 000 mL。广泛适用于培养、保存各种食用菌菌种。

②马铃薯—葡萄糖—蛋白胨—琼脂培养基　马铃薯(去皮)200 g，葡萄糖 20 g，琼脂 20 g，蛋白胨 10 g，水 1 000 mL。适用于培养、保存各种食用菌菌种。

③蛋白胨—麦芽膏—琼脂培养基　蛋白胨 0.3 g，麦芽膏 50 g，磷酸二氢钾 0.3 g，磷酸氢二钾 0.3 g，硫酸镁 0.3 g，蔗糖 30 ~ 50 g，琼脂 20 ~ 30 g，水 1 000 mL。适用于培养各类菌种。

母种培养基的种类很多，可以根据各类菌丝生长发育的需要去选择。

(2)制作方法

①按配方和用量分别称取所需成分。

②挑选未长芽、未霉烂的新鲜马铃薯，去皮、称量、切片、洗净，放入 1 000 mL 开水中，煮沸 10 ~ 15 min，用 4 ~ 6 层纱布过滤，留上清液备用。

③把经过过滤的马铃薯汁倒回锅中，补足消耗的水分，然后把琼脂放进去煮，待琼脂完全融化后，倒进葡萄糖，拌匀，分装试管。

④趁热用漏斗将培养基装入试管。分装时，注意尽量不使培养基粘在试管壁上，装量为试管的 1/5 ~ 1/4 为好。

⑤试管分装完毕，每个试管塞上棉塞。棉塞做得稍长些，3 cm 左右，棉塞的 2/3 塞进试管，1/3 留在管口外。

⑥将塞好棉花的试管，每 10 支捆成一把，试管口包上牛皮纸，放入高压灭菌锅内灭菌。灭菌时间为 30 min。灭菌完毕，趁热把试管取出，摆成斜面，等完全冷却后，再收起备用。

3. 原种与栽培种培养基的制备

原种和栽培种的营养条件基本相似，因此，它们的培养基的制作方法也相同。制作原种、栽培种培养基的容器一般用 750 mL 菌种瓶，也可以用罐头瓶、广口瓶代替。

(1)木屑培养基 木屑(阔叶树)78%,麸皮20%,蔗糖1%,石膏粉1%,含水量60%左右。此培养基适合于培养香菇、平菇、金针菇等木腐型食用菌菌种。

(2)棉籽壳培养基 棉籽壳78%,麦麸或米糠20%,蔗糖1%,石膏粉1%,含水量60%左右。此培养基适合于培养金针菇、平菇等菌种。

制作方法:先将木屑或棉籽和麦麸、石膏粉混合、拌匀,一边搅料,一边试含水量,直至含水量60%左右。培养料堆闷3~4 h,使其吸足水分,然后装瓶。装培养料时,要求瓶底、瓶中稍松,以利通气发育,上部稍紧,以免料面变形。然后洗净或揩净瓶口,塞上棉塞,再用牛皮纸包住棉塞及瓶口部分,用绳扎紧,放入高压灭菌锅(或常压灭菌灶)进行灭菌消毒。

(3)麦粒培养基(谷粒培养基) 用作麦粒培养基的原料有:大麦、小麦、稻谷、玉米粒、小米、高粱等。麦粒原种培养基配方为:小麦(干)87%,碳酸钙或石膏粉3%,发酵干牛粪10%,少许发酵稻草。此培养基适用于制蘑菇、平菇等菌种。

制作方法:麦粒先用多菌灵与3%石灰水浸泡16~24 h。捞出冲洗干净,沥去多余水分,加入木屑或砻糠,再加入其他辅料拌匀、装瓶、灭菌。麦粒种培养基灭菌比一般原料培养基灭菌的时间要长一些。

(4)粪草原种培养基

①粪草(经发酵)90%,糖1%,麸皮或米糠8%,碳酸钙或石膏1%。此培养基适合于制蘑菇菌种。

制作方法:将干牛粪与稻草(麦草)以6∶4比例配好,再堆制发酵15~20 d,此间翻堆2~3次。然后从中挑出半腐熟的稻草,切成2~3 cm的草段,晒干即为粪草。制培养基时,按比例取粪草与其他辅料混匀,用糖水拌料,含水量60%左右,再装瓶、灭菌。

②干稻草63%,玉米粉4%,过磷酸钙3%,干牛粪25%,大豆粉3%,硫酸镁2%。此培养基适合于制蘑菇、草菇菌种。

制作方法:将稻草切碎浸透水后,捞出沥至不滴水,不经发酵,直接加辅料拌匀。含水量60%左右,再装瓶、灭菌。用牛粪等制备培养基,灭菌时间要再延长1/3。

(三)食用菌菌种生产的工艺流程

食用菌生产中所使用的菌种,国内外大多采用固体菌种,其大致工艺流程为:母种→母种扩繁(培养基制备→接种→培养检查→成品)→原种制作(配料分装→灭菌→冷却接种→培养检查)→原种成品→栽培种制作(配料分装→灭菌→冷却接种→培养检查)→栽培种成品。

(四)食用菌菌种的鉴别

1.母种的特征与鉴别

食用菌的不同种、不同品种母种的肉眼可观特征不同,长速和生长势等都不同。正常的母种都有一些共同的可供观察和鉴别的特征。

(1)生长整齐 同一品种、同一来源的母种,扩繁后,不论扩繁量有多大,只要使用的培养基相同,培养条件相同,试管与试管之间,菌丝的生长外观没有明显的差异。生长外观包括长速、色泽、菌落的薄厚及气生菌丝的多寡等。

(2)长速正常 不同种、不同品种的食用菌,在一定的营养和培养条件下,都有其固有的生长速度。如平菇‘中蔬10号’,在综合PDA培养基上,25℃下黑暗培养6 d长满斜面。如果长速不在这一范围内,表明菌种活力不够,或老化,或退化,不宜再使用。

(3)形态特征　不同种、不同品种的食用菌,其母种都有各自特有的形态,如菌落形态、气生菌丝的多寡、菌丝的色泽、培养基中色素的有无及色泽、生长边缘特征等。如糙皮侧耳ACCC50249,在26~28℃培养,长满斜面后2~3 d气生菌丝就分泌黄色素,而佛罗里达侧耳各菌株均无这种色素分泌,如木耳和金针菇多数品种在长满斜面之前都不会分泌褐色素溶于培养基中,如果扩繁母种中,在生长期间培养基呈棕褐色,或接种块背面呈较深的色泽,就是不正常现象。这样的菌种多不能正常出耳或出菇,即使出耳出菇,产量也很低。

(4)菌落生长边缘外观饱满、整齐、长势旺盛。

2. 原种、栽培种的特征与鉴别

食用菌优良品种性状的鉴定需要生理、生化、栽培、抗逆性、抗杂力等多方面的鉴定,这是选种育种工作必不可少的重要组成部分。作为菌种生产者对菌种的鉴别,不是指其使用品种的种性,而是在种性既定的前提下,对大量的扩繁后的菌种生长状况的检查和优劣的鉴别。在使用品种种性优良、母种符合使用标准的前提下,原种和栽培种培养基适宜,灭菌彻底,接种操作规范,培养条件适宜,是完全可以生产出合格的原种和栽培种的。

不同种、不同品种,甚至不同培养基,原种与栽培种的外观不完全相同,外观特征只有在品种相同、培养基相同、培养条件相同的前提下,才有可比性。这里介绍的菌种鉴别及特征主要应用于菌种培养期间,因此这也是动态的过程。尽管不同品种、不同培养基、不同培养条件下菌种外观有所不同,但在生长过程中,仍有不少共性,以资鉴别。优良的原种和栽培种应具备如下特征:

(1)生长整齐　同一品种,使用相同的培养基,在相同的条件下培养,长速和长相应基本相同。

(2)长速正常　不同种、不同品种、不同培养基、不同生长条件,长速不同,但是每一个品种,在固定的培养基和培养条件下,有其固定的长速。如美味侧耳原种,在纯棉籽壳培养基上,装干料125~130 g,湿重300~320 g,在恒温25℃下培养,应在21~25 d长满。

(3)色泽正常　不同食用菌的母种虽然色泽略有差异,但在天然木质纤维质的培养基或谷粒培养基上生长时,几乎菌丝体都是白色。除草菇、银丝草菇外,几乎所有的食用菌正常的原种和栽培种外观均应为纯白色。如果污染有其他真菌,从菌种外观可看到污染菌菌落的颜色,常污染食用菌菌种菌落颜色有绿色、灰绿色、暗褐色、橘红色、灰白色、黑灰色等。有时污染菌的菌落被食用菌丝遮盖后,可出现明显可见的黄色或黄褐色的颉颃线。此外,整个菌种体上下不同部位还应色泽鲜亮一致。特别是当上部灰暗时,应拣出不用。如果整批出现上部灰暗苍白,色泽不鲜亮,应认真找原因,整批菌种销毁不用,重新制种。

(4)菌丝丰满　优良的原种和栽培种,菌丝丰满、浓密、均匀。如果菌丝干瘪,菌体上部萎缩,则不可使用,应认真分析原因,重新制作。

(5)菇香味浓　正常的原种和栽培种,打开瓶(袋)盖,可闻到浓郁的菇香味,如果气味清淡或无香味,说明菌种有问题,不能使用。

第三节　黑木耳栽培技术

一、概述

黑木耳也叫光木耳、细木耳、云耳等，质地鲜脆，滑嫩爽口，营养丰富，是一种优质食药用菌，是传统的出口商品，在国际市场上享有盛誉。

黑木耳不仅具有独特的口味，而且有很高的营养价值，是我国人民喜爱的食品。据中国医学科学院卫生研究所分析（1980 年），每 100 g 干品中含蛋白质 10.6 g、脂肪 0.2 g、碳水化合物 65.5 g、粗纤维 7 g、钙 375 mg、磷 201 mg、铁 185 mg。此外，还含有维生素 B_1 0.15 mg、维生素 B_2 0.55 mg、烟酸 2.7 mg，其中蛋白质的含量比一般蔬菜、水果高。在蛋白质中含有 18 种氨基酸，而人体所需的 18 种氨基酸全部具备。在灰分元素中，铁的含量是番茄、马铃薯含量的 4 ~ 7 倍。在维生素中，维生素 B_1 的含量是米、面和大白菜的 10 倍。因此，黑木耳历来成为国内外广大消费者所喜爱的一种营养丰富、滋味鲜美的副食品。

黑木耳的药用价值也很高。我国医学历来认为黑木耳有滋润强壮、清肺益气、补血活络、镇静止痛等功效。黑木耳是中医用来治疗腰腿疼痛、手足抽筋麻木、痔疮出血和产后虚弱等症常用的配伍药物。黑木耳含有丰富的胶体物质和消化含纤维物质的特殊作用。因此，长期以来，成为纺织、制革、矿山和理发行业人员不可缺少的一种保健食品。

黑木耳子实体生长适宜温度在 10 ~ 25℃之间，属中低温型，温度超过 30℃时，子实体易自溶腐烂，温度低于 10℃时，子实体生长缓慢或停止生长，所以子实体生长应选择气温在 10 ~ 25℃之间。根据气候特点和黑木耳子实体生长对温度的要求，在自然条件下，一年可栽培两季，即春栽和秋栽。生产季节安排原则是，出耳时间的气温在 15 ~ 25℃之间，以进棚划口时间倒计时安排生产，海拔 800 m 以下地域均可年生产两季，在镇安春栽划口时间在 4 月中旬，倒退 60 ~ 80 d 制袋（养菌 60 ~ 80 d），即 1 月至 2 月制袋，划口至采收一茬木耳需 20 ~ 30 d，这样 5 月中旬前一茬耳采收结束。秋栽在 9 月上旬划口摆袋，6 月下旬到 7 月上旬制袋。做到冬养菌，春出耳，夏养菌，秋出耳，严格按照木耳生长对温度的要求来安排出耳季节，否则，会受到大自然的惩罚。在海拔 1 000 m 以上山区，以春季栽培为主，春栽于 3 月下旬至 4 月上旬划口地栽，6 月上旬前采收结束。要求合理安排生产季节和出耳时间，栽培袋尽量不要越冬，越冬一方面增加管理成本，另一方面杂菌污染相对严重，增加了管理难度。

二、品种选择

（一）地栽黑木耳品种

优质良种和先进栽培技术配套就能获得预期效益。优质高产地栽黑木耳品种特点是：早熟、品质优、产量高、颜色深、肉厚、抗杂、抗逆性强、商品率高。目前，适于地栽的优质品种有‘888’‘998 – 2’‘RF098’‘陕耳一号’‘黑菊 8 号’‘Au100’‘杂交 22’和‘杂交 19’等。

其中‘998－2’品种耐高温，抗流耳，子实体生长温度为15～28℃。在低热区春栽可选择耐高温品种，以防止后期高温流耳。在选择品种时，要掌握品种的特征特性，结合当地的气候特点选择应用。

（二）棚架袋栽黑木耳品种

选用要求是袋栽专用种和中早熟品种，同时按照所定销售对象选用品种，一般国内销售，宜选用菊花状的高产品种，出口宜选用丰产性好的单生品种。经筛选，目前生产上选用的是‘黑A2’‘黑A3’两个丰产性抗病性较好的菊花状黑木耳品种。

（三）袋料栽培黑木耳品种

‘柞水1号’‘Aul00’‘098’‘杂19’‘杂22’‘黑菊8号’‘燕耳K3’等。

三、培养料选择及配方

（一）原料

黑木耳属木腐菌类真菌，大量的农作物秸秆（玉米、豆秆等）、农副产品下脚料、阔叶树的枝条、枝丫等粉碎后均可作为其培养料。忌用松木、柏木等带有松香味及含芳香类的原料，桐木、杨木等软杂木木屑和农作物秸秆应同硬杂木木屑搭配使用。培养料粗细适宜，一般主料木屑或秸秆直径要求1～2 mm。主料越陈越好，但不能发霉。辅料越新越好，必须是新鲜、无虫蛀、无霉变的麸皮、豆饼粉、石膏粉等。不能用虫蛀越夏的，更不能用与农药存放在一起的，这样极易造成接种不发菌。

（二）配方

根据各地实际情况，提出以下常用配方：

1. 地栽黑木耳培养料配方

（1）杂木屑（阔叶）84.5%、麸皮12%、石膏1%、豆饼粉2%、生石灰0.5%。

（2）软杂木屑（杨、柳、椴树等）41.5%、玉米芯20%、松木锯末（曝晒处理）20%、麸皮15%、豆饼粉2%、生石灰0.5%、石膏1%。

（3）木屑56.5%、玉米芯30%、麸皮10%、豆饼粉2%、石膏1%、生石灰0.5%。

（4）豆秆71.5%、玉米芯或锯末17%、麸皮10%、石膏1%、生石灰0.5%。

（5）玉米芯49%、锯末38%、麸皮10%、生石灰1%、豆饼粉2%。

2. 棚架栽培黑木耳培养料配方

（1）杂木屑82%、麸皮14%、豆饼3%、石膏1%。

（2）豆秆70%、木屑19%、麸皮10%、石膏1%。

（3）棉籽壳50%、杂木屑35%、麸皮14%、石膏1%。

3. 袋料栽培黑木耳的培养料配方

（1）棉籽壳88%、麸皮8%、豆饼粉2%、石膏1%、石灰1%。

（2）木屑80%、麸皮15%、豆饼粉2%、石膏1%、生石灰2%。

（3）玉米芯77%、麸皮18%、豆饼粉2%、石膏1%、生石灰2%。

(4)豆秆 86%、麸皮 10%、豆饼粉 2%、石膏 1%、生石灰 1%。

(5)玉米芯 45%、木屑(豆秆)44%、麸皮 10%、石膏 1%。

以上配方请注意营养搭配,调节好碳氮化[碳氮比为(25 ~30):1],含水量掌握在 60% ~65%,灭菌前培养料 pH 保持 8 ~9 即可。

(三)原料处理

1. 拌料

拌料有机械拌料和人工拌料,目前个体生产一般采用人工拌料。确定配方后,按比例将主、辅料称好,先将辅料(麸皮、石膏、豆饼粉等)干拌 3 次,拌匀后再同主料木屑或秸秆混合充分拌匀,然后将一定量的生石灰溶解于水中加入干料中,搅拌 3 次拌匀即可,使培养料含水量在 60% ~65%(目测培养料含水量标准是:用手握紧培养料,指缝有水珠出现但不下滴,松手后落地即散)。再用试纸测定培养料 pH 8 ~9。料拌好后,冬季闷堆 1 ~2 h,夏季闷堆时间稍短一些,而且当天拌料当天装完,当天灭菌,谨防培养料变酸。

2. 装袋

选用(15 ~17)cm×33 cm×(0.04 ~0.045)cm 聚丙烯折角袋。装袋前应检查袋子是否漏气,凡有破损、沙眼的塑料袋绝对不能使用,确保制袋成活率。装袋方法有机械装袋和手工装袋。机械装袋均匀一致,且工作效率高,手工装袋培养料松紧很难均一,但简单方便。

装袋前先将塑料袋一头用塑料绳扎紧,火熔封口,防止漏气,然后将拌好的培养料(含水量 60% ~65%)装于袋内,中间用直径 2 cm 木棍打一孔至袋底,但以不扎破袋底为宜,套上项圈,盖上无棉盖或塞上棉塞。用绳扎紧袋口,再反折扎紧。

无论采用机械装袋还是手工装袋,要求松紧一致,表面光滑平整,手握有紧实感,避免出耳时料袋分离,缩短菌袋寿命。

3. 灭菌

灭菌方式有常压灭菌和高压灭菌。栽培生产常采用的是常压灭菌,即土蒸锅或移动式蒸气炉灭菌。

为了防止袋子挤压变形,料袋分离,灭菌时要将木耳栽培袋装入周转筐中,周转筐可用钢筋或木条制作,周转筐的规格应根据灭菌方式而定,一般每筐可装 18 ~20 袋为宜,必须准备足够的筐数,总筐数应是每次灭菌数的 2 ~3 倍。

常压灭菌要求在 5 h 内温度达到 100℃,维持 12 ~15 h,再焖 2 h 后,打开灶门,待锅内温度降至 60℃时出锅,达到灭菌效果后移入接种室。

4. 接种

接种是黑木耳生产中的一个关键环节,接种成活率越高,成本降低,效益增加,否则成本加大,直接影响栽培产量和效益。当袋温降至 30℃以下时应抢温接种,按照无菌操作规程,用直径 2 cm 接种棍在料袋表面打 3 ~5 个孔,用镊子镊取一块与接种孔大小近似的菌种,迅速接于孔内,料袋外表用菌种第一次封口,然后用封口胶带或石蜡二次封口。

接种室必须提前打扫干净,每立方米用甲醛 8 mL 和高锰酸钾 5 g 或用硫黄 20 g 进行熏蒸消毒。待袋温降至 30℃时便可抢温接种。接种方法有接种箱接种、接种器接种和超净工作台接种。

根据实际情况,群众中普遍采用接种箱接种。接种前必须对接种箱进行熏蒸消毒,对菌种进行预热、表面消毒处理。将料袋、菌种、接种工具(镊子、接种铲、接种钩)等放入接种箱内消毒,每立方米用 2 g 气雾消毒剂,消毒 30 min 后方可接种。接种人员要有无菌操作观念,手进箱前和进箱后用75%的酒精拭擦消毒,接种工具用酒精作表面消毒后,须经酒精灯灼烧待冷却后方可使用。严格按无菌规程进行操作,接种完后将菌袋搬入培养室养菌。

四、菌丝培养

养菌也是黑木耳栽培过程的又一重要环节。养菌室必须干净、避光、保温、通风。提前用甲醛和高锰酸钾或硫黄粉进行熏蒸消毒。养菌阶段管理好,菌丝粗壮,菌龄适宜,培养出合格栽培袋,就为获得高产奠定了基础。

接种后的栽培袋放入培养室,养菌室应具备干净、保温、避光、通风等条件,养菌室的墙壁、地面要平整、光滑,以防刺伤菌袋,菌袋进入前对养菌室要进行消毒,空间用硫黄熏蒸,地面撒生石灰,门窗要有避光设施。接种后的菌袋顺码于养菌室,高度 8 ~10 层,初期 7 ~10 d,接种点处于定植期,温度控制在 25 ~28℃,空气相对湿度保持在 40% ~60%,定期检查菌袋,发现污染及时处理。

当菌种定植,菌丝吃料至 1/3 时,此时室内温度应保持在 22 ~25℃,不能超过 25℃,每天通风 2 ~3 次,每次 20 ~30 min。及时翻堆“井”字堆放,高度 6 ~8 层,预留通风走道,同时每天应保持2 次通风,每次 1 h 并注意观察,当发菌缓慢时,应及时扯掉接种孔封口,增加氧气,以后每隔 7 ~10 d 将菌袋上下翻动一次。养菌后期,室内温度保持在 20 ~22℃之间,严防超温烧袋,并加大通风次数和通风时间。正常情况下,菌丝 60 ~80 d 就可长满菌袋。

五、出耳管理

(一)地栽黑木耳的管理

地栽黑木耳与段木相比,其适应性更强,可广泛利用农作物秸秆、木屑作为栽培原料,也不受生产环境的限制。因此,在各地均已得到较为普遍的推广。黑木耳地栽栽培法的季节安排,培养料的选择与配方以及灭菌要求,接种、发菌和出耳管理,原则上也适应其他栽培法。

1. 场地选择及耳床制作

栽培场地应选择在背风、向阳、离水源较近,远离畜禽和无污染源的场所。不同地势、场所、不同降雨量应做不同的出耳床,积水低洼地应做高出地面 20 ~30 cm 的出耳床,平地排水不利的地势,应做高出地面 8 ~10 cm 的出耳床。高出地面的耳床,应在耳床上建造高 70 ~80 cm 的小棚,上盖草帘或其他遮阳物,以利于保湿、保温,防止光线直射。排水良好的地势应做出比地面低 20 ~25 cm 的出耳床。耳床的长度不限,宽度 1.0 ~1.2 m 为宜。一般每平方米摆 25 袋,每 667 m^2 留 1/3 作业道,余地可摆 1 万袋。

2.划口地栽

菌丝长满菌袋后就可地栽，地栽前将耳床慢慢浇一次重水，使床面湿透，然后用1∶500倍甲基托布津溶液喷洒消毒，并将草帘用甲基托布津溶液浸透，控净多余水分待用。

地栽方式有正栽（袋子口朝上地栽站立出耳）和倒栽（袋子口朝下倒立地栽出耳），若正栽时，取掉套环用纤维细绳扎紧袋口，并将袋口窝回再扎紧以防水分进入和串气，若倒栽时，取掉套环，将袋口拧紧倒栽出耳床即可。

划口前将栽培袋用1%的石灰水浸一下，待水分沥干后划口，注意不要将刀片反复消毒；不要在风雨天划口地栽；不要在料袋脱离处划口；不要在室内划口；不要在污染处划口；不要在菌丝未长满处划口；不要在起褶处或原基形成处划口。要在料袋紧贴处划口，每袋呈“品”字形排列划8～12个“V”形口，口长1.5～2.0 cm，口深0.5 cm，口的角度以45°～60°为宜。边划口边地栽边盖草帘，严禁菌袋长时间暴露在强烈阳光之下。

3.出耳管理

（1）耳基形成期　地栽方法有集中催耳栽培法和一次性按每平方米摆25袋地栽两种。目前多采用倒栽集中催耳方法栽培。即栽培袋划好口后在出耳床中倒栽，袋间距1cm，“品”字形摆，盖上湿草帘。这段时间要求出耳床空气相对湿度80%～85%，温度15～20℃，温度低于15℃以下，或遇雨天应用薄膜覆盖，若空气相对湿度在80%以下，可轻轻往草帘上洒雾状水。正常情况下，这一时期一般需7～10 d。

（2）子实体分化期　由原基形成珊瑚状耳基，长至杏核大圆球以后，上面开始伸展出小耳片，称为子实体分化期。

当耳基封住划口处，并分化出小耳片时，拉大袋间距，即袋与袋之间距离保持10 cm左右，按每平方米25袋，“晶”字形摆，然后正常管理。

分化期要求耳床内温度15～25℃，湿度85%～90%，但仍是雾状水，可适当增加浇水次数，早晚揭开草帘予以通风，促使耳基分化，正常情况下，这时期需5～7 d。

（3）子实体生长期　子实体长至杏核大小以后，边缘分化出很多个小耳片，并逐渐向外伸展，划口处已被子实体彻底封住。这时，耳床温度控制在使用品种子实体生长温度范围内，湿度控制在95%～100%，初期仍喷雾状水，随着耳片生长，应逐渐加大喷水量，待小耳片展开1 cm以后，可以直接往耳片上浇大水。若遇雨天，可揭开草帘让雨水直接淋浇。管理后期要加强通风，夜间揭去草帘，早上太阳出来时盖上草帘。每次大水量管理3～4 d后停止浇水，早晨草帘迟盖，让袋子、子实体、耳床风干，使菌袋充分干燥2～3 d，让菌丝有休养生息的时间。经过几天的停水干燥，再恢复大湿度、大水量管理3～4 d，使耳片充分展开。这样，干干湿湿、干湿交替管理，木耳就可快速长大，这时期正常情况下需7～10 d。

4.二茬黑木耳培育方法

黑木耳地栽法，以提高头茬木耳产量为主攻目标，但气温适宜，管理得当，仍可培育出二茬或三茬木耳。

具体方法是：头茬木耳采摘后，使栽培袋、床面、草帘皆风干，十余天之后，在充足的散射光和良好通风条件下，使床面温度调控在25℃以下，空气相对湿度保持在80%～85%，若遇雨天用农膜覆盖，待耳芽长出后，按照头茬木耳管理方法，即可培育出二茬木耳。

(二)棚架栽培黑木耳的管理

1. 栽培场地选择

应选择坐北向南,水源方便,避风向阳,地势平坦,无污染源的场地,房前屋后、村边、果园、林间等均可建棚。

2. 耳棚的建造

耳棚的大小要适当,一般600~1 000袋选建一个耳棚,操作方便,便于管理。以600袋为例,建长5~6 m,宽2.6~2.7 m,中央高2.2 m,两端高1.8 m成弧形。棚内中央留70 cm宽的人行道,两侧各1 m宽,设两排床架,床架材料用竹、木,每排床架5~6层,层高25~30 cm,作摆放菌袋用。有条件的可在棚内增设微喷设施,棚顶和四周用农膜覆盖,直盖到地面,并用土封严,在棚上面覆盖草帘或作物秸秆作遮阴保温用,草帘、秸秆的厚薄疏密可随天气、菌袋子实体生长不同时期等情况,随时灵活调节。

3. 划口催耳

当菌袋菌丝发满应及时划口,划口催耳分室内和棚内,室内划口催耳要有较好的散射光和控制温湿度的条件。划口催耳无论在室内还是棚内,都必须进行划口前的环境消毒和防虫。划口用手术刀片或刮脸刀片都可,一次消毒后在菌袋表面按"品"字形排列划口,每袋划25~30个"V"形口,角度45°~60°,角斜线长控制在1.5~2 cm即可,深度以0.5 cm为宜,这时直接上棚架或室内"井"字形堆放催耳。若室内划口催耳,当耳基出现时应及时上棚架。划口催耳期间温度调控在15~20℃,空气相对湿度调控在80%左右为宜。

4. 出耳管理

划口后约经10~15 d耳基可封住划口线,当子实体长至杏核大小时,边缘会分化出很多小耳片,这时温度应调控在20~25℃,空气相对湿度应在90%~100%,并逐渐加大喷水量,但仍是雾状水,切忌大水猛浇或直接喷水打落耳基,掌握好晴天多喷、阴天少喷、雨天不喷、午间高湿不喷的原则。以耳片湿润为宜,浇水时根据气温情况,可采用干干湿湿和干湿交替的办法管理,并保持有足够的新鲜空气,用塑料膜罩棚的,每天必须通风2~3次,每次1 h左右为宜,经10 d左右耳片即可充分展开,当耳片背面出现银灰色时即可采收。当第一茬耳采收后,一周内切忌向菌袋直接浇水,然后保持空气相对湿度80%~85%,约需7~10 d原基便可形成,当原基形成后,其管理办法按照第一茬耳管理。第三茬出耳管理仍按第二茬出耳管理技术即可。

(三)吊袋栽培黑木耳的管理

吊袋栽培接种后在室内发菌,然后在室内或室外荫棚吊挂,进行出耳管理。

1. 催耳的场所和方法

催耳是将菌袋划口后,置于湿润、光照条件好,空气新鲜的环境下,促使耳芽大量发生。菌袋长满后,将菌袋仍放在原培养室的层架上,但必须开门窗,加强通风,增加光照,室温控制在18~20℃,刺激原基分化,经过2~3 d,袋壁上有部分耳芽出现,即可进行划口催耳,这时室内空气相对湿度保持在80%~85%,促使耳芽大量发生,然后进行吊挂出耳管理。

或者菌丝长满后,即可在菌袋上划口进行催耳。催耳的场所可放在室内,也可放在室外的荫棚、树林地进行,先将地面整平,在地面上铺一层细沙,浇水湿润,再将划口的菌袋摆放在沙地上,覆盖薄膜保湿。要增大空气湿度,有充足的散射光照,在空气新鲜,通风条件好的环境下,前3 d不要掀动农膜,3 d后每天揭膜通风2~4次,并轻喷雾状水保湿。7~10 d在划口处有子实体原基发生,10~15 d原基可大量发生,待耳芽大量发生后,进行吊挂出耳。

2. 吊挂出耳

(1)出耳场地　吊袋栽培黑木耳,通常是将催耳后的菌袋置于空气湿度大、通风条件好、光照充足、水源近、远离污染源的环境下出耳。出耳的场地可在室内,也可在室外简易荫棚吊袋出耳。

(2)耳棚、耳架的建造　无论采取室内、室外栽培,对场地条件的要求是能够保温、保湿、通风、水源方便、易操作。栽培室(棚)布局以南北方向为宜,一般每20 m^2可吊挂1 000袋。以竹、木作为棚架的立柱、横梁。室外棚长6 m,宽2.5 m,立柱长2.5 m,地下埋0.3 m,每隔2 m一个,上斜梁用铁丝固定。横梁长2.7 m,每0.3 m架一根并用铁丝固定,在横梁上系若干个尼龙绳供挂袋用。四周和顶覆盖农膜再用玉米秆或草帘遮挡,顶上用遮阳网遮阴,室内棚架的搭建与室外基本相同,根据房屋的大小用铁丝或竹、木搭横梁,高0.8 m,并留走道便于操作。

(3)挂袋　当耳芽大量形成后用绳子或"S"形铁钩将菌袋挂到横梁新系的绳子上,每个绳子吊挂4~5个耳袋为宜,耳袋间距10~15 cm,上下层耳袋位置要相互错开,底屋耳袋离地面19 cm,中间留走道60 cm。

3. 出耳管理

(1)保持湿度　菌袋催耳进入栽培室(棚)后,标志着木耳已从营养生长转向生殖生长,菌丝内部的生理变化处于整个生育过程中最活跃的时期,对水分十分敏感。所以吊挂后,应在地面浇一次重水,使之能保持室(棚)内所需空气湿度,子实体分化期相对空气湿度保持在85%~90%,子实体生长期相对空气湿度保持在95%~100%,喷水要采用喷雾的方法,对菌袋表面喷雾,每天喷水次数应根据天气、出耳情况以及湿度来决定,一般每天喷雾状水2~3次,气温高时,增加早、晚喷水次数和喷水量。喷水要均匀,使耳片湿透,切忌耳片干不干,湿不湿,连续喷3~4 d,停水2~3 d,使室(棚)、耳袋干燥,再加大喷水量,这样经过3~4次反复干湿交替管理,耳片就可完全展开。

(2)控制温度　出耳阶段温度应控制在15~25℃,最适温度为20~24℃,温度过高或过低均会影响耳片生长。秋栽出耳期要采取保温、加温措施。春栽出耳后期,要采用加厚棚顶覆盖物、增加喷水并结合通风等办法降低室温。

(3)通风换气　黑木耳是好气性真菌,在菌丝生长阶段需氧量低,但出耳期需氧量高,并对高浓度二氧化碳最为敏感,抑制木耳的生长。因此,袋栽黑木耳在室(棚)内栽培,应加强通风换气,排除二氧化碳废气,保持室(棚)内新鲜空气,特别是夏季,室(棚)内高湿高温,经常保持室(棚)内空气对流,不仅有利于黑木耳正常出耳和子实体生长,而且也是防止病虫害发生的一项有效措施。

(4)增加光照　黑木耳子实体生长期需要充足的散射光和一定量的直射光,在有一定光照的条件下,耳片肥厚、色深、品质好。室(棚)内吊挂袋栽培在充足的散射光条件下,力求增加一定的直射光,同时吊袋耳片生长期要相互调换位置,以调剂自然光照不足,提高木耳品质。

(四)地沟吊袋栽培黑木耳的管理

地沟吊袋栽培法，具有较强的保温保湿效果，其光照度可进行人工调节，具有室内培养发菌，室外半地下吊挂出耳的特点。

1. 修建地沟

在地势较高、无污染源、水源方便处，挖长 2.5 ~ 3.0 m、宽 1 m、深 1.2 m 的地沟，将沟壁削平拍实，在沟底铺设 3 cm 厚洗净的河沙，沙面撒一层生石灰，然后放水浸透沙面，在地沟内沿纵长方向放 2 根长 3.0 ~ 3.5 m 的木杆，在木杆中间加一个支撑点，地沟上面用竹竿弓成圆形加盖草帘遮阴。

2. 开口挂袋

菌丝长满袋后将菌袋移至室外阴凉处，经光刺激后，去掉项圈和棉塞，用长 1.0 ~ 1.2 m 塑料绳扎袋口，每根塑料绳上扎 2 ~ 3 袋，为了便于移动，可扎活口，袋间距 10 ~ 15 cm，用消毒的刀片在菌袋上划“V”形出耳口，用“品”字形排列，每袋 10 ~ 12 个口，再将系有绳的菌袋依次系在木杆上，每根木杆可挂 150 ~ 200 个菌袋，挂袋时使菌袋所处的位置相互错开，保持 5 ~ 10 cm 距离。在管理过程中，每隔 2 ~ 3 d 将上、下层菌袋相互调换一次，使其保湿、受光均匀。

3. 出耳管理

菌袋挂吊后，为保持地面湿润，每隔 1 ~ 2 d 向地沟内灌一次清水，以地面湿润或稍有积水为度。高温干旱的情况下，地面水分蒸发仍不能满足湿度的要求，用喷雾方法向空间和沟壁喷水，降温增湿，夜间有露水直接掀去草帘，既通风又增加湿度。

当耳片长到 1 cm 以上时，直接喷水于耳片上，并逐步加大喷水量，耳片充分展开时即可采收。采收时不留耳根，有耳根易导致杂菌污染，影响下批木耳的萌发生长。采耳后的菌袋应提升到距地面 10 cm 处，在阳光下风干菌袋，然后再放于地沟原处，按原方法进行管理，每隔 10 ~ 15 d 可采收一批木耳，能连续采 3 批。

六、采收

待木耳子实体朵片充分展开，边缘超褶变薄，耳根收缩，将弹射孢子前采收。采耳前两天停止浇水，去掉草帘，让阳光直射菌袋和子实体，待子实体收缩发干时采摘。采摘时一手握住菌袋，一手捏住子实体根部，把子实体连根拔出来，用剪刀剪去子实体根部培养基，用水洗净附着在于子实体上的泥沙，摊在晾晒床上。

七、加工

(一)黑木耳的分级

根据国家标准局批准，1986 年 3 月 1 日公布的《中华人民共和国国家标准——黑木耳》，将黑木耳的质量指标分为三级。

1. 一级

耳面黑褐色，有光亮感，背面灰色，不允许有拳耳、流耳、流失耳、虫蛀耳和霉烂耳，耳片完整,不能通过 2 cm 筛眼,含水量不超过 14%,干湿比 1:15 以上;耳片厚度 1 mm 以上;杂质不超过 0.3%。

2. 二级

耳片腹面黑褐色,背面暗灰色,不允许有拳耳、流耳、流失耳、虫蛀耳和霉烂耳,耳片基本完整,不能通过直径 1 cm 的筛眼,含水量不超过 14%,干湿比 1:14 以上,耳片厚度 0.7 mm 以上,杂质不超过 0.5%。

3. 三级

耳片多为黑褐色至浅棕色,拳耳不超过 1%,流耳不超过 0.5%,不允许有流失耳、虫蛀耳和霉烂耳,朵小或成碎片,不能通过直径 0.4 cm 的筛眼;含水量不超过 14%,干湿比 1:12 以上,杂质不超过 1%。

以上三级化学指标均为:粗蛋白不低于 7%,总糖(以转化糖计)不低于 20%,纤维素 3% ~6%,灰分 3% ~6%,脂肪不低于 0.4%。

(二)晾晒收藏

晾晒木耳时,耳根朝上,单个摆开晾晒,切忌频繁搅动形成拳耳而影响木耳商品外观形状。晒干后或分级包装,或收藏处理。

第四节 香菇栽培技术

香菇隶属于真菌门、担子菌纲、伞菌目、口蘑科、香菇属,香菇又名香蕈、香菌、香信、冬菇,是著名食用菌之一。

一、生物学特性

(一)形态特征

1. 菌丝体

菌丝体是香菇的营养器官,是由担孢子萌发而成,通常为白色,呈绒毛状,有横隔和锁状联合,是由菌丝不断扭结而成,成熟的菌丝可以分泌褐色素。

2. 子实体

香菇的子实体由菌盖、菌柄、菌褶、孢子等部分组成。子实体多单生,少丛生或者群生。菌盖圆形,直径 4 ~10 cm,大的可达 20 cm,表面茶褐色、暗褐色,有深色的鳞片。幼时边缘内卷,有白色或者黄色的绵毛,随生长而消失,菌盖下面有菌幕,后破裂,形成不完整的菌环。老熟后盖缘反卷,开裂。菌肉白色,肉厚,质韧。菌褶弯生,白色,受伤后产生斑点,生长后期变成红褐色。菌柄中生或者偏生,内部结实,纤维质。菌褶白色,稠密而柔软,由菌柄处放射而出,呈片状,是孢子弹射的地方。菌环以上部分白色,以下部分带褐色。孢子印白色,担孢子在显微镜下无色,椭圆形至圆筒形。

(二)生活史

香菇的生活史,与典型的担子菌的生活史基本相似,大体上是由如下 9 步组成:一是担孢子萌发;二是产生4种不同交配型的单核菌丝;三是2条可以亲和的单核菌丝,通过融合进行质配;四是每个细胞中有2个细胞核的,横隔处有锁状联合的双核菌丝;五是在适宜的条件下,双核菌丝形成子实体;六是在菌褶上,双核菌丝的顶端细胞发育成担子,担子排列成子实层;七是在成熟的担子中,2个单元核融合成双元核;八是在担子的双元核中,立刻进行减数分裂,此时双方的遗传物质进行交换、重组、分离,最后重新形成4个单元核,每个单元核分别通过担子小梗,在其顶端形成4个担孢子;九是担孢子弹射之表示香菇的生活史结束。

(三)生长发育所需的环境条件

生物体与环境条件是统一的。每一种生物体都要求在一种特定的环境条件下生长繁育。当环境条件适宜时,它就能正常生长发育和繁育后代,否则,它的生长发育就要受到影响或者抑制,甚至死亡。

1. 营养

营养是香菇整个生产过程的能源,也是产生大量子实体的物质基础,丰富全面的营养是香菇高产优质的根本保证。香菇是一种木腐菌,它主要的营养成分是碳水化合物和含氮化合物,也需要少量的无机盐、维生素等。

(1)碳源　香菇能利用的碳源很广泛,单糖(如葡萄糖、果糖)最好,双糖(如蔗糖、麦芽糖)次之,淀粉再次。糖的浓度以3%左右比较好。大多数有机酸中的碳源不能被利用,相反对香菇菌丝的生长有害。在天然的培养基中经常用麦芽浸膏、酵母浸膏,也可以用马铃薯、玉米或者可溶性淀粉作碳源。

(2)氮源　氮源主要用于香菇细胞内蛋白质和核酸等物质的合成。香菇菌丝能利用有机氮和氨态氮,不能利用硝态氮和亚硝态氮。在有机氮中,能利用氨基酸中的天门冬氨酸、天门冬酰胺、谷氨酸、谷氨酰胺,不能利用组氨酸、赖氨酸等。香菇菌丝利用菇木中氮源的能力,因香菇菌株而不同,一般为段木含氮量的1/3。

(3)矿质元素　除了镁、硫、磷、钾之外,铁、锌、锰也能促进香菇菌丝的生长,并有相辅相成的效果。

(4)维生素类　香菇菌丝的生育必须吸收维生素B_1,其他维生素则不需要。适宜香菇菌丝生长的维生素B_1的浓度大约是每升培养基100 μg。在培养基中添加腺嘌呤和胞嘧啶可以促进香菇菌丝的生长,而激动素、吲哚乙酸和赤霉酸对香菇菌丝没有作用。

2. 温度

温度是影响香菇生长发育的一个最活跃、最重要的因素。

(1)温度对孢子的影响　在潮湿的状态下,担孢子萌发的最适温度为22~26℃。在干燥状态下,70℃下5 h或者80℃下10 min孢子就死亡了,但是在60℃下5 h都不会死亡。在30℃,空气相对湿度20%以下,经50 d便失去萌发力。在20℃,空气相对湿度10%以下,经210 d还有良好的萌发力。保持干燥状态下,在50℃孢子萌发力不受影响。总之,香菇担孢子在24℃左右萌发最好,对高温的抵抗力弱,对低温的抵抗力较强。

(2)温度对菌丝的影响　一般来说,香菇菌丝发育范围在5~32℃内生长,最适温度24~27℃。在10℃以下和32℃以上生长不良,在35℃停止生长,在38℃以上死亡。在低温范围内菌丝发育缓慢，从15℃时开始，香菇菌丝生长加速，过了25℃菌丝生长速度迅速下降，超过30～35℃就停止生长。纯培养的菌丝体，在－20℃经10 h也不会死亡，在－5℃经8～10周、－10℃经10 d、－15℃经5 d就会死亡。在45℃的培养液中经40 min菌丝就会死亡。

（3）温度对原基分化和子实体发育的影响　香菇是低温和变温结实的菌类，原基在最适的低温条件下开始分化，这种最适的低温条件，随着不同的栽培菌株而有所不同。原基在8～10℃分化，在10～12℃分化最好。子实体在5～24℃范围内发育，8～10℃为最适。从原基变成子实体的适温是20℃。香菇子实体的形状和产量同样受到产菇期温度的巨大影响。一般来说，低温品种在低温条件下菇体质量好，而高温品种则需在高温条件下出菇才好。同一品种，在较低的适温范围内（10～12℃）子实体发育慢，质量好，不宜开伞，厚菇多。在高于20℃，香菇发育快，质量差，质地柔软，易开伞，高脚菇、薄菇多。在恒温条件下，不形成子实体。

3. 水分和湿度

水分是香菇生命活动的物质基础。只有在适宜的水分条件下，新陈代谢才能正常地进行，也就是说，外界的营养物质只有溶解在水里，才能通过香菇的细胞壁渗透进来，所有的代谢产物也只能溶解在水中，才能排出体外。短期的缺水，香菇菌丝处于休眠状态，长期缺水则必定死亡。

（1）水分对担孢子的影响　在适温（22～26℃）条件下，孢子在水中或者适宜的培养液中萌发率在80%～100%。在冰中存放2 h对萌发率没有影响，经过24 h萌发率降至50%～60%。在蒸馏水中能够萌发，但菌丝不能生长，在水中经24 h萌发率降至50%～60%。在45℃萌发率为1%～5%。在20℃，空气相对湿度90%时，担孢子经90 d便失去萌发力。在20℃，空气相对湿度10%以下，经210 d，孢子的萌发力还是很好的。

（2）水分对菌丝的影响　在木屑培养基中，香菇菌丝生长的最适含水量是60%～70%（因木屑的种类、粗细而异）。

（3）水分对子实体的影响　子实体生长、发育都需水分，基质含水多，香菇质地柔软、易腐；基质中含水适宜，可得到厚肉菇。在菇盖5～6分开伞时，遇到空气相对湿度低，雪后晴天，可得到冬花菇。菇蕾生长初期，遇到打霜结冰易产生菇丁。香菇菌丝在生长发育期间，空气的相对湿度以70%左右为宜，木屑培养基中的含水量以60%左右为宜。出菇期间，子实体发育期空气保持相对湿度85%～90%为最适宜，但在香菇生长过程中空气湿度大则菇色深，反之，空气湿度小则菇色浅，甚至易产生花菇。

4. 空气

香菇是好气性真菌，足够的新鲜空气是保证香菇正常生长发育的重要环境条件之一。当空气不流通、不新鲜、氧气不足时，香菇的呼吸过程受到阻碍，菌丝的生长和子实体的发育也就受到抑制并导致死亡。缺氧时菌丝借酵解作用暂时维持生命，但是会消耗大量的营养，菌丝易衰老、死亡快。因此，在通风良好的场所栽培香菇，才能得到好的收成。

5. 光线

香菇是需光照的真菌，强度适宜的散射光是香菇完成正常生长的必要条件。菌丝营养生长阶段完全不需光线，光线会抑制菌丝的生长。长时间的光照后，香菇菌丝会产生特殊的反应，菌种表面产生菌皮，随着照度的增加，生长速度下降。相反，在黑暗条件下菌丝生长最快。在完全黑暗的环境中只有营养生长，而子实体的分化和生长发育则需要光线。

(1)光线对孢子的影响　在直射阳光下，晒10 min孢子萌发减少一半；晒3 h孢子几乎不萌发了；晒4～5 h孢子就全部不萌发。

(2)光线对菌丝的影响　强烈的直射阳光对香菇菌丝有抑制作用和致死作用。明亮的室内菌丝容易形成褐色的被膜。

(3)光线对子实体的影响　没有光线不形成子实体。分化后的原基在暗处有徒长的倾向，盖小、柄长、色淡、肉薄、质劣。

6.酸碱度(pH)

酸碱度也是影响香菇生长发育的环境因子之一。香菇菌丝生长几天后，培养基中的pH很快下降，这是由于香菇产生醋酸、琥珀酸、草酸等有机酸的缘故。香菇生长的最适pH是5～6。

香菇的生活条件是综合性的，在保证营养的条件下，温度、空气、光线是决定因素，这些条件是相互联系、互相促进、互相制约的。因此协调好温、湿、光、气等环境因素非常重要。

二、栽培技术

(一)栽培季节与茬口安排

1.夏菇

10～12月制袋，4～10月出菇，选择中高温品种。

2.秋菇

当年12月至次年2月制袋，6～7月越夏，8～12月出菇，选择中温品种。

3.冬菇

7～8月制袋，当年11月至次年4月出菇，选择中低温品种。

(二)栽培模式与品种选择

海拔>1 200 m，采用层架式周年栽培，出菇层架6～7层；海拔900～1 200 m，采用层架式周年栽培，高温季节出菇选用层架4～5层；海拔<900 m，低温季节出菇采用层架式栽培；夏季出菇采用“人”字形落地式斜靠栽培。

1.品种选择

(1)中高温品种　菌龄80～100 d，出菇温度15～33℃，常用品种有‘武香1号’‘808’‘931’‘汀选18’‘庆科212’等。

(2)中温品种　菌龄110～130 d，出菇温度13～28℃，常用品种有‘241－4’‘808’‘868’‘庆科20’等。

(3)中低温品种　菌龄120～150 d，出菇温度10～23℃，常用品种有‘135’‘庆元9015’‘939’‘庆科20’‘庆科212’等。

2.场地选择

菇场应选择阳光充足、交通便利、有洁净水源、排灌方便、生态条件良好的地块，菇场

5 km 范围内无工矿企业污染源,3 km 范围内无酱曲场、畜牧场、生活垃圾堆放和填埋场、工业固体废弃物堆放和填埋场。出菇场搭塑料大棚,宽 4 ~ 8 m 不等,长 50 m 左右,用遮阳网遮阴,使棚内达到七分阴三分阳。

(三)选料、配方与技术要求

1. 选料要求与配方

杂木屑、果树枝条(粉碎)、棉籽壳、玉米芯均可作为主料来栽培香菇,原辅材料选择要严把原料质量关,杜绝使用掺假伪劣原材料,特别是含有害物质残留的原材料。杂木屑必须由优质阔叶树粉碎而成,无霉烂,无结块,无异味,无油污。麦麸要求优质、新鲜、干燥,无结块、霉变、虫蛀、掺假现象。石膏粉要选用色泽洁白、质优、纯度高的生石膏粉。

(1)配方一　杂木屑 78.8%、麸皮 20%、石膏 1%、丰优素 0.2%。料水比为 1∶1.1。

(2)配方二　玉米芯 50%、木屑 28.5%、麸皮 20%、石膏粉 1%、丰优素 0.2%、硫酸镁 0.3%。料水比为 1∶1.2。

(3)配方三　棉籽壳 42%、木屑 39.7%、麸皮 17%、石膏粉 1%、丰优素 0.3%。料水比为 1∶1.25。

2. 技术要求

(1)pH 保持在 6.0 ~ 6.5;

(2)主料与辅料、干湿度、酸碱度混合均匀;

(3)木屑、棉籽壳、玉米芯等先加水拌匀,再把石膏、麸皮干混均一,然后把溶于水中的硫酸镁、丰优素加入料中,并拌均匀。

(四)机械装袋

培养料配制完成后,应及时用装袋机装袋,拌料之后至装袋的时间不超过 4 h,要做到当天拌料,当天装袋灭菌,不能堆积过夜。袋口要清理干净并扎紧。采用(15 ~ 18)cm × (55 ~ 60)cm,厚 0.06 ~ 0.08 cm 的耐高温聚乙烯塑料袋,17 cm × 58 cm 的菌袋装袋后重量为 2.5 ~ 2.7 kg,18 cm × 60 cm 的菌袋装袋后重量为 3.0 ~ 3.3 kg。

(五)彻底灭菌

袋装好后及时进灶,合理叠袋。采用常压灭菌,开始加温时,火势要猛,6 h 内灭菌温度上升到 100℃,保持 28 ~ 36 h,停火后焖 8 h。当锅内温度降到 70℃ 以下时移袋至经过 2% 的新洁尔灭或 75% 酒精消毒过的冷却室中。

(六)抢温接种

当袋内料温降到 30℃ 以下时,及时移到接种箱或接种室内。选择种源纯正、菌丝长势好、抗逆性强的良种,接完种后及时套上外袋扎口(活结)。接种过程严格按照无菌操作要求,做到紧、严、快,以减少杂菌侵入。

(1)使用接种箱接种时,需要准备好接种器具及菌种后再用气雾消毒盒消毒 30 min。

(2)接种室内,需要对运袋筐和料袋事前用 2% 的新洁尔灭或 75% 酒精或 0.2% 克霉灵消毒 40 min。然后两人一组,一人脱外袋并用消毒过的打孔器在侧面打孔,5 孔/袋,另一人用消毒过的香菇接种器接种，填满菌种。

(3)接种室内若采用打孔接种一体机自动流水线，最好选择晚上接种，以减少污染率。

(七)培养刺孔

接种后菌袋移至培养室进行发菌管理。培养室通风口安细纱，地面撒一层石灰，保持温度15～24℃，袋内料温不高于25℃，湿度自然，遮光，保持良好的通风条件。为防止高温烧菌及利于通风，堆码应为“井”字形。菌袋移到培养室内首先采用“四四”式(即每层4个袋)，3～5 d时首次查菌。当接种穴菌丝直径8～12 cm时“放小气”前，空间应用0.2%克霉灵消毒，即先脱去外袋，再用消毒后的竹尖或小铁钉在每个穴内菌丝处刺3～5个小孔，深度应小于5 mm。然后再套上外袋，此时应堆成“三三”式。之后“放大气”(刺孔多、深)，应堆成“二二”式。当菌丝直径在12～15 cm时，脱去外袋培养即可。

1. 刺孔的作用

及时刺孔通气能有效防止菌棒缺氧、增强菌丝活力、软化瘤状突起物、减少黄水及闷堆烂棒发生。

2. 刺孔的时间

接种口菌丝圈直径8～12 cm时“放小气”；菌丝长满全棒一周左右时“放大气”。

3. “放大气”四原则

(1)气温20～25℃刺孔通气(超过28℃时严禁刺孔通气)；

(2)分次分批进行，不能一个培养室的菌棒全部一次性刺孔通气；

(3)刺孔通气要加强通风和适当采取降温措施；

(4)含水量高、偏重菌棒多刺、深刺；含水量低、偏轻菌棒少刺孔、刺浅。

(八)转色管理

袋料栽培香菇应有的正常生理现象，当菌丝长满袋后，具备一定的成熟度，在一定的气、光、温、湿条件下，表面的气生菌丝开始倒伏，分泌色素，吐出黄水，颜色由白色转为棕褐色，最后形成一层具有保湿、保温、避光、抗杂菌作用的菌膜，这一过程称为转色。转色条件为适当光照，袋内有一定的含氧量(空隙)。

(九)越夏管理

6月至10月份出菇前，通风降温，防止烂棒。选择室外菇棚越夏，通风性好，光线均匀，棚温低温差大，排灌方便，便于高温期降温。如果在室内越夏，菌棒要求在出菇前的一个月挑入菇棚。加厚菇棚顶部及四周的遮阴物，确保无直射阳光进棚。并对整个菇棚环境进行一次全面清扫，做好消毒灭菌杀虫工作。高温期要通过喷水、灌水等措施调节棚内温度，避免棚内温度过高。雨后要及时排除积水，防止菌棒受淹。及时清理烂棒，作填埋、沤肥等无害化处理。

(十)出菇管理

合理控制菇棚内温、湿、光、气等因素，创造适宜香菇生长的环境条件。催蕾措施要得当，选用洁净、清凉水源补水，并合理控制补水量，喷水后适当沥干菌棒再盖膜，做到“干干湿湿、干湿交替”。

1. 菌棒含水量管理

适宜的培养料含水量是香菇正常生长发育的重要条件,含水量过高或过低都将影响正常出菇。出菇时菌棒适宜的重量因品种而异,偏重菌棒可刺孔通气排湿,偏轻菌棒应及时补水。水源要用水温低于气温5~10℃的清洁水。具体的补水方法包括:

(1)浸水补水法 把需要浸水的菌棒用竹签或刺孔器刺10余个小孔,排放在水池等容器内,上用木板压住,然后灌水淹盖菌棒。浸水时间应根据水温和气温及菌棒状况而定,水温比气温越低,菇木吸水越快,时间就越短,秋季和春季一般需浸24~36 h,冬季需浸36~48 h。

(2)滴灌注水法 在菌棒一端用直径6 mm钢筋或铁丝刺一个孔,孔深约为菌棒长的2/3,将注水器上的塑料小软管插入孔中,让水滴灌注入菌棒,待注水量适宜时拔出软管即可。

2. 催蕾措施

(1)温差刺激法 白天将菇棚内塑料薄膜紧盖,使温度升高至18~20℃,夜间掀开薄膜,让温度降低,人为拉大昼夜温差进行催蕾。

(2)补水(湿差)刺激法 对水分偏低的菌棒进行浸水或注水。补水一般要求水温低于菇木品温5~10℃,在创造湿差刺激的同时也起到了温差刺激作用。

(3)振动催蕾法 通过振动拍打菇木,达到催蕾目的,相当于砍花法和段木栽培法中的“惊蕈”。此法最适用于‘庆元9015’和‘花菇939’等品种,在实际操作时不可过重拍打,避免出现量多菇小现象。

(4)蒸气催蕾法 利用蒸汽发生炉等设备向菇棚内通入蒸汽,提高温度、湿度,刺激菇蕾发生。

(5)叠堆盖膜法 在低温季节将菌棒移至棚外阳光充足处叠堆盖膜,白天使堆内温度升至20℃左右,夜间掀膜降温,经连续3~5 d的处理可刺激菇蕾发生。

3. 子实体发生后的管理

(1)控温 主要通过调节遮阴度、盖膜情况、排灌水等措施来控制温度。秋季和晚春气温较高时,要防止阳光直射菇棚,加厚遮阴物,并采取揭膜通风降温、棚内灌水喷水降温等措施降低棚内温度。当菇棚内温度在20℃以上时每天就必须揭膜通风降温,温度在25℃以上时早、中、晚通风各1次,若棚内温度在30℃以上时,则必须减少盖膜时间,并喷水保湿降温。冬季和早春气温较低,则要通过减少遮阴增加光照、增加盖膜时间等方法保持适宜的出菇温度。

(2)控湿 为防止菇木失水和确保小菇蕾的正常生长,棚内空气相对湿度应保持在80%~90%,一般每天喷水1~2次,香菇子实体长至七八分成熟时,则应减少喷水次数,每天1次,并选择在傍晚时结合通风换气进行。无论何时喷水,在喷水后都应让菇木有一个自然风干的过程,时间为0.5~1.0 h,然后才能盖膜。采菇前不宜喷水。

(3)光照调节 保持适宜的光照条件有利于提高香菇质量,且间接影响菇棚环境的温、湿度。在秋菇管理期内,光照应遵循先弱后强的原则,冬菇管理期间应逐渐增强菇棚内的光照,进入春菇管理阶段后随着气温回升光照应由强渐弱。

4. 不同栽培模式的出菇管理

（1）畦面斜放脱袋栽培普通菇　适时脱袋。过早脱袋将导致暴蕾不成菇现象（菇农称为“假菇”）及“蜡烛菇”的大量发生，消耗大量养分。脱袋时宜在最高气温降至23℃，日平均气温在18℃时进行。适宜的脱袋期为10～11月中旬，其中海拔在800 m以上的地区，脱袋期为10月上旬，海拔800 m以下的地区随海拔高度的降低，脱袋时间也应推迟。以30%以上的菌棒出现零星菇蕾时作为脱袋适期。脱袋后要适时适量喷水，使菌床空气相对湿度保持在80%～90%，并注意通风换气。

（2）高棚层架栽培花厚菇

①适期排场上架　一是在越夏前排场上架；二是在始菇期来临之前平均气温23～25℃时排场上架；三是见有零星菇蕾发生后，再把菌棒排场上架。排场上架时间视品种特性、场地条件而定。

②适时割袋、合理密植　菇蕾直径1.0～1.5 cm时进行第1次割袋出菇。菇蕾直径长至2～3 cm时，再进行第2次优选，每袋保留大小相近、分布合理的6～8只菇蕾。

③保湿育幼菇　刚割袋的菇蕾和直径小于2～3 cm的幼菇尚处于十分娇嫩阶段，要求菇棚内保持75%～85%的空气相对湿度。

④催花管理　管理原则为内湿、外干、通风。催花适期为菇蕾直径长至2～3 cm时。降湿、通风、光照催花的具体要求为空气相对湿度低于40%，温度12～16℃，增强光照，经2～3 d培养表面形成明显花纹。

⑤休息养菌　每潮菇采收后，菌棒水分和养分消耗很大，需经7～10 d的“休息养菌”后，待采菇伤口处重新长出白色菌丝后再注水、催蕾，进入下一潮菇的管理。每次注水量是使菌袋重量达到出菇前菌袋重量的90%左右。

（十一）采收管理

菌盖未开前或刚开时采收最好，不宜拖延。采菇时一手拿菌袋，另一手捏住菌柄基部，先左右旋转，再向上轻轻拔起。

（十二）采后管理

采收时要当场清除菌棒上的残留菌柄，采收后要加强通风养菌。中温品种的菌棒，采菇后养菌20 d以上，重量低于原重量的70%时进行补水育菇，补水后重量不超过原重量的85%；中低温品种的菌棒，采菇后通风养菌15 d以上，菌丝复壮生长完成，进行下一茬补水育菇管理。

首茬菇采后，应停止喷水数日，恢复菌丝生长。当菇根周围菌丝变浓白并逐步转色时，可用直接浸水或香菇注水器补水的方法进行浸水出菇管理。

三、栽培中常见问题、原因及应对措施

（一）香菇烂筒症状、原因及应对措施

1. 症状

（1）发菌期菌丝生长缓慢，受杂菌侵染，造成菌筒变黑、变软而烂筒。

(2)菌袋发满后,接种穴或表层局部的培养料先发生软化、腐烂并发生退菌和菌丝体自溶,使菌袋腐烂发黑而烂筒。

2. 原因

(1)菌种抗逆性差　母种多次转管;生理活性大,易产生吐黄水现象;选用低温品种在度夏过程中由于连续高温而致病。

(2)环境不适　接种期遇较长时间高温高湿,易受杂菌侵染;培养期高温高湿且通风不够;培养场不通风,过于潮湿与闷热,光线太强,黄水过多;菇场周围环境不佳,虫源滋生,螨虫、线虫、蟑螂等害虫取食菌丝。

(3)生产管理方法不当　灭菌消毒不彻底;菌袋堆放方式不正确,太密,严重缺氧;搬运过程中破袋造成病虫侵染;培养中后期,对黄水处理不及时;刺孔、消毒不严,造成重复感染;刺孔后,菌丝代谢加速,呼吸加大,菌温突升,没能及时通风。

3. 防治措施

(1)选用抗逆性强的菌株　根据菌株特性合理安排生产;低温品种适当提前接种期;中温品种不宜太早。

(2)选用菌袋安全度夏的场所　周围环境卫生,常做好消毒与灭虫工作;培养室应通风良好,避光低湿,遇高温高湿应及时降温排湿;合理排袋,用“井”字形,接种后先“四四式”,当菌丝直径 3 ~4 cm 时“三三式”,快满筒时“放大气”,后应为“二二式”。

(3)搞好环境卫生　对老菇区、场、棚应更换场地,选择干净卫生、通风、阴凉、避光、低湿的环境做发菌场;对出菇的地畦用消毒水事先进行处理;对菌袋用克霉灵、细菌杀进行消毒处理。

(4)把好病虫防治关　每隔 15 ~20 d 对出菇场地面和空间喷稀释 500 倍高效氯氢氰酯或菇虫净与 800 倍的多菌灵或克霉王,消毒时密闭 2 ~3 h,最好不要直接喷在菌袋上,消毒后应开窗通风;培养室窗门应装有纱窗,在进出的门上挂上沾有高效氯氰菊酯或菇虫净的药棉,防止菇蚊、菇蝇飞入;菌袋四周应常撒石灰。

(5)用双层袋防烂筒　可大大降低污染率与烂筒率;方法简单易行,减少灭菌后的验袋工序;用外套袋,发菌快,成本低;近几年用内保水膜效果也比较好。

(二)转色不正常原因及应对措施

1. 转色过淡

(1)原因　脱袋迟,转色时温度低,湿度小;料中含水量过低或接种穴通气过早;脱袋后未及时盖膜保湿,菌袋失水多。

(2)措施　加湿,诱发气生菌丝生长,使菌丝重新转色。

2. 转色过深

(1)原因　脱袋时气温高,湿度过大,通气不足,菌袋表面黄褐色水珠淤积所致。

(2)措施　脱袋后气温高于 25℃应揭膜通风、排湿并及时清除淤积的黄水。小面积使用消毒后的布沾去黄水,大规模的可采用水冲洗掉。

3. 难转色

(1)原因　菌龄太短,场地太湿;料中含氮过高且水分充足。

(2)措施　长时间揭膜或用1% ~2%石灰水涂菌筒,最好喷洒香菇生长素来促进转色。

(三)畸形菇的特征、发生原因及应对措施

1. 主要特征

(1)蜡烛菇　有柄、无盖,形似蜡烛;

(2)大脚菇　菇柄短而粗,菇盖肥厚不易张开;

(3)空心菇　菇柄空心,菇盖很小;

(4)拳状菇　出菇成丛,菇盖卷缩,菇柄扭曲,似拳状。

2. 发生原因

(1)品种选择不当　温型没掌握好。

(2)发菌期管理不当　光线过强,原基形成太早,并受到袋壁挤压,菇农称之为"脱袋菇"。

(3)转色不合标准　过早或过晚脱袋浸水,使菇体变异。

(4)菌袋浸水不合时　晚熟品种过早浸水而形成蜡烛菇。

(5)控温、保湿不合理　冬季气温低,盖菇不严,受寒风袭击,使菇蕾萎缩干涸或变异。相对湿度低于70%时则会出现空心菇或大脚菇。

3. 防治措施

(1)了解品种特性,防止引种失误,安排好接种季节。

(2)掌握转色规律,防止温度失控。转色时19 ~25℃为适宜温度。

(3)及时适量浸水,防止水量过低或过高。当菌袋重量比原来下降30%时方可浸水,吸水后重量达到装袋时95%就足够了。

(4)浸水出菇管理方法要适当,防止偏干偏湿。采完一茬菇后,要养菌7 ~10 d,恢复菌丝生长,然后再浸水。

(5)适时采收,防止过晚,气温高时应早晚各采收1次。

(四)花菇形成的原因、影响因素及措施

花菇是香菇个体在生产过程中遇低温、干燥的生存环境而导致表皮开裂、菌盖形成纹理的一种特殊形态的畸形菇。花菇除了具有菇盖表面开裂的特点外,还具有菇肉肥厚、质地致密、含水量少、香味浓郁等特点,因而营养价值和价格很高。

1. 影响花菇形成的因素

一般认为花菇的形成与以下7个因素有关:

(1)培养基成分　以硬质栎类木屑为主要原料,装料坚实,花菇形成比例大。

(2)菌种　虽然花菇的形成是非遗传形状,但相对而言,温型为低温、中低温、单生菇多、较耐干燥、菌皮薄的品种,有利于花菇的形成。

(3)菌筒含水量　以60% ~65%为宜。

(4)空气湿度　以55% ~75%为宜。

(5)温度　偏低的温度,即12 ~15℃有利于花菇形成和质量提高。

(6)光照与通风　较强的光照和良好的通风对花菇的形成有利。

(7)菇蕾成熟度　适宜采取人工催化的幼菇直径在2.0～3.5 cm范围内。

2. 提高花菇形成率的措施

在综合考虑上述条件的基础上,根据具体情况适时采取炼菇(催花前让幼菇在较低温度和较干燥的空气中适应、锻炼一段时间)及加温催化、加温加湿催化、揭膜调水催化和催蕾与催化分室进行等措施,可有效提高花菇形成率。

第五节　双孢蘑菇栽培技术

蘑菇是世界上人工栽培较早的食用菌之一。蘑菇的人工栽培始于法国路易十四时代,18世纪初就有人在法国巴黎附近的石灰石矿穴中进行人工栽培。1893年Costentin和Matruchot发明了蘑菇孢子培养法,到1902年达格尔(B. M. Duggar)用组织分离法培育纯菌种取得成功。蘑菇人工栽培从法国传到英国、荷兰、德国、美国等国家,后传到亚太地区的中国、日本、韩国等国。1920年美国人用木料房栽培蘑菇。1960年奥地利人发明了塑料袋栽培蘑菇。

我国从1935年由农学家潘志农先生从欧洲进口长好菌丝的培养料块在福建闽侯县栽培成功并引进该技术,1936年传入上海,1950年后由上海市农科院组织推广,蘑菇产区一直在闽浙苏沪一带发展。1988年宝鸡市经济作物研究所首先在我国秦岭淮河以北地区栽培并推广成功。

近几年福建漳州、河南夏邑、四川大邑、湖北新洲、甘肃金昌、山东莘县和邹城、陕西勉县和丹凤,是双孢蘑菇的主产区。

一、生物学特性

蘑菇在真菌分类上属于担子菌纲、伞菌目、伞菌科、蘑菇属,为草腐性真菌。

(一)形态结构

蘑菇包括菌丝体和子实体两大部分。菌丝体是由孢子萌发而成的蛛网状的菌体,其主要作用是吸收、运输水分和营养物质。菌丝遇到适宜的条件后,便扭结、分化、发育成子实体。子实体的功能是产生孢子、繁衍后代。它们两者是相互联系、相互影响的统一体。

1. 菌丝体的类型及形态

蘑菇的菌丝体类型有气生型、匍匐型和基内型3种。根据不同的生长发育阶段又可以分为绒毛菌丝(一级菌丝)、线状菌丝(二级菌丝)和索状菌丝(三级菌丝)。

(1)绒毛菌丝　孢子萌发后,初期生长的菌丝多为单根菌丝组成,菌丝纤细呈绒毛状,故称绒毛菌丝。

(2)线状菌丝　绒毛菌丝生长到一定阶段便拧结成线状菌丝。

(3)索状菌丝　索状菌丝是菌丝体进一步分化后组成的,子实体的各部分都是由索状菌丝发育而成的组织,留在土壤中的也是索状菌丝。

2. 子实体

蘑菇的子实体是由菌盖、菌柄、菌褶、菌膜、菌环、孢子等组成。

(二)生活史

蘑菇的生活史是由孢子经过萌发长成菌丝体,发育成子实体。子实体老熟后菌褶上长担子,担子上长孢子,孢子成熟飘落下来的这一过程叫生活史。

1. 孢子的萌发

蘑菇的孢子呈椭圆形,光滑,一端稍尖。孢子成熟后从菌褶中弹射出来,遇到适宜的环境便开始萌发。适宜的环境条件:一是要有营养适宜的培养基;二是空气要新鲜;三是要有菌丝刺激物;四是 pH 为中性,高于 9 或者低于 3 都不利于孢子萌发。

2. 菌丝的生长

蘑菇菌丝是由横隔多细胞的管状细胞组成的,有分枝。先由纤细的绒毛菌丝到变粗呈扁形生长的丝状菌丝再到索状菌丝高度分化,由稀疏变成十分致密的线状小管的菌丝束,菌丝束可以输送养料,支撑菇体。

3. 子实体的形成

当蘑菇的菌丝体遇到适宜的温度、湿度、空气等条件时,在线状菌丝体上,尤其是在它们的交点上便会扭结产生许多瘤状突起,进而形成原基,以后依靠菌丝体供给养料和水分,原基膨大成菇蕾,进一步生长成蘑菇子实体。子实体成熟后开伞,散发孢子。子实体由形成到散发孢子一般在 3 ~4 d 完成。

(三)生长发育所需的环境条件

1. 营养

蘑菇属于草腐性真菌,从腐熟的稻草、麦草或有机肥中吸收营养,它所需要的碳素营养主要从农作物秸秆及腐熟的有机肥的纤维素和半纤维素中来。菌丝阶段可以吸收消耗木质素;子实体生长阶段主要消耗纤维素。氮素源于粪中的有机氮或者化肥中补充的氮。培养料发酵前碳氮比为(30 ~33):1。菌丝生长阶段,培养料中碳氮比为 17:1。

2. 温度

温度是蘑菇生长发育过程中最主要的生活条件,温度高低直接影响到蘑菇菌丝生长的速度、子实体的形成、产量的高低和品质的优劣。菌丝体宜在 8 ~30℃范围内生长,最适为 23 ~25℃,到 28℃时菌丝生长虽快,但是比较稀疏,并且容易衰老。高于 28℃,生长速度下降;高于 33℃生长停止,并逐渐萎缩死亡。温度低于 18℃时,菌丝生长速度虽然缓慢,但是健壮有力;5℃以下生长极其缓慢。蘑菇菌丝能够短时间内忍受 -10℃以下的低温。子实体可在 5 ~23℃条件下分化和生长,最适温度为 16℃左右;19℃以上子实体生长速度快,菌柄细长,肉质疏松,品质低劣,并易开伞;低于 12℃时,子实体生长速度慢,菇大而肥厚,组织致密,单菇重量大,品质好,但是潮次慢,生长周期较长。

3. 水分和湿度

蘑菇对水分和湿度的反应极敏感。在栽培过程中,菇房的空气湿度和培养料的含水量对蘑菇菌丝的生长和子实体的分化,都有着极其密切的关系。培养料进房时的含水量以 67% 为宜,菌丝生长期的空气相对湿度以 70% 为宜,高于 75% 若遇到高温时易产生杂菌。相反,菇房空气相对湿度低于 50% 时,因培养料偏干也会停止出菇,原有的菇蕾也会枯萎死亡。子实体形成和生长阶段,空气相对湿度应保持在 85% ~95%,覆土的相对含水量应该在80%以上,湿度小时子实体生长慢,有鳞片、易空心,产量和品质均会受到影响;湿度过大时,子实体易产生锈斑、红根和其他病害等。

4. 空气

蘑菇是好气性真菌。菌丝在生长过程中要不断吸进氧气,呼出二氧化碳。培养料在转化过程中也会产生二氧化碳、硫化氢、氨气等有害气体。当这些气体累积到一定程度时,就会影响蘑菇生长。当二氧化碳浓度达到0.1%时,蘑菇生长就会受抑制;超过0.5%时会明显影响子实体的形成,甚至已经形成的子实体也会变黄死掉。因此,要注意菇房通风换气,换气时要避免直接向菇床上吹风。

5. 光照

蘑菇的菌丝体和子实体生长都不需要光照,可以在完全黑暗的条件下培养。当散射光较强时,会导致菇体表面干燥发黄,影响品质。但是微弱的散射光对蘑菇菌丝生长却能起到促进作用。

6. 酸碱度(pH)

蘑菇的菌丝体和子实体生长喜欢中性环境,菌丝生长的最适 pH 为7。由于菌丝生长过程中会产生碳酸和草酸等使培养料逐渐变酸,这样不仅对菌丝和子实体生长不利,而且有助于霉菌的滋生。因此,进房前的培养料酸碱度应调到8左右。培养料和土粒酸碱度的测定用 pH 试纸。

二、栽培技术

(一)栽培季节

依据双孢蘑菇菌丝生长和子实体形成所需的温度范围与当地的自然气候相结合,确定生产季节,确定建堆时间的原则是当地气温下降能稳定通过23℃时,向前倒推65 d开始预堆粪、预湿草共约5 d后建发酵堆。一般一年一次。关中西部7月中旬原料预湿,7月下旬堆料发酵,8月中旬播种,9月初覆土,9月下旬开始出菇,至12月上旬进入越冬管理,次年2月下旬至6月春菇管理、采收。

(二)栽培场所与模式

1. 场地选择

要求地势较高,水源充足,排水方便,通风良好,四周清洁卫生,交通便利。

2. 室外畦床栽培

室外畦床栽培又称室外地棚栽培,是利用塑料棚室效应和地面毛细管效应的相互作用,直接在畦床表面进行生产的一种栽培。畦床通常取南北向,有3种形式:

(1)双畦地棚　床面宽150 cm,中间开30 cm宽、30 cm深的水沟,形成两条畦面。畦床四周筑小埂,宽、高各23 cm。在土埂外侧各开1条排水沟,床面搭建塑料薄膜地棚,每隔50~60 cm用竹片做成拱形支架,拱顶距床面50 cm,在支架上覆盖薄膜,上面再加盖草帘遮阳。

(2)单畦地棚　床面宽120~130 cm,畦床间距50 cm,深15 cm,可作走道。畦床两侧各筑宽 12 ~ 15 cm、高 10 cm 的土埂,在土埂上插支架搭棚。

(3)多沟地棚　床面宽不超过 160 cm。畦间开排水沟,宽 50 cm、深 10 ~ 20 cm。在畦面上顺水沟方向挖宽 18 ~ 20 cm、深 12 cm 的料沟,料沟间距 8 ~ 10 cm,以土不散入料沟为宜。

3. 大田中棚栽培

大田中棚栽培与常规菇房比较,有 3 个优点:一是单位面积的投料量减少一半,但是产量大体相当,生物学效率显著提高;二是菇房搭建省工省料,且日常管理方便;三是菇形和菇质优于常规菇房产品。

棚架设置前,先整好场地。选择水田或者旱地于 9 月上中旬整地。如用水田,应先开排水沟,留好地床。地床宽 85 cm,2 床为 1 棚,中间留宽 50 cm,比地床低 20 ~ 30 cm 的走道。棚与棚之间开宽 50 cm,比走道低 10 cm 以上的排水沟。棚的首尾间隙为 1.5 m,可以连片栽培。棚的高度介于小棚(即地棚)和大棚之间。一般用 4.2 ~ 4.3 m 的长竹片将 2 床搭成一拱形支架。拱顶距床面 1.3 m。四周用竹(木)棒支撑。走道用 4 根棒支撑,以足以承载薄膜、草帘和雨雪的重量。拱架外覆一层薄膜,膜外盖草帘遮阴。棚两端的薄膜可以启闭,两边的薄膜用泥土压好。标准棚架以长 15 m、宽 2.2 m 为宜。棚间距离 70 cm,中间挖 50 cm 的排水沟,留 20 cm 固定棚架。

4. 室外塑料大棚层架栽培

室外塑料大棚层架栽培可以节省生产投资,节约能源,降低生产成本,空间利用率高,便于大规模的集约化生产。棚架形式有如下 3 种:

(1)高棚二层式　每个棚内起 2 畦,畦宽 1 m,地面为第一层,利用棚架支柱搭第二层,层距 60 cm。两畦中间留宽 50 cm、深 20 cm 的人行道。棚中央高 2 m,两侧边缘高 1.2 m,呈拱形,上盖塑料薄膜,膜上加盖散草或草帘遮阴。棚两侧各挖 1 条排水沟,棚的长度通常为 60 m。

(2)高棚三畦单、双层混合式　每个棚内起 3 畦,中间畦宽 1.5 m,分搭两层,层间距 60 cm,畦两边各留宽 40 cm、深 20 cm 人行道,人行道外侧各起 1 畦,畦宽 1 m,单层。棚中央高 2 m,两侧边缘高 1.2 m,呈拱形。棚两侧各挖 1 道宽 30 cm、深 30 cm 的排水沟。棚的长度通常为 80 m。

(3)高棚多层式　可根据场地情况及生产规模自行设计。棚内可设床架 2 ~ 3 排,每排可搭 3 ~ 4 层(国外多为 5 ~ 6 层)。要开设地窗通风换气。这种形式集约程度较高,但是一次性投资较大,且对棚架的质量要求较高。

(三)选料与配方

1. 培养料的选择

(1)物理性状　培养料是蘑菇生产的物质基础,培养料质量的好坏,直接关系到蘑菇栽培的成败和产量的高低。因此必须选用优质的培养料。因为蘑菇属于腐生菌类,蘑菇生长的营养主要从培养料中摄取,所以培养料中必须有丰富的营养和能源。培养料的物理性状要组织疏松,富有弹性,能容纳较多的氧气,才有利于菌丝生长。培养料具有较强的保水能力(麦草或稻草色要正,不能淋雨变质),pH 也要适当(7.0 ~ 7.5),同时培养料中无虫害和病菌，但是需要放线菌、纤维素分解细菌、假单胞杆菌等有益的微生物，有利于子实体发育。

(2)氮磷钾含量　培养料的质量优劣，也与它所含氮、磷、钾元素的量是否足够以及它们之间的比例是否恰当有关。一般培养料中氮、磷、钾含量的比例以4∶1.2∶3较为理想。各种不同的培养料，它们的氮、磷、钾含量是各不相同的。因此，在配料时要根据各种培养料所含的氮、磷、钾的比例选用适当的配方。

(3)碳氮比　培养料中含氮量的多少，与培养料发酵的质量密切相关。蘑菇堆肥发酵时，微生物在分解有机物时，要从堆肥中吸取一部分氮素和碳素作营养，微生物同化碳的量，大体上是含碳量的30%左右。为了同化这些碳，必须同化氮素营养，同化氮素的量是碳素同化量的10%，也就是说，培养料中碳氮比以33∶1较为适当。培养料中碳氮比一般在堆制发酵前是33∶1，培养料发酵结束后碳氮比为(17～18)∶1较为合理。培养料在发酵前，含氮量的计算方法是将培养料湿重全部折算成干重，根据它本身的含氮量(%)乘以其干重，即可获得总氮量，分别计算出各种原料的总氮量。最后求出培养料的总干重，以及各种原材料的总氮量的和，再按下列公式即可求出建堆时的含氮量：

$$原材料含氮量(\%)=总氮量\div总干重\times100$$

2. 常用培养料的配方(具体实施按照比例调整)

(1)粪草料配方一　麦草2 000 kg、牛粪2 000 kg、菜籽油渣150～200 kg、过磷酸钙50 kg、尿素15 kg、石膏粉50～70 kg、石灰20 kg。

(2)粪草料配方二　玉米秆2 500 kg(要压破成索状，铡成6～20 cm长的小段)、牛粪2 000 kg、菜籽饼150～200 kg、过磷酸钙50 kg、尿素15 kg、石膏粉50～70 kg、石灰50 kg。

(3)无粪料配方　麦草或玉米秆2 500 kg、菜籽油渣100 kg、麸皮100 kg、石膏粉100 kg、过磷酸钙50 kg、尿素40 kg、石灰55 kg、硫酸铜1 kg。

原料要求：麦草未淋雨、不发黑、不发黄，玉米秆未霉变，粪应充分干燥，未发霉、不混土、数量够(1 m^3干粪重180 kg，每吨干粪预湿后可堆成4.5 m^3的体积)。油渣应买当年新鲜的，未发霉，打碎成小颗粒状。石膏选择生石膏，石灰选用生石灰。磷肥或复合肥(氮、磷、钾含量为45∶15∶15的较好)。

(四)堆制与发酵

优质的培养料直接关系到蘑菇栽培的成败和产量的高低，也是工厂化栽培蘑菇经济效益的基础。培养料堆制发酵分前发酵和后发酵两部分。

1. 前发酵

一般在室外进行，分粪预堆、草预湿、建堆、翻堆(2～4次)几个步骤。一般把牛粪拌湿(含水量65%左右)堆成宽100 cm，高60 cm，长不限的梯形堆，第3天翻1次堆使牛粪上、下、内、外调换位置均匀发酵；同日预湿草，用浸泡法或淋浇法使草料湿透，2 d后进行建堆。共翻堆3次，时间约20 d，即“6—5—5—4”天的模式，堆温应在75℃以上。堆温上升越快、堆料时间越短越好。第1次翻堆要注意加够水分；第2次翻堆要调节料堆湿度，做到干处浇，湿处不浇；第3次要严格控制水分，一般培养料含水量掌握在66%左右。

前发酵好的料应具备以下几方面特点：一是可用指甲刮掉角质层，露出线状纤维；二是纤维有韧性，两手拉不易断；三是颜色为浅咖啡色；四是无氨臭味，有芳香味；五是手握绵软不扎手，有弹性；六是手握料展开后指印下有光泽；七是酸碱度(pH)为7.5～8.0。

2. 后发酵

即二次发酵，是一项丰产的技术措施，能有效地改善培养料的理化性质，从而使蘑菇的产量和品质得到显著提高。后发酵可以在室内进行，也可在室外塑料薄膜覆盖下进行。方法是将前发酵完毕的培养料趁热进行第2次发酵，整个过程大约需要1周时间，分3个阶段。

(1)升温阶段　使料温迅速升到(60±2)℃，维持8 h，杀灭病原菌和害虫。

(2)持温阶段　温度维持到(50±2)℃，保持3～6 d，促使白色有益菌群大量繁殖。

(3)降温阶段　自然降温到料内48℃时加大通风，迅速降到常温。

其发酵结束标准为培养料呈暗褐色，质地疏松，富有弹性，无臭味，并有大量灰白色粉状物最有利于蘑菇菌丝生长的有益菌群，有益菌群越多越好，pH在7左右，含水量在60%～65%。

(五)及时播种

选用优良的蘑菇菌种，是夺取蘑菇优质高产的有效措施之一。蘑菇菌种的性状与质量，直接关系到蘑菇的产量和质量。福建省农科院采用分子标记辅助杂交育种育成了‘As2796’新品种，居国际先进水平，占2013年全国栽培面积的80%，表现出高产、优质和广适应性，获国家科技进步二等奖，是适宜鲜销的高产优质双孢蘑菇品种。国家食用菌产业技术体系选育的杂交新菌株‘W192’和‘W2000’在全国示范栽培占全国的5%，‘W192’适宜工厂化栽培，‘W2000’适宜标准化栽培。‘美国A15’等进口菌种，价格比国内菌种高1倍，适宜于工厂化栽培和加工罐头，但是不适宜鲜销。

播种时要检查培养料的温度不高于30℃，含水量宜在65%左右，且不含氨味。有氨味的，待氨味挥发后再播种。方法有穴播、撒播和混合播，其中混合播最好。播种后管理要关闭门窗，保持料中湿度，促使菌种尽快萌发，3 d后要适当通风、增加氧气，此时菌丝开始吃料。7～10 d后要加大通风量，使菌丝向培养料延伸，防止杂菌生长。整个过程需20～30 d。

(六)发菌管理

夏末和早秋天气热时，床面用干净报纸或地膜覆盖，防止水分蒸发，闭严菇房或菇棚3 d。菌种萌发吃料后取掉覆盖物，每天适当通风。通风口由小到大，时间由短到长逐步增大。菌丝吃料3～4 cm深以后进行大通风，吹干料面，促进菌丝向下生长。

(七)覆土管理

当菌丝吃透培养料2/3以上时就可覆土。覆土材料要求质地疏松、柔软、吸水性强、持水力强的壤土，pH为7.5左右。菌丝覆土后是蘑菇菌丝生长新阶段的开始，覆土操作包括覆土处理和覆盖操作两方面。首先把场地清理干净，并做好消毒工作，按照每100 m^2菌床需要大约3 m^3的覆土准备原材料；其次根据覆土配方先进行酸碱度调节，pH到8左右，然后混入辅料并调节覆土的含水量，使其相对湿度在90%左右；最后进行覆土操作。可以采用专用机械，控制覆土的厚度为2.5～3.5 cm。覆土后门窗要关闭，促进菌丝向土层生长，待到土中菌丝离表面0.5～1.0 cm时结合大通风重喷结菇水，同时防止菌丝过旺生长。

(八)出菇管理

在正常的栽培季节里,蘑菇从接种到出菇,大约需要45 d就进入产菇阶段,产菇期3~4个月。这个阶段是提高蘑菇产量的关键时期。出菇管理一般包括秋季管理、越冬管理和春菇管理。

1. 秋菇管理

入秋后,气温逐渐下降,昼夜温差加大,为蘑菇菌丝从营养生长转入生殖生长创造了必要的环境条件。

(1)结菇水　是为了保证提供已经形成的扭状物原基发育膨大所需要的水分,此时要加大喷水量,要根据土层菌丝长势、气温、菇房保温保湿性能、覆土层的厚度、土质、栽培品种、米粒菇着生部位等综合分析判断,一般每平方米喷水量为2~3 kg,分3~5次在2 d内喷完。

(2)出菇水　是在菇蕾形成后,随着其发育膨大(黄豆粒大时),需水量逐渐增加,此时要重喷水,原则与结菇水相同。

(3)维持水　是根据秋季气候特点较干燥、空气相对湿度低、菇床蒸发量大,为了维持空气相对湿度,满足菇蕾的发育,每天要向床面和墙壁、空气中喷维持水。

(4)转潮水　是在一潮蘑菇采收后,剔除残根,停水7 d左右养菌,然后按结菇水和出菇水重复进行。

总之,水分管理要以"结菇水要狠、出菇水要重、维持水要常"的原则进行水分管理,同时要注意结合菇房通风换气切实做好菇房的温度管控工作。

2. 越冬管理

一般在秋季生产结束后,要停止喷水一周。待覆土稍干后进行松土。将覆土挑松,边挑边将土粒中的枯黄菌素、老菌块、死菇等拿掉,随即整平拍实,如土层薄可补充部分新土。越冬期间,菇房应保温、保湿为主,适当通风换气,结合喷施追肥,还应做好菇房的环境卫生,防止病虫害的发生。

3. 春菇管理

应根据气候变化和培养料菌丝生长情况灵活掌握。春菇期间的水分管理基本上与秋菇相同,但是应该特别注意越冬后的水分调节,喷水量应该从少到多逐步增加。因为越冬后蘑菇菌丝有一个恢复过程,喷水过急、过多,往往造成菌丝死亡或者萎缩。春菇期间的通风换气要以"多"为原则。温度变化大,要根据情况,采取保温或者降温措施。还有在春菇期间,培养料中的养分已大量消耗,为了保证蘑菇的质量和产量,延长出菇时间,要进行适应追肥,追肥应采用少量、多次的喷施方法。可供使用的肥源主要有培养料浸出液、菇柄汤、豆浆水、糖、碳酸钙液、微生物制剂等。

(九)采收与加工

蘑菇长大后直径(做罐头2~4 cm,鲜销或切片速冻的可放大到6 cm菌伞不松动)采收。方法是手捏菇盖,拧动拿下;平切掉菇根,轻拿轻放,及时装袋交售或上市场自销。每采完一批菇后都要整理床面,去掉老根和死菇,补平土坑。适当喷水,调节通风,促进下茬菇发生,3~7 d后再重喷结菇水和出菇水,如此反复进行。

我国蘑菇除鲜销外，采收后一般经粗加工制成蘑菇罐头、盐水蘑菇、脱水蘑菇片等产品进行销售。

第六节　羊肚菌栽培技术

目前，羊肚菌的商品化栽培以大田设施化栽培为主要方式，其他的林下套种也占有一定比例，而室内立体栽培、工厂化栽培等仍处于研究阶段。本章所述为大田棚室设施化栽培的基本技术，其基本流程大致为：选地—设施搭建—整地—播种—第一次养菌—外源营养袋摆放—第二次养菌—催菇—出菇期管理—采收。

一、羊肚菌菌种与营养袋的选择和制备

羊肚菌在自然界中有众多的同属物种，据报道全球已发现的有60余种。羊肚菌在中国的自然分布非常广泛，从南到北、自东至西的各个省份几乎都有羊肚菌在野外发生，从分类上有30余种。从外观上分类，野生羊肚菌品种大致有黑色系、黄色系和变红色系，目前能够进行商品化人工栽培的多为黑色系的羊肚菌，其品种多为‘六妹’‘梯棱’等品种。

从羊肚菌栽培者的角度出发，首先应该明确自己是从哪个阶段出发进行栽培生产的，准确地说，育种环节多为科研院所或制种企业的工作，栽培者要考虑的是，自己是从一级菌种（母种、试管种）出发进行二级菌种（原种）的扩繁，进而扩繁三级菌种（栽培种），继而投入播种栽培环节，还是从二级菌种出发扩繁三级菌种，或者是直接从获得的三级菌种出发进行播种栽培。以上的考虑主要应该从自身的技术和设施设备角度慎重考虑，越是起步于高级菌种，对栽培者的要求就越高，同时失败的风险也就越大。多数的栽培者都是直接获得三级菌种直接进行播种栽培的。

（一）羊肚菌一级菌种的制备

一般的认识是，羊肚菌的一级菌种（母种）培养是不需要特别的营养成分的，普通的综合PDA培养基就可以较好地培养羊肚菌的菌丝，并在其基础上继续扩繁二、三级菌种，直至栽培出菇。因此，只要拥有制备食用菌菌种的基本技能，就都是可以按照规范的操作来完成羊肚菌一级菌种制备环节工作的。

本书推荐的羊肚菌一级菌种的配方为综合马铃薯葡萄糖琼脂培养基（CPDA培养基）：马铃薯200 g浸出汁，葡萄糖20 g，磷酸二氢钾2 g，硫酸镁0.5 g，琼脂20 g，水1 000 mL，酸碱度自然。

羊肚菌一级菌种的制备方式，基本等同于平菇、香菇等大宗食用菌的制备方式，大致为200 g去皮马铃薯煮汁后补水至1 000 mL，继续煮沸后加入20g琼脂溶解后再次补水至1 000 mL，加入药品溶解后分装至试管或三角瓶、培养皿等容器，0.11～0.12 MPa持续30 min灭菌，根据容器一般摆放斜面。

（二）羊肚菌二级菌种的制备

羊肚菌二级菌种（原种）指用一级菌种移植、扩大生产的菌丝体纯培养物，原材料多为

硬杂木屑、麦粒、腐殖土等，其容器为 500 ~ 750 mL 玻璃瓶或耐高温塑料瓶或 15 cm × 28 cm 的聚丙烯塑料袋。

常见的羊肚菌二级菌种配方为：硬杂木屑 30%，麦粒 40%，谷壳 20%，干腐殖土 6%，葡萄糖 2%，石灰 1%，石膏 1%。水分约 60%。

采用 0.11 ~ 0.12 MPa、180 ~ 210 min 的方式高压灭菌，常压灭菌方式容易导致菌种酸化或污染，在原种生产中应尽可能不要采用。另外需要注意的是，硬杂木屑尽量选用堆置一段时间（1 ~ 3 个月）的原材料，避免使用过于新鲜或陈腐的木屑。

（三）羊肚菌三级菌种的制备

羊肚菌三级菌种（栽培种）指用二级菌种移植、扩大生产的菌丝体纯培养物，原材料同样多为硬杂木屑、麦粒、腐殖土等，其容器为培养瓶或培养袋，规格一般使用 15 cm × 32 cm 的聚丙烯塑料袋。

常见的羊肚菌三级菌种配方为：硬杂木屑 30%，麦粒 40%，谷壳 20%，干腐殖土 6%，葡萄糖 2%，石灰 1%，石膏 1%。水分约 60%。

采用 0.11 ~ 0.12 MPa、180 ~ 210 min 的方式高压灭菌。

（四）外源营养袋的制备

外源营养袋是指灭菌后不接种、用于在羊肚菌畦面上摆放以促进出菇的培养料袋。外源营养袋技术的思路由国外学者提出，由中国学者在实践中运用、改进从而进一步成熟，截至目前，在羊肚菌播种一段时间后摆放外源营养袋已经成为羊肚菌商品化人工栽培的共识。外源营养袋的配方、大小和摆放时机、方式等，也是存在着多种多样的探索和实践，本章仅介绍其中的一种。

1. 外源营养袋配方

干小麦 37%，谷壳 25%，硬杂木屑 25%，干腐殖土 10%，蛭石 1.95%，轻质碳酸钙 1%，磷酸二氢钾 0.035%，硫酸镁 0.015%。

2. 制备方式

首先将干小麦之外的原材料建堆预湿备用，再将干小麦浸泡后煮熟煮透至没有白芯时加入搅拌均匀后，调整 pH 至 8 ~ 9，装入 15 cm × 35 cm 的聚丙烯塑料袋灭菌后备用。

二、羊肚菌栽培季节的选择

羊肚菌是低温型大型真菌，整体生长期温度在 20℃ 以下为宜，所以一般都是秋种、冬管、春收。通常情况下，应选择 9 月至 12 月日最高气温连续 3 d 到 5 d 下降到 20℃时，且后续没有异常高温或低温的时候开始播种；出菇时间一般在 2 月至 5 月。不同地区的气候条件、纬度和海拔不同，进行播种和采收的月份也不同。纬度高、海拔高的地区冬季寒冷，应在较早月份播种。若播种过早，温度偏高，会影响羊肚菌的菌丝生长，最终影响产量和品质。若冬季气温偏高，出菇则会提前。

西北地区地域广阔、环境多样，羊肚菌的栽培季节不可一概而论。以陕西为例，因为陕西分为北部黄土高原区、中部关中平原区和南部秦巴山区三大自然区，横跨 3 个气候带，南北气候差异较大,所以栽培羊肚菌的时间也应有所不同。一般来说,陕北安排在10月上旬至11月上旬气温较为适宜,关中地区宜安排在10月中旬至11月中下旬,陕南山区宜安排在10月中下旬至11月下旬。西南地区一般宜在10月20日至11月25日播种,海拔1 000 m以上的地区在11月5日前播种,海拔800~1 000 m的地区在11月1日至10日播种,海拔600~800 m的地区在11月5日至15日播种,海拔600 m以下地区在11月15至25日播种。华北地区播种时间一般在10月下旬至12月上旬,采收一般在清明节前后。东北高寒地区以大兴安岭地区为例,播种需要全天最高温度低于25℃为指标,一般9月10日左右为宜。中原地区温室播种一般选择在10月20日左右,大棚及拱棚一般选择在11月中旬以后。华东地区以浙北为例,适宜播种的时间为10月中旬及12月中旬,出菇时间为11月中旬至12月上旬及翌年的2月中旬至3月底。南方地区如福建、广东等地,由于冬春季温度偏高,栽培羊肚菌有较大困难,仅部分山区1月至2月具有适合羊肚菌出菇的持续低温条件,可安排12月上旬播种,次年3月初之前完成采收,适于南方栽培的羊肚菌品种还有待选育开发。

目前,全国各地正在大力推广羊肚菌人工栽培,由于全国各地的气候、地理条件不同,除了需要探索适合当地的羊肚菌栽培时间,相应的栽培设施、栽培方法、管理技术也有必要做深入研究,本章仅介绍目前较为成熟且普适性较强的模式和方法。

三、羊肚菌栽培的场地和设施

(一)栽培场地

应选择周边5 km范围以内无污染源、清洁卫生、有饮用水源、排灌方便、通风良好、土层深厚、土壤肥沃的平坦地块作为羊肚菌栽培场地;200 m范围以内无集市、水泥厂、石灰厂、木材加工厂等扬尘源;100 m范围以内无禽畜舍、垃圾场和死水池塘等病虫滋生地;距公路主干线200 m以上;远离医院、学校和生活区;空气新鲜无污染;土壤要求为弱碱性至微酸性,pH 5~8,疏松、透气,有一定的持水性;同时还应具备水电便利、交通方便,农药残留成分较低等条件。值得注意的是,羊肚菌栽培场地的选择还要同时考虑尽量规避洪涝、大风等灾害或不利气候条件等因素。

(二)栽培设施

各类大棚、矮棚、平棚、小拱棚、日光温室等设施均可用作羊肚菌栽培。我国北方地区、高海拔地区一般使用保温的大棚、温室等,南方地区可利用竹竿等搭建平棚、矮棚,林下栽培时可直接用遮阳网、黑色地膜直接覆盖在畦面上,或搭建矮棚、小拱棚等。

1. 塑料大棚

塑料大棚是指完全用塑料薄膜作为覆盖材料的大型拱棚。要根据栽培地区海拔和当地气候搭建,棚高一般2.5~2.8 m,宽6~8 m,长度可依据地形决定,一般30~50 m。大棚要求防风、保温和保湿,并能避免阳光直射。在棚中应装配微喷灌设施保持湿度,安装风机和水帘通风和调节温度。均需配备遮阳网、棚膜、草帘、保温被等以调节光照和温度,应在棚顶30~60 cm高度配置外架遮阳网。入口处应用遮阳网或黑色塑料膜搭建遮光的缓冲间，通风口应安装防虫网。

塑料大棚也有冷棚、暖棚等多种类型，既可以新建大棚，也可直接使用能保证通风良好，可调节光照、温度和湿度的设施化蔬菜大棚。但无论什么类型的塑料大棚，都应配备喷灌系统、排水沟和防虫设施，遮阳网遮阳率75%～80%并具备外架遮阳棚的条件。冬季冷凉的地区，在大棚内设置小拱棚保温保湿，通常可以取得更好的效果。

2. 矮棚

矮棚也称低棚，在丘陵地区、山区的不规则地块可以搭建矮棚进行羊肚菌栽培。搭建材料可以为竹竿、钢管或钢筋。长度取决于地形，一般不超过100 m，以免影响通风。矮棚的骨架是门形的，是将一根长3 m、直径为8 mm的钢管弯成顶部长度和两侧各1 m的门形。每间隔2 m，插入土中约0.3 m深。将每根门式钢管用支撑托膜线连接起来后，铺设遮光率为75%的遮阳网，并用尼龙绳绑定在骨架上。还应配备浇水设施或喷灌设备。进行出菇管理时，当棚外气温较低时，要及时用草帘覆盖畦面，以保持土壤湿度以及避免土层反复冻融。矮棚的优点是建造方便，可以根据地形建立在不规则不平的地块上，方便在林下进行羊肚菌栽培，缺点是建设成本高，管理没有平棚方便。

3. 平棚

西南地区一般会使用简易的平棚，又称中棚，抗风又便于棚内管理，一般建于平坦的地块，选择直径10 cm左右的粗竹竿作为骨架材料。竹竿埋入地下50 cm左右，露出地面高度一致，约2 m高，间距3～5 m，竹竿顶端钻十字孔，用塑钢缆绳把横纵的竹竿连接成一个整体，上盖密度为5～6针的遮阳网。单个平棚的面积不应太大，容易被大风吹垮。平棚可随建随拆，是羊肚菌与作物轮作的临时设施，且可在播种后再搭建。

4. 小拱棚

林下和大田栽培有时需要搭建小拱棚越冬。小拱棚要求较低，只要保证能避免阳光直射，并安装灌溉设施保证湿度即可。将2 m长的竹片弯成弓形，每隔1.5 m均匀插于畦面上，再覆一层塑料保温膜即可，棚膜下沿离畦面留空5～10 cm通风换气。

在北方寒冷地区，为了保证温度和湿度的相对稳定，大棚、平棚栽培时也可在内再搭建小拱棚，创造出一个小气候环境加以缓冲。待幼菇长至2 cm以上时撤去小拱棚，进入下一步的管理。

5. 日光温室

日光温室是指以太阳能为主要能源，南面为透光屋面，其他三面为保温围护墙体，并有保温后屋面和活动保温被的单坡面塑料薄膜温室。冬季室外最低温度高于零下5℃的地区，不宜建造日光温室。日光温室的建造和改造应按照国家建筑工程标准中的相应要求进行。日光温室造价较高，但比一般大棚更为坚固，且抵御外界不利气候条件的能力较强，高寒地区在冬季依靠太阳光的照射就可以保温，以维持羊肚菌生长的需要。为了降低温室成本，可在春季羊肚菌收获后，栽培番茄、辣椒等应季蔬菜，实现羊肚菌与蔬菜的轮作。这样既可缓解连作障碍问题，又可提高温室利用率，降低成本。

四、羊肚菌栽培技术要点

(一)地块的选择和整理

羊肚菌大田栽培需选择在地势平坦、交通便利、水源充足、排灌方便,最好为土壤肥沃、有机质丰富并含有一定沙壤成分的地块。

羊肚菌为好氧性真菌,菌丝生长和子实体发育过程中均需要充足的氧气,因此,播种前需要通过多次翻耕、晒田等措施疏松土壤。另外,羊肚菌栽培土壤,适宜 pH 为 6.5 ~ 7.5,因此可根据土壤的生理生化指标,通过播种前 15 ~ 20 d 均匀撒石灰,撒完后用旋耕机旋耕混匀以调整土壤 pH,添加生石灰也可以抑制羊肚菌病原菌如拟青霉、镰刀菌和链孢霉等。

开厢起垄是目前大田栽培羊肚菌的主要栽培模式,开厢起垄既可以增加土壤的透气性,又便于排水、人工播种、盖膜、摆放营养袋、采收等田间操作。一般在羊肚菌播种前 3 ~ 5 d 进行开厢起垄,厢的宽度 60 ~ 100 cm,厢间留宽度 30 ~ 40 cm、深 20 ~ 30 cm 的沟道。

选择好合适的地块后,将地块平整成基本无坡度的平地,剔除石块等杂物,并将土壤翻耕、耙细,播种前 5 ~ 7 d 进行灌溉,保证土壤水分充足,通常土壤含水量为 20% ~ 30% 。

(二)播种

羊肚菌的菌丝生长最适温度为 18 ~ 20℃,因此,羊肚菌大田栽培播种具体时间依据当地气温而定,通常集中在每年 10 月至 12 月,当地最高气温 22℃时,地温维持在 10 ~ 20℃。羊肚菌的产量和质量与播种时间关系密切。提前播种,羊肚菌菌丝在土壤中生长时间过长,菌丝易老化感染杂菌,来年出菇早,气候条件不稳定,容易遭受低温或者病害;地温低于 10℃后播种,菌丝生长缓慢,出菇延迟,菇蕾易受高温危害引起病害减产甚至绝收,此外环境条件适宜出菇时,由于菌丝发育不成熟,导致羊肚菌产量降低。

播种时将播种工具消毒,再用清水清洗干净待用。需提前将菌种外表面进行彻底消毒,再将菌种袋剥开,将菌种倒入已消过毒的盆内捏碎,加入 0.5% 的磷酸二氢钾水溶液,搅拌均匀备用。目前羊肚菌播种方式多采用撒播和沟播两种,撒播即将准备好的菌种均匀地撒在厢面上,之后再覆盖 1 ~ 3 cm 厚的土壤。沟播则需要在厢面横向挖 5 ~ 10 cm 深的播种沟,将菌种均匀播撒在沟内,再覆盖 1 ~ 3cm 厚的土壤。羊肚菌菌种用种量标准为 200 ~ 250 袋/667 m^2(1.2 ~ 1.3 kg/袋)。

(三)第一次养菌

播种后,进入第一次养菌阶段,可根据当地的气候条件和栽培设施条件,选择性搭建小拱棚或者覆盖草帘、刺孔地膜等以调控环境。过程中须注意保持土壤湿润,保证发菌时地表空气湿度,但应注意防止覆盖薄膜后温度过高(不超过 22℃)。若空气干燥或风大导致土表干燥,则少量多次补水。羊肚菌菌丝生长期环境温度应控制在 22℃以下,畦面土壤温度最好维持在 12 ~ 17℃。此外,羊肚菌菌丝生长不需要光照,因此播种后需及时盖黑膜或遮阳网遮阴。

在合适的条件下,播种 10 ~ 15 d 后,仔细观察就会发现十分纤细的羊肚菌菌丝长出并布满土壤表面,这意味着第一次养菌环节已经完成。

（四）外源营养袋的处理与摆放

一般播种后 7 ~ 15 d，菌丝长满畦面，此时就应及时摆放营养袋。在此期间严格控制营养袋摆放时间。摆放过早，菌丝在土壤中生长时间过短，不能及时吸收营养袋中的营养，导致其他杂菌生长过剩；摆放太迟，羊肚菌菌丝生长因为营养供给不及时，菌丝提前老化。

摆放外源营养袋之前，用清洁的排式打孔器在灭菌后的营养袋的一侧打孔，注意不要将两层都穿透。将刺孔的一侧呈“品”字形平放在畦上，稍压实，料袋的距离为 30 ~ 50 cm，行距为 30 ~ 60 cm。一般摆放 4 袋/m^2（营养袋每袋重 0.5 ~ 0.7 kg）。

外源营养袋摆放后，土壤中的羊肚菌菌丝会从料袋的孔进入到培养料中，吸收培养料中的营养物质，供菌丝体快速生长，积累营养物质，为羊肚菌的出菇奠定物质基础。

（五）第二次养菌

秦岭以北地区冬季较寒冷，在完成外源营养袋的摆放后，可配套搭建小拱棚以保证土壤中和外源营养袋中菌丝生长所需的温度和湿度。放置外源营养袋后，羊肚菌便进入到第二次养菌，即菌丝进入营养袋生长后，将营养吸收储存到菌丝或者菌核，越过寒冷的冬季为后期的羊肚菌出菇积累营养物质。

1. 水分管理

摆放外源营养袋后，保持土壤湿润即可，土壤含水量在 20% ~ 25% 之间无须补水。如果土壤出现表面发白，含水量过低的情况，可以用雾喷或者喷灌带进行适量补水，采取少量多次补水。在冬季后期温度过低，为防止土壤中水分过多导致菌丝的反复冻融，在土壤上冻前 3 ~ 5 d 可上一次重水，含水量调整至 20% 左右，保障整个冻土期菌丝不会因为失水而死亡。

2. 温度和光照

土壤表层 10 cm 范围内的温度与羊肚菌菌丝生长状况关系密切。羊肚菌菌丝在 10℃以下生长缓慢，10 ~ 25℃之间菌丝都能够快速地生长。其中 12 ~ 20℃之间菌丝生长速度较快且菌丝粗壮能快速积累营养物质；超过 25℃菌丝生长过快且长时间高温会导致菌丝受损甚至死亡。因此要利用遮阳网防止强光直射羊肚菌菌丝及土壤，避免出现 25℃以上的高温，最好将温度控制在 20℃以下，冬季要避免结冰导致反复冻融。

3. 通风管理

羊肚菌菌丝生长期需要消耗一定量的氧气，可选择在阳光充足时正午进行通风，每次通风时间为 30 min 左右。通风时间可以根据设施大棚的尺寸以及棚内温度适当调整通风时间，如大棚长度大于 30 m，近地面气温高于 25℃，需要延长通风时间。

一般情况下，第二次养菌开始后 10 ~ 15 d，畦上的土壤表面就会出现一层类似生石灰的白色粉状物，为羊肚菌的分生孢子，轻拍土壤表面，孢子四处飞扬，会形成白色的粉状烟雾，这是羊肚菌菌丝长势旺盛的显著特征。

（六）催菇

在播种后的次年 2 ~ 3 月越冬期结束，气温回升至 5 ~ 8℃时可通过技术手段进行催菇管理。催菇前可考虑去除外源营养袋以增加有效出菇面积，但也有一些栽培者并不去除外源营养袋而同样取得高产的案例。

1. 水分管理

将土壤含水量迅速提升至20% ~30%,第1次补水可以适当多喷水或者采用喷水灌水同步进行,但注意不要积水,同时将空气湿度提升至85% ~95%,以促进羊肚菌原基的形成。

2. 温度和光照

白天通过阳光提升大棚内的温度,地表温度提高至8 ~12℃,晚上自然降温产生10℃以上的昼夜温差刺激,保持4 ~5 d。如果光线过强温度回升过快,可调整遮阳网的厚度,控制大棚内有适度的散射光(200 ~1 100 lx)刺激菌丝扭结产生原基。

3. 通风管理

塑料大棚可适度打开薄膜进行通风,有小拱棚的可部分揭开薄膜增加氧气的供给,降低棚内二氧化碳的含量,达到氧气刺激催菇的作用。一般在早上8:00—9:00和傍晚6:00—7:00各通风1次,每次通风时间30 min。在中午12:00—14:00可适当增加通风时间。通风次数要根据大棚内的温度、湿度灵活调整。

催菇后经常仔细观察,一般3 ~7 d就会发现土壤表面长出浅黄白色、细小若针尖、米粒状或圆球状颗粒,这就是羊肚菌的原基,此时要尽量保证原基的生长环境条件稳定,不宜直接浇水、过量通风或者出现较大温差,否则会导致原基大量死亡。

(七)出菇期管理

待颗粒状原基分化成小羊肚菌,便进入到出菇期管理。

1. 水分管理

出菇期间注重土壤和空气湿度协调管理,并用遮阳网遮阴。可采用雾喷或者喷淋增加土壤含水量和空气湿度,维持土壤含水量为20% ~25%,近地面空气湿度控制在85% ~95%。

2. 温度和光照

出菇前期,利用遮阳网和通风尽量增加温度至18℃左右,促进提早出菇;出菇后期,利用遮阳网和通风尽量降低温度值15℃左右,延长出菇时间。羊肚菌出菇期,需要3 000 ~7 000 lx的散射光,单侧光源会出现向光弯曲,且子实体发育不良。

3. 通风

出菇期,早春温度低时,每天中午至下午通风,温度高时,每天早晚通风1次,每次通风时间为30 ~60 min(通风时间根据棚的长度及通风量调整)。

催菇期和出菇前期要时刻关注天气变化,如遇到春寒等骤然降温天气需及时采取保温措施(闭棚、覆盖遮盖物等),防止幼小羊肚菌被冻死。倒春寒对羊肚菌幼体的威胁很大,切记不可疏忽。

(八)采收

羊肚菌子囊果发育初期,菌盖色泽乌黑或黑褐色,呈羊肚状紧缩皱褶,菌柄洁白如玉。

待整体长度 8 ~ 10 cm,菌盖长度 6 ~ 7 cm,皱褶展开,菌盖颜色变浅、顶部略微干缩的时候,应及时采收羊肚菌。成熟的羊肚菌生长速度快,如未及时采收,极易弹射孢子,菌肉变薄、重量变轻、口感变差,降低商品质量。采收时,用小刀将羊肚菌从基部整齐地平行削断,尽量不沾染泥土,不能用手抓住菌盖直接拔出,或者整个挖出,以免损伤周围其他幼小和未成熟的子囊果。采收时,要轻拿轻放,由于品种不同,部分品种菇体脆,容易掉碎屑,造成羊肚菌的品级下降。采收下来的羊肚菌要及时进一步修剪,防止泥土或其他杂物影响羊肚菌品质。采收后应尽量把土地里的菌柄基部残留清理干净。

五、羊肚菌采收后的初步加工

羊肚菌采收后应采用正确的方法保鲜或烘干加工处理。

(一)鲜品

羊肚菌的鲜子实体含水量在 85% ~95% ,所以采收后要及时做保鲜处理。羊肚菌采收后需要先按分级标准分级处理;分级后整齐地摆放在包装盒内;进行低温预冷处理,放冰块或者在冷库内 2 ~4℃低温保藏,这种方式一般可以保藏 7 d 左右。

(二)鲜冻品

分级处理后用 0.03% 的焦亚硫酸盐浸泡 3 ~5 min,再放入 0.06% 的焦亚硫酸盐浸泡 2 ~3 min,进行护色处理,浸泡完以后用清水漂洗掉残留的焦亚硫酸盐,沥干水分,放入 -40 ~ -37℃的速冻机中快速冻干处理 10 ~ 15 min;冻干后可以分装销售,也可以在 -18℃下保藏 10 个月左右。

(三)干品

羊肚菌采收后根据需要也可以做成干制品,干制品的水分含量的标准为 12% 。羊肚菌采收后一般采取烘干的方式,这样的成品质量最好。由于羊肚菌子实体含有大量的水分和色素,如果烘干过程温度过高,容易造成美拉德反应,使得羊肚菌干品的颜色发生变化,降低干品质量。烘干过程中温度的控制分为以下几个步骤:

①先在 35℃左右烘干 3 h 左右,烘干箱内的湿度保持在 70% 以下;

②将温度升高至 40 ~45℃,烘干 2 h,烘干箱内的湿度保持在 55% 以下;

③将温度升高至 50℃左右,烘干 2 h,烘干箱内的湿度保持在 35% 以下;

④将温度升高至 55℃烘干,降低烘干箱内的湿度,湿度在 15% 左右即可;

⑤将烘干的羊肚菌放置在阴凉处,回潮 20 min 左右,然后密封包装,即可出售或低温保藏。

部分菇农选择晒干,但是与烘干相比,晒干往往会导致羊肚菌干品的质量下降,因此并不建议使用。

(四)产品等级分类标准

产品登记分类标准见表 7 -1、表 7 -2。

表7-1 羊肚菌鲜品等级质量分类标准

评级项目	特级	一级	二级	等外品
菇型	尖顶、锥形	尖顶、锥形	尖顶、锥形	圆形、畸形
菌肉	厚	厚	较厚	薄
菌盖颜色	黑色	黑色	黑色、灰黑色	无要求
菌盖长度/cm	3~8	3~6	2~8	3~8除外
菌柄颜色	白色	白色或淡黄色	白色或淡黄色	白色除外
菌柄长度/cm	1~2	2~5	2~5	无要求
湿度	87.5%~91%	87.5%~90%	87.5%~91%	91%以上

表7-2 羊肚菌干品等级质量分类标准

评级项目	特级	一级	二级	等外品
菇型	尖顶、锥形	尖顶、锥形	尖顶、锥形	片状、畸形
菌肉	厚	厚	较厚	薄
菌盖颜色	黑色	黑色	黑色、灰黑色	无要求
菌盖长度/cm	3~5	3~7	3~7	2~7除外
菌柄颜色	白色	白色或淡黄色	白色或淡黄色	白色除外
菌柄长度/cm	1~2	剪脚	剪脚	剪脚
湿度	13%	13%	13%	13%

六、病虫害防治

自然界是一个生命共同体，是动物、植物、微生物赖以生存的根本。而土壤是大自然的重要组成部分，是不可或缺的。羊肚菌由于自身的生物学特性，要生长就离不开土壤，也不能与其他生物分离开来讨论羊肚菌的栽培。羊肚菌在基本开放的环境中生长，和其他生物，特别是土壤中的生物有的是相互促进的，也有的是互相竞争的，所以在羊肚菌的生长过程中，病虫害的发生是不能避免的。如果没有充分关注并采用相应的预防和治理措施，在羊肚菌栽培过程中就很有可能遭受惨重的失败。

（一）病害

羊肚菌栽培过程中的病害主要有侵染性病害和生理性病害两类。

1. 侵染性病害

侵染性病害指的是由病原生物侵染造成的病害。在羊肚菌栽培过程中，环境的变化和羊肚菌自身成熟度的变化都有可能引起侵染性病害的发生。截至目前的研究发现，羊肚菌栽培时常见的侵染性病害有细菌性病害和真菌性病害，而病毒性病害暂时未曾发现。

产生病害的原因有：菌种制作过程中，未能保证菌种无杂菌；栽培用有害土杂菌多；栽培土壤营养过剩滋生杂菌，或吸引野生动物带来杂菌；外源营养袋灭菌不彻底，或外源营养袋扎孔时设备带杂菌；增加湿度的水源或设备带有杂菌；栽培地块周围有养殖场、垃圾场、杂草堆等；栽培过程中，栽培环境不适宜，高温及高湿度、通风不畅等。这些都有可能引起羊肚菌的侵染性病害的发生。

（1）真菌性病害　在羊肚菌栽培的不同阶段都有真菌性病害的发生。菌丝体生长阶段的侵染性真菌病害，主要是竞争性病害最严重，主要有青霉、绿霉、链孢霉、毛霉、曲霉等。这些病害的主要特点是适应性强、繁殖速度快、传染性强，可与羊肚菌菌丝竞争生存空间和营养基质，甚至部分病害还可以产生可抑制羊肚菌菌丝生长的分泌物，从而影响羊肚菌的生长。羊肚菌的菌丝生长阶段，竞争性病害的预防性措施有：

①菌种生产过程中，保持生产场地的干净卫生，养成按时计划性的消毒操作规范；严控原材料的质量；制袋时培养料水分均匀适中，确保菌袋灭菌彻底；接种培养过程保证无菌，操作规范；有杂菌感染时，做到及时检出并进行无害化处理。

②栽培环节应提前 1 ~ 2 个月大水漫灌地块，然后曝晒；提前 1 个月撒生石灰，50 ~ 75 kg/667 m^2，然后深耕；有杂草或垃圾的，及时清理，并撒石灰处理。

③制作营养袋时，灭菌彻底；扎孔时对扎孔设备进行消毒；摆放营养袋后，观察发菌和污染情况，有杂菌的及时清理。

④土壤和空间环境补水时，保证水源干净；保持草帘等覆盖物无菌。

⑤保持培养空间的湿度和温度适中，避免高温高湿。

羊肚菌子囊果生长阶段的侵染性真菌病害，主要有青霉、绿霉、镰刀霉、长孢卵单隔孢霉、蛛网病等。这些病害对羊肚菌的子实体造成的影响是让羊肚菌的子实体萎缩，处理不及时整颗子实体都会腐烂，即使处理及时，子实体也是残缺的，不够评等级，而且病原体的分泌物可能会对消费者造成健康问题。在此阶段，预防病害的主要措施有：

①播种前用生石灰对土壤进行消毒，侵染性病害用量 50 ~ 75 kg/667 m^2。

②子实体生长时避免出现高温高湿的状况。

③地块轮休，穿插其他农作物的栽培，避免连作障碍。

④出现病害时，及时处理病变子实体，并用石灰对病变处土壤进行消毒，避免大量传染。

（2）细菌性病害　菌丝体生长阶段，细菌性污染可以影响菌种培养基的 pH，并竞争羊肚菌的营养基质。导致菌种的质量下降，甚至导致菌种退化。羊肚菌的菌丝生长阶段，细菌性病害的预防性措施有：

①菌种生产过程中，保持生产场地的干净卫生，养成按时计划性的消毒操作规范；制袋时培养料水分均匀适中，确保菌袋灭菌彻底；接种培养过程保证无菌，操作规范；培养菌种时避免高温高湿；有杂菌感染时，做到及时检出并做无害化处理。

②及时检查并处理感染虫害的培养料，避免虫害等引起的并发性细菌感染。

羊肚菌子囊果生长阶段，主要的细菌性病害的表现有软体病、红体病等。软体病对羊肚菌的子实体造成的影响是让羊肚菌的子实体菌柄腐烂，发病处初期水浸状，后期腐烂，有恶臭；软体病对羊肚菌的子实体造成的影响是让羊肚菌的子实体停止生长，菌柄有明显的变红，有恶臭。羊肚菌子囊果生长阶段细菌性病害的防治措施有：

①保证栽培环境通风，干净卫生，栽培畦面无易滋生杂菌的杂物。

②加湿水源干净流动，无杂菌污染。

③加湿水滴雾化颗粒越小越好，防止漏水将土壤溅起到羊肚菌上。

④培养空间温湿度要适中，避免高温高湿。

⑤若出现细菌性病害应及时采收发生病变的子实体，并用生石灰对生长部位的土壤进行消毒，防止传染。

（3）竞争性杂菌病害　由于羊肚菌生长的基质及环境特点，子囊果生长阶段往往伴有竞争性大型真菌等的病害，比如盘菌、核盘菌、鬼伞等。这些竞争性病害会和羊肚菌竞争营养基质，侵占羊肚菌的生长空间，如果仅为零散发生及时去除即可，如发生较多就要及早处理。

预防病害的主要措施一般是播种前用生石灰对土壤进行消毒，侵染性病害用量 50～75 kg/667 m^2；盘菌、核盘菌防治用量 100～150 kg/667 m^2，林地等土壤状况复杂的可再加 50 kg/667 m^2。出现竞争性病害时，要及时彻底连基部土壤一同清理病害子囊果，避免病害子实体产生孢子，进行更大量的繁殖，进而撒生石灰进行处理。

2. 生理性病害

生理性病害是指在羊肚菌子实体生长过程中，由于管理措施不到位引起的羊肚菌产量和质量损失。主要是人为原因造成的，大部分是不可逆的。主要的症状表现有菌丝生长缓慢；原基不分化生长；子实体横倒；子实体水渍状；出现畸形菇；子实体倾斜生长；沟内出菇。

预防生理性病害的措施有：

（1）购买优质的菌种，鉴别淘汰退化菌种，提高菌种本身的抵抗力；播种和管理过程中，保持土壤含水量适中；检测土壤的 pH，偏酸或偏碱都会影响菌丝生长。

（2）原基分化时，生长环境氧气不足，温度过低或高，光线弱，都有可能使原基不分化。

（3）子实体生长时，空间和土壤补水以颗粒小的雾状水最合适，水滴颗粒度大时容易造成子实体水渍状，甚至将土壤溅到子实体上，影响羊肚菌的质量；补水时保证土壤湿度的均一和空间湿度的稳定，否则会出现沟内出菇，影响后期管理和采摘。

（4）管理出菇时，要及时根据培养环境的温湿度变化给出管理措施，保证温湿度、氧气含量适合。温度过低导致子实体停止发育；温度过高灼伤子实体顶部；湿度过低子实体皲裂；湿度过高子实体病态；氧气含量低时子实体菌柄过长；光线的方向和强弱不均，也会导致子实体趋向光照更强或照射时间更长的一侧，进而导致畸形菇的出现甚至显著减产。

（二）虫害

羊肚菌的虫害主要有植食性虫害和腐食性虫害两种，虫害虽然不会影响羊肚菌的正常生长，但是会造成羊肚菌子实体的畸形，在羊肚菌栽培过程中需要重点注意。

植食性虫害指的是以植物和食用菌子实体为食的昆虫，主要有咬食性昆虫，比如马陆、蛞蝓、鼠妇等；蛀食性昆虫，比如跳虫等。腐食性虫害指的是以动植物的尸体和食用菌子实体为食的昆虫，主要有蚊蝇类和螨虫类等。

虫害的防治办法有：

①栽培地块周围不能有养殖场、垃圾场、杂草堆等。

②栽培环节应提前 1～2 个月大水漫灌地块，然后曝晒；提前 1 个月撒生石灰，50～

75 kg/667 m^2,然后深耕;有杂草或垃圾的,及时清理,并撒石灰处理,将土壤中的虫卵杀死。

③在大棚内加黄板和黑光灯诱杀虫害。

④栽培地块周围环境复杂的应在大棚外用生石灰撒包围圈,防止外部环境中的害虫入侵大棚环境。

主要参考文献

[1] 张金霞,蔡为明,黄晨阳. 中国食用菌栽培学[M]. 北京:中国农业出版社,2020.

[2] 何培新,刘伟,郝哲,等. 羊肚菌实用栽培技术[M]. 北京:中国农业出版社,2020.

[3] 富强,韦君,吴广成. 黑木耳大棚挂袋出耳关键技术[J]. 农业与技术,2015,35(3):83.

[4] 罗彩虹,王玲,李含毅. 黑木耳露地高产栽培技术[J]. 陕西农业科学,2014,60(4):119－120.

[5] 刘伟,张亚,何培新. 羊肚菌生物学与栽培技术[M]. 长春:吉林科学技术出版社,2017.

[6] 贺新生,王珏,王一璞,等. 中国西南地区羊肚菌高产栽培作业流程[J]. 食药用菌,2020,28(6):454－460.

[7] 周帅,孙红丽,韩彬,等. 华北地区林地小拱棚栽培羊肚菌技术[J]. 北方园艺,2021(19):165－167.

[8] 庞启亮,胡海冰,梁秀凤,等. 高寒地区羊肚菌秋季高效种植技术[J]. 防护林科技,2017(11):121－122.

[9] 黄丽娜,尚新江,焦书升. 中原地区羊肚菌温棚种植技术[J]. 农业科技通讯,2022(9):218－221.

[10] 朱元弟,金群力,蔡为明. 浙北羊肚菌大棚地栽成功的技术经验[J]. 食药用菌,2017,25(4):262－264.

[11] 郑永德,卢翠香,邱春锦,等. 福建山区羊肚菌平棚栽培技术[J]. 食药用菌,2020,28(5):351－352,358.

[12] 贺新生. 羊肚菌生物学基础菌种分离制作与高产栽培技术[M]. 北京:科学出版社,2017.

[13] 柴秋泉. 北方羊肚菌人工栽培技术[J]. 特种经济动植物,2021,24(10):75－76,82.

[14] 支彩艳,乔俊,赵建国,等. 羊肚菌人工栽培技术研究进展[J]. 北方园艺,2021(15):143－150.

[15] 陆胜波,王安龙,陈家兴,等. 羊肚菌设施栽培技术要点[J]. 农技服务,2022,39(2):58－60.

[16] 陈影,唐杰,彭卫红,等. 四川羊肚菌高效栽培模式与技术[J]. 食药用菌,2016,24(3):151－154.

[17] 刘理旭,唐杰,甘炳成. 高海拔地区羊肚菌栽培技术[J]. 食用菌,2020,42(6):48－50.

[18] 丁亚通,党帅,张辉,等. 羊肚菌日光温室栽培技术[J]. 农村新技术,2020(9):19－20.

[19] 邓海洲,寇从贤,王丽娅,等. 钟祥市稻－菇(羊肚菌)连作栽培技术要点[J]. 湖北农业科学,2019,58(S2):113－114.

[20] 石德林. 羊肚菌大田栽培失败原因剖析[J]. 食用菌,2020,42(6):39－40.

[21] 彭天祥. 羊肚菌林下高效栽培模式及技术探讨[J]. 现代农业研究,2021,27(2):101-102.

[22] 赵瑞,刘绍雄,马超. 我国羊肚菌产业发展现状及市场分析[J]. 中国食用菌,2020,39(2):7-10.

[23] 赵琪. 我国羊肚菌产业发展现状、前景及建议[J]. 食药用菌,2018,26(3):148-151;156.

[24] 陈影,彭卫红,甘炳成,等. 羊肚菌新品种'川羊肚菌 1 号'[J]. 园艺学报,2016,43(11):2289-2290.

[25] 李广贤,周学标,朱其松,等. 羊肚菌大田栽培关键技术研究[J]. 安徽农业科学,2022,50(8):45-47,51.

[26] 唐杰,王勇,许瀛引,等. 羊肚菌产业发展关键问题研究进展[J]. 菌物学报,2021,19(4):218-231.

[27] 刘伟,蔡英丽,何培新,等. 羊肚菌栽培的病虫害发生规律及防控措施[J]. 食用菌学报, 2019,26(2):128-134.

[28] 高新楼,郜惠苹,李宾. 羊肚菌种植的病虫害防治技术[J]. 农业科技通讯,2020(9):295-298.

[29] DB61/T 1518-2021,羊肚菌大棚栽培技术规范[S].

[30] NY/T 2375-2013, 食用菌生产技术规范[S].

[31] JB/T 10594-2006, 日光温室和塑料大棚结构与性能要求[S].

第八章　病虫害防控技术

第一节　蔬菜的主要病害与防控技术

一、真菌性病害

（一）灰霉病

蔬菜灰霉病是由灰葡萄孢菌（*Botrytis cinerea*）引起的一类真菌性病害，在我国各地均有发生，在保护地栽培蔬菜区发生十分严重，尤其是冬春茬。灰霉病可为害番茄、辣椒、黄瓜、西葫芦、茄子、韭菜、菜豆、莴笋、白菜、芹菜、甘蓝、葱等多种蔬菜，该病害发生时间早、蔓延速度快、持续时间长、病菌易产生抗药性，发病后一般减产20%～30%，严重时可减产50%以上。

1. 为害症状

灰霉病在蔬菜苗期、成株期均可发生，植株地上部分包括叶、花、果实、茎均可受害，不同部位症状表现不尽相同。幼苗染病，子叶先端变黄，后扩展到幼茎，致茎缢缩变细，由病部折断而枯死；真叶染病，产生水渍状白色不定形病斑，后呈灰褐色水渍状腐烂；幼茎染病，呈水渍状缢缩，变褐变细，幼苗折倒。成株叶片发病，病部呈“V”字形褐色病斑，致使叶片灰褐色腐烂或干枯，湿度大时可见灰色霉层，严重时上部叶片全部烂掉。茎及叶柄上病斑初为灰白色水渍状，后呈深褐色，后病斑环绕茎部，导致茎秆折断，有时可见病处因失水而出现裂痕，病处凹陷缢缩，不久即造成病部以上死亡。花器被害，一般从初花期即有发生，花瓣及萼片处变软、萎缩腐烂，表面生霉，严重时整个花死亡。幼果染病，果实多从果顶萼片开始，向果面和果柄扩展，致病果皮呈灰白色，后发生软腐，湿度大时部分果面长满厚厚的灰褐色霉层，严重时果实脱落。在果实采收后，如果不及时拉秧，病害会继续在叶片和茎蔓上扩展。

2. 病原及分类地位

灰霉病是由灰葡萄孢菌侵染引起，属半知菌亚门真菌。菌丝放射状，初无色，后呈浅褐色。孢子梗数根丛生，具隔，褐色，顶端呈1～2次分枝，分枝顶端着生大量分生孢子。分生孢子球形、卵圆形或水滴形，单细胞，近无色，大小为（5.5～16）μm×（5.0～9.25）μm，孢子梗的大小为（811.8～1 772.1）μm×（11.8～19.8）μm。菌核黑色，呈扁平鼠屎状。菌丝在2～31℃条件下均能发育，最适温度为20～23℃。病菌萌发时，必须有一定的湿度，相对湿度88%～100%时均可以萌发，在92%～95%时最好萌发。分生孢子萌发的温度为10～

25℃，最适温度为20℃；在pH为3～12条件下均能萌发，最适pH为5。

3. 侵染与传播途径

灰霉病病斑上生有大量的灰褐色霉菌，只要空气流动，病菌就可以大量地随风传播，进行再次侵染。灰霉病菌主要以菌丝和菌核随病残体在土壤中或表面越冬越夏。此外，分生孢子也可附着在种子表面越冬。当环境温度、湿度和降雨量等条件适宜时，在病残体上的菌丝体和萌发的菌核上产生分生孢子，分生孢子容易脱落，作为初侵染源借助气流、雨水和农事操作进行传播。

4. 发病因素

灰霉病病菌喜低温高湿。持续较高的空气相对湿度是造成灰霉病发生和蔓延的主导因素，光照不足，气温较低，湿度大，结露持续时间长，都适合灰霉病的发生。同时，多年连作，种植密度过大，有机肥不足，氮肥偏多，灰霉病容易流行。灰霉病是一种弱寄生性病害，其发生与作物长势密切相关，植株长势较弱时病情加重。

5. 防治方法

（1）农业防治

①采用高垄地膜覆盖栽培，或滴灌、管灌及膜下灌溉栽培法。

②生长前期及发病后适当控制浇水，掌握"三不浇三浇三控"技术：阴天不浇，晴天浇；下午不浇，上午浇；明水不浇，暗水浇；连续阴天控制浇水，低温控制浇水，苗期、生长前期及发病后适当控制浇水。

③及时清除病残体，发现病叶、病花、病果后及时清除。

（2）生物防治　木霉制剂、粉红黏帚霉制剂（1×10^6活孢子/mL）于移栽时对土壤喷雾，在初花期用生物源抗菌物质（2%武夷菌素）或酵母菌制剂600～800倍兑水15 kg/667 m^{2}进行第2次喷雾，能起到防病和保产效果，降低灰霉病的病果率。

（3）化学防治　发病前可用50%腐霉利可湿性粉剂1 000～1 500倍液、50%异菌脲可湿性粉剂1 000～1 500倍液等药剂交替轮流喷雾，也可与百菌清或铜制剂一起喷施，预防灰霉病的发生。注意避免重复用药。发病初期可用50%乙烯菌核利可湿性粉剂（农利灵）800倍液、50%嘧菌环胺水分散粒剂（和瑞）1 000倍液、40%嘧霉胺乳油（施佳乐）1 000倍液、25%啶菌恶唑乳油（菌思奇）2 500倍液等药剂轮换用药进行喷治。发病高峰期可用腐霉利或异菌脲与发病初期的应用药剂混配进行防治。施药后视病情发展间隔7～10 d喷药1次，连续用药2～3次。在蔬菜一个生育期内每种类型杀菌剂使用不超过2次。此外，在设施棚室内，可采用熏烟杀菌，熏烟可在傍晚闭棚前进行，也可在阴天时熏烟，烟剂可选用百速烟剂、菌核净烟剂等。一般情况下，喷药与熏烟交替进行即可，或者喷2次药、熏1次烟。若灰霉病发生较重时，则可将喷药与熏烟结合起来进行防治，即白天喷药，晚上熏烟。另外，不论是药剂还是烟剂，都要根据作物进行选择，如茄子和豆科蔬菜对嘧霉胺敏感，因而在选择药剂时，尽可能地选择其他药剂；茄子和豆科蔬菜也对菌核净敏感，因而在熏烟时一定要严格控制用量和熏烟时间，其安全用量为200 g/667 m^2，熏烟时间为8 h。

（二）霜霉病

霜霉病是蔬菜生产上的一种重要病害，在全国各蔬菜产区均有发生，主要为害瓜类蔬菜、十字花科蔬菜及绿叶蔬菜等，黄瓜、西葫芦、白菜、甘蓝、花椰菜、莴苣、菠菜等蔬菜较容易感染。一般情况下可造成减产20%～30%，严重时可造成减产50%以上。

1. 为害症状

霜霉病是由真菌中的霜霉菌引起的植物病害，从幼苗到收获各阶段均可发生，以成株受害较重。主要为害叶片，由基部向上部叶发展。不同蔬菜症状不完全相同，总体表现为病斑初呈水浸状，扩展后受叶脉限制，形成多角形或不规则形黄褐色斑块。空气潮湿时叶背产生霜状霉层，为病菌的孢囊梗和孢子囊，有时可蔓延到叶面，其中在瓜类上为灰黑色霉层，在白菜和菜薹等十字花科蔬菜上为白色霉层，在菠菜上为灰白色至灰紫色霉层，在莴苣上为白色霉层。后期病斑扩大连片，呈黄褐色，叶干枯早落，花柱肿胀，严重时荚畸形。

2. 病原及分类地位

霜霉病主要由霜霉属（*Peronospora*）侵染所致，属鞭毛菌亚门真菌。孢囊梗1～2枝或3～4枝从气孔伸出，长度165～420 μm，多为240～340 μm，主轴长105～290 μm，占全长的2/3～9/10，粗5～6.5 μm，基部稍膨大，上部呈双叉状分支3～6次；末枝稍弯曲或直，长1.7～15 μm，多为5～11.5 μm，孢子囊淡褐色，椭圆形至卵圆形，具乳突，大小(15～31.5) μm×(11.5～14.5) μm，长宽比1.2～1.7；以游动孢子萌发，卵孢子生在叶片的组织中，球形，淡黄色，壁膜平滑，直径28～43 μm。

3. 侵染与传播途径

霜霉病菌是以菌丝体、卵孢子在植株上或者随病叶越冬或越夏，或者以孢子囊不断侵染危害，周年循环。条件适宜时病菌产生孢子囊借气流、昆虫传播，形成初侵染。孢子囊萌发后，从寄主的气孔或直接穿透寄主表皮侵入，环境适宜时潜育期仅为4～5 d，环境不适宜潜育期可延长至8～10 d。瓜类霜霉病菌孢子囊萌发适温15～22℃，白菜霜霉病菌孢子囊萌发适温7～13℃，菠菜霜霉病菌孢子囊萌发适温8～10℃，莴苣霜霉病菌孢子囊萌发适温6～10℃。发病后再产生孢子囊飘移扩散，进行再侵染。

4. 发病因素

霜霉病主要通过气流和雨水传播，发生的最适宜温度是16～24℃，适宜的发病湿度为85%以上，特别是在叶片有水膜时，最易受侵染发病。昼夜温差大，多雨高湿或大雾条件，易发病流行。设施栽培早春遇到阴雨天气，通风不及时，导致棚室内空气湿度比较大，饱和或接近饱和湿度持续时间长，发病比较重。温暖潮湿有利于发病，叶背结露有利于病菌侵染。在北方地区设施栽培春季（2～5月）发生重，露地栽培秋季（8～10月）发生严重。连作年限较长、前茬作物发病重、土壤及病残体病原基数较高、栽植过密、通风透光不良的地块为其发生创造了条件。田间管理粗放，基肥不足，追肥不及时会导致植株营养不良，抗病力下降。种子带菌、营养土消毒不干净及有机肥未经充分腐熟时容易发病。

5. 防治方法

（1）农业防治

①选择抗病品种。

②合理密植，注意排水，避免田间湿度过大、通风透光不良。

③收获后及时清洁田园。

④实行2～3年轮作。

(2)化学防治　发病前或发病初期及时喷药防治。可选用的药剂有25%嘧菌酯悬浮剂1 000倍液、72%霜脲·锰锌可湿性粉剂800倍液、80%三乙膦酸铝可湿性粉剂500倍液、64%杀毒矾可湿性粉剂500倍液、58%甲霜·锰锌可湿性粉剂500倍液、72.2%霜霉威水剂800倍液、50%烯酰吗啉可湿性粉剂1 500倍液、25%甲霜灵可湿性粉剂500倍液、75%百菌清可湿性粉剂500倍液、10%氟噻唑吡乙酮可分散油悬浮剂2 500倍液等。注意各药剂轮换使用,喷雾时注重质量,力求均匀周到,着重喷叶背面,隔7~10 d喷1次,连续防治2~3次,可有效控制霜霉病的蔓延。发病重的地块喷药时可适当提高药液浓度,但应避免过量造成药害。

(三)白粉病

白粉病是蔬菜栽培中经常发生的一种病害,可危害多种蔬菜,如黄瓜、苦瓜、西葫芦、番茄、辣椒、茄子、莴苣等蔬菜,在露地和保护地时常发生,尤以春季棚室蔬菜多发。白粉病病菌是专性寄生菌,具有潜伏期短、产孢量大、易暴发流行等特点,一旦发生流行往往使蔬菜生产面临减产、减收,一般年份减产在10%左右,流行年份减产在20%~40%。

1.为害症状

(1)瓜类蔬菜白粉病　白粉病主要为害瓜类的叶片,也为害叶柄、茎蔓,而瓜果则较少染病。幼苗期即可受侵染,两片子叶开始出现星星点点的褪绿斑,逐渐发展可使整个子叶表面覆盖一层白色粉状物。幼茎也有相似症状。染病子叶或整株幼苗逐渐萎缩干枯。成株叶片从下而上染病,在正反两面(通常以正面为多)出现分散的褪绿斑点,很快在褪绿斑点上长出一堆堆的白粉状霉层,并可互相连结,整片叶表层像撒满一层白粉,最终使叶片甚至整株萎黄干枯。晚期病叶霉层变为灰白色,其中长出许多黑色小粒点,叶柄和茎蔓染病,同样在病部会长出一堆堆白粉状霉层,严重时可使叶柄或茎蔓萎缩干枯。

(2)茄科蔬菜白粉病　病害主要发生在叶片上,一般先从下部老叶开始发病。病叶正面开始出现褪绿小黄点,后扩展为边缘不清晰的褪绿或淡黄色斑块,病部背面产生薄层白粉状物。初发时霉层稀疏,往往受到叶脉的限制,形成许多三角形的白斑,后期白色的斑点连接成片,使整个叶背成为白色,严重时,叶片变为黄色,容易脱落,使全株仅剩下数片嫩叶。果实不能正常膨大,对产量和品质影响很大。叶柄、茎和果实受害时,也产生白粉状霉斑。大棚栽培中全年都可发病,早春发生多;露地栽培的初秋开始发病。

(3)十字花科蔬菜白粉病　十字花科蔬菜白粉病主要为害叶片、叶柄。一般多由下部叶片发病,逐渐向上部叶片发展。发病初期,在叶背或叶柄上产生白色或灰白色粉状斑点,发展后叶表面和叶柄覆满白粉色霉层,后期形成许多黑色小粒点。发病重时,由下部叶片向上部叶片逐次变黄枯萎。

(4)白粉病的诊断要点　初期叶正面或背面产生近圆形粉斑,后逐渐扩大成边缘不明显的连片粉斑,形似撒了一层白粉状物。后期病斑上可散生许多黑色小颗粒。

2.病原及分类地位

白粉病病原为单丝壳白粉菌(*Sphaerotheca fuliginea*)和瓜类单丝壳菌(*Sphaerotheca cucurbitae*),均属子囊菌亚门真菌。单丝壳白粉菌分生孢子梗无色,圆柱形,不分枝,其上着生分生孢子。分生孢子椭圆形,串生,无色,单胞,大小(30~39)μm×(7~22)μm。闭囊壳球形，褐色，直径 67 ~ 122 μm，表面有附属丝。壳内有一个子囊，内含 4 ~ 8 个子囊孢子，椭圆形，单胞，大小(21 ~ 29) μm × (12 ~ 19) μm。病原菌发育的最适温度 20 ~ 25℃，相对湿度为 75% 左右，温度高于 30℃或低于 10℃不利于病原菌生长。

3. 侵染与传播途径

病菌以闭囊壳随病残体在土中越冬，或在保护地内为害越冬。在南方菜区病菌以菌丝或分生孢子在寄主上为害越冬和越夏。翌年春天条件合适时放射出子囊孢子借气流或雨水传播，进行初侵染，落到叶面上的子囊孢子遇有适宜条件，发芽产生侵染丝从表皮侵入，在表皮内长出细胞吸取营养。菌丝体附生在叶表面，从萌发到侵入需 24 h，每天可长出 3 ~ 5 根菌丝，5 d 后在侵染处形成白色菌丝丛状病斑，7 d 后成熟，形成分生孢子飞散传播，进行频繁再侵染。分生孢子萌发一定要有水滴存在。以后又在病部产出分生孢子，成熟的分生孢子脱落后通过气流进行再侵染。北方寒冷地区，在露地栽培条件下，由于白粉病菌分生孢子寿命短，抗逆能力差，而菌丝又不能离开生活的寄主而生存，在没有设施栽培环境条件下，分生孢子和菌丝都不能正常越冬。南方温暖地区，病原菌不存在越冬问题，以菌丝或分生孢子在作物上进行周年侵染为害。

4. 发病因素

白粉病在高温高湿或干旱环境条件下易发生，发病适宜温度为 20 ~ 24℃，适宜的空气相对湿度为 75%。温度高、湿度低或空气干燥时，有利于病害的发生流行。同时，种植密度过大，生长旺盛，管理不当都会加快此病扩展。光照充足对该病的扩展有很大抑制作用。栽培过密、光照不足、偏施氮肥、植株徒长、早衰等都会促使白粉病严重发生。

5. 防治方法

(1)农业防治

①培育和推广抗病品种。

②在蔬菜换茬种植时仔细清除杂草及残体集中处理，减少菌源。

③施足底肥，增施磷、钾肥提高植株的抗病力。

④在设施内种植蔬菜时要尽量避免连作与不同作物轮作，阻断菌源。

⑤定植前 10 d 左右，高温闷棚。

(2)化学防治　根据以往发病规律，做好预防工作，适量低浓度喷洒各种保护剂，如用 50% 硫黄悬浮剂 500 倍液、30% 固体石硫合剂 150 倍液，喷 1 ~ 2 次即可。发病初期可用 25% 锈粉宁 2 000 倍液、12.5% 烯唑醇 2 500 倍液或 47% 春雷王铜 600 ~ 800 倍液，每 7 ~ 10 d 喷 1 次，连喷 3 ~ 4 次。当田间出现病叶时，可使用内吸性杀菌剂喷雾防治，如 62.25% 锰锌 · 腈菌唑 600 倍液、12.5% 烯唑醇乳油 2 000 倍液、70% 甲基托布津可湿性粉剂 1 000 倍液、40% 百菌清(达科宁)悬乳剂 800 ~ 1 000 液、40% 多硫悬乳剂 400 ~ 500 倍液、50% 多菌灵可湿性粉剂 600 倍液、40% 氟硅唑乳油 6 000 ~ 8 000 倍液、10% 苯醚甲环唑水分散颗粒剂2 000 ~ 3 000 倍液。白粉病菌易产生抗药性，要轮换使用不同类别的药剂，不论是何种蔬菜，在采收前 7 d 停止用药。

(四)枯萎病

枯萎病是由镰刀菌寄生引起植物枯死萎蔫的病害，是一种世界性的真菌土传病，是瓜类和茄果类蔬菜的重要病害，此病主要为害番茄、黄瓜、西瓜、苦瓜、冬瓜、甜椒、茄子以及豆类等多种蔬菜，近年来为害呈逐渐加重趋势。枯萎病一般发病率为5% ~25%，导致减产10% ~30%，给蔬菜生产带来较大的威胁。

1. 为害症状

蔬菜枯萎病的典型症状是植株萎蔫，多在成株期开花结果后表现症状。发病初期，病株叶片自上而下逐渐萎蔫，似缺水状，到中午前后，萎蔫症状更为明显，但早晚温度低、湿度大时仍能恢复。几天后，病情会加重，造成全株枯萎下垂，甚至死亡。在番茄、茄子、辣椒等蔬菜上常出现植株一侧发病、另一侧正常的"半边枯"现象，在同一叶片上，也会看到一半发黄、另一半正常的情形。观察病株基部，可见水渍状病斑，后变为黄褐色或黑褐色，切开茎部可见维管束组织坏死变为褐色。潮湿时病变部位产生白色至粉红色霉状物，最后病变部位变成丝麻状。蔬菜枯萎病的诊断要点：叶片逐渐变黄，茎部由下而上开始枯萎，维管束变褐；根系腐烂，潮湿时茎部产生白色至粉红色霉层。

2. 病原及分类地位

枯萎病病原为镰孢菌属(*Fusarium* spp.)，属半知菌亚门真菌。枯萎病菌有不同的专化型，对不同作物的侵染能力有差异，对极限温度的承受能力也有差别，但在形态上都具有镰孢属的共同特征。镰孢属真菌营养体菌丝有隔分枝，在25 ~28℃恒温下培养基上进行培养，4 d后便长出菌丝，菌落圆形，气生菌丝白色，菌落底部培养基初期不变色，后期变紫红色。分生孢子无色，分生孢子有大小两种类型。大型孢子长椭圆形或椭圆形，有3 ~5个隔膜，稍弯曲，向两端渐细，大小(36 ~52) μm × (2.7 ~5.5) μm。小型分生孢子椭圆形或腊肠型，少数稍弯曲，1 ~2个隔膜或无隔膜，大小(6.5 ~13) μm × (2.0 ~2.5) μm。同时，冬天在菌丝上可见呈球形或近球形的厚垣孢子。国内已报道可危害蔬菜的镰孢菌有60多种，包括尖孢镰孢(*F. oxysporum*)、茄病镰孢(*F. solani*)等，其中在蔬菜上报道的茄病镰孢专化型有5种。番茄专化型生长发育适温为27 ~28℃，最高38℃，最低5℃，只侵染番茄；茄子专化型为25 ~28℃，最高33℃，最低21℃；辣椒、甜椒专化型为24 ~28℃，最高37℃，最低17℃。

3. 侵染与传播途径

枯萎病病菌主要以菌丝体和厚垣孢子在土壤病残体、种子和未腐熟的带菌有机肥中越冬，成为翌年初侵染源，可营腐生生活，遇不到寄主可以在土壤中存活5 ~6年。一般从根部伤口或根毛顶端细胞间侵入，后进入维管束导管内发育堵塞导管，并产生有毒物质镰刀菌素，引起寄主中毒，导致病株叶片黄枯、萎蔫而死。病原菌在土壤中呈垂直分布，主要分布在0 ~25 cm耕作层，在田间主要靠灌溉水、土壤耕作及地下害虫和土壤线虫传播，也可以随病土借风吹往远处。

4. 发病因素

蔬菜枯萎病发生的最适温度是28℃，当高于33℃或低于21℃时，则不利于该病的发生。土壤湿度越大，发病越严重，尤其是在饱和湿度下，植株根系生长受阻，利于病害的发生。在黏重板结、通透性差的田块，蔬菜枯萎病发病重。尤其是线虫发生严重时，容易造成根系伤口，从而有利于病菌的侵入，也加重了病害的发生。酸性土壤、偏施氮肥、肥料不足、使用未充分腐熟或带菌的有机肥、带菌的种子、多年连作等，皆易诱发病害的发生。

5. 防治方法

(1)农业防治

①与葱蒜类非寄主蔬菜实行 3～4 年的轮作。

②选用抗耐病品种。

③培育壮苗,合理密植,加强田间管理,提高植株抗病力。

④采用配方施肥,施用有机肥和生物肥,及时追肥,合理灌水,雨季及时清沟排水。

⑤前茬作物收获后,彻底清除残枝、败叶、根等,减少病原基数,控制初侵染源。

(2)生物防治 在蔬菜移栽时进行穴施木霉菌剂 2 g/株,能在植株根周围土壤中长出较多、较长的菌丝去侵染枯萎病菌,从而抑制病害的发生,可有效抑制枯萎性病原菌的活动,对许多土传性病害都有明显的防治效果。

(3)化学防治

①新土育苗或床土消毒。用 50% 多菌灵可湿性粉剂 8～10 g/hm^2 加土拌匀,先将 1/3 药土撒在畦面上,然后播种,再把其余药土覆在种子上。

②种子消毒。用咯菌腈进行种子包衣(10 mL 可以处理 2 kg 种子),并将药液稀释到 2 000 倍进行苗床浇灌或用 0.1% 硫酸铜浸种 5 min,洗净后催芽播种。

③喷雾或灌根。发病初期要及时拔除病株,带到田外深埋或烧掉,并对发病点进行喷药保护,同时进行药剂灌根。药剂有 70% 甲基托布津可湿性粉剂 1 000 倍液、50% 多菌灵可湿性粉 600 倍液、2.5% 咯菌腈悬浮剂 1 500 倍液。灌根时,可根据植株的生长情况,灌药液量为 100～250 g/株,每隔 7～10 d 灌 1 次水,连续 3～4 次。

(五)疫病

疫病病菌的寄主范围广,如瓜类、茄果类、葱蒜类蔬菜等,为害的蔬菜种类多,常常造成番茄、黄瓜、辣椒等绝产。在我国北方每年的晚秋至春保护地及南方的冬季,包括保护地及露地以及高山蔬菜栽培中发生普遍。疫病是一种毁灭性病害,借风、雨、灌溉水传播和再侵染,扩散速度快,危害严重,流行年份造成的损失轻则 15%～30%,严重的 50% 以上,甚至绝收。

1. 为害症状

(1)番茄疫病 又称番茄晚疫病。为害番茄的茎、叶和果实,以叶片和青果受害严重。幼苗期发病,叶片出现暗绿色水浸状病斑,叶柄处腐烂,由叶片向茎部发展,呈黑褐色,腐烂,潮湿时病斑边缘会产生稀疏的白色霉层;幼茎基部呈水浸状缢缩,导致幼苗萎蔫,植株折倒枯死。成株多从下部叶尖或叶缘开始发病,初为暗绿色水浸状病斑,扩大后转为褐色。高湿时,病斑背面病健交界处长出稀疏白色霉层。茎秆和叶柄上病斑呈水浸状,褐色,凹陷,后变为黑色腐败状,导致植株萎蔫。青果期易被害,果实上病斑有时有不规则云纹,最初近果柄处形成油渍状暗绿色病斑,后渐变为暗褐色至棕褐色,边缘明显,微凹陷。病果质地坚硬,不变软,在潮湿条件下,病斑上有少量白霉。

(2)黄瓜疫病 俗称死藤。苗期至成株期均可染病,主要为害茎基部、叶及果实。幼苗染病多始于嫩尖,初呈暗绿色水渍状萎蔫,逐渐干枯但不倒伏。成株发病,主要在茎基部或嫩茎节部出现暗绿色水渍状斑,后变软,显著缢缩,病部以上叶片萎蔫或全株枯死;叶片染病产生圆形或不规则形水浸状大病斑，边缘不明显，扩展迅速，干燥时呈青白色，易破裂，病斑扩展到叶柄时，叶片下垂。瓜条或其他任何部位染病，开始为水浸状暗绿色，逐渐缢缩凹陷，潮湿时表面长出稀疏白霉，迅速腐烂，发出腥臭气味。

(3)辣椒疫病　俗称黑杆。整个生长期茎、叶、果实均可发病。幼苗期发病，病部呈水浸状、缢缩，造成幼苗折倒或湿腐，继而枯萎死亡，即苗期猝倒病。成株期发病，茎部发病多在茎基部和分杈处，最初产生水浸状暗绿色病斑，后扩展成环绕表皮不规则暗褐色条斑，茎基部常发生黑色软腐、坏死，由土表下向上发展，病部以上枝叶迅速凋萎，引起植株萎蔫、枯死，严重时成片枯死。叶片发病，出现暗绿色、水浸状、边缘不明显的圆形大斑，边缘黄绿色，中央暗褐色，天气潮湿时迅速扩大，发展到叶柄。果实多从果蒂部发病，形成暗绿色水渍状不规则形病斑，很快遍及全果，呈暗绿色至暗褐色，病部水浸状凹陷，并很快腐烂，潮湿时病部表面长出白霉。根系被侵染后变褐色，皮层腐烂导致植株青枯死亡。

2.病原及分类地位

番茄晚疫病是由致病疫霉菌(*Phytophthora infestans*)侵染所致，属鞭毛菌亚门真菌。病菌菌丝分枝，无色无隔，较细，多核。孢子囊梗无色，单根或多根成束，大小(624 ~ 1 136) μm × (6.27 ~ 7.46) μm。孢子囊梗从气孔伸出，具节状膨大。该菌菌丝能产生分生的无限生长的孢囊梗，孢子囊顶生或侧生，卵形或近圆形，顶端有乳突，基部具短柄。菌丝发育适温为24℃，最高30℃，最低10 ~ 13℃。孢子囊形成温度3 ~ 36℃，相对湿度大于90%，最适温度18 ~ 22℃、相对湿度100%。该病菌只为害番茄和马铃薯，但对番茄致病性较强。

黄瓜疫病是由德氏疫霉(*Phytophthora drechsleri*)侵染所致，属鞭毛菌亚门真菌。菌丝丝状，无色，宽3.5 ~ 7.1 μm，多分枝。幼菌丝无隔，老熟菌丝长出瘤状结节或不规则球状体，内部充满原生质。在瓜条上菌丝球状体大部分成串，常在发病初期孢子囊未出现前产生，从此长出孢囊梗或菌丝。孢囊梗直接从苗丝或球状体上长出，平滑，宽1.5 ~ 3.0 μm，长可达100 μm，中间偶现单轴分枝，个别形成隔膜。孢子囊顶生，卵球形或长椭圆形，大小为(36.4 ~ 71.0) μm × (23.1 ~ 46.1) μm，平均为54.3 μm × 35.6 μm。囊顶增厚部分一般不明显，孢子囊孔口宽6.6 ~ 17.6 μm。游动孢子近球形，大小为7.3 ~ 17.7 μm。藏卵器穿雄生，淡黄色，球形，外壁1.5 ~ 4 μm。雄器无色，球形或扁球形。卵孢子淡黄色或黄褐色，大小为15.7 ~ 32.0 μm。厚垣孢子少见。病菌生长发育适温为26 ~ 32℃，最高37℃，最低9℃。

辣椒疫病是由辣椒疫霉菌(*Phytophthora capsici*)侵染所致，属鞭毛菌亚门真菌。菌丝丝状，无隔膜，生于寄主细胞间或细胞里，宽3.75 ~ 6.25 μm；孢子囊梗无色，丝状；孢子囊顶生，单胞，卵圆形，大小为(28.0 ~ 59.0) μm × (24.8 ~ 43.5) μm；厚垣孢子球形，单胞，黄色，壁厚平滑；卵孢子球形，直径25 ~ 35 μm，游动孢子直径大约5 μm，但有时见不到。

3.侵染与传播途径

蔬菜疫病是一种卵菌病害，疫霉菌主要以卵孢子、厚壁孢子在土壤中，或以菌丝体在病残体中越冬。卵孢子可在土壤中存活5年以上。翌年条件适宜时长出孢子囊，借风、雨、灌溉水传播蔓延，寄主被侵染后，病菌在有水条件下经4 ~ 5 h产生大量孢子囊和游动孢子。在25 ~ 30℃条件下，经24 h潜育即发病，病斑上新产生的孢子囊及其萌发后形成的游动孢子借气流传播，进行再侵染，使病害迅速扩散。

4. 发病因素

疫病病菌发育温度为 5 ~ 37℃，适温为 25 ~ 30℃，适温高湿是蔬菜疫病发生的重要条件。晚疫病菌在低温高湿条件下发病重，白天气温 24℃以下、夜温 10℃、昼夜温差大、田间长时间高湿的条件下发病，多发生在早春 4 ~ 5 月、秋季 9 ~ 10 月或冬季保护地，高温干燥不利于发病。黄瓜疫病、辣椒疫病发生要求的气温相对高一些，主要发病期集中在 6 ~ 8 月份，气温 30℃、相对湿度 85% 以上是发病的最有利条件。通常情况下，雨季早、雨量大、降雨天数多的年份，发病早、再侵染频率高、传播快、病情重，损失严重，田间发病高峰期通常在降雨高峰之后。地势低洼、地下水位高、浇水过多或水量过大、排水不良的田块，由于湿度过大，土壤含水量过高，易引起根系发育不良，植株柔弱，抗病力低，发病重。

5. 防治方法

(1)农业防治

①保护地用耐病品种，露地用较抗病品种。

②避免重茬或与瓜类、茄果类蔬菜等连作，可与十字花科、豆科蔬菜轮作 3 年以上。

③选择排水性好、肥沃、地势较高的土地，挖好排水沟便于雨季排水，进行高畦栽培，有条件地区可采用滴灌，并及时追施腐熟的有机肥，以提高植株的抗病能力。也可选择覆膜栽培以隔离病菌的传播。

(2)化学防治　播种前用 50% 福美双可湿性粉剂拌种，用药量为种子用量的 0.4%；或用 40% 甲醛 100 倍液、25% 瑞毒霉可湿性粉剂 800 倍液、72.2% 普力克水剂 800 倍液、72% 霜脲氰 · 锰锌可湿性粉剂 800 倍液浸种 30 min，洗净后，浸种催芽。发病严重的田块可对苗床或土壤分别进行消毒，25% 甲霜灵可湿性粉剂 8 ~ 10 g/667 m^2 与土壤拌匀后撒在苗床上。田间定植前期用 25% 甲霜灵可湿性粉剂 750 倍液喷洒地面，或撒施硫酸铜 3 ~ 5 kg/667 m^2。一般在发病前或雨季来临前，喷 1 次保护性杀菌剂，可用 25% 甲霜灵 600 倍液、40% 疫霜灵 200 倍液喷洒。雨后对中心病株喷药防治，可喷施或浇灌 25% 吡唑醚菌酯(凯润)乳油 3 000 倍液、60% 唑醚 · 代森联(百泰)水分散粒剂 1 000 倍液、25% 嘧菌酯悬浮剂 1 000 ~ 2 500 倍液、56% 嘧菌 · 百菌清(阿米多彩)悬浮剂 600 ~ 800 倍液。发病初期喷 1 次，之后每隔 7 ~ 10 d 喷 1 次，以叶片正反面湿透为宜。

(六)炭疽病

炭疽病是蔬菜生产中的常见病害，在全国各蔬菜产区均有发生，在保护地及露地栽培中都时常发生，辣椒、黄瓜、菜豆以及十字花科的蔬菜均容易感染。近年来，随着我国北方保护地蔬菜栽培面积的不断扩大，炭疽病在一些主要蔬菜产区为害日益猖獗，造成较大的经济损失。

1. 为害症状

炭疽菌的寄主范围广泛，可寄生或腐生于不同蔬菜上，引起多种蔬菜发生炭疽病。有的炭疽菌只为害一类蔬菜，如瓜类炭疽菌只为害葫芦科蔬菜，但多数炭疽菌寄主谱广泛，可侵染多种蔬菜，如胶孢炭疽菌可以为害茄子、辣椒、番茄等。蔬菜受到炭疽菌侵染后，会导致幼苗猝倒、死亡，叶部产生大量病斑，果实产生凹陷斑并密生小黑点。炭疽病主要危害果实，叶片、果梗也可受害。果实染病，初现水浸状黄褐色圆斑，边缘褐色，中央呈灰褐色，表面有隆起的同心轮纹,往往由许多小点集成,小点有时为黑色,有时呈橙红色。潮湿时,病斑表面溢出红色黏稠物。被害果内部组织半软腐,易干缩,致病部呈膜状,有的破裂。叶片染病,初为褪绿色水浸状斑点,后渐变为褐色,中间淡灰色,近圆形,其上轮生小点。果梗被害后生褐色凹陷斑,病斑不规则,干枯时往往开裂。蔬菜炭疽病的诊断要点:叶上初生黄白色圆形斑点,后变褐色有同心圆纹,干枯时易破裂。果实上病斑下陷,中央龟裂;白菜茎和叶柄的病斑为菱形,下陷。

2. 病原及分类地位

辣椒炭疽病由辣椒刺盘孢菌(*Colletotrichum capsici*)、果腐刺盘孢(*Colletotrichum coccodes*)和辣椒盘长孢状刺盘孢(*Colletotrichum gloeosporioides*)侵染所致,均属半知菌亚门真菌。其中辣椒刺盘孢菌是黑点炭疽病的病原,载孢体盘状,多聚生,初埋生后突破表皮,黑色,顶端不规则开裂。刚毛散生在载孢体中,数量较多,暗褐色,顶端色浅,较尖,2~4个隔膜。分生孢子梗具分枝,有隔膜,无色。分生孢子镰刀形,顶端尖,基部钝,大小为(7.8~23.3)μm×(2.3~3.6)μm,单胞无色,内含油球。附着孢棒状,网球形褐色。果腐刺盘孢是黑色炭疽病病原,分生孢子盘生暗褐色刚毛,分生孢子长椭圆形。辣椒盘长孢状刺盘孢是红色炭疽病病原,分生孢子盘无刚毛,分生孢子椭圆形。

黄瓜炭疽病是由葫芦科刺盘孢真菌(*Colletotrichum orbiculare*)侵染所致,属半知菌亚门真菌。分生孢子盘聚生,初为埋生,红褐色,后突破表皮呈黑褐色,刚毛散生于分生孢子盘中,暗褐色,顶端色淡,略尖,基部膨大,长90~120 μm,具2~3隔。分生孢子梗无色,圆筒状,单胞,大小为(20~25)μm×(2.5~3)μm,分生孢子长圆形,单胞,无色,大小为(14~20)μm×(5.0~6.0)μm。分生孢子萌发产生1~2根芽管,顶端生附着孢,附着孢暗色,近圆形、椭圆形至不整齐形,壁厚,大小为(5.5~6.0)μm×(5.0~5.5)μm。

菜豆炭疽病由黑盘孢科炭疽菌属(*Colletotrichum lindemuthianum*)侵染所致,属半知菌亚门真菌。病菌的无性态为菜豆炭疽病菌(*Colletotrichum lindemuthianum*)。分生孢子盘黑色,埋生于表皮下,后突破表皮外露,圆形或近圆形;盘上散生黑色刺状刚毛;分生孢子梗密集,短小,单孢,无色;分生孢子圆形或卵圆形,单胞,无色,两端较圆,孢子内含1~2个近透明的油滴。病菌的有性态为菜豆小丛壳菌(*Glomerella lindemuthianum*),属于真菌子囊菌亚门小丛壳属。子囊壳球状,壳壁由黑褐色薄壁组织构成;子囊圆筒状;子囊孢子较小,无色,单胞;孢子萌发后形成附着胞。除侵染菜豆外,还侵染扁豆、豇豆、蚕豆、绿豆等。

十字花科蔬菜炭疽病病原为希金斯刺盘孢(*Colletotrichum higginsianum*),属半知菌亚门真菌。菌丝无色透明,具隔膜。分生孢子梗倒钻形,无色单胞,基部较宽,顶端细窄,大小(9.5~19)μm×(3~4.5)μm。分生孢子盘,散生,大部分埋在寄主的表皮下,黑褐色,有数根刺毛,黑褐色,基部粗大,色深,顶端渐细,有3~5个隔膜,大小(80~155)μm×(5~7.5)μm。

3. 侵染与传播途径

炭疽菌的越冬方式复杂,该菌在逆境条件下常形成拟菌核,并附着在病残体上越冬,也可以菌丝潜伏在种子里,或以分生孢子附着在种皮表面越冬,成为翌年初侵染源。翌年春季条件适宜时产生分生孢子盘,并产生大量的分生孢子,分生孢子降落到寄主表面萌发并产生芽管,从植株的伤口、自然孔口侵入,也可直接穿透寄主表皮侵入。种子带菌可在种子萌发时直接侵入子叶，成为初侵染源。病菌借助风雨、灌溉水、农事操作及某些昆虫传播，引起再侵染。种子调运可造成远距离传播。

4. 发病因素

炭疽病的发生为害与田间温湿度密切相关，田间发病适温在 20 ~ 27℃，病菌最适生长温度为 24℃，空气相对湿度在 87% ~ 98% 时，病菌潜育期仅为 3 d，此时病菌侵染次数频繁，病原菌积累速度快，在短期内可以造成炭疽病的大流行，相对湿度低于 54% 时，炭疽病不易发生。因此，严格控制湿度是防治该病的关键。土壤有黏性、排水不良、偏施氮肥、光照不足、通风不佳、寄主生长衰弱、连作菜地等因素，均有利于炭疽病发生。

5. 防治方法

(1)农业防治

①用无病种子，进行种子消毒。

②清沟沥水，防止田间积水。

③收获后及时深翻土地，加速病残体的腐烂。

④合理施肥，增施磷、钾肥。

(2)化学防治　防治的关键在于发病初期及时用药。发病初期可以选用 50% 甲基托布津可湿性粉剂 700 倍液、75% 百菌清可湿性粉剂 700 倍液、50% 咪鲜胺锰盐可湿性粉剂 1 000 ~ 1 200 倍液、10% 苯醚甲环唑水分散粒剂 1 500 倍液、70% 代森锰锌可湿性粉剂 500 倍液、75% 百菌清可湿性粉剂 500 ~ 600 倍液、50% 扑海因可湿性粉剂 1 500 倍液或 40% 克菌丹可湿性粉剂 400 倍液进行喷雾防治，每隔 7 ~ 10 d 喷 1 次，连续喷施 3 ~ 4 次。喷药时要注意使整株受药均匀，苗用药量要酌减。此外，为防止病原菌产生抗药性，要注意多种药剂交替使用。摘菜前 10 ~ 15 d 停止用药。

(七)根腐病

蔬菜根腐病是蔬菜根部病害常见且危害最为严重的土传病害，在全国各菜区均有发生，露地栽培、保护地栽培都可发病，对于辣椒、黄瓜、番茄等蔬菜，具有非常大的危害，给蔬菜作物生产造成了严重危害。

1. 为害症状

根腐病主要为害幼苗，成株期也能发病，感染的部位主要是作物植株的茎基部和根部。发病初期，仅仅是个别支根和须根感病，并逐渐向主根扩展，主根感病后，早期植株不表现症状，后随着根部腐烂程度的加剧，吸收水分和养分的功能逐渐减弱，地上部分因养分供不应求，新叶首先发黄，在中午前后光照强、蒸发量大时，植株上部叶片才出现萎蔫，但夜间又能恢复。病情严重时，萎蔫状况夜间也不能再恢复，整株叶片发黄、枯萎。此时，根皮变褐，并与髓部分离，最后全株死亡。

2. 病原及分类地位

蔬菜根腐病是由多种病原真菌复合侵染引起的，在不同的地区，病原真菌的种类也不同。其中，镰刀菌(*Fusarium* spp.)引发的根腐病尤为常见，且尖孢镰刀菌(*Fusarium oxysporium*)是病害家族的优势种群。尖孢镰刀菌菌落呈白色，带有粉色，生长速度为 10 mm/d，大型分生孢子呈镰刀形，大小为(15.5 ~ 31.5)μm × (2.75 ~ 5.0)μm，顶部细胞较均匀地逐渐变尖，基部细胞略呈三角形，多数3～5隔；小型分生孢子无隔，呈卵形或者肾形，大小为$(4.75\sim22.5)\mu m\times(2.5\sim5.0)\mu m$。产孢细胞短，单瓶梗；厚垣孢子很容易产生，球形，表面光滑，单生或对生，偶有串生。

3. 侵染与传播途径

露地栽培，病原菌以菌丝体、厚垣孢子或菌核在土壤中及病残体上越冬。设施栽培，尤其是温室栽培周年有寄主存在，病原菌没有越冬现象，严寒的冬季是其发生的高峰期。种子的种皮也可带菌，种子带菌，病菌可直接侵害幼苗子叶和幼茎，发病后分生孢子可重复侵染使病害蔓延。厚垣孢子可在土壤中存活5～6年或长达10年，成为主要初侵染来源，病菌从根部伤口侵入，在温湿度适宜条件下5～6 d表现症状，后在病部产生分生孢子，借雨水或灌溉水传播蔓延，进行再侵染。在田间一旦发现发病植株，以发病植株为中心，迅速向四周扩展，尤其是水流方向扩展速度快。

4. 发病因素

根腐病的发生流行与适宜的发病条件密不可分，在15～30℃的温度环境下均可发病，20～25℃的温度环境下发生的病害尤为严重。高温高湿有利于发病，设施栽培发生重于露地栽培。潮湿、多雨，尤其是雨后高温易引起发病。育苗期雨天多、雨量大，田间高湿，空气湿度大，病害发生严重。地势低洼、土壤偏酸、排水不良、田间积水、连作及棚内滴水漏水、植株根部受伤的田块发病严重。年度间春季多雨、梅雨期间多雨的年份发病严重。土壤连作年限越长，病原菌累积越多，发病越重。种子带菌未经处理，育苗用的营养土带菌，施用没充分腐熟带菌的有机肥等，发病重。

5. 防治方法

(1)农业防治

①选择抗病品种。

②合理轮作换茬。

③嫁接换根。

④起垄定植，有利于浇水施肥，可明显减轻土传病害的危害，同时增强土壤的透气性，利于生根。

⑤加强棚室管理，控制浇水，尤其是连阴天气，切忌大水漫灌，注意放风排湿，严防棚室湿度过高。

(2)生物防治　利用枯草芽孢杆菌或其他菌根菌孢子粉制剂拌种、浸种和孢子粉悬浮液灌根对根腐病防效明显。可用秸秆生物防治疫苗制剂($3\sim4\ kg/667\ m^2$)与麦麸、水按1∶20∶25的比例混拌均匀后室温保湿培养1 d，均匀撒施于播种沟、点播穴或定植穴5～10 cm深处，防治效果70%～80%。

(3)化学防治　定植后使用50%根腐灵可湿性粉剂500倍液灌根1次，可预防根腐病。当发现中心病株，应先将其拔除销毁，然后使用15%根腐灵颗粒剂，10g/株撒施于植株茎基部。发病后用药液喷淋茎基部，可用50%多菌灵可湿性粉剂600倍液、70%甲基硫菌灵可湿性粉剂500倍液、14%络氨铜水剂300倍液、50%多菌灵可湿性粉剂1 000倍液+70%代森锰锌可湿性粉剂1 000倍液、72%霜脲锰锌可湿性粉剂800倍液、69%烯酰吗啉·锰锌可湿性粉剂1 000倍液防治，每隔7～10 d用药1次，连续施用3～4次。

(八)锈病

锈病是豆类、葱蒜类蔬菜上为害严重的一种病害,在全国各地区普遍发生,严重影响蔬菜产量与品质,造成毁灭性灾害。

1. 为害症状

锈病主要为害叶片。病叶先出现许多分散的褪绿小点,后稍稍隆起呈黄褐色疱斑,为病菌的夏孢子堆。疱斑表皮破裂散出锈褐色粉末状物,为病菌的夏孢子。夏孢子堆成熟后,在生长晚期会长出或转变为黑褐色的冬孢子堆,其中生成许多冬孢子。叶柄和茎部染病,生出褐色长条状突起疱斑,这是夏孢子堆,后亦转变为黑褐色的冬孢子堆。豆类蔬菜豆荚染病与叶片相似,但夏孢子堆和冬孢子堆稍大些,病荚所结籽粒不饱满,其食用价值严重降低,甚至不能食用。蔬菜锈病的诊断要点:病部稍隆起呈黄褐色疱斑(病菌的夏孢子堆),后期会长出或转变为黑褐色的冬孢子堆,严重时锈粉覆满病部。

2. 病原及分类地位

豆类蔬菜锈病由不同的病菌所引起,菜豆锈病由菜豆单胞锈菌(*Uromyces appendiculatus*)侵染所致,属担子菌亚门真菌,夏孢子萌发的适宜温度为 23 ~ 25℃,侵入的适宜温度 24.3℃,潜育期仅 7 d;豇豆锈病的病原菌为菜豆单胞锈菌豇豆变种(*Uromyces phaseoli - vignae*),夏孢子萌发的适宜温度为 24 ~ 25℃,侵入的适宜温度 24.8℃,潜育期为 8 d。

葱蒜类锈病病原为葱柄锈菌(*Pucciniaalli Rudolphi*),属担子菌亚门真菌。夏孢子椭圆形至圆形,橙黄色,大小为(19.2 ~ 32) μm × (16 ~ 25.9) μm。以 28.8 μm × 23.4 μm 居多,壁有微刺,发芽孔分散,不明显。冬孢子堆分散在夏孢子堆之间,冬孢子长筒形,有一个隔膜,分隔处缢缩,顶斜尖,壁厚 2 μm,大小为(42 ~ 70) μm × (20 ~ 26) μm,柄长 15 ~ 33 μm。性孢子器和锈孢子器同时形成,锈孢子球形,直径 19 ~ 28 μm,孢壁黄色。

3. 侵染与传播途径

在田间,一般春秋两季发病重,而保护地为其提供了良好的越冬和繁殖场所。病原菌以冬孢子在病残体上越冬,春暖后或保护地内达到一定温度时萌发,萌发时产生担子和担孢子,担孢子侵入寄主形成锈子腔阶段,产生锈孢子侵染并形成夏孢子堆,夏孢子是主要侵染源,夏孢子靠气流传播,且重复感染。

4. 发病因素

诱发锈病的主要因素是高温和高湿。病菌侵入适温 15 ~ 24℃,以 16 ~ 22℃最适,但 10 ~ 30℃均可萌发锈孢子。寄主表皮上的水滴是病菌孢子萌发和侵入的必要条件,因此湿度大或结露时病害容易流行。种植地低洼和排水不良,或种植过密、通风不良也易发病。

5. 防治方法

(1)农业防治

①实行与其他蔬菜轮作,忌连作。

②施足有机肥,增施磷钾肥,提高植株抗病能力。

③加强田间管理,深沟高畦,合理密植,及时清除植株病残体,采收结束后及时清洁田园。

(2)化学防治　发病初期可用 43% 菌力克悬浮剂 8 000 倍液、10% 苯醚甲环唑水分散粒剂6 000 倍液、40% 氟硅唑乳油 8 000 倍液、30% 氟硅唑可湿性粉剂 5 000 倍液、25% 三唑酮可湿性粉剂 2 000 倍液、50% 萎锈灵 1 000 倍液、25% 丙环唑乳油 5 000 倍液等喷雾防治，每 7 ~ 10 d 喷 1 次，连续防治 2 ~ 3 次。喷雾应在气温低时进行，高温易产生药害。

（九）靶斑病

靶斑病可为害黄瓜、番茄和茄子等多种蔬菜，其中以黄瓜的危害最重，是近几年黄瓜上严重发生的真菌病害之一。黄瓜靶斑病又名褐斑病、黄点子病，在全国各地均有发生，蔓延趋势明显，病情发展迅速，为害严重，田间发病率 60% ~ 70%，严重时整株死亡，导致绝产。此外，由于该病易与黄瓜霜霉病、细菌性角斑病混淆，往往造成防治不及时、不对症，加之许多化学农药防治效果很差，常常造成减产 20% 左右，严重者达到 70%，已成为设施栽培黄瓜生产中亟待解决的叶部病害之一。

1. 为害症状

黄瓜靶斑病多在黄瓜生长中期、后期发生，以为害叶片为主，严重时蔓延至叶柄、茎蔓。叶片正、背面均可受害，叶片发病多在盛瓜期，中下部叶片先发病，再向上部叶片发展。初期病斑为黄褐色小点，直径约 1 mm。当病斑直径扩展至 1.5 ~ 2.0 mm 时，叶片正面病斑略凹陷，病斑近圆形或稍不规则形，外围颜色稍深，黄褐色，中部颜色稍浅。当病斑扩展至 3 ~ 4 mm 时，多为圆形，少数多角形或不规则形，叶片正面病斑粗糙不平，隐约有轮纹，病斑整体褐色，中央灰白色、半透明，叶片背面病部着生大量黑色霉层，正面霉层较少，对光观察病部叶脉呈黄褐色网状。条件适宜时，病斑扩展迅速，边缘水渍状，失水后呈青灰色。后期病斑直径 10 ~ 15 mm，圆形或不规则形，对光观察叶脉色深，网状更加明显，病斑中央有一明显的眼状靶心，严重时多个病斑连片，呈不规则状。发病严重时，病斑面积占叶片面积的 95% 以上，叶片干枯死亡。重病植株中下部叶片相继枯死，造成提早拉秧。

黄瓜靶斑病与细菌性角斑病症状主要区别是：靶斑病病斑叶片两面色泽相近，湿度大时上生灰黑色霉状物；而细菌性角斑病叶片背面有白色菌脓形成的白痕，清晰可辨，两面均无霉层。与霜霉病的区别是：靶斑病病斑枯死，病健交界处明显，并且病斑粗糙不平；而霜霉病病斑叶片正面褪绿、发黄，病健交界处不清晰，病斑很平，受叶脉限制为多角形。

2. 病原及分类地位

黄瓜靶斑病病原菌为多主棒孢霉（*Corynespora cassiicola*），属半知菌亚门真菌。菌落颜色、结构及分生孢子的大小、形状存在丰富的变异，不仅表现在不同寄主、不同地理来源的菌株之间，还表现在同一菌株的不同菌落上。该类病原真菌是一种寄主范围广泛、非寄主专化型病原菌。目前国内外一些研究者通过研究不同来源的菌株在不同寄主上致病力分化的分析，认为该病原菌具有典型的寄主专化型特征，多主棒孢霉具有明显的致病力分化现象；并且发现寄主来源同致病力分化之间具有显著的相关性，黄瓜是多主棒孢霉最为敏感的寄主之一，来自黄瓜的多主棒孢霉种内菌株之间存在丰富的遗传变异、致病力分化现象。

3. 侵染与传播途径

在北方地区，露地栽培黄瓜靶斑病病原菌主要以菌丝体或分生孢子随病株残体、杂草在土壤中或随其他寄主植物越冬存活，病原菌还可以产生厚垣孢子及菌核，度过不良环境。

病原菌在病残株中存活2年，在种皮附着状态下存活6个月以上，成为初侵染源。翌年病原菌遇到适宜的温湿度条件，萌发产生芽管，从气孔、伤口或直接穿透表皮侵入，潜育期5～7 d，产生分生孢子成为初侵染菌源。分生孢子在田间借风雨向周围蔓延，进行再侵染。在南方地区和北方设施栽培中黄瓜棒孢叶斑病没有明显的越冬现象，周年发生分为始发期、始盛期、盛发期、终止期及休眠期5个时期。

4. 发病因素

温湿度与黄瓜靶斑病的发生有密切的关系，病原菌具有喜温好湿的特点，高温、高湿有利于该病的流行和蔓延。病原菌菌丝生长最适温度为28℃，产孢的最适温度约为30℃，相对湿度90%以上，水滴中萌发率最高。叶面结露、光照不足、昼夜温差大，病原菌繁殖快，为害重。施用过量氮肥，造成植株徒长或多年连作，均有利于发病；通风透光差时病害发生严重；多雨、凉夏时发病重；病株残体处理不彻底、通风排湿不及时、种子带菌率高且未经过处理，均可导致病害发生加重。

5. 防治方法

（1）农业防治

①选用抗病品种。

②重病田，可与葱、蒜、萝卜、芹菜等非葫芦科蔬菜轮作2年以上。

③采用55℃温汤浸种10 min进行种子消毒。

④黄瓜苗期需注意调控光、温、水、肥，促进根系生长，培育壮苗，避免徒长。

⑤彻底清除病残体，减少初侵染来源；及时摘除中下部病叶、病蔓，集中烧毁，减少菌源数量。

（2）生物防治　发病初期可用1 000亿个/g荧光假单胞杆菌1.5～2.25 kg/hm^2喷雾防治，连喷2～3次，每次间隔7～8 d，或用3%中生菌素可湿性粉剂700倍液喷雾防治，连喷1～2次，每次间隔7～10 d，可有效控制病害蔓延。

（3）化学防治　发病前，可选用50%嘧菌酯水分散粒剂2 000～3 000倍液、77%氢氧化铜可湿性粉剂800～1 000倍液、70%代森联水分散粒剂500～700倍液、65%代森锌可湿性粉剂500倍液、33.5%喹啉铜悬浮剂800～1 000倍液喷雾预防，连用2～3次，每次间隔7～10 d。发病初期，可选用75%肟菌酯·戊唑醇水分散粒剂（苗期或低温时用6 000倍液，高温时用3 000倍液）、50%异菌脲可湿性粉剂800～1 000倍液、25%吡唑醚菌酯乳剂1 500～3 000倍液、50%醚菌酯水分散粒剂3 000～4 000倍液、60%吡唑醚菌酯·代森联水分散粒剂1 000～1 500倍液、50%咪鲜胺锰盐可湿性粉剂1 000～1 500倍液、47%代森锌·甲霜灵可湿性粉剂400～500倍液喷雾防治，连喷2～3次，每次间隔7 d；保护地棚室可选用45%百菌清烟剂300 g/667 m^2熏烟或5%百菌清粉尘剂1 kg/667 m^2防治，连续防治2～3次，每次间隔7～9 d。化学防治应注意轮换用药，不同作用机理的药剂轮换使用，可延缓病菌产生抗药性，提高防效。

（十）白绢病

白绢病在我国南方蔬菜种植区发生较为普遍，主要危害根和茎基，引起植株枯死，是辣椒、茄子、番茄、菜豆、豇豆等蔬菜上的重要病害。

1. 为害症状

白绢病主要为害茎基部或根部，有时也为害果实。茎基部染病，初为暗褐色、湿润状、不定型的病斑，稍凹陷，其上长出辐射状的白色绢丝状菌丝体，边缘明显。病斑纵横向扩展，可环绕整个茎基部，致使叶片由下至上逐渐变黄，严重时引起全株萎蔫枯死。后期病部形成茶褐色、似油菜籽粒状的菌核。根部染病，皮层变褐、腐烂，病部表面及根围附近土壤空隙中都可长出白色菌丝体及褐色菌核。果实染病多发生在接触地面部位或距地面较近的部分，出现软腐，病部表面生白色绢丝状菌丝体，产生小菌核。蔬菜白绢病的诊断要点：被害部位主要在植株茎基部，病部长有白色绢丝状菌丝体，呈辐射状，边缘明显；后期病部产生茶褐色的小菌核。

2. 病原及分类地位

白绢病是由齐整小核菌（*Sclerotium rolfsii*）侵染所致，属半知菌亚门真菌。有性态为*Athelia rolfsii*，称罗氏阿太菌，属担子菌亚门真菌小菌核属。菌丝体白色透明，较纤细，老菌丝粗2～6 μm，分枝不成直角，具隔膜。在马铃薯琼脂PDA培养基上菌丝体白色茂盛，呈辐射状扩展。菌核外观初呈乳白色，略带黄色，后为茶褐色或棕褐色，球形至卵圆形，大小为1～2 mm，表面光滑具光泽。菌核表层由三层细胞组成，外层棕褐色，表皮层下为假薄壁组织，中心部位为疏丝组织，后两组织都无色，肉眼观察呈白色。对酸碱度适应范围较宽，在pH 1.9～6.4均能发育，pH 5.9时最适宜繁殖，光线能促进产生菌核。

3. 侵染与传播途径

病菌以菌核或菌丝体随病残体在土壤中越冬，或以菌核混在种子中越冬。落入土壤中的菌核能存活1～3年，是此病的主要初侵染源。菌核抗逆力很强，温度18～22℃，有光照及足够湿的条件下，菌核即萌发产生子囊盘，由子囊盘放射出子囊孢子，借风雨传播。菌核也可随种苗或病残体行传播蔓延。田间出现中心病株后，在病部产生大量菌丝，沿地表或病组织向四周扩展蔓延，借降雨或灌溉水传播，进行再侵染。

4. 发病因素

白绢病菌喜高温、高湿。气温低于20℃时，田间不发病；平均气温25～30℃时有利于病害的发生。相对湿度高于85%时有利于病害的发生；低于75%时，病害的发展受到明显抑制。酸性至中性的土壤和沙质土壤易发病；连作地由于土壤中病原菌积累多，也易发病；管理粗放、不适时放风、黏土地、浇水过多、排水不良、肥力不足、未施腐熟有机肥、植株生长纤弱或密度过大，发病重；根颈部受根结线虫为害的也易感病。

5. 防治方法

（1）农业防治

①与十字花科及葱蒜类等非寄主作物轮作。

②休田或整地时，可施生石灰50～80 kg/667 m^2，调整土壤pH，使其呈中性至微碱性。

③病株拔后要在病穴处撒石灰，控制病菌扩散。

④设施栽培覆盖地膜时，使用滴灌或膜下暗灌，并经常通风以降低棚内湿度。

（2）生物防治　用木霉菌1 kg＋120 kg细土/667 m^2，混匀后撒覆在病株基部，能有效地控制病害发展。

（3）化学防治　发病初期施用15%三唑酮可湿性粉剂或50%甲基立枯磷可湿性粉剂

1 份，混合细土 100 ~ 200 份，撒在病部根颈处，或用 50% 代森铵水剂 800 ~ 1 000 倍液，300 ~ 500 mL/株灌根颈部，灌 2 ~ 3 次，每次间隔 7 ~ 10 d；必要时喷洒 20% 甲基立枯磷乳油 1 000 倍液，7 ~ 10 d 喷 1 次，防治 1 ~ 2 次。

二、细菌性病害

（一）细菌性叶斑病

细菌性叶斑病是瓜类、茄果类和十字花科蔬菜上常见的一种病害，在全国各蔬菜产区均有发生，特别是辣椒、芹菜和白菜上发生严重，带来巨大损失。

1. 为害症状

细菌性叶斑病从苗期到收获期均可发病，主要为害叶片，发病叶片初期出现黄绿色不规则水渍状小斑点，受叶脉限制逐渐发展成多角形，病斑可相互融合，扩大后变为红褐色或深褐色至铁锈色，病斑大小不等，膜质，干燥时多呈红褐色，此病的发生特点是一经侵染，扩展很快。当植株上个别叶片或多数叶片发病时，植株仍可生长，发病严重的大部分叶片脱落。细菌性叶斑病病健交界处明显，但是不隆起，此点区别于疮痂病。

2. 病原及分类地位

辣椒叶斑病是由假单胞杆菌属细菌甜菜致病变种（*Pseudomonas syringae*）侵染引起。细菌大小为(0.8 ~ 2.3) μm × (0.5 ~ 0.6) μm，具 1 ~ 3 根单级或两级生鞭毛。鞭毛长 3 ~ 10 μm，菌体短杆状，两端钝圆。革兰氏染色阴性，产生荚膜。病菌发育适温为 25 ~ 28℃，最高 35℃，最低 5℃。在 KB 培养基上菌落圆形，灰白色凸起，产生水溶性黄绿色荧光素。

芹菜、白菜细菌性叶斑病是由菊苣假单胞杆菌[*Pseudomonas cichorii*(Swingle) Stapp.]侵染所致。菌体杆状，有单极生鞭毛 1 ~ 4 根，大小为(0.2 ~ 3.5) μm × 0.8 μm，革兰氏染色阴性，氧化酶反应阳性，精氨酸双水解酶阴性，金氏 B 平板上产生黄绿色荧光色素，菌落圆形，白色，不透明，边缘整齐、微凸，黏稠。

3. 侵染与传播途径

病菌随病残体在土壤中或附着于种子上越冬。病菌借雨水或灌溉水传播蔓延，昆虫也能传播病菌。在露水未干时进行农事操作，病菌会污染农具或人体，再接触健康植株时病菌就得以传播，从叶片伤口处侵入。发病适温为 25 ~ 28℃，最高 35℃，最低 5℃，相对湿度高于 90% 易于流行。雨后扩展迅速。东北及华北地区通常 6 月始发，7 ~ 8 月高温多雨季节蔓延快，9 月后气温降低，扩展缓慢或停止。

4. 发病因素

高温和叶面长时间有水更有利于病害的发生和发展。植株受侵后，相对湿度 85% 以上时就能逐渐显症，短时间低温则受抑制，一旦又遇高温，病害可继续发展，因此高温多雨或遇暴风雨时，病害就会加重发生。多雨、多雾、重雾时易发病。土壤黏重，耕层浅，管理粗放，底肥不足，追肥不及时，偏施氮肥，导致植株长势比较差，抗性降低，发病比较重。此外，栽植密度大，棚室通风不及时，有利于病害的流行。

5. 防治方法

(1)农业防治

①避免连作。

②采用高垄或高畦栽培,覆盖地膜。

③雨季注意排水,避免大水漫灌。

④收获后及时清除病残体或及时深翻。

(2)化学防治

①种子消毒　播前用种子重量0.3%的50%琥胶肥酸铜可湿性粉剂或50%敌克松可湿性粉剂等拌种。

②发病初期及时喷雾　50%琥胶肥酸铜可湿性粉剂500倍液、14%络氨铜水剂350倍液、50%氯溴异氰尿酸可湿性粉剂600~1 000倍液、20%喹菌铜水剂1 000~1 500倍液、77%氢氧化铜可湿性粉剂400~500倍液、20%噻唑锌悬浮剂600~800倍液、20%叶枯唑可湿性粉剂600~800倍液、2%春雷霉素水剂500倍液、60%百菌通可湿性粉剂600倍液等药剂,每7~10 d喷1次,连续防治2~3次。

(二)角斑病

蔬菜细菌性角斑病是一种细菌性病害,在黄瓜上发生最为普遍。黄瓜细菌性角斑病在全国各地均有发生,东北、华北发生重,在温室、大棚等保护地黄瓜上发生较为普遍,其发生症状容易与黄瓜霜霉病混淆,常常被误认为是霜霉病而贻误防治时机,造成较大的危害。老菜区发病一般减产10%~30%,严重的减产50%以上,甚至导致绝收。黄瓜受害,不但影响产量,而且降低品质。

1. 为害症状

黄瓜幼苗和成株期均可受害,但以成株期叶片受害为主。主要为害叶片、叶柄、卷须和果实,有时也侵染茎。子叶发病,初呈水浸状近圆形凹陷斑,后微带黄褐色干枯;成株期叶片发病,初为鲜绿色水浸状斑,后渐变为淡褐色,病斑受叶脉限制呈多角形,灰褐色或黄褐色,湿度大时叶背溢出乳白色浑浊水珠状菌脓,干后具白痕,后期干燥时病斑中央干枯脱落形成穿孔,潮湿时病部产生乳白色菌脓,蒸发后形成一层白色粉末状物质,或留下一层白膜。茎、叶柄、卷须发病,侵染点水浸状,沿茎沟纵向扩展,呈短条状,湿度大时也可见菌脓,严重的纵向开裂呈水浸状腐烂,变褐干枯,表层残留白痕。瓜条发病,出现水浸状小斑点,扩展后病斑不规则或连片,病部溢出大量污白色菌脓。条件适宜时病斑向表皮下扩展,并沿维管束逐渐变色,并深至种子,使种子带菌。幼瓜条感病后腐烂脱落,大瓜条感病后腐烂发臭。

角斑病易与霜霉病混淆而用错药,使病害屡治不愈。二者的主要区别是:

①病斑形状、大小　细菌性角斑病的叶部症状是病斑较小且棱角没有霜霉病明显,病斑周围有油渍状晕圈,有时还呈不规则形。霜霉病的叶部症状是形成较大的棱角明显的多角形病斑,后期病斑会连成一片。

②叶背面病斑特征　病斑为水渍状,产生乳白色菌脓者,为细菌性角斑病。病斑长出紫灰色或黑色霉层者为霜霉病。

③病斑颜色　细菌性角斑病变为白色膜状或粉末状,干枯、脱落为止。霜霉病病斑末期变为深褐色干枯为止。

④病叶对光的透视度　有透光感觉的是细菌性角斑病，无透光感觉的是霜霉病。

⑤穿孔　细菌性角斑病病斑后期易开裂形成穿孔，霜霉病的病斑不穿孔。

⑥为害部位　黄瓜细菌性角斑病除为害叶片、叶柄、卷须和茎外，还为害瓜条，果实上的病斑可向果内扩展，沿维管束的果肉逐渐变色、腐烂、有臭味，并使种子带菌。而黄瓜霜霉病主要为害叶片，偶尔为害茎、卷须和花梗，但不为害瓜条，发病组织也无臭味。

2. 病原及分类地位

黄瓜细菌性角斑病属细菌性病害，其病原菌为丁香假单胞杆菌黄瓜角斑病致病型（*Pseudomonas syringae* pv. *Lachrymans*）。细菌短杆状，端生 1 ~ 5 根单级生鞭毛，链状连接，大小为（0.7 ~ 0.9）μm ×（1.4 ~ 2）μm。革兰氏染色阴性，在金氏 B 平板培养基上，菌落白色，近圆形或略呈不规则形，扁平，污白色，有同心环纹，菌落直径 5 ~ 7 mm，外缘有放射状细毛状物，具黄绿色荧光。不耐酸性环境，属于好气性细菌。发育适宜温度为 24 ~ 26℃，最高 39℃，最低 4℃，致死温度 49 ~ 50℃，10 min；pH 5.9 ~ 6.6，而以 pH 6.6 为宜。

3. 侵染与传播途径

病菌附着在种子内外，或随病株残体在土壤中越冬，成为翌年初侵染源，病菌存活期达 1 ~ 2 年。若选用本身带菌的种子播种后，种子萌发时即侵染子叶，病菌从伤口侵入的常较从气孔侵入的潜育期短，一般 2 ~ 5 d。发病后通过风雨、昆虫和人的接触传播，病菌从气孔、水孔及自然伤口侵入，进行多次重复侵染。棚室栽培时，空气湿度大，黄瓜叶面常结露，病部菌脓可随叶缘吐水及棚顶落下的水珠飞溅传播蔓延，反复侵染，因此当黄瓜吐水量多、结露持续时间长时，有利于此病的侵入和流行。露地栽培时，随雨季到来及田间浇水，病情扩展。北方越冬茬黄瓜细菌性角斑病一般有 2 个发病高峰，11 月中旬至 12 月上中旬为第一个小的发病高峰期，翌年 2 月下旬至 4 月中旬为第二个大的发病高峰期。北方早春大棚黄瓜 5 ~ 6 月为发病高峰期，早春露地黄瓜 7 月为发病高峰期，秋延茬露地黄瓜 10 月为发病高峰期。

4. 发病因素

温湿度是决定细菌性角斑病流行速度的关键因素。细菌性角斑病对温度的适应范围较宽，在 10 ~ 30℃均可发生，适宜温度为 24 ~ 26℃。对湿度要求较为严格，病斑大小与湿度有关，夜间饱和湿度持续超过 6 h，病斑大；湿度低于 65%，或饱和湿度时间在 3 h 以下，病斑小。相对湿度在 60% 以上，叶面有水膜时极易发病。昼夜温差大，结露重且持续时间长时，易引起细菌性角斑病的流行。春、秋多雨闷热天气露地病害极易流行，蔓延迅速。露地地势低洼积水，栽培密度过大，多年连作种植黄瓜，土壤有机质偏低、偏施氮肥、磷钾肥不足、微量元素缺乏、植株生长瘦弱、栽植带病种苗等，均可引起细菌性角斑病的流行。

5. 防治方法

（1）农业防治

①选用耐病品种。

②选用无病种子。

③与非瓜类作物轮作 2 年以上。

④加强田间管理，生长期及收获后清除病叶。

（2）生物防治　发病最初时期，可用 90% 新植霉素可湿性粉剂 4 000 倍液、农抗 120 水剂100倍液、3%中生菌素可湿性粉剂800～1 000倍液、2%宁南霉素水剂260倍液、2%春雷霉素水剂500倍、0.5%氨基寡糖素水剂600倍液，6～7 d喷1次，保3～4次的喷施频率。对早期病害，喷施41%乙蒜素乳油，28.7～32.7 g/667 m^2，7～10 d喷药1次，共3次。另外，将乙蒜素和不同作用机理的杀菌剂或保护性杀菌剂轮换使用，以降低病菌的抗药性。

（3）化学防治　发病初期及时进行药剂防治，可用77%氢氧化铜可湿性粉剂400倍液、14%络氨铜水剂300倍液、27.12%碱式硫酸铜悬浮剂800倍液、20%松脂酸铜乳油1 000倍液、20%噻森铜悬浮剂300倍液、20%噻唑锌悬浮剂400倍液、3%噻霉酮可湿性粉剂1000倍液等喷雾，每5～7 d喷1次，连喷2～3次。另外，如果黄瓜细菌性角斑病与霜霉病混合发生，或两种病害确实无法区别，采用50%甲霜铜可湿性粉剂600倍液或77%可杀得可湿性粉剂500倍液喷雾，可以兼治，施药间隔5～7 d，喷施次数视病情而定。

（三）软腐病

蔬菜软腐病又称水烂、烂疙瘩，除危害十字花科蔬菜外，还可危害马铃薯、番茄、莴苣、黄瓜、芹菜和葱类等蔬菜，引起不同程度的损失。

1. 为害症状

大白菜、甘蓝包心后开始发病，早期外围叶片在烈日下表现萎蔫，早晚恢复常态，数日后外叶不再恢复，露出叶球，严重时叶柄基部和根茎部心髓组织完全腐烂，充满灰黄色黏稠物，并发出恶臭。腐烂的病叶在晴天干燥环境下，失水干枯变成薄纸状。萝卜受害部初呈水渍状，病健部界线明显，后期病部向四周发展成软腐，并常有汁液渗出。发病轻的，肉质根髓部褐腐，外观似正常，但内部却空洞化。十字花科其他蔬菜软腐病症状与大白菜大致相同，其他蔬菜染病病状略有区别。蔬菜软腐病的诊断要点：开始多呈湿润半透明状，后呈现明显的水渍状。颜色由浅黄、灰色至灰褐色，最后组织黏滑软腐，并有恶臭。

2. 病原及分类地位

蔬菜软腐病是由胡萝卜软腐欧文氏菌胡萝卜亚种（*Erwinia carotovora* subsp. *Carotovora*）侵染所致，属薄壁菌门欧文氏菌属。在培养基上的菌落呈灰白色，圆形或不定形；菌体短杆状，具2～8根周生鞭毛，大小为（0.5～1.0）μm×（2.2～3.0）μm，无荚膜，不产生芽孢，革兰氏染色阴性。病菌生长发育的最适温度25～30℃，最高40℃，最低2℃，致死温度50℃经10 min，不耐干燥和强光。在土壤中未腐烂寄主组织中可存活较长时间，但当寄主腐烂后，单独只能存活2周左右。

3. 侵染与传播途径

病菌随病残体在土壤中越冬，成为翌年初侵染源。在田间通过灌溉水、雨水飞溅、施肥及昆虫（跳甲、小菜蛾、菜青虫等）活动传播，病菌从伤口、病痕、自然裂口等受伤部位侵入寄主，染病后病菌又可通过病株、风雨和昆虫传播，进行再侵染，使病害在田间蔓延。

4. 发病因素

温湿度与软腐病的发生关系十分密切，在4～36℃软腐病均能发生，最适温度为27～30℃。高温多雨时植株上的伤口不易愈合，发病加重，容易蔓延。由于软腐病病菌首先是从植株的伤口处侵入，因此，植株伤口是发病的重要因素之一。在定植、中耕、除草等各农事操作过程中以及害虫发生严重时，造成植株根系或植株伤口多，发生严重。缺水缺肥，灌水过多，通风不良，植株长势弱，发病重。定植过深，培土过高，使叶柄埋入土中，大水漫灌，发病也严重。反之，发病比较轻。此外，十字花科蔬菜连作，会明显加重发病。前作为莴苣、茄子和胡萝卜等，发病将增多。

5. 防治方法

（1）农业防治

①与十字花科蔬菜最好不要连作，也不要与茄科、瓜类和芹菜等连作；与水稻、莲藕和大豆等轮作。

②加强栽培管理，精细翻耕整地，曝晒土壤，促进病残体分解。

③雨后及时排水，及时追肥。

④发现病株及时挖除，病穴撒石灰消毒。

⑤及时防治地上和地下害虫，减少伤口数。

⑥盛夏高温天，选无雨时深翻 2 ~ 3 次地，每次曝晒 4 ~ 6 d，可杀灭大量病菌。

（2）化学防治

①种子处理　50% 甲基立枯磷可湿性粉剂拌种，用药量为种子重量的 0.2% ~ 0.3%；3% 中生菌素可湿性粉剂 700 ~ 800 倍液浸种；50% 福美双可湿性粉剂拌种，用药量为种子重量的 0.3% ~ 0.4%；99% 噁霉灵可湿性粉剂 0.4 g/kg，兑水 100 g 拌种。

②药剂灌根、喷雾　可用 3% 中生菌素可湿性粉剂 700 ~ 800 倍液灌根，80 ~ 100 kg/667 m^2；99% 噁霉灵可湿性粉剂 3 500 ~ 4 000 倍液灌根，200 ~ 250 mL/株；14% 络氨铜水剂 400 倍液、50% 福美双可湿性粉剂 800 倍液、77% 氢氧化铜可湿性粉剂 600 倍液、90% 新植霉素可湿性粉剂 4 000 倍液喷雾，每次喷药 25 ~ 30 kg/667 m^2，共喷 2 ~ 3 次，每次间隔 7 ~ 10 d。

（四）青枯病

蔬菜青枯病又名细菌性枯萎病，是一种细菌性维管束病害，在我国主要分布在南方菜区，是长江流域以南茄科蔬菜重要病害之一。青枯病寄主范围广，其中以番茄受害最重，马铃薯次之，茄子、辣椒受害较轻，花生、萝卜等也能被害。此病在长江以北不发生或较少发生。

1. 为害症状

（1）番茄青枯病　番茄植株在株高 30 cm 左右时开始出现症状。先是顶端叶片萎蔫下垂，后是下部叶片凋萎，中部叶片最后凋萎。病株最初白天萎蔫，傍晚以后可恢复，如果土壤干燥、气温高，2 ~ 3 d 后病株即不再恢复而死亡，叶片色泽稍淡，但仍保持绿色，故称青枯病。病茎下端往往表皮粗糙不平，常生出长短不一的不定根。病茎木质部褐色，用手挤压有乳白色的黏液渗出。

（2）马铃薯青枯病　病株稍矮缩，叶片浅绿或苍绿，下部叶片先萎蔫，开始时白天萎蔫，早晚恢复，经 3 ~ 4 d 后全株茎叶萎蔫死亡，但仍保持叶片绿色，不凋落，叶脉变褐，茎部出现褐色条纹，纵剖可见维管束变褐，湿度大时，茎横切面有细菌液溢出。块茎染病，轻的症状不明显，重的脐部呈灰褐色水渍状，切开薯块，可见维管束圈变褐，挤压时溢出白色黏稠菌液。严重时外皮龟裂，髓部溃烂如泥。

(3)茄子青枯病　初期个别分枝的叶片或一张叶片的局部呈现萎垂,后逐渐扩展到整株分枝上,初呈淡紫色,后变为褐色,病叶脱落或残留在茎上。病株茎面没有症状,但将茎部皮层剥开,木质部呈褐色。这种变色可以从颈部一直延伸到上部茎的木质部。茎内的髓部大多腐烂,用手挤压病茎的横切面,也有乳白色的黏液渗出。

(4)辣椒青枯病　初期仅是个别枝条的叶片萎蔫,后扩展至整株。地上部叶片转淡,后期变褐焦枯。病茎外表症状不明显,纵剖茎部可见维管束变褐色,横切面保湿后可见乳白色黏液溢出。蔬菜青枯病的诊断要点:发病初期植株白天萎蔫,傍晚恢复;如干燥气温高,2～3 d后不再恢复而死亡,叶片色泽稍淡,仍保持绿色;维管束变褐色,受挤压后有乳白色的菌脓渗出。

2.病原及分类地位

蔬菜青枯病是由青枯假单胞杆菌(*Pseudomonas solanacearum*)侵染引起,属革兰氏阴性细菌。菌体短杆状,单细胞,两端圆,单生或双生,(0.9～2.0)μm×(0.5～0.8)μm,极生鞭毛1～3根。在琼脂培养基上形成污白色、暗褐色乃至黑褐色的圆形或不规则圆形菌落,平滑,有光泽。

3.侵染与传播途径

青枯病原细菌可随病残体、带菌的肥料和田间的其他感病寄主越冬,也可以在染病的块茎及杂草体内过冬。越冬的菌源就成为次年发病的初侵染源。病菌主要通过灌溉水、雨水、土壤耕作和昆虫等在田间传播,自然状况下,病菌主要是从植株的根部侵入,也可从叶片或其他部位侵入,其侵入途径通常是伤口,但在菌量很大的情况下也能主动侵入,在维管束的导管内寄生,并沿导管向上蔓延使导管堵塞、褐变,造成植株萎蔫。潜育期长短与土壤湿度、蒸腾速度、大气温度、品种抗性、烟株导管直径及根际土壤的菌体密度等有关,其中以温度的影响最为明显,温度适宜时,潜育期4～5 d,气温较低时7～10 d。

4.发病因素

高温高湿是诱使青枯病发生和流行的主要因素,当土壤温度为20℃左右时病菌开始活动,田间出现少量病株,土温达到25℃时病菌活动最盛,田间出现发病高峰。另外雨水多、湿度大也是发病的重要条件,降雨不但可以传播病菌,而且雨后土壤湿度加大,根部容易腐烂产生伤口,有利于病菌侵入。同时,地势低洼、土质黏重、排水条件差、地下害虫多、土壤偏酸、与茄科或其他寄主作物连作,发病均较重。

5.防治方法

(1)农业防治

①选用抗病品种。

②及时清除病残体,避免连作。

③调节酸碱度,结合整地施用适量的生石灰,使土壤呈微碱性,可抑制病菌生长,减少发病率。

④利用抗病的砧木进行嫁接防治青枯病。

(2)生物防治　在生产上可选用生物农药康地蕾得(0.1亿cfu/g多黏类芽孢杆菌细粒剂)500～600倍液,或青萎散(1 000亿cfu/g荧光假单胞菌粉剂)3 600倍液,灌药液250～300 mL/株,连用3～4次。由于该类药剂在田间的防效表现比较缓慢,故施药时间宜掌握在发病初期,最好在植株未发病时开始用药。病害发生严重时,可适当增加用药量和用药次数。

(3)化学防治　在发病初期及时施药防治,可用20%龙克菌(噻菌铜)悬浮剂500~600倍液、77%可杀得(氢氧化铜)可湿性微粒剂500倍液、50%百菌通可湿性粉剂400倍液、25%青枯灵可湿性粉剂800倍液,灌药液250~300 mL/株,每隔7~10 d灌1次,连续灌3~4次。

(五)黑腐病

黑腐病是甘蓝、白菜、菜花等十字花科蔬菜上的毁灭性病害,在甘蓝上的为害尤为严重,因此被称为"甘蓝黑腐病"。20世纪70年代在我国已有发生,到20世纪80年代普遍流行,北起黑龙江,南至海南均有分布。近年来,黑腐病在全国范围内均有不同程度的发生,且为害有逐年加重的趋势。

1.为害症状

黑腐病主要侵染植株的维管束,引起维管束坏死变黑。幼苗被害,子叶呈水浸状,逐渐枯死并能传至真叶,使真叶的叶脉上出现小黑斑点或细条;成株期发病多从叶缘和伤口处开始,病菌聚集在维管束系统,阻碍水分的流动,致使叶缘出现"V"字形的褪绿、坏死的黄褐色病斑。病菌如果从伤口侵入,可在叶片的任何部位形成不规则形的黄褐色病斑。初发病时,叶片褪绿呈灰绿色,在晴天,病斑呈萎蔫状,傍晚或阴天可恢复,持续几天后不再恢复,以后病斑逐渐扩大,叶色逐步变成黄色或褐色。剖开球茎可见到导管变黑色。天气干燥时,叶片病斑干而脆。湿度大时,病部腐烂,但没有臭味,区别于甘蓝软腐病。病菌沿叶脉、叶柄发展,蔓延至茎、根部,致使茎、根部的维管束变黑,最后叶片枯死。甘蓝发病后结球松散,易导致软腐病而随之死亡。花椰菜、青花菜发病后使形成的花球呈灰黑干腐状,失去其食用价值。

2.病原及分类地位

甘蓝黑腐病是由甘蓝黑腐黄单胞杆菌(*Xanthomonas campestris* pv. *ampestris*)侵染引起。菌体呈杆状,大小为(0.7~3.0)μm×(0.4~0.5)μm,无芽孢,有荚膜,可链生,有极生鞭毛1根。革兰氏染色呈阴性,好气性。病菌适宜在25℃左右高湿度条件下生长,致死温度为51℃下10 min,耐干燥,在干燥条件下可存活12个月。在牛肉琼脂培养基上,菌落灰黄色,圆形或稍不规则形,表面湿润有光泽,但不黏滑;在马铃薯培养基上,菌落呈浓厚的黄色黏稠状。

3.侵染与传播途径

病菌附着在种子或在病残体上越冬。带病的种子播种后有时因被害而不能出苗;有时出苗后,病菌由幼苗子叶叶缘水孔侵入,常常导致幼苗发病死亡。病残体上的病菌遗留在土壤中可存活1年以上,病残体腐烂后不久病菌即死亡。田间通过雨水、灌溉水、昆虫、农事操作等传播病菌。病菌从伤口或叶缘的水孔侵入,先在薄壁细胞内,后进入导管,再向上向下蔓延,造成系统性侵染。种株被害后,病菌由果柄的导管侵入,再进入果荚和种脐,致使种子内部带菌;病菌也可附着在种子上,造成种子外部带菌。此外,带菌的粪肥也可传播病菌。

4. 发病因素

病菌生长的温度范围比较广，5 ~ 39℃条件下病菌均可以生长发育，最适温度为 25 ~ 30℃。湿度高、叶面结露或叶缘吐水，或高温多雨等均有利于病菌的侵入和发生发展。菜青虫、小菜蛾、甘蓝夜蛾等害虫为害造成的伤口多，利于病菌侵入而导致发病加重。种子对病菌的传播效率极高，如果播种带菌的种子，则无病田变成有病田，引起病害迅速蔓延。十字花科蔬菜重茬、管理粗放、前茬病残组织清理不彻底、播种过早、地势低洼、浇水过多、施带菌的粪肥，或耕作、喷药人为造成的伤口多，往往发病严重。

5. 防治方法

(1)农业防治

①选用抗病品种。

②与非十字花科蔬菜轮作 2 年以上。

③垄作或深沟高畦栽培，雨后及时排水。

④均匀灌水，小水浅灌。

⑤施足粪肥，氮、磷、钾肥合理配合使用，避免偏施氮肥。

(2)化学防治　发病初期可选用 1∶1∶200 的波尔多液、45% 代森铵水剂 800 倍液、14% 络氨铜水剂 300 倍液、40% 细菌快克可湿性粉剂 600 倍液、65% 代森锌可湿性粉剂 600 倍液、50% 福美双可湿性粉剂 500 倍液、50% 托布津 500 倍液、50% 敌菌灵 500 倍液、47% 春雷・王铜可湿性粉剂 900 倍液等喷雾，每隔 7 ~ 10 d 喷 1 次，连续喷 3 ~ 4 次即可。

三、病毒性病害

蔬菜病毒病俗称"植物癌症"，是仅次于真菌病害而与细菌病害同等重要的一类病害，各种蔬菜几乎都会发生，尤其以茄科、葫芦科、豆科、十字花科蔬菜感染病毒的种类多、受害重。

1. 为害症状

蔬菜受到病毒侵染以后，症状主要有花叶、变色、坏死、枯萎和畸形等，有的病毒侵害寄主后只引起一种症状，有的则可能表现出多种症状，可以先后出现，也可能同时出现，或在不同条件下出现不同的症状。其症状因病毒种类、蔬菜品种、生育期、发病部位和环境条件不同而差异很大。

①花叶　花叶病株的叶片，尤其是嫩叶上的色泽不匀，深浅不一，局部的深绿与浅绿色呈镶嵌状。花叶往往是比较后期的症状，在出现花叶之前，常常还可以看到有叶脉褪色或叶脉变色的"明脉"症状，或脉带变色，稍后则叶片上可见有不同颜色的斑块或圆斑出现，这些圆斑的边缘不是很清晰，但隐约可见形成斑驳，斑驳有时可进一步发展成边缘明显的花叶。

②变色　变色病株上叶片的色泽均匀地改变，常见的有褪绿、变黄、变红或变紫等，变色多发生在叶片上，有时也扩展到叶鞘、茎秆、花瓣甚至果实上，形成黄化、红化的植株。

③环斑　环斑病毒侵害植株后在叶片或果实上产生圆环状的斑，大多是同心圆的斑或线纹，在叶脉附近发生的环斑因受叶脉限制，表现为半环或连续波纹状的环，环纹多数是褪色或淡黄色的，少数发展为坏死的环纹，形成同心环的称环斑，未封闭的或波纹状的称环

纹,不成环状的称为线纹或橡叶症。

④坏死 坏死是叶、叶柄、茎秆或果实上组织死亡或变质(变硬或木栓化)造成的,大多数坏死是局部性的,少数坏死也可以是全株性的。根据坏死程度和范围大小,分为枯斑、坏死斑、沿脉坏死、顶尖枯死、蚀纹或开裂、星裂状坏死等。

⑤畸形 病株组织或器官的各种异常生长,既有生长受阻所引起的矮小、小叶、矮化和萎缩,也包括过度生长所引起的扁枝(茎)、肿瘤或癌肿、丛簇、耳突、皱缩等,还有少数如卷叶、蕨叶或花叶等,偶尔有丛枝和茎沟等症状。畸形症状大多在地上部的生长点或幼嫩的茎叶局部器官上发生。矮化是各器官不能充分发育而停滞不长或成比例地变小;矮缩则主要是茎节不发育,叶片仍正常生长,造成叶片簇生的症状;皱缩是叶面局部隆起、局部凹陷;卷叶则是叶缘向一侧卷起,可以是横卷或纵卷,也可以向上或向下卷。

⑥综合症状 当病毒侵染植株后,在病株上可同时看到有两种或多种不同类型的症状,如既有花叶又有矮缩,或既有花叶又有畸形的综合症状。

2. 病原及分类地位

最常见的蔬菜病毒有:

①烟草花叶病毒(Tobacco mosaic virus,TMV) 是单链 RNA 病毒,属于烟草花叶病毒属,最容易在番茄上发生,其次在茄科作物上也比较常见,此外,还可以侵染豆科、菊科、十字花科、葫芦科等蔬菜。

②黄瓜花叶病毒(Cucumber mosaic virus,CMV) 是 RNA 病毒,属于黄瓜花叶病毒属,可以侵染常见的茄科、葫芦科、豆科等蔬菜作物。

③芜菁花叶病毒(Turnip mosaic virus,TuMV) 是单链 RNA 病毒,属于马铃薯 Y 病毒属,可以侵染十字花科蔬菜包括大白菜、甘蓝、油菜等,茄科蔬菜包括番茄、辣椒,以及菊科和豆科的少数作物。

④烟草花叶病毒(Tobacco mosaic virus,TMV) 是一种单链环状 DNA 病毒,属双生病毒科、菜豆金色花叶病毒属,寄主范围广,尤其是番茄、辣椒、南瓜一旦被侵染,会造成严重危害。

⑤番茄斑萎病毒(Tomato spotted wilt virus,TSWV) 是 RNA 病毒,属于布尼亚病毒科、番茄斑萎病毒属,主要危害茄科、菊科、豆科蔬菜作物。

⑥番茄褪绿病毒(Tomato chlorosis virus,ToCV) 是 RNA 病毒,属于长线形病毒科、毛形病毒属,主要侵染危害茄科作物。

⑦蚕豆萎蔫病毒(Broad bean wilt virus,BBWV) 是 RNA 病毒,属于豇豆花叶病毒科、蚕豆病毒属,主要危害豆科、十字花科和茄科蔬菜。

⑧马铃薯 X 病毒(Potato virus X,PVX) 也称马铃薯潜隐病毒,是 RNA 病毒,属于马铃薯 X 病毒属,可侵染马铃薯、番茄、辣椒、黄瓜等茄科常见蔬菜。

3. 侵染与传播途径

病毒不具备某些真菌孢子能弹射的能力,也不像细菌具有鞭毛可以自由运动,植物病毒对寄主植物的侵染完全是被动的,它的传染扩散也完全是被动地进行的。植物病毒在田间的传染可以分为介体传染与非介体传染。介体传染是通过媒介动物、植物等进行传播扩散的,非介体传染是随着带有病毒的农具或植物材料而扩散的。病毒病在田间的扩散与传播则受许多因素影响，如寄主、介体、农田管理等。初侵染源主要是带毒的植物材料如种子、苗木和带毒的介体昆虫等。少数病毒，如番茄病毒，可以通过农事操作、机械接触而传染，绝大多数病毒的再次侵染和在田间的扩散主要是通过介体传播，尤其是介体昆虫的传染效率最高。

4. 发病因素

病毒病的发生与环境条件息息相关。高温、干旱容易发病，高温环境下作物抗性会降低，容易受到侵染。施用氮肥过多也会对病毒病的发生产生影响。土壤瘠薄、板结、黏重以及排水不良等不利于作物壮棵，进而导致病毒病的发生。蚜虫、蓟马、烟粉虱、灰飞虱等害虫在危害作物的同时，还可传播病毒病，是病毒病蔓延的主要原因之一。田间管理不当、地势低洼、通风条件不良、轮作等均会加重病毒病的发生。

5. 防治方法

(1)农业防治

①瓜果、蔬菜种植一定要选不带毒的种子。选无病、健壮株进行单株选育留种。

②实行轮作换茬耕作制度。

③彻底清除前茬作物的残根落叶，减少传毒媒介虫源繁殖和病毒传播。

④大田生长期发现病株，应立即拔除带出田外深埋销毁，杜绝再侵染源。

⑤施足基肥，温干旱季应勤浇水，保持土壤湿润，增强植株抗病毒能力。

⑥农事操作如打叶、整枝和采收时，要注意将病株与健康株分开操作，以避免人为接触传病。

(2)化学防治　预防病毒病的药剂主要有0.5%菇类蛋白多糖水剂300倍液、2%宁南霉素(菌克毒克)水剂50倍液、20%吗啉胍·乙酸铜(毒可克、病毒克绝、毒尽)可湿性粉剂500倍液、30%壬基酚磺酸铜水乳剂600倍液、10%混脂酸·铜水剂100倍液、0.5%氨基寡糖素水剂1 000倍液。在植株定植之后喷雾83增抗剂(混脂酸)或者24%混脂酸·铜水乳剂700~800倍液等可以增强植株抗性，或者叶面喷洒高脂膜等在叶面形成致密保护膜，阻抗病毒体的侵入。防治主要在苗期进行，用药物时一定要配合植物生长调节剂，并结合苗期的根外追肥，可以加快植物自身的新陈代谢，提高植物自身的抗逆性，同时也可通过自身代谢将病毒排出体外。具体用药期：瓜菜类、芥菜类作物在5片真叶前；果菜类(辣椒、番茄等)在7片真叶前；叶菜类(大白菜、甜叶菜等)在8片真叶前，严重发病后用药效果极差。要求全株均匀全面喷雾，于晴天下午3:00后用药，每次间隔7~10 d，连续2~3次。

四、虫性病害(蔬菜根结线虫)

根结线虫是较早被发现的世界性威胁农业生产的植物寄生线虫，具有广泛分布性和多寄主性，是一种较为严重的土传病害，对茄科、葫芦科、十字花科蔬菜为害严重，在我国每年仅因根结线虫对蔬菜为害损失就超过200亿元人民币。

1. 为害症状

植株的地下部，如根部、地生果荚、球莲、块根是根结线虫的主要为害部位，为害后产生大小不一的根结或结瘿。受害轻的植株，地上部无明显症状，除了产生根结，还可侵染其他植株，引起畸形，在温室条件十分适宜的情况下，还可侵染植株叶片和颈部，产生叶瘿和莲瘦。植株根部受侵染后，侧根和须根上产生根结，有些新根产生后继续被侵染，产生多个根结相连呈串珠状或是鸡爪状，表面粗糙，容易龟裂腐烂。植物根结的大小及其形态，与线虫的种类、生育期、寄主种类以及寄主组织中寄生的线虫数量等因素密切相关。例如北方根结线虫引起的植物根结一般较小，且呈近球形；另外3种最常见根结线虫（南方根结线虫、爪哇根结线虫、花生根结线虫）引起的植物根结则较大，且形状各式各样。由于根系的畸变膨大，吸收营养成分和水分的运输功能遭到破坏，致使植株矮化、褪绿、落叶甚至死亡。

2. 病原及分类地位

蔬菜根结线虫病是由根结线虫（*Meloidogyne* spp.）侵染所致，分类上属于线虫动物门，侧尾腺纲，垫刃目，异皮线虫科，根结属。目前已被文献记载的根结线虫种类超过90种，能引起蔬菜发生根结线虫病的主要为以下4种：

南方根结线虫（*Meloidogyne incognita*）、爪哇根结线虫（*Meloidogyne javanica*）、北方根结线虫（*Meloidogyne hapla*）和花生根结线虫（*Meloidogyne arenaria*）。根结线虫雌雄异形。雄成虫呈蠕虫型，长700～1 900 μm，宽30～36 μm，交合刺粗大。雌成虫长440～1 300 μm，宽325～700 μm，成熟后膨大呈柠檬形，白色，其卵在体外产出。卵为长椭圆形、褐色，大小为83 μm×38 μm。二龄幼虫（J2）为长蠕虫形，长为400～500 μm，宽为13～15 μm，尾部呈长圆锥形，食道腺较为发达。

3. 侵染与传播途径

根结线虫主要分布在地下0～30 cm土层中，以土壤表层5～10 cm土层内的数量最多，主要以卵和2龄幼虫随病残体存留在土壤中越冬，可存活1～3年。翌年条件适宜，卵开始孵化出2龄幼虫，2龄幼虫从根尖侵入后，定居型寄生，并诱导寄主细胞产生巨型细胞，加速分裂组织细胞，受侵染处发展成为根瘤和根结。根结线虫在寄主植物根部和土壤中生存，初侵染来源有带虫土壤、携带线虫的苗木，或通过雨水或灌溉水传播。病残体是最重要的初侵染来源，含有根结的病根组织中会存活有大量的虫卵、幼虫以及雌虫，通过农事活动的耕作器械和工具进行传播。

4. 发病因素

根结线虫发育的最适温度为25～30℃，在温度高于40℃或者温度低于5℃时发育受到抑制。土壤湿度适合蔬菜生长时，也适于根结线虫活动，有利于孵化和侵染。最适合根结线虫生长的湿度环境为40%～70%，当土壤湿度在根结线虫适宜的生长发育范围内时，根结线虫死亡率低，繁殖率高，种群数量增加，反之，若土壤湿度高于或低于根结线虫的适宜生长发育范围时，死亡率提高，繁殖率降低，种群数量减少。最适合根结线虫生长的土壤条件为地势高燥、结构疏松、酸碱度为中性的沙壤土地。连续耕种的土地根结线虫发生更为严重。一般温室比大棚发病更为严重，大棚较露地发病更为严重。

5. 防治方法

（1）农业防治

①选择耕种抗病的优良蔬菜品种，然后进行轮换耕种制度。

②翻晒土壤，对种植区域进行高温闷杀。

③在蔬菜收获后对蔬菜根部进行处理，彻底清除土壤里的病根、残根、和杂草中根结线虫。

④增加播撒有机肥和氮、磷、钾基肥，提高蔬菜根系健康程度和根表组织韧性，提高寄主抗性和耐性。

⑤培育无病苗，严防定植病苗。

⑥利用砧木的发达根系及其耐根结线虫病的特点，进行嫁接栽培。

⑦浇灌时小水勤浇，防止大水漫灌，避免根结线虫随水传播。

(2)生物防治　线虫必克为纯生物制剂，施用后无残留，对多种蔬菜的根结线虫均能取得良好防效。蔬菜苗期可用线虫必克0.5 kg/667 m^2 与营养土混匀后施用，成株期可用线虫必克1.0～1.5 kg/667 m^2 与适当厩肥、干细土混匀后施入土中。淡紫拟青霉制剂，有效活菌数≥1×10^3 cfu/g，高效、广谱、安全、无污染，可在蔬菜整个生长期内使用，也可用于拌种作为种子处理剂。可按种子量的5%～10%进行拌种，堆闷2～3 h、阴干即可播种，或施在种子或种苗根系附近。预防根结线虫的用量为300～500 g/667 m^2，治疗用量为800～1 000 g/667 m^2。

(3)化学防治　在蔬菜生长期可用41.7%氟吡菌酰胺悬浮剂15 000倍液、1.8%阿维菌素乳油2 000倍液、20%噻唑膦水剂6 000倍液、25%噻虫嗪水分散粒剂3 000倍液，200～250 mL/株灌根，1个月后再灌1～2次。用10%噻唑膦颗粒剂1.5～2.0 kg/667 m^2，或1.8%阿维菌素乳油5 kg/667 m^2 与少量细沙混匀，在移栽前沟施或穴施。

五、生理病害

蔬菜生理病害是由于植物自身的生理缺陷或遗传性疾病，或由于在生长环境中有不适宜的物理、化学等因素直接或间接引起的一类病害。它和侵染性病害的区别在于没有病原生物的侵染，在植物不同的个体间不能互相传染，所以又称为非传染性病害。生理性病害一般在田间成片分布，发病区与地形、土质或其他特殊环境条件有关，有的是跨省、跨区大范围发生的，有的是在特定环境中局部发生的，有的甚至只在个别地块中发生，症状大体可分为叶片变色、植株枯死、落花落果、畸形等，与病毒病相似。

引起生理病害的主要原因有两大类型：

(1)管理失控　包括水、气、光、温的人力无法调节控制的情况（如阴雨连绵、暴风骤雨、大水淹没、久旱不雨、有毒气体覆盖、骤然低温或高温等）和人力疏忽而未能调节的情况（如雨后未及时排水、降温未及时覆盖、施肥不足等）。

(2)营养元素失调　从播种到收获的一个生育周期中，需要多种配比合理的营养元素的供应，才能完成正常的生长发育。缺少某种或某些营养元素，生长发育就会受影响，营养元素种类供应虽全，但比例失调也会出现不正常现象。

(一)生理病害的症状和原因

1.缺素症

植物生长发育除去人们熟知的需要氮、磷、钾3种主要的大量元素外，还需要钙、镁、硫、铁、锰、硼、锌、铜、钼、氯等少量和微量元素。各种元素最低限需要及缺素症状的主要表现如下：

(1)氮(N)　氮的主要作用是提供蛋白质和叶绿素源。100 g干土中至少含全氮

100 mg。缺氮叶片变小,基枝短而弱、叶色变淡或变黄,甘蓝叶则变橙黄或红色。

(2)磷(P)　磷的主要作用是提供核蛋白、磷脂和植素源。100 g 干土中至少含五氧化二磷 30 mg。缺磷叶色变青绿和暗灰,并易出现铜锈色,延迟开花结实,番茄幼苗滞育、变紫、马铃薯块茎易生红斑。

(3)钾(K)　钾的主要作用是酶的转化催化剂。100 g 干土中至少含氧化钾 5 mg。缺钾时色淡青、暗绿、暗灰,易“干烧边”,叶片失平、叶脉凹陷,番茄果实成熟期延长,马铃薯叶片早衰而易弯。

(4)钙(Ca)　钙的主要作用是促进氮的吸收和调节体内酸碱度,调节酶的活性,促进发育。100 g 干土中至少含氧化钙 28 mg。缺钙叶片失绿、叶缘变白并易卷曲,番茄易脐腐,芹菜易心腐。

(5)镁(Mg)　镁的主要作用是促进同化和磷的吸收。100 g 干土中至少含代换性镁 10 mg。缺镁叶缘和叶中易脱绿,黄瓜易产生白绿带,甘蓝叶缘易变褐红,叶片失韧而变脆。

(6)硫(S)　硫是蛋白质的主要来源。100 g 干土中至少含 20 mg。缺硫叶片、叶脉易淡化,茎加粗受限制,番茄茎失韧而水质化。

(7)铁(Fe)　铁是叶绿素的组成成分并参与叶绿蛋白形成。100 g 干土中至少含醋酸铁 10 mg。缺铁叶肉失绿易淡化和黄化。

(8)锰(Mn)　锰的主要作用是维持植物体内代谢平衡,促进光合作用。100 g 干土中至少含还原锰 8 mg。缺锰叶肉失绿,叶面易出杂色斑,豆科蔬菜叶片易黄化,豌豆种子不易成熟并生褐斑。

(9)硼(B)　硼的主要作用是促进钙的吸收,促进根瘤固氮能力。100 g 干土中至少含硼 0.02 mg。缺硼影响钙的吸收和根系发育,影响豆科作物根瘤固氮能力,嫩叶失绿,顶芽易衰,易落叶,影响开花和结实,易使茎根中空,番茄果实易夹杂干纤维丝块,花椰菜易褐变。

(10)锌(Zn)　锌的主要作用是参与叶绿体形成,促进硫的代谢,促进顶芽生长素的形成。100 g 干土中至少含氮化锌 0.05 mg。缺锌叶色易变铜青或黑色,易生斑点,豆科植物易生叶片退绿斑。

(11)铜(Cu)　铜是氧化酶的活化基核心,能增加叶绿素的含量。100 g 干土中至少含氯化铜 0.1 mg。缺铜植物生长衰弱,叶肉失绿,叶尖易变白,豆科植物种子不饱满。

(12)钼(Mo)　钼是硝酸还原酶的直接构成成分。100 g 干土中至少含钼酸铵 0.01 mg。缺钼会降低蛋白、糖分、维生素 C 含量,豆科蔬菜的固氮根瘤难以形成、花椰菜的花球难以形成。

(13)氯(CL)　氯是叶绿体光化学反应的直接辅酶。100 g 干土中至少含水饱和氯液 15 mg。缺氯叶片失绿、凋萎,根细而短,侧根很少,不结果。

2. 水分失调症状

蔬菜自播种到收获,经历从吸收到蒸发一系列的复杂过程,它需要充足的土壤水和适当的空气湿度,尤其是叶菜类蔬菜在放大叶期间,果菜类在开花结实期间,更需要消耗大量的水分,鲜菜的含水量一般为 70% ~98%。水分过多或过少(包括土壤含水过多和空气湿度过大)，均容易导致生理性病害的发生，同时也协助了一些侵染性病害的发生和加重。需要土壤供水多的蔬菜有黄瓜、白菜、萝卜、甘蓝、莴苣及多种大叶、绿叶菜；需要土壤供水少的蔬菜有葱、蒜、韭及多种小叶、窄叶菜；需要土壤供水中等的蔬菜有南瓜、西葫芦、辣椒、马铃薯、胡萝卜等；需要空气高湿度的蔬菜有黄瓜、绿叶菜及水生菜类；需要空气低湿度的蔬菜有番茄、茄子及豆类蔬菜等；较耐干燥空气的蔬菜有葱蒜类、胡萝卜、南瓜等。水分失调后，生理病害就会出现。过干易卷叶、黄叶、红叶、浓绿卷缩叶以及叶缘黄枯或萎蔫，最终落叶、落花、落蕾、落果及枯死；过湿易黄叶、落叶、落花、落果，最终沤根、烂叶、烂果及枯死。在暴干、暴湿的情况下，不但易形成灾发性生理症状，而且给许多浸染性病害的发生创造了条件。

3. 温度失调症状

蔬菜的生长发育需要一定的温度范围，高于或低于适应的范围，则会出现生理病害。一般适于蔬菜生长发育的温度范围是15～25℃，但不同蔬菜种类，耐低温的蔬菜有菠菜、白菜、萝卜、葱、甘蓝等；耐高温的蔬菜有豇豆、菜豆、南瓜、苦瓜等。不论是耐高温或耐低温，都有一个相对的极限，超过这个相对极限，就会出现生理病害。属于低温病害的症状有停止生长发育，直至霜害、冻害使各器官僵化死亡；属于高温病害的症状有老化苗，老化株，直至灼伤、落叶、干叶、全株死亡。低温伤害往往伴随的是细胞冻结、膨胀、细胞壁破裂；高温伤害往往伴随的是失水、脱水。

4. 毒害失调症状

蔬菜生长发育过程中有毒气体、水质、窒息等环境出现可导致生理病害。

(1)有毒气体的危害　有毒气体包括空气中的有毒气体，土壤中的有毒气体，水溶性的酸性气体腐蚀，农药、肥料、化肥散发气体的熏蒸等。

①大气中的有毒气体　主要有亚硫酸气体，氮素的氧化物，氟素气体、臭氧气体、硫化氢气体等。亚硫酸气体能使叶片褪色、早落，甚至死株，一氧化氮能使蔬菜朽根、烂种，二氧化碳过量影响发芽和生根，塑料膜中增塑剂邻苯二甲酸二异丁酯在高温日晒下，能产生有毒气体使蔬菜幼苗白化枯死。

②土壤中的有毒气体　氨过量可使蔬菜烂根，二氧化碳过量可使菜苗提早老化，酸过量可使根部酸蚀，碱过量可使根部过早老化、纤维化。

③农药、化肥的有毒气体　过量的农药喷洒地上茎、叶，可使叶片产生皱缩、枯斑、白化、落叶，果实产生斑点、褐变、落果，植株生长迟缓、茎秆弯曲、不结果甚至枯死。化肥中的氨熏能使叶片很快萎蔫以至枯死。

(2)有毒水质的危害　有毒水质可直接使幼苗或成株延缓生长以至死亡，也可间接促使其他病害的发生，例如盐碱水可使维管束变色坏死，碱性水可使器官过早老化，酸性水易使组织表皮失去韧性，同时可促使十字花科蔬菜根肿病的发生和加重。

(3)窒息的危害　硫化氢过量可使窖存蔬菜腐烂，马铃薯因氮气过量而发生黑心病。可间接促使嫌气菌的猖獗活动，导致病害的发生和加重。

蔬菜生理病害的发生有其特定的规律，在实际生产中，为了快速诊断，一般重点看以下几点：

①生理病害是连片发生，没有中心株。

②生理病害的病部,没有菌脓、菌毛等传染性病害那些明显特征。

③生理病害的发生是逐渐变化的,没有传染性病害发生得迅速。

④生理病害和外界条件密切相关。

(二)蔬菜常见生理病害和防治方法

1. 番茄脐腐病

脐腐病又称黑膏药病、顶腐病、蒂腐病等,是棚室栽培番茄生理性病害中发生普遍、为害较重、产量损失最大的生理性病害。

(1)症状　该病只发生于果实上,幼果至成熟果期均可发生,但多在幼果和青果期发生。发病初期在幼果或青果脐部出现水渍状暗绿色病斑,后病斑逐渐扩大,变成暗褐色或黑色;病斑通常直径 1 ~2 cm,严重时扩展到半个果面,扩至果顶部,使果顶凹陷、变褐;病部组织崩溃收缩。在潮湿条件下,因腐生霉菌寄生,病部表面形成黑色或红色霉状物。一般病果的健部提前转色变红。此病多发生于第一、二花序的果上,同一花序的果实几乎同时发病。

(2)发病原因　一种普遍接受的观点认为,番茄脐腐病发生的根本原因是缺钙造成的。一般认为果实中钙的浓度低于 0.08%(以干重计)时往往就发生此病。植株缺钙不一定是土壤缺钙,有时土壤黏重、瘠薄的石灰性土壤也易产生脐腐病。土壤盐基含量低、酸化,尤其是沙性较强的土壤供钙不足。在盐渍化的土壤中,虽然土壤含钙量较高,但因土壤可溶性盐类浓度高,根系对钙的吸收受阻,也会缺钙。另外,使用铵态氮肥或磷肥和钾肥过多时也会阻碍植株对钙的吸收。在土壤干旱、空气干燥、连续高温时易出现大量的脐腐病果。

另一种观点认为发病的原因是水分供应失调。干旱条件下供水不足,或忽干忽湿,使番茄根系吸水受阻。由于蒸腾量大,果实原有的水分被叶片夺走,导致果实大量失水,果肉坏死,发生病害。

(3)防治方法

①科学施肥　补充钙素、施足基肥、合理配合。土壤缺钙时,用消石灰或碳酸钙 50 kg/667 m^2 均匀撒于地面并翻入耕层中。施足腐熟的农家肥人粪尿或鸡粪,增加追肥中的氮肥,并降低基肥氮的使用率。在番茄施氮时,若纯氮施用超过 30 kg/667 m^2,就会导致脐腐病发病严重,所以控制氮肥用量成为番茄增产的关键。另外,钙磷与钙钾合理配合,可显著提高番茄吸收总钙量和实吸钙量,改善番茄果实的品质。

②采用根外追施钙肥技术　番茄结果后 1 个月,是吸收钙的黄金时期。这时可喷洒 1%的过磷酸钙,或者选用 0.5%氯化钙加 5 mg/kg 萘乙酸、0.1%硝酸钙及爱多收 6 000 倍液。每次间隔 15 d,连续喷洒 2 ~3 次。值得注意的是使用氯化钙及硝酸钙时,不可与含硫的农药及磷酸盐(如磷酸二氢钾)混合使用,以免产生沉淀。

③控制温、湿度　应防止土壤干湿不定,切忌土壤过分干旱。定植时浇 1 次缓苗水,之后在花序开花坐果时灌溉,水量不能过大,以后根据土壤墒情酌情浇水,以保持土壤湿润。

④田间管理　中耕时松土,且施草木灰 200 kg/667 m^2,应施于 7 ~8 cm 土层内,以促进土壤透气、透水,增强植株抗病性,这些简易的方法可大大杜绝脐腐病的发生。

⑤在发病时,选择 1%的过磷酸钙或 0.1%氯化钙进行根外施肥,每周 1 次,防治效果

十分显著。值得注意的是，喷药时一定要接触叶片及果实，尤其是果实。

2. 番茄畸形果

番茄畸形果也称变形果，以保护地番茄发生较多。

(1)症状　一般正常果实为球形或扁球形，4～6个心室，放射状排列。而畸形果各式各样，田间常见有纵沟果、扁圆果、椭圆果、偏心果、指突果、桃形果、豆形果、菊形果、乱形果等。形成畸形果的花、萼片和花瓣数量较多，子房形状不正。

(2)发病原因　畸形果的发生主要是由于环境条件不适宜所致。其中，扁圆果、椭圆果、偏心果等畸形果发生的直接原因是在花芽分化及花芽发育时营养土中化肥过多，造成土壤中速效养分含量过高，根系吸收的大量养分集中在生长点处，肥水过量，影响花芽正常分化与发育，致使花器畸形，番茄心室数量增多，而生长又不整齐，从而产生畸形果。

指突果是在子房发育初期，由于营养物质分配失去平衡，而正常心皮分化出独立的心皮原基而产生的。

桃形果是由于植株老化，营养物质生产不足引起心室减少，子房畸形发育而成。使用2,4-D等激素蘸花时，浓度过高，会加剧病情，增加桃形果数量和严重度。有人认为，番茄的花向下开放，蘸花或喷花后，多余的生长激素药滴残留在花的幼小子房尖端，使果实不同部位发育不均匀，引起子房畸形发育，形成桃形果。

豆形果是因为营养条件差，本来要落掉的花虽然经蘸花处理抑制了离层形成，勉强坐住了果，但因幼果得到的光合产物少，不能正常生长发育，从而形成豆形果。

菊形果系心室数多，在施用氮、磷过量或缺钙、缺硼时易产生。

(3)防治方法

①加强育苗期的管理，特别是增温管理，延长光照时间，创造适宜花芽分化的环境条件。

②加强肥水管理，防止土壤过干、过湿，防止幼苗徒长或老化。采用配方施肥，满足植株生长发育所需的营养条件，避免偏施氮肥，防止分化出多心皮及形成带状扁形花。

③使用坐果激素要注意适宜浓度和使用方法。选用不易产生畸形果的品种，发生畸形果后要及时摘除，以利正常花果的发育。

④合理使用生长调节剂。幼苗出现徒长时勿过分采用降温或干旱控苗措施，而应在加强通风、适当控湿的基础上，喷施85%比久(B9)可溶性粉剂2 000 mg/kg控制徒长，这样既可提高幼苗质量，又不影响花芽分化。

3. 黄瓜花打顶

黄瓜花打顶俗称瓜打顶，是保护地黄瓜生产中经常遇到的问题。

(1)症状　黄瓜植株的生长点分化为花的器官，生长点不再生长和伸长，顶端小叶片密集，在很短的时间内形成雌雄花相间的花簇，最后形成自封顶，植株不再有新叶和新梢长出，上部茎秆变细，叶片变小，中下部叶片浓绿，表面多皱缩和突起，花开后瓜条停止生长，无商品价值。

(2)发病原因　多发生在结瓜前期和结瓜后期，结瓜前期出现花打顶的主要原因是：黄瓜定植水浇量不足，土壤缺水干旱，蹲苗时间过长；土壤盐分浓度过高，根系发育不良或施肥过多造成沤根，导致黄瓜根系吸收能力减弱；昼夜温差大，夜间温度低，向新生部位输送营养量少,植株营养生长受抑制,生殖生长超过营养生长。以上三方面原因均可导致花打顶。结果后期花打顶发生的原因主要是下部结果过多,瓜条生长过大,消耗养分过多造成“结果疲劳”,营养生长过弱。另外,黄瓜生长后期棚室内温度较高,耗水量比较大,往往灌水不及时,造成土壤缺水,使黄瓜营养生长受到抑制,导致花打顶。

(3)防治方法

①水肥管理 做底肥的化肥要撒施,与土壤充分混合,农家肥要充分腐熟,追肥量一次不宜过多,少施勤施,避免烧根、伤根。在结果期,适时根外施肥,适量喷施爱多收、糖氮液等叶面肥补充营养。防止土壤缺水,保持土壤湿润,严寒季节浇水要在晴好天的上午进行,浇水后密闭棚室提高温度,从而提高土壤温度。

②温度管理 防止棚室温度过低,夜温不要低于13℃,保持在15~18℃,白天在28~30℃。

③药剂管理 不用或少用带有激素类的药物,若需要生长激素处理时(乙烯利、矮壮素),要严格掌握浓度,不要过量。已发生花打顶时可用农用稀土元素,或糖水加尿素,或30 mg/kg的赤霉素叶面喷施,并追施速效肥料。

④植株调整 黄瓜营养生长和生殖生长同步进行,留瓜不要过早,一般要在6~8节留瓜,根瓜早收防坠秧,保证12片功能叶。正常植株开花节位在4~5节,距龙头40~50 cm,且花向下或横向开放。若开花节位提高并向上开放,就有了花打顶的趋势,营养生长不足。这时就要考虑是否由于带瓜多或肥水不足,要适当疏瓜并加强肥水管理,确保营养生长和生殖生长均衡。

4. 黄瓜化瓜

设施栽培黄瓜中经常发生化瓜,特别是冬春茬黄瓜化瓜很多。黄瓜出现少量化瓜是植株自我调节的正常现象,但大量化瓜则属异常,会严重影响黄瓜产量,必须予以重视。

(1)症状 黄瓜化瓜是指雌花形成后不能继续生长成产品果实而黄萎、脱落的现象。主要症状为刚坐下的瓜纽或正在发育中的小瓜条生长速度减慢直至停止,并从瓜尖开始逐渐变黄、干瘪,最后干枯、脱落。雌花受粉后,幼瓜不能继续正常生长发育,逐渐变黄而萎缩干枯,表现为瓜繁而不长,幼苗变黄发软,腐烂或自落。

(2)发病原因 黄瓜化瓜是由多种原因造成的,总的来说是因为幼瓜在生长过程中没有得到足够的营养物质而停止发育,具体有以下几种原因:越冬茬黄瓜育苗和生育前期昼夜温差大,黄瓜植株营养生长差,幼瓜营养不良引起化瓜;棚室内白天温度高于32℃、夜间温度高于16℃时,黄瓜呼吸消耗增加,从而导致营养不良而化瓜。结瓜初期,茎叶生长迅速,瓜条生长缓慢,如果此时连续出现20℃以上的高夜温,养分就会大量向茎叶分配,造成瓜秧徒长而化瓜;栽植密度过大、通风不良造成郁闭,幼瓜长期不长,发生大量化瓜。黄瓜生长期间遇低温冷害,尤其是地温过低,导致黄瓜根系发育不良,吸收能力降低,使瓜条营养供应不足而化瓜;喷药时正处在花期及有毒气体的伤害等,也会引起化瓜。植株营养生长与生殖生长失去平衡,下部瓜不及时采收,造成上部的幼瓜化瓜;黄瓜生长后期,根系老化,吸收养分的能力差,养分供应不足,引起化瓜。此外,化瓜与品种也有关系,一般单性结实弱的品种容易化瓜。

（3）防治方法

①合理选用品种　温室越冬栽培要选用耐低温、弱光的温室专用型品种；夏季栽培则要选用耐高温、强光的品种。

②促进根系生长　底肥多施有机肥，并进行深耕以促进根系发达。用南瓜做砧木育的嫁接苗，根系发达、适应性强，化瓜较少。

③合理密植　黄瓜栽培密度以 2 500/667 m^2 左右为宜，秧苗长势强、抗病，不易化瓜。

④及时采收　当下部瓜达到采收标准时要及时采收，以免与上部瓜争夺养分，引起上部瓜化瓜。

⑤合理施肥　注意肥料的均衡使用，在盛瓜期喷施 0.3% 硫酸亚铁或喷 0.1% 磷酸二氢钾 2 ~3 次。

⑥温度、光照和气体管理　控制夜间温度，不要过高，以减少呼吸消耗；温室冬季可每天用蓝色补光灯补充 2 h 光照，并补充二氧化碳，促进同化作用；保护地栽培注意通风，降低空气湿度。

⑦激素处理　用 1 000 ~2 000 倍的坐瓜灵加 1 000 ~2 000 倍的扑海因或速可灵对开花当天的黄瓜喷花或蘸花，可大大提高坐果率，防止化瓜。

5. 黄瓜沤根病

黄瓜沤根病又称抽扦、烂根，是育苗期常见生理性病害，主要发生于冬季和早春。黄瓜一旦沤根，对其产量会造成较大的影响，带来较大损失。

（1）症状　发生沤根时，植株生长极为缓慢，根部不生新根或不定根，根皮发锈后腐烂，致地上部萎蔫，且容易拔起，子叶或真叶呈黄绿色或乳黄色，叶缘开始枯焦，严重的整叶皱缩枯焦，成片干枯，似缺素症。在子叶期出现沤根，子叶即枯焦；在某片真叶期发生沤根，这片真叶就会枯焦，因此从地上部瓜苗表现可以判断发生沤根的时间。

（2）发病原因　发病原因主要是因长期低温（气温低于 12℃）和湿度太大而引起，或浇水过量和浇水后连阴雨天，土壤通气性差所致。

（3）防治方法

①种子处理　播种前，要用精甲霜锰锌等药剂进行浸种处理，能够有效减少黄瓜沤根现象，提高黄瓜种子的发芽率，增强黄瓜抗寒能力。

②起垄栽培　种植时，应以起垄栽培为主，不可进行畦面栽培，否则容易出现沤根现象。

③控制浇水　控制苗床浇水量，避免苗床积水。一旦出现浇水过量，湿度过大，要及时进行通风排湿。

④及时松土　幼苗发生轻度沤根后应及时松土，保持土壤疏松湿润，可喷施云大 1 500 倍液、翠康生力液 800 倍液、植物龙 1 000 倍液或天达 2116 1 500 倍液，以增强黄瓜幼苗的抗病抗寒力，减少和控制沤根病的发生与为害。

6. 辣椒日灼病

辣椒日灼病是辣椒的四大主要病害之一，对辣椒的产量和品质都有很大影响，并会引起辣椒炭疽病和软腐病的发生。

（1）症状　日灼病是强光照射引起的生理性病害，主要发生在果实向阳面上。发病初期被太阳晒成灰白色或浅白色革质状，病部表面变薄，组织坏死发硬；后期腐生菌侵染，长出灰黑色霉层而腐烂。

（2）发病原因　日灼主要是果实局部受热，灼伤表皮细胞引起，一般叶片遮阴不好，土壤缺水或天气干热过度、雨后暴热，均易引致此病。

（3）防治方法

①选用耐热耐旱，叶生长旺盛的辣椒品种。

②合理密植可使植株茎叶互相遮蔽，既能避免阳光直射果实，又能减少地面水分蒸发，从而可减少日灼病发生。可采用双株定植方法，种植密度 10 000 株/667 m^2 以上，也可与玉米等高秆作物间作。

③加强肥水管理，促进辣椒枝叶生长繁茂，增强植株抗逆能力。施足底肥，一般施腐熟有机肥 8～10 m^3/667 m^2、45%氮磷钾复合肥 50 kg/667 m^2；夏季高温期间，增加浇水次数和浇水量，忌忽干忽湿；结果期随水追肥，有条件的可叶面喷施或滴灌适量微生物菌肥。

④喷施硼肥，喷 0.2%四硼酸钠水溶液可使日灼病的发病率降低 66%，喷硼还可加速花器官的发育，促使花粉萌发以及花粉管的生长和授粉能力。

7. 辣椒生理性卷叶

在辣椒种植中，生理性原因导致的卷叶是比较常见的一种生理性病害。

（1）症状　发生生理性卷叶时，辣椒叶片纵向上卷，呈筒状，变厚、变脆、变硬。有时植株生长发育停止，叶柄和叶脉硬化，容易折断，叶片发生扭曲，出现花蕾和叶片脱落。

（2）发病原因　土壤干旱、空气干燥，高温、强光照，叶面肥害、药害，病虫危害，过量偏施氮肥，土壤中缺铁、缺锰等微量元素等均可引起辣椒卷叶。

（3）防治方法

①选用抗卷叶的品种　一般，叶小、叶厚的品种比较抗卷叶，叶大、叶薄的品种不抗卷叶。

②加强温度管理　保护地栽培高温期间要加强温度管理，防止温度过高。一般最高温度应不超过 35℃。

③合理密植　露地栽培要合理密植，在盛夏到来前封垄，避免强光照射地面。

④实施地膜覆盖栽培　地膜覆盖栽培下的植株长势强，肥水利用率高，不容易发生卷叶。

⑤叶面追肥和打药的浓度、时机要适宜　应按照要求的浓度配药、配肥，高温期不要在强光照的中午前后进行叶面喷肥和喷药。

⑥加强肥水管理　及时合理地对辣椒进行浇水，浇水要保持见干见湿的原则，同时要防止辣椒出现水量过多。要根据辣椒不同的生长阶段合理科学地施肥，同时保证微量元素的补充。

8. 大白菜干烧心病

大白菜干烧心病是大白菜很容易发生的一种病害，严重地影响白菜的产量和品质，且呈现出日趋严重的趋势，给菜农生产带来一定的困难。

（1）症状　大白菜叶球顶部边缘向外翻卷，叶缘逐渐干枯黄化，叶部组织呈水浸状，叶片上部也逐渐变干黄化，叶肉呈干纸状。病健组织分明，叶脉黄褐至暗褐色，主要发生在叶球中部,重病株叶片大部分干枯黄化。田间种植于结球初期发病,到结球后才显症,贮藏期达严重程度,由干心变腐烂。

(2)发病原因　土壤干燥,大白菜莲座期的某一段时间内出现高温天气,偏施氮肥,和钙质土壤中活性锰的严重缺乏,是造成大白菜干烧心的主要原因。该病在春季发生较重。

(3)防治方法

①精细整地　选择土壤肥沃、质地疏松、排水良好的地块作园田,直播前要精细整地,做到上虚下实、土碎地平,以促进根系发育,提高吸肥供肥能力。

②配方施肥,增施有机肥　根据大白菜在整个生长期中吸收的钾最多、氮磷最少的需肥特点,在施肥上要增施有机肥,配施磷钾肥,使土壤中有机质含量保持在2.5% ~3.0%为宜,大白菜不但产量高、质量好,也不会发生干烧心现象。

③防止干旱　在大白菜整个生育期要采用小水勤浇的方式,始终应保持土壤湿润、不干不涝。大白菜进入莲座期以后,东北大部分地区是秋高气爽、持续干旱,要每隔 15 d 左右沟灌水 1 次,但在收获前 10 d 应停止灌水,以防叶球含水量过多而不耐贮藏。

④科学追肥,根外补钙　大白菜从莲座期开始应追施钙肥。9 月中旬大白菜开始包心到大白菜砍收前 15 d 向心叶连喷 2 ~3 次 0.5%的氯化钙溶液,防干烧心率 90%以上。

⑤科学贮藏　尽可能地创造条件,将大白菜贮藏在温度 0℃、相对湿度 80% ~90%、通风良好的地方,以减轻贮藏期发病程度,推迟干烧心病出现的时间。

9. 芹菜心腐病

芹菜心腐病又叫黑心病,多发生在芹菜定植前后。芹菜苗床死亡率一般在 10% ~30%,严重时可达 70%。定植田死亡率一般在 5% ~10%,严重时可达 40%。

(1)症状　主要发生在新叶的生长点,初发病时,芹菜心叶叶缘出现褪绿斑,植株生长变缓,根尖白色部分减少,纵剖短缩茎及根,可看见中间出现一条褐变痕;重发病时,芹菜生长点死亡,心叶凋萎,外叶呈灰绿色,根尖发黄,最后,芹菜根系及部分茎叶也相继死亡。

(2)发病原因　芹菜心腐病是一种复杂的生理性病害,植株缺钙是引发此病的关键原因。引起芹菜缺钙的主要原因是土壤中钙离子浓度偏低。由于近年来菜农使用农家肥越来越少,偏施化肥如碳酸氢铵、尿素、磷酸二铵和磷酸一铵等,导致土壤中氮、磷浓度较高,而使用的氮肥又以铵态氮为主,常引起土壤 pH 值短暂增高,在碱性条件下,加快了土壤中钙离子与磷酸根离子的结合,形成不溶于水的磷酸八钙和磷酸十钙,使土壤中的钙离子浓度越来越低。同时,土壤中过多的铵离子降低了植物根系对钙离子的吸收能力,最终导致芹菜植株体内缺钙,引发心腐病。遇到高温干旱或雨涝天气,此病更加严重。或连续阴天,雨过天晴后受阳光直射造成芹菜根对钙硼吸收困难所致。

(3)防治方法

①合理施肥　施足底肥并增施磷钾肥和硼肥,培育健壮植株以提高抗病力。不要过多地使用氮肥和钾肥,以避免造成硼素吸收受阻。

②不使畦面过分干燥　合理灌溉,不大水漫灌。低温时,适当进行保温及灌水。

③合理密植　及时清除病残体,合理密植,增加通风透光度。

④适量增施硼肥　可在定植时施硼砂 0.5 ~1.0 kg 作基肥。当出现缺硼症状时,也可用0.1% ~0.3%的硼砂水溶液喷施植株。

⑤精准喷施　发病初期喷洒1%的过磷酸钙或0.3%～0.5%的氯化钙，还可在发病初期喷洒氨基酸钙600～800倍液或美林高效钙500～600倍液，每10 d喷1次，连续施用3～4次，喷后6 h内遇雨应补喷。

10. 韭菜黄叶和干尖

韭菜种植中，经常会出现黄叶和干尖的现象。出现黄叶和干尖后，许多种植户便开始大量地施用杀菌剂来进行防治，事后不但起不了多大的作用，而且由于大量使用农药，容易产生药害，加重病害的发生。韭菜黄叶和干尖不是传染性病害引起的，而属于生理性病害，严重影响韭菜质量。

(1)症状　棚室或露地栽培的韭菜经常发生黄叶或干尖。心叶或外叶褪绿后叶尖开始变成茶褐色，后渐枯死，引起叶片变白或叶尖枯黄变褐。

(2)发病原因

①土壤酸化　韭菜喜中性土壤，长期大量施用粪肥、饼肥、厩肥和硫铵、过磷酸钙等酸性化肥，就会引起土壤酸化，使韭菜叶生长缓慢、纤细、外叶枯黄。

②有害气体为害　扣棚前施入大量的碳酸氢铵，或扣棚后地面撒施尿素，或对碱性土壤上施用硫酸铵，使保护地内积累过多的氨气。当棚内氨气浓度达5 mg/kg时，韭菜即可受害。其症状首先是叶片呈水渍状，无光泽，之后叶尖枯黄逐渐变褐色。若土壤中施入大量硝酸铵等肥料，则阻碍了土壤中的硝化作用，使土壤酸化，易形成亚硝酸气体。当棚内亚硝酸气体浓度在2～3 mg/kg时，韭菜即可表现中毒症状。

③高温、冻害　当棚室内温度长期处于35℃以上，且空气比较干燥时，易引起烧叶。有时连续阴天后骤晴，或高温后有冷空气突然侵入，都会使韭菜叶尖乃至整叶变白或黄枯，以后逐渐枯死，中间叶片变白。

④微量元素失调　缺锌心叶黄化；缺钙心叶黄化，部分叶尖枯死；缺镁外叶黄化枯死；缺硼心叶黄化，硼过多则叶尖枯死；锰过剩心叶轻微黄化，外叶黄化枯死。

(3)防治方法

①增施有机肥　韭菜为弦线状须根，没有主根和明显侧根。根系吸收肥水能力差，因此要获得高产，必须施用较多的优质有机肥，禁止地表撒施和施用未腐熟的有机肥。

②控制温度　保护地韭菜，早春和深秋要注意寒流侵袭，预防冻害。棚内温度超过30℃，应及时放风，将温度控制在25℃以内。露地韭菜，当温度升高后，应搭建遮阳网，降低田间温度和光照强度。

③及时浇水，保持土壤湿度　在韭菜的管理过程中，有3个时期的浇水不可忽视。一是移栽定植后，为促其生根缓苗，应连浇两水；二是8月下旬后，气温下降，韭菜进入旺盛生长期，应抓住时机，7 d左右浇一次水，促其快速生长；三是收割后韭菜苗长至10 cm左右时，要进行浇水。

④适量追肥　由于韭菜以春季收获为主，头年8月下旬以后，应每隔15 d左右冲施一次肥，每次施复合肥7～8 kg/667 m^2。追肥量不宜过多，避免对韭菜造成不必要的伤害。对出现缺素症的，可采用叶面喷肥的方法，有针对性地喷施微肥。一般每隔20 d喷施1次，连喷2～3次。

⑤预防氨害　施用硝基肥，避免氨氮挥发。保护地韭菜，要适当放风，排除有害气体。

尤其在追肥后 2 ~5 d 内,更要注意通风换气,以防氨气中毒。

第二节　蔬菜虫害防控技术

一、蔬菜害虫发生特点

我国是世界上最大的蔬菜生产和消费国。从 20 世纪 70 年代末改革开放至今 40 多年来我国蔬菜种植面积和产量显著增加,已经成为仅次于粮食作物的第二大宗作物。同时,蔬菜也是我国在国际市场上具有竞争优势的一类主要农产品。

我国地域辽阔,蔬菜种植种类和品种很多,而且种植模式也非常多样化。因此,蔬菜生态系统不稳定,害虫种类比较多,发生规律也比较复杂,防治难度比较大。每一类蔬菜都有其特有的害虫。比如在十字花科蔬菜上,小菜蛾、菜粉蝶(又叫菜青虫)是主要的害虫种类。茄科的蔬菜上茄黄斑螟、烟青虫等是常见的种类,豆科蔬菜上主要的害虫有豆野螟、豌豆斑潜蝇等,葫芦科蔬菜上有瓜螟、瓜实蝇等。另外,在蔬菜上还有很多广食性的害虫,这类蔬菜害虫包括斜纹夜蛾、甜菜夜蛾、棉铃虫等夜蛾科的种类,还有蓟马、烟粉虱、害螨、桃蚜等。蜗牛不是害虫,但是在很多潮湿的地方它也是危害蔬菜的主要有害生物之一。

由于我国气候条件复杂,从北到南有一个从温带到亚热带的地理变化,栽培系统也是越来越复杂。另外,在同一个地区,不同时期的蔬菜害虫种类差异也是很大的。即便是在同一个地点、同一个时间,不同地块之间的害虫种类和数量也有明显差异。这些不一致导致了我国蔬菜生态系统害虫发生规律的复杂程度和防治难度都非常高。此外,随着设施大棚和温室的应用,对害虫的发生也带来了一系列的影响。如一些本来冬天滞育的害虫在温室内就不再滞育,可以继续繁殖危害,增加了害虫发生基数和防治难度;设施种植阻隔了一部分个体较大的害虫,同时,也对天敌形成了一定的阻隔作用,导致小型的害虫如粉虱、蓟马、蚜虫更易暴发;一些自然控制因子如大风、雨水对害虫的制约作用也在设施种植条件下被削弱。

近些年来,由于全球交流和贸易的频繁,入侵昆虫及其影响也越来越大,如烟粉虱、西花蓟马、番茄潜叶蛾等害虫对蔬菜生产造成了严重的危害,也增加了防治的难度。

二、蔬菜害虫防治存在的主要问题

蔬菜生态系统的特点,决定了蔬菜害虫具有种类多、危害重、发生演替规律复杂、防治难度大等特点,而且由于蔬菜一般用来鲜食甚至生吃,因此,对蔬菜品质的要求比较高,蔬菜产品上只允许很低的农药残留。另一方面,在主观上,人们虽然接受了害虫综合治理的观念,但是在生产实践中,综合治理技术措施还没有得到足够的推广实施。部分原因是有一些综合治理技术措施还不够完善,效果不明显,没有得到及时推广。也有部分原因是一些地方植保服务体系不够健全,害虫预测预报工作比较薄弱,菜农年龄偏大,对害虫、天敌的生物学知识不了解等,使得技术实施不到位、不彻底,很多人还是在不自觉地依赖化学农药。再加上蔬菜产值和收入比较高,对菜农来说也存在用多施农药来保证生产效益的空间,另外,农药使用方法不科学、对农药安全间隔期不重视等叠加原因,最终导致依赖和滥用化学农药的情况发生,形成了农药越用越多,害虫抗药性越来越强,天敌被杀死、环境受污染、农药残留超标等恶性循环。

消费者对蔬菜品质的高要求以及种植户在思想和技术上对农药的依赖性形成尖锐的矛盾是蔬菜害虫防治面临的主要难题。因此,害虫综合治理技术措施的优化完善和及时推广实施、蔬菜从业者知识技能的提升是今后蔬菜高品质生产所面临的重要课题。

三、害虫综合防治的原理与方法

综合防治是依据害虫发生规律与各种环境因子的关系这一生态学原理,协调运用各种适当的防治措施的防治体系。目的是将害虫种群数量持续控制在经济损失允许水平之下,同时力求避免或减少对人类健康和有益生物的危害,以取得最大的经济效益、生态效益和社会效益。综合防治概念的形成与发展经历了一个较长的过程,是伴随着化学农药的兴盛和排斥其他防治方法带来一系列严重后果的基础上逐渐形成和发展起来的,并随着各种新的防治方法的出现而不断得到充实和丰富。

(一)综合防治的基本思想

以生态学原理为基础,把害虫作为其所在生态系统中的一个组分来进行研究和控制。综合防治强调害虫与作物环境是一个整体,害虫只是这个整体中的一个组分。在这个整体中,各种组分存在着相互制约、相互依赖的关系。因此在防治策略上不能把着眼点仅局限在害虫本身,而应考虑整个作物系统,根据系统内各因子间的相互作用,加强或创造对害虫不利,而有利于天敌发挥控制作用的生态条件。

1. 提倡多种防治措施的选择和协调运用

害虫的各种防治方法都有其优缺点,一般使用单一措施不能长期有效地控制危害。综合防治主张选择几种适当的防治措施并加以协调运用,强调优先发挥自然致死因素,如农业防治和生物防治。要尽量协调好化学防治与生物防治措施。

2. 提倡与害虫共存

害虫与人类竞争共同的资源,要彻底根除一种害虫一般难以达成。自然规律要求人类必须容忍少量害虫的存在,最明智的策略就是设法把它们的数量控制在经济损失允许水平以下。另一方面,少量害虫的存在可为天敌提供食料,更有利于发挥自然因素的控害作用。

3. 强调综合效益

强调全盘考虑经济效益、社会效益和生态效益,反对片面追求短期的经济效益。在保证作物不受或少受损失的同时,应力求减少环境污染和作物产品上的农药残留。

(二)综合防治体系的形成和发展

综合防治体系有一个逐步发展、改进的过程,要形成一个较完善的综合防治体系,一般需经过以下几个阶段。

(1)调查蔬菜上害虫的种类和生物群落的组成,确定主要防治对象以及需要保护利用的重要天敌类群；

（2）测定主要防治对象种群密度与危害损失程度的关系，确定科学的、简便易行的防治指标（或经济阈值）；

（3）定量研究主要防治对象和主要天敌的生物学、发生规律、相互作用与各种环境因子之间的关系，明确有害生物种群数量变动的规律，提出控制危害的方法；

（4）在进行单项防治方法试验的基础上，提出综合防治的措施组合，要力求符合“安全、有效、经济、简便”的原则，先进行试验，再示范验证后予以推广。

（三）综合防治的主要方法

害虫防治的方法，按应用技术和作用原理不同，可归纳为植物检疫、农业防治、物理防治、生物防治和化学防治几类。合理运用各种防治措施，落实“预防为主，综合防治”的植保方针，因地制宜，经济、安全、有效地控制害虫的大发生，是综合治理实施的基本思路。

1. 植物检疫

植物检疫是指国家或地方政府依据法规，对植物或植物产品，及其相关的土壤、生物活体、包装材料、容器、填充物、运载工具等进行检验和处理，防止检疫性害虫通过人为传播进境、出境并进一步扩散蔓延的一种保护性植物保护措施。近年来，番茄潜叶蛾在我国部分省份出现危害蔓延的势头，对于尚未发生，或虽有发生但仅局部分布的地区，应当加大植物检疫力度，积极控制其传播蔓延，并做好一旦发生后的防治预案。

2. 农业防治

是指利用农业生产中的各种技术，构建不利于害虫发生危害，而有利于天敌生物发挥控害作用的生态环境。具体措施包括策划作物布局，选用抗害耐害作物品种，调控栽培管理如轮作、深耕晒土、调整播期、清洁田园等。

3. 生物防治

生物防治是利用天敌生物或其代谢物来控制害虫的防治措施。害虫的天敌生物包括寄生性天敌、捕食性天敌和昆虫病原微生物。蔬菜田常见的天敌昆虫有多种卵、幼虫和蛹期寄生蜂、食蚜蝇、瓢虫、小花蝽等捕食性天敌昆虫，蜘蛛也是重要的捕食性天敌生物。昆虫病原细菌应用最广泛的是苏云金杆菌，真菌有白僵菌和绿僵菌，以及虫霉菌等，病毒的专化性强，主要应用的是夜蛾的核型多角体病毒等。害虫生物防治的基本方法包括引进天敌定居，人工大量繁殖和释放以及保护利用。广义的生物防治还包括利用昆虫的性信息素、昆虫辐射不育技术等控制害虫的方法。天敌生物具有对环境无污染，对人类健康安全的特点，天敌昆虫还能主动搜寻害虫，其后代能持续控制害虫发生，不会产生抗性的优点，对于蔬菜植保有重要的作用，要大力提倡保护和利用。

4. 物理防治

物理防治是指利用各种物理因子、人工和器械防治害虫的方法。物理因子包括温度、光、电、放射能、激光等，机械作用包括人工去除、简单的器械装置阻隔等。常见的物理防治措施有防虫网、杀虫灯、色板诱杀、食饵诱杀、高温处理（如高温闷棚）、低温处理等。人工去除对一些害虫也有很好的防治效果，如斜纹夜蛾卵呈块状，初孵幼虫聚集危害，可以人工摘除卵块和初孵幼虫，可有效减轻其危害。

5. 化学防治

化学防治是利用化学药剂防治害虫的技术措施。化学药剂在不同程度上对蔬菜产品和环境存在污染的问题，但是由于其使用方法简便，效率高，见效快，适合大面积应用于各种害虫的防治，特别在害虫大发生时，能及时控制危害。为保障蔬菜高产丰收，化学防治在综合防治中仍占有重要地位。但在使用中，要注意科学应用，加强对症用药，注意轮换用药和防治适期，注意安全间隔期，不使用禁用的高毒农药，不盲目复配混用，不随意提高浓度和剂量，以减轻其负面效应。

四、常见害虫发生危害及防控技术

（一）十字花科蔬菜害虫

十字花科蔬菜种类较多，各地多全年连续种植，因此，十字花科蔬菜主要害虫种类也较多，已知130多种，其中，以啃食植物叶片的鳞翅目害虫和在叶上刺吸汁液并可传播病毒病的蚜虫最为常见。全国各地为害严重的有小菜蛾、菜蚜、菜粉蝶及小地老虎等，南方发生严重的还有菜螟、斜纹夜蛾、甜菜夜蛾、黄曲条跳甲等，潮湿的菜区蜗牛、蛞蝓也可严重发生，在北方则甘蓝夜蛾、地蛆等发生严重。菜蚜的种类在华南以萝卜蚜为主，在长江流域桃蚜和萝卜蚜都比较严重，在北方则桃蚜、萝卜蚜和甘蓝蚜3种混合发生。在主要害虫种类中，小菜蛾和甜菜夜蛾抗药性严重，是防治难度较高的害虫。此外，蔬菜种类和生长季节会影响害虫发生的种类和严重程度，如黄曲条跳甲在青菜、萝卜和白菜上比在甘蓝和花菜上发生得严重，长江流域夏季高温季节斜纹夜蛾和甜菜夜蛾发生较重，而春秋季小菜蛾、菜粉蝶和蚜虫为主要害虫。近年来，入侵性害虫烟粉虱和草地贪夜蛾也在十字花科蔬菜上发现，并且局部造成危害。其他常见的十字花科蔬菜害虫还有银纹夜蛾、红腹灯蛾、棉铃虫、猿叶甲、叶蝉、菜蝽、菜叶蜂、金龟子、短额负蝗等。

1. 小菜蛾（*Plutella xylostella*）

小菜蛾为十字花科蔬菜上最重要的害虫种类之一，属鳞翅目菜蛾科，又称菜蛾、方块蛾，幼虫称小青虫、两头尖、吊丝虫、扭腰虫等。小菜蛾为小型蛾类，小菜蛾一般产卵于叶背靠叶脉处或叶面凹槽处，幼虫取食十字花科蔬菜叶片，初孵化的幼虫蛀入叶肉或叶脉内潜食为害，形成潜道，2龄后从叶内钻出，在叶背取食只留下叶片上表皮，形成许多透明斑，呈玻璃窗状，俗称“开天窗”，以后表皮破裂成孔状。幼虫共4龄，高龄幼虫危害严重时叶片可被吃成网状。幼虫非常活泼，受惊扰后即迅速蠕动后退，吐丝从叶面下垂。一般在叶片或杂草上吐丝做一薄茧，在茧内化蛹。在我国北部和西部以蛹在寄主茎秆及田间残留物上越冬，长江流域及以南无越冬现象。

（1）形态特征

①成虫　体长6～7 mm，翅展12～15 mm，头部黄色，胸腹部灰褐色，前后翅都细长，且缘毛长，静止时两翅覆盖于体背呈屋脊状，缘毛翘起在腹部末端呈鸡尾状。前翅有一条从翅基到外缘三度弯曲的波状带，两翅合拢处呈3个连串的黄褐色菱形斑纹。雄蛾前翅斑纹颜色比雌蛾深。触角伸向前方。

②卵　椭圆形，初产时乳白色，后变淡黄色。

③幼虫　共4龄,体长约9 mm,呈纺锤形,体绿色,头部褐色,前胸背板具淡褐色小点,列成2个"U"字形,腹足及尾足(臀足)均细长,尾足向后伸长超过腹末。

④蛹　外面包在一层丝质网状透明、两端畅开、呈纺锤形的薄茧中,初化蛹时为淡绿色,后渐变淡黄绿色和灰褐色。无臀棘、肛门附近有钩刺3对,腹末有小钩4对。

(2)发生规律　小菜蛾在我国各省区均有分布。年发生代次在东北3~4代,新疆4代,山东、河北5~6代,长江流域9~14代,广东、广西18~21代,台湾18~19代,海南22代。成虫期长,因此有世代重叠现象。北方每年的为害盛期以5~6月为主,其中新疆为害盛期在7~8月,长江流域每年的春末夏初和秋季有两个发生高峰,秋季重于春季,华南地区终年都可发生,每年10月到次年4月是为害高峰期。

(3)控制技术

①农业防治　蔬菜收获后及时清除田间枯、残菜叶,及时翻耕菜地,可降低田间虫口基数。尽量避免小范围内十字花科蔬菜周年连作,可与瓜类、豆类、茄果类等轮作或与大蒜、番茄等间作,增加菜田作物群落的多样性。使用喷灌等灌溉措施均可减轻小菜蛾的发生与为害。

②物理防治　育苗棚使用防虫网阻隔小菜蛾成虫。棚内用黄板与小菜蛾诱芯结合使用诱杀小菜蛾。晚间设置黑光灯诱杀成虫,可减少虫源。

③生物防治　可应用苏云金杆菌乳剂喷施杀虫,不仅可兼治菜青虫等鳞翅目害虫,而且可保护天敌,发挥天敌的控害作用。但要注意小菜蛾常具有抗药性,因此提倡生物农药与化学农药轮用或混用。近年来,种植香雪球、荞麦等蜜源植物可促进对天敌昆虫的保护,对控制小菜蛾有明显效果。

④化学防治　注意对不同类型的农药进行轮换使用可以延缓抗性的产生,尽量使用高效低毒的农药种类。可选用的农药种类有茚虫威、阿维菌素、甲维盐、虫螨腈、多杀霉素等。

2. 菜粉蝶(*Pieris rapae*)

菜粉蝶属鳞翅目粉蝶科,别名菜白蝶、白粉蝶,幼虫称菜青虫、青虫。偏嗜十字花科蔬菜,其中又较喜好甘蓝、花菜、白菜、萝卜等,也可危害十字花科以外的植物,如莴苣、苋菜、板蓝根等。幼虫取食叶片,咬成孔洞和缺刻,严重时能将整株叶片吃光仅留叶脉,幼苗受害严重时则整株死亡,影响植株生长和包心。此外,虫粪污染菜叶,也降低了蔬菜质量,被害的伤口又易诱发软腐病。成虫日出性,早晨露水干后开始活动,晴朗无风天气活动最盛,晚上栖息在生长较密集的植物上。成虫寿命14~30 d,一般羽化后当天即可交尾,产卵前期1~4 d,边飞边产,以上午9:00—10:00和下午3:00—4:00为产卵盛期,常飞到植株上稍停一下就产下1粒卵,随即又飞到另一植株上产卵。卵散产,一般产在叶背。初孵幼虫先吃掉卵壳,再取食叶片,1~3龄取食量占总量的10%,4~5龄为暴食期,取食量占90%。

(1)形态特征

①成虫　体长19 mm,翅展45~65 mm,全体呈黑白两种色,翅基灰黑,前翅尤为明显,雌虫灰黑部分接近全翅的一半,前翅顶角有三角形黑斑,前翅中央的外侧有2个黑色圆斑,一上一下。雄虫前翅白色部分较多,黑斑不显著,往往只见上方1个黑色圆斑。后翅前缘有1个黑斑。

②卵　瓶状或子弹形,顶端稍尖,基部较钝,表面有很多纵列及横列脊纹。初产时乳白

色,后变淡黄色。

③幼虫　共5龄,老熟幼虫体长28~35 mm,全体菜绿色,腹面稍淡,背面满布小黑点,上面密生微毛。背线淡黄色,沿气门线有黄色斑点一列。每体节有5条横皱纹。

④蛹　纺锤形,两端尖细,背部有3个棱角状突起,也有许多黑色小点。

(2)发生规律　菜粉蝶全国省(区)均有分布,南北各地发生均较严重。年发生代数从东北的4~5代至长江流域的7~9代不等,向南至广州可发生12代左右。南方广州等地无越冬现象,其余各地以蛹越冬,在田间十字花科物上也可以老熟幼虫越冬,越冬场所多在为害地附近的屋墙、篱笆、风障、树干或砖石、土缝、杂草间,也可在田间十字花科作物上。因越冬场所不一,次年羽化时间参差不齐,因此世代重叠。越冬蛹的羽化时间,东北为5~6月,华北为4~5月,长江流域为2~4月。

(3)控制技术　参见小菜蛾防治,但菜粉蝶没有性诱剂。

3. 斜纹夜蛾(*Spodoptera litura*)

斜纹夜蛾属鳞翅目夜蛾科。别名莲纹夜蛾、莲纹夜盗蛾、花虫。已知寄主植物达99科290种。一年中,早期主要为害莲藕、芋、蕹菜等,后期主要为害甘蓝、花椰菜、白菜、萝卜等十字花科蔬菜,亦可为害瓜类、豆类、茄果类蔬菜,以及苋菜、韭菜、葱等。幼虫食害叶片、花及果实,严重时可将全田植株吃成光杆,并转移为害。在甘蓝、白菜上常蛀入心叶,造成腐烂和污染,不能形成叶球。成虫昼伏夜出,白天藏在植株茂密的叶丛中,黄昏时飞回开花植物,飞翔力极强,并对光、糖醋液及发酵物质有趋向性。成虫取食后即交配产卵,卵多产在叶背面,每雌平均产卵3~5块,每块有卵100~350粒。幼虫共6龄,初孵幼虫群集咬食叶肉,2龄后逐渐分散,也仅食叶肉,4龄后进入暴食期,食叶成孔洞或缺刻,5~6龄幼虫食量占总食量的96%。幼虫3龄后有避光性,多在傍晚出来寻食,至黎明前又躲回阴暗处活动(阴雨天例外),有假死性。大发生时,幼虫有成群迁移的习性。群体饲养时有互相残杀现象。老熟幼虫在1~3 cm表土内做土室化蛹,或在枯枝残叶下化蛹。

(1)形态特征

①成虫　体长14~20 mm,翅展35~40 mm,体灰褐色,胸部背面有一簇白色绒毛,尾端丛生茶褐色绒毛。前翅灰褐色,斑纹很多。自前缘向后缘外方有3条白色斜纹(雄蛾更明显),后翅灰白。前后翅上常有水红色至紫红色闪光。

②卵　卵粒扁平球形,直径0.4~0.5 mm,初产时黄白色,后变淡绿色,近孵化时呈紫黑色,卵块由三、四层卵粒组成,外覆有黄色绒毛。

③幼虫　共6龄,头部黑褐色,胸腹部颜色变化较大,有土黄色、青黄色、灰褐色或暗绿色,背线橙黄色,亚背线黄色,自中胸至腹部在亚背线内侧有近似半月形或三角形的黑斑一对。其中又以第1、7、8腹节最大。

④蛹　体长15~20 mm,棕褐色,圆筒形。胸部背面及翅上有细横皱纹。腹部背面第4至第7节近前缘处各有一列小刻点。腹部末端具3根短刺,其基部分开。

(2)发生规律　斜纹夜蛾为世界性害虫。全国各地均有发生,以长江流域、华南、西南及华北的河北、河南、山东等省区发生较重,不同年份可间歇性大暴发。每年的7~9月为害最重。年发生代次从华北到华南4~9代不等,长江流域5~6代,世代重叠。华南地区可终年发生。此虫是一种喜温性害虫,抗寒力弱,适宜发生的温度为28~30℃,相对湿度为

75% ~85%，因此长江流域7~9月为盛发期，华北的黄河流域8~9月为盛发期，而华南则4~11月为盛发期，但以7~10月为害最重。

（3）控制技术

①农业防治　清除杂草，结合田间作业可摘除卵块及幼虫扩散为害前的被害叶。

②诱杀成虫　结合防治其他害虫，可采用黑光灯或糖醋液诱杀。斜纹夜蛾性诱剂产品比较成熟，商业化供给程度高，可进行监测和诱杀。

③化学防治　在幼虫没有扩散的3龄前，进行挑治，不必全田喷药，4龄后因幼虫夜出活动，应在傍晚前后用药。药剂种类可参考小菜蛾。

4. 甜菜夜蛾（*Spodoptera exigua*）

甜菜夜蛾属鳞翅目夜蛾科，别名贪夜蛾、菜褐夜蛾、玉米夜蛾。主要为害十字花科的甘蓝、花椰菜、白菜、萝卜等，此外，还为害蕹菜、苋菜、胡萝卜、莴苣、番茄、辣椒、茄子、黄瓜、豇豆等30余种蔬菜，是多食性害虫。幼虫食害叶片，严重时可吃光叶片，仅留叶脉和叶柄，3龄以上的幼虫还可钻食甜椒、番茄果实，造成落果、烂果。成虫白天躲在杂草及植物茎叶的浓荫处，夜间活动，有趋光性。产卵前期3~5 d，卵多产在植株下部叶背面，单层排列为主，少数多层排列、初产卵块上覆盖白色整齐鳞毛，后变浅灰白色，排列散乱。每雌可产100~600粒卵。幼虫共5~6龄，以5龄为主。初孵幼虫在叶背取食，并拉丝结网，咬食叶肉，稍大后即分散；4~5龄幼虫昼伏夜出，食量大增，5~6龄幼虫食量占总食量的90%左右，有假死性，虫口密度过大时，会自相残杀。老熟幼虫入表土内化蛹，深度0.5~3.0 cm，也可在植株基部隐蔽处化蛹。甜菜夜蛾是一种间歇性大发生的害虫。各虫态耐高温能力强，各地一般7~9月是为害盛期。该虫对低温也有一定忍耐能力，如蛹在-12℃下数日仍不死亡，但幼虫2℃下经数日即大量死亡，成虫在0℃下经几小时至几天即死亡。越冬蛹的死亡率是影响春季发生量和限制分布的重要因素。

（1）形态特征

①成虫　体长8~14 mm，翅展19~30 mm。前翅灰褐色，外缘线由一系列黑色三角形小斑组成，前翅中央近前缘外方有一个肾形纹，内方有一个环形纹，肾形纹和环形纹土红色，有黑边。后翅灰白色半透明，翅脉及翅缘黑褐色。

②卵　近圆形，直径0.2~0.3 mm，有放射状纹。初产时白色，渐变成黄绿色，孵化前呈褐色。卵成块产，每块有卵8~100粒不等，卵粒重叠，上覆有雌蛾产卵时遗留的白色绒毛。

③幼虫　5龄，老熟幼虫体长约22 mm，体色变化大，有绿色、暗绿色、黄褐色、褐色等。每一体节的气门后上方各有明显白点。在腹部气门下有明显的黄白色纵线，此线一直达腹部末端，但不到达臀足。

④蛹　体长约10 mm，黄褐色，腹部3~7节背面，5~7节腹面有粗点刻，中胸气门深褐色，显著向外突，位于前胸后缘。臀棘上有刚毛2根，腹面基部亦有刚毛2根。

（2）发生规律　甜菜夜蛾分布较广，华北各地及陕西局部地区为害严重，长江流域、华南、台湾等地为害严重。年发生代次为华北3~4代，长江流域5~6代。各代常重叠发生。在长江以北地区以蛹在土室内越冬，在华南地区无越冬现象，可终年繁殖为害。

（3）控制技术　参见斜纹夜蛾。

5. 甘蓝夜蛾(*Mamestra brassicae*)

甘蓝夜蛾属鳞翅目夜蛾科。别名甘蓝夜盗蛾、夜盗虫。此虫也是多食性害虫,已知寄主作物有甘蓝、白菜、萝卜、油菜、豆类、瓜类、茄果类、甜菜等45科100余种。幼虫食害叶片,严重时仅留叶柄,并能钻入叶球为害和污染蔬菜,亦可取食豌豆嫩荚及胡萝卜的根茎。成虫白天隐蔽,夜间活动,从黄昏至整个上半夜是成虫活动、取食、产卵的高峰期。成虫有趋光性,对糖、蜜气味有较强的趋化性。成虫寿命5~10 d。卵成块产,一般产于作物植株中、下部叶片的反面,但在甘蓝、大白菜等结球蔬菜上,卵一般产于外层未包裹的老叶反面。每雌可产4~5块,一生产卵600~800粒。卵期4~5 d。幼虫共6龄,初孵幼虫在卵块附近群集取食,2~3龄后渐分散。昼夜食叶成小孔,4龄后昼伏夜出,食量剧增;6龄幼虫食量占总食量的80%,食叶成孔洞、缺刻或仅留叶柄,末龄幼虫体长24~38 mm。

(1)形态特征

①成虫　体长15~25 mm,翅展30~50 mm。体灰褐色,前翅从前缘向后缘有较多不规则的黑色曲纹,亚外缘线白色,肾形纹和环形纹明显,肾形纹外缘白色,环形纹下方有一个楔形纹。后翅灰白色。

②卵　半球形,底径0.6~0.7 mm,顶部有一棕色乳突,表面具有放射状纵脊,棱脊间有一系列横带隔成许多方格。初产时黄白色,孵化前紫黑色。

③幼虫　体色多变,1~2龄时2对腹足,3龄时4对腹足。体背各节具有一对倒"八"字纹,气门线和气门下线形成明显的灰黄色带,直达臀足上,老熟时体长约50 mm。

④蛹　体长约20 mm,体褐色,臀棘末端生2根长刺,端部膨大。

(2)发生规律　在国内各省(区)均有发生,以东北、新疆、西藏、内蒙古、华北、西北等地为害较重,在其他各省区间歇、局部发生。年发生代次为西藏日喀则地区1代,黑龙江2代,内蒙古、华北2~3代,陕西及四川、重庆4代。各地以蛹在7~10 cm土中越冬,有明显的滞育现象。越冬蛹一般在次年气温回升到15℃以上时羽化出土。越冬代成虫3~6月出现,发生期由北向南逐渐提早,西藏日喀则6月中旬至7月中旬为成虫盛期。越冬代发生期较长。发育的适宜温度为18~25℃。在北方,春秋季雨水较多的年份发生为害重,且具间歇性和局部成灾的特点,春秋两季是一年中的两次发生高峰期。

(3)控制技术　生物防治可以释放赤眼蜂,每亩设放蜂点6~8个,每次每点2 000~3 000头蜂,每5~7 d放蜂1次,连续释放2~3次。其他防治措施参见斜纹夜蛾。

6. 菜蚜

为害十字花科的蚜虫(常统称菜蚜)有萝卜蚜(*Lipaphis erysimi*)、桃蚜(*Myzus persicae*)、甘蓝蚜(*Brevicoryne brassicae*),均属半翅目蚜科,为世界性害虫,既可直接为害蔬菜,又可传播病毒。已知萝卜蚜寄主50多种,主要为害十字花科蔬菜,偏嗜萝卜、白菜等叶面有毛品种。桃蚜寄主352种,可为害多科多种蔬菜,常与萝卜蚜和甘蓝蚜混合发生。甘蓝蚜寄主50多种,主要为害十字花科蔬菜,偏嗜甘蓝、花椰菜等叶面无毛品种。菜蚜以成蚜和若蚜在菜叶背面或嫩梢上刺吸汁液为害,造成幼叶畸形卷缩、植株生长不良,影响包心或结实。留种菜被害后不能正常抽薹、开花和结实,同时还能传播病毒病,可能造成更大的为害。

(1)形态特征　见表8-1。

表8－1　3种菜蚜形态特征比较

	桃蚜	萝卜蚜	甘蓝蚜
有翅胎生雌成蚜	体长约2 mm,头部及胸部黑色,腹部淡暗绿色,背面有淡黑色的斑纹。但在低温季节体色多为樱红色至红褐色。复眼赤褐色,触角仅在第3节上有9～17个排成一列的感觉圈,额瘤十分显著,向内侧倾斜,腹管绿色,很长,是尾片的2.3倍左右。尾片两侧具3对侧毛	体长1.6～1.8 mm,头部及胸部黑色,腹部黄绿色至绿色,第1、2节背面及腹管后各节有2条淡黑色横带,腹管前各节两侧有黑斑,有时身体上覆有稀少的白色蜡粉。复眼赤褐色,触角第3、4节淡黑色,第3节感觉圈有16～26个,排列不规则;第4节感觉圈有2～6个,排一行;第5节有感觉圈0～2个。腹管暗绿色,顶端收缩,长是尾片的1.7倍。尾片有长毛4～6根	体长约2.2 mm,头胸部黑色,腹部黄绿色,有数条不明显的暗绿色横带,两侧各有5个黑点,全身覆有明显的白色蜡粉,无额瘤。复眼赤褐色,触角第3节有37～40个排列不规则的感觉圈,腹管很短,远比触角第5节短,中部稍膨大。尾片短,圆锥形,基部稍凹陷,两侧有2～3根长毛
无翅胎生雌成蚜	体长约2 mm,长卵形,体绿色、黄绿色、樱红色、红褐色等,低温下颜色深,触角第3节无感觉圈,额瘤和腹管特征同有翅蚜	体长约1.8 mm,卵形,黄绿色稍覆有白色蜡粉。触角第3、4节无感觉圈,第5、6节各有1个感觉圈。胸部各节中央有一黑色横纹,并散生小黑点。腹管和尾片特征同有翅蚜	体长约2.5 mm,暗绿色,有明显的白色蜡粉。复眼黑色,触角第3节无感觉圈,无额瘤。腹管和尾片特征同有翅蚜
若蚜	体型、体色与无翅成蚜相似,但个体较小,尾片较不明显,共4龄。有翅若蚜3龄起翅芽明显,且体型较无翅若蚜略显瘦长	体型、体色似无翅成蚜,但个体较小,共4龄。有翅若蚜3龄起翅芽明显,且体型较无翅若蚜略显瘦长	体型、体色似无翅成蚜,但个体较小,共4龄。有翅若蚜3龄起翅芽明显,且体型较无翅若蚜略显瘦长

(2)发生规律　桃蚜和萝卜蚜年发生代次在华北10～20多代、长江流域30代左右,华南则可发生40多代,世代严重重叠。在北方地区以卵越冬,在长江流域及其以南地区或北方加温温室中,终年营孤雌胎生繁殖,无明显越冬现象。在北方和长江流域每年的春秋两季是发生高峰,且2种蚜虫常混合发生,其中秋季发生要比春季重,华南地区除5～7月外,发生都较重。甘蓝蚜年发生代次为新疆、东北等地8～9代,北京、内蒙古等地10余代。以卵越冬,在温暖地区也可终年营孤雌生殖。在北京郊区,5月中旬至6月中旬是全年的发生高峰期,但明显比桃蚜、萝卜蚜的数量要低。在新疆地区,6～7月的早甘蓝和7～8月的晚甘蓝受害均较重。

(3)控制技术

①农业防治　长江流域夏季可不种或少种十字花科蔬菜,以切断或减少秋菜的蚜源和毒源。

②银灰色薄膜避蚜　苗床四周铺 17 cm 宽银灰色薄膜、苗床上方每隔 60 ~ 100 cm 挂 3 ~ 6 cm 宽银灰色薄膜避蚜防毒。

③黄板诱蚜　春秋季育苗棚也可悬挂黄板诱杀有翅蚜,高约 60 cm,每 10 m^2 挂一张黄板。

④生物防治　保护地在蚜虫发生初期释放烟蚜茧蜂、食蚜蝇等天敌。在作物地边种蜜源植物助增天敌控害作用。

⑤化学防治　使用高效低毒的农药种类。可选用的农药种类有高效氯氰菊酯、吡虫啉、苦参碱、啶虫脒等。

7. 黄曲条跳甲(*Phyllotreta striolata*)

属鞘翅目叶甲科。别名黄条跳蚤、菜蚤子、土跳蚤等。主要为害十字花科的萝卜、白菜、甘蓝、花椰菜、油菜及芥菜等,还可为害茄果类、瓜类、豆类及禾谷类作物。成虫常咬食叶面成许多小孔,以幼苗期受害最重,刚出土的幼苗、子叶被吃后,可整株死亡,造成缺苗断垄。在留种地主要为害花蕾和嫩荚。幼虫只为害菜根,常将菜根表皮蛀成许多弯曲的虫道,咬断须根,使植株萎蔫而死,同时还传播软腐病。成虫有趋光性,对黑光灯敏感,对黄色也有较强的趋性。成虫寿命长,平均 50 d,有的可长达 1 年多,产卵期可延续 1 ~ 1.5 个月,因此世代重叠。卵散产于植株周围湿润的土隙中或细根上,深度在土下 2 ~ 5 cm 处,也可在植株基部咬一小孔产卵于内。喜栖息在湿润环境中,常在两叶交接处、菜心内或贴地菜叶背面取食,耐饥力差。平均每雌可产卵 200 粒,卵孵化要求较高湿度。幼虫共 3 龄,栖息土中剥食根皮。初孵幼虫先啃食表皮,3 龄后多蛀入皮层内为害形成虫道,只为害主根和大的侧根。幼虫老熟后多在 3 ~ 7 cm 深的土中作土室化蛹。

(1)形态特征

①成虫　体长 1.8 ~ 2.4 mm,黑褐色,有光泽。体呈椭圆形,后足腿节特别膨大,适于跳跃,前胸背板和鞘翅密布纵行刻点,鞘翅中央具有一黄色曲条,条纹的两端较宽,中段较狭,其外侧中部凹曲颇深,而内侧中部直形。

②卵　长约 0.3 mm,椭圆形,淡黄色,半透明。

③幼虫　老熟幼虫体长 4 mm,体呈圆筒形,尾端瘦细,黄白或黄褐色,各节具瘤状突起,其上着生一短毛。

④蛹　长约 2 mm,椭圆形,乳白色,头部隐于前胸下面,翅芽和足达第 5 腹节,胸部背面有稀疏的褐色刚毛。腹末有一对叉状突起。

(2)发生规律　世界性害虫。国内除新疆、西藏、青海无报道外,其余各地均有分布。年发生代次为东北 2 ~ 3 代,华北 4 ~ 5 代,华东 4 ~ 6 代,华中 5 ~ 7 代,华南 7 ~ 8 代。以未性成熟的成虫在地面的菜叶下浅土层内或残株落叶、杂草和土缝中越冬。向阳处居多,无滞育现象。长江以南至南岭以北地区,冬季天暖时,越冬成虫仍可外出活动取食。华南地区无越冬现象。春季温度回升到 10℃左右时,成虫开始活动取食,15℃时食量渐增。成虫活泼善跳跃,但很少飞翔。春秋季早晚或阴天躲在叶背或土块下,在中午前后,活动最盛,夏秋季多在早晨和傍晚活动，喜为害深绿色的小白菜类蔬菜。黄曲条跳甲发生与环境关系密切，喜高湿环境，最适温度为 21 ~ 27℃。各地发生均以春秋两季为主，南方春季湿度高，受害较北方严重，北方秋季重于春季。

(3)控制技术

①农业防治　清除菜地残株落叶，铲除杂草，播种前深耕翻土，都有利于消灭越冬虫源和起到灭蛹作用。移栽时选用无土苗，如发现根部有虫，可用 90% 晶体敌百虫 1 000 倍液浸根。

②物理诱杀　可以用黄板或黑光灯诱杀，起到一定防效。

③生物防治　用昆虫病原线虫小卷蛾斯氏线虫每亩一亿尾施用 3 次，防效 75% 以上。

④化学防治　可以用敌敌畏、马拉硫磷、溴氰菊酯、溴虫氰苯双酰胺等防治。

(二)葫芦科蔬菜害虫

葫芦科蔬菜指各种瓜类蔬菜，害虫种类也很多，苗期主要有小地老虎、黄守瓜及蛞蝓、蜗牛等，可咬断幼苗、食害子叶。在生长期中主要有瓜蚜、红蜘蛛、温室白粉虱、瓜蓟马等在嫩头及叶背吸食汁液，瓜绢螟咬食叶片，瓜实蝇蛀食幼瓜，严重影响瓜果产量和品质。主要害虫的组成南北菜区有异，瓜蚜、红蜘蛛在全国各地均发生为害，但北方受害更重。黄守瓜也普遍发生，但在南方危害较重。温室白粉虱是北方温室内的主要害虫。瓜绢螟、瓜蓟马、瓜实蝇主要在长江流域及以南地方发生为害。

1. 瓜蚜(*Aphis gossypii*)

属半翅目蚜科，别名棉蚜、油虫、腻虫、蜜虫。主要为害黄瓜、南瓜、西葫芦、西瓜等葫芦科蔬菜，以及茄科、豆科、菊科等蔬菜。成蚜及若蚜在叶背和嫩茎上吸食作物汁液。幼苗嫩叶及生长点被害后，叶片卷缩，瓜苗萎蔫，甚至整株枯死。老叶受害，提前脱落，缩短结瓜期，造成减产，此外还能传播病毒病。

(1)形态特征

①有翅胎生雌蚜　体长 1.2 ~ 1.9 mm，体黄色至深绿色。前胸背板黑色，且前后各有一条灰色带。夏季虫体腹部多为淡黄色，春秋多为蓝黑色，腹部两侧有 3 对或 4 对黑斑，腹部背面时有间断的黑色横带 2 ~ 3 条。触角 6 节，第 3 节有感觉圈 4 ~ 10 个，一般为 6 ~ 7 个，几乎排一行，第 4 节有感觉圈 0 ~ 2 个，第 5 节近端部有一个感觉圈。腹管圆筒形，黑色，表面具瓦纹。尾片圆锥形，近中部收缩，具刚毛 4 ~ 7 根。

②无翅胎生雌蚜　体长 1.5 ~ 1.9 mm，夏季体黄绿色，春秋季为墨绿色至蓝黑色，体背有斑纹，全身被有蜡粉。触角 6 节，第 3、4 节无感觉圈，第 5 节近端部有一个感觉圈。腹管长圆筒形，具瓦纹，尾片同有翅胎生雌蚜。

③卵　椭圆形，长 0.5 ~ 0.7 mm，初产时橙黄色，后变漆黑色，有光泽。

④若蚜　共 4 龄，末龄若蚜体长 1.6 mm 左右，无翅若蚜夏季体黄色或黄绿色，春秋季为蓝灰色，复眼红色。有翅若蚜在第 3 龄后可见翅芽 2 对，翅芽后半部为灰黄色，夏季体淡黄色，春秋季为灰黄色，形同无翅若蚜。

(2)发生规律　全国各地都有分布，辽河流域、华北地区发生重，长江流域次之，干旱年份在华南也可造成为害。年发生代次为华北地区 10 ~ 20 多代，长江流域 20 ~ 30 代，只要生长条件适宜,无论南北方均可周年孤雌胎生繁殖。因此,华南地区终年不经过有性世代。在华北及长江流域,冬季可在加热温室、大棚的瓜类上继续无性繁殖。但在华北和长江流域的露地一般以卵越冬,在越冬寄主上繁殖2~3代后,产生有翅胎生雌蚜,约于4~5月间迁飞到瓜地或其他夏寄主上,在夏寄主上不断地繁殖、扩散为害。秋末冬初又产生有翅蚜迁回到越冬寄主上。瓜蚜对黄色有较强的趋性,对银灰色有忌避习性,且具较强的迁飞和扩散能力,在寄主营养条件恶化时则产生大量有翅蚜转移寄主,并迅速扩散。瓜蚜在10~30℃范围内均可发育、繁殖,其中16~22℃是其繁殖的最适温度。在适宜的条件下,雌蚜产仔期有10余天,平均可产仔60~70头。高温高湿对其繁殖不利,故在夏季高温多雨季节,其数量明显下降。瓜蚜对瓜类作物的为害主要在春末夏初,这时正值大田瓜类的苗期,受害最重。秋季一般轻于春季,干旱年份、邻近虫源及窝风地块和温室大棚等条件下发生为害较重。

(3)控制技术　参考菜蚜防治措施。

2. 黄守瓜:黄足亚种(*Aulacophora femoralis chinensis*)

属鞘翅目叶甲科,别名瓜守、黄虫、瓜叶虫、黄莹等。主要为害葫芦科的菜瓜、黄瓜、南瓜、丝瓜、西瓜、甜瓜等,还可食害十字花科、茄科、豆科等蔬菜。成虫早期取食瓜类幼苗和嫩茎,常引起死苗,然后又为害瓜花及幼瓜。幼虫主要在土中咬食根苗,导致瓜苗整株枯死,还可蛀入接近地面的瓜果内为害,引起腐烂,影响瓜果的品质和产量。成虫喜阳光,晴天上午8:00—10:00和下午3:00—5:00活动最盛,阴雨天活动迟钝。成虫飞翔力强,有假死性和趋黄性。成虫取食瓜叶时,常以身体作半径旋转咬食一圈,然后在圈内取食,在叶片上留下环形食痕或孔洞。雌虫一生可交配多次,每雌产卵150~2 000粒不等,卵大多成堆或散产于寄主根际附近湿润的土表凹陷处。初孵幼虫很快即潜入土内为害细根。老熟幼虫在被害根际附近筑土室化蛹。

(1)形态特征

①成虫　体长8~9 mm,椭圆形,除复眼、上唇、后胸腹面、腹部腹面等处为黑色外,其他各部都是橙黄色。前胸背板中央有一横凹沟。鞘翅上密布刻点。雌虫腹部末节腹面呈"V"形凹陷。雄虫腹部末节则为一匙形构造。

②卵　长约0.7 mm,近球形,淡黄色,表面密布六角形细纹。

③幼虫　共3龄。体细长,呈圆筒形。老熟幼虫体长12 mm,头部褐色,胸部微黄,各节有小黑点,尾端臀板腹面有肉质突起。

④蛹　长约9 mm,纺锤形,乳白色,头顶、腹部及尾端有粗短翅。

(2)发生规律　黄守瓜黄足亚种全国均有分布。年发生代次为北方1代,长江流域以1代为主、部分2代,长江流域以南2代,华南2~3代,台湾3~4代。各地冬季均以成虫在背风向阳的杂草根际、土缝间休眠越冬。无滞育现象。翌年春季当土温达6℃时,越冬成虫开始活动。黄守瓜喜温好湿,成虫耐热性强,抗寒力差。在冬季严寒、年温差大的北方地区不能安全越冬或因春季低温冻死出蛰的成虫,故发生为害较轻,越往南方发生为害越重。此外,黄守瓜的卵、幼虫、蛹都是在土中度过的,故土质也与该虫发生有关,一般在保水强的壤土和黏土里卵孵化率较高,并便于做蛹室和成虫羽化出土,而沙土则不利。

(3)控制技术

①农业防治　温床育苗可提早移栽,待成虫活动为害时瓜苗已长大,可减轻为害,瓜类作物适当间作芹菜、甘蓝及莴苣等也可减轻为害。此外,可采用地膜栽培或在瓜苗周围撒草木灰、烟草粉、糠秕、木屑等,可防治成虫产卵。

②化学防治　应注意瓜类幼苗期防成虫为害和产卵。苗期毒杀成虫可选用氰戊菊酯、噻虫嗪、敌百虫或溴氰虫酰胺等喷雾。防治幼虫可用敌百虫晶体或辛硫磷灌根。

3. 瓜绢螟(*Diaphania indica*)

属鳞翅目螟蛾科,别名瓜螟、瓜野螟。主要为害葫芦科各种瓜类及番茄、茄子等蔬菜。低龄幼虫在瓜类的叶背取食叶肉,使叶片呈灰白斑,3 龄后吐丝将叶或嫩梢缀合,匿居其中取食,使叶片穿孔或缺刻,严重时仅剩叶脉,直至蛀入果实和茎蔓为害,严重影响瓜果产量和质量。成虫昼伏夜出,趋光性弱。卵主要产在叶背,散产或几粒至十几粒左右堆集在一起。卵大多在夜间孵化,初孵幼虫有分散或群集习性,幼虫遇惊动有吐丝下垂转移他处的习性。1 ~3 龄幼虫食量小,耐药性弱;4 ~5 龄食量大,占幼虫期总食量的 95% ,耐药性也明显增强。

(1)形态特征

①成虫　体长 11 ~12 mm,翅展 22 ~25 mm。头胸部黑褐色,腹部各节白色(除第 5、6 节外)。前翅外缘、前缘及后翅外缘呈黑褐色宽带,翅面白色略透明,有闪光。翅展开时,翅面与腹部 1 ~4 节组成近似的等边三角形。腹末有一丛黄黑色相间的茸毛,雄蛾茸毛黑色部分多,雌蛾黑色部分少。

②卵　扁椭圆形或不规格,深黄色,有网状纹。

③幼虫　共 5 龄。老熟幼虫体长 26 mm 左右,头和前胸背板淡褐色,其余草绿色且有白色的亚背线。亚背线化蛹前消失,气门黑色。

④蛹　长约 15 mm,体色由淡绿色转为深绿色,头部光滑尖瘦,外被薄茧。

(2)发生规律　国内分布于华东、华中、华南和西南各省。在广西梧州和广州 4 ~12 月均可发生,年发生 5 ~6 代,多以蛹或老熟幼虫在枯叶蛹室内越冬。在杭州每年大田的发生时间为 5 ~11 月,年发生 4 ~6 代,世代严重重叠。老熟幼虫可在植株卷叶或土表枯叶下作白色薄茧化蛹,但在有支架的作物中,大部分在做架竹竿顶节内或瓜架的草索中化蛹。瓜螟是一种适应高温的害虫,在广州和杭州,8 ~9 月都是盛发期。

(3)控制技术　瓜类作物对瓜螟为害有一定的补偿能力,在平均每叶幼虫密度低于 0. 1 头时,一般瓜果产量不受影响。在杭州每年 8 ~10 月当日均温在 17 ~28℃之间时,田间卵被寄生率常在 60% 以上,高时可连续 10 d 接近 100% ,对瓜螟的发生有明显的控制作用。因此,在防治中要特别注意保护和利用自然天敌,注意发挥作物对虫害的补偿作用。

①农业防治　清洁田园,瓜果采收后将枯藤落叶收集沤埋处理或烧毁,可压低下代或越冬虫口基数。

②人工摘除　卷叶或幼虫群集的叶片,集中处理。

③生物防治　当均温在 17 ~28℃之间时,要注意检查卵寄生率,当卵寄生率在 60% 以上时,要避免施用化学杀虫剂。也可人工释放螟黄赤眼蜂进行防治。

④ 药剂防治　在 1 ~3 龄幼虫盛发期时使用药剂防治。可选用马拉硫磷、茚虫威或溴

氰虫酰胺等喷雾。

4. 瓜蓟马(*Thrips palmi*)

属缨翅目蓟马科,别名瓜亮蓟马、节瓜蓟马、棕黄蓟马。主要为害节瓜、冬瓜、苦瓜、西瓜、番茄、茄子、菠菜和豆类等。成虫、若虫锉吸心叶、嫩芽汁液,被害株生长点萎缩、变黑而出现丛生现象,心叶不能展开。幼瓜受害出现畸形,毛茸变黑,严重时造成落瓜。成瓜受害后瓜皮粗糙有斑迹,极少茸毛,或带有褐色波纹,或瓜皮长满锈皮。成虫具有迁飞和喜嫩绿习性,迁飞多在晚间和上午。成虫爬行敏捷、善跳,怕光,当阳光强时则隐蔽于植株的生长点及幼瓜的茸毛内,成虫期 7 ~ 10 d,卵多散产于寄主的生长点、嫩叶、幼瓜表皮下及苗上的叶肉组织内,每雌产卵 50 ~ 200 粒,还具产雄孤雌生殖能力。两性生殖与孤雌生殖在产卵量、寿命等方面均接近。卵孵化时间一般在上午露水干后开始,傍晚时最多,若虫孵化后 2 ~ 3 min 即可活动取食,且初孵若虫有群集性。1 ~ 2 龄若虫多在植株上部嫩叶或幼瓜的毛丛中活动和取食,少数在叶背为害。2 龄末期若虫有自然落地习性,从裂缝中钻入土中,深度在土下 3 ~ 5 cm 处静伏后蜕皮成为前蛹,数日后再次蜕皮成为伪蛹。

(1)形态特征

①成虫　雌成虫体长 1.0 ~ 1.1 mm,雄成虫略小。体黄色,前胸后缘有缘鬃 6 根。翅细长透明,周缘有许多细长毛。前翅上脉基鬃 7 条,中部至端部 3 条,第 8 腹节后缘栉毛完整。

②卵　长椭圆形,长 0.2 mm,淡黄色。

③若虫　体白色或淡黄色,1 ~ 2 龄时缺单眼和翅芽,第 4 节触角异常膨大并前伸,行动活泼;3 龄后触角向两侧弯曲,鞘状翅芽伸达第 3、4 腹节;4 龄若虫称“伪蛹”,触角折于头背上,胸比腹长,翅芽伸达腹部近末端。

(2)发生规律　国内分布于长江流域、华南及台湾省。在广州一年发生 20 ~ 21 代,世代重叠严重、多以成虫在茄科、豆科、杂草上,或在土块、土缝下、枯枝落叶间越冬,少数以若虫越冬。翌春气温回升到 12℃时,越冬成虫开始活动、取食和繁殖。以秋瓜受害最重。秋瓜收获后成虫逐渐向越冬寄主转移。较耐高温,因此各地在夏、秋两季发生较重。

(3)控制技术

①农业防治　清除瓜田杂草,加强水肥管理,使植株生长旺盛,可减轻为害。此外,春瓜适期早播、采用地膜覆盖等栽培技术,以及选择远离虫源田块种植等措施都可避免或少受害。

②物理防治　使用能够反射紫外线的棚膜(紫外线阻断膜)可以遮蔽瓜蓟马的寄主定位信号,减少其向作物上迁移。棚内在植株上方或地面用蓝板诱杀。

③生物防治　可通过人工释放小花蝽、中华微刺盲蝽等天敌昆虫,施用斯氏线虫、异小杆线虫、白僵菌、绿僵菌等生物农药进行防治。每平方米 0.75 头中华微刺盲蝽及每叶 1 头小花蝽的释放密度能够很好地抑制瓜蓟马的密度。

④药剂防治　于瓜苗 2 ~ 3 片真叶期开始经常检查,当每顶梢有 2 ~ 3 头蓟马时应施药防治。可选用药剂有吡虫啉、阿维菌素、甲维盐、噻虫嗪、啶虫脒等。

5. 瓜实蝇(*Dacus cucurbitae*)

属双翅目实蝇科。别名瓜小实蝇、黄蜂子、针蜂、瓜蛆等。主要为害冬瓜、南瓜、黄瓜、苦瓜、节瓜、丝瓜、笋瓜等。幼虫在瓜内蛀食为害，受害瓜先局部变黄，而后全瓜腐烂变臭，造成大量落瓜，即使受害瓜不腐烂，也因被害处畸形下陷、果皮硬实，影响品质。此外，雌虫将产卵管插入果实表皮内产卵，亦影响瓜果质量。成虫具日出性，飞翔敏捷，但中午炎热时，常静伏于瓜棚或叶背等阴凉处；傍晚以后停息叶背，不活动，对糖、酒、醋及芳香物质有趋性。成虫寿命长，羽化后需要补充营养始行产卵，成虫以产卵管刺入幼瓜表皮产卵，每次产几粒至10余粒，每雌产卵10粒至100余粒。幼虫孵化后在瓜内取食，老熟后即钻出烂瓜弹跳入土2～5 cm处化蛹。

(1)形态特征

①成虫　体长9 mm，翅展18 mm。黄褐色，体形似蜂。前胸左右侧及中后胸有黄色纵带纹；翅膜质透明，杂有暗褐色斑纹；腹部第1、2节背板全为淡黄色或棕色，无黑色斑带，腹部第3节基部有一黑色的狭带，第4节起有黑色纵带纹。足腿节具有一个不完整的棕色环纹。

②卵　细长形，一端稍尖，长约0.8 mm，乳白色。

③幼虫　成长幼虫体长9.5～10.5 mm，咀状，乳白色，具有明显的黑色口钩。体躯第1节背面两侧各生颗粒状突起1个，尾端背面有相连的颗粒状突起2个，腹面1个。

④蛹　圆筒形，长约5 mm，黄褐色。

(2)发生规律　国内主要分布于华东、华南以及四川、湖南等省。在广州一年发生8代左右，成虫在杂草、蕉树上越冬，但冬季晴朗天气仍可见成虫活动。翌春4月间越冬成虫开始活动，5～6月数量逐渐增多。6～9月为发生为害盛期。

(3)控制技术

①农业防治　在为害严重地区，将幼瓜套纸袋，最好在瓜果刚谢花、花瓣萎缩时进行套袋，或用草覆盖，可避开成虫产卵。如田间发现被害瓜，应及时摘除，集中处理；如发现脱落的烂瓜落瓜，则应在附近喷药或将其深埋，以防蛹羽化。

②诱杀成虫　可用黄粘板做成纸筒诱杀成虫，每667 m^2 放置15～20片。也可用香蕉皮或菠萝皮等能发生甜、酸味的物质与90%敌百虫晶体、香精再加水调成糊状毒饵，直接涂在瓜棚篱竹上或盛在竹筒内挂于棚下，每667 m^2 设20个点，每点放25 g。

③药剂防治　在成虫盛发期，可选用溴氰菊酯、阿维菌素、多杀菌素及氟虫腈等药剂防治。

(三)茄果类蔬菜害虫

茄科蔬菜害虫危害严重的有10多种，按为害方式可分为咬食幼苗的小地老虎，在叶和嫩茎上吸食汁液的茶黄螨、红蜘蛛、瓜蓟马、桃蚜、粉虱，咬食叶片的马铃薯瓢虫、茄二十八星瓢虫，蛀食花蕾和果实的棉铃虫、烟青虫、茄黄斑螟等。在番茄、辣椒(包括甜椒)上，全国性主要蛀食性害虫分别是棉铃虫和烟青虫；取食汁液的主要害虫是烟粉虱，蚜虫的为害常不严重，但都可传播病毒病，可严重危害；茶黄螨、红蜘蛛是重要刺吸害虫，也可传毒为害；在南方，瓜蓟马可严重为害；在北方温室中，温室白粉虱也可为害严重。在茄子上，红蜘蛛、蓟马、粉虱普遍为害严重。南方的主要害虫还有茄黄斑螟、茄二十八星瓢虫、瓜蓟马等；北方的主要害虫还有茶黄螨、马铃薯瓢虫等；另外，桃蚜在各地常可严重为害。

(四)豆科重要害虫

豆科蔬菜害虫主要有为害幼苗的小地老虎、蛴螬,蛀食花荚和豆粒的豆野螟、豆荚螟、豌豆象、蚕豆象、大豆食心虫,在叶背和嫩头上刺吸汁液的红蜘蛛、豌豆蚜、大豆蚜、粉虱,咬食叶片的苜蓿夜蛾、银纹夜蛾、豆小卷叶蛾、豆天蛾,潜食叶肉的豌豆潜叶蝇等。危害最重、防治难度最大的是蛀食性害虫,其次是刺吸式害虫。在上述主要害虫中,一些种类食性单一,只为害一种豆科蔬菜,如豌豆象只为害豌豆,蚕豆象只为害蚕豆,但多数种类可为害多种豆科植物甚至多科植物。尽管如此,一种蔬菜上的主要害虫种类组成仍较为集中,并随地区不同而有差异。例如在菜豆和豇豆上,南方的主要害虫是豆大蓟马、豆野螟和红蜘蛛,其次是蚜虫,北方主要是红蜘蛛和蚜虫,其次是豆野螟。

主要参考文献

[1] 陈志杰,张淑莲,权清转,等. 摘花与套袋防治黄瓜灰霉病效果研究[J]. 中国生态农业学报,13(2):65－67.

[2] 宋英,张国芹,刘凤军. 不同黄瓜品种对枯萎病、白粉病及霜霉病的抗性鉴定[J]. 江苏农业科学 2012,40(7):121－122.

[3] 席亚东,刘波微,孙常伟,等. 不同黄瓜品种(材料)抗白粉病性研究[J]. 西南农业学报,2009,22(6):1605－1609.

[4] 陈钰辉,刘富中,连勇. 蔬菜枯萎病研究进展[C]. 中国茄子大会暨学术研讨会论文集.《中国蔬菜》编辑部,2008:92－97.

[5] 易图永,谢丙炎,张宝玺,等. 辣椒疫病防治研究进展[J]. 中国蔬菜,2002(4):52－55.

[6] 易图永. 蔬菜炭疽病[J]. 湖南农业,2015,445(1):12－13,21.

[7] 陈志杰,张锋,张淑莲,等. 陕西温室黄瓜根腐病及流行因素研究[J]. 中国生态农业学报,2009,17(4):699－703.

[8] 陈志杰,张淑莲,张锋,等. 温室黄瓜病虫害化学防治现状及其无公害防治对策[J]. 中国生态农业学报,2006,14(2):141－143.

[9] 李焕玲. 蔬菜四种细菌性新病害病原菌的鉴定研究[D]. 北京:中国农业科学院,2013.

[10] 李艳,李建权,李华,等. 蔬菜病毒病识别与综合防治[J]. 西北园艺(蔬菜),2015(3):46－47.

[11] 陈志杰,张锋,梁银丽,等. 陕西设施蔬菜根结线虫病流行因素与控制对策[J]. 西北农业学报,2004 (3):32－37.

[12] 陈志杰,罗广琪,张淑莲,等. 陕西设施蔬菜根结线虫病发生现状及环境友好性防治技术研究[J]. 陕西农业科学,2006(6):69－91.

[13] 王春斌. 茄果类蔬菜常见生理性病害防治技术[J]. 现代农村科技,2015(24):26－27.

[14] 刘峰. 蔬菜生理性病害的识别与防治[J]. 上海蔬菜,2015(3):55－56.

[15] 洪晓月. 农业昆虫学[M]. 3 版. 北京:中国农业出版社, 2017.

[16] 叶恭银. 植物保护学[M]. 杭州: 浙江大学出版社,2006.

[17] 刘树生. 蔬菜病虫草害防治手册[M]. 北京:中国农业出版社,1995.
[18] Liu Yin - Quan. Conservation biological control and IPM practices in Brassica vegetable crops in China[J]. Biological Control, 2014, 68(1):37 - 46
[19] 陈学新. 害虫天敌的植物支持系统[J]. 应用昆虫学报,2014,51(1): 1 - 12
[20] 张桂芬. 新发重大农业入侵害虫番茄潜叶蛾的发生为害与防控对策[J]. 植物保护,2022,48(4):51 - 58.

第九章　蔬菜种植机械

第一节　耕地整理机械

蔬菜耕地整理主要包括前茬清理、基肥撒施、耕翻、起垄、铺管、覆膜等作业环节，不仅要保持合理的耕层土壤结构，而且对土壤的碎土率、耕深稳定性、垄体表面平整度和直线度等作业指标提出了较高的要求。耕地整理的标准化是后续直播、移栽、田间管理和收获机械化作业的基础，是蔬菜生产全程机械化十分重要的环节。随着生产经营规模化、农艺技术规范化、机械作业全程化、农业装备智能化，蔬菜耕整地机械化发展方向是垄距系列化、土壤深耕化、耕作精细化、作业复式化、作业自动化和操作舒适化。

一、清茬机械

(一) 灭茬机

灭茬还田技术即利用根茬粉碎还田机具，将收割后遗留在土壤中的作物根茬粉碎后直接均匀地混拌于 8 ~ 10 cm 深的耕层中，实现清茬。较为常用的是旋耕灭茬机，专用于配后动力输出拖拉机的一种集旋耕和灭茬为一体的机械。从结构上大致可分为反转灭茬型和双轴灭茬型 2 类。反转灭茬机(图 9 - 1A)的动力由中间齿轮箱变速传递给刀轴，灭茬刀的安装有刀座式和刀盘式 2 种，工作时刀轴反向旋转，完成旋耕和碎茬。

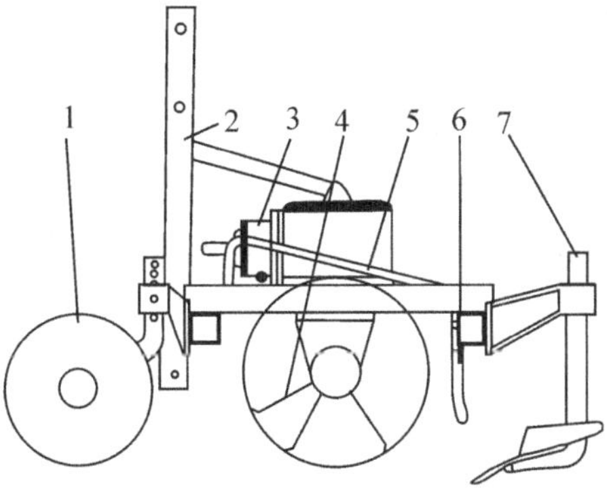

1. 尾轮；2. 机架；3. 中间齿轮箱；4. 灭茬工作部件；5. 机盖；6. 挡土板；7. 起垄装置。

A. 反转灭茬机

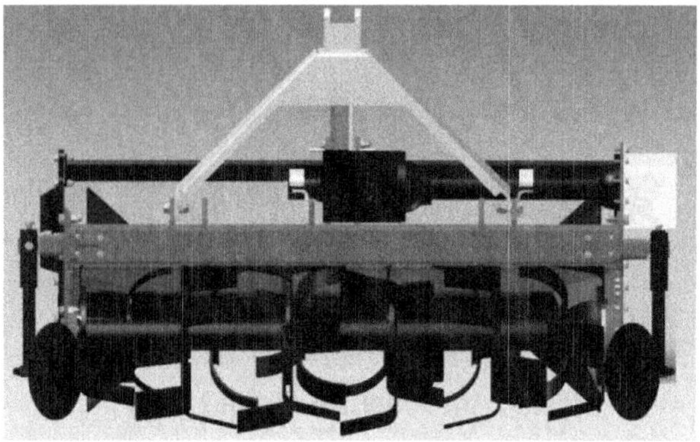

B. 宽直弯刀型灭茬机

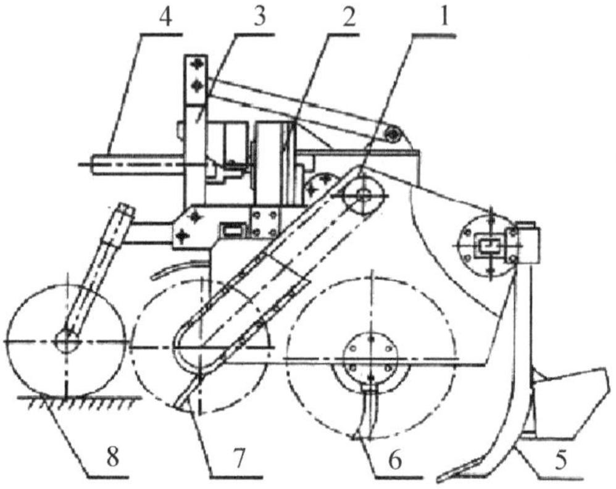

1. 侧边传动箱;2. 中间传动箱;3. 机架;4. 动力输入轴;5. 深松起垄部件;
6. 旋耕部件;7. 灭茬部件;8. 限深地轮。

C. 双轴灭茬机

图 9－1　灭茬机

另外,针对蔬菜秸秆藤蔓易缠绕,如图 9－1B 所示,采用宽直弯刀型结构精细切断粉碎藤蔓,粉碎效果较好,适合设施和露地的旋耕、灭茬、整地作业。

双轴灭茬机(图 9－1C)主要由侧边传动箱、中间传动箱、机架、动力输入轴、深松起垄部件、旋耕部件、灭茬部件及限深地轮等组成,配置双刀轴,灭茬部件在前,旋耕部件在后。工作时,两轴不同转速的不同刀具可分别实现灭茬和旋耕作业,一机两用,减少机具进地次数,减轻机械对土壤的侵蚀破坏,提高作业效率,降低耕作费用。

(二)秸秆还田机

秸秆还田机通过侧边皮带带动刀轴高速旋转,刀轴上的动刀与罩壳上定刀相互作用,刀片不需入土,实现秸秆的粉碎、抛撒和还田。根据需要,机器后部盖板能够打开或关闭,以便选择更换不同刀具适应不同的秸秆。秸秆还田机按刀片类型可以分为锤爪型、直刀型、弯刀型(又称为“L”型及其改进型)3 种。

锤爪型(图 9－2A)秸秆还田机利用高速旋转的锤爪砍切、锤击、撕剪秸秆,一般质量比较大,旋转时转动惯量很大,粉碎效果好,粉碎后的秸秆以丝絮状为多。锤爪一般采用高强度耐磨铸钢,抗冲击力强、寿命长,对沙石地适应性好,主要用于粉碎硬质秸秆。直刀型(图9－2B)秸秆还田机是以砍切为主、滑切为辅的切割方式工作,通常2把或3把直刀为一组,间隔较小,排列较密,高速旋转时有多个直刀式甩刀同时参与切断粉碎,粉碎效果较好,尤其针对有一定的韧性类秸秆更为明显。弯刀型(图9－2C)秸秆还田机粉碎效果不如直刀型,动力消耗大,但其捡拾功能比直刀强,在秸秆还田要求不高、地表不平的地块比较适用。

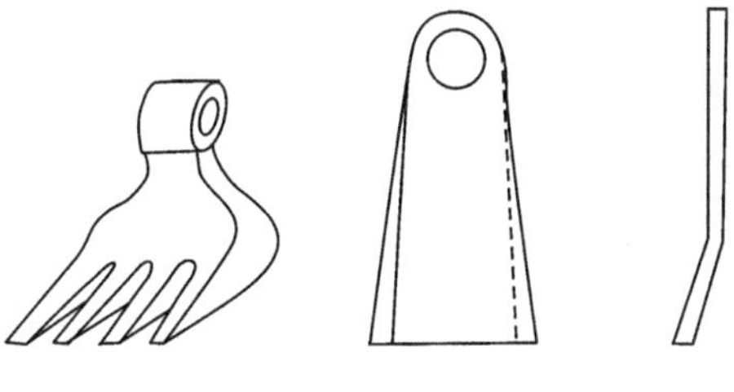

A. 锤爪型　　B. 直刀型　　C. 弯刀型

图9－2　秸秆还田机刀片

二、基肥撒施机械

蔬菜种植茬次多、产量高,对土、肥、水的要求也较高,特别对肥料的需求也比粮食作物要多。最常见的施肥方法为作物栽培前撒施基肥,在整地前施入田间的肥料,能满足蔬菜作物一茬甚至多茬的栽培需要。基肥撒施机按抛撒对象形态可分为粉状肥撒施机、颗粒肥撒施机和厩肥撒施机。

(一)粉状肥撒施机

粉状肥(通常指有机肥)撒施机(图9－3A)一般采用离心圆盘式结构。常见的有双圆盘离心式、圆盘拨辊组合式和手扶自走圆盘式等,这些机型也可用于颗粒肥的撒施。因粉状肥料流动性差、易结块,故在肥箱底部的搅肥器作用下匀速搅拌分离落至高速旋转的撒肥圆盘上,利用圆盘的高速旋转所产生的离心力将肥料抛撒出去,撒肥量可通过调节肥箱尾部的出肥口大小来控制,幅宽较大、撒肥均匀性高。

双圆盘离心式机型作业时,通过三点悬挂装置与拖拉机连接,肥料装入料箱内;根据抛撒量要求,通过液压调节装置控制出料口的开度,肥料靠自重通过排料口下落到撒肥盘上;拖拉机动力经万向节与传动箱传递到撒肥部件,撒肥盘以一定速度旋转,肥料颗粒在自身离心力和推料板推力的作用下向外抛撒。

手扶自走圆盘式机(图9－3B)作业时,微型管理机提供动力向前行走,同时通过变速箱驱动撒施盘转动,肥箱中的肥料经过肥量调节装置落到转动的撒施盘上,盘上的叶片按要求分布,使肥料在前方180°范围内均匀散开、落下,由微型管理机驱动旋耕刀辊,通过刀辊上的刀片将其与土壤混合,并对土壤进行旋耕作业。

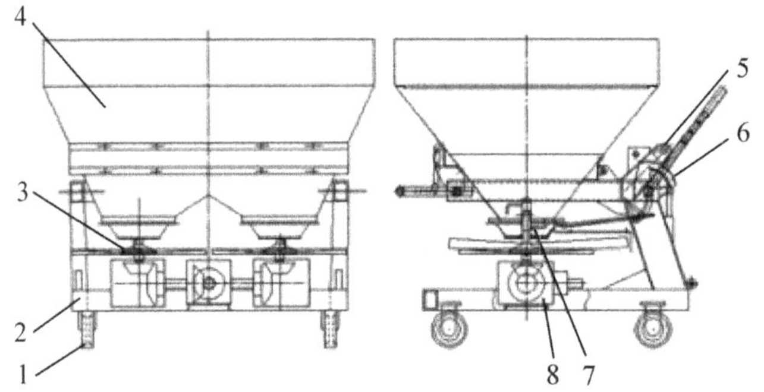

1. 脚轮;2. 机架总成;3. 撒肥盘总成;4. 肥箱;5. 连接悬挂支架总成;
6. 排肥量液压调节装置;7. 搅肥器;8. 撒肥驱动装置。

A. 牵引双圆盘离心式

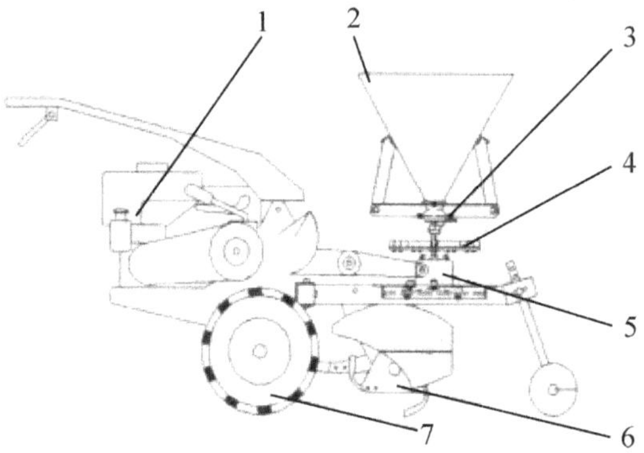

1. 汽油机;2. 肥箱;3. 进料调节盘;4. 撒施盘
5. 变速箱;6. 旋耕刀滚;7. 行走轮。

B. 手扶自走圆盘式

图 9 -3 粉状肥撒施机

(二)颗粒状肥撒施机

颗粒状肥(通常指颗粒状复合肥或化肥)撒施机(图 9 -4)一般采用摆杆式结构原理,主要由万向节传动轴、动力输入轴、悬挂机架、转动轮、摆动叉、摆动组合体、肥料摆管组、搅拌器、肥箱、肥料调节/控制装置等组成。工作时,通过肥料调节/控制装置,排料口开启,肥箱内颗粒肥料供给摆动组合体,同时,拖拉机的动力经万向节轴传递给抛撒机的动力输入轴,动力输入轴的运转驱动转动轮同步旋转,转动轮旋转带动摆动叉摆动,摆动叉又带动摆动组合体及搅拌器同时摆动,利用摆动原理将肥料由肥料摆管组出口均匀地施于田间。

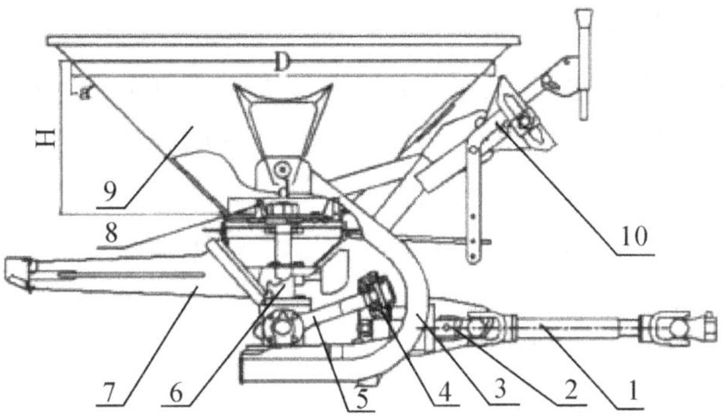

1. 万向节传动轴；2. 动力输入轴；3. 悬挂机架；4. 转动轮；5. 摆动叉；6. 摆动组合体；
7. 肥料摆管组；8. 搅拌器；9. 肥箱；10. 肥料调节控制杆。

图 9－4　颗粒状肥撒施机

（三）厩肥撒施机

厩肥一般以家禽粪尿与垫圈材料混合制作而成的，肥料组成较多，物料分散且体积较大，含杂率高且流动性差。厩肥撒施机一般为车厢式，可分为后抛式（图 9－5A）和侧抛式（图 9－5B），后抛式通过输送装置将肥料输送到车厢抛撒部位，经锤片式或桨叶式抛撒器的高速旋转撞击抛撒到田间；侧抛式通过绞龙或者链板输肥机构将肥料运送到肥箱前端，再通过锤片式或者叶轮式撒肥部件将肥料从肥箱侧方抛撒出去。这两类机型体积、撒肥幅宽较大，尤其后者撒肥时在田边道路行走，能够防止压实土壤和损伤作物，适合于开阔地带的撒施作业。

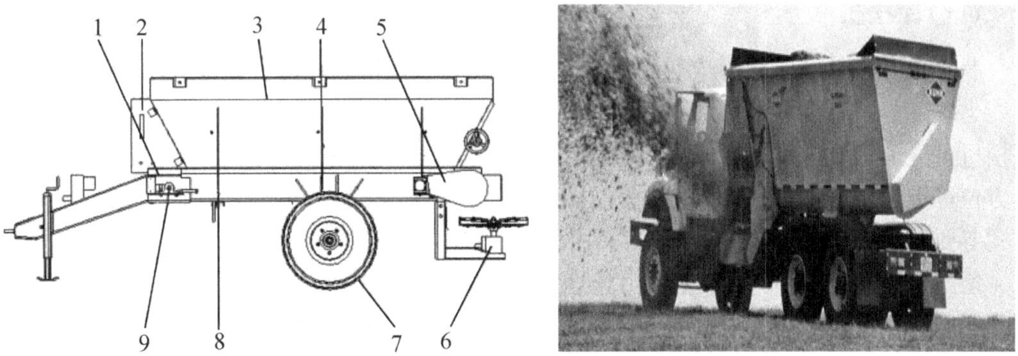

1. 机架；2. 液压系统；3. 料斗；4. 筋板；5. 输送装置；
6. 抛撒装置；7. 地轮；8. 筋板；9. 传动装置。

A. 后抛式　　　　B. 侧抛式

图 9－5　厩肥撒施机

(四)多元肥组合型撒施机

多元肥组合型撒施机(图9-6),由拖拉机牵引在田中行走,拖拉机通过后动力输出轴将动力传出至装备的齿轮箱,通过齿轮箱变速换向后一部分动力传送至棘轮调速机构,然后传递到链板输送的主动轴带动链板将肥料往后运输;另一部分动力在离合器的作用下将动力传送至拨料辊破碎撒肥机构或圆盘撒施机构。当撒施不规则块状厩肥时,驱动拨料辊破碎撒肥机构,同时将挡肥板闭合防止肥料落入撒施圆盘上;当撒施粉状或颗粒状有机肥时,驱动圆盘式撒肥机构,同时将挡肥板打开方便肥料落入撒施圆盘上,肥料通过撒肥机构抛撒至田中,完成作业过程。

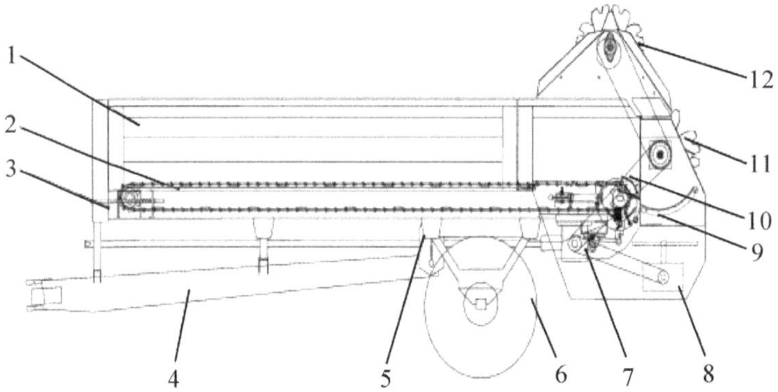

1. 肥箱;2. 链板输肥机构;3. 张紧机构;4. 牵引主梁;5. 车轮支撑架;6. 车轮机构;7. 齿轮箱;8. 圆盘撒肥机构;9. 挡板;10. 棘轮调速机构;11. 下拨料辊;12. 上拨料辊。

图9-6 多元肥组合型撒施机

三、耕翻机械

(一)深松机

蔬菜地长期种植后将形成较厚的犁底层,导致后茬作物的根系不易深扎,土壤蓄水保墒能力差,因而每隔两三年要深松一次,以打破犁底层,加深耕深,熟化底土。按工作原理深松机可分为振动式和非振动式。其中非振动式比较常见,主要分为凿式、翼铲式、镐式及全方位等类型,应用较多的是凿式深松机和镐式深松机。各地可根据当地土壤类型、作业方式等要求,选用不同类型的深松机具。

凿式深松机(图9-7A),主要由竖直安装的铲柱以及安装在铲身最下端的铲尖两部分组成,根据工作需要,可以安装多种不同结构的铲尖,但深松原理基本相同。深松时铲尖首先接触土壤,整个深松铲随铲尖斜向下插入到土层内部,铲柄下端向前上方挤压土壤,深松部件随着深松机具不断地向前运动,这部分被挤压的土壤被推挤移向铲身及铲尖的两侧并产生了裂纹,这就使得位于深松部件前方的未深松土壤不断产生自下而上的剪切裂纹,从而使被深松区域的土壤发生破碎。与大功率配套产品的两相邻铲柱和松土铲的间隔一般为40~50 cm,最大作业深度为45~50 cm。

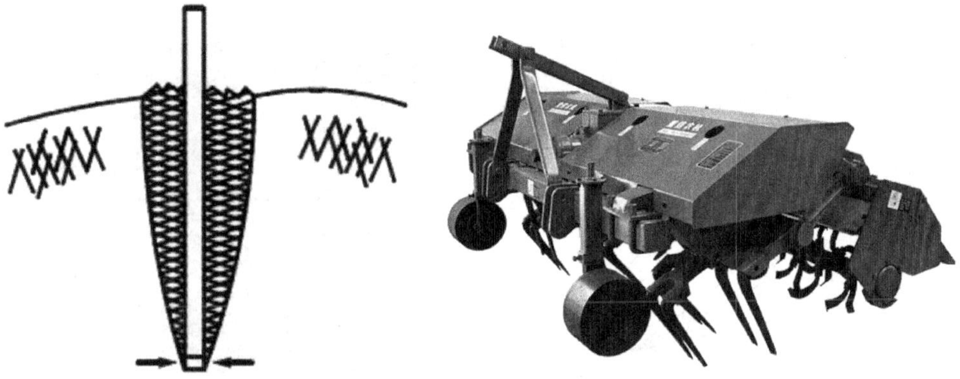

A. 凿式　　　　B. 镐式

图 9－7　深松机

为打破犁底层，加深耕作层，但又不打乱原有土层结构，创造虚实并存的土壤构造，镐式深松机（图 9－7B）可有效解决此问题。镐式深松机由架体总成、传动总成、镐片总成、旋耕总成等组成，与拖拉机三点悬挂挂接，通过中央变速箱一方面将动力传递至前镐片总成，使其产生摆线运动，带动镐片上下凿土，另一方面带动旋耕总成使其二次精细耕翻镐片作业后的土层，最终形成土壤复合层结构。

（二）犁

蔬菜起垄前一般要进行深耕整地处理，保证土壤耕层深厚。一般采用犁进行耕翻，将地面上的作物残茎、秸秆落叶及一些杂草和施用的有机肥料一起翻埋到耕层内与土壤混拌，经过微生物的分解形成腐殖质，改善土壤物理及生物特性等。由于大多数铧式犁只能单方向翻垡，作业时往往给中间留下一道深沟，不能正常播种，故目前推广应用较多的为翻转犁。

翻转犁（图 9－8A）一般在犁架上安装两组犁体或犁体上采用双向犁壁，通过翻转机构，实现自动换向，能使垡片向左向右交替翻转实现往返行程中交替工作，形成梭形耕地作业。按翻转形式可分为全翻转式、半翻转式和水平摆式 3 种类型，同时按翻转动作执行机构不同可分为机械式（重力式）、气动式和液压式，其中液压式应用较广泛。液压式全翻转犁主要由悬挂架、犁体、犁架、限深轮、翻转液压缸、协调驱动组件等组成，与拖拉机配套使用，由双联分配器控制犁的翻转，通过油缸中活塞杆的伸长和缩短来带动犁架上正反向犁体作水平面内的垂直翻转运动，来回交换直至更换到工作位置。工作时，机组在往返行程中，土垡均朝一个方向翻转，耕作之后地表干净整齐，没有普通犁耕地时形成的沟和梗，在地头转弯时空行少，工作效率高。

因翻转犁作业幅宽一般较大，所需配套的拖拉机动力要求较高，不适宜蔬菜大棚内作业，为此国外一些企业开发出了基于回转结构的犁翻作业机（图 9－8B），工作原理与旋耕机类似，但回转刀片采用弯曲的犁铲，均布于刀轴上，通过刀轴的旋转带动多组犁铲同时回转，通过铲尖对土壤的多次切削完成犁耕作业，耕作深度一般为 40～50 cm。

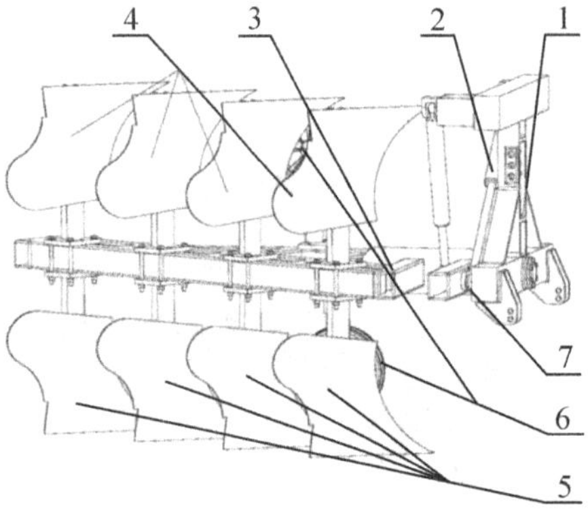

1. 悬挂架;2. 翻转液压缸 3. 旋转犁架;4. 上犁体;
5. 下犁体;6. 限深轮;7. 协调驱动组件。

A. 液压式全翻转犁

B. 回转犁

图 9 –8　犁

(三)旋耕机

旋耕机有多种不同的分类方法,按刀轴的位置可分为卧式、立式和斜置式,目前卧式旋耕机的使用较为普遍;按照传动形式分为中间传动和侧边传动两种;按与拖拉机的挂接方式有三点悬挂、直接联接和牵引三种形式,我国目前采用前两种联接方式,生产中以三点悬挂卧式旋耕机应用较多。

三点悬挂卧式旋耕机(图 9 –9),主要由万向节传动轴、中间传动箱和侧边传动箱组成,在切削土壤的过程中,起先是将土堡切下,随机向后方抛出,抛出的土块撞击到罩壳盖板上,变成更细碎的土块再落到地表上,完成整个切土、抛土、碎土过程。当采用中间传动时,传动箱的下部会造成漏耕,影响作业质量,为了解决这个问题,在传动箱的下部固定了一个松土铲,即小型铧式犁,或者在传动箱的旁边装两把特殊的弯刀。为了适应不同的土壤条件及拖拉机动力输出轴转速,有的旋耕机的传动箱配有速比不同的齿轮,以得到不同的刀辊转速。

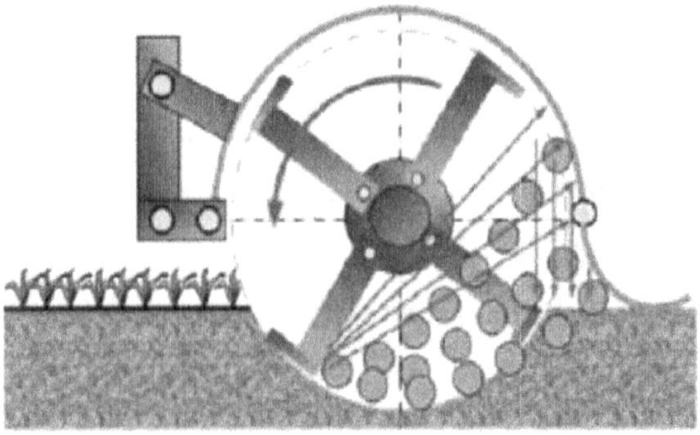

图 9 –9　卧式旋耕机

(四)微耕机

旋耕机大多采用拖拉机挂接方式,无法进入空间较小的设施内作业。对于小拱棚或日光温室等一般选用微耕机(图9－10)进行表土浅耕作业,其大多采用小于6.5 kW柴油机或汽油机作为配套动力,多为自走式,采用独立的传动系统和行走系统,一台主机可配带多种农机具,具有小巧、灵活的特点。

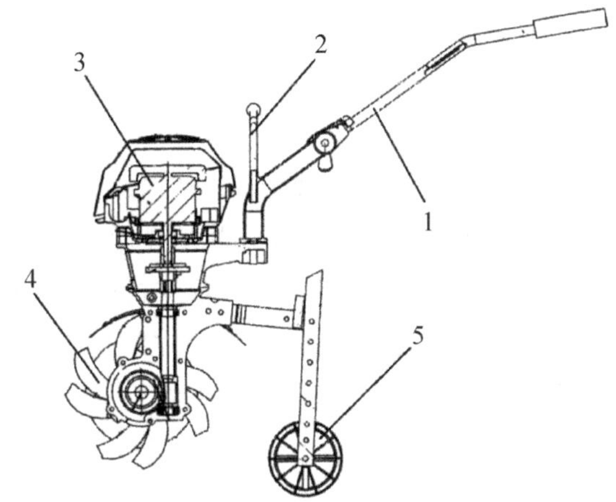

1. 扶手;2. 调节手柄;3. 动力装置;4. 旋耕刀辊;5. 尾轮。

图9－10　微耕机

四、起垄机械

起垄不仅是许多蔬菜生长的农艺要求,而且有利于各作业环节间的衔接配套、提高后续机械化的作业效率。要根据土壤特性、蔬菜作物的农艺要求和动力匹配等因素选择合适的垄距、垄高和起垄机具。对于栽植深度要求较大的蔬菜品种,可选择先开沟后二次修整起垄;土壤板结严重时,可选用犁耕、旋耕后起垄作业。

蔬菜生产对起垄的一般要求为浅层碎、深层粗、耕要深、垄要平、沟要宽,起垄后的垄体合格率达到80%,垄顶碎土率达到85%,垄顶面平整度误差小于2 cm,沟底面平整度误差小于5 cm,垄体直线度误差小于10 cm。起垄时,土壤绝对含水率在15%～25%作业效果最佳。从蔬菜生长受自然光照的角度看,垄一般以南北方向较好;从机械作业的角度来看,垄要尽可能长,以减少机具掉头频次。垄型结构见图9－11。

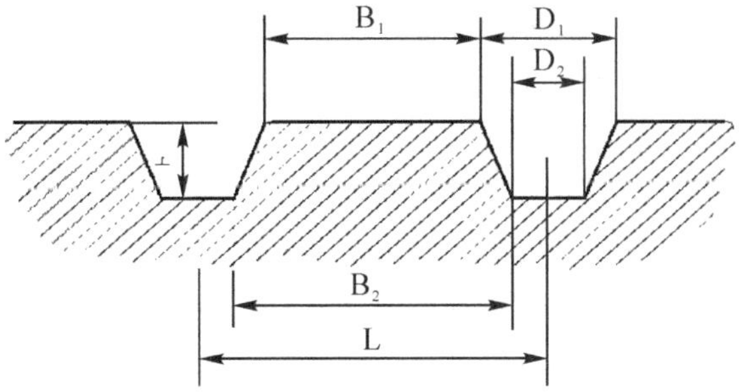

L. 垄距(沟距);H. 垄高;B_1. 垄顶宽;B_2. 垄底宽;D_1. 沟顶宽;D_2. 沟底宽

图9－11　垄型结构

蔬菜起垄机按一次起垄数量可分为单垄、双垄和多垄，其中设施蔬菜以单垄为主，双垄和多垄常见于露地蔬菜；按照挂接方式的不同可分为悬挂式和自走式。

（一）悬挂式起垄机

悬挂式起垄机体积较为庞大，采用三点悬挂装置挂接于大中型马力拖拉机后方，作业效率相对高效，适合大田块农场作业。根据对土壤的作业次数可分为单轴轻简型和双轴精整型，两者相比，单轴型结构配套动力相对需求小，更适合沙性土壤环境作业；双轴型采用二次耕作土层的原理，精细耕作表层土壤，整理的垄型质量更佳，同时也适合黏性土壤作业。

单轴轻简型起垄机（图 9－12）主要由机架、传动机构、旋耕刀辊、起垄板以及压整盖板等组成，部分还包含镇压辊及液压控制部件等。其工作原理为采用地表土壤堆积培埂后起垄的原理，一般先通过旋耕刀辊翻耕土壤，将土壤进行破碎并松散凸起于地表，形成足够的堆土量用起垄板培埂，然后用起垄整形板整形或镇压部件压整埂，实现所要求的垄体结构。

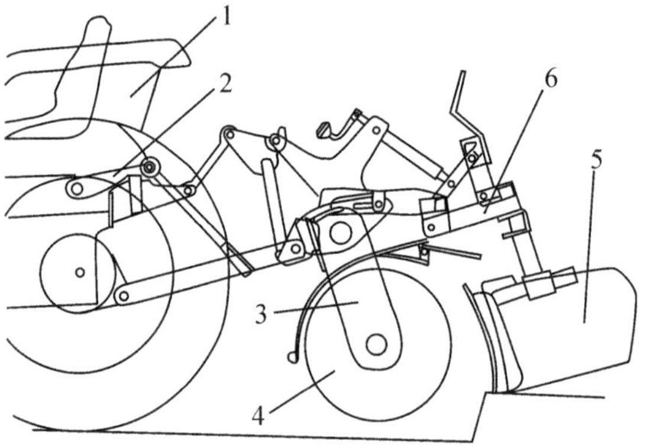

1. 拖拉机；2. 三点悬挂装置；3. 侧边传动箱；4. 旋耕刀辊；5. 起垄整形板；6. 机架。

图 9－12　单轴轻简型起垄机

双轴精整型起垄机（图 9－13）在单刀辊的结构基础上再增加表层精细碎土辊装置，进行旋耕环节后对表土二次精细破碎，形成上细下粗的分层结构，而后再起垄作业，其目的在于保证表层土壤达到蔬菜苗床整理的细碎度要求。双轴型机具主要由牵引架、机架、中央变速箱、左右两侧变速箱、旋耕轴、碎土辊、扶土盘、镇压器及镇压器高度调节装置等部件组成。在作业中，机具前端的扶土盘一方面对地块进行开沟切土，破坏土壤结构，以减小后续旋耕阻力，另一方面在旋耕部件工作时，将土壤往机具工作区汇集，使机具获得起垄所需的足够的堆土量；旋耕刀进行深层土壤加工；带有碎土刀齿的碎土辊高速旋转，对土壤表层进行精细化碎土加工；在镇压器的镇压作用下，整理出平整的符合蔬菜整地农艺要求的垄型。

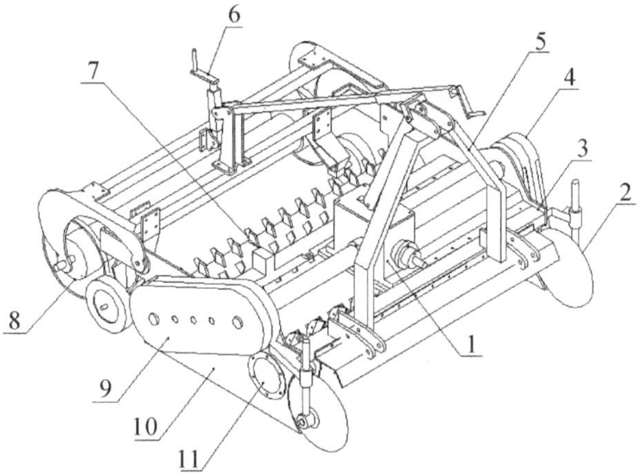

1. 主变速箱;2. 扶土盘;3. 机架;4. 左侧变速箱;5. 牵引架;6. 高度调节装置;
7. 碎土辊;8. 镇压辊;9. 右侧变速箱;10. 侧板;11. 旋耕轴。

图 9－13　双轴精整型起垄机

上述机型一般仅适合浅沟型垄场合,除此之外,还有利用开沟原理研制的起垄机(图 9－14),尤其适合高垄作业场合。开沟型起垄机一般利用双圆盘开沟清土原理,在垄间开沟,两侧圆盘刀刀口向内,通过圆盘刀的旋转离心力作用使得泥土甩至垄中间集中,而后自然形成垄结构,部分机具为保证垄顶面平整度,在起垄部件后方增加镇压板或镇压辊对表土进行镇压修平。

图 9－14　开沟型起垄机

(二)自走式起垄机

日光温室和塑料大棚等空间有限,大多采用自走式起垄机(图 9－15),此类产品一般采用汽油机或柴油机动力驱动,刀轴的两侧采用起垄圆盘曲面刀,同时在圆盘曲面刀之间增加旋耕培土刀,两者按螺旋方式排列搭配组装,通过刀辊的转动带动旋耕刀切削土壤,同时起垄刀将切出的土块甩至垄中间区域集中,而后采用梯形或弧形刮板对刀轴旋后的土堡进行起垄成型作业。该机型紧凑轻盈,易于操作,适合作业空间有限的日光温室和塑料大棚。

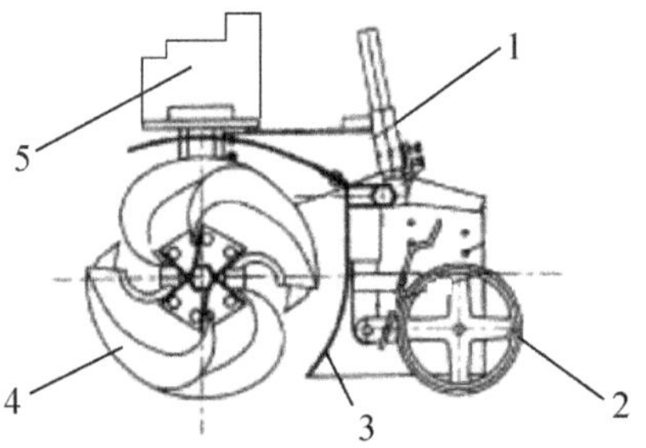

1. 机架;2. 尾轮;3. 起垄刮板;4. 旋耕起垄一体化刀辊;5. 动力机头。

图 9－15　自走式微耕起垄机

五、覆膜铺管机械

在蔬菜种植过程中采用地膜覆盖和滴灌技术可大幅度提高蔬菜的产量和品质。地膜覆盖可以提高土壤保墒能力、提高地温、保证作物出苗率,同时还可以起到防病虫、防旱抗涝、改善地面光热条件的功效;滴灌是一种节水省工的先进灌溉方式。

覆膜和铺滴灌管通常在起垄之后作业。覆膜机主要有两大类:单一型铺膜机和联合铺膜机,联合铺膜机是将单一型铺膜机的铺膜部件与旋耕起垄作业机、移栽机等集成,形成联合复式作业。

铺膜机(图 9－16)在工作过程中,膜卷首先通过锥体装卡在膜架上,然后将膜卷的自由端埋入地头的土壤中;随着机组的前进,开沟铧在垄的两侧开出埋膜沟的同时,膜卷被抽拉而转动,连续将膜铺放在垄面上;机组前进的牵引力使地膜纵向延伸并拉紧,膜两侧的边缘部分被配置在膜架后方左右两侧的压膜轮紧压在垄侧壁的埋膜沟内,使地膜沿垄侧壁横向延伸,并绷紧在垄面上;配置压膜轮后的覆土圆盘起土压盖在地膜的两侧边缘上,达到固定封严地膜的作用,同时也完成了铺膜作业。

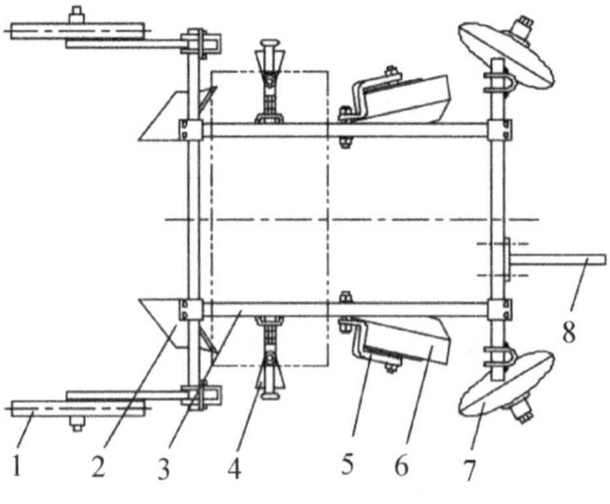

1. 地轮组;2. 起土铧焊合;3. 机架组装;4. 膜架装配;5. 压膜轮架组合;

6. 压膜轮组合;7. 圆盘组合;8. 手把焊合。

图 9－16　铺膜机

铺管作业(图9－17)通常将铺管机构挂接于起垄机具上以复式作业方式进行。

A. 自走式

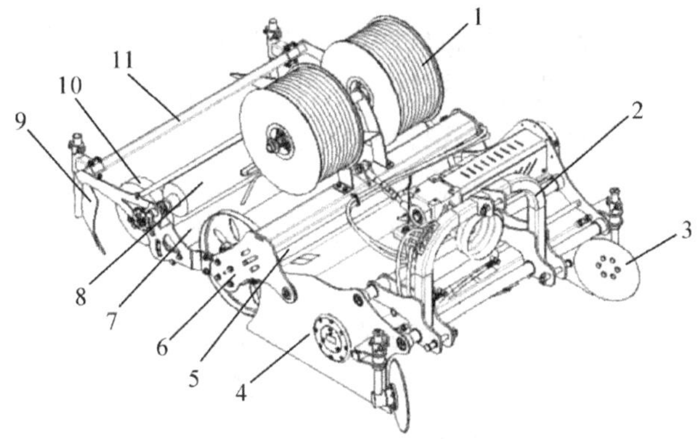

1. 滴管;2. 机架;3. 导向圆盘;4. 旋耕起垄装置;5. 镇压装置;6. 连接板;7. 导辊;8. 膜辊;9. 覆土部件;10. 覆膜轮;11. 连接架。

B. 悬挂式

图9－17　旋耕起垄铺管覆膜复式作业机

第二节　田间播种机械

蔬菜种植有直播和育苗移栽2种方式。直播即将种子直接播于土壤中,具有节省人工、提高作业效率的优点。直播机械根据排种器的结构分类包括窝眼轮式、槽轮式、带式和气力滚筒式。

一、直播机械的分类

(一)直播方式

根据不同作物的种植农艺要求,直播方式分为撒播、条播和穴播3种方式。

1. 撒播

即采用人工或机械的方式将种子均匀地撒到土壤表面,然后覆土。撒播是小粒径种子常用的一种播种方式,同时也是一种较粗放的直播方式,用种量较大,密度不易控制,后期管理不方便,产量难以保证。

2. 条播

即将种子均匀播成一行,行与行之间保持一定距离。条播的作物有一定的行间距,通风和受光均匀,便于行间松土施肥。条播用种量少于撒播,但单行作物密度相对较大。

3. 穴播

即按照规定的行距和株距进行播种,每穴内播种有一粒或多粒种子,是一种比较准确的播种方式。穴播既有条播的优点,用种量也较条播相对较少。

(二)排种器的分类和结构

排种器是直播机械的核心部件,按照工作原理可以分为机械式和气力式。机械式排种器又可以分为槽轮式、圆盘式、窝眼轮式和指夹式等;气力式排种器主要有气吸式、气吹式、气压式3种。机械式排种器结构简单,对种子形状要求较高,对处理后的外形规则种子进行单粒精量播种,可以达到每个窝眼充填一粒种子。气力式排种器对种子几何尺寸要求不严,无须精选分级和丸粒化处理,易实现单粒点播,通用性好,具有作业速度高、种子损伤率小的优点,但排种器结构相对复杂。从材质和工艺看,多数排种器采用铸铁和传统铸造工艺制造,有少部分采用高强塑料注塑加工。因作业环境限制,我国设施大棚内播种主要以小型窝眼轮式、槽轮式、带式直播机械为主,气力滚筒式直播机使用量少。

1. 窝眼轮式直播机

窝眼轮式排种器(图9-18),主要由排种轮、排种器壳体、清种毛刷等几部分组成。排种动力由地轮通过链轮系统传递给排种轮,排种轮圆周均匀分布窝眼,落入窝眼内的种子随排种轮转动落入土壤中。

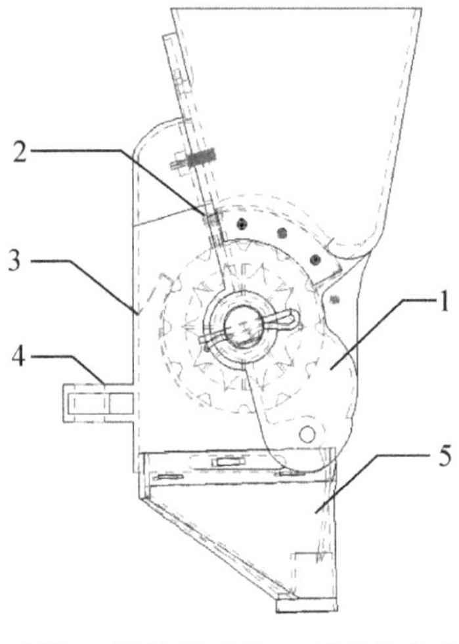

1. 排种轮;2. 清种毛刷;3. 排种器壳体;4. 排种装置定位孔;5. 排种孔。

图9-18　窝眼轮式排种器结构

排种轮的凹槽深度和圆周分布个数根据不同作物种子尺寸、播种量和株距要求而不同。为了保证精确落种,排种轮采用防静电、防种子粘连材质,并在排种器内装有清种毛刷。壳体采用一触式安装,便于拆卸清理,并采用透明材料便于随时确认种子剩余量。

2. 槽轮式排种器

槽轮式排种器(图9-19),主要由槽轮(图9-20)、排种器壳体、阻塞轮、清种毛刷、挡圈等几部分组成。槽轮、阻塞轮、两端挡圈和清种毛刷都安装在排种器外壳上,排种器外壳作为支架可与种子箱与排种管等外部装置连接。种箱内的种子与槽轮直接接触,进入凹槽后随槽轮转动,在重力作用下进入排种口直接落入土壤或排种管。

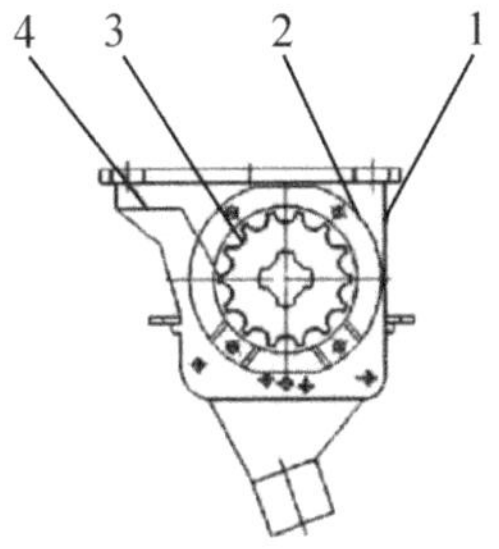

1. 排种器壳体;2. 挡圈;3. 槽轮;4. 毛刷。

图 9 - 19　槽轮式排种器结构

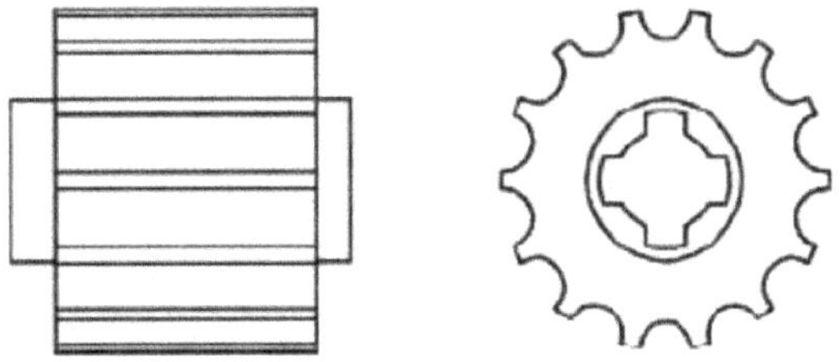

图 9 - 20　槽轮结构

排种器动力一般由电机或行走轮供给。电机提供动力时一般通过联轴器、啮合轴与槽轮连接,电机转速决定槽轮转速。行走轮提供动力时,主要通过链轮系统完成排种。槽轮有效工作长度可调节,阻塞轮与外槽轮不仅同轴,外径尺寸也相同,移动阻塞轮的轴向位置可改变外槽轮有效工作长度,从而调节播种量。

3. 带式排种器

带式排种器(图 9 - 21)主要由种箱、排种箱、紧压皮带、排种皮带、滚子、导种管等几部分组成。排种皮带与排种箱内的种子直接接触,播种作业时,部分种子进入皮带上的圆孔中,排种皮带在地轮动力作用下循环转动,圆孔内的种子随排种皮带转动被带出排种箱,并通过紧压皮带固定,垂直输送至导种管上方时,种子与紧压皮带分离落入导种管,完成播种作业。

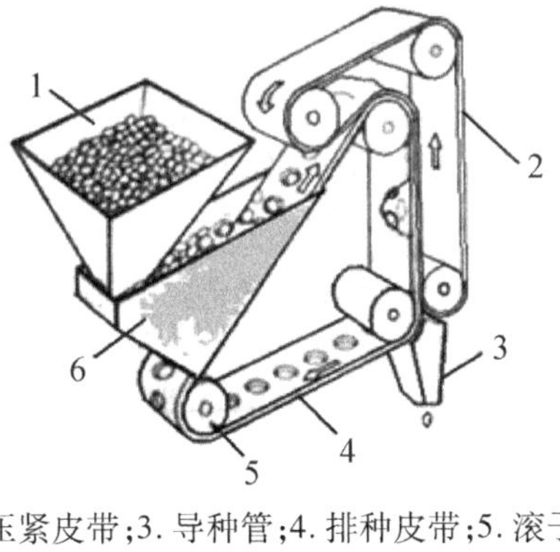

1. 种子箱;2. 压紧皮带;3. 导种管;4. 排种皮带;5. 滚子;6. 排种箱。

图 9 - 21　带式排种器

带式排种器与窝眼轮式排种器设计原理类似,组合方式、株行距调节方式相同。带式排种器对作物种子形状要求较高,且难以做到精密播种。作业机具主要为牵引式,可配套耕作或施肥机械,完成旋耕、起垄、施肥、播种和镇压等复式作业。

4. 气力滚筒式排种器

气力滚筒式排种器(图 9 - 22)多用于牵引式直播机。相对机械式排种器,气力式排种器具有适应性强、通用性好、不伤种、对种子形状尺寸要求不严等优点,近年来增长迅猛,是排种器发展的趋势。气力滚筒式排种器是气力排种器的主要类型之一,可适应大部分蔬菜种子直播作业。气力滚筒式排种器主要由固定配气盘、排种盘、清种装置、种箱、导种管、碟形弹簧、轴及轴固定架等几部分组成。

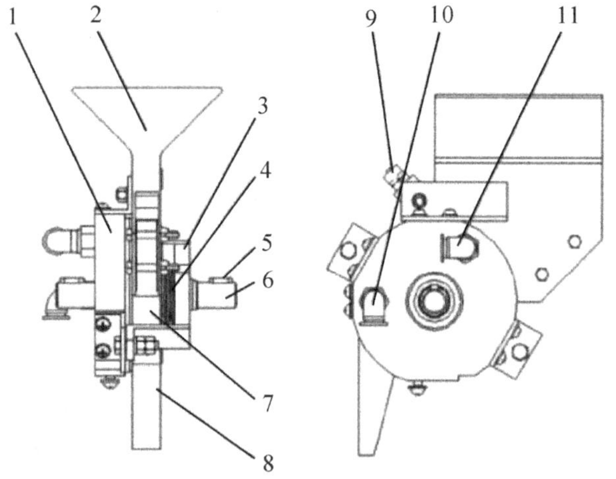

1. 固定配气盘;2. 种箱;3. 轴固定架;4. 蝶形弹簧;5. 键;6. 轴;7. 排种盘;
8. 导种管;9. 清种装置;10 正压气室快速接头;11. 负压气室快速接头。

图9－22　气力滚筒式排种器

固定配气盘上设一负压气室和一正压气室,分别与负压气源和正压气源相连,在作业过程中为排种盘提供正负压转换。排种盘上设有若干组通气槽和吸种孔,通气槽与吸种孔相连。排种盘在碟形弹簧力的作用下与固定配气盘紧密贴在一起。清种装置由清种喷嘴、固定架和气管组成,气管与正压气源相连。动力经转轴传递到排种盘上,带动排种盘转动。当吸种孔经过种箱时,通气槽与负压气室相连,1 粒或多粒种子在吸种孔气压差的作用下被吸附在吸种孔上,并随吸种孔一起转动;当种子转到与清种喷嘴相切的位置时,在清种装置的作用下,吸附力小的种子被吹回种箱,没有被清除的种子继续随排种盘转动。当通气槽转到水平排种位置时,通气槽与正压气室相连,实现正负压切换,负压消失,种子在自重和正压的作用下脱离排种盘,经导种管落入土壤中。排种器可根据农艺要求通过联轴器连接安装若干个播种单体,实现多行同时播种。

二、典型直播机械

直播机械是将种子直接播于土壤中的机械设备,按照播种方式可分为撒播机、条播机、穴播机和精密播种机;按照行走方式可分为手推式播种机、自走式播种机和牵引式播种机;按照排种器形式可分为气力式播种机和机械式播种机。机械直播作业工艺简单,相对于人工直播具有节本增效的优点,在露地及设施种植中大面积应用。

直播机械一般由机架、种箱、排种器、导种管、开沟器、覆土器、镇压轮等主体部件,以及传动装置、调节机构、控制系统和行走轮等辅助装置组成,主要区别在于行走方式。

(一)手推式直播机

手推式直播机(图9－23)一般由镇压装置、机架扶手、排种装置、开沟覆土装置、传动系统等几部分组成。机具结构简单紧凑，作业方便灵活，排种动力由行走轮通过传动系统提供，播种幅宽 1 ~8 行。

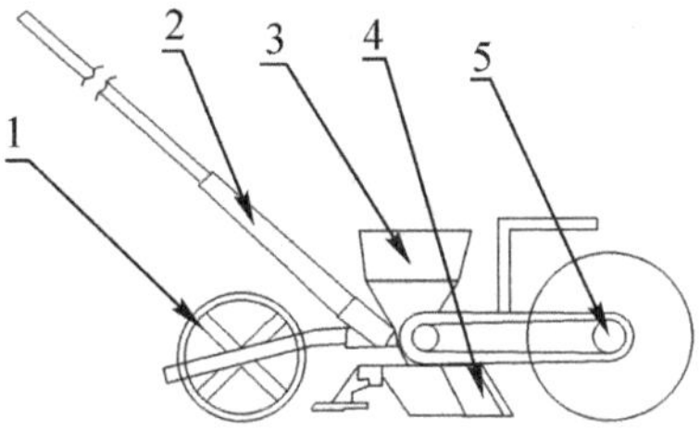

1. 镇压装置;2. 机架扶手;3. 排种装置;4. 开沟覆土装置;5. 传动系统。

图 9 –23　手推式直播机

(二)自走式直播机

自走式直播机(图 9 –24)一般由驱动轮、动力装置、开沟器、覆土板、镇压轮、排种器、控制系统等几部分组成。机具动力由汽油机或电池提供，并通过控制系统带动排种轮工作，播种幅宽 6 ~10 行。

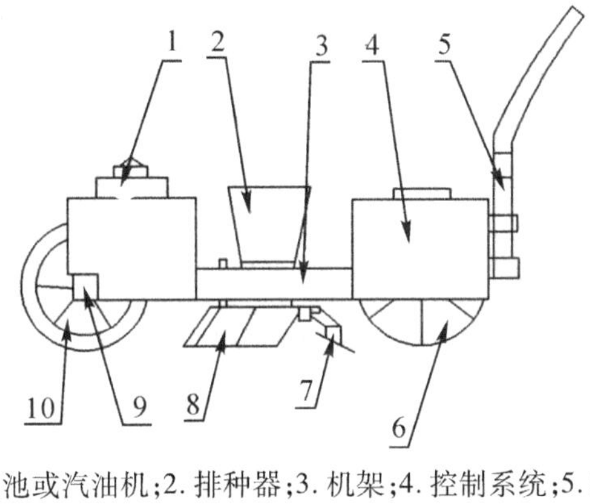

1. 电池或汽油机;2. 排种器;3. 机架;4. 控制系统;5. 扶手;
6. 镇压轮;7. 覆土板;8. 开沟器;9. 动力轴;10. 驱动轮。

图 9 –24　自走式直播机

(三)牵引式直播机

牵引式直播机主要包括：气力直播机(图 9 –25)和机械直播机(图 9 –26)两种，一般由悬挂装置、种箱、播种装置、开沟装置、覆土装置、镇压装置和风机(气力直播机)等部件组成。作业时通常配套起垄和施肥机具，可一次性实现开沟、施肥、播种、覆土和镇压作业。气力直播机由拖拉机的动力输出轴带动风机工作，通过气压驱动排种器播种；机械直播机由行走轮通过链轮传动系统带动排种器工作。

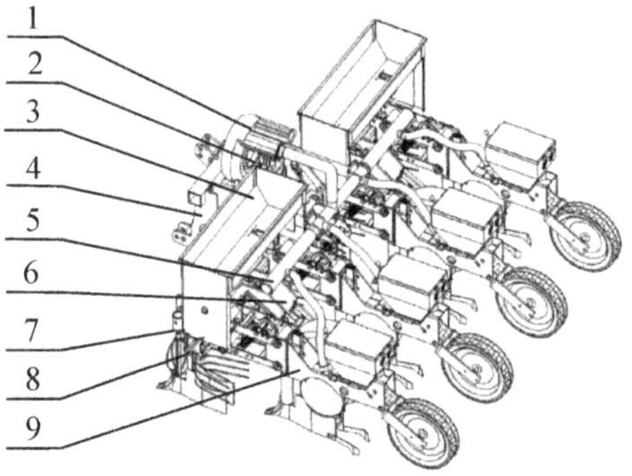

1. 风机;2. 风机架;3. 肥箱;4. 悬挂装置;5. 分压分配管;6. 限深结构;
7. 主动防堵机架;8. 通用机架;9. 平行四连杆播种机构。

图 9－25 牵引式气力直播机

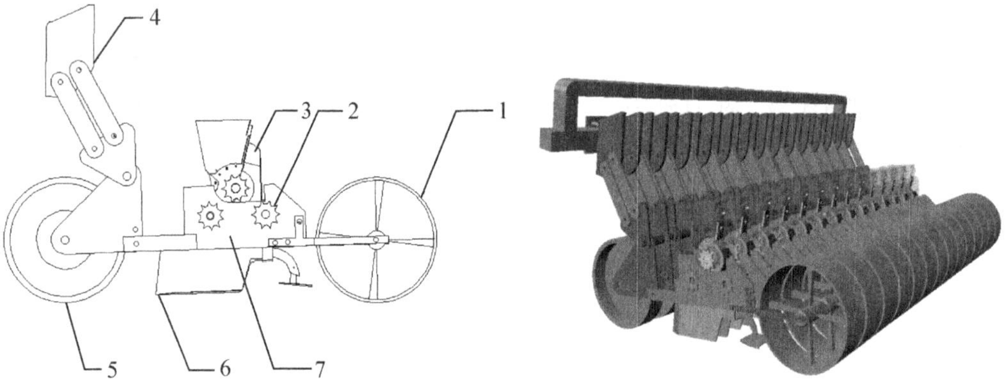

1. 镇压装置;2. 传动系统;3. 排种装置;4. 牵引装置;5. 行走轮;6. 开沟覆土装置;7. 机架。

图 9－26 牵引式机械直播机

第三节 移栽机械

移栽又称移植,是蔬菜生产的重要作业环节,指把在苗床或穴盘中的秧苗移栽到大田的作业。与传统直播种植方式相比,移栽具有提高幼苗成活率、缩短作物生长周期、提高土地利用率的优点。目前我国有60%以上的蔬菜品种采用移栽的方式种植,按照移栽作业场所分为土壤栽培移栽机械和基质栽培移栽机械两大类。

一、土壤栽培移栽机械

土壤栽培育苗分 3 大类:裸苗、毯状苗、穴盘苗(钵苗)。裸苗移栽成活率较低,仅适用于移栽少数作物;毯状苗移栽主要用于水稻,由于在取秧过程中撕裂毯状根系,需要 5～7 d 缓苗期;穴盘苗移栽可对秧苗的根系进行保护,有利于移栽后迅速缓苗,比裸苗移栽的成活率高、生长速度快,是目前蔬菜、花卉移栽的主要方式;基质块苗根部周围有更多的土壤,可避免温度急剧变化对秧苗生长的影响，还可以避免秧苗移栽时栽植器对秧苗的挤压，无缓苗期，是蔬菜、花卉等移栽的新型方式。

土壤栽培移栽机械的型式多样、功能各异。通常分类有：按照取苗、投苗的自动化程度，分为半自动移栽机和全自动移栽机两大类；按照秧苗特征，分为裸苗移栽机、穴盘苗（或钵苗）移栽机和基质块（或营养块）移栽机；按照栽植器型式，分为钳夹式移栽机、导苗管式移栽机、挠性圆盘式移栽机、吊杯式移栽机和鸭嘴式移栽机；按照栽植行数，分为单行、双行和多行移栽机；按照挂接方式，分为牵引式移栽机、悬挂式移栽机和自走式移栽机；按照动力源类型，分为油动移栽机和电动移栽机两类；按照作业功能，分为单一功能的移栽机和集覆膜、浇水、移栽、覆土等功能于一体的多功能组合的复式移栽机。

下面按半自动和全自动两大类分别介绍土壤栽培移栽机械的工作原理与结构特点。

（一）半自动移栽机

半自动移栽机采用人工自穴盘中取苗，再将其送入栽植机构进行机械化种植。半自动移栽机基本由开沟器、栽植器、覆土装置和镇压轮等部分组成。以栽植器的结构作为分类依据，半自动移栽机的主要类型如图 9 – 27 所示。

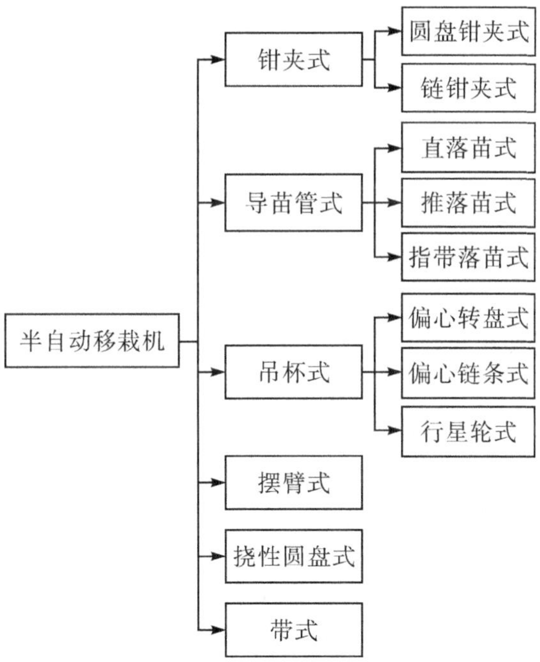

图 9 – 27　半自动移栽机的类型

1. 钳夹式移栽机

钳夹式移栽机分为圆盘钳夹式（图 9 – 28）和链夹式（图 9 – 29），其工作原理和性能相似。这种移栽机型结构较简单，秧苗栽植的株距和深度稳定，秧苗喂、送较为稳定可靠，适合裸根苗和细长苗移栽。局限性是不适合钵苗移栽，钳夹易伤苗，需喂苗人员精神高度集中，易出现漏苗、缺苗等现象，不能进行膜上移栽等。

(1)圆盘钳夹式移栽机

①主要构成　机架、悬挂架、传动仿形轮、传动系统等,其钳夹均匀分布在旋转圆盘上,前面布有开沟器,后面装有覆土镇压轮。该栽植机依靠变换不同齿数的齿轮啮合改变传动比来调节栽植株距,通过改变移栽单体的位置来调整行距。

②工作原理　作业时,由人工将秧苗放置到栽植钳夹上;随栽植盘往下转动逐渐进入栽植轨道,两侧挡板接触栽植钳夹,使得栽植钳夹加紧秧苗,防止掉落;当栽植钳夹转动到底部时,栽植钳夹脱离栽植轨道,放松秧苗,秧苗依靠重力落入开沟器开好的沟内;在秧苗触底的同时,覆土镇压轮覆土、压实,完成栽植。

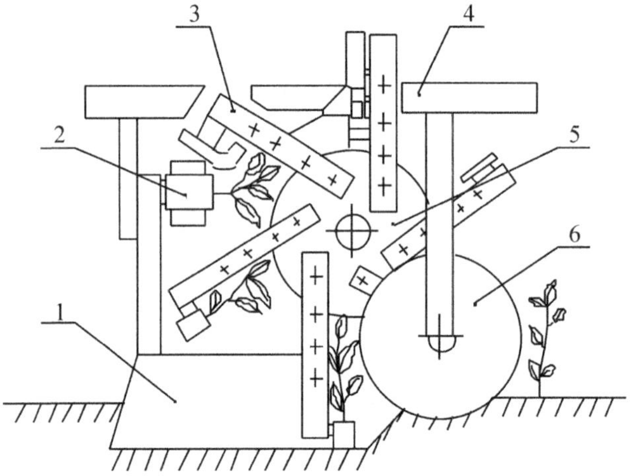

1. 开沟器;2. 横向输送链;3. 钳夹;4. 机架;5. 栽植盘;6. 覆土镇压轮。

图9-28　圆盘钳夹式移栽机

此类移栽机整体结构简单,不存在结构复杂的组件,成本较低、易维护、移植株距与深度稳定,但移栽效率不高,株距与行距的调整略微烦琐,整机作业速度提高时,易造成漏苗且钳夹易伤苗。圆盘钳夹式移栽机主要适合于形体结构细长,分支较多且质量较轻的裸苗,如甘薯秧苗等。

由于圆盘钳夹式移栽机在实际应用中圆盘转动角速度较高,操作者难以把握放苗时机且不好控制零速栽植,因此,作为钳夹式移栽机的改进机型,链夹式移栽机逐渐发展并有替代圆盘钳夹式移栽机的趋势。

(2)链夹式移栽机

①主要构成　机架、开沟器、覆土镇压轮、传动仿形轮、传动系统等,与圆盘钳夹式移栽机主要区别在于采用一组传动链条带动侧端面安装的钳夹上下往复运动来达到运送秧苗的目的。

②工作原理　作业时,人工将秧苗放到栽植钳夹上;在传动链条带动下,放有秧苗的栽植钳夹逐渐进入栽植轨道,轨道使栽植钳夹夹紧秧苗;当放有秧苗的栽植钳夹运转到与地面垂直位置时,栽植钳夹脱离栽植轨道限制,自动张开,秧苗靠自身重力垂直落入已开好的沟槽内;在秧苗触地的同时,覆土镇压轮对于秧苗进行覆土、镇压,完成栽植。

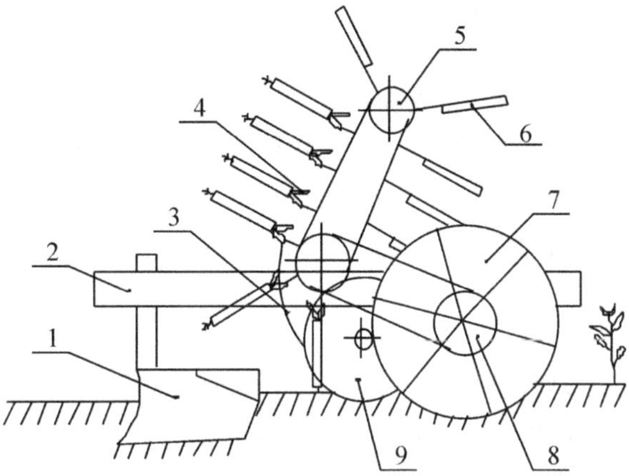

1. 开沟器;2. 机架;3. 滑道;4. 幼苗;5. 环形栽植链;6. 钳夹;7. 地轮;8. 传动链;9. 覆土镇压轮。

图 9 – 29　链夹式移栽机

链夹式移栽机与圆盘钳夹式移栽机相比,适当延缓了喂苗时间,实现零速栽植,具有栽植株距准确、秧苗直立度好的特点。但是,喂苗区域供人工放苗的钳夹呈上下顺序排列,且局部空间内链夹裸露数量少,当栽植速度较高时人工喂苗速度也难以跟上机器行进速度,易造成漏苗现象。除此之外,栽植钳夹易夹伤秧苗,其作业效率也不高。

2. 导苗管式移栽机

导苗管式移栽机(图 9 – 30),主要有直落苗式、推落苗式和指带落苗式 3 种。由于导苗管式移栽机结构较复杂,造价较高,因此目前国内导苗管式移栽机存量较少。

①核心组成部件　投苗杯、导苗管、扶苗器、开沟器、覆土镇压轮和苗架等。

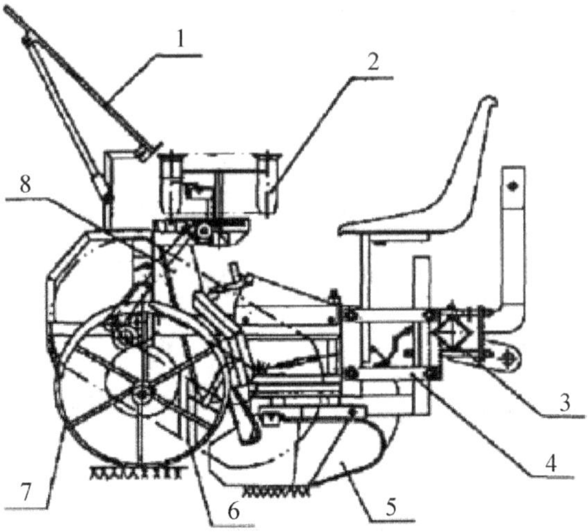

1. 苗架;2. 喂入器;3. 平行机大梁;4. 四杆仿形机构;5. 开沟器;
6. 栅条式扶苗器;7. 覆土镇压轮;8. 导苗管。

图 9 – 30　导苗管式移栽机

②工作原理　作业时，由人工将秧苗投放到投苗杯内；当装有秧苗的投苗杯旋转至导苗管上方时，投苗杯下端打开，秧苗靠自重下落至导苗管内，沿着导苗管内壁滑入苗沟，秧苗触底后，覆土镇压轮覆土、压实，完成栽植。

导苗管式移栽机械适应性能较强，栽植株距调节灵活，可实现小株距移栽；对秧苗没有特殊要求，裸苗、穴盘苗和基质块苗都可进行栽植；秧苗在栽植过程中不受夹持、状态自由、不易损伤；采用循环转盘式投苗装置减轻工作强度，提高了工作效率，漏苗率小。但是，移栽秧苗直立度不是很好，栽植过程中易发生倒伏与埋苗的情况，不适合膜上栽植作业。

3. 吊杯式移栽机

吊杯式移栽机是半自动移栽机里面应用较广的机型，对秧苗适用范围较广，裸苗、穴盘苗和基质块苗均可移栽，在我国现存量较大。其核心部件是鸭嘴式栽植器，按照鸭嘴式栽植器的运动形式主要分为偏心转盘式（图 9－31）、偏心链条式（图 9－32）和行星轮式（图 9－33）3 种。

（1）偏心转盘式吊杯移栽机

①核心部件　是偏心盘式栽植装置，该装置由同心转盘、偏心转盘、“Z”型杆和栽植器组成，同心转盘和偏心转盘通过“Z”型杆连接，使得同心转盘、偏心转盘、“Z”型杆及两个转盘的圆心形成平行四杆机构，可始终保持栽植器尖端朝下，栽植器根据要求将圆周固定在“Z”型杆的中间或延伸杆上。

②工作原理　作业时，人工将秧苗逐棵放入投苗筒内；当秧苗随投苗筒转动至落苗点时，秧苗落入鸭嘴式栽植器中；当鸭嘴式栽植器带苗运动至地面时，鸭嘴尖破土打穴，栽植器下部打开，秧苗靠自重落入穴中；秧苗在回流土及覆土镇压轮的作用下完成定植；然后，鸭嘴式栽植器关闭，随转盘循环运动进行下一次栽植。

该类型的移栽机不但可以实现开沟、移栽、覆土、镇压作业，还可以实现膜上打穴移栽作业，栽植器通过“Z”型杆实现刚性连接，可以承受一定的冲击力，帮助打深穴。

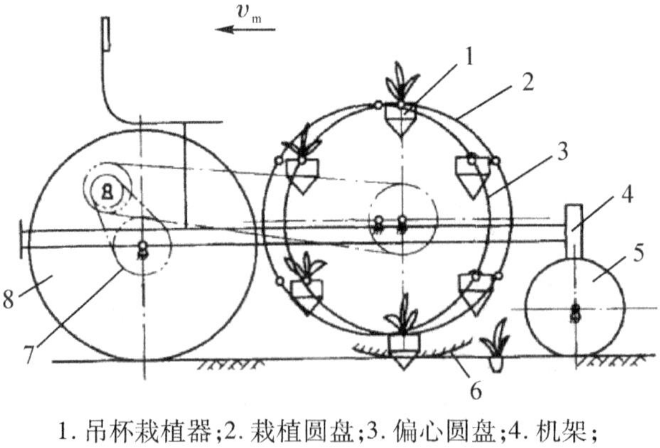

1. 吊杯栽植器；2. 栽植圆盘；3. 偏心圆盘；4. 机架；
5. 覆土镇压轮；6. 导轨；7. 传动装置；8. 地轮。

图 9－31　偏心转盘式吊杯移栽机结构

（2）偏心链式吊杯移栽机　与偏心转盘式吊杯移栽机运动原理基本相同，均采用平行四杆机构原理，所不同的是栽植器转动机构由转盘改为链条传动，因此，偏心链式吊杯移栽机较偏心转盘式吊杯移栽机具有较好的柔性冲击性。由于链条为柔性连接件，无法承受冲击力,因此栽植器无法入土打穴,所以偏心链式吊杯移栽机只能配套开沟器和覆土器进行移栽作业,但也可以实现膜上移栽。

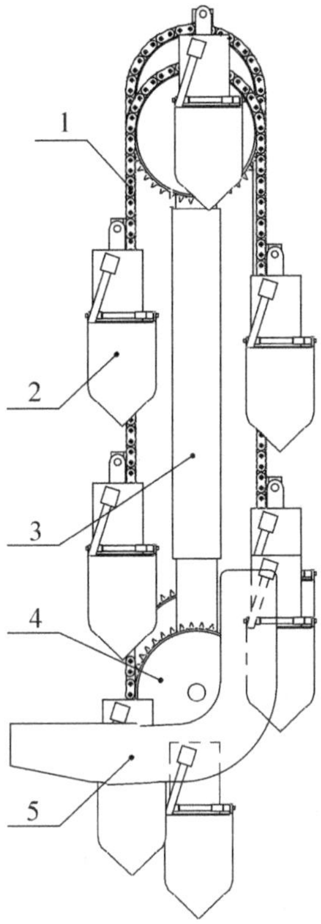

1. 链条;2. 栽植器;3. 支架;4. 链轮;5. 打开器。

图 9-32 偏心链式吊杯移栽机

(3)行星轮式吊杯移栽机 较上述 2 种形式的吊杯移栽机结构原理有所不同,其核心部件为行星轮系栽植装置。为了保证转臂旋转时始终保持水平状态,中心轮、惰轮及行星轮的模数及齿数需全部相等。工作时,栽植器随移栽机整体向前移动,同时主轴带动行星架转动,行星架带动惰轮和行星轮旋转,安装在行星轮上的转臂作平动;凸轮随行星架绕中心轮中心转动,同时定时推动推杆作来回间歇移动,推杆又推动前、后开合板以及前、后鸭嘴作开合运动,实现鸭嘴栽植器打穴、栽植动作。行星轮式吊杯移栽机可适应平地或垄作要求,可以实现膜上打穴移栽,然而受机构自身条件的约束,栽植器安装个数有限,移栽效率不高。

吊杯式移栽机具有如下特点:移栽过程中吊杯仅对秧苗起承载作用,不施加夹紧力,秧苗没有损伤,尤其适合根系不发达且易碎的钵苗移栽;栽植器可插入土壤开穴,适合膜上打孔移栽;栽植器在栽苗过程中起到稳苗扶持作用,秧苗栽后直立度较高。但是,膜上移栽前进速度过快时易出现撕膜现象,不适用于小株距移栽作业;作业效率往往受制于人工投苗速度;多行移栽机需要占用较多人力。

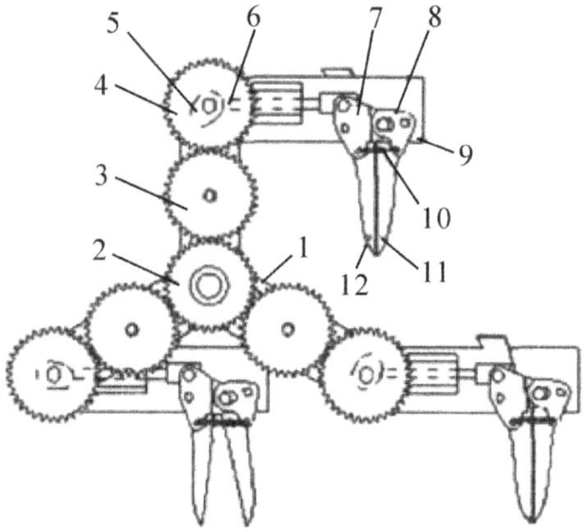

1. 行星架;2. 中心轮;3. 惰轮;4. 行星轮;5. 凸轮;6. 推杆;7. 后开合板;
8. 前开合板;9. 转臂;10. 拉簧;11. 前鸭嘴;12. 后鸭嘴。

图 9－33　行星轮式吊杯移栽机结构

4. 摆臂式移栽机

摆臂式移栽机(图 9－34)是鸭嘴式移栽机的另一种演化机型,相比吊杯移栽机结构简单、操作方便,秧苗适用范围较广,裸苗、穴盘苗和基质块苗均可移栽。主要构成包括投苗筒、鸭嘴式栽植器、传动机构、苗架、机架等。其采用杆件结构结合链齿传动,带动鸭嘴栽植器按照“腰果形”轨迹作往复运动,利于延长接苗时间,保证零速投苗,提高直立度。但此种结构一般 1 行仅能布置 1 组栽植器,高速作业时会有较大振动。

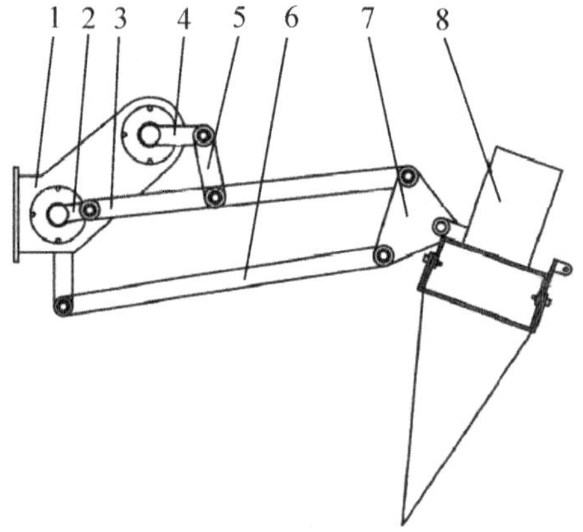

1. 减速箱;2. 小曲柄;3. 摆杆;4. 大曲柄;5. 连杆;6. 摇杆;7. 三角支撑;8. 移植器。

图 9－34　摆臂式移栽机栽植器结构

摆臂式移栽机与吊杯移栽机优点基本相似,栽植器可出入土壤开穴,实现膜上移栽作业;栽植器对秧苗具有良好的承载作用,不对秧苗施加加持力,不损伤秧苗;栽植器将秧苗包裹入土对秧苗具有一定的扶持作用,秧苗栽植后直立度较高。但是,由于栽植器的运动轨迹为往复式摆动,因此栽植频率偏低,作业效率不高;栽植器的往复摆动需与机器前进速度进行高度匹配才能实现“零速”投苗；株距不易调整，无法实现小株距要求的移栽。

5. 挠性圆盘式移栽机

挠性圆盘式移栽机（图9－35）目前应用范围有限，主要应用于大葱、甘薯等长茎裸苗作物或有纸筒育苗作物的移栽。

①主要构成　输送带送苗系统、苗架、悬挂装置、机架、开沟器、覆土镇压轮等，核心部件为两片可以张开的橡胶圆盘组成的挠性圆盘式栽植器。

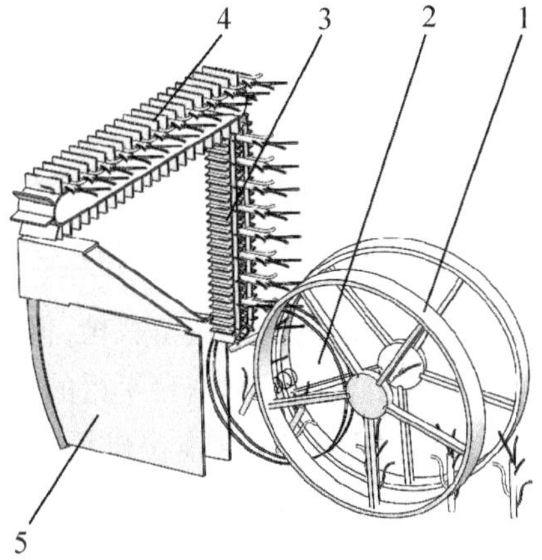

1. 覆土镇压轮；2. 挠性圆盘；3. 垂直输送带；4. 水平输送带；5. 开沟器。

图9－35　挠性圆盘式半自动移栽机

②工作原理　作业时由人工将秧苗放入水平输送带隔断内，秧苗经水平输送带被运送到垂直输送带，垂直输送带下方的挠性圆盘进苗口呈渐开状，秧苗进入挠性圆盘栽植器后，两圆盘加紧秧苗往开沟处转动，当转至开沟器下部且垂直于地面时，挠性圆盘栽植器放松秧苗，秧苗落入到栽植沟内，随后覆土镇压轮对秧苗进行覆土、镇压，完成栽植。

该种移栽机栽植器结构组成较简单、株距适应性较好，不足之处是：栽植器橡胶盘一般寿命较短；易出现倒伏与埋苗现象，难以保证秧苗直立；不能用于膜上移栽作业；应用范围较窄。

6. 带式移栽机

带式移栽机（图9－36）在欧美发达国家最早应用，作业对象主要针对基质块苗。由于基质块苗具有较好的站立稳定性和不易散坨的特性，因此可以实现成排取苗、送苗，相同栽植行数下可减少用工数量，提高劳动效率。

①主要构成　带式移栽机一般由输送带、栽植装置、开沟器（打穴器）和覆土镇压轮等组成。

②工作原理　工作时人工将苗盘内基质块苗整排投放到输送带上，在输送带作用下基质块苗被运送至分苗位置点；同时开沟器完成开沟，基质块苗在分苗装置的作用下被推至栽植沟内；然后覆土镇压轮将基质块掩埋压实，完成移栽。

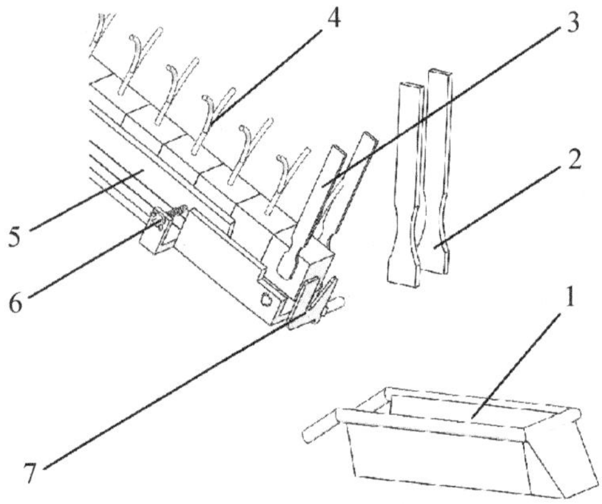

1. 开沟器;2. 栽植抓手;3. 取苗抓手;4. 方体钵苗;5. 压苗板;6. 顶紧螺栓;7. 挡苗板。

图 9-36　带式移栽机结构

带式移栽机虽然只适合带有方体基质的营养块苗栽植,但是与前述 5 种移栽机相比作业速度最快,是一种高速、高效的移栽机械。通常一台 4 行的普通半自动移栽机至少需要 5 人(含拖拉机手)作业,而带式移栽机仅需 3 人(含拖拉机手)就能完成相同的工作量,具有省力省工的优点。该机株距、行距调节方便,也可以实现膜上移栽。

(二)全自动移栽机

发达国家对全自动移栽机研究起步较早,技术相对成熟,部分全自动移栽机已推广应用。由于土地资源和经营规模的差异,发达国家全自动移栽机主要分为两类:一类是以欧美为代表的大型全自动移栽机,另一类是以日本为代表的小型全自动移栽机。

全自动移栽机的作业流程分为供苗、取苗和栽植 3 个部分。供苗是指将秧苗置于待取苗的位置,并在取苗完毕后将下一株苗移至待取苗位置;取苗是指将秧苗由穴盘中取出并移送到栽植机构中;栽植是指将取苗机构送来的秧苗在一定时间间隔中植入田里并进行适当的覆上和镇压。全自动式移栽机的重点是由自动供苗、取苗装置来代替人工作业,使移栽作业的人力需求大为降低,提高工作效率。

目前国内移栽机主要以半自动为主。半自动移栽机由人工取苗、喂苗,作业人数多,劳动强度大,效率低下,即使在移栽苗状态较好时,人工喂苗的频率也仅为 25 ~ 40 株/min,效率提升有限,经济效益不明显。发展具有高速、高效特点的全自动移栽机,实现自动取投苗功能,将成为未来的发展方向。

机械移栽方式必须匹配相应的育苗方式。穴盘苗管控方便,适合机械化移栽,是全自动移栽机的主要作业对象。

穴盘苗全自动移栽机的取苗方式主要有:

①迎苗扎(夹)取式(图 9-37A)　采用多根取苗针(指)同时扎入穴盘钵体或夹住秧苗茎秆尖将秧苗从穴盘内成排取出,然后放入投苗筒或水平输送的皮带隔断内。这种取苗方式对育苗时种子与穴盘孔的对中性要求高,对苗针空间具有要求,不适合小穴格作业。

②顶夹组合式(图 9-37B)　采用顶杆将钵苗从穴盘底孔插入成排顶出,然后用接苗

爪将顶出的成排钵苗对应夹住送入投苗筒或水平输送的皮带隔断内。这种取苗方式不容易伤根、伤叶，比较适合中、小规格穴盘苗的移栽，但因穴盘底孔直径小，对苗盘输送的精准度要求较高。

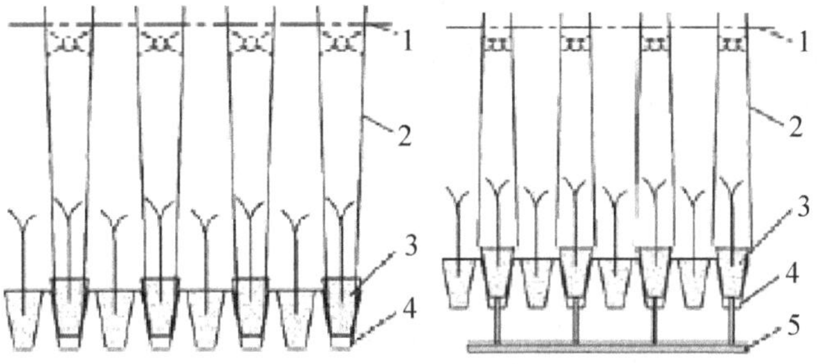

A. 迎苗扎(夹)取式　　　　B. 顶夹组合式

图 9－37　穴盘苗全自动移栽机的取苗方式

1. 欧美农业发达国家的全自动移栽机

农业发达国家如意大利、美国、英国、澳大利亚和荷兰等国，其人均耕地面积多，农场经营规模大，生产专业化程度高，多数移栽机融合先进的机—电—液(气)一体化技术，具有大型化、自动化和智能化特点。代表机型有：意大利 Ferrari 全自动移栽机和 Hortech 自动移栽机、美国 Morning Star 全自动移栽机、英国 Pearson 全自动移栽机、荷兰 TTA 公司开发的 Packplanter 温室用自动移栽机、澳大利亚 Williames 全自动移栽机等。这些移栽机基本采用成排取苗、多行作业方式，仅需单人将苗盘送至输送位置、机器自动执行后续动作，大量节省了劳动力，大大提高了生产效率，满足农业现代化生产需要。这些机器大都体型巨大、结构复杂、价格昂贵，一般只适用于露地生产。

(1)迎苗扎(夹)取式全自动移栽机　Pearson 全自动移栽机(图 9－38)由 Dobmac Agricultural Machinery 公司生产。该机采用取苗针扎取钵苗基质的方式进行取苗，钵苗被取苗针从水平放置的穴盘中成排取出并转移至导苗管式栽植器进行定植，作业效率可达 4 株/s。这种机型高度集成多传感器技术和自动控制技术，围绕“幼苗全程可控”原则，取苗时不仅能够进行缺苗检测，而且融合柔性取苗技术，能有效避免取苗爪对秧苗茎叶的损伤。同种取苗方式还有澳大利亚 Transplant Systems 生产的自动移栽机。

图 9－38　英国 Pearson 全自动蔬菜移栽机

(2)顶夹组合式全自动移栽机　Futura 全自动移栽机(图 9 – 39)由意大利 Ferrari 公司生产。移栽机作业时采用成排顶出夹取方式取苗,顶出杆和取苗爪通过 PLC 控制气缸协调工作,取苗单元效率达 8 000 株/h。机器对不同规格苗盘具有较好的适应性,具备缺苗检测,栽植器浮动仿形,可适应多种土壤,株距、栽深可控,适用于平地、坡地等种植条件。同样采用这种取苗方式的还有澳大利亚 Williames Pty Ltd 公司生产的 Williames 全自动移栽机,作业效率达 2 株/s,自动化程度高,一人可负责 16 行移栽作业的供苗。

图 9 – 39　Futura 全自动移栽机

(3)其他取苗方式的全自动移栽机　美国 Morning Star 公司生产的自动移栽机(图 9 – 40)采用双平板苗茎夹持的取苗方式,并通过气动苗爪进行二次夹取,将成排钵苗移送至传送带,最终送至挠性圆盘或导苗管内进行栽植。该机对穴盘育苗和作业精度要求高,自动化程度高,作业速度快,工作效率为半自动移栽机的两倍。

图 9 – 40　Morning Star 公司全自动移栽机

Hortech 公司生产的 DUE – MATIC 移栽机(图 9 – 41),是一种针对方体基质块苗的自动移栽机。该机工作时,通过辅助工具把整排基质块苗移至输送带或其他输送机构,在分苗机构作用下实现有序分苗后,再由栽植机构进行栽植。这种移栽方式简化了取苗机构,降低了取苗对穴的精度要求,取苗成功率高,目前该机型移栽作业仍需要人工对行放苗,栽植频率达 1 株/s,与其他全自动移栽机相比栽植效率略低,但机器对秧苗种类不受约束,可靠性高,维护成本低,还可实现膜上移栽。

图 9－41　DUE－MATIC 自动移栽机

2. 日本全自动移栽机

日本是农业机械化及自动化水平很高的国家之一，生产的旱地自动移栽机代表了亚洲最高水平。日本的土地状况与我国南方地区类似，多丘陵山地，单幅耕地面积小，劳动力比较紧缺。与欧美发达国家的大型智能化全自动移栽机相比，日本全自动蔬菜移栽机小巧紧凑，整机以机械传动为主，作业对象为穴盘可挠性弯曲的钵苗。作业时由操作人员将苗盘放入苗盘输送架，移栽完毕后空盘可随输送系统输出。按照乘坐与否分为乘坐式和手扶式两类，两类机型的取苗方式上多采用迎苗扎（夹）取式和顶夹组合式，取苗机构一般采用多连杆机构结合链齿传动，形成特定的往复运动轨迹，将幼苗从穴盘中取出并投入栽植器。这种机型整机体积较小，机动灵活，适用于温室大棚、丘陵和小地块作业。

（1）乘坐式全自动移栽机　乘坐式全自动移栽机以洋马株式会社生产的 PF2R 型自动移栽机（图 9－42）为代表示。该机型采用迎苗扎（夹）取的方式进行取苗，整机 4 轮驱动，行进速度两档可调，一次进地完成镇压、取苗、开孔、落苗、覆土等功能，能够适应起垄、平地等状态下多种栽植行距、株距和栽植深度要求的松土移栽，适用 128 穴和 200 穴可卷曲苗盘。

A. 整机　　B. 取苗机构

图 9－42　PF2R 型乘坐式自动移栽机

（2）手扶式自动移栽机　SKP－100MP 自动移栽机（图 9－43）是久保田株式会社生产

的一款手扶式自动移栽机。这种型式的移栽机设计作业速度两档可调。移栽机采用油压式升降能自动保持机体水平,具有株距可调、栽深自动控制、可用于平地及小坡地移栽的特点,采用迎苗扎(夹)取的取苗方式,适用于128 穴和200 穴两种规格苗盘。同样采用该取苗方式和工作原理的手扶式全自动移栽机还有洋马 PA10 型自动蔬菜移栽机、井关 PVH-1 型自动蔬菜移栽机等。

图 9-43　久保田 SKP-100MP 蔬菜自动移栽机

日本实产业株式会社生产的 2ZS 系列手扶式全自动蔬菜钵苗移栽机(图 9-44),采用顶夹组合式取苗方式,适用于大葱、西兰花、辣椒、甜玉米、菊花、卷心菜、花菜、甘蓝等苗高 8~12 cm 多种蔬菜的机械化移栽作业。采用“自动取投苗”核心技术,实现“取苗—喂苗—开沟—定植—覆土—压实”六个步骤全自动化机械移栽,作业效率可达 0.2 hm^2/h,是人工移栽的 10~15 倍,适用于 220 穴可挠性弯曲苗盘,可实现小株距栽植作业。

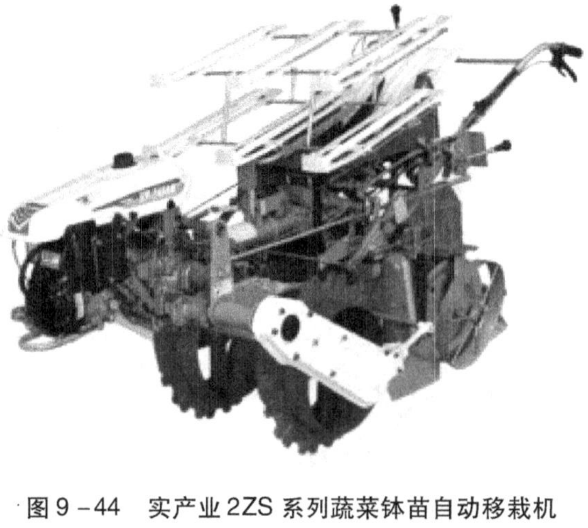

图 9-44　实产业 2ZS 系列蔬菜钵苗自动移栽机

二、基质栽培移栽机械

基质栽培对象主要集中在种植周期短、作业量大的花卉、水培叶菜,以及组培和扦插等无根茎条或带根的无基质裸苗，其移栽机械的功能是将标准穴盘苗或无基质裸苗移植到大规格标准穴盘、花盆及种植槽中。由于基质栽培作业环境相比土壤栽培清洁、可控，基质栽培移栽机械使用了大量先进的工业技术，其核心技术主要集中在如何抓取苗并转移至种植目的地。随着计算机技术和机器视觉技术在农业上的逐步应用，目前基质栽培移栽机械的智能化程度不断提升。

（一）花卉基质栽培移栽机

花卉穴盘苗移栽是目前基质栽培的主流，主要针对盆栽花卉生产，目的是将穴盘花卉苗向花盆移植或将密植穴盘向稀植穴盘移植。由于花卉种类繁多，种苗形态千差万别，移栽机的关键技术点集中在其末端执行器（移植手）上，设计移植手时主要考虑基质块的尺寸及秧苗形态等因素，基质块尺寸决定移植手的大小，移植手尺寸大小不同导致其结构与作业方式存在不同类型，移植手取苗时需考虑是否避让秧苗茎叶以免伤苗。为有效提高移栽机的作业效率，部分移栽机的移植手数量已提高到 16 个以上，有些已达到 36 个，移栽效率可达 30 000 株/h，穴盘穴数和移栽机移植手数量越大，移栽效率越高，目前针对 72 穴的花卉穴盘苗移栽技术较成熟，作业性能稳定。

荷兰 Visser 公司在花卉生产方面技术较为领先，成功研制出多款移栽机（图 9－45），这些机器自动化程度较高，产品覆盖从 4 爪到 32 爪，各个手爪采用计算机编程单电控方式，对中精度高，移栽效率 3 000～30 000 株/h 不等，这种移栽机一般为固定式，用于流水线花卉盆栽。

图 9－45　Visser 全自动花卉移栽机

花卉除采用穴盘育苗移栽以外还广泛应用基质块育苗移栽。荷兰 Chrysant Arcadia 公司温室鲜切菊花生产工厂是欧洲第一大鲜切菊花生产公司，其大型连栋玻璃温室被分割成若干个种植单元，每天在不同的单元定植和采收，可实现从菊苗定植、生长管理、花蕾套兜、采收输送到分选包装一年四季的均衡生产（图 9－46）。定植所需的苗是采购自非洲基地生产的方体基质块菊花苗，大型移栽机在温室内沿固定道缓慢移动，可实现块苗的自动出盘、分苗、夹取和摆放，完成定植过程。

图 9 -46　Chrysant Arcadia 鲜切菊花移栽

(二)水培叶菜移栽机

水培叶菜秧苗移栽与花卉穴盘苗移植相比较为简单,水培叶菜育苗一般为两种形式,一是利用基质育苗,国内一般利用穴盘育苗,以欧洲为代表的国外一些企业利用基质块育苗;二是将海绵或基质放置于育苗杯内育苗。前者种植作业环节较为简单,但是秧苗移植后基质块不固定容易倾翻,导致种植的水培叶菜生长形态不佳,后者采用育苗杯可减小夹持秧苗的对位难度,并可利用水培槽孔位固定秧苗,使水培叶菜生长形态正常(图 9 -47)。

图 9 -47　水培叶菜基质块苗移栽

(三)无性繁殖裸苗移栽机

无性繁殖主要指扦插、嫁接及组织培养,而扦插和组织培养育苗基本离不开移栽作业环节。近年来,无性繁殖在育苗生产中的规模不断发展壮大,因此,对于扦插和组织培养的机械化移栽作业需求也越来越大。扦插与组织培养培育的秧苗有一个非常大的特点,即幼苗均为不带基质的裸苗,穴盘苗移植时可通过夹持基质块,避开直接接触苗体,达到不损伤种苗的目的,而对于裸苗直接触碰柔嫩苗体极易造成损伤,这给机械移栽作业带来困难。

为解决夹持裸苗易损伤的问题,荷兰 ISO Group 公司针对柔嫩的菊花扦插作业,利用弹力钢片开发出一种结构复杂的柔性裸苗夹持手,机械手通过多个叠加在一起的气缸驱动,在机器视觉引导和一个机械手臂带动下,完成单个裸苗捡拾、穴盘定位扦插动作,其作业速度是人工作业的 3 倍以上(图 9 -48)。

图 9－48　扦插菊花苗向穴盘移栽

针对组培苗向穴盘基质内移栽的移栽机作业形式与花卉穴盘苗移栽机工作原理类似，机械手不直接触碰苗体，通过夹持培养基实现间接夹苗，但培养基极易破碎，如何夹持培养基是技术难点。带培养基进行组培苗移植的作业不常见（图 9－49）。

图 9－49　带培养基组培苗向穴盘移栽

三、移栽机配套选型

移栽机的配套选型，除了考虑蔬菜种类、种植模式、农艺要求、育苗方式及秧苗特性，还要考虑田块大小、土壤特性、气候条件、设施结构类型以及机械投入的经济效益等因素。

（一）适合南北方生产特性的移栽机配套选型

合理优选适宜南、北方蔬菜生产特性的移栽机对蔬菜产业发展尤为重要。我国土地面积广阔，以秦岭—淮河线为南北分界线，南北方田地规格、土壤类型差异明显。南方多丘陵山地，以不规则小地块为主，气候湿润多雨，土壤类型多为黏重土壤；而北方则是平原地区，相对南方地块尺寸大，气候干燥少雨，土壤类型多为沙土或壤土为主。在蔬菜种植品种方面，南方以西兰花、甘蓝、小青菜、生菜等结球类、叶菜类蔬菜为主；北方则以萝卜、茄子、西红柿、黄瓜等根茎类、瓜果类蔬菜品种为主。南北差异，决定了移栽机配套选型一般有如下区别（表 9－1）。

表9－1　南北方移栽机配套选型

影响因素	土壤类型	田块规格	育苗特性	气候特点
南方地区	开沟式移栽机	小型（手扶式、自走式）	钵苗移栽机（为主）	起垄移栽机
北方地区	鸭嘴式移栽机	悬挂牵引式、大型全自动式	钵苗、裸苗、基质块苗	覆膜移栽机

（二）露地与设施用移栽机配套选型

蔬菜露地种植成本小，收效快，但受气候影响较大。蔬菜露地种植便于机械化，其大面积蔬菜移栽建议选用多行牵引式半自动移栽机或大型全自动移栽机；小面积移栽时选择手扶式、牵引式、乘坐式均可。

蔬菜设施种植受气候影响小、种植茬数多，一般比露地种植收益高，但前期投入大、成本高，机械化应用也有一定的空间局限性。选择蔬菜设施生产机械时，必须将农机与设施、农艺等各自要求进行较好的统筹与融合。设施蔬菜一般为附加值较高的品种，移栽时对秧苗成活率和栽植质量要求较高，用机械代替人工是必然的选择。日光温室因其自身特点和农艺要求，移栽机配套选型种类较少，可以小型手扶半自动移栽机为主；塑料大棚受肩高和顶高的限制，在选型方面也应以小型化为主；连栋温室结构宽大，适合机械化作业，在移栽机选型方面选择范围较宽，从作业效率和用工成本角度出发可选用牵引式多行移栽机或小型全自动移栽机。温室大棚为密闭环境，在移栽作业时还需考虑环境污染问题，应尽量选用清洁能源动力的移栽机。

第四节　田间管理机械

通常蔬菜田间管理环节包括中耕除草、植保施药、水肥管理、吊蔓授粉等。我国现有的设施蔬菜生产中基本采用覆膜方式解决草害问题，无须中耕除草机械。但设施种植条件下容易产生严重的连作障碍问题，需对土壤进行消毒灭菌处理。

本节着重介绍植保机械、土壤消毒机械以及吊蔓授粉器械。

一、植保机械

植物保护是种植业的重要生产环节，在植物生长过程中，与农作物病、虫、草、鼠等危害进行斗争是人类自开始农耕以来就面临的挑战。自化学农药发明以来，化学防治方法已成为农作物病虫害防治最有效、最主要的手段。施用农药的机械称为植物保护机械，简称植保机械。

（一）植物保护的方法

植保作业的目的是消灭病虫草的危害，保证稳产高产。植保方法可按其原理分为以下几类。

（1）农业防治法　选育抗病品种，改进栽培方法，实行合理轮作，深耕和改良土壤，加强田间管理及植物检疫等。

(2)生物防治法　利用害虫的天敌,利用生物间的寄生关系或抗生关系防治病虫害。

(3) 物理和机械防治法　利用物理方法和工具,例如利用诱虫灯消灭害虫。

(4)化学防治法　利用各种化学药剂消灭病虫、杂草和其他有害动物的方法。这种方法的优点是操作简单、防治效果好、生产率高,而且受季节影响小,故应用最广。其缺点是留残毒,污染环境,影响人体健康。因此,使用时一定要注意控制药量。

实践证明,使用单一的防治方法,不能很好地解决防治病虫害和消灭杂草的问题。应充分发挥农业技术防治、化学防治、生物防治及物理防治等综合防治方法才能更有效地进行植物保护。

(二)植保机械的种类

按照施药方法不同,植保机械可分为喷雾机、弥雾机、超低量喷雾机、喷烟机和喷粉机;按照动力不同,可以分为手动式和机动式;按照机器配置方式不同,可以分为肩挂式、背负式、担架式、悬挂式和牵引式。

除了以上地面植保机械,近几年推广应用的还有航空植保机械,在大面积防治病虫害时,它较地面防治具有及时、经济、不受地形条件限制等优点。

(三)植保机械的农业技术要求

(1)应能满足农业、园艺、林业等不同种类、不同生态以及不同自然条件下对植物病、虫、草、兽害的防治要求。

(2)应能将液剂、粉剂、粒剂等各种剂型的农药均匀地分布在施用对象所要求的施药部位上。

(3)对所施用的农药应有较高的附着率,较少的飘移损失及环境污染。

(4)机具应具有较高的生产效率,较好的使用经济性和安全性。

(四)植保机械的发展趋势

现代植保机械的发展趋势是提高喷洒作业质量、有效利用农药、保护生态环境、提高工效、改善人员劳动条件与安全、提高机具使用可靠性和经济性。

(1)低容量喷雾机喷雾量少、雾滴细、功效高,近年来获得广泛应用。液力喷雾机、风送喷雾机将在农、林、牧业病虫害防治方面进一步获得广泛应用。

(2)小型机动植保机械配备小型发动机,对不同植物和地区有广泛适应性,其中背负、手提、担架等型式的液力喷雾机和风送喷雾机是主要机型。

(3)喷洒部件形式多样化、规格化、标准化、系列化,制造精密、喷洒性能优良,能满足不同植物、不同生长形态以及不同剂型农药的喷洒要求。

(4)大型植保机械趋向机电一体化,宽幅喷雾机安装机电系统与电子系统,对喷雾作业实施监控与自动调整,提高喷洒精度与作业效率。

(5)不锈钢、铝合金、硬质陶瓷、工程塑料等新材料大量用于植保机械的工作部件,提高机具的可靠性和耐久性。

(6)重视生态环境的保护,尽可能减少喷洒农药过程中对土壤、水源、害虫天敌以及环境的污染与损害。

(五)主要机型

1. 手动式喷雾器

手动式喷雾器是采用人力来喷洒药液的一种植保机械。它具有结构简单、使用方便、适用性广的特点,可用于防治水田和旱地作物的病虫草害,以及防治仓库病虫害和卫生防疫。

人力喷雾器多为背负式,分为液泵式和气泵式两种。液泵式喷雾器操作时一边按动手杆一边喷药,操作人员容易疲劳。气泵式喷雾器操作时经过 2 ~ 3 次充气可喷完一桶药液,操作省力,因此也称为自动喷雾器。

(1)背负式喷雾器　东方红 - 16 背负式喷雾器(图 9 - 50)主要由活塞、空气室、药液箱、胶管、喷管、开关及喷头等组成。工作时,操作人员将喷雾器背在身后,通过手压杆带动活塞在缸筒内上下运动。药液经过阀门进入空气室,再经过水阀、输液胶管、开关及喷头喷出。泵的最高压力可达到 800 kPa。为了稳定药液的工作压力,在泵的出水阀处装有空气室。

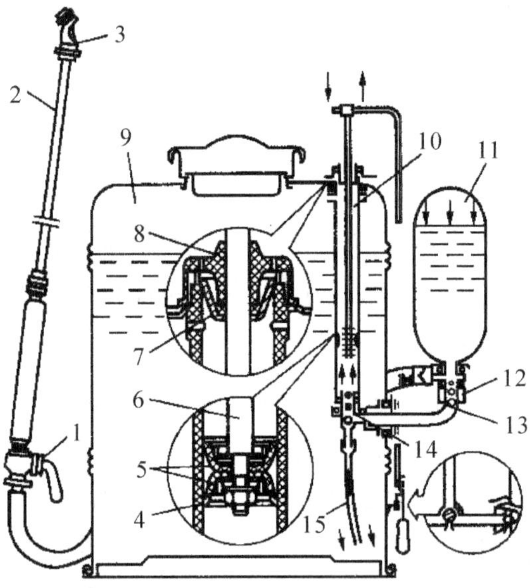

1. 开关;2. 喷杆;3. 喷头;4. 固定螺母;5. 皮碗;6. 活塞杆;7. 毡圈;8. 泵盖;9. 药液箱;10. 缸桶;11. 空气室;12. 出水阀球;13. 出水阀室;14. 进水球阀;15. 吸水管。

图 9 - 50　东方红 - 16 背负式喷雾器

(2)气泵式喷雾器　气泵式喷雾器(图 9 - 51)由气泵、药液箱和喷射部件等组成。气泵式喷雾器工作时,通过上、下移动手杆向药箱内打压空气,使药箱内压力升高,使药液通过喷头压出,实现喷雾。

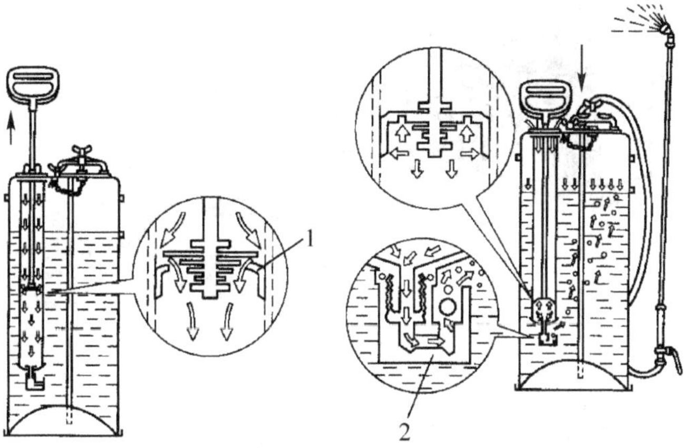

1. 皮碗;2. 出气阀。

A. 手杆上提　　　　　　　　　B. 手杆下压

图 9－51　气泵式喷雾器

2. 担架式喷雾机

工农－36 型担架式喷雾机(图 9－52)由发动机、液泵、调压阀、压力表、空气室、流量控制阀、滤网、喷头或喷枪、机架等组成。当发动机驱动液泵工作时,水通过滤网、管子吸入液泵内,然后压入空气室内。压力水流经过流量控制阀进入射流式混药器,借混药器的射流作用,水和母液在混药器内自动均匀混合后,经输液软管到喷枪,进行远射程喷雾。使用喷药枪时药液不通过液泵,从而减少药液对液泵的腐蚀,可延长其使用寿命。当雾化程度要求高和近射程喷雾时,必须卸下混药箱,换装喷头,将滤网放入药液箱即可工作。在田间转移停止喷药时,关闭流量调节阀,使药液作内部循环,以免液泵干磨。

(1)液泵　液泵(三缸活塞泵)由泵体、曲轴、连杆、活塞杆、泵筒、活塞和出液阀组成。活塞兼作进液阀,由胶碗托、进液阀片等组成,装在活塞杆上,并能沿活塞杆做轴向移动。

(2)调压阀和压力表　调压阀用来调节泵的工作压力,并起安全阀的作用。压力表用于实时监测泵的工作压力。

(3)混药器　在水源充足的设施喷雾时,活塞泵的吸水滤网可直接插入水田里吸水,高浓度母液由混药器吸入喷管,与高压水混合后经喷射部件喷出。

(4)喷头　喷头是雾化药液最重要的工作部件,雾滴的大小和均匀性以及药液的分布,与喷头的形式、结构和配置有关。为了防止腐蚀和耐磨,喷头应由黄铜或青铜制作。常用的喷头形式有圆锥雾式喷头、扇形雾式喷头和单孔式喷头。

圆锥雾式喷头(涡流式喷头)的特点是压力药液在涡流室内产生旋转运动,再从喷孔中喷出。药液离开喷孔形成向前延伸的空心锥液膜,液膜继续向前破裂成液丝,液丝再进一步断裂成雾滴,形成空心锥形雾。

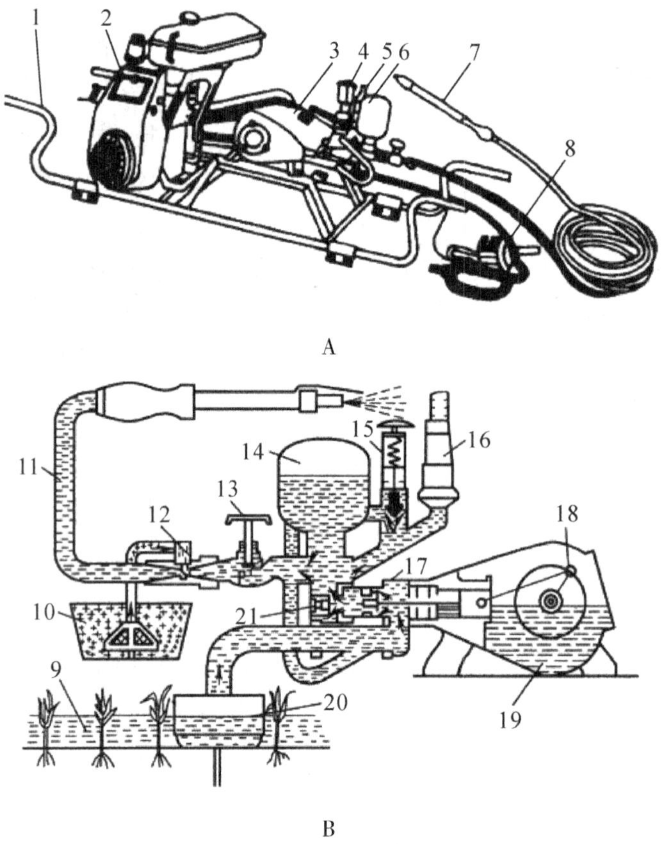

1. 机架;2. 发动机;3. 液泵;4、15. 调压阀;5、16. 压力表;6. 空气室;7. 喷洒部件;8,20. 吸水滤网;9. 水田;10. 母液;11. 药水;12. 混药器;13. 截止阀;14. 空气室;17. 进液阀组;18. 曲柄连杆机构;19. 曲轴箱;20. 出液阀组。

图 9－52　工农－36 型担架式喷雾机

3. 风送喷雾机

3WG－1000 型拖拉机牵引式风送喷雾机(图 9－53)利用拖拉机输出动力,驱动风机与水泵,进行风送式喷雾作业,其喷雾速度快,生产效率高。适用于喷施化学试剂,进行果树的病虫害防治,还可用于苹果、梨、桃以及具有适宜行距的葡萄园的病虫防治。该机操作、调整、保养较方便。

风送喷雾机一般由动力和喷雾两部分组成。喷雾部分由药液箱、轴流风机、四缸活塞式隔膜泵或三缸柱塞泵、调压分配阀、过滤器、吸水阀、传动轴和喷洒装置等组成。

3WG－1000 型拖拉机牵引式风送喷雾机工作原理是:当拖拉机驱动液泵运动时,水源处的水经吸水滤网、开关、过滤器进入液泵;然后经调节分配阀总开关的回水管及搅拌管进入药液箱,在向药箱加水的同时,将农药按所需的配合比例加入药箱,从而实现加水和混合农药同时进行;药箱中的药液经出水管、吸水阀、过滤器与液泵的进水管进入液泵,药箱中的搅拌装置不断搅拌,保持喷雾药液浓度的均匀;在泵的作用下,药液由泵的出水管路进入调节分配阀的总开关,在总开关开启时,药液经 2 个分置开关,通过其输液管进入喷洒装置的喷管中;进入喷管的药液具有一定的压力,在喷头的作用下,以雾状喷出,并通过风机所产生的强风速和大气流，将雾滴再进行第二次雾化。在气流的作用下，将已雾化的细雾滴吹送到作物或果树之上。

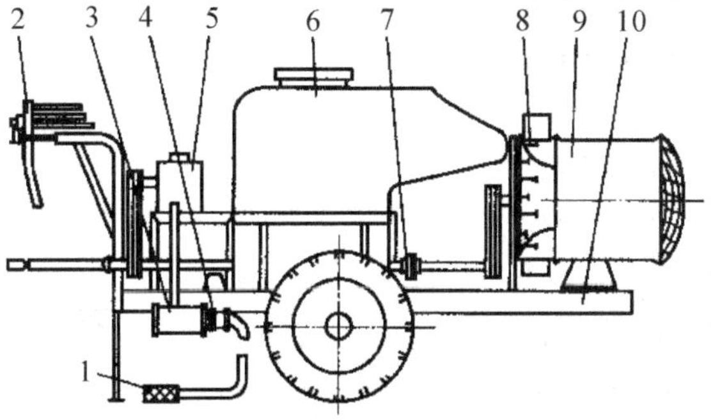

1. 吸水滤网；2. 调节分配阀；3. 过滤器；4. 吸水阀；5. 液泵；6. 药液箱；
7. 联轴器；8. 喷洒装置；9. 轴流风机；10. 机架。

图 9－53　3WG－1000 型拖拉机牵引式风送喷雾机

4. 手持电动超低量喷雾器

（1）手持电动超低量喷雾器　超低量喷雾是指喷雾量小于 5 L/h 的喷雾作业，有以下特点：一般采用原药，浓度非常高，对病虫的熏杀和触杀效果好；药液的有效时间长；雾滴细而且均匀，附着性好；功效高；节省农药；雾滴容易飘失，造成对其他作物的危害。

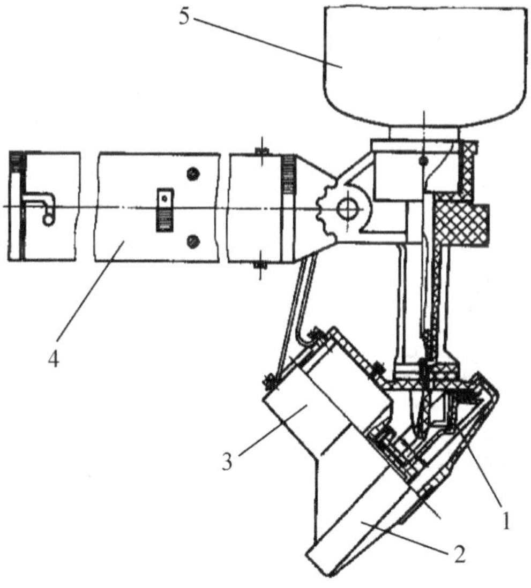

1. 离心喷头；2. 喷头盖；3. 直流电机；4. 手柄；5. 药液箱。

图 9－54　手持电动超低量喷雾器

手持电动超低量喷雾器（图 9－54）由手柄、药液瓶、离心喷头、直流电机、电源等组成。离心喷头由喷雾头、喷嘴及雾化盘等组成，雾化盘是超低量喷头的重要部件，包括前齿盘、后齿盘及护罩等部分。工作时，雾化盘由微型直流电动机带动高速旋转（7 000～8 000 r/min），同时药液在重力作用下，由药液瓶经过滤网、输液管、流量开关及喷嘴流入雾化盘前后齿盘的缝隙里，立即受到齿盘高速回转离心力的作用，高速药液撞击齿盘边缘的小齿，被碎成细小雾粒,随自然风飘移到植株上。雾化盘可产生 15 ~ 75 μm 的雾粒,在 2 ~ 3 级风的条件下,喷幅为 3 ~ 5 m。

(2)静电喷雾机　静电喷雾机利用静电感应法完成喷雾。若离地面不远的喷嘴具有直流高压静电,地面上的目标就会引发出和喷嘴极性相反的电荷,并在喷嘴和目标之间形成静电场,产生电力线,如图 9 - 55 所示。当带电雾滴从喷嘴喷出时,将受到喷嘴同性电荷的排斥和目标异性电荷的吸引而沿着电力线奔向目标。由于电力线分布于目标的各个方向,不仅能吸附在植株的正面,也能吸附在植株的背面。喷嘴电压越高,电场强度越大,带电药粒子被吸附到植株上的作用力也就越大。

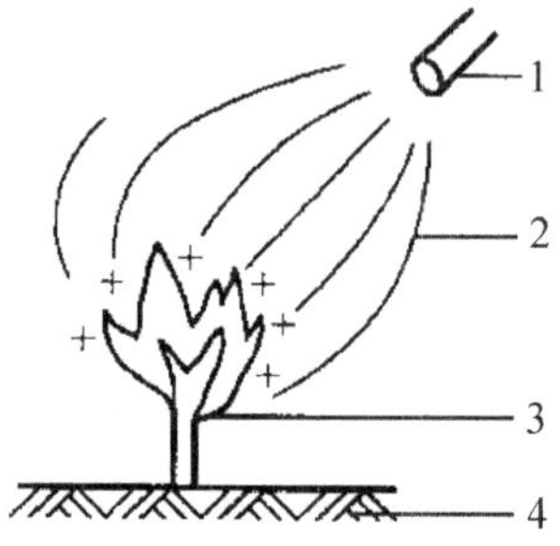

1. 喷头;2. 雾滴运动轨迹;
3. 作物;4. 地面。
图 9 - 55　静电作用

使雾滴带电的方法有电晕荷电、接触荷电和感应荷电 3 种。电晕荷电通过在喷嘴出口区装一个或数个电极尖端,在尖端施加一个强静电场,产生电晕放电,电晕荷电适合于背负式和大型喷雾机静电喷雾;接触荷电通过将高压电直接连到即将雾化的药液上,药液雾化后携带电荷,接触荷电要求设备具有良好的绝缘性,适用于手持式和背负式喷雾机静电喷雾;感应电荷通过在喷头出口处设置感应杯,从喷头喷出的雾滴受高强度电场作用而带电,感应荷电适应性强,可用于各种喷雾机,但结构复杂,消耗能量大,雾滴沉附作用较差。

静电喷雾的主要特点:由于雾滴带静电,因此附着性好,农药的利用率高;相同电荷的雾滴之间不会产生凝聚现象,因此在作物表面分布均匀;雾滴在电场作用下,能够均匀快速地到达靶标,飘失少;静电喷雾的主要缺点是需要配备直流高压装置,成本高。

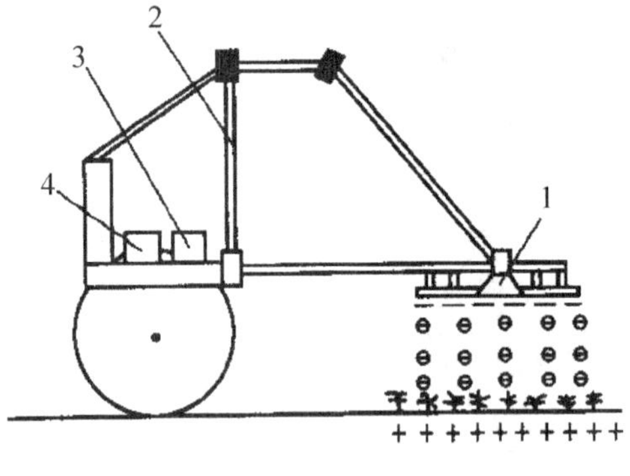

1. 静电喷头;2. 机架;
3. 高压静电发生器;4. 电源。
图 9 - 56　静电喷雾机结构

静电喷雾机通常由机架、高压静电发生器、喷头总成和电源等部分组成,如图 9 - 56 所示。高压静电发生器主要由自激振荡器(电源变换器)和倍整流器等组成;喷头主要由微型电机、雾化盘极板、喷头体等部分组成。其工作原理是将高压静电发生器产生的高压负电加在喷头的药液管上,当有药液流过时,药液会携带负电;由于喷头的极板也带高压负电,因而使作物产生正电位;两者之间形成电场,使带负电荷的药液直接被吸向带正电作物的各个部位。

航空植保机械的发展已有几十年的历史,近年来发展很快,除了用于病虫害防治以外,还用于播种、施肥、除草、人工降雨、森林防火等许多方面。运 - 5 型双翼机为单发动机机型,是一种多用途的小型机,设备比较齐全,低空飞行性好,在平原地区作业时,可距离作物顶端5 ~ 7 m,在山区作业时,可距离树冠 15 ~ 20 m,作业速度 160 km/h。起飞、降落占用的机场面积小,对机场条件要求比较低。在机身中部安装喷雾或喷粉装置,可以进行多种作业。

图 9 －57 所示是一种安装在机翼上的喷雾装置,既可喷雾,也可喷粉。药箱上的加液管在需要加液时,可与加液泵的出液管相连,进行自动加液;在不需要加液时,作透气管用。药液泵的吸液管与药箱相连,两个排液管由一个活门操纵,从排液管上分出的一根支管通入药箱内,用来搅拌药液。离心式药液泵由风力驱动,从药液泵排出的压力较高的药液经过排液管进入横向分列两侧的喷液管,喷液管安装在机翼下面,其横截面呈流线型,以减少空气阻力。喷液管上等距离地焊有许多分管,分管轴线与喷管垂直并向机身水平线下方倾斜 60°,分管前端安装喷头。

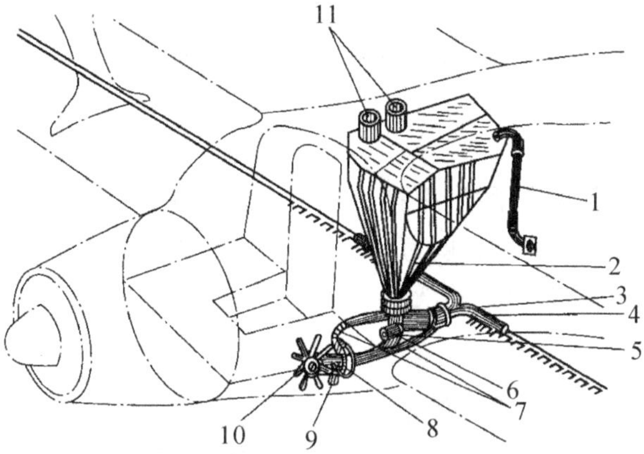

1. 加液管;2. 药箱;3. 出液管;4. 喷液管;5. 吸液管;6. 活门气力动作筒;
7. 排液管;8. 药液泵;9. 风车制动气动作筒;10. 风车;11. 加液口。

图 9 －57　飞机喷雾装置结构

喷头的结构如图 9 －58 所示。喷雾时,支管的高压力药液顶开单向阀,从挡环中进入半球形喷孔片的空间内,经过喷孔喷射形成雾状。喷出的药雾受到高速气流的冲击作用,进一步被雾化形成更细小的药雾颗粒,最后飘落到植物和地面上。

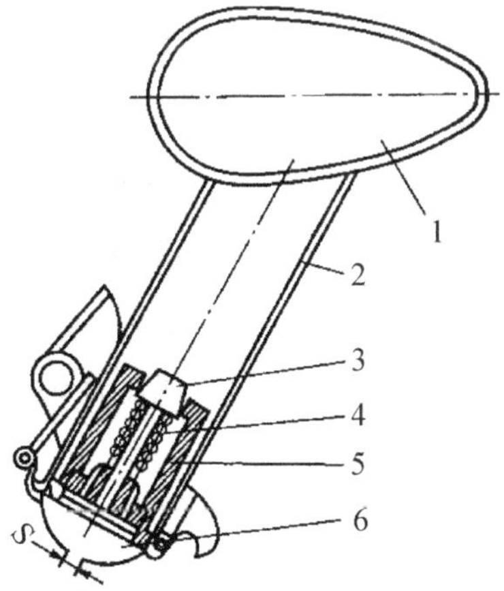

1. 喷液管;2. 分管;3. 阀门;4. 弹簧;5. 阀座;6. 喷嘴。

图 9 －58　飞机喷雾装置结构

二、消毒机械

消毒作业是指消除环境因子中有害动植物和微生物的作业，按照消毒对象可分为土壤消毒机械、基质消毒机械、营养液消毒机械和空气消毒机械，按照消毒原理可分为物理消毒机械和化学消毒机械，其中物理消毒机械包括蒸汽消毒机、火焰消毒机和微波消毒机；化学消毒机械则主要实现向土壤或基质等介质中注入药剂的机械。

（一）土壤消毒机

土壤消毒机是应用最广泛的一类消毒机械，主要分为土壤化学消毒机械和土壤物理消毒机械。

1. 土壤化学消毒机械

人力土壤消毒机上部设有手把，手把下方设有药液箱，药液箱下方安装有注入用喷嘴和深度调节板（图9－59）。通常长度为1 m，宽度为0.28 m，重量约2.5 kg。该机械使用方法简单，只需按一下杆状钮即可把药液注入土壤。

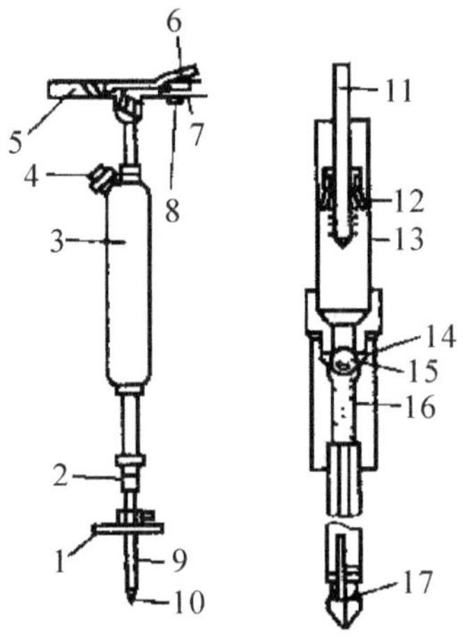

1. 深度调节板；2. 阀门；3. 药箱；4. 盖；5. 手把；6. 注射手柄；7. 喷量调节阀；8. 阀限位螺栓；9. 注入管；10. 喷头；11. 活塞杆；12. 活塞；13. 缸筒；14. 阀座；15. 球阀；16. 弹簧；17. 喷头。

图9－59　人力土壤消毒机

注入刀刃式土壤消毒机通常为牵引式（图9－60）。注入刀刃安装在拖拉机的后部，药液由隔膜泵加压后，经过药液管和安装在药液管前端的注入刀刃点注。药液箱的容积一般为20 L，常用压力为49～69 kPa。

2. 土壤物理消毒机械

（1）土壤蒸汽消毒机　土壤蒸汽消毒法（Soil steaming sterilization）是通过向土壤中通入热蒸汽来杀死杂草和细菌、真菌、病毒等病原微生物的消毒方法。虽然蒸汽消毒不能杀死所有微生物，某些微生物会存活下来，并在温度下降后恢复活性，但其有助于改善土壤团粒结构和恢复团粒活性，提高土壤通透性，具有高效清洁、无毒、无残留，处理后短期内即可播种以及能消毒基质等优点。通常蒸汽加热到180～200℃，即可达到土壤消毒的目的。

蒸汽消毒主要有地表覆膜蒸汽消毒、真空深层蒸汽消毒、综合蒸汽消毒等方法。地表覆膜蒸汽消毒(图9－61)较为简单和经济。根据蒸汽发生机构的效率,一次作业可消毒15～400 m^2不等,通常土壤温度应在85℃以上。消毒深度每增加10 cm,消毒时间应延长1.0～1.5 h。作业4～5 h后,深度25～30 cm的土壤温度可达90℃。蒸汽消毒前进行深松、犁耕、旋耕等机械作业,形成表层颗粒、深层块状的土壤状态,有助于提高土壤消毒效果。

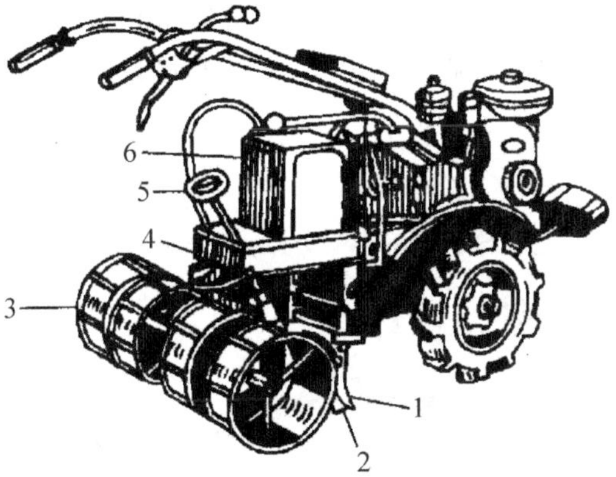

1. 注入刀刃;2. 注入口;3. 镇压轮;4. 注入开闭龙头;5. 注入深度调节手柄;6. 药箱。

图9－60　手扶拖拉机配套土壤消毒机

图9－61　薄膜蒸汽消毒机

真空深层蒸汽消毒需要预先安装土下蒸汽和排水系统,配合地上移动抽吸管道进行消毒,如图9－62。该装备初始投资较大,可实现最深80 cm的土壤消毒。工作时,预先启动蒸汽发生器20～30 min,启动抽吸管道,形成一定的土壤空气真空,蒸汽可顺利通入土壤。每增加10 cm的土壤消毒深度,则消毒时间相应延长1 h。

图9－62　半自动真空深层消毒机

综合蒸汽消毒法是将深层消毒方法和表面消毒方法相结合，蒸汽可同时从底部和表面进入土壤，效率高、效果好，是使用最多的蒸汽消毒方法。综合蒸汽消毒法的最大蒸汽蒸发量为每小时 120 kg/m²，比其他方法能耗增加 30%，但可缩短 50% 蒸汽处理时间。

（2）土壤火焰消毒机　土壤火焰消毒机（图 9－63）的工作原理是利用高温火焰使生物体内的蛋白质发生不可逆的变性，从而达到消毒目的。与土壤蒸汽消毒机相比，其操作简单，成本较低。工作时，进行土壤搅翻，将深层土壤旋翻出来，以 LPG（Liquefied Petroleum Gas，液化石油气）为燃气的燃烧器喷射高温火焰，进行瞬间高温杀菌杀虫，清除有病虫害、杂草和有机农药。

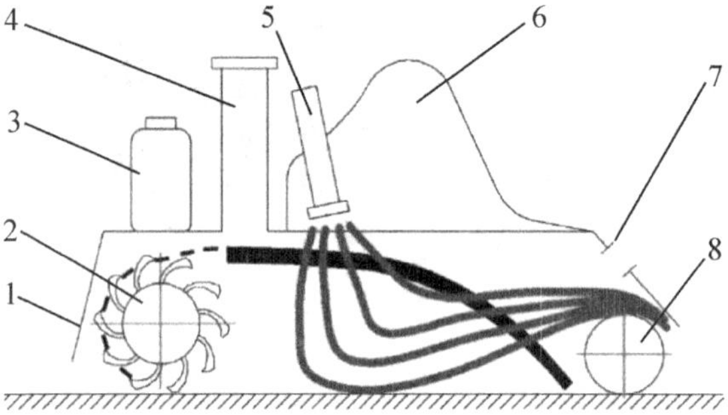

1. 壳体；2. 旋耕刀轴；3. LPG 气罐；4. 强制通风装置；
5. 燃烧器；6. 燃烧室；7. 排风烟道；8. 镇压辊。

图 9－63　土壤火焰高温消毒机

意大利 MINGOZZI 集团旗下的 Pirodiserbo 公司开发了系列火焰土壤消毒装备（图 9－64），机具采用普通三点悬挂与动力机械链接，装备紧凑、重量适中，与小型拖拉机匹配，可在温室大棚作业。装备主要有旋土部分和加热部分。旋土部分通过旋耕提取一定深度的土壤，并以薄层的方式抛向后方加热部分；加热部分包括气罐、燃烧器、燃烧室、通风装置等部件，一般可布置 8 个燃烧器，燃烧室的设计有助于燃烧充分、节省能源，强制通风装置和排风烟道可形成高热湍流空气流场，穿过土壤薄层，增加火焰和土壤接触时间，增强土壤杀菌消毒效果。试验表明，当处理时间为 8 s 时，最高温度可达 560℃，土壤保持 60℃ 以上的时间约 75 s。

图 9－64　土壤火焰消毒机作业

我国也开发了土壤火焰消毒机(图9－65),该装备主要分为动力牵引、高温处理、土壤粉碎3个部分,可根据需要以选择幅宽125 cm、135 cm和160 cm,配置9～12个燃烧器。试验表明,土壤病原菌、线虫及虫卵等杀灭率在85%以上。

图9－65　土壤高温高效灭菌杀虫机

(3)土壤微波消毒机　土壤微波消毒机的原理是利用频率300 Hz～300 GHz、波长1～1 000 mm范围内的具有穿透性的电磁波,杀死杂草、草籽以及土壤病原微生物的装备。采用微波辐照土壤时,通过选择性加热极性分子从而对病虫害造成热伤害,达到防治的目的。

德国车荷恩赫农业机械公司研制生产的微波灭虫犁,犁尖壳内有6 kW的微波发射机,该犁通过拖拉机带动在田间进行翻耕作业时,微波发射机将微波辐射到土壤中,有明显的消毒灭虫作用。农业农村部南京农业机械化研究所研发了NJT6－1型微波土壤处理设备(图9－66),整机由电器组件、波导组件、微波发生装置三大部分组成,采用380 V电压带动微波发生器工作,处理时间为120 s时,100 mm深度土壤中的根结线虫灭杀效果最好。

图9－66　土壤微波消毒机

(二)基质消毒机

基质消毒机是对无土栽培使用的基质进行消毒的一类消毒机械,与土壤消毒装备的工作原理类似,主要利用太阳能、蒸汽、水煮、微波等方式产生的高温或加入化学药剂搅拌进行消毒。化学消毒方法采用在进行基质搅拌时加入适宜的消毒药剂的方式完成基质消毒,通常借用基质搅拌机完成。本节主要介绍基质物理消毒机。

1. 基质热风消毒机

基质热风消毒机是利用高温热空气对基质进行加热消毒的装备(图9－67),主要包括风机、加热管或锅炉、气管、基质搅动装置、上料装置、温控器等，可有效杀死基质中的各类杂草、真菌、线虫等。

图 9－67　基质热风消毒机

2. 基质蒸汽消毒机

蒸汽消毒是将基质放入蒸汽箱中进行消毒的装备，主要包括蒸汽发生器、管道、基质搅拌装置、控制器等部件，其中蒸汽发生器是关键部件（图 9－68）。蒸汽消毒还可与热风消毒联合使用，通过对混流气体和基质颗粒的二相流场优化，有效增强了消毒效果，降低了能源消耗。

图 9－68　蒸汽发生器

（三）营养液消毒机

无土栽培中的植物主要依靠营养液提供生长发育所必需的营养元素，营养液的循环使用容易接触病原菌，短时间内可感染全部栽培系统。营养液消毒机常利用加热、紫外线照射、通入臭氧、慢砂滤、超滤等消毒方法，其中臭氧和紫外线消毒技术杀菌效果较好，联合使用时可显著增强杀菌消毒效果，在设施农业领域具有很好的实用性。

营养液臭氧消毒机主要包括臭氧发生器、射流器、自吸泵和控制器，营养液紫外线消毒机主要包括紫外线消毒器、泵和控制器，联合臭氧和紫外线消毒时主要包括紫外线消毒器、文丘里射流器、臭氧发生器、自吸泵、管路及自动控制器（图 9－69）。有研究表明，紫外线、臭氧、紫外线＋臭氧 3 种消毒方式对主要病原体（真菌、细菌和放线菌）的消毒效果分别达到 70.6%、15.9% 和 89.9%，每次消毒时间为 4～6 h，该装备可用于 667 m^2、营养液处理量为 15 m^3/h 的水培系统。

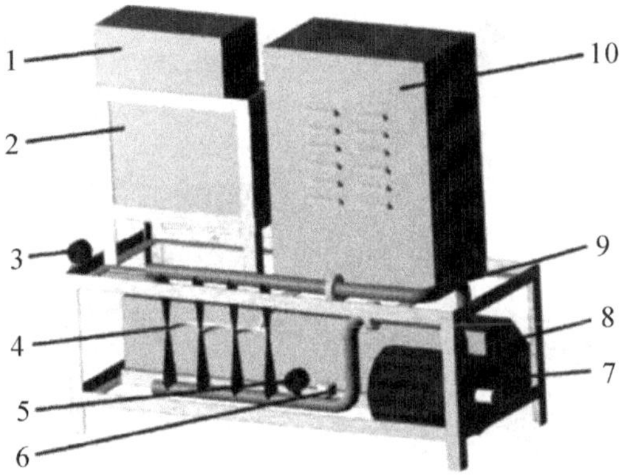

1. 触摸板控制箱;2. 电控箱;3. 压力表 II;4. 文丘里射流器;5. 压力表 I;
6. 水表;7. 水泵;8. 紫外线消毒器;9. 管路;10. 臭氧发生器。

图 9－69　紫外线—臭氧消毒机

三、其他管理机械

随着日光温室的普及,温室种植瓜果蔬菜的种类越来越多,作业项目也逐渐增多。温室种植的黄瓜、番茄等作物植株很高,需要各种装备来配合作业,例如,吊蔓、授粉等。

(一)吊蔓

为了避免作物卧在地面上引起病虫害或者物理损伤,需要将黄瓜、番茄等藤蔓类植物利用支撑物吊起使其在空中向上生长,这种技术称为吊蔓栽培技术。在温室大棚中,黄瓜等藤蔓植物生长周期延长,故对于茎蔓的管理不采用传统的“搭架”形式,而是采用“吊蔓”方式。这样可通过吊蔓降低植株的高度,使叶片分布均匀,处于合理采光位置,既有利于光合作用,使植株生长旺盛,且农事操作方便。藤蔓类植物本身可以生长 10 m 以上的高度,而一般在温室内黄瓜、番茄等藤蔓类植物生长高度通常限制在 2 m 以内,温室内的空间有限,限制了作物无限生长的可能性,也限制了果实产量进一步增加的可能性。此外,升高高度过高降低了管理、采摘等作业操作的便捷性,作物也需要处于一个采光通风合适的位置生长,所以需要控制作物高度。工作人员根据实际情况将植株茎蔓放下并再次固定的过程叫作吊蔓。对于黄瓜、番茄等藤蔓类作物,在温室中种植都采用人工吊蔓,或是利用吊蔓器实现半自动化的吊蔓。

1. 吊蔓夹

新型吊蔓夹设计简洁,材质为硬质塑料,由头部、中部、尾部 3 部分构成,如图 9－70 所示。吊蔓时,吊绳的设置与传统方法相同。操作时,打开夹子,分别将吊绳和植株生长点以下第 2 节处的茎放入吊蔓夹的中间部分和头部圆口固定,以后随着植株的生长进行向上引蔓,间隔 5～6 节上移吊蔓夹。当植株长到一定高度后(黄瓜 4～5 节),松开夹子,将植株与吊绳分离,去除卷须,再重新夹到合适位置。在吊蔓过程中,直接将吊蔓夹松开,把植株进行下拉,不需用力拉扯,减少对植株的损伤,同时避免尼龙绳缠绕植株,增大尼龙绳的使用寿命。此外,使用吊蔓夹减少了尼龙绳和植株的接触,避免病害对植株的不良影响。

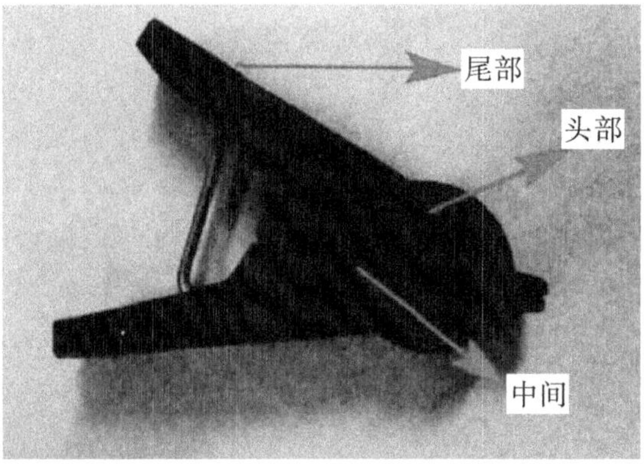

图 9－70　吊蔓夹

2. 吊蔓器

吊蔓器又称半自动吊蔓器(图 9－71)。使用吊蔓器进行吊蔓时,无须将植株和尼龙线绳分开,可将吊蔓简化为落下线绳。吊蔓器的外壳呈方形,内部安装有一个尼龙线轴,轴与外壳外侧的摇把相连,尼龙线通过外壳底部的小孔穿出,通过转动摇把控制收线和放线。另设有一棘轮开关,棘轮棘爪安装在外壳的另一侧。

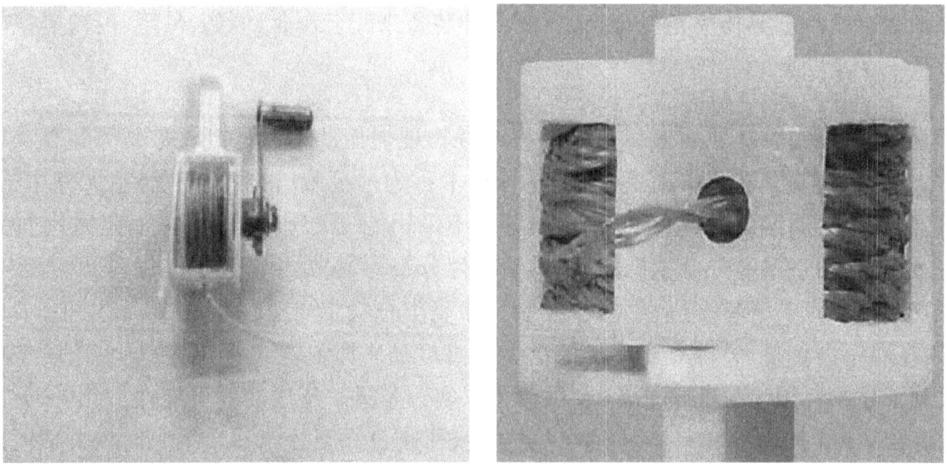

图 9－71　吊蔓器

进行吊蔓时,将吊蔓器顶部挂钩挂在横穿于整个大棚内部上空的钢丝绳上,每个吊蔓器对应一个植株,打开棘轮开关,摇动手柄将尼龙绳放下直到接触到地面,在植株处于生长高度较低的状态时将其与尼龙绳固定,关闭棘轮开关,此时线轴无法转动,尼龙绳无法被下放。吊蔓时,打开棘轮开关,通过摇动手柄实现绳的下放,从而实现吊蔓。

3. 半自动吊蔓装置

半自动吊蔓装置可以实现对一行植株同时进行吊蔓,作业速度快、效率高。其结构简单,制造安装方便,易操作,适合各种藤蔓类作物使用。其结构的主要材料有镀锌钢管、钢绞线、张紧螺丝、吊绳等。

半自动吊蔓装置的工作原理为：每根尼龙绳间隔一定的距离固定在卷绳杆上，摇动手动转柄开始缠线，缠线过程中尽量使所有的尼龙绳松紧程度保持一致；将尼龙绳的另一端下垂到地面上与作物的根部固定在一起，等到作物生长到一定高度时打开棘轮开关，摇动手动转柄，使尼龙绳同步下落，实现一整行作物的吊蔓作业。

图 9－72　半自动吊蔓装置

对于该新型吊蔓器通常先在卷杆上缠绕足够长度的卷绳，然后再将卷杆安装在温室大棚里，保证在植株的生长周期内不再需要向卷杆上缠绕卷绳。一次操作可满足整个生产期间的吊蔓需要，可节约人工成本。图 9－72 为该装置在温室的应用效果图。然而这种吊蔓装置效率仍旧不高，每一行作物都需要工作人员进行手动吊蔓，并且无法满足生长高度高的藤类植株多次吊蔓，不适用于像番茄等无法原地吊蔓的粗根茎植物。

4. 温室吊蔓装置

温室吊蔓装置由传动机构、放线机构、集绳绕线机构、机架和电机构成（图 9－73）。其中放线机构采用轨道和滑轮来承载一部分植株的重量并保证机构运行的轨迹，将与植株夹在一起的线绳放落而实现吊蔓；集绳绕线机构包括线轴与线轴架，其作用是将与植株夹在一起的线绳提前缠绕在缠线板上，并保证线绳绷紧有序；传动机构通过传动元件将动力输送至放线机构和集绳绕线机构，从而实现吊蔓作业；机架是整个装置及作物的承重主体，固定在温室内顶部，下部分安装其他机构以及电动机；交流电动机为整个装置的驱动装置，向机械系统输出动力，通过控制电机的正反转和转速可分别控制吊蔓装置的收防线和速度。

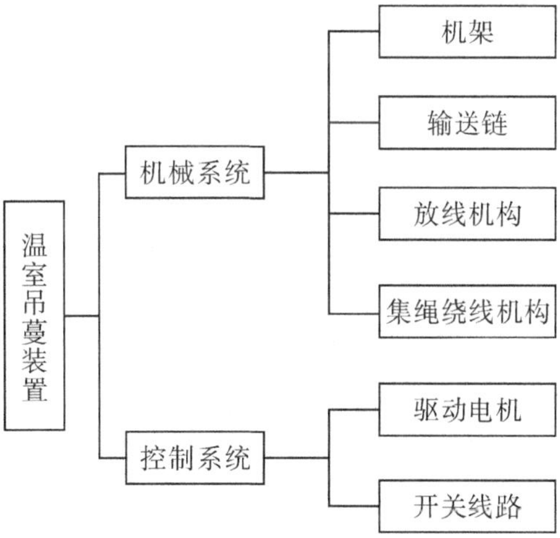

图 9－73　温室吊蔓装置结构图总体构成

温室吊蔓装置结构如图 9－74 所示。因为藤蔓类作物通常依附于材料为尼龙的线绳向上生长，两者用夹子固定在一起，所以温室吊蔓装置工作的实质就是将与植株夹在一起的线绳放落，则吊蔓装置需要完成缠线与放线两部分工作。首先在作物种植之前，需要将尼龙绳缠绕并固定在缠线板中；再将线轴上的线的一端穿过滑轮底部圆环固定在缠线板上，在电机正转时，线轴架随着链条的转动而移动，线轴在线绳的拉力作用下转动，从而将线绳缠绕在缠线板上，缠绕一定长度将线绳解下后会因重力作用自然下垂到地面；作物在生长过程中将其与线绳用夹子夹在一起，使作物依附于线绳生长。等到作物生长到一定高度需要吊蔓时，电机反转，链条会牵引滑轮沿轨道反向移动，一垄若干棵植株会同时随着线绳在水平方向上移动，在竖直方向上下落，此时若干棵植株的茎蔓就会逐渐平铺在垄的周围。

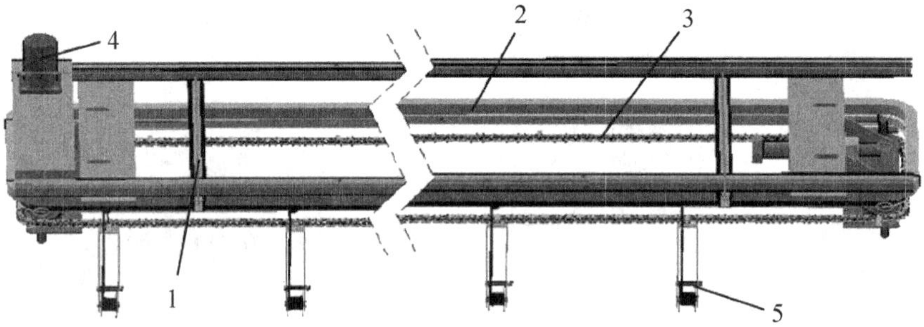

1. 机架；2. 放线机构；3. 链传动机构；4. 电机；5. 绕线机构。

图 9－74　温室吊蔓装置结构

（二）授粉

震荡授粉器是在作物开花期通过对花序进行振荡处理，迫使花粉散出而完成授粉。使用震动授粉器较人工喷花具有以下几方面优势：

①省时省工　大果型番茄穗花的人工喷花授粉效率约为 133 m^2/h，震动授粉器的授粉效率则为 533 m^2/h，是人工授粉的 4 倍，且受温度影响较小，劳动效率大大提高；另外由于畸形果少，因此疏果工作量小；震动授粉器还能震掉部分残花，减少了疏花的工作量。

②提高品质　经震动授粉形成的果实个头均匀、畸形果少、商品率高。

③提高产品安全性　震动授粉避免了激素的使用，将食品安全隐患降到最低，适用于规模化绿色食品、有机食品的生产

④适用范围较广　尤其适用于花量较大的樱桃番茄和串番茄，同时也适用于辣椒、茄子、豆类、草莓等作物。

台湾 SUCA 自动番茄授粉器（图 9－75）通过震荡可有效接触到每个花柄，使花粉自然飘落到花柱上，从而达到授粉目的。该授粉器振荡幅度均匀，频率高，授粉安全，授粉效果好。该授粉器具有以下特点：环保授粉方式，果实食用安全放心；操作简便，省时省工，对操作者安全；肩负式蓄电池，充电可连续使用 3～4 h；显著提高坐果率，果实整齐一致，无畸形果；提高番茄产量，果实品质好，心室整齐；降低番茄病害概率。

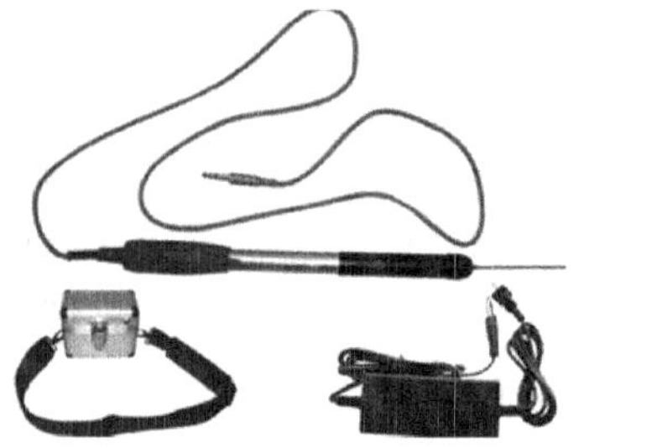

图 9－75　台湾 SUCA 自动番茄授粉器

第五节　收获机械

蔬菜收获作业用工量一般占生产全过程用工量的40%以上。采用收获机械可显著提高作业效率。目前技术相对成熟的有甘蓝、花椰菜、小青菜、胡萝卜、马铃薯收获机械等,果菜类蔬菜收获机械则仅在新疆地区用于番茄和辣椒的深加工,适于我国国情的鲜食果菜类收获机械尚在研究阶段。本章主要介绍结球类叶菜收获机械、非结球类叶菜收获机械、根茎类蔬菜收获机械和部分其他蔬菜收获机械。

一、结球叶菜收获机械

结球叶菜主要有结球甘蓝、大白菜、结球生菜、包心芥菜、花椰菜、西兰花等,生长期短,生产量大,以叶球供食。

(一)农艺特点

(1)叶球易损伤　球茎是由多个叶片结球而成,叶子鲜嫩,容易损伤。

(2)形状差异大　结球叶菜品种较多,其结球形状不尽相同,有平头型、卵圆型和直筒型等。

(3)球高差异大　由于品种差异和种植区域不同,结球高度的范围差距大(20~80 cm)。

(4)种植密度(株距和行距)差异大　品种、地区、种植习惯等因素对种植密度有很大的影响,变化范围为30~80 cm。

(5)栽培模式整齐　结球叶菜普遍采用移栽,作物行直线度高,有助于实现机械化收获。

(二)工作原理

结球类叶菜机械化收获过程可分为导向、拔取、切根、去叶、输送、清选、收集、装箱等工序,收获机械包括导向/喂入机构、拔取机构、切割机构、输送/夹持机构、去叶机构、收集机构等。通常有两种作业模式:一种模式是先由拔取装置连根拔取植株,随后由输送提升装置对植株进行输送,输送提升装置同时具有对植株的夹持与固定功能,辅助切根装置完成切根作业后,继续输送结球部至去叶装置去除多余的松散外包叶,最后球体随收集装置进入收集箱,完成装箱,从而完成结球类叶菜的整个机械化收获流程,目前结球类叶菜收获机械以这种工作模式为主;另一种模式是先由导向/喂入机构将茎基部或植株拨入,随后由切根装置完成切根作业,同时输送提升装置夹持结球部并进行输送,继续输送结球部至去叶装置去除多余的松散外包叶,最后结球部随收集装置进入收集箱,进行分级并完成装箱。

(三)主要结构和分类

根据是否自带动力,结球类叶菜收获机械主要可分为自走式和悬挂式收获机,自走式收获机械结构相对较小,适用于分散小田块;悬挂式收获机械的动力来源于拖拉机,尺寸较大,适用于大型地块。根据一次性收获行数,可分为单行和多行收获机,多行收获机效率更高。典型结球类叶菜收获机如图9-76所示,动力底盘、拔取机构、输送机构、切根机构与剥叶机构是其主要结构组件。

1. 动力底盘

结球类叶菜收获机械的行走方式可分为履带式和轮式,履带式动力底盘具有以下优缺点:接地面积大,对潮湿松软土壤适应性高,通过性好;转弯半径小,便于转弯掉头,更适合小田块作业;重心低,收获时行走平稳,对土壤表面平整度要求较低;制造成本高,价格更贵;长距离转运需要运输车辆;对垄面宽度适应性较小。轮式动力底盘具有以下优缺点:制造成本较低;尺寸相对较小;对垄面宽度适应范围更大;重心高,稳定性较低,但对较高高度的作物适应性好。

2. 拔取机构

拔取是结球叶菜类收获机械的关键环节之一,尤其在先拔后割作业模式中,拔取工序是首要环节,奠定整个收获作业的基础。理想的拔取作业应能完整地拔取结球部,并将其导入输送装置,不发生堵塞、漏拔、破坏情况,拔取率和直立率达到要求指标。

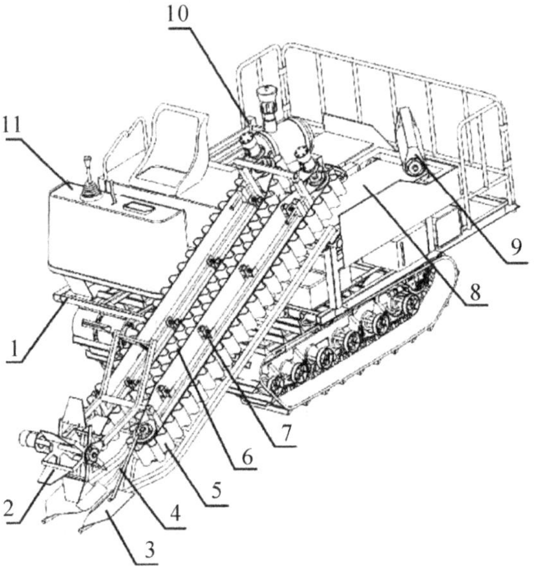

1. 专用动力底盘;2. 拨轮;3. 引拔铲;4. 导向杆;5. 夹球输送带;6. 双圆盘切割器;
7. 弹性张紧轮;8. 剥叶输送带;9. 剥叶辊;10. 木箱;11. 操作台。

图 9－76　典型结球类叶菜收获机

常见的拔取机构主要有以下 3 种形式:铲式、双螺旋杆式和双圆盘式。如图 9－77 所示,自走式结球类叶菜收获机采用铲式拔取机构,主要有一对带拨指的引拔铲,作业时引拔铲与地面呈小角度倾斜,从斜上方插入植株底叶之下。随着机具前进,植株逐渐沿引拔铲斜面向上脱离土壤,并被引导至输送机构。自走式大白菜收获机即采用了螺旋杆拔取器,双螺旋杆式拔取机构主要有一对相对反向向外旋转的锥形螺旋杆,锥形螺旋杆与地面呈小角度倾斜,从斜上方插入植株底叶之下,通过反向旋转作用拔取结球部分,并引导结球部分至输送机构。双圆盘式拔取机构主要有一对反向旋转的圆盘,作业时圆盘在结球部分的茎基部,通过锯齿的啮合作用拔出结球部分,再引导至输送机构。铲式拔取机构结构简单,没有单独的动力输入,仅依靠拖拉机前进动力拔取,相对拔取工作可靠性不高;双螺旋杆式和双圆盘式拔取机构结构也不复杂,需要单独的动力输入,动作可控性高,拔取效率和质量有所提高。

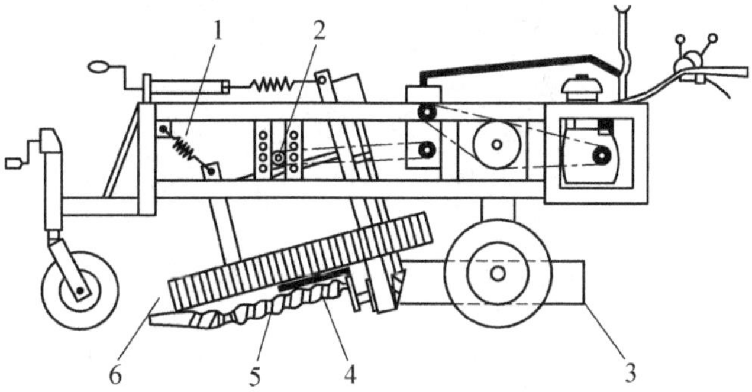

1. 伸缩弹簧;2. 支点;3. 导向板;4. 圆盘割刀;5. 螺旋拔取器;6. 夹持皮带。

图 9-77　自走式大白菜收获机

3. 输送机构

输送机构承担了输送和夹持两个功能,其中夹持功能是顺利完成切割工作的基础。夹持零件曲面与结球部位外表面的吻合度、夹持力的大小直接影响了夹持动作的稳定性、切割动作的完成度以及结球部位的损伤度。输送机构通常采用橡胶或塑料等柔性材料,以降低对结球部位的损伤度,并提高输送机构对蔬菜品种的适应性。

常见输送机构主要有两种形式:双螺旋杆式和双输送带式。双螺旋杆式输送机构主要由一对反向旋转的螺旋杆组成,结球部分在双杆的旋转作用下沿着螺旋线向后输送。螺旋杆表面通常缠绕了橡胶线,以减少对蔬菜的机械损伤。双螺旋杆的上方通常会设计有压顶输送带,对结球部位形成压顶夹持作用。该方式输送效率高,结构简单,但是易对结球部位造成一定的挤压机械损伤。双输送带式输送机构主要由一对反向旋转的柔性橡胶输送带组成,输送带表面垂直于地面。在夹持输送的一侧,输送带表面呈有凹槽的波浪状以夹持蔬菜结球部位。凹槽结构的尺寸可在一定范围内调节,对不同品种和大小的蔬菜植株具有一定的适应性。该输送方式稳定性高,夹持效果好,对蔬菜植株的适应性也更好,结构略复杂,既实现了稳定的夹持以配合切根作业,也大大降低了对结球部位的机械损伤。

4. 切根机构

切根机构要与输送机构配合作业,并在结球部位输送过程中完成切根作业。切根作业质量会直接影响后续剥叶作业及其质量,在人工剥叶的机械作业模式中,切根作业是最后一项工序。针对结球类叶菜粗茎秆的切割特征,回转式切割是适宜的切割方式,主要有单圆盘刀式和双圆盘刀式,应用更多的是双圆盘刀式。

单圆盘刀式切根机构只有一个圆盘割刀,通常圆盘刀的安装位置偏离输送路径的中心线,且圆盘刀的直径较大,转速较高。单圆盘刀式切根机构的受力不均匀无法得到彻底解决,切根切口可能无法贯穿整个茎基部横截面,造成切根不完整,切根动作可靠性不够高。双圆盘刀式切根机构中(图 9-78),两个反向旋转的圆盘刀圆周有一较小的重叠区域,降低了茎基部单面切割过程中的受力不平衡问题及其带来的切根的不完整性。双圆盘刀式切根机构较好地实现了切根动作的受力平衡,切根动作更稳定可靠,但切根作业消耗能量大。

图9－78　双圆盘切根机构

5. 剥叶机构

结球类叶菜的一部分叶片随茎基部的切割已脱落，但仍有部分已被切根机构切断的松散外包叶附着于结球部表面。为了便于后续分类装箱，提高产品商品性，部分尚未脱离茎秆的外包叶要去除。剥叶工序可通过人工完成，由站立在收获机上的工作人员去除结球部多余的叶片，再将结球部送回输送带进行收集或者人工放置于收集箱中，人工剥叶质量高，损伤小，但效率低；用机械化剥叶机构去除一部分多余叶片，并直接输送至收集箱中收集，作业效率高，但通常会有一定的碰撞损伤。常见剥叶机构有辊式、螺旋杆式和输送链式。

如图9－79所示，辊式剥叶机构主要构成是剥叶辊，通常采用柔性材料，或者表面包裹致密海绵等弹性材料，以降低对作物的损伤。剥叶辊轴线与输送带输送方向呈一定锐角，剥叶辊与输送带平面间距可调，以适应所收获的结球部平均直径。剥叶时，利用转动的剥叶辊与结球部之间的相互碰撞摩擦作用，剥除多余叶片。辊式剥叶机构结构简单，机械损伤小，剥除力相对较小，可去除已被切根机构切断的叶片。输送链式剥叶机构主要是链条，一般设置两个链条，链条上等间距焊接了间隔板。工作时，结球部位于间隔板之间、链条之上，通过振动摩擦作用去掉松散的叶片，废叶落入链条之间的空隙。螺旋杆式剥叶机构结构简单，但效果不够好，通常与剥叶辊联合使用以提高剥叶效果。螺旋杆式剥叶机构通过

图9－79　辊式剥叶机构

单个或两个螺旋杆的旋转动作完成作业，单螺旋杆与机架之间或者两个双螺旋杆之间设置一定间距，螺杆的旋转碰撞摩擦作用可逐步去掉松散的外包叶。螺旋杆式剥叶机构结构较复杂，但剥叶效果更好，调整合适的间距可实现较高的叶片剥除率。

此外，大部分结球类叶菜收获机还设计了导向/喂入机构和收集机构。导向/喂入机构可引导结球部顺利被拔取机构获取，收集机构可实现机械化收集蔬菜产品，提高工作效率。另外部分收获机械还有初清选机构、装箱机构以及废叶收集机构。

二、绿叶类叶菜收获机械

绿叶类叶菜是以鲜嫩叶片和叶柄为产品的速生性蔬菜，主要有生菜、青菜、空心菜、韭菜、菠菜、芹菜、鸡毛菜等，其根系较浅，生长期短，种植密度高，株行距小，生产量大，叶片鲜嫩多汁，通常宜就地收获，就地供应。

（一）农艺特点

（1）绿叶类叶菜一般都具有鲜嫩的茎叶，极易破损，通常机械收获会造成一定的机械损伤，使得在收割与输送方面难保证叶菜的收割质量。

（2）绿叶类叶菜种类多种多样，行株距参数杂乱不一，增加了收获机械的采摘难度。

（3）绿叶类叶菜收获机械切割点低，切割部件离地间隙小，为防止机架触及土地，收获机械整体结构设计的难度较大。

（4）种植模式以土壤栽培较多，土壤表面凹凸不平，含水量不低，收获机械行走通过性不高。

（二）工作原理

不结球类叶菜机械化收获过程包括喂入、切割、捡拾、夹持、输送、收集等工序，主要由喂入机构、切割机构、捡拾机构、输送机构、收集机构等实现。在收获机进行作业时，收获机前进，经喂入机构的推动，把菜叶推至切割器前进行切割，被切割后的菜叶经输送带运送到收集箱，适时卸出。部分不结球类叶菜收获机，如韭菜收获机，在切割后还对菜叶进行夹持，可使得菜叶有序排列，再输送至收集机构进行收集或者打捆等工序。

（三）主要结构和分类

根据是否自带动力，不结球类叶菜收获机械主要可分为自走式收获机和悬挂式收获机。自走式收获机结构相对较小，适用于分散小田块；悬挂式收获机的动力来源于拖拉机动力输出，尺寸较大，适用于大型田块。根据收获后的菜叶状态不同，可分为有序收获机和无序收获机。有序收获要求收获后的菜叶整齐有序排列，我国大多数鲜食类不结球叶菜有此要求，国外大部分不结球类叶菜收获机为无序收获机。典型不结球类叶菜收获机械如图9－80所示。

1. 动力底盘

不结球叶菜收获机底盘的行走方式可分为履带式和轮式，其优缺点与结球类叶菜收获机类似。由于不结球类叶菜收获机的割刀与地面离地间隙小，且切割范围有限，因此对机械行走的稳定性要求更高,履带式底盘更适宜。

2. 喂入机构

喂入机构的功能是将待割叶菜向切割机构引导,并将倒伏的叶菜扶直;在切割时对茎秆继续保持一定的扶持作用;将割断的蔬菜推向输送装置,起到一定的割刀清理作用,有助于实现适宜的切口位置及切割高度。喂入机构通常分为拨禾轮和扶禾器两种结构。

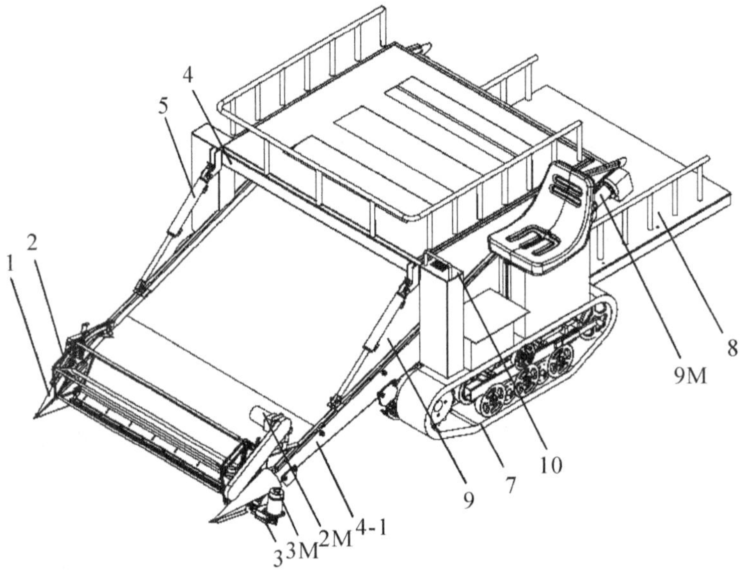

1. 前导装置;2. 旋转喂入装置;3. 往复式切割装置;4. 机架;5. 高度调节油缸;6. 行走传动系统;7. 跨行履带式行走底盘;8. 收集装置;9. 回环式输送装置;10. 侧边操作系统。

图 9-80　自走式叶菜收获机

拨禾轮的主要工作部件是拨禾板和拨禾齿,常用于鸡毛菜等小叶类叶菜的无序不带根收获。拨禾轮工作时,其运动由收获机的前进运动和拨禾板的回转运动共同组成,每个拨禾板或拨禾齿依次完成接触叶菜、向后推送,直到与叶菜脱离,构成完整的工作过程。拨禾板在接触叶菜时,垂直从上方插入,扶持叶菜茎秆,稳定地向后推送至割刀处,配合切割,并继续推送叶菜至输送机构后脱离。可根据叶菜的不同高度和种植密度,适当对拨禾轮轴的垂直高度和与割刀的水平距离进行调节,适宜的垂直高度有助于实现拨禾板或拨禾齿从垂直上方插入茎秆,降低机械损伤;水平间距则显著影响切割和推送效果,适宜的水平间距还可帮助将倒伏叶菜扶起。扶禾器的主要目的是实现撒播叶菜的分行收获或条播叶菜的对行收获,常用于有序收获机。其基本结构是与地面呈一定夹角的等腰三角形板件,在此基础上采用链齿或者星轮实现拨禾喂入动作。叶菜从两个等腰三角形锐角之间的空隙进入,链齿或者星轮后拨动叶菜茎秆,并推送至刀,完成工作过程。

3. 切割机构

切割机构是不结球叶菜收获机的重要关键部件之一,喂入机构将菜叶推送至割台割刀处,割刀切割菜叶,再由输送机构运输。切割机构工作效果是非结球叶菜收获机收获效果的基础,切割动作应迅速有效,切口应整齐干净。切割机构中割台的离地间隙应可调,以适应不同的蔬菜品种,部分机型的切割机构通过设计仿形装置还可实现割台高度自适应功能,割台离地间隙可根据土壤表面的起伏进行实时微调。

根据切割原理不同,切割机构可主要分为带刀切割式和圆盘刀切割式。带刀切割式又可分为往复式切割、环式切割两种,主要用于撒播和不对行种植的蔬菜,如鸡毛菜;圆盘刀切割式则主要用于条播的蔬菜,如韭菜、芹菜等,如图 9 - 81。

往复式切割机构通常有两把平行于土壤表面的锯齿状带刀,一把带刀固定,一把带刀做往复运动完成切割动作,或者两把带刀都进行往复运动完成切割动作。随着收获机的前进,利用喂入机构将需要收割的菜叶推至带刀处,两把带刀完成切割动作后,再依靠机具行走带来的前方蔬菜的挤推作用力将已割菜叶推至输送机构上。环式切割机构通常也有两把锯齿状带刀,直线状定刀平行于土壤表面,环状动刀可沿长度方向弯曲,呈长方形,最底边与定刀配合。切割时,环状动刀沿固定的环状路径高度转动,动刀最底边与定刀配合完成切割动作,再将已割菜叶推至输送机构上。

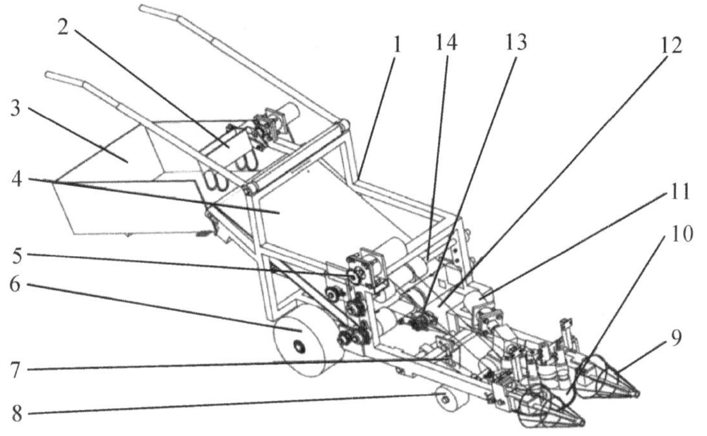

1. 机架;2. 后拨装置;3. 收集箱;4. 输送带;5. 齿轮传动;6. 机器后轮;7. 调高装置;
8. 机器前轮;9. 扶持装置;10. 割刀;11. 电机;12. 传送带;13. 软连接;14. 传动轴。

图 9 - 81　新型韭菜收割机

双圆盘刀式切割方式,其原理与结球类叶菜收获机的双圆盘刀式切根机构类似,常用于对行收获。

切割机构工作时,割刀工作位置通常位于土壤上方,只获取叶菜的叶片和部分叶柄,留茬较高,适于鸡毛菜、金花菜、三叶菜、菊花脑等小叶类不结球叶菜的收获。也有部分机型针对需要带根收获的蔬菜(如菠菜),将割台深入上壤表面 1.0 ~ 1.5 cm 之下工作,切割叶菜根部。根部携带的土壤可通过两种方式去除:一种是割台前端通过合金条交替运动等方式产生一定的振动,同时将叶菜向输送带推送;一种是采用弹齿或者弹齿捡拾器捡拾叶菜,在转动捡拾过程中清洁掉蔬菜根部的沙土,并输送至输送带。土下割刀的作业环境复杂,因此该带根收获方式对割刀的材质要求很高,对适用土壤也有极高的要求,通常适用于沙壤土质栽培下的叶类蔬菜。

4. 夹持机构

夹持机构是实现有序收获的关键，该机构适用于韭菜、芹菜、芦蒿等长叶类不结球叶菜的有序收获。目前，针对该机构研究开发处于起步阶段，仅韭菜有序收获机开始实际应用。

不结球类叶菜收获机的夹持机构通常采用双输送带式，典型不结球类叶菜收获机如图9－82所示。该装备通过一对反向旋转的皮带轮进行夹持和输送，其夹持零件采用橡胶等柔性材料，夹持表面为平面。通过调节两对皮带轮之间的间距以及皮带的张紧力可调节夹持力，适宜的夹持力应既可实现可靠的夹持，又尽可能降低夹持带来的机械损伤。下方的皮带轮中心线垂直于地面，上方的皮带轮中心线平行于地面，可在夹持输送过程中将叶菜由竖直改为平放，再进行打捆，实现了行播种植叶菜的高效、有序收获。

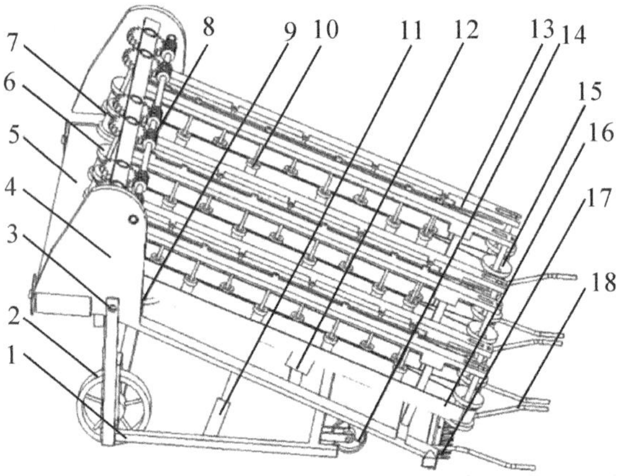

1. 底盘；2. 行走轮；3. 摆动轴；4. 机架；5. 输送装置；6. 第1主动带轮；7. 涡轮；8. 涡杆；9. 转向装置；10. 张紧支撑装置；11. 电动推杆；12. 电池；13. 扶禾装置；14. 仿形轮；15. 第1从动带轮；16. 立式输送带；17. 切割装置；18. 拨禾装置。

图9－82　不结球类叶类蔬菜有序收获机

5. 风送收集机构

鸡毛菜、三叶菜、金花菜等小叶类叶菜的显著特点之一是单个植株重量轻，在无序不带根收获情况下，单个叶片的重量通常不足3 g。为了缓解切割后叶菜在割刀和输送带连接处的拥挤状况，有的机型设计了风送机构，如图9－83所示，将切割后的叶片吹向输送带。

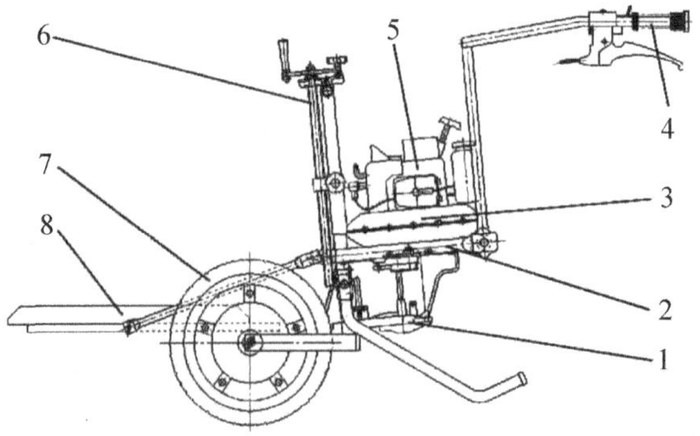

1. 切割总成；2. 机架；3. 风机；4. 操纵手柄；5. 发动机；6. 高度调节总成；7. 车轮叶菜收集板。

图9－83　叶菜收获机

还有部分机型为了减小整机长度和重量，采用风送收集机构代替了输送带输送机构，在风机风管的作用下将叶菜直接吹到后方收集箱中收集，收集效率高。该机构用于小叶类叶菜的无序收获。叶菜类收获机结构如图 9－83 所示。

三、根茎类蔬菜收获机械

根茎类蔬菜是指收获对象埋在土层内的根块和茎秆类蔬菜，主要有马铃薯、胡萝卜、白萝卜、大蒜、大葱、洋葱等，通常密度较大。

（一）农艺特点

（1）形状差异巨大　由于品种差异和种植区域不同，根茎类蔬菜需收获的部分形状和尺寸差异巨大。

（2）根茎较易损伤　如球茎是由多个叶片结球而成，叶子鲜嫩，容易损伤。

（3）根茎在土壤中的深度差异大　品种、地区、种植习惯等因素对种植深度都有很大的影响，如大葱、大蒜的土下深度远低于白萝卜。

（4）栽培模式整齐　根茎类蔬菜普遍采用行播或者移栽，对行直线度高，有助于实现机械化收获。

（二）工作原理

根茎类蔬菜机械化收获过程通常包括喂入、去除茎叶、拔/挖根茎果实出土壤、去除果实上多余土壤、输送、收集等工序。根据切割工序的先后可分为两种收获模式：先拔后割是指先拔出整个植株，再切断茎叶和根部，然后去除根部多余土壤并收集根部果实；先割后拔是指先割断茎叶，再挖掘出根茎果实，然后去除根部多余土壤并收集根部果实。

（三）主要结构和分类

依据上述收获原理的不同，根茎类蔬菜收获机主要可分为拔取式收获机和挖掘式收获机。拔取式收获机主要包括喂入机构、松土机构、拔取机构、切割机构、分离机构、输送机构，将块根和茎叶一起从土壤内拔出，然后由切割机构分离茎叶和根茎，最后输送至收集箱。拔取式收获机常用于胡萝卜、白萝卜等的收获。如图 9－84 所示的典型马铃薯挖掘式

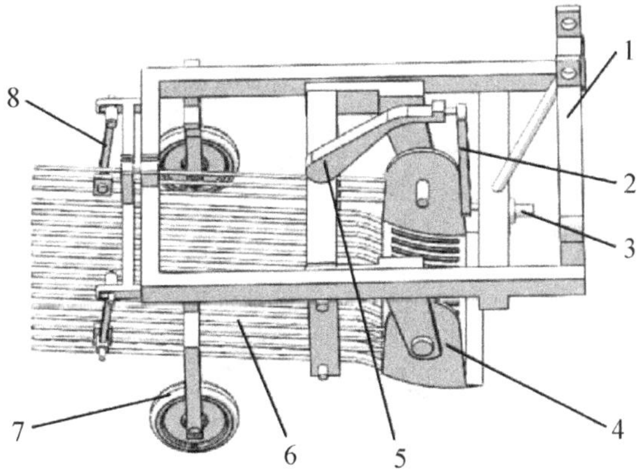

1. 机架；2. 摇臂；3. 偏心轮装置；4. 振动挖掘铲；5. 摆动架；6. 振动筛；7. 行走轮；8. 后挂杆。

图 9－84　振动铲式马铃薯收获机总体结构

收获机主要包括喂入机构、切割机构、挖掘机构、分离机构、输送机构，切割机构先切去块根的茎叶，然后将根茎从土壤内挖出，最后清除土壤和其他杂物。挖掘式收获机带来的机械损伤大于拔取式收获机，因此常用于马铃薯和加工用胡萝卜的收获。根茎类蔬菜收获机械的喂入机构、拔取机构、切割机构原理与叶菜类蔬菜收获机原理类似，挖掘机构和分离机构结构则有较大区别。

1. 挖掘机构

挖掘机构是挖掘式收获机与根茎果实最先接触的部件，挖掘部件掘起的混合物中除了根茎果实，还混有大量的土壤、碎石块和杂草，易出现缠草、壅土、挖掘铲变形等问题。挖掘机构的主要工作部件是挖掘铲（图 9 - 85），通常可分为三角平面铲、条形铲、槽型铲、三角单片铲等类型，其中三角平面铲应用最广泛。条形铲更多应用于振动筛式分离机构的收获机上，从而能够使掘起的混合物沿整个筛宽均匀喂入。槽型铲由于两侧挡板的设计，可更好地保证挖出的根茎果实顺利进入分离机构，减少漏挖情况。

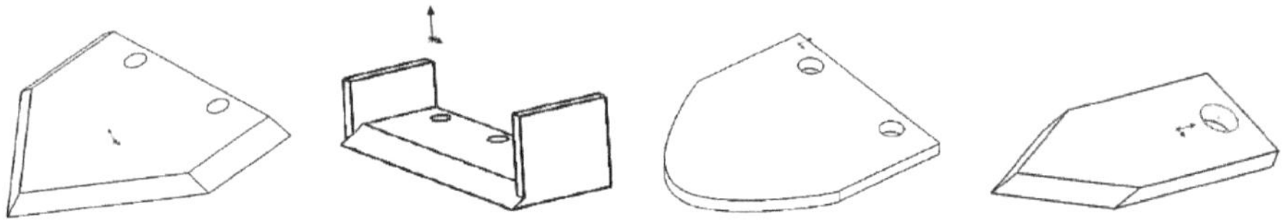

1　　2　　3　　4

1. 三角形平面铲；2. 条形铲；3. 槽型铲；4. 三角单片铲。

图 9 - 85　挖掘铲的类型

2. 分离机构

在收获根茎类蔬菜时，挖掘机构带出的杂质很多，必须通过分离机构把根茎分离出来。目前常用的分离机构主要有振动链式和振动筛式。

振动链式分离机构的主要工作部件是振动链，如图 9 - 86 所示，一般由链轮和振动器构成。振动器常通过抖动轮实现功能，抖动轮通常使用的是三爪星形结构，在运行过程中，爪顶凹面每跨一个链杆便将下一链杆顶起，从而实现升运链输运面的上下抖动，并附带产生前进方向的抖动，杂质从链条的空隙漏出。振动链运行时，在竖直方向上的振动加速度

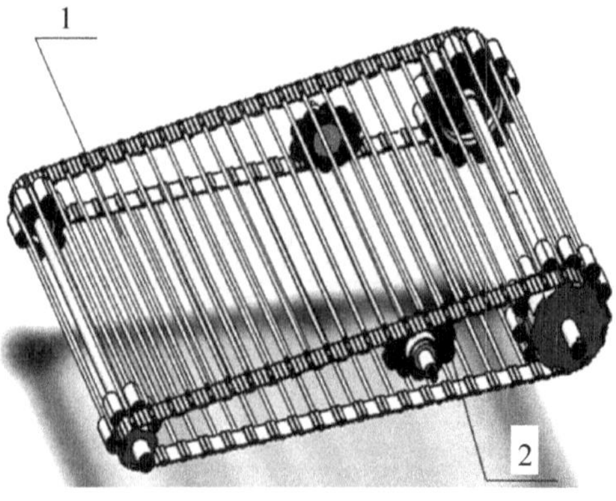

1. 振动筛；2. 振动器。

图 9 - 86　振动链基本结构

大于重力加速度时,链条会悬空,且振幅受制于链结宽度和链条运行速度,因而分离效能不高,仅适用于沙性土壤。强制振动链式分离机构是在链条上添加强制振动的振源,其振动幅度与速度完全由振动机构来决定,通过强制振动,可提高分离效能。

振动筛式分离机构一般由偏心轮装置、连杆、摆杆、分离筛构成,其中分离筛是分离果实和土壤的直接工作部件,主要由一组长度相等、等间距布置的筛条和筛架组成。偏心轮装置通过旋转提供摆动和振动的动力源,偏心轮、连杆、摆杆构成的曲柄摇杆机构带动整套机构进行运动,连杆、摆杆和分离筛构成另一组曲柄摇杆机构,带动筛条形成的筛面沿振动方向做往复摆动。筛面的摆动既有水平方向的平动,也有垂直方向的振动。为了增强分离效果,通常设计有两层分离筛。

此外,针对长根茎类蔬菜,如山药和牛蒡,其土下果实常常深入土壤 60 cm 以上,牛蒡甚至长达 1 m。其特殊性使得收获机具有特殊的松土结构,主要松土部件是一对深入土壤之下的松土板,松土板的前端固定在机架上,另一端与偏心轮机构连接。偏心轮机构向松土板后端提供周期振动,进而使得松土板完成绕前端的周期小幅度振动。机具作业时,先在田头强制使松土板进入土壤内适宜深度,作物根茎位于一对松土板之间,松土板振动土壤,地下部分随着疏松土壤露出部分果实,再完成人工拔取和捡拾。也有部分机型已实现了机械拔取和捡拾。一对反向旋转的皮带轮是拔取捡拾机构的主要工作部件,调节适宜的夹持力可以将根茎果实拔出土壤并向后输送,当果实接触到底挡杆时,逐渐从竖直状态变为水平位置,并适时脱离皮带,落入正下方的收集机构中。

四、其他蔬菜收获机械

除叶类和根茎类蔬菜外,果菜也是大面积种植的重要蔬菜种类。但是,大部分果菜的成熟期不一致,需要多次收获,且在收获期仍需要进行田间管理作业。国内外对于果菜类收获机的研究相对较少,针对多次收获的果菜,目前尚未出现商品化的选择性收获机械,但已有处于研发阶段的自动采摘机器人可实现选择性收获。已有的果菜收获机械主要针对一次性收获的果菜,可完成无选择性的一次性收获。此外,轻简化辅助收获平台可用于人工辅助采摘果菜,以降低劳动强度。

(一)加工番茄收获机

加工番茄收获机械的研究国外起步较早,技术也较为成熟,美国、意大利等国基本实现了番茄收获的机械化。

加工番茄收获机主要由割台机构、输送机构、分离机构、色选机构、动力系统、行走机构、控制机构等组成,可以同时完成番茄的切割、捡拾、输送、分离、色选、装车等工作,工作效率可高达 $40 \times 666\ m^2/d$。收获的番茄杂质少,青果清除率在 90% 以上。

如图 9 - 87 所示的小型加工番茄收获机械,结构包括切割捡拾机构、输送机构、果秧分离机构、分选机构等。作业时,番茄果秧由往复式割刀割断,番茄秧及果实被捡拾机构捡拾后随输送带送至果秧分离机构进行果秧分离,经过分离机构间隙时可排出一部分的泥土、石块等杂质,分离后的番茄秧随回收输送带排出,果实随加工输送带至分选机构进行分选,经过鼓风机时可进一步去除碎片等杂质,分选机构中不符合要求的果实被剔除,符合要求的果实则输出装箱。

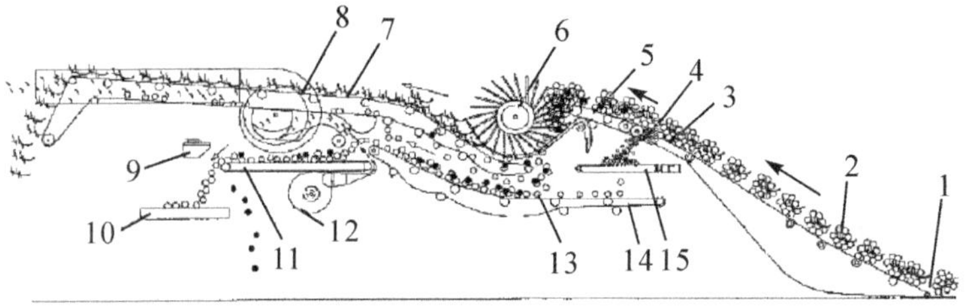

1. 往复式割刀;2. 带秧果实;3. 捡拾输送带;4. 输送带间隙;5. 接收输送带;
6. 果秧分离机构;7. 回收输送带;8. 吸引机构;9. 分选机构;10. 成品输送带;
11. 加工输送带;12. 鼓风机;13. 番茄果实;14. 加工输送带;15. 碎片输送带。

图 9－87　小型番茄收获机工作结构

(二)选择性黄瓜收获机

选择性黄瓜收获机多采用机器人结合视觉识别来实现选择性收获,机器人机械手只单个收获,收获成熟黄瓜过程中不伤害其他未成熟的黄瓜。

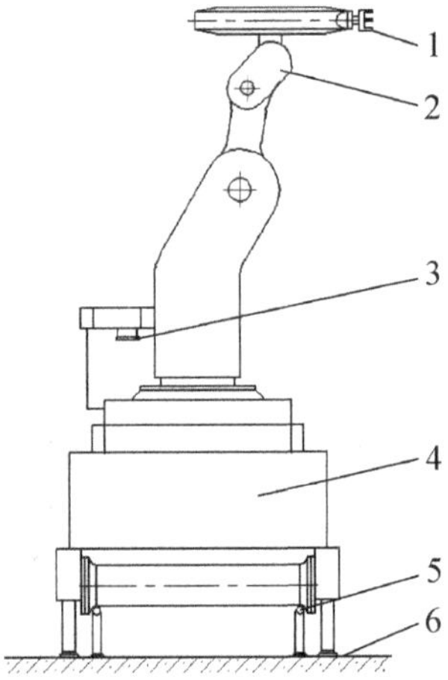

1. 末梢执行器;2. 机械手;3. 视觉系统;
4. 行走车;5. 加热管道(作导轨);6. 地面。

图 9－88　自走式黄瓜收获机器人

自走式黄瓜收获机器人(图 9－88)由行走车、机械手、视觉系统和末梢执行器组成,可实现在特定环境下探测出可以收获的黄瓜,然后采摘并放置到运输车上的集装箱内。行走车主要用于机械手和末梢执行器的初步定位,安装有完成收获任务的所有硬件和软件。来自视觉系统的信号通过软件程序控制机器人的行走、机械手动作、末梢执行器的抓取和切割动作。当机器人前进一段距离,会停止前进探测成熟的黄瓜,机械手在其工作区域内采摘探测到的成熟黄瓜,完成收获过程。收获后黄瓜的运输由一辆装有可卸集装箱的自走运输车完成。机器人和自走运输车无须人工干预即可在温室里工作。

(三)收获辅助作业平台

鲜食类果菜的采运输送环节主要靠人工完成,劳动强度大、作业效率低。采用轻简化辅助收获平台能够有效降低劳动强度,实现人工采摘过程中的升降、运输、转弯等功能。

轻简化辅助收获平台(图 9－89)主要包括动力底盘、行走机构、升降机构、工作台等工作部件。平台采用履带式行走方式,主要由护栏、工作台、升降装置、底盘、电池组和挂接拖车等组成。其中升降装置由液压泵、液压缸、剪叉等组成,液压泵安装在底盘内部,与液压缸连接;液压缸两端分别与底盘和剪叉连接,剪叉下部与底盘连接,上部与安装有护栏的工作台连接;底盘中间位置设置安装有电池组,为整机提供动力;底盘后方挂接拖车,可依次向后挂接多个。电池箱内的电池组经电源转换模块与主控板、电机、液压泵站连接,主控板将控制指令以电信号进行转换。升降作业时，操纵遥控器或车载控制台的升降按钮发出通信指令，主控板接收到指令后转换成电信号传递给液压泵站上的控制器，控制器控制液压泵站运转，通过液压油实现液压缸的伸缩运动，从而推动剪叉上下运动，带动工作台升高或下降；行走或后退作业时，操纵遥控器或车载控制台前进或后退按钮发出通信指令，主控板接收到指令后转换成电信号传递给电机控制器控制电机运转，两电机同时得正电，实现平台的前进，反之，平台后退；转弯作业时，操纵遥控器或车载控制台左转或右转按钮发出通信指令，主控板将指令转换成电信号传递给电机控制器，当按下左转按钮时，左侧电机正转，右侧电机反转，平台原地左转，反之，平台原地右转。

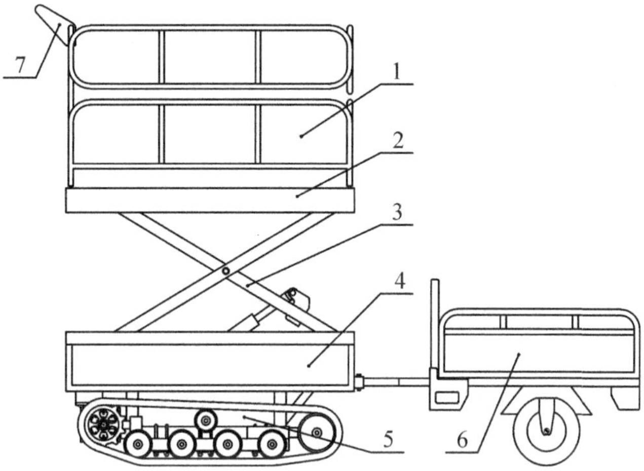

1. 护栏；2. 工作台；3. 升降装置；4. 底盘；5. 电池组；6. 挂接拖车；7. 车载控制台。

图 9－89　电动作业平台结构

轨道式升降平台也是一种省力的辅助作业平台，可用于农资搬运、作物植保、辅助收获等作业。该系统常根据温室结构状况安装设置轨道，移动的悬挂平台可手推灵活行走，也可电驱动行走，辅助人工完成收获、植保、喷灌等工作。

主要参考文献

[1] 陈永生，李莉. 蔬菜生产机械化范例和机具选型[M]. 北京：中国农业出版社，2017.
[2] 陈永生. 蔬菜生产机械化技术与模式[M]. 镇江：江苏大学出版社，2017.
[3] 严建民，陈永生，罗克勇. 设施蔬菜生产设备[M]. 北京：中国农业出版社，2013.
[4] 丁卫民. 园艺机械化[M]. 北京：中国农业出版社. 2011.
[5] 张聪. 果蔬采后处理机械设备及生产线设计[M]. 广州：华南理工大学出版社，2017.
[6] 郑秋丽，王清，高丽朴，等. 蔬菜保鲜包装技术的研究进展[J]. 食品科学，2018，39(3)：317－322.
[7] 李佳伟，杜志龙，宋程. 我国蔬菜清洗技术及设备研究进展[J]. 包装与食品机械，2017，35(3)：46－51.
[8] 贾连文，吕平，王达. 果蔬预冷技术现状及发展趋势[J]. 中国果菜，2018，38(3)：1－5.
[9] 梁建，陈聪，曹光乔. 农机农艺融合理论方法与实现途径研究[J]. 中国农机化学报，

2014,35(3):1－3,7.
[10] 陈永生,崔思远,肖体琼,等.蔬菜机械化生产亟须强化农机农艺融合[J].蔬菜,2015(2):1－3.
[11] 陈永生,胡桧,肖体琼,等.我国蔬菜生产机械化现状及发展对策[J].中国蔬菜,2014(10):1－5.
[12] 许斌星,马标,陈永生,等.我国设施蔬菜有机肥撒施装备研究现状及发展趋势[J].中国农机化学报,2017,38(6):40－44.
[13] 高庆生,杨雅婷,陈永生,等.蔬菜机械化耕地作业技术规范[J].蔬菜,2018(7):34－38.
[14] 管春松,王树林,胡桧,等.蔬菜做畦机设计与试验[J].江苏大学学报(自然科学版),2016,37(3):288－295.
[15] 管春松,胡桧,陈永生,等.蔬菜做畦装备的发展现状[J].江苏农业科学,2017,45(17):24－27.
[16] 张宁,廖庆喜.我国小粒径种子播种技术与装备的应用与研究进展[J].中国农机化,2012(1):93－96.
[17] 王晋,将恩臣,杨华,等.手推式蔬菜种子播种机的设计[J].农机化研究,2012(8):61－64.
[18] 高庆生,胡桧,周学剑,等.牵引式蔬菜种子精量播种机结构研究[J].中国农机化学报,2017,38(3):5－8.
[19] 金亦富,奚小波,沈函孝,等.外槽轮电动排种器设计与播种试验[J].中国农机化学报,2016,37(10):14－16.
[20] 符耀明,张静,吴钢,等.气力滚筒式精密排种器结构设计及试验[J].农机化研究,2016(1):172－176.
[21] 于亚波,伍萍辉,冯青春,等.我国蔬菜育苗装备研究应用现状及发展对策[J].农机化研究,2017(6):1－6.
[22] 赵郑斌,王俊友,刘立晶,等.穴盘育苗精密播种机的研究现状分析[J].农机化研究,2015(80):1－5.
[23] 杨雅婷,胡桧,陈永生,等.花盆基质装填机的设计与试验[J].中国农机化学报,2014,35(1):170－174.
[24] 杨雅婷,陈永生,胡桧,等.国内外花盆基质装填机研发现状[J].中国农机化学报,2013,34(1):47－50.
[25] 陈清,云建,陈永生,等.国内外蔬菜移栽机械发展现状[J].蔬菜,2016(8):76－79.
[26] 何亚凯,颜华,崔巍,等.蔬菜自动移栽技术研究现状与分析[J].农业工程,2018,8(3):1－7.
[27] 肖名涛,肖仕雄,孙松林,等.油菜钵体苗移栽机构研究现状与发展趋势[J].农机化研究,2019,41(12):1－6.
[28] 刘明池,季延海,武占会,等.我国蔬菜育苗产业现状与发展趋势[J].中国蔬菜,2018(11):1－7.

[29] 王刚. 蔬菜移栽机具发展进程及现状研究[J]. 农业科技与装备,2017(3):35-36,38.
[30] 杨行. 盆栽花卉移栽机设计及关键机构研究[D]. 北京:北京工业大学,2014.
[31] 胡霞. 农业机械应用技术[M]. 北京:机械工业出版社,2012.
[32] 高连兴,刘俊峰,郑德聪. 农业机械化概论[M]. 北京:中国农业大学出版社,2011.
[33] 何雄奎,刘亚佳. 农业机械化[M]. 北京:化学工业出版社,2006.
[34] 刘莫尘,刘光栋,李法德,等. 基于 PLC 的精准变量水肥一体化设备研制[J]. 农业工程,2018,8(8):32-37.
[35] 王国强. 日光温室环境调控设备研究与应用[M]. 北京:中国农业大学出版社,2017.
[36] 张强,梁留锁. 农业机械学[M]. 北京:化学工业出版社,2016.
[37] 严建民,陈永生. 设施蔬菜生产设备[M]. 北京:中国农业出版社,2013.
[38] 李建明. 设施农业概论[M]. 北京:化学工业出版社,2010.
[39] 周成. 甘蓝收获关键技术及装备研究[D]. 哈尔滨:东北农业大学,2013.
[40] 杜冬冬. 履带自走式甘蓝收获机研究及称重系统开发[D]. 杭州:浙江大学,2017.
[41] 李承鹏. 基于 EDEM 的胡萝卜拔取力的研究[D]. 济南:山东农业大学,2018.
[42] 金月,肖宏儒,肖苏伟,等. 叶类蔬菜收获技术与装备研究现状及发展趋势[J]. 中国农业科技导报,2018,20(9):72-78.
[43] 陈永生. 中国蔬菜生产机械化 2018 年度发展报告[J]. 中国农机化学报,2019(4):1-6,18.
[44] 缪旻珉,汪李平. 蔬菜栽培学[M]. 北京:科学出版社,2021.

第十章　蔬菜贮藏与包装

蔬菜的贮藏是蔬菜生产的延伸和补充，根据蔬菜自身的生产特点、商品特点，采用适合的蔬菜贮藏技术，可以调节市场供应、延长产品供应期、满足消费者对蔬菜种类多样化的需求，对于发展蔬菜生产，促进蔬菜商品流通，改善城乡人民生活，都具有重要意义。做好蔬菜的贮存与保鲜，可以充分利用蔬菜资源，提高其经济价值，推动农村商品生产的发展，促进农村的经济繁荣。

包装可以减少不良环境温度、灰尘和微生物对蔬菜产品造成的各种不利影响，保证蔬菜制品的新鲜度和质量，在蔬菜的运输中，用包装以减少碰撞、摩擦、挤压等对蔬菜造成的损害，提高蔬菜的销售品质，保持其较好的商品性，也对促进蔬菜贸易起到重要作用。合理化、标准化的蔬菜包装有利于仓储操作的自动化与机械化，提高蔬菜的流通率以及充分利用仓储空间。

蔬菜收获后到销售前，还要进行各种预备处理，也称采后处理，也就是以蔬菜的种类、贮藏时间、运输方式及销售目的等为基础，对蔬菜进行处理。蔬菜采收后的加工对维持和改善其质量、改善其商品价值、降低浪费、增加收入、增强市场竞争力等方面有重要的意义，这种采后处理越及时，贮藏保鲜的效果就越好。

我国的蔬菜产业起步较晚，发展失衡，在大多数地区，仍然采用着常温流通的方式，这样的流通方式耗时长，效率低，各个环节的费用都会持续增加，使得蔬菜在流通过程中损失率高达25%～30%，而在国外有些国家，大部分蔬菜的损失率都控制在5%以内。相对于发达国家，我国的蔬菜流通渠道还具有很多的缺陷，要想让新鲜的蔬菜食品能够保留它们的特性和味道，就一定要加速发展先进的冷链物流，保证蔬菜收获后及时送至下一个环节，建立渠道短、环节少的蔬菜流通模式，进一步提高蔬菜的流通效率。

冷链指的是将初级农产品、加工产品、特殊商品等在流通过程的各个环节中，让它们一直处在特定的低温环境下，从而降低损耗，确保产品安全的特殊供应链系统。适宜蔬菜保鲜的冷链是减少蔬菜流通损耗最安全、最有效的措施，主要内容有原产地采集与加工、原产地预冷处理、原产地商品化（净菜、分级、包装）等。

在冷链运输过程中，由于各类蔬菜的特点不一，需要选择适合的包装容器，在运输、装卸过程中，需要使用瓦楞纸箱、塑料周转箱等对蔬菜进行一定的包装，以保护蔬菜免受外界的震动。与一般食品的外包装比较，冷链食品的外包装具有以下特点：

①对低温性能有较高的要求；

②对原料的安全有较高的要求，通常所用的原料都要达到食品、药物的标准要求；

③包装还需要具有一定的渗透性，减少蔬菜的呼吸热。

第一节　蔬菜的采收分级与包装

蔬菜是一种易腐的鲜活蔬菜,采取正确的采收方式与分级包装方法,防止蔬菜采后品质劣变是一项重要工作。蔬菜采收是蔬菜采后的第一环,其成熟度以及采收方法直接影响其贮运损耗和加工品质。分级与包装是蔬菜采后商品化的重要环节。分级是将合格的蔬菜产品按质量与大小分为若干等级,使蔬菜达到运输和商品销售的要求,实现优质优价的目标;包装是对蔬菜进行保护,可防止蔬菜失水、避免机械损伤、减少腐烂等,包装容器上还可注明各类信息,如蔬菜品种、等级规格、净重、产地、商标、品牌等,方便了蔬菜生产者、商品市场和消费者之间的联系,有利于实现蔬菜市场的现代化经营,并为市场的进入提供了良好的依据。做好蔬菜的采摘和分级包装,是蔬菜商品化、蔬菜流通现代化、蔬菜市场管理优化的基础和保证。

一、蔬菜采收

(一)采收定义

蔬菜采收是指对达到商品成熟度的蔬菜产品器官进行收获的过程。采收是蔬菜栽培的最后一个环节,同时也意味着蔬菜商品流通的开始。蔬菜的品种很多,其可食用的器官、新鲜销售或加工方式、贮藏方式和时间都不尽相同,所以收获的时机和收获的标准也不尽相同。采收过早,蔬菜的产品器官尚未成熟,蔬菜的品质、色泽、口感、营养价值、产量等都会受到影响;采收过晚,蔬菜产品器官因过度成熟而发生生理衰老,贮藏性能变差,不利于运输销售。因此,蔬菜应做到适时采收,才能最大限度地发挥其商品性能,提高经济效益。

(二)采收标准

蔬菜采收通常按照成熟度进行,成熟度的判断标准通常按硬度、地上部生长情况、生长期等指标来确定,具体采收标准需根据市场需求和运输距离进行选择。

硬度是用来确定蔬菜的采收标准之一,是部分蔬菜生长发育良好、充分成熟、耐运输贮藏的标志。以硬度作为收获的指标,也有三种含义:一种是指蔬菜长势好,品质符合收获要求;二是蔬菜已经完全成熟,但还没有完全软化,比如白菜、椰子、南瓜、西红柿等,都要在比较结实的时间采摘;三是蔬菜的硬度太大,影响食品的食用质量,例如,部分绿叶蔬菜、甜玉米、豌豆、四季豆等,必须在其生长初期就进行采收。

生长状态也是蔬菜的采收标准之一,如洋葱在假茎软化出现倒伏,鳞茎的外皮干枯;芋头的须根枯萎;马铃薯地上部枯黄;冬瓜果皮上出现蜡质白粉;莴笋的茎顶与最高叶片尖端相平,即可进行采收。

蔬菜的生长周期通常也作为蔬菜采收的标准之一。如小油菜从播种至采收为 45 ~ 60 d;青蒜生长期为 60 ~ 80 d;菠菜在秋季生长期为 35 d 左右,冬春季节生长期为 45 d 左右;白菜的生长期在 70 ~ 90 d;番茄在东北和西北地区的生长期约为 110 d,在华北地区的生长期约为 140 d。

(三)采收时间

作为长期贮藏及一次性采收的一些绿叶菜,在采收前要根据不同种类、品种,适当减少或中止浇水,通常控水时长为 3 ~ 7 d,这种方法能提高青菜的抗氧化能力,并能提高青菜在采收后的贮存和保鲜时间。

蔬菜应在一天中温度较低的时间段进行采收,如清晨采收,可以有效降低蔬菜的田间热,降低蔬菜的呼吸能力,水分不易流失,可以更好地保持蔬菜品质。还可以在傍晚进行蔬菜采收,此时蔬菜的体内营养达到高峰,蔬菜的营养品质较高。在采摘时应避免在高温暴晒的环境下进行。采摘时要选择阳光明媚的日子,阴雨天采收容易受到病菌的侵染而腐败,不易贮藏。

因此,在蔬菜采收时,应注意轻拿轻放,避免过于暴力,以免蔬菜受到机械损伤,从而导致蔬菜的呼吸代谢急剧升高,降低蔬菜体的抗性,进而破坏品质。此外,在采收蔬菜时,还应确保采收后的蔬菜能够及时地放入冷库中进行冷藏保存,以延长蔬菜的食用期限。

在市场上出售的蔬菜,可以适当推迟收获期;对那些要长时间储存或长途运输的蔬菜,采收时间需适当提前;冬季上市的蔬菜,采收时间可以适当推迟,而夏季收获的蔬菜采收时间则要适当提早;具备冷链运输的蔬菜采收时间可以适当推迟;常温运输的蔬菜要适当早采;一些有呼吸高峰的果菜,宜在呼吸高峰到来之前采收,可延长贮藏和运输过程中的保鲜时间。

(四)采收方法

蔬菜种类繁多,食用器官不尽相同,因此采收方法也有很多种。因此,对其采摘技术和方法提出了更高的要求。由于采摘方式的不恰当,蔬菜极易受到伤害,从而引起腐败。对于已经进行过多次收获的鲜食蔬菜来说,如果收获的方法不正确,就会对植物造成负面的影响,比如会造成植物各个部位的发育不良,采收部位受到微生物感染,使植株发病。正确的采收方法和技术能使植株的生长发育良性循环,提高经济效益。

1. 人工采收

人工采收是鲜销和长期贮藏蔬菜的最佳采收方法。它的优点是可以针对不同的成熟度以及不同的形状及时分类、选择、收获,同时可以减少机械损伤。

可多次采摘的鲜食蔬菜,为了避免对植物的损伤,一般都是手工采摘;豆类、瓜类和无限生长型的西红柿,大多采用支架种植,但是由于成熟度不一致,蔬菜的大小也有很大的差异,所以需要采用人工采摘的方式。另外,有刺的、太过柔软的、不易触摸的蔬菜也要用手采摘。

2. 机械采收

机械采收是指利用机械对蔬菜的食用部分进行采收,并进行清理、装运等。机械采收省时省力,适用于一次性、大规模采收,如薯蓣类、果菜类、结球叶菜等,如土豆、番茄、胡萝卜、结球甘蓝等。

二、蔬菜分级

（一）分级定义

蔬菜在生长发育过程中会受到各种因素的影响，导致质量存在许多差异，再加上蔬菜的食用部分与成熟的标准都不一致，收获后其大小、色泽、硬度、品质等参差不齐。通过分级，可以筛选出小大整齐、色泽相似、硬度统一、品质一致的蔬菜，使其达到蔬菜商品的质量标准。蔬菜分级可使其达到国家规定的蔬菜商品质量标准。对蔬菜进行分类的效果是明显的：蔬菜产品标准化，蔬菜的包装规格一致，有利于产品的包装、贮藏、运输、销售；蔬菜等级分明，便于按质论价，实现优质优价，发挥最大的经济效益；及时将不符合质量标准的、存在病虫害和机械损伤的蔬菜淘汰掉，降低在蔬菜储藏和运输过程中的病虫害扩散，降低蔬菜损失。由此可见，分级可以为蔬菜质量提供保证，使蔬菜产品达到商品标准化，实现利益最大化。

蔬菜分级指的是以蔬菜的坚实度、清洁度、大小、重量、色泽、形状、新鲜度、病虫害、机械损伤情况等为依据，对蔬菜展开严格的筛选，并将其划分为几个等级。

（二）分级标准

近年来，我国蔬菜商品流通量不断增加，为了实现蔬菜的优质优价，减少包装运输中的浪费，需要按照蔬菜商品的质量标准对蔬菜进行分级。

《中华民人共和国标准化法》按照适用区域将蔬菜标准分为四个等级。蔬菜标准分别有国家标准、行业标准、地方标准、团体标准和企业标准。但因其可食用器官部位不同，成熟度也不尽相同，很难形成一个统一的标准，只能根据不同的质量标准来确定。“七五”期间，我国已制订了辣椒、香葱、黄瓜、蒜薹、西红柿、菜豆、芹菜、白菜、菜心、西兰花等若干种蔬菜的国家标准及行业标准。

在中国，大部分的蔬菜商品分级标准都是按照外观、品质、颜色、新鲜度、病虫害和机械损伤等质量标准来划分，然后根据蔬菜的尺寸或重量来对其进行分类。如北京市农林科学院发明了防除青椒冷害和病害的分选台，能够根据青椒的不同品质进行分选。

（三）分级方法及设备

蔬菜的等级划分是实现其贮藏保鲜的关键。蔬菜的分级分为两种，一种是手工分级，一种是机械分级。对一些外形不规则、易受损伤的植物，如叶菜、青菜等，在收割的时候，通常会对其进行人工分级。机械分级一般是在挑选、清洗、烘干、上蜡、装袋等过程中完成的，常用的有重量、形状和颜色分选机。

国外茄果类蔬菜、马铃薯、洋葱等已实现机械化分级，其他大多数蔬菜主要借助一些简单设备，但仍以人工分级为主。国内大部分蔬菜产地尚未进行分级，出口蔬菜基地、高科技示范园区等已开始进行分级，有些基地还使用了选果分级设备，但绝大部分地区仍使用简单的工具，按大小或重量进行人工分级。

蔬菜分级依据蔬菜种类不同，其使用的设施也有所不同。一些容易产生机械损伤的叶菜类、花菜类（如花椰菜、青花菜）等蔬菜，为减少机械损伤的发生，一般在收获时进行分级。在收获时，按照分级标准的要求，将不同等级蔬菜分别放置在相应的包装箱内。在收获的同时进行分级，一般多以目测分级或使用简单的分级设备，这些简单设备主要用于区分大小。生产量较大适宜机械化分级的蔬菜，如番茄、洋葱等，可使用机械分级，分级机械有各种不同档次：简单的分级机只能进行大小分级；较先进的分级机除对大小进行分级外，还可依据不同色泽进行外观分级；更先进的分级机还可依据蔬菜的不同内在品质（营养成分）进行分级。

国外蔬菜商品化处理设备有大、中、小三种类型，从收获开始，蔬菜就在有效的质量管理体系的控制之下，采收、清洗、分级、包装、预冷、贮藏与冷链流通和超市的空调货架销售等各个环节和设施进行了密切的合作，还可以使用计算机对蔬菜的颜色、成熟度进行识别，将受伤的和有病虫害的蔬菜剔除出去，形成了一个完整配套的产业化体系，从而保证了蔬菜的新鲜度。

三、不同蔬菜采收方法与等级规格

（一）瓜类

选择在清晨或傍晚气温较低时采收，避免雨水和露水；应符合各种瓜类蔬菜适宜的商品成熟度；宜选用合适的刀具将果实轻巧地取下，避免机械损坏；要用手擦拭，保证果皮的干净；同一包装、同一批次为同一品种；外形和颜色应该与这个品种本身的特性一致；无损伤与病害。

对于满足基本条件的蔬菜，应该将其分为一级、二级和三级，不同的种植户应该按照统一的等级标准来采摘和分级（DB11/T 867.5—2012）。

瓜类蔬菜的品级应该与表 10－1 中所列的标准一致。

表 10－1　瓜类蔬菜等级

一级	二级	三级
形状整齐，色泽良好。 新鲜，洁净 无冷害，无机械伤 个体大小差异不超过均值的 5%	形状较整齐，色泽较好 较新鲜，洁净 无冷害，无机械伤 个体大小差异不超过均值的 10%	形状尚整齐，色泽尚好 尚新鲜，洁净 无冷害，有轻微机械伤 个体大小差异不超过均值的 20%

(二)根菜类

要在温度比较低的时候采摘,避开雨水和露水,采摘时要去除根系,冲洗土壤;搬运时要小心,以免受到机械伤害;同一种植物,其外形、颜色应该与其本身所具有的相同;无腐败,无病虫害,无冻害,无其他损害;不含糠、不抽薹、不发臭。

对于满足基本条件的蔬菜,应该划分为一级、二级和三级,不同的种植户应该按照统一的等级标准来采摘和分级(DB11/T867.1—2012)。

根菜类蔬菜的品级应该与表 10-2 中所列的标准一致。

表 10-2 根菜类蔬菜等级

一级	二级	三级
新鲜,洁净 形状整齐,色泽良好,表皮光滑 无裂根和叉根 无机械伤 个体大小差异不超过均值的 5%	较新鲜,洁净 形状整齐,色泽较好,表皮较光滑 无裂根和叉根 有轻微机械伤 个体大小差异不超过均值的 10%	较新鲜,洁净 色泽尚好,表皮较光滑。有少许裂根和叉根 有轻微机械伤 个体大小差异不超过均值的 20%

(三)叶菜类

选在温度比较低的时候采摘,避开雨水和露水;采摘时要去除根部及不能食用的叶子;搬运时要小心,以免受到机械伤害;同一包装、同一批次为同一品种;外形和颜色应该与这个品种本身的特性一致;没有腐败,没有病虫害,没有冻害;不发黄、不抽薹、不枯萎。

对于满足基本条件的蔬菜,应该划分为一级、二级和三级,不同的种植户应该按照统一的等级标准来采摘和分级(DB11/T867.2—2012)。

叶菜类蔬菜的品级应该与表 10-3 中所列的标准一致。

表 10-3 叶菜类蔬菜等级

一级	二级	三级
形状整齐,色泽良好 新鲜、洁净 无机械伤 个体大小差异不超过均值的 5%	形状整齐,色泽较好 较新鲜、洁净 有轻微机械伤 个体大小差异不超过均值的 10%	形状尚整齐,色泽尚好 较新鲜、洁净 有轻微机械伤 个体大小差异不超过均值的 20%

(四)花菜类

选在温度比较低的时候采摘,避开雨水和露水;搬运时要小心,以免受到机械伤害;同一包装、批次为同一品种;应具有该品种固有的形状和色泽;花球不开裂、无开花、无抽薹;无异味、无腐烂、无病虫害及其他伤害。

对于满足基本条件的蔬菜,应该划分为一级、二级和三级,不同的种植户应该按照统一的等级标准来采摘和分级(DB11/T867.3—2012)。

花菜类蔬菜的品级应该与表 10－4 中所列的标准一致。

表 10－4　花菜类蔬菜等级

一级	二级	三级
花球新鲜、完好，紧实，花蕾紧密 花球色泽良好，表面清洁 无机械伤 个体大小差异不超过均值的 5%	花球较新鲜、完好，较紧实 花球色泽正常，表面较清洁 有轻微机械伤 个体大小差异不超过均值的 10%	花球较新鲜、完好，较紧实 花球色泽正常，表面较清洁 有轻微机械伤 个体大小差异不超过均值的 20%

（五）茄果类

选在温度比较低的时候采摘，避开雨水和露水；在采摘时，将果实从根部切下，用抹布将果实表面的杂质擦掉，防止机械损伤；每一包装为同一品种；成熟程度适中，外形、颜色与本品种本身的特征一致；无腐败、虫害、冻害及其他损害。

对于满足基本条件的蔬菜，应该划分为一级、二级和三级，不同的种植户应该按照统一的等级标准来采摘和分级（DB11/T867.4—2012）。

茄果类蔬菜的品级应该与表 10－5 中所列的标准一致。

表 10－5　茄果类蔬菜等级

一级	二级	三级
形状整齐，色泽良好，表皮光滑、鲜亮、洁净，无机械伤 个体大小差异不超过均值的 5%	形状整齐，色泽较好，表皮较光滑、洁净，有轻微机械伤 个体大小差异不超过均值的 10%	色泽尚好，表皮较光滑、洁净，有轻微机械伤 个体大小差异不超过均值的 20%

（六）豆类

应选择气温较低时采收，避免雨水和露水；应选择最佳商品成熟度采收；应轻拿轻放，防止机械损伤；同一包装、批次为同一品种；应具有该品种固有的形状和色泽；无腐烂、无病虫害、无冷害和其他伤害。

对于满足基本条件的蔬菜，应该划分为一级、二级和三级，不同的种植户应该按照统一的等级标准来采摘和分级（DB11/T867.4—2012）。

豆类蔬菜的品级应该与表 10－6 中所列的标准一致。

表 10－6　豆类蔬菜等级

一级	二级	三级
成熟度适宜 新鲜，挺直，清洁、无杂物 无畸形，无机械伤 形状整齐，色泽良好 个体大小差异不超过均值的 5%	成熟度较适宜 较新鲜，清洁、无杂物 无畸形，无机械伤 形状整齐，色泽较好 个体大小差异不超过均值的 10%	成熟度尚适宜。 较新鲜，清洁、无杂物 无畸形，有轻微机械伤 形状整齐，色泽尚好。 个体大小差异不超过均值的 20%

（七）其他类

选在温度比较低的时候采摘，避开雨水和露水；在收获的时候，要把外面的3片叶子留下；搬运时要小心，以免受到机械伤害；同一包装、批次为同一品种；成熟度适宜；应具有该品种固有的形状和色泽；无腐烂、无病虫害和其他伤害。

对于满足基本条件的蔬菜，应该划分为一级、二级和三级，不同的种植户应该按照统一的等级标准来采摘和分级（DB11/T867.7—2012）。

甜玉米品级应该与表10－7中所列的标准一致。

表10－7　甜玉米等级规格

	一级	二级	三级
等级	形状整齐，苞叶青绿、洁净籽粒饱满，无断行、缺粒和秃尖 个体大小差异不超过均值的5%	形状整齐，籽粒较饱满，洁净 个体大小差异不超过均值的10%	形状整齐，籽粒较饱满，色泽较鲜亮，洁净 个体大小差异不超过均值的20%
规格	同品种分大、中、小三个规格		

四、蔬菜包装

（一）包装定义

新鲜蔬菜包装技术指的是以各种蔬菜的特点为依据，利用具有特定性能的包装材料、特殊结构的包装容器或辅助物对蔬菜进行包装，以此为基础，对被包装的蔬菜进行必要的物理和化学处理，并在特定的贮存和运输条件下进行储藏或流通，以尽量维持其原有的色、香、味、形的综合技术。

（二）包装作用

对蔬菜进行包装，可以有效地保护蔬菜，减少污染，提高蔬菜的附加值。适当的包装可以减少蔬菜的呼吸损失，减少蔬菜的水分散失，减少蔬菜之间的摩擦、碰撞和挤压，减少微生物侵染，保持蔬菜品质和增加美观，便于搬运堆码。

1.保护蔬菜免受机械损伤

在我国，蔬菜损耗的最主要原因之一就是机械伤害，包括碰撞、摩擦、压力等，机械伤害不仅直接导致蔬菜的品质下降，还会引起蔬菜呼吸强度上升（即所谓的伤呼吸），乙烯释放量增加（伤乙烯）；引起蔬菜的外皮保护组织破坏，使有害微生物的侵染有了通道，腐烂更加严重。包装的合理设计和应用是减少蔬菜采摘后损伤的有效途径。

2.减少微生物侵染

包装箱内的小环境与贮藏冷库和运输车辆的大环境有很大的不同。一般而言，包装箱内的温度都要比外界高，尤其是没有经过预冷的蔬菜，田间热积聚在包装箱内，诱发蔬菜的呼吸强度加剧,呼吸热不断释放,导致热量在箱内不断积累。热量的产生使温度升高,必然导致微生物的活动加剧,使腐烂加快。因此,在包装箱内控制和减少微生物对蔬菜的侵染十分重要。

目前较广泛使用的方法是:

①在包装内加杀菌药剂,主要以熏蒸杀菌为主,包括释放 SO_2、ClO_2、植物挥发性油制剂、噻苯咪唑(TBZ)、2,4 二氯苯氧乙酸(2,4-D)等,在内包装上加入杀菌和抑菌材料,也包括在纸箱和塑料袋上加入纳米材料。

②单果塑料袋包装的其中一项功能就是阻断交叉侵染。

3. 防止蔬菜过度失水

失水萎蔫使蔬菜产品失鲜,影响蔬菜的口感、脆度、风味,会引起植物细胞内的膨压下降,影响植物的正常代谢,从而影响植物的储藏和抗病性。

目前常用的防止蔬菜过度失水的基本做法有以下几种:

①使用塑料膜或其他防水材料(聚乙烯膜)将蔬菜扎罩起来。

②蔬菜先放进内包装中,再装入外包装。

③在蔬菜表面打蜡或涂膜,或在包装袋、包装箱内部涂蜡再放入蔬菜,防止蔬菜失水。

(三)包装方法与包装材料

蔬菜包装包括内包装与外包装。内包装主要是维持蔬菜需要的适宜湿度和气体条件,另外还能防止微生物侵染蔓延,在人们选购时保持蔬菜的洁净。外包装主要是在蔬菜的运输装卸过程中起到保护作用,为蔬菜的流通与搬运提供便利,并为商品交易提供标准单位。

1. 内包装

蔬菜内包装的主要作用是改善蔬菜贮运的微环境,减少果实的磕碰和挤压。内包装物通常可包括软材和散材。通常使用厚度为 0.01~0.03 mm 的塑料薄膜/袋进行包装。

由于内包装的空气通过率不高,所以在温度高的时候,很容易引起蔬菜通风不畅,加速其腐败。处理的方法是用透气性好的薄膜或对包装材料进行扎洞,维持蔬菜的正常呼吸。

(1)塑料薄膜包装　目前,最常见的薄膜材料是低密度聚乙烯(LDPE)和聚氯乙烯(PVC)等。聚乙烯薄膜是一种廉价、易得、无毒、无味的新型薄膜,广泛应用于蔬菜的保鲜。PVC 的透气性能略低于 LDPE,但其柔软性和韧性较好,而且还容易通过加入多种添加剂来改善其性能(如透湿性等),在实际应用中具有一定优势。

(2)蔬菜保鲜纸包装　采用保鲜纸是蔬菜最常用的内包装形式之一,是以纸质材料包装单个蔬菜,或作为衬垫和托盘材料。保鲜纸的基本作用是防止蔬菜贮运过程中的机械损伤,如划伤、碰撞,防止害虫和昆虫对蔬菜的侵染。除此之外,保鲜纸还采用喷涂或浸泡的方法使纸的表面或内部含有胶状、蜡状或油性物质,使包装纸具有阻水性,降低蔬菜水分蒸发率,从而达到保鲜的目的。另外,保鲜纸还具有气调、杀菌、生理调节、隔离等作用。

(3)发泡网套包装　发泡网套是普遍采用的蔬菜单独包装的一种形式,其主要作用是防止运输过程中的蔬菜碰撞、挤压和其他机械损伤。塑料发泡网套在使用时的基本性能要求如下:

①网套轻,不会因为使用网套而增加蔬菜运输时的重量;

②弹性好，能减压、防震、抗冲击，有效防止蔬菜运输过程中的碰撞、挤压和其他机械损伤；

③色泽好，色彩可以是原料的洁白原色，也可以添加色素成为粉红、淡绿、柠檬黄等颜色，以调节包装与蔬菜的色泽对比，提高蔬菜的新鲜程度，提高人们的购买欲望。塑料发泡网一般是在聚乙烯中加入聚丁二烯等发泡剂经挤出发泡成网而制成。

为了满足上述网套的基本性能，所用的聚乙烯必须具有特定的性能。另外，由于网套发泡料中含有发泡剂和无机添加剂，在挤出、牵引过程中易发生断裂现象，或者发生炸泡、泡空塌陷等问题，所用的聚乙烯必须具有较高的拉伸强度和弹性。实际生产过程中，必须选用专门的网套发泡聚乙烯，它具有分子量分布范围窄、熔体黏度低、断裂强度高、弹性好、发泡倍数高等特点。

(4)涂膜包装　蔬菜的涂膜包装一般是以纯天然的材料等为被膜材料，然后通过浸渍、喷洒、涂抹的方法，将其涂在蔬菜的表面，从而构成一种涂层。在蔬菜上涂膜，能够对蔬菜的保护作用进行强化，同时还能对蔬菜的呼吸作用进行抑制，从而降低其养分损耗，还能有效地抑制水分的蒸发，保持蔬菜的贮藏性能和品质，是增加蔬菜商品价值的一种行之有效的方法。常用于蔬菜的运输保鲜和货架保鲜，如用于胡萝卜、甘薯、黄瓜、南瓜、马铃薯、番茄、辣椒和茄子等蔬菜。

2. 外包装

蔬菜的外包装主要有木箱、塑料筐、瓦楞纸箱、泡沫箱等。不同蔬菜外包装不一样，对外包装的要求也不一样。部分外包装还需起到防水保湿、防尘防腐等作用。

当前在我国，以纸箱，塑料周转箱、塑料网/袋等为主要的外部包装方式。水果蔬菜多以纸箱及塑料周转箱为主，而结球的叶片蔬菜及根类蔬菜则以塑料网及塑料袋为主。对于需要先包装后预冷的蔬菜，外包装需要预留通风孔，以保证预冷效果；不耐压的蔬菜应使用高度较低的包装箱；易失水的蔬菜要在包装箱内加入塑料薄膜进行衬垫，防止蔬菜失水。

蔬菜的外包装排列应根据不同蔬菜的特点来进行堆码，避免蔬菜发生碰撞挤压，此外还要注意外包装的通风透气。蔬菜包装和装卸时应轻拿轻放，避免机械损伤。

(1)纸箱外包装　瓦楞纸箱是目前最广泛使用的包装材料。瓦楞纸板按货物的要求，可制成单面瓦楞纸板，用于货物的内衬保护，也可制成轻型的夹板和垫板，以保护货物，避免货物在运输过程中受到冲击而损坏。

瓦楞纸箱防水性能差，导致抗压强度急剧下降。可在纸箱表面进行涂层处理，防止水汽进入纸箱。

(2)塑料包装　塑料箱是装载库存蔬菜的专用周转工具。塑料盒的原料分为高密度低压聚乙烯和聚丙烯两种，具有硬度高、抗冷性好、化学稳定性强、抗酸、抗碱、抗有机溶剂、无毒、无味、抗辐射性好、抗高温等性能。

在蔬菜流通中应用较多的塑料箱有：产地周转箱，主要用于蔬菜产地短途运输周转，在田间收获和包装厂之间往返运输；销售周转箱，主要用于蔬菜批发和零售之间的周转运输；贮运塑料箱，主要用于蔬菜长途运输和长期贮藏。

(3)木质包装　木制包装是一种用于蔬菜的包装，如木制的盒子、木制的框架、木制的托盘、木制的楔子、木制的垫木等。

在国内比较普遍的是普通木箱、框架木箱、滑动木箱、底盘和钢丝捆扎箱等。在蔬菜的流通领域,我国的木材包装产品的使用方法大致有以下几种:

①大型木包装箱　容量为500 kg以上,适用于大型蔬菜的原产地采摘、运输、低温贮藏等。

②小型木包装箱　容量为20 kg以下,主要应用于可以进行人工搬运的果蔬包装。包括板条箱、框架薄板箱和胶合板箱。

③木质托盘　应用于缠绕包装的贮藏托盘和运输托盘。

④木质礼品包装　由于木制品加工方便,可以将细木工的设计和加工理念应用到木制包装中来,使得这种木制包装的外观质朴,结构坚固,显得蔬菜更加鲜艳,纯天然品质得以充分展现。

(4)泡沫塑料包装　泡沫塑料包装是一种很好的减震包装材料,因此在蔬菜包装上被广泛应用。聚苯乙烯、聚氨酯、聚氯乙烯、聚乙烯等都是常见的泡沫塑料。聚苯乙烯泡沫塑料包装在蔬菜包装上应用最为普遍。

泡沫塑料的包装箱型多为加盖的一体成型箱,箱体的四个侧面设计有加强筋柱,在保证材料密度的前提下,有较强的承重能力。泡沫塑料箱常见的有保温型和打孔型两种。

(5)竹藤筐包装　蔬菜的竹藤筐包装在原料、色彩、编织工艺等方面形成了独具一格的艺术特色。在崇尚自然环保理念的今天,这种包装在卖场的展示,无疑具有较强的视觉冲击力和很好的促销效果。

(四)蔬菜保鲜包装应用技术

1.叶菜类

(1)大白菜

①贮藏包装　在利用通风式冷库储藏的过程中,发现通风库温度较高,不利于大白菜的包装储藏。利用冷库进行储藏,不仅能精确地控制储藏室的温度,而且能使储藏过程中的损耗降低,延长储藏期。

②运输包装　对大白菜质量要求较高的销售场所,运输时外包装应用纸箱包装,内包装用纸或低密度薄膜包装,并适当考虑是否采用冷链运输,以保持大白菜的品质。

③货架包装　可采用单棵膜包装,提高商品性。

(2)甘蓝

①贮藏包装　采用厚度0.03 mm的聚乙烯或聚氯乙烯透湿膜袋贮藏,每袋装量10 kg,扎口或扎口后打孔上架贮藏。也可采用0.015 mm的聚乙烯膜单棵包装后装箱或装筐贮藏。

②运输包装　在主要生产季节,常用大网袋包装、常温运输;在生产淡季价格较高时,单个甘蓝用纸包装后再放入箱或筐内,可明显减少机械损伤。

③货架包装　甘蓝在货架上多采用裸露销售或单个紧缩膜包装。

(3)生菜

①贮藏包装　常用的方式是塑料薄膜包装。

②运输包装　塑料周转箱、竹筐等是常用的包装,但是出口包装仍然是纸箱居多。

③货架包装　可用塑料薄膜袋和塑料托盘组合包装。

(4)韭菜

①贮藏包装　薄膜包装,气调冷藏。

②运输包装　韭菜预冷后,装入薄膜袋或微孔袋内,扎口装入外包装箱中。

2. 果菜类

(1)番茄

①贮藏包装　预冷后装入厚度为0.03 mm的聚氯乙烯薄膜袋中,每袋装果量5 kg,扎口贮藏。

②运输包装　纸箱和塑料箱是常用的外包装形式,箱高不宜过高,以减少上层果实对下面果实的挤压。果实层间可用泡沫托盘作缓冲物。

③货架包装　用塑料薄膜袋或塑料托盘做成小包装形。

(2)青椒

①贮藏包装　采用塑料箱、板条箱或用专用的气调透湿袋进行包装。

②运输包装　最常用的外包装是纸箱,如果采用其他包装,要注意包装边缘做必要的垫衬,减免挤压造成损伤。近年来,随着网套成本的降低,对价格较高的五彩椒等可采用单果套网套纸箱包装运输。纸箱上的留孔面积应合理。

③货架包装　在销售前可将青椒用塑料薄膜袋或塑料托盘做成的小包装形式进行包装,再用黏着膜包裹好。塑料袋和黏着膜上可打几个直径为5～8 mm的孔,以利于换气。1%的壳聚糖涂被保鲜剂对延长青椒常温货架期有明显的作用。

(3)茄子

①贮藏包装　软纸张单个包裹;装筐或板条箱用地膜衬垫覆盖;用壳聚糖涂被剂涂被,充分晾干后装入箱或筐内上贮藏。

②运输包装　目前最常用的方式是单个包棉纸,可起到很好的抑制蔬菜呼吸的作用。外包装可用纸箱、竹筐等,纸箱弹性好,应优先采用。

③货架包装　可将茄子用塑料薄膜袋和塑料托盘做成小包装形式,塑料袋和黏着膜上可打孔,以利于换气。1%的壳聚糖涂被保鲜剂对延长茄子常温货架期有明显的作用。

(4)黄瓜

①贮藏包装　小包装气调冷藏。

②运输包装　板条箱或多孔的纤维板箱包装。

③货架包装　用塑料托盘做成小包装形式,将500 g左右的黄瓜装入塑料托盘中,再用黏着膜包裹好,在1周的贮藏时间内,失重率可降低55%以上,货架期显著延长。无刺黄瓜可用1%的壳聚糖涂被保鲜剂,对延长黄瓜常温货架期有明显的作用。

(5)苦瓜

①贮藏包装　贮藏用包装不宜过大,薄膜应尽量薄一些,起到减少水分散失的作用即可,以防止包装内乙烯的过多积累。为减少机械损伤,每个苦瓜最好用纸单个包裹或套网套。

②运输包装　苦瓜的运输保鲜应使用硬质纸箱及衬物包装。

③货架包装　在销售前可将苦瓜用塑料薄膜袋或塑料托盘做成的小包装形式进行包

装,再用黏着膜包裹好。塑料袋和黏着膜上可打几个直径为 5 ~ 8 mm 的孔,以利于换气。1% 的壳聚糖涂被保鲜剂对延长青椒常温货架期有明显的作用。

3. 茎菜类

(1)茭白

①贮藏包装　可采用 0.04 mm 厚的聚氯乙烯调气透湿袋扎口包装。

②运输包装　以 10 kg 左右为 1 捆,捆好,用蒲包或塑料编织袋包装。

③货架包装　托盘黏着膜小包装形式,可有效保持其新鲜度。

(2)莴笋

①贮藏包装　将去叶后的莴笋立即用清水冲洗茎部,结合预冷过程沥干浮水后用 0.03 mm 的聚乙烯袋密封包装,装筐或装箱。

②运输包装　将预冷完毕的莴笋装入 0.02 mm 的聚乙烯保鲜袋内,装入纸箱,冷藏车远途运输,如果近距离运输,也可将预冷后的莴笋装入聚苯乙烯泡沫塑料箱,用保温车运输。

③货架包装　塑料薄膜袋小包装或托盘紧缩膜包装。

(3)洋葱

①贮藏包装　编织袋或网袋包装。

②运输包装　用网袋包装。

③货架包装　小网袋包装或零散销售。

(4)马铃薯

①运输包装　除采用编织袋包装外,提倡马铃薯用规范包装,如纸箱、塑料周转箱运输。

②货架包装　一般市场和超市,马铃薯均在常温货架上裸露销售。

(5)山药

①贮藏包装　可用纸箱、塑料箱等,箱内垫衬 0.015 mm 厚的聚乙烯薄膜覆盖。在一些情况下,山药需要削皮后贮藏,削皮后最适当的处理方法是把削了皮的山药块茎放入 0.05 mg/mL 柠檬酸溶液中(9.6 g 的柠檬酸溶于 1 L 水),浸泡 1 min 后取出,再用真空包装贮藏于适宜的低温下,则可维持商品寿命 30 d 以上。

②运输包装　根据运输距离的远近和销货商的要求,选用纸箱、钙塑箱或其他包装。

③货架包装　以裸露销售为主,个别超市有紧缩膜包装销售。

4. 根菜类

(1)萝卜

①贮藏包装　将预冷后的萝卜装入厚度为 0.04 mm 的调气透湿袋中,袋装量约 20 kg。

②运输包装　外包装可用塑料箱、竹筐等包装容器,箱内用 0.04 mm 的聚乙烯包装袋免口包装。

③货架包装　常温货架上,采用 0.01 mm 厚的聚乙烯薄膜单个包裹萝卜,对于减少失水、保持新鲜度有良好的效果。

(2)胡萝卜

①贮藏包装　将预冷后的胡萝卜装入厚度为 0.04 mm 的调气透湿袋中,袋装量约

20 kg。

②运输包装　外包装可用塑料箱、竹筐等包装容器，箱内用0.04 mm的聚乙烯包装袋免口包装。

③货架包装　常温货架上，采用0.01 mm厚的聚乙烯薄膜单个包裹胡萝卜，对于减少失水、保持新鲜度有良好的效果。

(3)甘薯

①运输包装　为了减少机械损伤，应该采用纸箱、竹筐、塑料箱等包装运输。根据箱子的特性，确定是否需要垫衬缓冲材料。

②货架包装　一般市场和超市，甘薯均放在常温货架上裸露销售。

5. 其他类

(1)蒜薹

①贮藏包装　大多数地区普遍采用0.05 mm厚的无毒聚氯乙烯透湿袋和硅窗袋，常用规格为1 100 mm ×750 mm。

②运输包装　网袋包装或打孔塑料小袋包装。

③货架包装　常温货架采用微孔膜包装。

(2)甜玉米

①贮藏包装　一般采用聚氯乙烯透湿袋包装。

②运输包装　不能采用塑料袋包装。

③货架包装　一般采用托盘黏着膜小包装。

(3)食用菌(菇类)

①贮藏包装　采用塑料薄膜袋包装。

②运输包装　在箱内垫衬塑料薄膜，底部放5 cm的碎冰，四周放置菇体，装七八分满时薄膜向内折叠。

③货架包装　一般采用泡沫塑料托盘。

第二节　蔬菜贮藏技术

我国是蔬菜生产大国，产量高且采收集中，但蔬菜水分含量高等自身特性导致其不易存储，集中大量的上市容易导致蔬菜腐烂损耗。蔬菜的贮藏是蔬菜生产的延伸和补充。蔬菜产品采收以后，通过各个流通环节采用实用、低成本、安全的贮藏保鲜技术处理，可以大大减少蔬菜的腐烂损失，减少蔬菜的物质消耗，延长采后寿命和货架期。从时间维度上，蔬菜贮藏一般分为短期贮藏和长期贮藏。短期贮藏更多的是满足从产地到零售商过程中蔬菜暂时的存贮保鲜，减少贮运过程中蔬菜的损耗，促进蔬菜商品流通；而长期贮藏更多是用于调节蔬菜产品市场的供应，在蔬菜集中上市时贮藏，市场有需求时错峰销售，均衡上市，具有较好的经济效益。另一方面，在特殊社会时期如非典和新冠疫情期间与特大自然灾害如暴雨、暴雪和干旱等发生时，蔬菜长期贮藏可缓解供需平衡，解决蔬菜短缺的问题，在特殊时期保障人们的基本生活需要，具有较好的社会效益。

目前,我国蔬菜的贮藏方式多种多样,通常可以将它们划分成简易贮藏、强制通风贮藏、机械冷藏、气调贮藏和其他贮藏方式,又因为蔬菜种类繁多,要根据蔬菜的贮藏特性选择适宜的贮藏方式和储藏设施。

一、蔬菜贮藏技术概念及其发展历程

(一)蔬菜贮藏技术

蔬菜的贮藏是蔬菜生产的延伸和补充,根据蔬菜自身的生产特点、商品特点,采用适合的蔬菜贮藏技术,可以调节市场供应、延长产品供应期、满足消费者对蔬菜种类多样化的需求;对于发展蔬菜生产、充分利用蔬菜资源、促进蔬菜商品流通、推动农村商品生产的发展等具有重要意义。

蔬菜贮藏技术指蔬菜在采收后至食用或加工前,应用采后生理学原理,通过调控贮藏环境达到其最适贮藏条件,如温度、湿度和气体成分,从而达到延缓蔬菜采后成熟和衰老,保持其原有品质,减少腐烂损失,延长蔬菜商品供应期等目的的技术措施。

(二)我国蔬菜贮藏技术发展历程

中国蔬菜贮藏技术发展有着悠久的历史。《诗经》等古籍上就有不少关于蔬菜贮藏的记载,全国各地民间贮藏蔬菜的经验丰富多彩。中国广大农民群众在多年的农业生产实践中,针对我国不同地区的生产和自然条件等实际情况,总结和创造出了不同的蔬菜贮藏方式,如堆藏、埋藏(沟藏)、窖藏、假植贮藏和微冻贮藏等。这些现今可通称为简易贮藏或土法贮藏。其共同特点是利用自然低气温和土温来调节和维持比较适宜的贮藏温、湿度和气体条件,设施结构简单,至今仍在广泛应用。但这些方法在利用上存在着地区和季节的局限性,受自然条件限制,且与现代贮藏技术比较,贮藏损耗较大,花费劳力较多,技术需要进一步提高。

20 世纪 50 年代,人们在以往小规模棚窖贮藏的基础上,将窖顶及窖墙涂抹青灰麻刀石灰,天窗加挡雨设施,将棚窖改建成较大规模的半固定式菜窖。后来在北方地区大、中城市和上海、南京等地又进一步改用砖木水泥结构成为固定式大型通风贮藏库,较完善的通风系统和隔热结构使得降温和保温效果大大提高,因此,这是我国目前蔬菜产区大量应用的贮藏方式。

进入 20 世纪以来,现代贮藏技术发展很快,集中表现在人工创造低温。在 20 世纪 70 年代,人工降温的蔬菜专用机械冷藏库已经开始在我国各地建造和应用,上海的第一座蔬菜用冷藏库于 1973 年建成,北京在 1979 年至 1980 年建设了供蔬菜用的冷库,其他城市也陆续建设使用。

国际上关于气调贮藏技术的研究始于 19 世纪初叶,经过多年的发展正式应用于商业生产。从 20 世纪 40 年代开始出现了气调贮藏,它是在人工制冷的基础上通过对贮藏环境中气体成分进行调节和控制,适当增高 CO_2 分压和降低 O_2 分压,以减缓植物体的新陈代谢和抑制微生物的活动,延长贮藏时期和保持质量。中国的气调贮藏起始于 20 世纪 70 年代。研究人员广泛研究了多种蔬菜的气调方式，最终选择经济实用、操作简便易行的塑料薄膜大帐封闭和袋封式的气调贮藏法，应用于番茄、蒜薹等蔬菜的贮藏。具有中国特色的蒜薹气调冷藏法，在北方地区迅速推广，促进了蒜薹的周年供应。同时，我国自行研究设计和建造的各种规格气调库，在多种蔬菜产品的贮藏保鲜方面取得了良好的效果。

近年来，还有其他的蔬菜贮藏技术出现，例如辐射处理应用、减压贮藏技术、磁场处理等，以及使用各种化学品（化学防腐剂和植物激素）处理蔬菜来达到贮藏保鲜的目的。

近年来，随着自然科学尤其是植物生理学的不断发展，在蔬菜采后生理方面的研究有了一定的进步，也为现代蔬菜贮藏技术奠定了理论基础。

综上所述，中国蔬菜贮藏虽历史悠久，经验丰富，但在贮藏理论和贮藏新技术的研究和应用方面，还需继续探索提高，我们应结合中国国情努力研究开发成本低廉、实用，简单易行的蔬菜贮藏方法。

二、预冷

蔬菜采收以后会携带田间热，高温会使其呼吸作用增强，并促进其表面有害菌的增殖，从而造成蔬菜衰老变质、品质下降。蔬菜预冷是通过对蔬菜进行低温处理，使其快速降温至所需的温度的过程，是减缓蔬菜采后的新陈代谢速率，保持其品质和延长货架期寿命的重要手段之一。在蔬菜产地及时预冷是保证蔬菜采后品质的重要措施，在蔬菜保鲜冷链运输过程中起关键作用。

（一）自然降温预冷

自然降温预冷，指以自然冷空气作为预冷媒介，把采后的蔬菜放置在避光、阴凉及通风的环境，使其自然散热，从而降低温度。此预冷方式较容易受当时外界温度的限制，通常不能使蔬菜温度降到需要的预冷温度，所需时间较长，效果不佳。但由于此操作简单且不需要设备，在没有更好预冷条件的情况下，自然降温预冷仍是我国菜农普遍采用的方法。

（二）冷风预冷

冷风预冷是指在预冷库中，使用低温冷风来进行预冷。根据通风量和通风方式的差异，冷风预冷可以划分为冷库预冷和差压预冷两种类型，这种预冷方式不受季节和地区的限制。

1. 冷库预冷

冷库预冷是把蔬菜存放在冷库中，将库内热量通过制冷机组传递到冷库外面从而达到蔬菜降温的目的。数据显示，当制冷量足够强，空气流速为 $1\sim2\ m\cdot s^{-1}$ 在库内循环时，具有最佳的冷却效果。冷库预冷适宜大部分蔬菜的预冷，并且可以对不同种类蔬菜进行混合，同时预冷。冷库预冷操作简便，但需要较长的冷却时间，并且容易产生冷却不均的情况。部分不同蔬菜适宜冷库预冷相关参数详见表 10－8。

冷库预冷对蔬菜的摆放方式有一定的要求，需要将菜箱顺着冷库冷风流向码放成排，箱体之间留 5 cm 间距，每排间距 20 cm；箱子不能紧贴墙壁摆放，需沿着墙壁留出 30 cm 的风道;堆码高度取决于冷库的高度,一般不得超过吊顶风机底边的高度。

表 10 -8　常见适宜冷库预冷的蔬菜及相关参数

蔬菜种类	预冷温度/℃	预冷时间/h	相对湿度/%
番茄	9 ~ 10	20 ~ 30	85 ~ 90
青椒	9 ~ 10	10 ~ 20	90 ~ 95
黄瓜	9 ~ 10	10 ~ 15	95 ~ 100
茄子	9 ~ 10	20 ~ 30	90 ~ 96
生菜	2 ~ 3	10 ~ 20	98 ~ 100
白菜	2 ~ 3	20 ~ 30	95 ~ 100
芹菜	2 ~ 3	10 ~ 15	98 ~ 100
青花菜	2 ~ 3	10 ~ 20	95 ~ 98
豌豆	2 ~ 3	10 ~ 15	95
菠菜	2 ~ 3	10 ~ 15	95 ~ 100

2. 差压预冷

差压预冷是指将两边具有通风孔的蔬菜包装容器进行特殊码垛,利用差压风机形成空气压差,使具有一定压力的冷空气从垛两侧迅速穿过包装容器,进而使内部蔬菜冷却的预冷方法。这种预冷方式减少了生产所需空间,更加合理利用空间,冷却速度更迅速且均匀,需要时间是一般冷库预冷的 1/10 ~ 1/4,适用于各种蔬菜,还减少了水分蒸发导致的蔬菜表面皱缩,从而提高蔬菜的贮藏品质。

但差压预冷对包装容器、堆码方式和空气流速有特殊要求,如容器要有足够的开孔,垛内要留有通道。为保证纸箱的强度和足够的通风面积,使用差压冷却方式的蔬菜包装箱要有一定通风面积,一般用开孔塑料箱或开孔纸箱,除此之外,蔬菜的种类和品种不同其最适通气面积也不同。部分不同蔬菜适宜差压预冷相关参数详见表 10 -9。

表 10 -9　常见适宜差压预冷的蔬菜及相关参数

蔬菜种类	预冷温度/℃	预冷时间/h	相对湿度/%
番茄	9 ~ 10	3 ~ 5	85 ~ 90
青椒	9 ~ 10	3 ~ 4	90 ~ 95
黄瓜	9 ~ 10	3 ~ 4	95 ~ 100
茄子	9 ~ 10	3 ~ 6	90 ~ 96
生菜	2 ~ 3	3 ~ 5	98 ~ 100
白菜	2 ~ 3	3 ~ 6	95 ~ 100
芹菜	2 ~ 3	3 ~ 4	98 ~ 100
青花菜	2 ~ 3	3 ~ 4	95 ~ 98
豌豆	2 ~ 3	2 ~ 3	95
菠菜	2 ~ 3	2 ~ 3	95 ~ 100

（三）水预冷

水预冷是一种把蔬菜浸泡在冷水中或在其表面喷洒冷水从而降低温度的方法。水的换热系数大于空气的换热系数，冷水预冷比冷风预冷速度更快，需时更短、更均匀，在相同的气流流速和温度差下比冷风预冷的冷却速度快15倍。并且这种预冷方式对根菜类蔬菜具有清洗功能。但是，水预冷适用范围有一定的局限，不适用于某些接触水分后易腐烂的蔬菜，如花椰菜、蒜薹等。此外，目前水预冷还存在一个难题，就是为防止积累在水冷却器循环和冷却水中病原微生物对蔬菜产品的侵染，预冷的同时会在水中加入大量防腐剂，对环境不利。

（四）冰预冷

1. 碎冰预冷

碎冰预冷是将细碎的冰屑加入装有蔬菜产品的容器中，通过碎冰融化将热量带走，从而降低温度的方法。通常将碎冰铺放在蔬菜的顶部来进行预冷。冰预冷一般作为其他预冷方法的辅助手段，或者作为蔬菜在预冷之后运输过程中的保冷措施，有利于保持运输中适宜蔬菜贮藏的温度和湿度。

2. 流态冰预冷

流态冰又称为流体冰，它是一种新型的制冷介质。该技术通过含有无机物的水溶液冷却到特定的温度，使水从溶液结晶析出形成细小的球状冰晶。这种球状冰晶的特点是冰体具有流动性，冰晶颗粒细小、圆滑、无棱角，可以迅速地全方位包裹蔬菜，温度下降快速均匀，速度是普通冰预冷的3～5倍；同时还能填充在蔬菜之间，起到保护蔬菜产品减少机械损伤的作用。流态冰预冷技术预冷蔬菜快速均匀有效，能够很好地保持蔬菜品质。

流态冰预冷在甘蓝、甜玉米、西兰花上均有较好的应用效果。流态冰预冷方式是一种新型的甘蓝运输过程中的预冷方式，适用于“南菜北运”冷链流通运输过程。北京市农林科学院农产品加工与食品营养研究所研究显示，与冷库预冷相比，采用流态冰预冷方式处理甜玉米，能够维持贮藏期间甜玉米的外观品质，将贮藏期延长至28 d，可以减缓甜玉米可溶性固形物、可溶性蛋白、可溶性淀粉、可溶性总糖和VC含量的降解，保持贮藏甜玉米气味和口感，延长甜玉米货架期，有效地提高了贮藏期间甜玉米的感官品质以及商品价值。利用流态冰预冷技术还可以大大减少西兰花的冷却时间，相较于冷库预冷方式，运用流态冰预冷能够将西兰花的货架期延长至3 d，并且维持西兰花货架期良好的营养品质和较高的抗氧化能力，保持其商品价值。

（五）真空预冷

真空预冷是一种通过在低压环境下使得蔬菜水分蒸发迅速吸收其自身存在的田间热，同时持续排出产生的水蒸气，从而迅速降温的方法。

真空预冷具有三个优点：

①冷却均匀，蔬菜内外冷却温度一致，几乎没有温差；

②冷却时间短，通常大多数经过包装的叶菜类蔬菜只需要20 ～30 min就可以将其温度下降到4～5℃；

③干净卫生,蔬菜在真空预冷时基本不与外界空气接触。

但是,真空预冷也存在一定的不足:

①不同的包装中具有不同表面积和体积比的蔬菜冷却效果不同,适宜的蔬菜种类有限,通常只适用于像叶菜类这种单位质量表面积较大的蔬菜,对于根茎菜、果菜则不适用;

②这种预冷方式容易导致蔬菜产品质量的损失,平均温度每降10℃,蔬菜的含水量减少1.7%,会对叶菜类新鲜度造成一定的影响;

③成本较高,真空预冷装置的前期投资和运行费用较高;

④对蔬菜包装有要求,真空预冷需要透气包装,使用完全密封包装的蔬菜几乎不能冷却。

部分不同蔬菜适宜真空预冷相关参数详见表10-10。

表10-10 常见适宜真空预冷的蔬菜及相关参数

蔬菜种类	预冷温度/℃	预冷时间/min	相对湿度/%
结球生菜	2~3	20~30	100
大白菜	3~5	20~40	95~100
菜心	2~5	12~20	95~100
芹菜	3~5	20~30	98~100
菠菜	3~5	20~30	95~100
韭菜	3~5	20~30	95~100
蘑菇	2~5	20~30	95
大葱	3~5	10~20	98~100
花椰菜	3~5	20~30	95~98
抱子甘蓝	4~6	20~30	95~100

由于不同蔬菜适合的预冷方式不同,具体的预冷方法及参数详见表10-11。

表10-11 20种蔬菜预冷方法及预冷参数

蔬菜名称	预冷方式及参数				
	冷库预冷		差压预冷		真空预冷
	冷库温度/℃	预冷时间/h	冷库温度/℃	预冷时间/h	预冷时间/min
黄瓜	10	12~20	10	3~4	
苦瓜	10	12~20	10	3~4	
西葫芦	10	12~24	10	3~6	
菜豆	10	10~12	10	3~4	
番茄	10	20~24	10	4~7	
甜椒	10	10~12	10	3~4	
茄子	10	20~24	10	4~7	
南瓜	10	24~36			
油菜	0	12~20	1	3~4	20

续表

蔬菜名称	预冷方式及参数				
	冷库预冷		差压预冷		真空预冷
	冷库温度/℃	预冷时间/h	冷库温度/℃	预冷时间/h	预冷时间/min
芹菜	0	12～20	1	3～4	20
菜心	0	12～20	1	3～4	20
芥蓝	0	12～20	1	3～4	20
结球生菜	0	20～24	1	5～6	20～30
结球白菜	0	24～36	1	6～7	
甘蓝	0	24～36	1	5～6	
花椰菜	0	20～24	1	4～5	
青花菜	0	20～24	1	4～5	20～30
甜玉米	0	20～24	1	5～6	20～30
白萝卜	0	20～24	1	4～6	
胡萝卜	0	15～20	1	3～4	

三、蔬菜贮藏方法

蔬菜在采后的损失主要来自两方面，其一是微生物活动引起的腐烂和病害；其二是蔬菜本身的生理代谢所导致的品质变化。各种贮藏方法，归根结底在于为蔬菜提供一个特定的贮藏环境并采取相关的措施来抑制产品微生物的生长，以保持蔬菜的品质及延缓蔬菜的衰老，从而使蔬菜自身的耐储性和抗病性得到最大程度的保持。蔬菜的贮藏法多种多样，通常划分为简易贮藏、强制通风贮藏、机械冷藏、气调贮藏以及其他贮藏方法。

（一）简易贮藏

简易贮藏技术是指不能对贮藏温度进行人工调控，但可随外部环境的变化进行调整来保持一定温度范围的简易传统的贮藏方法。包括堆藏、沟藏（埋藏）、假植贮藏、微冻贮藏、冰窖贮藏和通风贮藏。简易贮藏在全国各地都有一些典型贮藏方法，适用于本地区气候特点和蔬菜，但这类贮藏技术在使用时受到地区和季节的制约，并且不能很好地将储藏温度精确地控制在理想的范围内。尽管其应用范围有限制，但由于其设施构造简单，部分堆藏、垛藏、沟藏等临时性的设施建设费用低且操作简便，对蔬菜储藏有一定的效果，我国农村仍然在广泛应用，特别是在北方地区，在外部温度较低的冬天和早春也经常被采用。

果菜类和其他喜温蔬菜通常要在霜冻之前收获并贮藏，而叶菜类以及根菜类蔬菜则可以在经过数次轻霜后到，在上冻前收获入贮，需要微冻贮藏的蔬菜入贮时间更晚。如果在收获后蔬菜的外温尚高，可将蔬菜放在田地里或阴凉处稍加覆盖进行预贮，待温度下降后才能入贮。

1. 堆藏

堆藏是指将蔬菜直接堆放在地面上，或者是预先在地面放置垫板再堆放蔬菜，把它们堆成长方形或圆形，在其上覆盖苇席、草帘、作物秸秆、泥土等维持适宜的温、湿度，达到防冻、防热、防晒目的的一种贮藏方法。此法主要受到气温的影响，而受土温的影响较小，所以在气温较高的地方不适宜采用堆藏,它适用于在较温暖地域的晚秋、冬季及早春的蔬菜贮藏,在寒冷地区,则只能在秋冬之际对部分蔬菜(洋葱、马铃薯、大白菜、甘蓝等)进行短期贮藏。随着堆藏宽度的增加,空气温度影响降低,土壤温度的影响系数增加,降温性能减弱而保温性能增强。

2. 埋(沟)藏

埋(沟)藏是指将蔬菜放在沟内或坑中,通常在其上方覆盖秸秆、土壤的一种贮藏方法。沟藏主要受地温影响,土层温度的作用较大,故沟藏的保温、保湿性能较堆藏效果好,尤其适合在冬季和春季使用。埋(沟)藏法主要用于贮藏根菜类和叶菜类蔬菜。

沟藏秋末降温效果较差而冬季保温效果较好,沟越深这一特点越明显,所以适用于冬季寒冷地区,并且越冷的地区挖的沟也须越深。沟藏加大宽度在一定程度上会增加气温的影响,降低保温性能。

3. 窖藏

窖藏是在埋藏的基础上发展起来的一种贮藏方式。贮藏窖内空间较大,便于产品的运进和运出,便于通风调节温、湿度,也便于检查和管理,适于多种蔬菜的贮藏,在我国北部地区农村被广泛采用。具体又可分为棚窖、窑窖与井窖等类型。

(1)棚窖(活窖)　棚窖根据窖身入土深浅可以划分为地下式和半地下式。通常在冬季较温暖的地方使用半地下式棚窖,使用木料、秸秆、土等做成窖顶棚盖,并在顶部开设天窗,便于通风和出入。随着生产的发展,人们对活窖的结构进行了改良,增强了隔热保温性能,完善了通风系统,使其贮藏效果得到很大提高,这种窖被称为通风贮藏窖,是20世纪70年代北方地区普遍采用的贮藏窖。此类棚窖多用于贮藏大白菜、萝卜和马铃薯等,是一种临时性设施,秋建春拆,建造成本较低。由于人们在不同时期可以巧妙地掌握和利用气温和土温的变化特点进行调节,所以棚窖的贮藏期比其他简易贮藏方法更长。

(2)井窖和窑窖　在地下水位较低、土质较黏重、坚实的地方一般采用井窖贮藏。通常修建井筒(直径约1 m、深3~4 m),再从井底向周围挖一至数个高1.5 m、长3~4 m、宽1~2 m的贮藏窖洞,用于蔬菜贮藏。井窖入土很深,主要受深层较高土温的影响,所以多用以贮藏姜、甘薯等喜温蔬菜。窑窖多建在丘陵山坡处,要求土质坚实。一般挖成拱顶形,窑门多朝北或东。井窖和窑窖坚固耐用,可连续使用多年。

4. 微冻贮藏

微冻贮藏指入冬上冻时在背阴处的浅沟内放置蔬菜并稍加覆盖,通过自然低温使入沟后的蔬菜迅速冻结,并且在整个贮藏过程中一直保持冻结状态。这种贮藏方法主要适合贮藏叶类蔬菜,如菠菜、普通白菜、芫荽等耐寒性较强的蔬菜。此法的贮藏温度在0℃以下,可有效抑制微生物的活动和减缓蔬菜的新陈代谢,在食用前将贮藏的蔬菜缓慢解冻,仍能恢复至新鲜状态,并保持较好的品质。

5. 假植贮藏

假植贮藏是使蔬菜贮藏期间处于极弱的生长状态的贮藏方法,通常把收获带根的蔬菜密集假植在沟或窖内。莴苣、水萝卜、芹菜、油菜等其他蔬菜适合采用这种方法。在一定程度上,假植贮藏可以使蔬菜继续从土壤中吸收一些水分。但要注意的是假植用的沟窖、冷床等要做好温度管理,防止蔬菜受冻,在缺水时要做好补水。

6. 冰窖贮藏

冰窖贮藏是利用冬季采集的自然冰来降低或维持窖内温度而延长蔬菜产品贮藏期的

贮藏方法，属于人工降温贮藏法。建造冰窖，应选择地下水位低、土质坚实、接近冰源、便于运输的地方，冰窖深3~4 m，宽5 m，窖底和立面墙铺厚约0.5 m的冰块，在冰块上码放蔬菜产品，冰块间充填碎冰以后一层蔬菜一层冰块，最上层加盖稻壳等隔热材料。此法多用于贮藏耐寒性强的蔬菜，可贮藏到翌年二、三月，如蒜、芫荽、菠菜等的贮藏。

7. 通风贮藏

通风贮藏是使用通风贮藏库存储蔬菜的贮藏方法。通风贮藏库是一个有隔热构造的库房，是利用库内外和昼夜温差通风换气来保持库内稳定适宜贮藏温度的贮藏场所。它的基本特征和窖藏类似，相比之下具有更强的降温作用，但仍是依赖自然温度来调节库房内的温度。但其也有一定的不足，在气温过高、过低时，没有辅助设备就难以维持库房里理想的贮存温、湿度。

目前，通风贮藏库主要有三种形式，即地上式、半地下式和地下式，其中地上式受气温影响最大，在温暖地区采用地上式更有利于通风降温；地下式受地温影响大，在冬季酷寒的地区采用地下式更利于防寒保温。

（二）强制通风贮藏

强制通风贮藏即采取强制通风脱除乙烯的贮藏方式。此法是北京市农林科学院蔬菜研究中心与清华大学热能系合作研究的成果，在京津冀地区的冬储大白菜中取得极其显著的成效，可有效降低损耗率在10%以下，有效避免了贮藏过程中内源性乙烯及其他有害气体成分在贮藏环境中的积累，消除了大白菜脱帮和失绿现象。本技术亦在冬储甘蓝中应用，明显减轻了甘蓝脱帮和失绿现象。这项技术不仅适用于北京地区，还适合与北京同气候带的河北、河南、山东等省份。在寒冷的季节通过适当的加温，还可以应用于西北、东北地区。

1. 强制通风贮藏技术要点

强制通风贮藏技术是在原半地下式菜窖的基础上，增加由风机、风道、风道出风口、活动地板、匀风空间（即地板下设计均匀空间）、码菜空间和出风口组成的强制通风系统来实现的（图10－1、图10－2）。

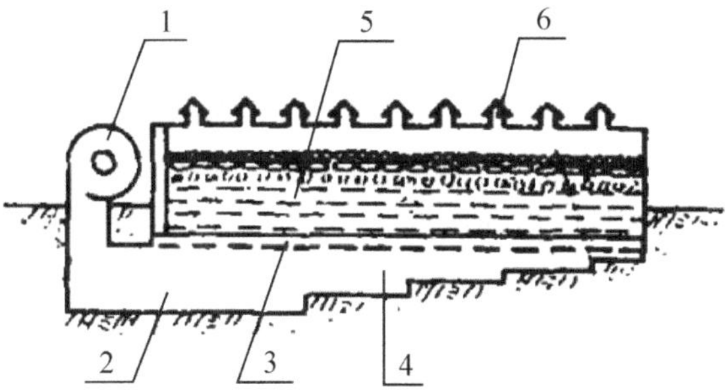

图10－1　库的纵向剖面图

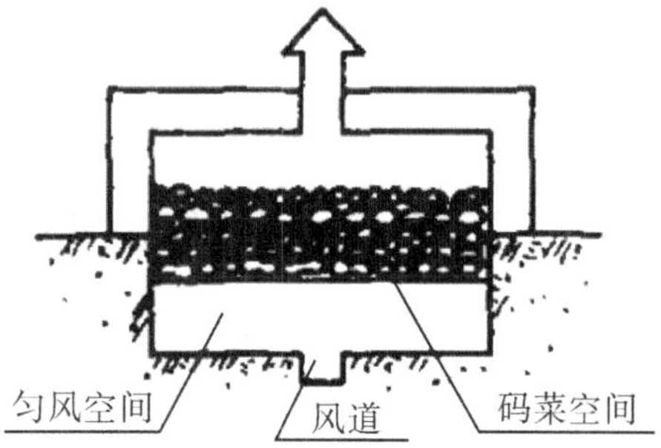

图10－2　库的横向剖面图

1. 风机　可根据窖型大小及贮菜量选用机型

2. 风道　采用全地下阶梯式风道，即在窖中挖沟成阶梯形，近风道处深，远风道处浅，以使整个风道进风面壁压一致。

3. 进风口　由风道上部盖板缝隙组成。为保证每个出风口出风量相同，每个出风口（缝隙）大小都具有特定要求。

4. 匀风空间　匀风空间由支承墩和活动地板（由竹板做成）构成，高度依窖宽而定。

5. 码菜空间　由菜与菜之间的缝隙构成。

6. 出风口　在窖顶部建有出风口，为防止外部空气倒灌，上部装有特设的出风风筒和风帽。

入窖的蔬菜要交叉码放成“井”字形，使每棵菜之间都能通风，不另留风道，各处缝隙都要均匀一致，这就构成了全窖的均压状态。开启风机，通过匀风空间，使呼吸热、乙烯等气体从每棵菜的间隙排出窖外。这项技术只需通过开关风机就能够进行调控管理，既可调控温度又能防止乙烯积累，不需要传统的倒菜操作。

2. 强制通风贮藏技术的优点

（1）降温迅速，菜温稳定　此技术能使入窖前菜温为 6 ~ 8℃的蔬菜入窖后 3 d 降至 0℃。强制通风技术在通风时可使每棵菜间均匀地通风，不通风时关闭风机，外界空气与窖内隔绝，整个贮藏期温度稳定，受外界温度变化影响小。这项技术还可充分利用外界气温来调节蔬菜的温度：当外温低于 0℃时，以室外温度为冷源使窖内排热降温；外温稍高于 0℃时，室外温度可作为热源给窖内适当蓄热；外温在等于 0℃时便可维持窖内适宜温度。

（2）维持菜间较适宜的相对湿度　强制通风会将外界的干燥空气引入窖内，导致窖内暂时的湿度降低。但因码菜均匀、密度大，蔬菜（大白菜、甘蓝）呼吸排出水汽能使窖内的相对湿度保持在 95% 左右。在停止通风 1 ~ 2 h 后，窖内菜间相对湿度即可恢复到 95% 左右。

（3）有效控制乙烯的积累　与常规方式相比，强制通风储藏能有效地去除蔬菜（大白菜）自身产生的乙烯，控制窖内乙烯在作用浓度以下，减少乙烯对蔬菜的伤害。试验以及生产实测结果显示：当蔬菜温度稳定在 0℃左右时，每天通风 1 ~ 2 h，即可满足排除乙烯的要求。

（4）贮藏损耗少，菜的品质好　研究结果表明，采用强制通风技术贮藏的大白菜，相较于传统贮藏可以减少损耗 10% ~20%，维持贮藏损耗在 25% 以下（3 个月），并显著提高贮藏的品质。

3. 强制通风贮藏的应用

（1）大白菜、甘蓝强制通风贮藏　大白菜、甘蓝在冬储过程中存在的主要问题是环境温度和湿度诱导的腐烂、失重、品质降解以及乙烯的积累诱导的脱帮现象。

北京市农林科学院农产品加工与营养研究所研发了大宗蔬菜节能省工贮藏技术，升级了原有的大白菜强制通风库，开发了菜窖智能管理平台，在原来的大白菜强制通风库基础上优化通风系统，进一步提高通风均一性；进一步研发了新的通风系统，包括风机、静压箱、匀风空间、菜的间隙和出风口。取消原先风道的设计，使通风系统施工更简便，提高了通风效率，有利于实现关键技术环节标准化。还研发了一套网络化自动管理技术设备，包括蔬菜贮藏窖无线环境采集传感器、网络化蔬菜贮藏控制器的研究和蔬菜贮藏管理软件系统的开发，根据不同蔬菜温度和窖储环境采集的需求，设计环境采集探头，使探头充分与被测蔬菜接触，及时有效的反映菜窖内部的环境变化；具有网络通信功能的蔬菜贮藏控制器以无线方式获取菜窖内外环境信息，通过控制风机等调控设备，调节菜窖内环境。控制器支持手机网络通信，能够将采集到的环境信息上传到远程服务器同时执行远程服务器下发的控制指令，实现远程对菜窖环境的监控管理；开发的菜窖控制器管理平台网站能使专业用户实时监管控制设备状态，方便对控制设备的日常维护，移动客户端包括手机 APP 和微信公众号两部分，手机 APP 为用户提供移动端的菜窖控制器状态监测和远程控制，微信公众号实现蔬菜存储主要信息的移动端发布。

通过进一步优化贮藏窖的窖型和通风系统，提高了冬储蔬菜产地贮藏的节能化、省力化，推进了冬储蔬菜产地贮藏技术的进步和产业的升级。

（2）马铃薯强制通风贮藏　强制通风在马铃薯贮藏过程中是必需的，良好的通风可以降低温度和湿度、降低二氧化碳的含量、加速薯块的愈伤速度，来防止薯块遭受病薯侵染，保持薯块清洁，并给块茎呼吸作用提供充足的氧气，尤其在马铃薯贮藏初期，实现科学的通风对提高马铃薯贮藏保鲜效果具有十分重要的意义。

甘肃省农业科学院农产品贮藏加工研究所提出了一种新型的带有强制通风系统的农户马铃薯贮藏窖，从根本上解决了马铃薯贮藏窖通风不良的问题。同时研究者在马铃薯贮藏窖内安装了强制通风智能控制仪，能够对窖内外环境温度变化进行实时监测，并按照提前设定的温度条件参数自动进行通风换气，从而实现智能化管理马铃薯贮藏期间强制通风措施。这个新型农户马铃薯贮藏窖不但能够极大地降低管理人员的工作强度，而且能够实现贮藏窖内温湿度快速调节，调控效果比自然通风窖好。

（3）其他蔬菜强制通风贮藏　在大白菜强制通风贮藏窖的基础上，北京市农林科学院农产品加工与营养研究所开发的大宗蔬菜节能省工贮藏技术，在洋葱、萝卜和胡萝卜上有较好的应用效果。

由于洋葱、萝卜和胡萝卜贮藏个体间的间隙较白菜菜间间隙更大，通风时风压较小，在相同风机作用下贮藏窖的降温速率快于白菜窖。由于萝卜和胡萝卜在贮藏期间要求保持90% ~95%相对湿度才有利于品质保持，于是研发了可加湿通风系统，在贮藏窖内多点增加环境湿度采集探头，实时监控贮藏窖内部湿度变化，及时为贮藏窖加湿，能更好地维持贮藏窖的环境湿度。

（三）机械冷藏

机械制冷是一种将制冷机械循环运动产生的冷量导入具有良好隔热保温性能的库房中，同时按照各种蔬菜种类的贮藏需求来制定库房温、湿度，并在此基础上适当地进行通风换气的贮藏方式。使用机械冷藏库贮藏不受地域和气候条件等因素的限制，因此可以人为地调控蔬菜适宜的贮藏温湿度条件。我国的蔬菜机械冷藏业始于20世纪70年代，由于产销发展的需要，蔬菜冷藏日益受到重视，近年来，我国大中城市及工矿区积极兴建蔬菜专用的机械冷藏库，许多地区还将原有的通风贮藏库改建成过渡型冷库，在调节市场蔬菜淡旺季供应上发挥了重要作用。

机械冷藏一般指冷藏库贮藏，包括普通冷库贮藏和冰温贮藏。

1. 普通冷库贮藏

（1）蔬菜产品准备和入库

①蔬菜入库前准备　冷藏蔬菜应达到适宜的成熟度，去除有病虫害的蔬菜，并按照质量标准分级，而后使用便于堆叠码垛的容器进行包装来增加库容量。包装容器可根据产品种类和特性不同，选用网袋、筐、箱、薄膜袋等。为减轻冷库的热负荷及产品在高温下的损失，蔬菜产品入库前需要预冷。

②冷库消毒　冷藏库及其菜架、包装物、托盘、用具等在每年或每批蔬菜入贮前、贮藏结束后都应进行一次清洗和消毒。消毒方法：点燃硫黄熏蒸，用量为每立方米10 g。关闭

门窗熏蒸 24～48 h,还可用4%的漂白粉澄清液或有效氯含量0.1%的次氯酸钠溶液喷洒四壁及用具,密闭 24～48 h 后通风使用。

③蔬菜产品入库的堆放方式　蔬菜产品入库的堆放方式对贮藏效果影响很大,正确的堆放方式能保证库内各处空气流通,便于管理人员检查与管理,防止靠近冷风管受冻害或冷害。

机械化程度高的冷库,还可将已包装或散堆蔬菜装在大箱或活动菜架上用铲车搬运,进行产品码垛堆码时应保证货垛稳定,货垛与库墙之间、垛与垛之间以及垛顶与冷风道之间,都需要留出合适的走道和通风隙道。货垛或菜架应与墙壁有 30～40 cm 的距离,距离顶棚或冷风管 80 cm,垛(架)之间相隔 50 cm,垛不能直接码放在地上,应该码放在铺设架空的垫板上,并应同时做到分级、分批存放,避免混贮。

(2)温度、湿度管理

①温度　温度是蔬菜产品贮藏中的重要条件。蔬菜的呼吸作用和微生物的繁殖在适宜的低温条件下受到明显的抑制。各类蔬菜产品、同一种类蔬菜的不同品种,甚至同类蔬菜相同品种成熟度不同,其适宜贮藏温度也存在差异。

库房温度需要保持稳定,若库温波动幅度过大,贮藏环境会出现结露现象,从而导致蔬菜失水萎蔫,温度波幅应该控制在 ±0.5℃之内,并且要保持库房内各地方的温度均匀。除此之外,为了防止“出汗”现象的发生,当库内外出现5℃以上温差的情况下,蔬菜出库前要有一个升温过程,最好在专门的升温间或者库房过道中进行。

②湿度　通常空气相对湿度90%～95%是绝大多数蔬菜产品适宜的贮藏湿度,普遍认为,较高的相对湿度有利于蔬菜贮藏。失水除了会导致蔬菜的减轻重量外,还会对其新鲜度和外观品质有一定影响,加速衰老和病害的发生。

调节相对湿度的措施有很多,比如在地面洒水、喷雾和对产品进行包装等来创造高湿的环境,但是也有少数蔬菜如洋葱、大蒜、冬瓜等则需要较低的贮藏湿度,一般可采用生石灰、草木灰等吸湿,或通过加强通风换气降湿,或加设除湿机。表 10－12 列举了部分蔬菜的最适贮藏条件、贮藏期与特性值。

表 10－12　蔬菜的最适贮藏条件、贮藏期与特性值

种类	最适条件		贮藏期	冻结温度/℃	含水率/%
	温度/℃	相对湿度/%			
番茄(绿熟)	12.8～27.1	85～90	1～3周	－0.6	93.0
番茄(完熟)	7.2～10.0	85～90	4～7d	－0.5	94.1
黄瓜	7.2～10.0	90～95	10～14d	－0.5	96.1
茄子	7.2～10.0	90	1周	－0.8	92.7
青椒	7.2～10.0	90～95	2～3周	－0.7	92.4
青豌豆	0	90～95	1～3周	－0.6	74.3
甘薯	0	90～95	4～8d	－0.6	73.9
白菜	0	90～95	2个月	－1.1～0	95.0
菠菜	0	90～95	10～14 d	－0.3	92.7
洋葱	0	65～70	1～8个月	－0.8	87.5

续表

蒜	0	65～70	6～7 个月	-0.8	61.3
胡萝卜	0	90～95	4～5 个月	-1.4	88.2
南瓜	10.0～12.8	70～75	2～3 个月	-0.8	90.5
马铃薯(春收)	10.0	90	2～3 个月	-0.6	81.2
马铃薯(秋收)	3.3～4.4	90	5～8 个月	-0.6	77.8

(3)通风换气　机械冷库应经常保持空气清新,排除蔬菜释放的二氧化碳、乙烯及其他有害气体。通风换气的频率视具体蔬菜种类和贮藏时间的长短而有所不同。一般入贮初期,可 10～15 d 换气 1 次;待建立起稳定的贮藏条件后,通常每月通风换气 1 次。通风换气的时间可选择在每天温度相对最低的晚间到凌晨的时段进行,尽量减少因通风换气而导致库内温度上、下过大的波动。

2. 冰温贮藏

冰温指从 0℃以下起至各生物组织即将开始结冰为止的温度。而冰温贮藏正是在冰温条件下,将新鲜蔬菜贮藏在 0℃至其冻结点(冰点)的温度区域内,有效地保持蔬菜色、香、味及营养成分的一种贮藏方式。

在冰温范围内保存贮藏的蔬菜,能够较长时间保持较好的新鲜度、色、香、味以及口感。蔬菜机体细胞中溶解的许多成分的冰点要低于纯水,如糖、酸、盐类、多糖、氨基酸、肽类、可溶性蛋白质等,又因为细胞中各种天然高分子物质及其复合物多以空间网状结构存在,这就使得水分子运动会受到一定阻碍从而产生冻结回避问题。因此,在 0℃与冻结点之间的小范围温区中蔬菜细胞活性仍能保持,同时抑制呼吸作用和减缓新陈代谢以及衰老速度。同时冰温比冷藏对有害微生物的抑制效果更好。

冰温贮藏在我国的应用较少,主要有设备和应用对象的原因。

①设备方面　蔬菜冰温贮藏技术的实施需要精确的温度控制,目前的商业冷库的控温精度通常在 ±1 ℃以上,这项技术的关键在于维持冰温范围、温湿度波动小,同时要保证精准的冷量匹配以及优秀的气流组织,目前较大容积的冷库和较小尺寸的保鲜设备较难实现。

②应用对象方面　不同蔬菜的冰点有较大差异,目前已有的相关理论均无法实现不同蔬菜混合储存,从而制约了其广泛的应用范围。

(四)气调贮藏

调节气体成分贮藏,简称气调贮藏,是一种通过人为地改变贮藏环境的大气组成成分,使氧气和二氧化碳保持在一定水平的贮藏方法。这种贮藏方法是继机械冷藏之后蔬菜贮藏技术上的又一次重大变革。气调贮藏需要降低正常空气中的氧气含量和增高二氧化碳含量,为避免外界空气的干扰,贮藏蔬菜必须封闭起来。气调贮藏与适宜的贮藏温度(即机械冷藏)相配合能取得更佳的贮藏效果。

1. 气调贮藏的种类

气调贮藏从管理方法上主要分为两种方式:

(1)人工气调(controlled atmosphere storage—CA)　CA-贮藏中的气体调控要求将氧

气和二氧化碳浓度控制在变化幅度较小的最佳范围内,同时又不局限于氧气和二氧化碳的单独或组合调节,还包括对乙烯的调节,因此可以取得更好的贮藏效果,但需增加脱除乙烯的设备。

(2)自发气调(modified atmosphere storage—MA)　MA－贮藏是通过贮藏产品自身呼吸作用来降低贮藏环境中的氧气含量,同时提高二氧化碳浓度的贮藏方法。如蒜薹简易气调贮藏法、硅橡胶窗贮藏等。在不导致生理病害的前提下,氧气和二氧化碳浓度可有较大幅度的变动,此法比较简单,但要达到设定的氧气和二氧化碳浓度水平所需时间较长,难以维持它们之间的设定比例,因而贮藏效果不如CA－贮藏。

2. 气调贮藏方法

(1)封闭　气调库通常都作CA－贮藏。气调库的结构与一般的冷藏库相似,仅多加一层气密结构,以阻止室外空气的干扰。气调库的气密层由多用金属板焊接或用聚氨酯泡沫塑料现场喷涂在外围护结构内侧,兼有良好的隔热和气密作用。

气调贮藏产品必须封闭起来,自塑料工业发展以来,日益广泛地应用了塑料薄膜封闭法,薄膜封闭既可作CA－贮藏,也可作MA－贮藏,且便于在运输和零售中应用。薄膜封闭又有垛封(帐封)和袋封之分。垛封是将用容器装的蔬菜产品码成垛,或将菜品放在菜架上,将或菜架的上下四周用薄膜包封起来。袋封即所谓"小包装",蔬菜装在一定大小的薄膜袋内,袋口折叠、扎绳或热封,置于库内货架上;贮藏或运输时一般用大袋,主要用于零售短贮。

封闭薄膜一般都用聚乙烯薄膜。薄膜厚度:帐封应在0.15～0.2 mm,不易破裂漏气;大袋的塑料薄膜厚度一般为0.04～0.08 mm;零售小包装则越薄越好,不仅节约原料,而且可以充分利用薄膜良好的透气性能。

(2)气体指标和调节　气调贮藏的核心在于调控贮藏环境的气体成分至适宜蔬菜贮藏的水平,不同蔬菜的最佳气体组成成分不同,还会随种类品种、成熟度、产地条件、贮藏温度、贮藏阶段而变化。气体成分指标容许在一定范围内有变动,根据蔬菜能够适应的低氧气和高二氧化碳限度,向上或向下延伸一定的幅度。

CA－贮藏的气体指标,目前大都是氧气和二氧化碳两者之和小于21%(正常空气的含氧气量)。从正常空气改变到要求的组成,有一个降氧气(增二氧化碳)含量的过程,分自然降氧气和人工降氧气两种方式。前者是封闭后蔬菜自然呼吸消耗氧气和积累二氧化碳,用吸收剂除去过多的二氧化碳,以期氧气降至要求的水平。此法降氧气较慢,蔬菜在高氧气环境中时间较长,所以贮藏效果不及后者。人工降氧气是封闭后当即充入大量氮气,使氧气稀释到要求的浓度,并充入适量二氧化碳,或使封闭容器与除氧气机联通,进行闭路气体循环,使氧气迅速降低。降氧结束后进入稳定期,此后的管理主要是经常补充产品呼吸消耗的氧气和除去多余的二氧化碳,补氧气只需充入适量空气,二氧化碳可用碱性物质如氢氧化钠、消石灰等中和吸收,或用活性炭吸附分离。活性炭可以再生使用,还可吸附空气中积累的乙烯和其他有害气体。

MA－贮藏多用小包装,通常是封闭后任气体自然变化,只在氧气太低或二氧化碳太高时开放。MA－贮藏的特点是:氧气和二氧化碳两者之的和接近21%,无法控制总和低于21%的指标,采用放风管理在每个放风周期内氧气和二氧化碳都会有一次大幅度的变动。

因此,MA-贮藏只适用于能适应气体组成大幅度的变动,特别是对低氧气和高二氧化碳忍受性强的蔬菜作物。

(3)封闭薄膜的透气性和自动调气 薄膜封闭为气调贮藏提供了诸多方便,但也出现了新的问题。问题之一是每个封闭单位的贮量较少,而大批量贮藏时封闭单位数目多,经常逐一测气、调气,花费劳力很多,这就提出了能否自动调气以简化管理的问题。

聚乙烯为高分子聚合薄膜,有一定的透气性。聚乙烯膜不能满足一般蔬菜贮藏的自动调气要求。薄膜的透气性有以下特点:

①薄膜的透气率与膜厚度成反比,而与膜内外气体的分压差成正比;

②各种气体对同一薄膜的渗透方向和渗透速度彼此独立,互不干扰;

③薄膜对各种气体的渗透系数决定于薄膜材料的理化特性和气体种类,与膜厚度及两侧气体压差无关,但一般随温度升高而增大。

日常透气方法大致有两种:一种方法是松扎袋口,或袋口折转而不封闭,或应用打孔薄膜使内外气体通过袋口孔隙或小孔进行自由扩散。由于气体的内外交换是自由扩散而不是通过膜的选择封闭,因此只能维持内部总和为21%的氧气和二氧化碳浓度,而不可能自动形成总和低于21%的气体组成。另一途径是应用一种透气性极强(比聚乙烯膜高200~300倍)并且二氧化碳对氧气的渗透比较大的硅酮橡胶薄膜,按照一定面积比制作成"硅橡胶透气窗"(硅窗),并镶嵌在普通封闭薄膜袋,基本上可以自动维持适于一般蔬菜产品的低氧气、低二氧化碳气体组成。硅窗与封闭膜的面积比视产品的呼吸强度(关系到种类、品种、成熟度、贮藏温度等)和贮量而定。

(4)薄膜封闭中的温、湿度动态 薄膜封闭气调冷藏的另一个问题是:不论膜封还是袋封,薄膜内外两侧以及内部的四周与中心、上部与下部都会有一定程度的温差,这种温差必然要引起内部空气相对湿度的变动。薄膜封闭不同于气调库,蔬菜产品与冷源之间为薄膜所阻隔,蔬菜一侧的温度总要高些,所以封闭膜内侧面上不可避免地总会有一定程度的结露,一方面密闭环境内相对湿度降低,促进产品的蒸发脱水,另一方面结露水浸润产品,易造成蔬菜腐烂。解决温差和凝水问题,主要应保持库温恒定。同时,袋封产品不要装得太满太紧,垛封时要在内多留较宽的通风隙道,使封闭容器内空气较易流动,则可缩小各部位之间的温差。

(五)其他贮藏设施和方法

1. 减压贮藏

减压贮藏是以冷藏为前提,通过把密闭环境中的正常气体压力降到负压来贮藏新鲜蔬菜的一种方式。减压的程度依贮藏产品的不同而有所不同,一般为正常大气压的1/10左右。

减压贮藏的主要优点是:

①在0.01 MPa的低压条件下,真菌形成孢子受到抑制,气压越低,抑制效果越显著;

②通过减少氧气的供应量来降低蔬菜的呼吸强度和乙烯生成的速度;

③随时排除蔬菜产生的乙烯,延缓蔬菜成熟和衰老进程;

④排除了蔬菜多余的二氧化碳、乙醛和乙酸乙酯等气体成分,降低蔬菜生理病害发生的可能。

减压贮藏法对库房建设提出了更严格的要求,比如要求一定的气密度、结构强度等。在减压贮藏中,蔬菜水分极易丧失,导致重量减轻,需要增加增湿设备,从而增加了建筑费,因此限制了其在实际生产上的广泛应用,目前仅在某些新鲜园艺产品的预冷中应用了该技术。

2. 辐射处理贮藏

电离辐射是物质直接或间接受电离的辐射,其中包括两类:不受电场影响的电磁辐射和粒子辐射。从1940年起,电离辐射开始应用在食品上,经过一段时间的发展,从1970年开始逐步进入实际使用阶段,其中进入商业化贮藏的有马铃薯、洋葱、大蒜、蘑菇、菠菜、番茄、芦笋、草莓等。中国已经批准进行辐射处理保鲜的蔬菜有马铃薯、洋葱、大蒜、蘑菇、番茄等。

可用于辐射处理的电离辐射种类有 γ 射线、β 射线和 X 射线及电子束等,用于园艺产品辐射以 γ 射线为主,且 ^{60}Co 辐射源应用最为普遍。γ 射线具有极强的穿透力,它可以在穿透活体组织时使机体中的水和其他物质发生电离作用产生自由基,这就会对机体的新陈代谢造成影响,甚至导致机体细胞的凋亡。组织、器官辐射处理的作用随射线剂量而改变(表10－13)。

表10－13　不同剂量电离辐射的作用

剂量	作用
低剂量:1 000 Gy 以下	影响植物代谢,抑制块茎、鳞茎发芽; 杀死寄生虫
中剂量:1 000 ~ 10 000 Gy	抑制代谢,延长果品、蔬菜的贮藏期; 阻止真菌活动,杀死沙门氏菌
高剂量:10 000 ~ 50 000 Gy	彻底灭菌

值得注意的是,用于园艺产品辐射处理的剂量一般较低,不超过10 kGy。国际粮农组织(FAO)、世界卫生组织(WHO)等联合专家委员会认为总体吸收辐射剂量在10 kGy以下的食品在营养学和微生物学上是安全的,且对耐受力强的产品器官特性有较少的影响。

辐射处理蔬菜的作用有以下几点:

①抑制呼吸作用和过氧化酶等活性,减少内源乙烯的产生而延缓成熟衰老;

②抑制发芽,杀灭虫害和寄生虫;

③对病原微生物活动等进行抑制,减少采后损耗和延长产品贮藏寿命。如辐射剂量为0.05 ~ 0.15 kGy时,可抑制马铃薯、洋葱、大蒜、姜等发芽;剂量为0.5 ~ 1.0 kGy时,可延缓芦笋、食用菌等成熟衰老。

进行辐射处理时,必须考虑不同蔬菜作物种类间对射线耐受力的差异,超过其耐受力的辐射及剂量处理,不仅不能达到预期效果,反而会导致产品褐变加剧、变味、物质分解、营养损失增加,最终加重腐烂。所以,在商业应用时,要与其他商品化处理技术相结合,才能达到理想效果,并且辐射的剂量必须遵循国际或国内相关法规和标准。

3. 电磁处理

电磁处理是近年来应用于蔬菜贮藏的一门新技术。电磁处理技术的依据是通过人为地改变生物周围的电场、磁场和带电粒子的状态，一定程度上会对生物体内的新陈代谢过程造成某些影响。现有研究表明，部分蔬菜在经过电磁处理后具有抑制呼吸、延缓成熟、减轻腐烂等效果。目前部分用于蔬菜的电磁处理装置工作原理如下(实验性)：

(1)高频磁场处理　蔬菜放在或通过电磁线圈的磁场中，直接受到磁力线的影响。

(2)高压电场处理　将蔬菜放置在通过两个金属极板组成的高压电场中，直接受电场的作用。高压电场处理会放电形成离子空气和臭氧等。

(3)离子空气和臭氧处理　蔬菜不直接放置在电场中，而是利用高压放电形成的离子空气和臭氧来处理产品。研究显示，负离子空气能够明显抑制蔬菜的生理活性，正离子空气相反。臭氧作为强氧化剂，除了杀菌等消毒防腐作用之外还有其他效果。

综上，电磁处理在蔬菜贮藏应用上仍然是一项新型保鲜技术，目前国内外对这方面的试验正处于研究阶段，尚无成熟定型的设备，尤其是在作用机理方面尚待深入研究。

4. 臭氧及其他处理

臭氧是一种具有强氧化作用的消毒剂，通常通过特殊的装置对空气进行电离处理获得。但臭氧非常容易分解，产生的原子氧具有氧化作用。经过臭氧处理的新鲜蔬菜表面细胞膜和微生物会被破坏导致死亡，从而达到灭菌目的，降低腐烂的发生。此外，臭氧还能氧化分解贮藏中蔬菜释放的乙烯，减轻乙烯对产品的负面影响，延长贮藏期。

臭氧的处理效果，与贮藏环境的臭氧浓度、温度和相对湿度关系较大。不同蔬菜作物对臭氧的耐受力不同，一般皮厚的强于皮薄的，肉质致密的强于肉质疏松的。延长贮藏期所用浓度一般为1～10 μl/L，防腐杀菌所需浓度为10～20 μl /L；温度高时，臭氧分解快，处理效果差，当环境温度低于10℃时，防腐效果显著增加，臭氧处理时适宜的相对湿度为90%～95%。

臭氧处理可与机械冷藏、通风贮藏库或塑料大帐气调贮藏等方法结合，其效果更好。方法是定期开启臭氧发生装置，保持一定时间密闭后通风即可。

四、常规蔬菜贮藏技术

(一)叶菜类蔬菜贮藏技术

叶菜类蔬菜是一种以叶片及叶柄等为食用部分的蔬菜。叶菜类蔬菜广泛分布在我国南北地区，其种类和需求量都是最大的。由于叶菜类蔬菜叶片表面积大，水分蒸发流失较快，在收获后极易失水萎蔫。又因为叶菜呼吸作用很强，所以在贮藏过程中会快速消耗体内养分，呼吸热产生的大量乙烯导致蔬菜发生黄化和腐烂现象。因此，一般的叶菜类蔬菜更难贮藏保鲜。但只要维持适宜的贮藏温度、一定的相对湿度，并采取适当的贮藏方法，同样可以使贮藏期更长。

1. 大白菜贮藏技术

(1)贮藏特性　大白菜在贮藏过程中会发生30%～50%的品质劣变，主要表现为脱帮、腐烂和失重，导致大白菜脱帮的一个重要因素就是乙烯，所以要注意空气流通，保持贮藏场所的空气流通。

(2)参考贮藏条件　温度：0±0.5℃；空气相对湿度95%，气体成分：氧浓度1%～2%，二氧化碳待研究,相对湿度:85% ~90%。冷藏可贮藏60 ~90 d,气调贮藏可贮藏120 ~150 d。

(3)贮藏方式选择　在大白菜的贮藏过程中,降低温度是减少品质变劣的重要因素,调控好湿度条件(85% ~90%)是控制腐烂率的关键。由于大白菜的种植面积大,导致其商品价值相对较低;目前,在国内使用气调库或冷库进行贮藏大白菜的方法并不多见。

在天然冷源丰富的区域,通常用通风库贮藏大白菜的居多。目前,冷库贮藏大白菜的数量也日益增多。在用通风库进行大白菜的贮藏时,由于通风库温度较高,再加上大白菜本身的呼吸强度较大,所以在包装后更不利于热量散失。因此,大白菜使用薄膜小包装或大帐来贮藏的方法并不合适。利用冷库贮藏,可以调控合适的贮藏温度,降低贮藏期间的品质劣变,延长贮藏时间。北京市农林科学院蔬菜研究中心与清华大学热能系合作研究采用强制通风贮藏大白菜,在京津冀地区的冬储大白菜中取得极其显著的成效。

①堆藏　该方法大多应用于长江中下游地区及华北南部地区。在露地或室内,把大白菜倾斜堆成两排,其底部相距约1 m,在向上的堆积过程中要注意逐渐缩短间隔距离,直到使两排合在一起,形成尖顶。堆放的高度在1.5 m左右,堆叠时每一层蔬菜间交叉斜放几根细的横杆,以便支撑菜体,并使两排菜能达到稳固的倾斜状。在菜堆外需覆盖苇席,在菜堆的头部和底部也可以挂上席帘,主要目的是调节堆内的温度和湿度。

华北地区还有另一种短时堆藏法。该方法是将大白菜根对根,叶球向外双并列行堆码在露地、空屋内,两行间需留通风道,通风道长度大约为半棵蔬菜的长度。并视天气变化而定,或用苇席遮盖,或用菜棵把通风道两端堵上,利于防寒。

②沟藏　将已经晾晒、修整的大白菜根茎垂直向下放入沟,在沟槽排满后再盖上一层干草。之后可随气温的变化,在沟槽上方逐步覆盖土,保持温度的稳定。使用这种贮藏方式时,需注意埋藏沟要尽早挖好,且在埋藏沟充分干燥后才可贮菜。另外大白菜的包心程度需在70% ~80%。但是,此法明显的缺点是检查大白菜在贮藏期间的情况变化较难,且贮藏损耗大,所以现在很少使用此法。

③窖藏　将待贮藏蔬菜放入窖中,堆成高1.5 m、1 ~2棵菜宽的条形垛,需留出便于搬运和通风的空间。日常管理的重点在于适度通风和倒菜(拆垛和重新堆垛)。通风可以实现对窖内温度和湿度的调控,倒菜可排除垛内呼吸热和内源乙烯,也可以对蔬菜进行品质检测,及时剔除黄、烂帮叶和病叶(株)。

④冷库贮藏　在冷库内贮藏大白菜可用篮子、筐或用活动菜架存放,可储存800 ~1 000 kg。使用筐装的大白菜应分阶段分批次入库,每天最多只能储藏总容量的1/5,目的是防止短期内库温急剧上升而影响贮藏品质。实时监测筐各个层面、各个部位的温度变化,及时调节库内温度;每隔20 d倒1次菜,注意变换上下层筐的位置。可在筐垛四周覆盖塑料薄膜,以减少菜体水分损失。一般可储藏至来年六月。

⑤强制通风贮藏　强制通风贮藏是新型保鲜技术,该方法是北京市农林科学院蔬菜研究中心与清华大学热能系共同合作研究的成果。强制通风贮藏和传统贮藏的区别是整个贮藏期不进行倒菜,通过控制风机的开关来实现通风。其贮藏管理要点如下:

A.入窖菜要求严格　应选用耐藏品种;适时晚播。选用耐贮藏品质,是使入窖菜具有耐贮藏的特性。防止病、虫、包心劣株入窖。选择的大白菜包心程度在80%或以上。并且需对大白菜进行修整,以防蔬菜堆码后大量外叶堵塞通风间隙,并造成空气流通不畅。修整原则：切除根部；去掉外围黄叶、泥土叶；撕去过头叶和外围叶耳，使整个叶球平整光滑，无脱落叶片。

B. 适时入窖 该技术可有效利用大白菜收获季节夜间的低温强制通风，使菜温很快降到外界的最低温度（0℃以上）或大白菜适宜贮藏的0℃范围，这样就不用在窖外堆码预贮等待降温，修整以后即可入窖，避免了温度骤降而造成冻菜伤害。

C. 入窖堆码 首先，根据需要将测温探头分放在窖内、窖外所需位置，再将活动通风地板按要求高度摆放整齐，将菜码在活动地板上。堆放要求：同层菜顺序放，蔬菜之间留出5～8 cm的缝隙；不同层的菜交叉花码：坯与坯之间和菜与菜之间缝隙相同，不留风道。各处缝隙要均匀，疏密一致。堆放高度为1.5～1.8 m之间，13～15层。在堆放过程中需防止菜叶堵塞通风道；窖码满以后要及时封闭窖门，并马上进行通风。

D. 入窖后的管理 通风可以控制窖内温度在－0.5～0.5℃范围内，相对湿度保持在90%以上，避免有害气体的积聚。刚入窖时的温度为6～8℃，由于夜间最低温度都低于5℃，还经常出现0℃及以下温度。因此，要充分利用比菜温更低的外温，并加强通风。只要外温低于室温就开机通风，外温高于室温就关闭风机。这样可以使室温在最短时间内降到外界最低温或适宜的温度范围。

当室温达到适宜的温度后，需选择0℃左右的温度通风。当外界最低温度在－5℃以下时要注意防寒防冻；当外温低于－3℃时2～3 d不通风。温度在二月份会逐渐回升，此时蔬菜的生理活性开始活跃，需要加大通风量来防止蔬菜温度回升。当外界最低温度超出0℃时就要及时出窖。初期的窖内管理以降温为主，中期特别注意防冻，后期的重点是防止温度回升。

2. 甘蓝贮藏技术

（1）贮藏特性 结球甘蓝含水量低且干物质含量高，外叶附有蜡粉，包球紧实，抗寒力较强，较大白菜耐贮运，在贮藏时，需保持较高的相对湿度。乙烯会使结球甘蓝衰老，出现脱叶、失绿等现象。湿度过高甘蓝容易感染灰霉病。

（2）参考贮藏条件 温度：0±0.5℃；气体成分：氧浓度2%～5%，二氧化碳浓度2%～5%；相对湿度：90%～95%。

（3）贮藏方式选择 甘蓝在贮藏中要减少损耗，最重要的条件是低温。目前我国贮藏甘蓝以通风库贮藏为主。

3. 芹菜贮藏技术

（1）贮藏特性 芹菜喜冷凉湿润，抗寒性强，芹菜能在－2～－1℃条件下进行微冻贮藏，低于－2℃时易遭受冻害，难以复鲜。芹菜也可在－1～0℃恒温贮藏。引起芹菜变质的主要因素之一是蒸腾萎蔫，因此芹菜贮藏要求高湿环境（95%～98%）。气调贮藏能减少腐烂和褪绿。

芹菜分为实心种和空心种两大类，每一类中又有深色和浅色的不同品种。空心类品种贮藏后叶柄变糠，纤维增加，不宜贮藏。实心色绿的芹菜品种有较强的抗寒性，在贮藏后仍能较好地保持脆嫩品质，较耐贮藏。近年来从国外引进的“西芹”，如矮白、矮金、伦敦红等都较耐藏性。

要在霜冻之前收获芹菜，一旦受霜冻，其叶子变黑，耐贮性降低。在收获时要连根铲下,去掉黄枯烂叶,扎捆待储。

(2)参考贮藏条件　温度:-1.5～-0℃;气体成分:氧浓度2%～3%,二氧化碳浓度4%～5%;相对湿度:95%～98%。

(3)贮藏方式选择　在国内,采用大棚进行反季节栽培芹菜技术已经普及,目前多数交通便利的地区,商业性贮藏芹菜的意义不大。如果某些地域贮藏芹菜仍有较大的增值空间,则应使用塑料薄膜包装气调冷藏。

(二)果菜类蔬菜贮藏技术

果菜类指以植物果实和幼嫩种子为可食用部分的蔬菜,按照其构造和植物学分类可以划分为三类:茄果类(主要包括青椒、番茄、茄子)、瓜菜类(主要包括黄瓜、冬瓜、南瓜等)和豆类(主要包括菜豆、豌豆、毛豆等)。果菜类蔬菜耐藏性相对较差,潜在贮藏寿命较短,在适宜的贮藏条件下也只能作中、短期贮藏,用以延长和调节供应季节,丰富花色品种。

1.冬瓜贮藏技术

(1)贮藏特性　冬瓜属于冷害敏感型蔬菜,喜温耐热。其适宜的贮藏温度范围在12～15℃,若长时间低于10℃贮藏会发生冷害,症状是瓜皮表面出现凹陷斑,进而由微生物侵染造成腐烂。冬瓜贮藏最忌潮湿,因而,调控较低的相对湿度,同样是贮藏冬瓜的关键。通过强制性通风换气、放置生石灰袋或地面撒生石灰等措施可调整湿度。在库房湿度可调节的情况下,相对湿度应尽量低,一般不应超过75%。

一般应选择大果型、粉皮品种冬瓜供贮藏,青皮冬瓜也可贮藏较长时间。经过霜打的冬瓜绝对不能再作贮藏用。

(2)参考贮藏条件　温度:12～15℃;气体成分:通常不进行气调贮藏;相对湿度:70%左右。

(3)贮藏方式选择

①简易贮藏　温度较低、通风良好、相对湿度低的简易贮藏场所(如通风库、窑洞、空屋等),通过合理管理,可获得近似12～15℃的温度和70%左右的相对湿度。架藏效果优于堆藏,架藏时要在贮藏架上垫铺干草帘等柔软透气性好的材料,应按照田间生长时的状态放置,以保持原有的重力方向,摆放层数不宜超过两层。这样不易使瓜瓤产生裂伤。要防止贮藏后期因外界气温降低,致使藏场所内温度下降到10℃以下,造成冷害。

②机械冷藏　机械冷藏可以人工降温,但是南方地区,应注意经常通风换气和除湿,库内保持低相对湿度,保持干燥。

2.南瓜贮藏技术

(1)贮藏特性　贮藏用南瓜应选择皮厚坚硬,被覆蜡粉的成熟南瓜。老熟的南瓜较耐贮藏,要求的贮藏条件不高,民间常用简易的贮藏方法延长其供应期。贮藏用的南瓜在花谢后50～70 d即可收获。老熟瓜果皮坚硬,果粉增多,果柄变黄。

(2)参考贮藏条件　温度:10～13℃;气体成分:通常不进行气调贮藏;相对湿度:70%左右。

(3)贮藏方式选择　除贮藏温度不同外,贮藏方法基本同冬瓜。生产中采用贮藏的做法是:

①堆藏　先在地上铺1层沙子或稻草、麦秸等,其上码放南瓜,堆高为2~3层。

②架藏　将南瓜码放在菜架上,码放高度2~3层。

采用以上贮藏方法的场地,可以是较干燥的空房或窖。随着外界气温变化,随时通过门窗开闭调节温度;湿度过低时,通过喷水增湿。

(三)茎菜类蔬菜贮藏技术

茎菜类蔬菜是以肥嫩且富含营养成分的茎作为食用部分的蔬菜。茎菜类蔬菜种类很多,根据生长特性可分为四类:嫩茎类(如冬笋、芦笋等)、肥茎类(如茭白、莴苣、球茎甘蓝等)、球茎类(如慈姑、芋头等)、块茎类(如马铃薯、莲藕、生姜等)。

1. 洋葱贮藏技术

(1)贮藏特性　洋葱,按皮色分为三种类型类:黄皮、红(紫)皮及白皮;按形状分为两种类型:扁圆和凸圆。其中黄皮类型洋葱耐贮藏、品质较好、休眠期长。黄皮洋葱中的扁圆种比凸圆种耐贮藏,一般认为辣味淡的品种耐贮藏。

洋葱通常有1.5~2.5个月生理休眠期,休眠期后,若遇到高温高湿条件会出现发芽的情况。此外,在贮运中如晾晒不够,遇到高湿环境,虽不发芽,但会发根(长白须),发根后有利于霉菌繁殖,进而造成腐烂。因此,贮藏洋葱要求低温和低湿条件。

洋葱因外层鳞片膜质化后,起到保护作用,较耐二氧化碳。低氧对抑制洋葱发芽有明显作用,一般认为3%~6%的氧和8%~12%的二氧化碳对抑制洋葱发芽效果较好。

(2)参考贮藏条件　温度:0±0.5℃;气体成分:氧浓度3%~5%,二氧化碳浓度5%~8%;相对湿度:70%~75%。冷藏可贮藏60~180 d,气调贮藏可贮藏90~240 d。

(3)贮藏方式选择　我国洋葱的大量贮藏目前几乎均采用机械冷藏。如果用通风库等简易贮藏场所贮藏洋葱,贮藏期明显缩短,容易发芽腐烂。

适宜成熟度是洋葱贮藏需要注意的,通常充分成熟的洋葱利于贮藏,收获过早或过晚都对贮藏不利。当洋葱管叶约有1/3变黄、地上部假茎开始倒伏、鳞茎外部表皮干枯并呈现出品种特有的颜色、根群出现枯死现象时应立即收获入贮。入库是关键的一步,贮藏前洋葱需要经过充分晾晒,通常的做法为原地将洋葱放至田埂上,叶朝下呈复瓦状排列,晾晒2~3 d后翻1次,再晾晒2~3 d,至叶片发软变黄、假茎变软时,用叶片编成辫子继续晾晒,直至叶片和假茎干透即可贮藏。也可不编辫,将叶片切去,待葱头晒至外层鳞片干缩成膜质时即可贮藏。为防止洋葱抽芽而影响贮藏商品质量,可在收获前2周向叶片喷洒0.25%青鲜素(MH)水溶液,或者用α、γ射线处理。洋葱贮藏一定要选择那些采前不灌水、表皮干燥、颈口干缩良好的洋葱。洋葱在收购运输时要避免雨淋,避免机械伤害及压伤。雨水多的年份,洋葱水分含量大,冰点会提高,贮藏温度应比推荐的温度提升0.2~0.3℃。

冷库贮藏洋葱的方法是将去叶且充分晾晒的洋葱在其结束休眠期以前,装入编织袋或网袋,在冷库中堆码或上架贮藏,控制库温在0±0.5℃,相对湿度在70%~75%。

未经充分晾晒的洋葱入库后,由于水分的散失,库内相对湿度往往会偏高,所以要经常在凌晨低温时进行换气,降低库房内的湿度。也可以在达到适宜温度时,只停制冷压缩机而不停冷风机,甚至可在库内适宜的地方装置轴流风机,加强库内空气循环,排除洋葱过多的水分。

2. 山药贮藏技术

(1)贮藏特性　山药是以膨大的地下肉质块茎为食用部分的蔬菜。按照块茎形状可分三种类型:扁块种、圆筒种和长柱种。为了方便贮藏运输和贩卖,市面上流通的山药块茎通常被截为数段,因此切口极易因伤口处理不当而感染病原菌,造成块茎腐烂及失重,失去商品价值。

山药收获期很长且具有休眠性,提高贮藏效果的关键是延长山药的休眠期,其中降低贮温可有效地延长山药的贮藏期。要注意扁块种山药块茎对低温比较敏感,为防止冷害的发生,贮藏温度不宜在15℃以下,而长柱种山药可在5℃之冷藏库中贮藏。一般圆筒种和长柱种较耐贮藏。

(2)参考贮藏条件　山药的愈伤条件为温度:29 ~ 32℃;相对湿度:90% ~95%;时间4 ~8 d。贮藏条件为温度:1 ~ 2℃(长柱山药)、12 ~ 13℃(扁块状山药);相对湿度:90% ~95%。

(3)贮藏方式选择　短期贮藏可采用简易贮藏,调控贮藏适宜温度范围,延长休眠期;机械冷藏是最有效的控制品质的方法。

3. 马铃薯贮藏技术

(1)贮藏特性　马铃薯为地下块茎类蔬菜,品种很多,依皮色可分为白色、黄色、红色、紫色四种类型,其中黄皮种是生产中最常见的类型,主要品种有里外黄、双丰等。红皮种耐贮藏性好,主要品种有红皮沙、界首红皮等。马铃薯收获后的休眠期明显,通常在2 ~4 个月。马铃薯休眠期过后条件适宜即发芽,这是影响贮藏效果的重要问题之一。休眠期长短因品种、成熟期、生长地气候及贮藏温度等因子的不同而不同。一般早熟品种、寒冷地区栽培品种或秋作的马铃薯休眠期较长,利于贮藏。

马铃薯贮藏的适宜温度为3 ~5℃,而不是0℃。在推荐的低温下,淀粉和糖的转化相对缓慢,块茎不发芽或很少发芽,特别是贮藏初期的适宜低温对延长休眠期十分有利,但在3℃以下贮藏,会使马铃薯受冷变甜或者产生褐变。

(2)参考贮藏条件　温度:3 ~ 5℃;气体成分:对气调贮藏反应不敏感;相对湿度:80% ~85%。

(3)贮藏方式选择　生产中绝大多数采用简易贮藏场所贮藏,可以获得良好的效果。目前冷库贮藏所占比重明显提高,效果也比简易贮藏场所可靠,贮藏温度应控制在3 ~5℃。

秋薯是主要贮藏的马铃薯。雨天不适合收获马铃薯,应待土壤干燥后再收获。刚收获的马铃薯外皮较嫩,需要在地面摊晾数小时,晾干表面。预贮(愈伤)是马铃薯贮藏中十分必要的步骤。马铃薯收获后应进行通风预贮,以促进伤口愈合,顺利形成木栓组织,并加速其进入生理休眠期。一般是在温度12 ~15℃、相对湿度90% ~95%的条件下经过10 ~15 d完成预贮过程。做法是搭一简易棚子,其内堆放薯块,薯堆高度一般不超过0.5 m,宽度2 m左右为宜,做到防雨、防日晒、通风散热,为防止过量失水,薯块上要稍加覆盖。定期检查堆内情况,剔除病、烂薯块。

控制马铃薯发芽既要注重采前因素,也要配合采后的贮藏环境控制和化学调控。虽然低温贮藏、辐照处理是防止马铃薯发芽的有效措施,但在利用自然降温的简易贮藏场所贮藏马铃薯时,始终保持4℃的低温较困难,所以应配合萘乙酸甲酯或氯苯胺灵(CIPC)等化学药剂处理。萘乙酸甲酯和氯苯胺灵是采后使用的药物,应在马铃薯休眠期使用,一般是马铃薯收获后2个月左右(休眠期内)用药剂处理较为适宜。萘乙酸甲酯的使用方法是:用400~500 g 98%的萘乙酸甲酯溶于2倍量的丙酮中,然后拌入20~30 kg的细土中,待丙酮挥发后均匀地撒到10 t的薯堆中。氯苯胺灵的使用方法是:以每1 000 kg薯块使用氯苯胺灵1.4~2.8 kg,直接撒播在薯堆中,上面覆盖塑料布,1~2 d后打开。

(四)根菜类蔬菜贮藏技术

根菜类是以肥大肉质根作为食用部分的蔬菜,如萝卜、胡萝卜、芥菜头。在北方地区,萝卜、胡萝卜贮藏量大,贮藏期长,有调节冬春蔬菜供应种类的作用。

1. 萝卜贮藏技术

(1)贮藏特性　萝卜喜凉喜湿,没有生理休眠期,但在贮藏时遇到适宜的条件就会发芽抽薹,这会导致薄壁组织中的水分和养分消耗而引起糠心现象,这种情况在采前采后均可发生,通常导致萝卜糠心的主要外界因素是高温低湿。因此,要贮藏好萝卜首要解决的难题是防止其萌芽和糠心。

秋播的晚熟品种和生长期地上部外露长品种的萝卜比较耐藏,其中包括北京的心里美和青皮脆、天津的卫青、济南的青圆脆、沈阳的翘头青、吉林的大磨盘等品种。就皮色而言,一般耐贮藏性为青皮种>红皮种>白皮种。由于萝卜的组织细胞间隙大,通气性好,可以忍耐较高的二氧化碳浓度,因此萝卜适合埋藏或MA-贮藏。

适宜的低温和较高的相对湿度是萝卜贮藏的条件。萝卜在-1℃下就会发生冻害,因此,萝卜的采收期和入贮期应比同一地的大白菜早一些。萝卜表皮层保护组织发育较差,组织保水能力弱,采后贮运中容易蒸发失水,造成萎蔫、糠心。所以,萝卜贮藏时必须保持高湿环境。

(2)参考贮藏条件　温度:0~1℃;气体成分:待研究,但适宜气调贮藏;相对湿度:95%左右。

(3)贮藏方式选择　北方地区的埋藏是常用的简易贮藏方式。塑料薄膜小包装冷藏效果稳定可靠,是推荐的贮藏方式。目前我国北方不少地方采用简易贮藏场所贮藏萝卜,沟藏、窖藏和通风库贮藏是常见的方式。

①沟藏　将产品散放在贮藏沟内,厚度不超过0.5 m,上面覆盖1层薄土或干净的细沙。土(细沙)层上面再堆放1层萝卜,如此1层萝卜、1层沙,共计堆放3层。土(细沙)层的作用是为了防止机械损伤和阻断病菌在层间传染蔓延。表层覆土以看不见萝卜为度,以后根据气温下降情况逐步增加土层厚度,但以底层萝卜不受热、表层萝卜不受冻为原则,共覆土3次。覆土总厚度原则上不少于当地冻土层的深度。

为了保持萝卜湿润的贮藏环境,通常使用潮土或湿润细沙创造较高的湿度,或者往沟内灌水,根据不同品种需要的相对湿度来调整措施。贮藏生食品种时,土壤干燥或保水性能差的可多灌水。灌水前,应将表层覆土整平、压实,灌水后水能均匀下渗。要注意的是灌水量不宜过大,否则会造成底层积水,导致萝卜腐烂。

②堆藏　采用棚窖、通风贮藏窖堆藏萝卜。萝卜收获后,露地晾晒1 d,入贮前应削去叶片和顶芽,堆放于库房内,堆高1.2~1.5 m,堆内每隔1.5~2.0 m设1个通风筒,用于排

除堆内萝卜的呼吸热。贮藏环境温度通过贮藏库通风窗调节，如温度过低，可在萝卜堆上加盖草帘防冻；湿度不足，可喷水加湿。贮藏过程中一般不翻动萝卜。进入2月，气温逐渐回升，应进行1次全面检查，剔除腐烂、有病害的萝卜。

③塑料薄膜袋贮藏　使用聚乙烯薄膜袋(0.07～0.08 mm厚)包装削去叶片和顶芽的萝卜，每袋重25 kg左右，折袋口或扎袋口贮藏。在适宜的贮藏温度下，效果良好。

2. 胡萝卜贮藏技术

(1)贮藏特性　胡萝卜和萝卜都属根菜类蔬菜，两者在组织结构、采后生理特点和贮藏方式方面基本相同，但前者较后者抗寒性、耐贮运性均较强。耐贮藏的胡萝卜品种有以下特征：皮色鲜艳、根细长、心柱小，如小顶金红和鞭杆红等。胡萝卜对乙烯比较敏感，长时间受乙烯的影响，会使胡萝卜风味变差，故不宜与苹果、梨等乙烯释放量大的果蔬同库贮藏。

拟贮藏的胡萝卜应适期采收，采收太晚，贮藏期易糠心。

(2)参考贮藏条件　温度：0～1℃；气体成分：氧浓度1%～2%，二氧化碳浓度2%～4%，适宜气调贮藏；相对湿度：95%左右。

(3)贮藏方式选择　北方地区的埋藏是常用的简易贮藏方式。塑料薄膜小包装冷藏效果稳定可靠，是推荐的贮藏方式。具体贮藏方式见萝卜的相关内容。

(五)其他类蔬菜贮藏技术

1. 蒜薹贮藏技术

(1)贮藏特性　蒜薹由薹梗和气生鳞茎(俗称薹苞)两部分组成，是大蒜的幼嫩花茎，在我国南北方均有栽培，目前是我国蔬菜冷藏行业中贮藏量最大和贮期最长的蔬菜之一。蒜薹采收时正值5、6月份温度较高的季节，常温下，由于其旺盛的呼吸代谢，致使薹梗组织内储存的营养物质向薹苞迅速转移，促使薹苞逐渐膨大，薹梗则褪绿转黄，失水变糠，纤维增多，生理上的衰老和由微生物造成的腐烂，很快使其失去商品价值和食用价值。而在适宜的低温、较高的相对湿度并采用气调方式的情况下，蒜薹又是最耐贮藏的蔬菜之一。通常质量良好的蒜薹，采用科学细致的管理方法，普通蒜薹可贮藏9个月以上，杂交薹可贮藏6个月左右。

蒜薹对低氧和高二氧化碳有较强的忍耐力，采用薄膜小包装人工气调，短期可忍耐1%左右的低氧和10%～13%的高二氧化碳，长期可耐受3%～6%的氧和5%～8%的二氧化碳。气调贮藏对保持蒜薹的质量、延长贮藏期有很好的效果。

(2)推荐贮藏条件　温度：-0.7～-0℃；气体成分：氧浓度2%～3%，二氧化碳浓度6%～8%；相对湿度：90%～95%。

(3)贮藏方式选择　我国目前蒜薹贮藏均采用薄膜包装气调冷藏的方式。

提前开机降温是在蒜薹入贮前3～5 d，需开机将库温降至-2～-1℃。将整理好的蒜薹送入冷库上架预冷，摆放高度为25 cm左右，薹苞朝外，薹梗向里。预冷时间尽量短，但必须使蒜薹品温达0℃，通常需2～3 d时间。为避免预冷期间蒜薹失水，应在冷库地面洒水，以提高库内相对湿度。预冷期间需用蒜薹专用烟熏剂熏蒸或蒜薹液体保鲜剂喷淋薹梢，对防止贮藏期薹梢霉变有良好作用。经防腐处理和预冷透的蒜薹，可在架上人工装袋，一般应从上至下，从里至外逐层、逐架装袋，薹梢朝袋口，薹基朝袋底，入贮后5～7 d，不管袋内气体指标如何，要解开袋口放风，经3～4 h后再扎上，此做法可视情况进行1～2次，然后进入正常管理。

温度管理是贮期管理最重要的环节，贮藏初期，控制库温在－1－0℃，贮藏中、后期，库温可控制在－7～－0℃。在推荐的适宜温湿度下，要求控制袋内氧气浓度为1%～2%，二氧化碳浓度为12%～15%，当氧气浓度达到下限指标或二氧化碳浓度达到上限指标时，应人工开袋放风3～5 h，再扎袋密封。生产实践表明，不同产地和年份的蒜薹，每个放风调气周期7～12 d，一般是贮藏前期调气周期较长，贮藏中、后期较短，而每次调气时间是贮藏初期时间短，贮藏中后期时间较长。开袋放风法适宜于长途运输的异地贮薹户或蒜薹质量稍差的贮薹户，缺点是开袋放风较费工费时。

第三节　蔬菜的运输

随着我国社会主义事业的飞速发展，人们对蔬菜副食品的需求日益增加，迫切需要安全、优质的蔬菜。同时，随着市场经济的发展，蔬菜由区域性生产就地供应，逐渐转变为充分利用各地有利自然条件进行的集约化、专业化基地生产，蔬菜靠运输销售到全国甚至世界各地。在蔬菜的流通中，有各种各样的运输方式及运输工具，公路运输包括冷藏车，海运包括冷藏船，铁路运输包括机械冷藏车，空运包括冷藏箱，每种物品都有适合它的运输方式，确保做到新鲜蔬菜一直保持在低温状态下运输。因此，运输不仅可以解决供需关系的矛盾，还可以加速蔬菜商品化流通，保证蔬菜新鲜。

一、蔬菜运输概念及特点

蔬菜运输就是指采用各种工具和设备，通过多种方式使蔬菜在区域之间来回转移运送，它是蔬菜流通的桥梁与媒介，也是蔬菜能够商品化的延续。如果蔬菜的运输行业发展越好，就越能增加蔬菜商品化生产，扩大蔬菜的流通量，带动市场经济的发展，对于蔬菜全年供需平衡都有重要作用。

运输是联系供应商、产地和消费者之间的纽带，因此，运输也就是一个极其重要的流通环节。运输要求快装快运、轻拿轻放、注意磕碰，减少人为损伤。在蔬菜的运输过程中，应注意不同蔬菜的特性、按照运输路径的长短、四季气候的变化，尽可能创造适宜的温湿度条件，以减少蔬菜运输损失量。

蔬菜流通的特点有：

(1)鲜活性　随着人民生活质量的提高，人们越来越倾向于吃新鲜的蔬菜，蔬菜在采摘之后仍然可以呼吸，是一个鲜活的有机体，所以还得依赖冷链运输来降低蔬菜的呼吸强度，保证蔬菜的鲜活性。

(2)易损性　蔬菜一般都非常柔软鲜嫩，有时候一不小心就可能造成蔬菜的破损，蔬菜破损之后很快会腐烂。所以，蔬菜在采摘完之后，要加强蔬菜的包装，严格遵守蔬菜运输装卸的管理规则。尽量做到少搬运、少装卸，及时缩短运输的时间。

(3)及时性　消费者对于蔬菜的及时方便要求非常高，及时运送的蔬菜，色泽比较好，外观比较新鲜,口感也非常好。只有及时运输的蔬菜才能卖得更快,才能有更好的价格。从田间直接采摘的蔬菜,应减少中间商的运送,及时到达客户手中。

(4)流通成本比重大　根据调查,我国许多蔬菜物流成本比重非常大,由于近年来我国汽油价格的增长,以及公路收费标准的不断增长,现在的物流运输成本也在不断增大。

二、蔬菜的运输方式

(一)按交通工具分类

1. 公路运输

公路运输主要以汽车和货车运输为主,以公路为主要的运输方式,可以完成蔬菜从一个地方到另一个地方的位置转移,例如丝瓜、黄瓜等都是以公路运输为主。公路运输的缺点是运输量少,运量成本比较高;有时候路面不平,会导致车辆的颠簸,造成蔬菜的损伤。公路运输也有它的优点,比如其具有较强的灵活性和适应性,可以门对门地运输;还可以运输到远离城市的乡间小镇上。

公路运输所注意的事项:长距离或远距离运输的车,最好是应用大货车运输,车子保证良好安全。车厢为高帮车厢,有篷布遮盖。运送蔬菜前,不能用绳子捆绑挤压,容易造成蔬菜的机械损伤。运输蔬菜车速一般为 70 km/h,规定在 24 h 内运输到各个网点。由于蔬菜的储藏期不同,蔬菜运输的时间距离也因此不同。装车时不能散装,应该用袋子、筐子、箱子来装,而且筐子或袋子之间也要留出一些空隙,不能挤得太严实,不能盖得过密,要注意通风。汽车运输主要应抓住一个“快”字,坚持快装快运,蔬菜到达销售网点后,要及时整理出售。

2. 铁路运输

铁路运输是以火车和铁路为载体的运输方式。北方的大白菜运往南方的诸省市时,如福建、广东以及香港等地区,均以铁路运输为主。例如大白菜从北京到福州,运输中蔬菜温度保持在 2℃左右,车辆沿着京广线运行,在经过湖南一带,要及时通风换气,气温明显上升时,则不再进行通风。在经过湘赣线时,大约还需要 5 天才能到达福州,到达福州时大白菜温度已到 6℃,把大白菜卸下来时,品质还非常好。如果使用不通风的车辆来运输大白菜,蔬菜内的温度就会高达 10℃,极易造成腐烂现象。

3. 内河运输

内河运输的载体大多为船只。运送的船只可以多种多样,运输船没有什么大的要求,可以是能承载上千万吨的大型船只,也可以是普通的船只,甚至连农家的小船只都可以。

内河运输具有运量大、运输成本低等优点,适合近距离的运输。在中国,长江、珠江流域常见到内河运输,松江、京杭大运河等地区也采用的是内河运输。

内河运输具有速度慢、连续性差等缺点,有时候中间会转运、中途装卸等,增加了运输时间,所以它只适用于近距离运输,而且适用于储藏期比较长的蔬菜运输。

4. 海洋运输

海洋运输是在海上进行的运输,它是一种跨国际的运输。海洋运输是通过使用各种船舶在海上航道运行,从一个国家到另一个国家的蔬菜运输过程,一般用于国际货物运输。我国对日本、韩国等的蔬菜出口都是以海洋运输为主。

5. 航空运输

航空运输适合运送高档、不易保鲜和一些特殊需要的蔬菜。航空运输一般是将蔬菜预冷以后再进行保温运输，从中国出口到日本的新鲜蘑菇和大蒜就是运用航空运输。航空运输是这几种运输方式中最快捷的。中国从南到北相距数千公里，如蔬菜采用航空运输，当天就可以完成运输任务，运输速度比铁路快 6 ~ 7 倍，比内河运输要快近 30 倍。因为运输时间短，可采用简易包装来保障蔬菜质量。

（二）按运输温度分类

1. 常温运输

常温运输是蔬菜在一个恒温的运输环境下，不受任何工具的影响，也不受外界气温的影响，让蔬菜保持在一个恒定的温度。特别是在夏天高温季节或冬天寒冷季节，蔬菜要保持恒温，如果温度过高，就容易腐烂。如果温度过低就会发生冷害。所以常温运输蔬菜时，夏季应做到早晚运输，注意防高温、防暴雨。

2. 低温运输

低温运输就是采取人工措施使蔬菜在运输过程中保持低温状态，温度的控制不仅受到冷藏车、冷藏箱构造及制冷能力的影响，而且和空气的循环状况密切相关，冷空气循环不良可以造成箱内各个部分蔬菜温度有较大的差异。冷藏运输的时候，蔬菜如果装载量比较大，蔬菜又没有提前预冷，在运输过程中，蔬菜的温度就会比实际的高许多。而冷藏船的船容量一般比较大，进货的时间一旦延长，一定会减缓货物的冷却速度，从而使船舱内不同部位的温差变大。而使用冷藏集装箱为装载单位，就可以有效避免上面的弊端。

3. 保温运输

南北间的运输可以用保温运输，南方和北方温度相差很大，有时差异在 20 ~ 30℃。两地运输需要一星期左右的时间，这就要求运输工具具有保暖、防寒、防热的功能。当下，我国常用的运输车辆有冷藏集装箱、机械冷藏车、隔热通风车、加冰冷藏车等，这些都是保温性能很好的运输车辆。其中，运用隔热通风车时，要做到中途及时换气，能有效控制车内的温度，确保蔬菜的运输质量。

（三）按运输距离分类

1. 短距离运输

蔬菜短距离运输时，运输车辆包括汽车、拖拉机、动力车，车辆一般有冷藏卡车、冷藏拖车等，短距离水路运输一般采用运输船、木船、小船或者帆船。蔬菜短距离运输主要方式是蔬菜配送，蔬菜配送是指蔬菜从生产到消费中间所经历的一个配送环节。它一般是由商户从批发市场采购各类蔬菜，然后分发给各个供应点，例如学校食堂、酒店餐饮、小卖店等。

2. 长距离运输

蔬菜不仅需要短期运输，有时候还需要长距离地运输。蔬菜在装车之前，应当把它的车厢温度调至适宜的温度，并且在装卸过程中要减少开门次数、关闭制冷设备等。在运输过程中也要减少蔬菜周围的气流，保持蔬菜的水分，防止蔬菜失水萎蔫。蔬菜的包装也要做到位，好的包装才能保护好蔬菜。通常来说，用纸箱或者是纸袋来包装蔬菜，相比于不包装的蔬菜，能更有效地保持蔬菜水分，防止水分流失。蔬菜上应放冰袋或冰块，保鲜程度就会大大增加;还要保持蔬菜的湿度,注意遮阳,尤其在炎热的夏季,保持蔬菜的湿度还是有必要的,但不能太湿,要保持适度。可以在某个时间给蔬菜浇点水,除此之外,还可以使用绿色清洁的臭氧机来保持蔬菜的新鲜。

三、蔬菜运输应注意的问题

蔬菜运输要避免多种蔬菜拼装混装,由于各种蔬菜的品性不同,蔬菜的特征也不一样。因运输量、蔬菜品种、成本等因素,运输蔬菜时应注意以下问题。

(1)温度　两种蔬菜一起运输时,它们的温度要越接近越好。因为蔬菜对温度的变化特别敏感,低温可以降低蔬菜的呼吸强度,能有效保护蔬菜;相反,高温会增加蔬菜的呼吸强度,加快蔬菜的成熟,造成蔬菜的腐烂。

(2)相对湿度　相对湿度过高会造成蔬菜的腐烂,相对湿度过低则会造成蔬菜变色脱水,失去新鲜度。一般来说,蔬菜的相对湿度为85%~90%。

(3)呼吸作用　蔬菜呼吸时会放出一种气体——乙烯,乙烯是一种催熟剂,它能让蔬菜更容易早熟,致使蔬菜萎蔫腐烂。在运输蔬菜时,要把大量释放乙烯的蔬菜和不释放乙烯的蔬菜分开装箱运输。当使用纸箱运输时,箱内的气体成分变化不大;当使用具有耐水性的塑料薄膜吸附的纸箱时,气体扩散会受到抑制,箱内会累积大量的二氧化碳。二氧化碳的累计量,因塑料薄膜的厚度和种类有所差异,运输中应注意克服。

(4)蔬菜的混装　两种以上蔬菜装入同一运载工具中称为混装。有些蔬菜能发出强烈的气味,洋葱、大蒜、茴香等,而有些蔬菜又能吸收异味,这样的蔬菜不能混装在一起;运输时间上没有要求,运输距离和储存条件都没有变化的,需要混装时也要在同一温度下进行;对湿度要求相近的,所释放的气体应该互不干扰,尤其是释放乙烯的和对乙烯敏感的蔬菜不能混装在一起。

(5)快速运输　从农场到目的地,要时刻保证蔬菜的新鲜程度。为了尽快将蔬菜送到消费者手中,必须尽量缩短蔬菜运输的过程。快速运输就是体现在一个“快”字,缩短运输时间,减少运输损耗。如果想要实现快速运输,最主要的方法有两个:一是要提高装卸的速度,二是选择高质量的运输工具和快捷的运输方式。

四、运输中影响蔬菜品质的因素

(一)振动

振动是运输蔬菜时必须考虑的一个基本环节。因为振动会引起蔬菜的机械损伤,导致蔬菜的储能效率降低。因此,在蔬菜运输中,要尽量减少蔬菜的振动。不同的运输方式、运输速度以及货物的摆放位置,其影响的振动强度都不一样。一般铁路运输的振动小于公路运输的振动,而海洋运输在海平面,比较稳,它的运输振动就小于铁路运输。公路运输的振动最大,一般与货车的型号、运输路况以及货车轮数有密切关系。

振动对蔬菜影响很大,由于振动会使蔬菜发生二次运动或旋转运动。振动强度的加大会使箱子的蔬菜受到损伤。当同一个车厢内的个体与车之间有一个固定的振动频率时,会出现共振的现象。如果箱子堆得越高,那么它产生的振动效果就越大,蔬菜间箱子与箱子的紧密程度就会下降,蔬菜容易产生磕碰现象。蔬菜的不同特性对振动的耐受力有着不同的表现形式;成熟的番茄属于碰撞耐力弱的蔬菜,经受振动能力弱。根茎菜、甜椒等属于振动耐力强的蔬菜,可以忍受振动的强度比较大。黄瓜、茄子等属于不耐磨的蔬菜,对振动的忍受力也比较弱。柔软的叶菜类属于对碰撞及摩擦耐力都弱的蔬菜,在运输过程中受到振动,也会使蔬菜的呼吸上升,因此,要充分减少振动的产生。

(二)温度

运输的温度也影响着蔬菜的品质。采用低温运输可以保持蔬菜的新鲜。我国的低温运输行业发展缓慢,远远不能满足市场的需求,大多数蔬菜现在还是以常温运输为主。目前的低温流通发展还远远不足,因此我们应该注重蔬菜冷藏运输的问题,增加冷藏汽车、冷藏船还有冷藏火车等低温运输的方法,通过有制冷系统的运输设施来完成运输。

蔬菜是一个完整的有机体,它在运输过程中仍进行着各种各样的生理活动,各种病原微生物等都可以导致其被侵染,致使腐蚀。我们在运输蔬菜时,要保持运输的环境温度与它所贮藏时所适应的温度相同。对于蔬菜的长期运输,要严格控制好车厢内的环境,减少各种不利因素的产生。蔬菜运输中,环境的温度最重要。各种蔬菜在运输中适宜的温度因蔬菜品种的不同而不同,表 10-14 为新鲜蔬菜(推荐)运输温度。

表 10-14 新鲜蔬菜(推荐)运输温度(1974 年)

运输时间/d 运输温度/℃ 蔬菜种类	1~3	4~6
花椰菜	0~8	0~4
结球甘蓝	0~10	0~6
辣椒	7~10	7~8
黄瓜	10~15	10~13
茴香	0~10	0~6
菜豆	5~8	—
球茎甘蓝	0~2	0~20
莴苣	0~6	0~2
甜瓜	4~10	4~10
蘑菇	0~2	—
洋葱	-1~2	-1~20
嫩荚豌豆	0~5	—
胡萝卜	0~8	0~5
红花菜豆	5~8	5~7
南瓜	0~5	—
菠菜	0~5	—
马铃薯	2~5	5~20
番茄(未熟)	10~15	10~13
番茄(成熟)	4~8	—
朝鲜蓟	0~10	0~6
石刁柏	0~5	0~2

(三)湿度

蔬菜新鲜度需要较高的湿度条件,蔬菜在运输过程中,要受到各种各样的温湿度影响。将新鲜蔬菜装入一个普通纸箱中,可以保持90% ~100%的相对湿度。有时湿度过高,会引起纸箱吸水变潮,导致蔬菜受伤腐烂。解决的办法是采用隔水纸箱,可有效吸收潮湿。对于高湿运输的蔬菜,应保持一定的干燥措施,防止蔬菜的霉烂。

混装蔬菜时,要时刻注意蔬菜的相对湿度。相对湿度太高或太低,都会影响蔬菜的品质,让蔬菜失去鲜度。新鲜度高的蔬菜含水量一般都在85% ~95%之间,运输过程中贮藏环境的湿度要求不能过低,否则易造成蔬菜的萎蔫。湿度也不能过高,过高容易造成蔬菜的腐烂。一般而言,运输蔬菜的车辆要保持蔬菜的相对湿度在95% ~100%之间,而且要一直维持在这个范围之内。蔬菜运输时间比较短,短时间内高湿度不会影响蔬菜的品质。如果蔬菜运输时间很长,那么就会导致蔬菜的损伤以及腐烂。

采用纸箱包装运输蔬菜时,高湿度将导致纸箱吸潮、硬度下降,蔬菜在这种状态下很容易受到机械伤害,为了防止这种情况的发生,一般可以采用在纸箱内铺垫一层聚乙烯薄膜,厚度0.01 ~0.03 mm。

(四)气体成分

新鲜蔬菜因为自身呼吸、材料容器的不同,容器内的气体成分也会有所改变。一般来说,蔬菜运输中二氧化碳浓度、乙烯浓度和所处的状态与振动有关。蔬菜在低温运输中,运输环境有二氧化碳的积累,短途运输影响不大。在使用干冰冷却的运输冷藏中,由于二氧化碳浓度过高,会导致蔬菜的损坏。所以,不要将西红柿和黄瓜混放,否则黄瓜容易黄化。

(五)包装

包装可以美化蔬菜,保护内部不受损伤,也有利于销售。为了避免蔬菜的损失,包装箱内应该有填充物(网套、衬垫等)。例如西葫芦外运时,可以外加泡膜再装箱,在阴凉干燥处放置或用保鲜膜包起来。在运输过程中最好独立包装,防止碰伤,才能保持新鲜。西葫芦运输时使用纸箱装,用泡沫纸包。采摘后用泡沫网袋或防水纸单独包裹,装泡沫保温箱低温运输。

(六)堆码

新鲜蔬菜进行堆码时,要留有一定的空间,有足够的空气流通。常见的堆码方式有窗口对装法、“井”字形装车法、“品”字形装车法等。对于不加外包装的韭黄可以采用分层装载(马铃薯、南瓜、冬瓜等)进行堆装运输。

蔬菜堆码时要堆码稳固,货车与车壁、货车与车板之间要有空隙。这样利于通风。此外,在确保堆码质量的前提下,利用足够的空间,提高运输效率。在冷藏运输时,要让车体内的温度保持均衡,保证每件货物都能接触到冷空气。在保温运输时,要让货物中部与四周的温度保持一致,防止中部积热不散的现象。蔬菜堆码可根据蔬菜的特性,采用“品”字形和“井”字形两种方式,装筐时可用筐口相对的堆码方法。

（七）装卸

蔬菜含水量较高，叶茎较嫩。在装卸过程中易引发机械伤，使蔬菜很快腐烂，造成很大的经济损失。蔬菜的装卸有人工和机械两种，人工装卸时要注意货件的大小和重量应适合人工作业，否则容易导致装卸过程的操作失误。机械操作是使用机器装卸，目前有很多可以利用的工具，包括吊车、输送车、传送带等。机器操作减少了装卸过程中的碰撞和损伤，蔬菜运输中装卸管理实现机械化是文明装卸的基础。

市场上广泛使用的装卸运输工具是集装箱。把许多小箱集中在一起，然后装在一个较大的集装箱中，集中装卸吊运。集装箱能够缩短运输时间，有效地避免了蔬菜的损耗。采用集装箱运输，可以将损耗降到7%以下。目前市场上运用最多的是冷藏集装箱和气调集装箱。冷藏集装箱，可以从产地装运蔬菜，利用火车、轮船、汽车等工具，在机械化的集装箱配合下进行长途运输。气调集装箱主要是在冷藏集装箱的基础上加气密层，降低箱内的氧气浓度，增加二氧化碳浓度，使蔬菜保持新鲜。

五、不同类型蔬菜的运输

（一）根菜类的运输

凡是以硕大的肉质根类为食用的蔬菜，都称为根菜类蔬菜。根菜类蔬菜分为两种，一种是块质根类蔬菜，还有一种是肉质根类蔬菜。块质根类蔬菜有红薯、葛菜等。肉质根菜类蔬菜主要有大头菜、甜菜等。这些蔬菜一般采用普通运输车运输，运输时会通风换气。在夏季运输蔬菜时，要用冷藏运输车运输。而到了冬季运输应注意防冻伤。从采收到蔬菜交易中心，一般不能超过 6 h。装卸时，应轻拿轻放，防止产生机械伤。

（二）叶菜类的运输

叶菜类蔬菜分为普通的叶菜类蔬菜、辛香叶菜类蔬菜、结球叶菜类蔬菜等。结球叶菜类主要有芥菜、甘蓝、莴苣等。普通叶菜类包括芹菜、菠菜、小白菜等。

大白菜大多采用公路运输，运输工具有汽车、人力、畜力板车等。大白菜运输需要用塑料包装筐包装，10 月份的早熟白菜，在常温下运输，更需要装筐。如果是在冬季运输大白菜，则需要在上面铺一层铺盖，尽量使车内的大白菜温度保持在 0℃ 左右，以保证蔬菜质量。

菠菜是一种典型的绿叶菜，在运输菠菜的过程中，要注意菠菜的黄化。一般来说，菠菜能在 −9℃ 的低温下存放，贮藏日期大约为 10 d。为了防止菠菜品质下降，应该采用冷藏加塑料薄膜的方式来保鲜菠菜。菠菜的叶子比较鲜嫩，长途运输时要用保鲜膜或保鲜袋包好，最好用低温冷藏运输车运输。

散叶生菜鲜嫩，运输过程易腐烂，因此散叶生菜不易长途运输。散叶生菜在进行中途运输时，要先进行预冷过程，运输温度要求为 0 ~ 6℃，运输时间为 2 ~ 3 d。一般而言，冬季严寒，温度极低，运输温度要求为 0 ~ 2℃，要注意防冻。常采用保温运输的方式，在夏季高温多雨的时候，货堆内部容易发生高温，有条件时，应在产地进行预冷，并避免雨淋；如果没有预冷条件，可采用装筐或装塑料箱的方法，以增加蔬菜内部的通透性。

(三)花菜类的运输

花菜类蔬菜主要是指可食用的花茎或花朵,花菜类蔬菜包括西兰花、黄花菜等。花菜类如花椰菜,它的贮藏温度为0~1℃,相对湿度为90%~95%,花椰菜运输时要求用冷藏车,温度不高于5℃。包装时要用塑料膜网套包装,对于没有冷藏设备条件的,可以在包装箱内加冰块降温,尽量占总体积的2/5,并尽快运至目的地。

西兰花在运输过程中,应使用专用的蔬菜包装箱包装,用纸张或保鲜膜包入西兰花,然后放在冷藏箱内,用专用的蔬菜冷藏车进行运输,应该放置在一个低温低湿的环境中。运输过程中要把西兰花包装好,西兰花在车内要防止温度过热,可以在每层西兰花上面加一层碎冰,为了防止西兰花黄化,车厢外面也要罩一层塑料薄膜来隔风保温。

(四)茄果类的运输

茄果类蔬菜有番茄、茄子、辣椒、秋葵、甜椒等。茄果类如茄子,在冬季、早春运输时要用保温车,或用棉被包裹保温。茄子在运输过程中应该注意不要挤压、要通气、保好湿。

番茄在运输之前应该先进行预冷,运输过程中要防雨淋、防晒、防振动。运输的番茄要轻拿轻放,冬季或秋季从室内采摘的番茄,一定要用暖筐运输。番茄的运输方法有保温运输、常温运输以及控温运输,运输常用的工具为汽车、轮船、火车等。

番茄运输大有讲究,所需要的条件也多,要求运输番茄时间要短,速度要快。运输过程中防止磕碰,切忌挤压,番茄的适宜温度以7~10℃为合适,而绿熟番茄以11~13℃为合适,所以红熟番茄运输时一定要十分注意运输的温度,运输过程中不要磕碰。

长途运输鲜辣椒时必须预冷后再运输,而且要先盖棉被后盖薄膜再加防雨帆布。辣椒在运输前要事先进行预冷,将田间携带的热量除去,从而降低蔬菜内部的温度,降低蔬菜的代谢速度,防止腐烂,保持蔬菜的良好品质。预冷应该先提前在预冷库里面进行,预冷库要保持0℃,将分好的菜箱放置在压差预冷设备前,菜箱有孔的两面朝向进风风道。长途运输中,辣椒自然预冷会引起蒸发,新鲜辣椒包装之后,要及时预冷,否则会产生腐烂,影响商品性。运输时最好盖上帆布遮阳、避雨、避风。

参考文献

[1] 高丽朴,郑淑芳.蔬菜产地商品化处理及超市配送技术规程(一) 黄瓜[J].中国蔬菜,2004(5):44-45.

[2] 徐延才,于海东.商品蔬菜的采收及采后处理技术[J].现代园艺,2016(15):64-65.

[3] 赵惠娟,魏凤桐,李韦瑾,等.蔬菜口感的影响因素和改进方法[J].科教导刊(上旬刊),2011(23):248-250.

[4] 北京出台电商蔬菜分级包装技术规范[J].中国蔬菜,2016(12):52.

[5] 周绪元,张永涛,张现增.西葫芦采后分级包装与冷链配送技术[J].蔬菜,2018(07):62-64.

[6] 王亮.我国蔬菜保鲜包装的发展现状[J].中国果菜,2009(4):50.

[7] 常敏.蔬菜贮藏保鲜实用技术(一)[J].中国蔬菜,2003(1):66-67.

[8] 王迪轩,宋艳欣,袁立华,等. 蔬菜标准园的蔬菜采后包装与标志方法[J]. 科学种养,2013(03):5-6.

[9] 张夏丽,王晓艳,闫晓侠. 韩城温室黄瓜高效栽培要点[J]. 中国果菜,2017,37(10):55-57

[10] 陆子豪. 中国蔬菜生产的历史演变[J]. 中国蔬菜,1990(1):44-50. DOI:10.19928/j.cnki.1000-6346.1990.01.022.

[11] 宁德鲁,陆斌,杜春花. 果蔬"冷链"贮运技术的应用现状及发展趋势[J]. 柑桔与亚热带果树信息,2000(11):3-4+6.

[12] 付艳武,高丽朴,王清,等. 蔬菜预冷技术的研究现状[J]. 保鲜与加工,2015,15(1):58-63.

[13] 常敏. 蔬菜贮藏保鲜实用技术:浅议果蔬差压预冷技术研究现状[J]. 中国蔬菜,2003(1):66-67.

[14] 刘升,高丽朴,李武,等. 番茄产地商品化处理标准及冷链物流配送技术规程[C]//中国制冷学会,全国商业冷藏科技情报站. 第六届全国食品冷藏链大会论文集. [出版者不详],2008:164-166.

[15] 张中芳,邓超,裴文伟. 我国果蔬差压预冷方法分析[J]. 制冷与空调,2013,13(4):1-5.

[16] 王迪轩. 有机蔬菜产品预冷处理技术要点[J]. 农家科技,2019,0(4):45-47

[17] 刘瑶,左进华,高丽朴,等. 流态冰预冷处理对西兰花品质及生理的影响[J]. 现代食品科技,2019,35(4):77-86. DOI:10.13982/j.mfst.1673-9078.2019.4.012.

[18] 朱宏莉,杨彬彬,张秀齐,等. 果蔬保鲜加工现状及发展浅析[J]. 食品科学,2006(10):596-600.

[19] 韦阳连,黄小凤,余金昌,等. 叶菜保鲜技术研究进展[J]. 广东农业科学,2011,38(04):91-93. DOI:10.16768/j.issn.1004-874x.2011.04.068.

[20] 王勇. 窑窖的建造贮藏方法与管理[J]. 农村实用技术,2003(3):50-51

[21] 朱东兴,曹峰丽,郁达,等. 叶菜采后生理与贮藏保鲜研究及应用[J]. 保鲜与加工,2006(01):3-6.

[22] 浑河. 蔬菜的假植贮藏和冻藏[J]. 当代蔬菜,2005(10):45.

[23] 李武. 大白菜强制通风贮藏技术[J]. 农村实用工程技术,1993(10):16.

[24] 高丽朴. 结球白菜强制通风贮藏新技术[J]. 中国蔬菜,1995(2):28-30. DOI:10.19928/j.cnki.1000-6346.1995.02.011.

[25] 李守强,田世龙,葛霞,等. 强制通风智能控制仪对马铃薯贮藏窖的环境调控效果试验[J]. 粮食加工,2017,42(1):66-69.

[26] 张浩彦,陈爱强,刘斌. 冰温贮藏技术在食品贮藏中的应用现状与展望[J]. 冷藏技术,2021,44(01):52-55.

[27] 韩秀娜,王茜,李娟,等. 蒜薹自发气调贮藏保鲜工艺及技术要点[J]. 蔬菜,2007(12):26-28.

[28] 田密霞,胡文忠,王艳颖,等. 鲜切果蔬的生理生化变化及其保鲜技术的研究进展[J].

食品与发酵工业,2009,35(5):132-135.
[29] 郝亚勤,高愿军,南海娟.净菜商品化处理中品质变化及其控制的研究[J].食品科技,2006,31(3):55-5769
[30] 津鲜.大白菜的保鲜[J].农产品加工,2012(9):17.
[31] 高丽朴.结球白菜强制通风贮藏新技术[J].中国蔬菜,1995(2):28-30.DOI:10.19928/j.cnki.1000-6346.1995.02.011.
[32] 高丽朴.大白菜强制通风贮藏管理要点[J].农村实用工程技术,1994(6):18.
[33] 高丽朴,王清,左进华.大白菜节能省工贮藏技术[J].中国蔬菜,2013(17):36-37.
[34] 天鲜.甘蓝的保鲜[J].农产品加工,2012(9):18.
[35] 赵冬兰,唐君,刘靖,等.紫山药的引种与标准化栽培技术初探[J].江西农业学报,2009,21(2):78-79.DOI:10.19386/j.cnki.jxnyxb.2009.02.027.
[36] 张有林.根菜类蔬菜的贮藏(上)[J].农产品加工(创新版),2011(1):43-49.
[37] 张宪枝.胡萝卜的采收处理及贮藏方式[J].农产品加工,2007(11):32-33.
[38] 赵素萍.蔬菜贮藏保鲜实用技术(六)——萝卜的贮藏技术[J].中国蔬菜,2003(6):67-68.
[39] 秦川,孙彬,黄中奇.浅谈蒜薹的贮藏保鲜技术[J].冷藏技术,2011(3):56-59
[40] 方志权.日本的鲜活农产品批发市场(一)[J].上海蔬菜,2002,(2):37-38.
[41] 陆琳.第八讲　果蔬保鲜管理技术[J].云南农业,2013,(8):72-74.
[42] 戴桂林,杨玉真.我国蔬菜物流模式的思考[J].当代经济,2007,(5):72-73.
[43] 林伟杰.未来公路运输行业对企业发展研究探索[J].现代经济信息,2017,(10):322-323.
[44] 张永振.石油设备物资国际海洋运输管理[J].物流工程与管理,2010,32(5):43-44+49.
[45] 杨娜.果蔬冷链物流中的产品质量安全风险管理研究[C].西安工程大学,2016.
[46] 朱昌锋.影响果蔬运输的因素及相关技术措施[J].兰州铁道学院学报,2001,(6):107-110.
[47] 中华人民共和国农业行业标准 NY/T983-2006　苹果贮运技术规范[J].中国果业信息,2009,(3):36-39.
[48] 周绪元,张永涛,张现增.西葫芦采后分级包装与冷链配送技术[J].蔬菜,2018(7):62-64.
[49] 冬运大白菜注意事项[J].农业科技与信息,2013(24):20.
[50] 胡琴.菠菜冷藏保鲜法[J].农机推广与安全,2004(4):35.
[51] 华青.花椰菜和青花菜的保鲜技术[J].农村实用技术,2007(5):28.
[52] 王迪轩,贾世宏.番茄采后处理技术[J].科学种养,2010(2):54-55.